Chinas Raumfahrt – Ein Riese erwacht

神箭
中国航天
CZ-2F
自立自强 创新超越

Chinas Raumfahrt – Ein Riese erwacht

Eugen Reichl

Motor buch Verlag

Einbandgestaltung: schreiberVIS, Seeheim

ISBN: 978-3-613-04536-1

Sie finden uns im Internet unter:
www.motorbuch-verlag.de

1. Auflage 2023

Layout, Satz und Prepress: schreiberVIS, Seeheim
Druck und Bindung: Graspo CZ, 76302 Zlin
Printed in Czech Republic

Inhaltsverzeichnis

Vorwort 9

Momentaufnahme 10

- Momentaufnahme … 10
- … und Ausblick 13

Vom griechischen Feuer bis zu Wan Hu 17

- Es war nicht Berthold Schwarz 17
- Wan Hu's unglückliche Reise und der Rat des Conrad Haas 20

Qian Xuesen 22

- Qians Weg nach Amerika 22
- Qians Weg zur Raketenforschung 25

3. Oktober 1942 30

Von Paperclip zum Hausarrest 34

Rückkehr nach China 43

Der lange Weg zur Langer Marsch 47

- Von der R-2 zur DF-1 48
- Die DF-2 trägt die Atombombe 52
- Von der DF-2A zur DF-3 54
- Von der DF-4 zur Langer Marsch 1 56

Chinas Trägerraketen 58

- Nicht mehr im Einsatz 60
  - Feng Bao 1 60
  - Kaituozhe 1 61
  - Langer Marsch 1 63
  - Langer Marsch 2 und 2A 65
  - Langer Marsch 2E 66
  - Langer Marsch 3 und 3A 67
  - Langer Marsch 4A 71
  - Zhuque 1 72
- Aktive Träger 73
  - Ceres 1 73
  - Hyperbola 1 74
  - Jielong 1 und 3 75
  - Kuaizhou 1, 1A und 11 77
  - Langer Marsch 2C 79
  - Langer Marsch 2D 82
  - Langer Marsch 2F, 2F/G und 2F/T 84
  - Langer Marsch 3B und 3C 88
  - Langer Marsch 4B und 4C 92
  - Langer Marsch 5 und 5B 95
  - Langer Marsch 6 und 6A 98
  - Langer Marsch 7 und 7A 103
  - Langer Marsch 8 und 8A 107
  - Langer Marsch 11 und 11H 109
  - One Space M1 111
  - Tianlog 2 und 3 112
  - Zhongke 1 114
  - Zhuque 2 115
- In Entwicklung 118
  - Darwin 1 118
  - Gravitation 1, 2 und 3 118
  - Hyperbola 2 und 3 120
  - Langer Marsch 6C 120
  - Langer Marsch 8RH, 8ZH und 8R 120
  - Langer Marsch 9 121
  - Langer Marsch 10 123
  - Nebula 1 und 2 124
  - Pallas 1 und 2 125
  - Space Epoch 126

Von Weltraumbahnhöfen, Funkschiffen und Landezonen 128

Raumfahrtzentrum Jiuquan 130

Raumfahrtzentrum Xichang 135

Raumfahrtzentrum Taiyuan 140

Raumfahrtzentrum Wenchang 142

Schiffe für Chinas Raumfahrt 146

Schiffe für die Bahnverfolgung und Telemetrie 146
Transportschiffe 148
Schwimmende Startrampen 148

Landezonen 150

Chinas erster Satellit 152

Fallout 157

Die Katastrophe von Xichang 158

Offizielle Stellungnahmen 159
Augenzeugenberichte 160
Ort des Geschehens und Todesfälle 163

Kollisionen und Explosionen 167

Raketenregen 171

Logos, Sticker, Startplakate 174

Eine kleine Unternehmenskunde 183

Privat unter Vorbehalt 184

Apstar – Asiasat – ChinaSat 187

Bemannte Raumfahrt 189

Vom Projekt 714 bis zu Shenzhou 190

Der erste Schritt 192

Der zweite Schritt 204

Elf Schritte zur Raumstation 207

Von Konstellationen und Weltraumtourismus 228

Goldgräberstimmung im niedrigen Erdorbit 229

Viermal Weltraumtourismus 232

Militärische Raumfahrt 234

JSSW und FSW 234

Geheimnisvolle Yaogans 236

Shijian und Shiyan erproben Militärtechnologie 238

Was machen Gaofen und Chuangxin? 239

Fenghuo, Shentong und Tianlian – Kommunikation für das Militär 240

Und wohin mit der Satellitennavigation? 241

Wissenschaft, Wissenschaft, Wissenschaft 243

Gaofen und CHEOS für die Erdbeobachtung 246

Meteorologie mit Fengyun 248

Ziyuan, Tianhui und CBERS sind schwer zu durchblicken 248

Haiyang für die Meere – Daqi für die Atmosphäre – Huanjing für den Katastrophenschutz 250

Das Xuntian-Weltraumteleskop 251

Noch einmal neue Horizonte 252

Antriebe und Atomenergie 254

Flüssigkeitstriebwerke der alten Generation 255

Flüssigkeitstriebwerke der neuen Generation ... 257

Flüssigkeitstriebwerke der neuesten Generation ... 259

Weitere Flüssigkeitstriebwerke und Feststoffantriebe ... 261

Atomkraft im Weltall – für Ionentriebwerke und andere Zwecke ... 263

Chinas Weg ins Sonnensystem ... 267

Tianwen-1 erforscht den Mars ... 267

Tianwen-2 trifft Kamo'oalewa ... 277

Asteroiden-Deflektormission ... 281

VOICE untersucht die Vulkane der Venus ... 282

Tianwen-3 bringt Bodenproben vom Mars ... 283

Tianwen-4: Jupiter-Kallisto-Orbiter und Uranus-Vorbeiflug ... 284

IHP 1 und IHP 2 reisen in den interstellaren Raum ... 285

Zu Ceres ohne und zu Neptun mit Atomkraft ... 286

China und der Mond ... 289

Das unbemannte Mondprogramm ... 290

Chang'e 1 ... 291
Chang'e 2 ... 291
Chang'e 3 ... 292
Chang'e 5-T1 ... 294
Queqiao 1 ... 296
Chang'e 4 und Rover Yutu 2 ... 296
Chang'e 5 ... 299
Was kommt nach Chang'e 5? ... 300

Das bemannte Mondprogramm ... 303

Chinas Zukunft im All ... 308

Die Zukunft der chinesischen Raumstation ... 308

Kilometer-Schiffe ... 311

Weltall-Ressourcen und schwere Träger ... 313

Mini-Shuttles und Hyperschalltechnologie ... 316

Chinas Zukunft auf dem Mond ... 318

Seidenstraße in den Weltraum ... 321

Unseliges Wolf-Amendment ... 322

„Outer Space Treaty" und „Lunar Treaty" ... 325

Der Artemis-Accord ... 328

Chinas Hegemonialplan ... 331

Quians Vermächtnis ... 333

Glossar ... 335

Einige Internet-Referenzen ... 335

Bildquellen und Grafiken ... 342

Index ... 343

■ Die Landeplattform der Mondsonde Chang'e 4. Sie brachte den Rover Yutu 2 auf die Oberfläche des Erdtrabanten und entrollte eine kleine chinesische Flagge.

Vorwort

Liebe Leserin, lieber Leser,

Die neue Großmacht im Weltraum heißt China. Nahezu gleichauf mit den USA, und womöglich schon in wenigen Jahren als alleiniger Anführer, wird das Land der Mitte seinen Weg ins All unbeirrt fortsetzen.

Zum Zeitpunkt an dem diese Zeilen entstehen ist die chinesische Flagge immer noch die einzige Nationalfahne, die jemals im 21. Jahrhundert auf dem Mond entfaltet wurde. Die Mondlandesonden Chang'e 3, Chang'e 4 und Chang'e 5 haben sie auf den Erdtrabanten gebracht. Heute – genauso wie zu den Tagen des US-Apollo-Programmes – repräsentiert ein Landesbanner auf einem anderen Himmelskörper die umfassende Stärke, den Stolz und den technologischen Fortschritt einer Nation.

Chinas Flaggen auf dem Mond sind das weithin sichtbare Zeichen für das chinesische Volk und die Welt. Sie drücken aus: wir haben es geschafft, wir stehen an der Spitze der Bewegung. Doch Chinas Langer Marsch in den Weltraum endet nicht hier, sondern führt zu neuen, noch ehrgeizigeren Zielen. Das chinesische Raumfahrtprogramm ist inzwischen mindestens so vielseitig angelegt, wie das der USA. Und längst hat China Russland, den ehemaligen Lehrmeister, weit hinter sich gelassen.

Chinas Anstrengungen im Weltraum haben sich in den letzten Jahren deutlich verstärkt und beschleunigt. Aber anders als zu den Apollo-Zeiten geht es nicht länger ausschließlich um nationales Prestige und nahezu zweckfreie Forschung. Dieses Mal geht es auch um knallhartes privatwirtschaftliches Geschäft.

Seitdem China Ende 2014 Teile des Raumfahrtsektors für privates Kapital öffnete, existieren dort kommerzielle Raumfahrtunternehmen. Das war eine pragmatische Reaktion auf die in den Vereinigten Staaten beobachtete Entwicklung von Unternehmen wie SpaceX oder Blue Origin. Dieser Schritt hat in China quasi über Nacht zur Gründung hunderter von Raumfahrtfirmen geführt, die in zahlreichen Aktivitätsfeldern unterwegs sind, von der Entwicklung und dem Bau von Satelliten und Trägerraketen, über raumfahrtbasierte Dienstleistungen wie den Betrieb von Konstellationen, Bilddatendiensten und Bodenstationen, bis hin zur spezialisierten Fertigung von Bauteilen- und Komponenten wie etwa Raketentriebwerken und Bordsystemen.

Als Nation und Gemeinwesen geht es China neben allen privatwirtschaftlichen Interessen auch um die Demonstration von Macht und um politisches Kalkül. Es geht um die Absicherung zukünftiger Ressourcen und das Abstecken von „claims". China strebt Größeres an. Anwendungen wie das „Ernten" von Sonnenenergie im Weltraum, Space Mining auf dem Mond und den Asteroiden, Industrie aller Art in Großhabitaten im Erdorbit, im cislunaren- und interplanetaren Raum. Themen, die vor allem in Europa immer noch als Science-Fiction-Fantasien lebensferner Träumer abgetan werden, die man nicht ernst zu nehmen braucht. In China befinden sie sich längst im Erprobungsstadium.

Chinas Raumfahrtsektor wächst mit atemberaubender Geschwindigkeit. China hat in den letzten Jahren zu den USA aufgeschlossen, und wird sie womöglich in nicht allzu ferner Zukunft hinter sich lassen. Diese beiden Länder, die in immer stärkerer Konkurrenz zueinander stehen, haben sich bereits jetzt deutlich von allen anderen Nationen abgesetzt und führen das weltweite Feld der Raumfahrt mit großem Abstand an. Auf manchen Gebieten, wie etwa der raumfahrtbezogenen Hyperschall-Technologie, könnte China sogar bereits die Führung übernommen haben.

China darf – auf Veranlassung der USA – kein ISS-Partner werden. Kein chinesischer Astronaut hat die Internationale Raumstation je besucht und wird es voraussichtlich auch niemals tun. Für das Land der Mitte war die Konsequenz klar: China ist heute das einzige Land der Erde, das eine nationale Raumstation betreibt. Gerade eben, es ist der 15. Juni 2023, befindet sich die fünfte Langzeitcrew an Bord von Tiangong.

Anfangs waren die Besucher der chinesischen Raumstation Mitglieder des nationalen Astronautencorps, allesamt Luftwaffenoffiziere. Seit Juni 2023 fliegen auch zivile Wissenschaftler ins All. Bald werden ausländische Gast-Astronauten folgen und Teil der chinesischen Einflusssphäre werden, die nun bis ins All reicht.

Die Chinesen lieben strukturiertes, methodisches und konsequentes Handeln. Sie lieben große Pläne. Pläne, die der Jahrtausende alten Kultur des Landes würdig sind. China wird seinen eigenen Weg gehen. China geht ihn zunehmend schneller, mit großer Beharrlichkeit und mit enormem Ressourcen-Einsatz. Chinas neue Seidenstraße führt direkt in den Weltraum. Das ist der Plan.

Momentaufnahme …

■ Zwei Mitarbeiter des Langer Marsch 5-Startteams schwenken Fahnen. Es sind keine Nationalflaggen, aber dennoch stolzer Ausdruck des Erreichten mit Hinweisen auf den bevorstehenden Testflug der Rakete hinter ihnen.

Es ist Juni 2023. Unternehmen wir eine Momentaufnahme der in diesen Tagen aktuellen Situation in Chinas Raumfahrt, und werfen danach einen Blick in die nähere Zukunft. Haben Sie keine Angst wegen der vielen Ihnen jetzt noch unbekannten Begriffe. Wir behandeln alle im Detail im Fortgang dieses Buches. Und wenn Sie zu ungeduldig sind, darauf zu warten, dann werfen Sie einfach einen Blick ins Glossar. Und nun zunächst zurück zum Jahreswechsel 2022/2023.

China beendete das Raumfahrtjahr 2022 am 29. Dezember mit der Mission Nummer 64. Den Abschluss bildete der Einsatz einer Rakete des Typs Langer Marsch 3B mit dem Technologiesatelliten Shiyan 10-02 an Bord. Nur die USA erzielten 2022 mit 87 Orbitalmissionen mehr Starts als China. Von denen allerdings entfielen alleine 61 Einsätze auf SpaceX, und davon wiederum mehr als die Hälfte auf den Aufbau des firmeneigenen Starlink-Internetsystems.

Würde man SpaceX als eigene „Nation" betrachten (und tatsächlich hat dieses Unternehmen inzwischen den Status einer eigenständigen Raumfahrtgroßmacht), dann sähe eine „Weltrangliste" des Jahres 2022 so aus, dass China vor SpaceX führt, und der Rest der USA auf Platz drei einlaufen würde. Erst danach käme Russland, das über Jahrzehnte die Startlisten angeführt hat.

Momentaufnahme …

Bei 62 dieser 64 Starts hat China 188 Raumfahrzeuge im Gesamtgewicht von knapp 200 Tonnen in den Orbit ge-

bracht. Das ist viel, und China ist damit die Nummer zwei weltweit. Allerdings ist es auch ein Hinweis darauf, dass die Einzelnutzlasten oft relativ klein sind. SpaceX alleine hat (mit etwas weniger Starts wie wir vorhin gesehen haben) im Jahr 2022 mehr als die vierfache Masse aller chinesischen Nutzlasten in den Orbit gebracht.

54 Starts wurden mit den bei der staatlichen China Aerospace Science and Technology Corporation (kurz: CASC) gebauten Langer Marsch-Raketen durchgeführt. Von denen flogen 39 mit hypergolen Treibstoffen (wir kommen gleich nochmal darauf zu sprechen), was sowohl ihren militärischen Ursprung kennzeichnet, als auch ein Hinweis darauf ist, dass sie zur zweiten Generation chinesischer Träger gehören. Stammvater all dieser Träger ist die Interkontinentalrakete DF-5. Obwohl sie gegenwärtig immer noch die größte Zahl chinesischer Starts ausmachen, nimmt ihr Prozentsatz, ganz wie von Chinas Raumfahrtplanern beabsichtigt, stetig ab.

■ Das Mengtian-Modul der chinesischen Raumstation wird für den Start vorbereitet.

Die anderen Akteure, nämlich Expace, Landspace, iSpace und Galactic Energy trugen die restlichen zehn Starts zur Gesamtzahl des Jahres 2022 bei. Zwei davon scheiterten: die Hyperbola 1 von iSpace und der Jungfernflug der Zhuque 2 von Landspace. Alle Flüge der CASC waren dagegen erfolgreich. Das Staatsunternehmen hat bekannt gegeben, in 2023 mehr als 60 Orbitalstarts durchführen zu wollen. Die Privatunternehmen planen für dieses Jahr mehr als 20 Starts.

Das große Leuchtturm-Projekt des Jahres 2022 war die Tiangong-Raumstation. Im Juli 2022 brachte eine Rakete des Typs Langer Marsch 5 das Wentian-Labormodul in den Orbit. Es legte nur 13 Stunden später am Tianhe-Zentralmodul der Station an. Im Oktober tat das Mengtian-Modul genau dasselbe und schloss damit die erste Phase im

■ Start einer privat entwickelten Trägerrakete des Typs Kuaizhou 1A am 27. September 2021.

Aufbau des chinesischen Außenpostens im Erdorbit erfolgreich ab.

Militärische und zivile Erdbeobachtungssatelliten waren 2022, wie schon all die Jahre zuvor, die „Brot- und Butter-Nutzlasten" der chinesischer Raketen. Es sind insgesamt schon so viele in dieser Kategorie, dass man sich fragen muss: Was um alles in der Welt macht China nur mit derart vielen Erdbeobachtungssatelliten?

Bezüglich der Debüts von Trägerraketen sah 2022 den Erstflug der Langer Marsch 6A. Sie ist der erste chinesische Hybrid-Träger, der in der ersten Stufe eine Kombination aus flüssigkeitsbetriebener Zentralstufe und feststoffbetriebenen Boostern verwendet.

Die Zhuque 2 machte im Dezember Schlagzeilen, denn sie wäre die erste Orbitalrakete mit der Treibstoff-Oxidatorkombination Methan/flüssiger Sauerstoff gewesen. Ihr Hersteller Landspace versuchte damit die US-Unternehmen Relativity Space und SpaceX zu schlagen, um mit einer auf diesen Komponenten basierenden Rakete als Erster die Umlaufbahn zu erreichen. Doch wegen einer Anomalie in der zweiten Stufe schlug der Start fehl, und der Titel der ersten Methanrakete im Orbit ist zum Zeitpunkt, an dem diese Zeilen entstehen, immer noch vakant.

Feststoffbetriebene Kleinraketen waren das ganze Jahr über ein Dauerthema der chinesischen Raumfahrt. Zu den bereits seit längerem im Dienst befindlichen Trägern wie der Langer Marsch 11 und der Ceres 1 kam im Juli die Zhonque 1A neu dazu und im Dezember die Jielong 3. Beide Erstflüge verliefen erfolgreich.

Nicht nur die Anzahl der unterschiedlichen Kleinträgertypen steigt, sondern auch ihr Markt scheint in China schnell zu wachsen. So sah man nicht nur die Debüts der oben genannten Träger, sondern auch mehrfache erfolgreiche Einsätze bereits etablierter privater Raketen wie der Kuaizhou 1A, die 2022 viermal eingesetzt wurde.

Ein ebenso interessanter wie irritierender Aspekt schwappte bereits aus dem Jahr 2021 nach 2022. Er hat Auswirkungen vor allem auf die Verfolgbarkeit chinesischer Raumfahrtvorhaben, denn gleichzeitig mit den Gerüchten über eine Beschleunigung verschiedener Programme kam im Sommer 2021 die Nachricht, dass die chinesischen Space-Foren, die eine bedeutende Informationsquelle für westliche Journalisten darstellen, von amtlicher Seite her massiv unter Druck gesetzt wurden. Ende August 2021 wurde ihnen befohlen, wesentliche Inhalte aus ihren Seiten zu löschen. Darunter auch völlig harmlose, wie solche über die Geschichte der chinesischen Raumfahrt. Informationen über Starts und den Fortgang von Missionen dürfen nur noch dann verbreitet werden, wenn sie auch regierungsamtlich berichtet werden. Alle Veröffentlichungen müssen zuvor abgesegnet werden.

China war noch nie eine Hochburg des freien Journalismus, aber was die Raumfahrt betraf war man bis dahin mit Berichten, auch informeller Art, wesentlich freier, als im Westen immer behauptet wurde. Es war relativ leicht, sich interessante Insider-Informationen abzuholen. Selbst Mitarbeiter der chinesischen Startzentren berichteten in den Fan-Foren ohne Furcht vor Repressalien über den Fortgang von Startvorbereitungen oder den Verlauf von Missionen. Auch dann, wenn mal ein Flug nicht so optimal verlief, wie man es sich gewünscht hätte.

Das ist nun unterbunden und das lässt nur einen Schluss zu: Raumfahrt wird inzwischen als so wichtig betrachtet, dass man sich nicht länger in die Karten schauen lassen will. Und das macht irgendwo sogar Sinn, denn auf vielen Gebieten ist man längst nicht mehr nur der „Nachahmer" westlicher Leistungen, sondern steht vielfach bereits ganz vorne an der Entwicklungsfront. Raumfahrt wird als zunehmend wichtig für die strategische Ausrichtung des Landes betrachtet. China handelt heute nicht mehr nur geopolitisch, sondern im wahrsten Sinne des Wortes auch „kosmopolitsch" (auch wenn das im Zusammenhang mit Informationsbeschränkungen etwas komisch wirkt, aber Sie wissen, was ich meine).

In dem Zusammenhang darf man nicht vergessen: In China wird die Abwicklung von Raumfahrtunternehmen und der Betrieb von Raumfahrzeugen wesentlich von der Volksbefreiungsarmee bestimmt. Die wichtigsten Mitspieler im chinesischen Aerospace-Sektor sind nach wie vor Staatsfirmen oder deren kommerzielle Ableger.

Was jetzt noch an „realen" Informationen außerhalb der glatt gebügelten Statements und Veröffentlichungen der Staatsmedien verfügbar ist, ist oft recht versteckt, schwer zugänglich oder hat einen so informellen Charakter, dass es erst interpretiert werden muss. Da kann man dann schon gelegentlich daneben liegen. Und dann ist da immer noch die Sprachbarriere. Es wird jedenfalls zusehends schwieriger, über Chinas Raumfahrt außerhalb des offiziell abgesegneten Rahmens zu berichten. So manches bekommt man nicht mehr unmittelbar mit, sondern erst Tage und Wochen später, und auch dann nur bruchstückhaft.

Ein Beispiel dafür ist, dass seit der Mission von Shenzhou 15 nur noch indirekt über die Außenbordmanöver der Tiangong-Crew berichtet wird, und selbst das nicht immer. Seit den Anfangstagen der Raumfahrt war es guter Brauch sowohl in den USA aber auch in Russland, solche „Ausstiege" im Vorfeld anzukündigen, im Verlauf darüber zu berichten und danach genaue statistische Zahlen dafür zur Verfügung zu stellen.

Über das chinesische EVA erfuhr man erst Tage später dass es überhaupt stattgefunden hat und welche Crewmitglieder es durchgeführt hatten. Unbekannt ist der genaue Zeitpunkt, die Dauer und der Zweck des Ausstiegs. In Zukunft wird jedenfalls mehr detektivische Recherchearbeit notwendig sein, als das in der Vergangenheit der Fall war. Und manches werden wir gar nicht mehr mitbekommen.

... und Ausblick

Mit Blick auf die Zukunft wird 2023 sicherlich ein weiteres arbeits- und ereignisreiches Jahr in der chinesischen Raumfahrt. Mit zwei weiteren Rotationen der Besatzung für die Tiangong-Station und mehreren weiteren Raketendebüts.

Mit dem stetig wachsenden kommerziellen Sektor in China und den chinesischen Raketen der dritten Generation, die immer mehr Missionen übernehmen, könnte bereits 2023 das Jahr sein, in dem die mit toxischen, hypergolen Treibstoffen betriebenen staatlichen Raketen der zweiten Generation nicht mehr wie bislang den Großteil der Nutzlast starten werden.

Die Verwendung der Treibstoffkombination aus Hydrazin und Stickstofftetroxid geht auf den militärischen Hintergrund der Träger der Typen Langer Marsch 2, 3 und 4 zurück. Die Interkontinentalrakete DF-5, von der sie ab-

■ Start des militärischen Kommunikationssatelliten Zhongxing 2E in eine geostationäre Transferbahn. Dieser Satellit wird im Westen auch als ChinaSat 2E bezeichnet. Die Mission begann am Weltraumbahnhof Xichang. Als Träger wurde, bei dieser Perspektive nicht ganz einfach erkennbar, eine Rakete des Typs Langer Marsch 3B/G3 eingesetzt.

■ Der Kommunikationssatellit Tiantong 1 wurde am 19. Januar 2021 mit dieser Langer Marsch 3B/G3-Rakete auf einen geostationären Transferorbit gebracht. Diese Rakete verwendet hypergole Treibstoffe.

stammen, musste in der Lage sein, lange Zeit vollbetankt im Silo zu stehen. Sie brauchten also Treibstoffe die bei Raumtemperatur viele Jahre lang gelagert werden können und die bei Kontakt miteinander zünden, um das Startverfahren einfach zu halten.

Der Nachteil dieser Treibstoffe liegt darin, dass sie giftig sind. Sie sind zwar wasserlöslich, aber dank der kontinentalen Lage der chinesischen Startplätze fallen ausgebrannte Booster und Erststufen in der Regel nicht ins Wasser sondern auf Land. Obendrein ist China in vielen Regionen dicht besiedelt, von daher ist bereits das pure „Herunterfallen", wie wir später noch ausführlich sehen werden, kein Spaß. Wenn sich dann auch noch hunderte von Kilogramm restliches Hydrazin und Stickstofftetroxid in diesen herabstürzenden Stufen befinden, kann das richtig gefährlich werden.

Nicht zuletzt deshalb (es gibt noch eine ganze Reihe anderer Gründe) wird sich China mittelfristig von diesen Trägern trennen. Beim staatlichen Hersteller CASC geschieht dies mit der zunehmenden Verwendung der Trägertypen Langer Marsch 5, 6, 7, 8 und 11. Später werden die Langer Marsch 9 und 10 dazukommen. Der Übergang hängt aber auch davon ab, ob es privaten Unternehmen wie Landspace oder iSpace gelingt, ihre Produktion hochzufahren.

Auch andere Raketen werden ab 2023 ins Spiel kommen. Unternehmen wie LinkSpace, Galactic Energy, Space Pioneer, One Space, die alle ihre Debütstarts für 2023 planen, könnten einige der typischen Nutzlasten der Langer Marsch 2-Reihe übernehmen. Doch ist dies eine eher mittelfristige Perspektive. Die Langer Marsch-Raketen für die Starts des Jahres 2023 sind bereits gebaut und alle Newcomer, die jetzt auf dem Markt erscheinen, müssen sich erst eine Vertrauensbasis mit einer längeren Abfolge erfolgreicher Missionen aufbauen.

Zusätzliche Startkapazitäten sind ohnehin dringend nötig, denn auch China will ein gewaltiges Netz orbitaler Internetterminals in die Erdumlaufbahn transportieren. Dafür braucht es Raketen aller Größen. Und mehr Kapazitäten bei den Startplätzen. Die leiden bislang unter dem Problem, dass sie jeweils nur über zwei bis drei Startanlagen für die klassischen Raketen der Langer Marsch 2, 3 und 4-Reihe verfügen. Da traditionell der größere Teil dieser „alten" Träger direkt am Startturm aufgebaut wird, ist so eine Anlage zwischen zwei Starts jeweils für etwa drei bis vier Wochen belegt. Eine der großen Aufgaben der chinesischen Raumfahrt für 2023 und danach ist deswegen der Aufbau zusätzlicher Startinfrastruktur, so wie es in Jiuquan und Wenchang derzeit bereits geschieht. Zusätzliche Startmöglichkeiten auf Barken vor der chinesischen Küste könnten – zumindest für Kleinträgerraketen – ein schnelles Wachstum der Kadenzen ermöglichen, da sie die Ressourcen der bereits gut ausgelasteten landgestützten Weltraumbahnhöfe in China nicht weiter beanspruchen.

Ein Einsatz dieser neuen privaten chinesischen Kleinträger für Nutzlasten aus dem EU-Raum oder den USA ist übrigens derzeit ausgeschlossen. Dies würde einen großen politischen Wandel erfordern, und der ist nicht in Sicht. Hier blockiert das unselige „Wolf Amendment" (benannt nach dem US-Senator Frank Wolf) jegliche Zusammenarbeit der USA mit China gleich in welcher Form. Die USA üben hier permanenten Druck auf ihre Partner aus, ebenfalls die Zusammenarbeit mit China auf dem Raumfahrtsektor zu unterlassen. Mit dem Wolf-Amendment beschäftigen wir uns noch einmal im Schlusskapitel dieses Buches. Wie auch immer: Momentan ist der chinesische Inlandsbedarf an Kleinträgern ohnehin so groß, dass diese neuen Unternehmen auch ohne Aufträge aus dem Rest der Welt ihr Auskommen haben werden.

Internationale und multinationale Programme auf der reinen Forschungsebene durften weiterlaufen, trotz allem politischen Druck aus den USA. Wobei einige bilaterale Vorhaben, wie etwa das Horus-Programm mit Ägypten oder das CBERS-Programm mit Brasilien von den US-Sanktionen ohnehin nicht betroffen sind.

Derzeit laufen aber auch bilaterale Projekte mit EU-Staaten. Da gibt es beispielsweise den so genannten Space Variable Objects Monitor (SVOM), ein gemeinsames Projekt zwischen der chinesischen und der französischen Raumfahrtagentur. Es handelt sich dabei um ein Röntgen- und Gammastrahlenteleskop, das im Sommer oder Herbst 2023 mit einer Langer Marsch 2C-Trägerrakete starten soll.

Ein weiteres gemeinsames chinesisch-europäisches Vorhaben ist die so genannte „Einstein-Probe“. Das ist ein Satellit der sich mit exotischen astrophysikalischen Phänomenen beschäftigt und dafür Messvorrichtungen der ESA und des deutschen Max-Planck Institutes für extraterrestrische Physik mitführen wird. Auch dieses Raumfahrzeug soll gegen Ende 2023 oder Anfang 2024 starten.

Es gibt allerdings einen wichtigen Punkt, bei dem sich die USA und China trotzdem miteinander verständigen müssen, selbst wenn dafür eine Ausnahmegenehmigung des US-Kongresses erforderlich ist. Dieser Punkt betrifft die großen Breitband-Kommunikationsnetze im niedrigen Erdorbit, bei denen China mit mehr als 13.000 Einheiten ebenfalls einsteigen will. Dieser Umfang macht es notwendig, zukünftig Daten über Bewegungen von Satelliten im Orbit auszutauschen und Koordinierungskanäle zwischen westlichen und chinesischen Satellitenbetreibern zu schaffen.

■ Grafische Darstellung der „Einstein-Probe“

Der weitere Ausbau der chinesischen Raumstation scheint eine beschlossene Sache zu sein. Immer öfter sieht man auf offiziellen Präsentationen Bilder dieses nationalen Außenpostens mit neuen Modulen und neuen Typen angedockter Raumschiffe, wie etwa dem bemannten (und noch namenlosen) Raumschiff der nächsten Generation. Nichts davon wird bereits im Jahr 2023 dorthin fliegen, aber wir werden in diesem Jahr mehr über die Funktionen und Fähigkeiten dieser neuen Elemente der zukünftigen chinesischen Raumfahrt erfahren. Die Erweiterung der Station zur Phase 2, mit mehr Modulen, mehr Anlegeknoten, größeren Solargeneratoren und mehr Einsatzgebieten wird sich bald erklären.

Mit der Langer Marsch 5G, die jetzt (aber zum Zeitpunkt, an dem diese Zeilen entstehen, immer noch nicht ganz offiziell) Langer Marsch 10 heißt, ereignet sich gera-

■ Start des Raumstationsmoduls Mengtian am 31. Oktober 2022 mit einer Rakete des Typs Langer Marsch 5B von der Startanlage 101 des Raumfahrtzentrums Wenchang. Die kleine blaue Grafik rechts oben auf dem Bild ist das Logo des bemannten chinesischen Raumfahrtprogramms.

de eine bedeutende Erweiterung der Langer Marsch-Raketenreihe. Sie hat einen wesentlichen Einfluss auf ein beschleunigtes bemanntes Mondprogramm Chinas. Diese Rakete, eine so genannten „Triple-Core-Konstruktion" ähnlich der Falcon Heavy von SpaceX oder der Delta Heavy der United Launch Alliance soll nach derzeitiger Sicht im Jahr 2027 debütieren. Sie wird in der Lage sein, eine Nutzlast von 25 Tonnen in eine lunare Transferbahn zu befördern.

In einer „Single-Core-Variante" wird sie die zukünftige bemannte Trägerrakete Chinas darstellen, und in dieser Funktion die Langer Marsch 2F ablösen. Bemannte chinesische Expeditionen zur Mondoberfläche könnten mit der Langer Marsch 10 bereits im Zeitraum 2029/2030 möglich sein.

Diesen Träger für eine erste Serie von Mondlandungen zur Verfügung zu haben, gibt China den Entwicklungsspielraum für eine noch viel gewaltigere Rakete: Die Langer Marsch 9. Sie wird nun nicht, wie noch vor kurzem geplant, bereits Anfang der 30er-Jahre einsatzbereit sein, sondern in einer technisch wesentlich anspruchsvolleren Inkarnation erst etwa 2035. Sie wird über beide Basisstufen wiederverwendbar sein. Dieser mehr als 110 Meter hohe Träger soll bis zu 150 Tonnen Nutzlast in den niedrigen Erdorbit und mehr als 50 Tonnen zum Mond starten können. Da jetzt sowohl bei der Langer Marsch 10 als auch bei der Langer Marsch 9 die endgültigen Designs eingefroren werden, ist 2023 wahrscheinlich das Jahr, in dem wir wissen werden, wie sich China sein bemanntes Mondprogramm im Detail vorstellt.

Aber nicht nur dafür wird die neu konzipierte Langer Marsch 9 da sein. China denkt in Sachen Raumfahrt heute schon weiter als der Rest der Welt, denn der neue Superträger ist ausdrücklich auch für den Transport von Komponenten orbitaler Solarkraftwerke vorgesehen.

Sehen wir uns jetzt nach dieser kurzen Bestandsaufnahme an, wie in China alles begann.

Das Logo des bemannten chinesischen Raumfahrtprogramms ist hier auch auf der Langer Marsch 5B zu sehen, die hier noch in der Montagehalle des Raumfahrtzentrums Wenchang auf ihren Transport zur Startrampe wartet.

Vom Griechischen Feuer bis zu Wan Hu

■ China reklamiert die Erfindung des Schwarzpulvers für sich, und schreibt sie dem Mönch Li Tan zu, der im 7. Jahrhundert lebte.

Neben vielen anderen nützlichen und interessanten Dingen haben die Chinesen auch die Rakete erfunden, deshalb darf dieser Teil der Geschichte in einem Buch über die chinesische Raumfahrt nicht fehlen. Die Details dazu liegen im Dunkel der Geschichte verborgen. Weder kann mit letzter Sicherheit ein einzelner Erfinder noch ein genaues Datum dazu ermittelt werden. Feststehen dürfte allerdings, dass die Rakete nicht Gegenstand sorgfältig geplanter Forschungsarbeiten war. Mit Gewissheit ist sie ein Zufallsprodukt, entstanden aus Versuch und Irrtum. Fest steht auch, dass sie vor 1.000 Jahren in China bereits in allgemeinem Gebrauch war.

Es war nicht Berthold Schwarz

Um die Rakete möglich zu machen, brauchte es zuvor noch eine andere Erfindung: Die des Schwarzpulvers. Dessen Entdeckung war lange Zeit in Mitteleuropa verortet worden und hier bei einem Freiburger Franziskanermönch namens Berthold Schwarz. Er soll die Rezeptur dafür im Jahre 1353 entwickelt haben, und nach ihm soll sie auch benannt worden sein. Doch kann man das mit Sicherheit in den Bereich der Legende verweisen, denn im 14. Jahrhundert war das Pulver in Mitteleuropa schon weit verbreitet. Schon lange vor dem Datum, das Berthold Schwarz zugeschrieben wurde, gibt es vielfache Nachweise für seinen Einsatz. Die im deutschen Sprachraum übliche Bezeichnung „Schwarzpulver“ erhielt es wohl eher von seiner dunklen Farbe, als vom Namen des Mönchs.

Schwarzpulver (im angelsächsischen Sprachraum „gun powder“, also „Büchsenpulver“ genannt) ist ein Gemisch dreier einfach zu gewinnender Grundstoffe: Kaliumnitrat (auch bekannt als „Salpeter“), Schwefel und Holzkohlepulver. Auch die Herstellung ist einfach, wenngleich nicht ganz ungefährlich. In China wird heute gerne der Mönch Li Tan, der von 621 bis 691 während der Tan-Dynastie lebte, mit der Erfindung des Schwarzpulvers in Verbindung gebracht. Tatsächlich scheint die Geschichte dieses Stoffes aber noch weiter zurückzureichen, denn zu dieser Zeit gab es bereits allerlei pyrotechnisches Gerät, das für die Kriegsführung bestimmt war, und das nicht nur in China.

Während der Belagerung von Konstantinopel im 7. Jahrhundert wurde eine Art Flammenwerfer eingesetzt, dem man die Bezeichnung „Griechisches Feuer“ gab. Von ihm sind verschiedene Varianten bekannt: solche die mit Erdöl und Asphalt betrieben wurden, andere die mit Baumharz, Schwefel, gebranntem Kalk und Salpeter arbeiteten. Nicht bekannt sind die genauen Rezepturen. Solche Details galten als Staatsgeheimnis. Der Gebrauch dieser

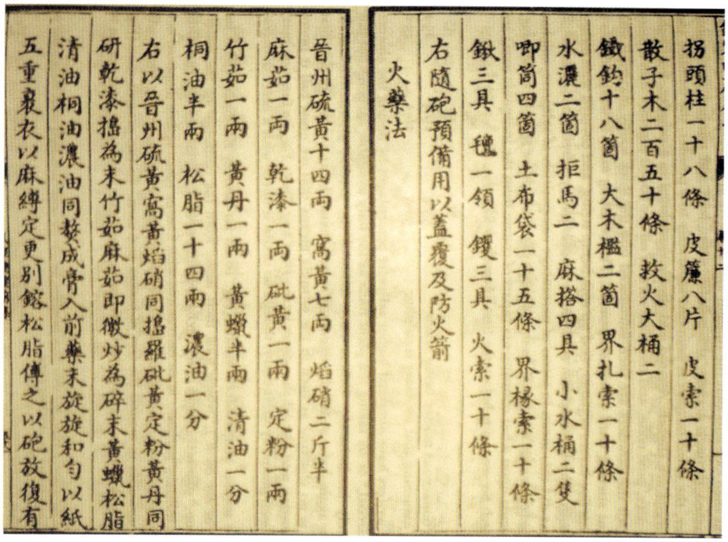

拐頭柱一十八條 皮簾八片 皮索一十條
散子木二百五十條 救火大桶二
鐵鉤十八箇 大木檻二箇 界扎索一十條
水濃二箇 拒馬二 麻搭四具 小水桶二隻
唧筒四箇 土布袋一十五條 界椽索一十條
鍬三具 氊一領 鑁三具 火索一十條
右隨砲預備用以蓋覆及防火箭
火藥法
晉州硫黃十四兩 窩黃七兩 焰硝二斤半
麻茹一兩 乾漆一兩 砒黃一兩 定粉一兩
竹茹一兩 黃丹一兩 黃蠟半兩 清油一分
桐油半兩 松脂一十四兩 濃油一分
右以晉州硫黃窩黃焰硝同擣羅砒黃定粉黃丹同
研乾漆擣為末竹茹麻茹即微炒為碎末黃蠟松脂
清油桐油濃油同熬成膏入前藥末旋旋和勻以紙
五重衷衣以麻縛定更別鎔松脂傳之以砲放復有

■ Ein Rezept für die Herstellung von Schwarzpulver aus dem Militärkompendium Wujing Zongyao.

Vorrichtungen hauptsächlich im oströmischen und arabischen Raum lässt die Vermutung zu, dass Kenntnis über diese Waffen, vielleicht sogar einzelne von den Arabern erbeutete Systeme, über die Seidenstraße nach China gelangten. Mindestens genauso gut möglich ist es aber, dass diese Erfindung zunächst in China gemacht worden war, und von dort den oströmisch-arabischen Raum erreichte.

Verglichen mit dem „Griechischen Feuer" war die Mischung der Grundzutaten und die Herstellung von Schwarzpulver so einfach, dass es durchaus auch zu verschiedenen Zeiten und an verschiedenen Orten unabhängig und ohne Wissen voneinander erfunden worden sein kann.

Um das Jahr 1040 gab es in China bereits detaillierte Anweisungen für die Zubereitung von Schwarzpulver, die auf drei Gelehrte namens Zeng Gonglian, Ding Tu und Yang Weide zurückgehen. Sie lebten zur Zeit der Song-Dynastie und verfassten ein Militärkompendium mit dem Titel Wujing Zongyao, in dem alle damals üblichen essentiellen militärischen Verfahren und Gerätschaften beschrieben waren. Der Titel des Buches wird denn auch mit „Sammlung der wichtigsten Militärtechniken" übersetzt.

Das Werk war seinerzeit ein „Regierungsauftrag" des Kaisers Renzong. Zweck des Buches war es, das gesamte militärische Wissen seiner Zeit zu sammeln und es innerhalb der kaiserlichen Beamtenschaft zu verbreiten. Zeng Gongliang fungierte dabei als „Chefredakteur". Der Astronom Yang Weide und der Gelehrte Ding Tu unterstützen ihn. Das Buch scheint extrem wichtig gewesen zu sein, denn nach fünfjähriger Bearbeitungszeit wurde es mit einem von Kaiser Renzong persönlich verfassten Vorwort veröffentlicht.

Das sehr umfangreiche Werk befasste sich mit Dingen wie dem Kompass (dessen Erfindung ebenfalls auf China zurückgeht), Navigationsverfahren, Schiffstechnologie, Flammenwerfern (hier finden wir sie wieder), Schleudern und Armbrüsten, Sturmleitern, Infanteriegerätschaften aller Art inklusive Schutzvorrichtungen für Soldaten, Rammen, Belagerungswerkzeug, Schwertern, Degen, Pfeilen, Bogen und noch vielem mehr, was eine gut ausgerüstete Armee vor 1000 Jahren benötigte.

Der Historiker Ralph D. Sawyer nennt die Arbeit der drei Autoren „im Wesentlichen einen Copy-and-Paste-Job". Er enthält viele Passagen aus früheren klassischen Militärschriften, deren ursprüngliche Autoren nicht identifiziert wurden. Was damals im Übrigen nicht als Copyright-Vergehen betrachtet wurde, sondern üblicher Brauch war.

Dieses Militärhandbuch enthielt auch Rezepte für Pulvermischungen, und nicht etwa nur eines, sondern eine ganze Reihe davon für alle nur denkbaren Anwendungen, hauptsächlich für Feuerbälle (eine Art Vorläufer der Granate) die mit Belagerungsschleudern verschossen wurden. Es waren zum Teil recht komplexe Mixturen, denen Gifte wie Arsen beigemischt waren. Mit denen beglückte man den Gegner, in deren Festungen und Lager man diese Feuerbomben schleuderte.

Im 10. Jahrhundert, und wahrscheinlich schon lange davor, war Schwarzpulver in China jedenfalls in allgemei-

■ Ein chinesischer Artillerist des 13. Jahrhunderts.

nem Gebrauch, Jahrhunderte vor Berthold Schwarz. Im „zivilen“ Bereich wurden für Anlässe wie dem Neujahrsfest schon eine Art von Knallfröschen hergestellt: Stücke von Bambusrohren, die mit Schwarzpulver gefüllt wurden.

Vom Knallfrosch bis zur Feuerwerksrakete war es danach kein weiter Weg. Anfang des 12. Jahrhunderts waren Feuerwerke in China ein normaler und weit verbreiteter Bestandteil bei Festen aller Art. Speziell in der Stadt Liuyang im Südosten Chinas soll die Herstellung von Schwarzpulver, Feuerwerkskörpern und Feuerwerksraketen industrielle Ausmaße angenommen haben.

Nach Europa könnte das Schwarzpulver im Laufe der Eroberungsfeldzüge der Mongolen im 13. Jahrhundert gekommen sein, oder aber ganz profan über die Handelswege der lange Zeit unterschätzten Seidenstraße. Zu dieser Zeit war es auch, als der syrische Autor Hasan al-Rammah in einem Buch über Kriegstechniken schon sehr detailliert die Herstellung des Pulvers beschreibt. Von der erforderlichen Vorbereitung der einzelnen Bestandteile, der notwendigen Werkzeuge bis hin zu den prozentualen Anteilen der Zutaten. Die definierte er mit sechs Teilen Salpeter, zwei Teilen Holzkohlestaub und einem Teil Schwefel.

Wie schon beim Schwarzpulver war auch der Weg bei der Rakete vom friedlichen zum kriegerischen Einsatz beschämend kurz. Als gesichert gilt, dass Dschingis Khan im Jahre 1215 bei der Eroberung Pekings und Batu Khan 1241 in der Schlacht von Liegnitz „Pfeile des fliegenden Feuers“ als Angriffswaffe einsetzte. Das waren von Abschussvorrichtungen aus gestartete Bambuspfeile, die mit einem kleinen Raketentreibsatz hohe Reichweiten erzielten.

Als Verteidigungswaffen sind Raketen erstmals 1232 bei der Belagerung der chinesischen Stadt Kai-Fung-Fu verbürgt, als sich die belagerten Stadtbewohner damit ihrer Angreifer erwehren wollten. Und als der Mongole Timur Lenk im Jahre 1398 vor Dheli erschien, hatten auch die Inder diese Technik schon übernommen, und überschütteten ihre Gegner mit Raketengeschossen.

Der materielle Schaden dürfte sich dabei in Grenzen gehalten haben. Nicht zu unterschätzen war aber die psychologische Wirkung. Vor allem die Pferde der Angreifer dürften durch Feuerwerkskörper nachhaltig verschreckt worden sein.

Insgesamt war die militärische Bedeutung der Rakete aber eher gering. Mehr geschätzt wurden sie für Unterhaltungszwecke. Aber auch schon, so will es eine beliebte chinesische Sage, als Transportmittel für die Raumfahrt.

■ Mit Knallfröschen hatten die Chinesen schon vor mehr als 1000 Jahren ihre Freude. Und die Sicherheitsvorkehrungen waren – wie wir hier sehen – recht moderat.

■ Die handwerkliche Herstellung von Feuerwerkskörpern erfolgt in China heute immer noch so ähnlich wie vor 1.000 Jahren.

■ Dieser altchinesische Raketenwerfer sah schon ziemlich furchterregend aus.

Wan-Hu's unglückliche Reise und der Rat des Conrad Haas

In China ist die Sage über den verträumten Mandarin Wan Hu, der im 15. Jahrhundert während der Ming-Dynastie gelebt haben soll, sehr populär. Wan Hu wollte alles über die Sterne wissen und sehnte sich nach der Mondgöttin Chang'e, die mit ihrem Jadehasen Yutu auf dem Erdbegleiter lebte. Eines Tages, so heißt es, setzte er sich in einen fliegenden Stuhl, eine Vorrichtung, an der 47 Feuerwerksraketen befestigt waren. Er befahl 47 Dienern, jeder von ihnen ausgerüstet mit einer brennenden Lunte, die Raketen gleichzeitig zu zünden.

Die Lakaien taten, wie ihnen geheißen. Und es kam, wie es kommen musste: Die Explosion war ungeheuer, und Wan Hu war verschwunden. Niemand sah ihn jemals wieder. Die Raumfahrt hatte ihr erstes Opfer gefordert.

Der verhinderte Raumfahrer Wan Hu hat übrigens sein Ziel doch noch erreicht, und zwar mit sowjetischer Hilfe. Bald nachdem die Sonde Zond 3 Mitte der 60er-Jahre Bilder von der Mondrückseite zur Erde gefunkt hatte, wurde ein Krater nach dem chinesischen „Raumfahrer" benannt. Wan-Hu ist ein sehr alter, stark verwitterter Krater, der einen Durchmesser von 58,3 Kilometern aufweist.

Sieht man von Feuerwerksraketen und Wan Huh's unglücklichem Raumflug einmal ab, scheint sich der Gebrauch von Raketen und ihre Weiterentwicklung in China nicht fortgesetzt zu haben. Die Entwicklung verlagerte sich von nun an in den Westen.

Erste wissenschaftliche Forschungsarbeiten zu Raketen gehen auf das 16. Jahrhundert zurück. Hier machte sich der Zeugwart (oder wie er sich selbst bezeichnete „Arsenalmeister") von König Ferdinand dem Ersten einen Namen. Ein Mann namens Conrad Haas. Er lebte von 1509–1576 und beschäftigte sich in seiner militärischen Funktion intensiv mit der Theorie und Praxis von Raketen und ihrer Nutzung. Er erkannte als erster das Wirkprinzip der Expansionsdüse um größere Leistungen zu erzielen, und das Prinzip der Mehrstufigkeit, um größere Reichweiten zu erreichen.

In den nachfolgenden Jahrhunderten wurde die Rakete zunehmend militärisch genutzt. Einer der auslösenden Ereignisse dafür war das Geschehen im dritten Krieg der britischen Ostindien-Kompanie gegen das Königreich Mysore. Während der Kampfhandlungen im Jahr 1792 verwendeten die Verteidiger der Stadt Seringapatam in großem Ausmaß Sprengfallen und Artillerieraketen gegen die Engländer. Die indischen Raketentruppen, so wird berichtet, hatten eine Stärke von 1.200 Mann. Obwohl diese Raketen nach heutigen Standards sehr primitiv waren, hatten sie dennoch eine beeindruckende Wirkung. Sie waren etwa 20 Zentimeter lang, wiesen einen Durchmesser von etwa sechs Zentimeter auf und verfügten über Stabilisierungsstäbe aus Metall oder Bambus von etwa einem Meter Länge. Ihre Reichweite betrug gut 300 Meter.

Obwohl das indische Königreich Mysore am Ende die Schlacht verlor, waren die Briten von der Wirkung der Raketen tief beeindruckt. In den frühen 1800er-Jahren machte ein britischer Offizier namens William Congreve im Woolwich Arsenal (in Kent) des Royal Laboratory Versuche auf Basis der indischen Raketen. Das Ergebnis war eine ganze Serie von Typen, die nach ihrem Erfinder „Congreve Rockets" getauft wurden. Es gab sie in den Gewichtskategorien 18, 24, 32, 42, 100 oder 300 Pounds. Die meistverwendete Rakete wog 32 „Pounds", war etwa einen Meter lang und wies einen Durchmesser von gut zehn Zentimetern auf.

Es gab in seinem Arsenal Raketen für unterschiedliche Zwecke. Einige dienten als „Brander", Raketen, mit denen Schiffe in Brand gesetzt werden sollten. Andere trugen Schrotladungen, die in Pulver eingebettet wurden. Wenn sie beim Gegner explodierten, dann wirkten sie wie Schrapnelle. Die leichtesten dieser Raketen wogen nur wenige Kilogramm und konnten leicht von Infanterieeinheiten mitgeführt werden.

■ Die Mehrstufenrakete mag zwar Conrad Haas entwickelt haben, aber die Erfindung des Raketenwerfers geht wieder auf chinesische Rechnung.

■ Eine zeitgenössische Darstellung des Mandarins Wan-Hu. Die Treibsätze haben gezündet, seine linke Hand berührt den Mond, den Herrschaftsbereich der Mondgöttin Chang'e.

Ein weiterer Raketentyp warf Leuchtkugeln an kleinen Fallschirmen ab. Sie dienten dazu, das Schlachtfeld bei Nacht auszuleuchten, oder einfach als Signalraketen. Congreve experimentierte auch damit, mit Raketen Nachrichten zu verschicken. Allerdings war das wenig effizient. Die Reichweite lag nur bei etwa 500 Meter und die Zielgenauigkeit war nicht sonderlich gut.

Bringen wir an dieser Stelle, bevor wir wieder nach China zurückkehren, noch einmal Conrad Haas ins Spiel. In seinem 1961 in Hermannstadt (das heute Sibiu heißt) aufgefundenen Buch über Militärtechnik und Raketen schreibt er: „Ich rate aber zu mehr Frieden und keinem Krieg, die Gewehre ruhig im Lager zu lassen, damit die Kugel nicht abgefeuert wird, das Schießpulver nicht verbrannt oder nass wird. Damit der Kriegsfürst sein Geld behält und der Arsenalmeister sein Leben. Das ist der Rat, den euch Conrad Haas gibt".

Qian Xuesen

In den ersten Jahrzehnten des vergangenen Jahrhunderts wurden nahezu alle theoretischen Grundlagen der Raumfahrt erarbeitet. Hauptsächlich drei Männer werden heute damit in Verbindung gebracht: der Russe Konstantin Eduardowitsch Ziolkowski (1857 – 1935), der Deutsche Hermann Oberth (1894 – 1989) und der Amerikaner Robert Goddard (1882-1945). Diese drei legten das theoretische Fundament der Raumfahrt. Unterstützt wurden sie dabei von Personen wie Walter Hohmann, der das mathematische Regelwerk für Flugbahnen in den Orbit und darüber hinaus schuf, oder Hermann Potočnik, der das theoretische Gebäude für den Einsatz von Raumstationen und Reisen zu den Planeten entwickelte.

Nach ihnen kam die Zeit der großen Praktiker. Ihnen fiel es zu, das theoretische Gerüst der „Gründerväter" in die Realität umzusetzen. Hier sind vor allem die Namen Wernher von Braun und Sergei Koroljow geläufig.

Doch da gab es noch einen Dritten, der bis heute völlig zu Unrecht im Westen nur wenig bekannt ist. Sein Name ist Qian Xuesen. Er gilt als der Vater der chinesischen Raumfahrt und prägte die Entwicklung Chinas auf diesem Gebiet im Laufe seiner fast 100 Lebensjahre ganz entscheidend.

Qians Weg nach Amerika

Qian Xuesen wurde am 11. Dezember 1911 im Shanghai International Settlement geboren, einer Art Sonderwirtschaftszone etwas außerhalb von Shanghai, in denen seit 1863 Amerikaner und Briten extraterritoriale Rechte genossen. In diesem nur etwas über 20 Quadratkilometer großen Gebiet gab es aber nicht nur westliche Bewohner, sondern auch mehr als eine Million Chinesen, unter ihnen die Familie Qians. In einem Land, in dem der weitaus überwiegende Teil der Bevölkerung in bitterer Armut lebte, und

■ Dieses Foto zeigt den kleinen Xuesen an seinem ersten Geburtstag mit seinem Vater Qian Junfu.

■ Qian Xuesen mit seiner Mutter Zhang Lanjuan im Frühsommer 1914.

in dem Hungersnöte an der Tagesordnung waren, gehörte Qians Familie zur privilegierten und wohlhabenden Bildungsbürgerschicht des Landes.

Qians Geburtsjah fiel in eine Zeit des Umbruchs in China. Es war das Jahr der Xinhai-Revolution, die das Ende der imperialen Dynastien Chinas einläutete. Shanghai war damals einer der Schwerpunkte des revolutionären Geschehens, das seinen Höhepunkt zwischen Oktober 1910 und Februar 1911 hatte.

Qian hatte schon früh den Status eines Wunderkindes. Seine Gymnasialzeit verbrachte er in Peking, wo er das der Pekinger Universität angegliederte Gymnasium besuchte, damals wie heute ein Elite-Institut, und zur Zeit Qians eine der ersten höheren Lehranstalten überhaupt in China. Qians Vater war im Übrigen Gymnasialdirektor. Er leitete das erste Gymnasium der Provinz Zhejiang in Hangzhou.

Nach dem Abitur studierte Qian von 1929 bis 1934 an der Jiaotong-Universität in Shanghai Maschinenbau. Obwohl er sich schon damals für alles interessierte was mit Luftfahrt zu tun hatte, lag sein Studienschwerpunkt auf dem Eisenbahnwesen. Am Ende seines Studiums wurde er als bester Student seines Abschlussjahrganges für einen Platz in der „Boxer Indemnity Scholarship" nominiert, einem Auslandsstudium in den USA. Die chinesische Regierung wählte dabei damals nicht nur aus, wer dieses Stipendium bekam, sondern auch was der jeweilige Student dann zu studieren hatte. Zu seiner Freude war die ausgewählte Universität das schon damals renommierte Massachusetts Institute of Technology (MIT) in Cambrigde und dort die Fachrichtung Maschinenbau mit Schwerpunkt Luftfahrt. Der Grund für diese staatliche Auswahl lag in Chinas Bestreben für den Aufbau einer starken Luftwaffe, denn nur zwei Jahre zuvor hatten japanische Kampfflugzeuge Shanghai bombardiert.

Um ihn darauf vorzubereiten, und die Wartezeit bis zu seinem Studienbeginn zu überbrücken, schickte ihn die Regierung ein Jahr für eine Art Praktikum herum, um sich ein Bild von den heruntergekommenen Luftfahrtanlagen Chinas zu machen. Das führte ihn auch an die Luftwaffenbasis Nanchang, zu dieser Zeit eine der vier größten Basen dieser Art in China, an der über 200 Militärflugzeuge stationiert waren. Im August 1935 bestieg er in Shanghai schließlich das US-Linienschiff *SS President Jackson* und schiffte sich für die USA ein.

Die „Boxer Indemnity Scholarship" ist es wert, in ein paar Worten erläutert zu werden. Die grob zusammengefasste Geschichte geht wie folgt:

■ Qian Xuesen im Alter von zehn Jahren während seiner Gymnasialzeit in Peking.

Seit 1901 zahlte China in der Folge der Boxeraufstände an die damals an deren Niederschlagung beteiligten acht Nationen – unter anderem an die USA, das Deutsche Reich und Österreich-Ungarn – eine ungeheure Summe an Reparationen. Insgesamt handelte es sich dabei um 450 Millionen Tael (eine damals gebräuchliche Gewichts- und Währungseinheit für Silber), nach heutigem Umrechnungskurs etwa 30 Milliarden Euro. Das entsprach einer Menge von 37.000 Tonnen Silber und war mehr als ein kompletter Staatshaushalt Chinas zu dieser Zeit. Diese Zahlungen mussten über einen Zeitraum von 39 Jahren geleistet werden. Der Anteil der USA für diese Zahlungen lag bei 7,32 Prozent.

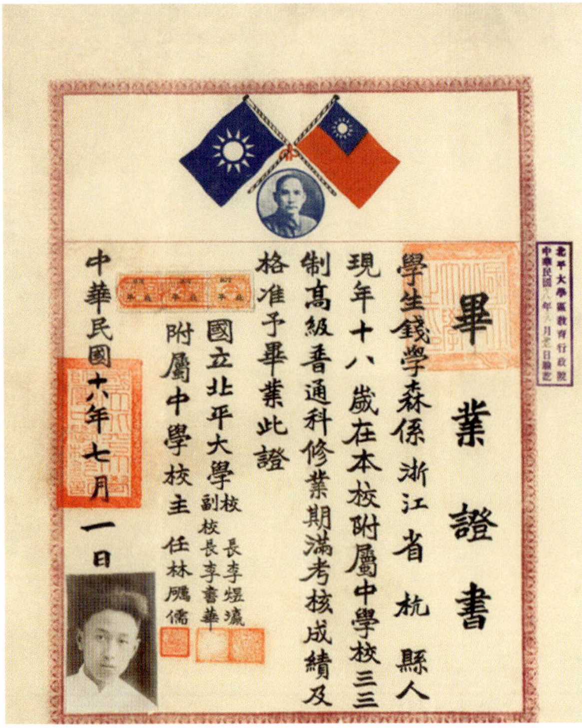

畢業證書

學生錢學森係浙江省杭縣人
現年十八歲在本校附屬中學校三三
制高級普通科修業期滿考核成績及
格准予畢業此證
國立北平大學 校長李煜瀛 副校長李書華
附屬中學校主任林礪儒
中華民國十八年七月一日

■ 1929 erhielt Qian sein Abiturzeugnis.

1905 fiel es dem chinesischen Botschafter in den USA Liang Cheng und dem US-Staatssekretär John Hay auf, dass die USA höhere Wiedergutmachungszahlungen aus China erhielten, als sie verlangt hatten. Die Überzahlung betrug 17 Millionen Dollar zum damaligen Geldwert. Heute wären das mehr als eine halbe Milliarde Dollar.

Präsident Roosevelt erklärte sich zur Rückzahlung bereit, und ließ die Bedingungen dafür verhandeln. Eine davon war, dass China öffentlich machen sollte, für was es das Geld verwenden wollte. Die Forderung entstand aus gutem Grund, denn China war in diesen Tagen ein hoch korruptes Land, und es stand zu befürchten, dass das Geld in den Taschen des Kaiserhauses und seiner Lakaien verschwand.

Nach vielem Hin und Her, es ging über mehrere Jahre, war die Sache mit der Mittelverwendung geregelt. Ein Teil wurde dafür verwendet, die Tshinghua-Universität in Peking zu errichten, mit dem anderen Teil wurde ein Fond begründet, das US-Stipendien an besonders begabte chinesische Studenten vergab. Die erste Gruppe mit 42 Stipendiaten machte sich im Jahre 1909 auf den Weg in die USA.

Im August 1935 verließ Qian Xuesen China um seine Stipendiatenzeit am MIT anzutreten. Ein gutes Jahr später beendete er das Studium bereits mit dem Master of Science. Warum das so schnell ging? Man erinnere sich: Er kam ja bereits mit einem abgeschlossenen Studium in die USA. Qian war allerdings auch ein wenig frustriert über die völlig anderen Lehrmethoden, wie er sie in China kennengelernt hatte. Dort bestand das Studium ausschließlich aus Theorie, während es im MIT eher praktisch und handwerklich zuging. Das entsprach ihm zwar durchaus auch, aber nun war er unentschlossen, welchen Weg er weiter gehen sollte, vor allem hinsichtlich seiner geplanten Promotion.

So ging er Ende 1936 nach Kalifornien, an das nicht weniger renommierte California Institute of Technology (CalTech) um sich dort Rat zu holen, wie es mit seinen Studien weitergehen könnte. Und dort kam es zur schicksalhaftesten Begegnung seines Lebens, denn hier traf er auf den berühmten Mathematiker und Physiker Theodore von Kármán.

Von Kármán hatte in Deutschland studiert, seine Doktorarbeit beim legendären Physiker und Aerodynamiker

■ Qian und sein Vater, etwa gegen Ende seiner Gymnasialzeit.

■ Dieses Foto entstand während Qians Studentenzeit in Shanghai.

Ludwig Prandtl in Göttingen geschrieben, und dann in Göttingen, Aachen und Innsbruck gelehrt. Die immer weiter nach rechts abdriftende politische Entwicklung in Deutschland führte ihn in die USA , wo er eine Position als Direktor des Guggenheim Aeronautical Laboratory annahm, einer Institution, die zum CalTech gehörte. Das Institut beschäftigte sich mit Forschungen und praktischen Versuchen zur Aerodynamik, zur Raketentechnologie für militärische Zwecke und mit den damals noch ungelösten Problemen der Raumfahrt.

Von Kármán erinnerte sich später an seine erste Begegnung mit Qian:

„Eines Tages im Jahr 1936 kam er zu mir ins Büro, um sich über sein Aufbaustudium beraten zu lassen. Als ich aufblickte, sah ich einen zierlichen jungen Mann mit ernstem Blick, der meine Fragen mit ungewöhnlicher Präzision beantwortete. Ich war sofort beeindruckt von seinem Scharfsinn und der Beweglichkeit seines Verstandes, und schlug ihm vor, sich am CalTech für die weiterführenden Studien einzuschreiben ... Qian stimmte zu. Er arbeitete danach mit mir an vielen mathematischen Problemen. Er verfügte über ein außergewöhnliches Vorstellungsvermögen, mit einer hohen mathematischen Begabung, die er erfolgreich mit seiner enormen Fähigkeit kombinierte, die physikalischen Effekte von Naturphänomenen exakt zu visualisieren. Schon als junger Student half er mir, einige meiner eigenen Ideen zu schwierigen Themen zu klären. Es sind Gaben, denen ich nicht oft begegnet bin, und bald waren Qian und ich enge Kollegen".

Bei dieser Begeisterung für den jungen Mann war es kein Wunder, dass ihm von Kármán anbot, als Doktorvater für seine Dissertation zu fungieren.

Von Kármán und seine Schwester (die in der Förderung der kalifornischen Kunstszene sehr aktiv war) führten ein gastfreundliches und offenes Haus. Qian war hier gern gesehen. Von Karman schreibt dazu:

„Qian war oft bei uns und hat diese Besuche sehr genossen. Meine Schwester mochte ihn wegen seiner interessanten Ideen und seiner unkomplizierten und offenen Art."

Qians Weg zur Raketenforschung

In von Kármáns Aeronautical Laboratory kam er schließlich zur Raketenforschung. Einige andere Studenten von Kármáns arbeiteten bereits auf diesem Gebiet und zu dieser Gruppe stieß nun auch Qian Xuesen. Ihre Versuche zeitigten häufig andere Resultate als die erwünschten, und so war die Gruppe auf dem Universitätsgelände bald allgemein als das „suicide squad" (Selbstmordkommando) bekannt, weil gelegentlich heftige Explosionen durch den Campus donnerten. Schließlich musste der „suicide squad"

■ Qian erhält seinen Master-Abschluss in Maschinenbau an der Shanghaier Jiationg-Universität.

Qian Xuesen verlässt Shanghai im Sommer 1935 auf dem Passagierdampfer *USS President Jackson* (SS für: Silver States Line).

mit seinen Versuchen in ein damals trockengelegtes Flussbett namens „Arroyo Seco" ausweichen, wo sie ihre Versuche ohne Gefahr und Lärmbelästigung für andere fortführen konnten.

Der Titel seiner Dissertation, die er im Januar 1938 verteidigte, lautete *Problems in Motion of Compressible Fluids and Reaction Propulsion*. Mit diesen und anderen Forschungsdokumenten begann Qian bald Aufsehen zu erregen. Nicht nur in den USA, sondern auch in China, wo man inzwischen schon auf seine Rückkehr wartete. Auch dort las man das *Journal of the Aeronautical Sciences*, in dem er publizierte.

1940 war Qian Xuesen Doktor der Naturwissenschaften, hatte einen Freundeskreis in Pasadena und führte ein glückliches und erfülltes Forscherleben, als eine Nachricht aus China eintraf. Sie stammte von Wong Tsu, einem der führenden chinesischen Luftfahrtingenieure. Auch er hatte – 20 Jahre vor Qian – am MIT auf Basis der Boxer Indemnity Scholarship studiert und danach bei verschiedenen US-Firmen gearbeitet. Er forderte nun Qian auf, seinen Verpflichtungen nachzukommen, und nach China zurückzukehren.

Qian war hin- und hergerissen zwischen Pflicht und Neigung. Er wusste, dass da, wo er sich gerade befand, die Spitze der Raketenforschung war (die weitaus größeren Fortschritte in Deutschland waren da in den USA noch unbekannt). In China, so wusste er, wäre er wieder von der Entwicklung abgehängt. Mehr noch, China befand sich ja im Krieg mit Japan, er würde sich dort also mit praktischen Fragen der Rüstungsindustrie beschäftigen müssen, und

Theodore von Kármán im April 1931.

nicht dem Fachgebiet, in das er sich tief eingearbeitet hatte, und in dem er inzwischen erhebliche Reputation erlangt hatte.

Um Qian zumindest für ein weiteres Jahr aus der Bredouille zu helfen, schrieb von Kármán einen Brief an Wong Tsu, den er von einer gemeinsamen Zeit bei Boeing kannte.

> *„Ich glaube, man kann seinem Land auf verschiedene Weise wirkungsvoll und treu dienen. Ich habe das Gefühl, dass es nicht nur im Interesse von Dr. Qian, sondern auch im Interesse der chinesischen Sache ist, dass er vor seiner Rückkehr nach China Forschungsarbeiten in verschiedenen Bereichen der Luftfahrttechnik und der Luftfahrtwissenschaften durchführt."*

Die Veröffentlichungen, die Qian zum Teil alleine, zum Teil zusammen mit von Kármán und den Mitgliedern der „suicide squad" machten, erregten die Aufmerksamkeit der US-Army. Das führte dazu, dass die Gruppe ab 1938 nun auch gelegentliche Forschungsaufträge vom Militär erhielt. Um diese Zeit bekam von Kármán einen Besuch von General Henry Arnold, damals eine Luftfahrt-Legende und Chef des United States Army Air Corps, wie die Bezeichnung der US-Luftwaffe seinerzeit lautete. Der suchte nach Starthilfsvorrichtungen, mit denen es möglich war, schwere Bomber schneller und vor allem mit kürzeren Startbahnen in die Luft zu bekommen.

Arnold war auch für die Beschaffungen des Army Air Corps zuständig, und so bekam die Gruppe von ihm eine Zuwendung um Studien und Technologieversuche für die Möglichkeit des Einsatzes von Raketen für diesen Zweck durchzuführen. Dieses System erhielt die Bezeichnung JATO (für **J**et **A**ssisted **T**ake-**O**ff).

Nach Überprüfung ihrer ersten Studienresultate, und alarmiert durch Hitlers Invasion in Polen, erklärte sich die Armee bereit, in die Vollentwicklung des JATO-Systems zu investieren. Für Qian hatte die Sache aber einen Haken: Weil das JATO-Projekt ein vom Militär klassifiziertes Vorhaben war, er aber nicht über die US-Staatsbürgerschaft verfügte, durfte er zunächst offiziell nicht daran mitarbeiten. Vielmehr fungierte er bei diesen und auch anderen militärischen Themen als externer „Berater", während seine Freunde in der Zwischenzeit ein experimentelles Forschungszentrum aufbauten.

Die extrem informelle Bezeichnung „suicide squad" war natürlich für die Organisation zur Durchführung ei-

■ Jack Malina, der Leiter des „Suicide Squad".

nes staatlichen Fördervorhabens unangemessen. In offiziellen Dokumenten firmierte die Gruppe deshalb anfangs als „Guggenheim Aeronautical Laboratory, California Institute of Technology" und dem daraus abgeleiteten Akronym „GALCIT". Mehr und mehr bezeichnete die Gruppe ihre Forschungseinrichtung aber auch mit dem weniger sperrigen Begriff „Jet Propulsion Laboratory". Dieser Name wurde ab 1943 auch offiziell geführt.

Die Bezeichnung „Jet Propulsion", also „Strahlantrieb" war mit Bedacht gewählt, denn die wesentlich korrektere Bezeichnung „Rocket Propulsion" war in den frühen 40ern schlecht beleumundet. Raketen waren im Bild der US-Öffentlichkeit etwas, das hoch gefährlich war, weil sie immerzu explodierten, und mehr Schaden als Nutzen anrichtete. Sie galten als Hirngespinste technischer Spinner.

Während der Zeit, als er in den Jahren 1940 und 1941 nur beschränkt an den militärischen Raketenvorhaben mitarbeiten konnte, trat Qian dem National Advisory Committee for Aeronautics, oder kurz NACA bei. Aus dieser Institution sollte 1958 die spätere NASA erwachsen. Im Übrigen konzentrierte er sich auf die Lehre und seine theoretische Arbeit.

Dann kam im Dezember 1941 der japanische Überfall auf Pearl Harbour. Und nun war es plötzlich auch kein Problem mehr, selbst die höchsten militärische Clearances für alle möglichen Geheimprojekte zu erhalten. Qian galt bei seinen militärischen Auftraggebern bald als gut beleumundet – von Kármán bürgte für ihn – und als äußerst zuverlässig.

■ Von Karman und das JATO-Team, etwa 1940, noch bevor Qian seine „Clearances“ bekam.

■ Qian Xuesen während seiner Zeit beim Jet Propulsion Laboratory in Kalifornien.

Kurz darauf, veranlasst durch britische Geheimdienstberichte, dass die Nazis in Peenemünde an einer außergewöhnlich großen Rakete arbeiteten, beauftragte General Arnold das Team, die Machbarkeit der Entwicklung von Langstrecken-Lenkflugkörpern zu untersuchen.

Am 20. November 1943 erstellten Qian und seine Mitstreiter ein Memorandum mit dem Titel *A review and preliminary analysis of long-range rocket projectiles* (Untersuchung und vorläufige Analyse von Langstreckenraketen). In diesem Papier schlugen sie die Schaffung eines Raketenprogramms vor. In den Annalen des JPL ist dieses Dokument als das *Memo-JPL 1* bekannt, die erste offizielle schriftliche Erwähnung des Namens „Jet Propulsion Laboratory“. Nachdem ihr Vorschlag genehmigt worden war, gründeten sie offiziell das JPL. Es fand seinen Sitz unweit des schon erwähnten „Arroyo Seco“, dem Ort, an dem die Raketenversuche der von Kármán'schen Studentengruppe begonnen hatten. Die Führungsriege der neuen Institution bestand aus Theodore von Kármán als (formeller) Direktor, Frank Malina (dem bisherigen Leiter der „suicide squad“) als amtierenden Direktor und Qian Xuesen als Leiter der Forschungsabteilung.

15 Jahre später sollte dieses Institut Bestandteil der neu gegründeten NASA werden. Heute beschäftigen sich

dort mehr als 6.000 Menschen mit der Entwicklung raffinierter Raumfahrzeuge und der Aufrechterhaltung des Funkverkehrs mit ihnen zur Erforschung des tiefen Weltraums. Die Jet Propulsion Laboratories sind heute das weltweit führende Institut auf diesem Gebiet.

Im darauf folgenden Jahr leitete Qian die Entwicklung der ersten amerikanischen mehrstufigen Rakete, der Private A. Sie war ein Prototyp für eine Artillerielenkwaffe. Der Erstflug dieses kleinen, nur etwa 240 Kilogramm schweren Projektils erfolgte im Dezember 1944. Es war eine für heutige Begriffe ungemein simple Konstruktion, die auf der von ihm mitentwickelten JATO-Rakete basierte. Sie war etwa zweieinhalb Meter lang, wog etwa 240 Kilogramm, bestand aus vier Booster-Elementen und einem Sustainer-Triebwerk. Ihre Reichweite lag bei 18 Kilometer.

Verglichen mit der deutschen V2 waren das Peanuts. Es war ein Rennen gegen die Zeit, das sie klar zu verlieren schienen, denn zu diesem Zeitpunkt regneten schon Tausende der viel fortschrittlicheren deutschen V 2-Raketen auf London und Antwerpen herab.

Nur wenige Wochen nach dem erfolgreichen ersten Start einer Private A bot von Kármán Qian an, sich ihm in Washington anzuschließen. Zusammen mit einer Gruppe führender Wissenschaftler und Ingenieure sollten sie das *Army Air Force Scientific Advisory Board* bilden. Die Idee entstand auf Initiative von General Arnold. Der hatte von Kármán gebeten, eine Gruppe visionärer Wissenschaftler zusammenzustellen, die in die Zukunft blicken und Empfehlungen geben könnten, wie die amerikanische Luftwaffe zu einer militärischen Weltmacht zu formen sei. So gab Qian Anfang 1945 seinen Posten beim JPL und seine Lehrtätigkeit beim CalTech auf, und zog nach Washington.

■ Dieses Bild entstand beim ersten Meeting des Army Air Force Advisory Board-Meetings Anfang 1945.

Doch dort blieb kaum Zeit sich einzurichten. Im März 1945 kam das Ende des Krieges in Europa in Sicht. Die Alliierten waren nun begierig darauf, so viel wie möglich von der sagenumwobenen deutschen Technologie und den geheimnisvollen deutschen Wissenschaftlern in ihre Hände zu bekommen. General Arnold schlug von Kármán vor, umgehend nach Deutschland zu reisen und sich Hitlers Wunderwaffen anzusehen und ihre Ingenieure ausfindig zu machen.

Werfen wir nun einen Blick auf die während der Kriegsjahre, aber auch schon zuvor in Deutschland erzielten Fortschritte auf dem Gebiet der Entwicklung, der Konstruktion und des Baues von Großraketen.

3. Oktober 1942

Der Beginn der Raumfahrt lässt sich genau datieren. Es ist der 3. Oktober 1942. An diesem Tag gelang der erste erfolgreiche Start eines „Aggregat 4" (oder kurz: A4), das unter der technischen Leitung von Wernher von Braun in Peenemünde seit 1939 entwickelt wurde. Über 14 Meter lang, fast 15 Tonnen schwer und über 5.000 Kilometer pro Stunde schnell konnte dieses Projektil mit einer Nutzlast von 750 Kilogramm fast 300 Kilometer weit fliegen.

Nachdem Theoretiker wie Ziolkowski, Oberth, Hohmann und Potočnik zusammen mit den ersten Praktikern und Experimentatoren wie Goddard, Winkler und Valier die Grundsteine gelegt hatten, folgten auf diesem Fundament die militärisch bestimmten Jahre der Realisierung.

Bis dahin war es ein langer Weg gewesen. Alles geschah zum ersten Mal. Jede einzelne technische Lösung musste erst erdacht, entwickelt, getestet und einsatzreif gemacht werden. Es gab ja – von den Ergebnissen der Theoretiker und den ersten noch amateurhaften Basteleien der frühen Pioniere einmal abgesehen – keinerlei Vorläuferprogramme, auf deren Know-how man aufbauen konnte.

Nach fünfjährigen Vorversuchen mit den Aggregaten 2, 3 und 5 und drei weiteren langen Entwicklungsjahren für das Aggregat 4 war man in Peenemünde am 16. März 1942 bereit für den ersten Flugversuch. Der misslang. Die Rakete explodierte noch auf der Rampe des Prüfstands VII. Beim zweiten Versuch, am 13. Juni, durchbrach die Rakete die Schallmauer und stieg bis auf fast 5000 Meter, bevor sie schließlich abstürzte. Rakete Nummer drei, am 16. August 1942 erreichte die doppelte Schallgeschwindigkeit. Das Triebwerk lief jetzt bereits über 70 Prozent seiner Nominal-Laufzeit. Flug Nummer vier schließlich brachte den Erfolg. Bei diesem ersten gelungenen Versuch erreichte das Aggregat 4 auf einer parabelförmigen Flugbahn eine Höhe von fast 85 Kilometern.

Die Grenze zum Weltraum war erreicht. 80 Kilometer (50 Meilen) gelten heute nach US-Auffassung als Raumflug. Nach internationalem Maßstab gilt heute die nach Theodore von Kármán benannte, aber willkürlich festgelegte Höhe von 100 Kilometern als die Grenze zum Weltraum.

Diese Marke wurde bei Vertikalstarts in Peenemünde mehrfach übertroffen. Das Aggregat 4 war damit das erste von Menschen gemachte Objekt, das die Schwelle zum Weltraum überschritt. Die größte damit erreichte Flughöhe wurde am 20. Juni 1944 bei einem Versuchsstart erzielt: 174,6 Kilometer. Dieser Wert wurde erst Mitte der 50er-Jahre übertroffen, und dann ebenfalls mit einem A4, dem man als zweite Stufe eine Wac Corporal-Artillerierakete aufgesetzt hatte.

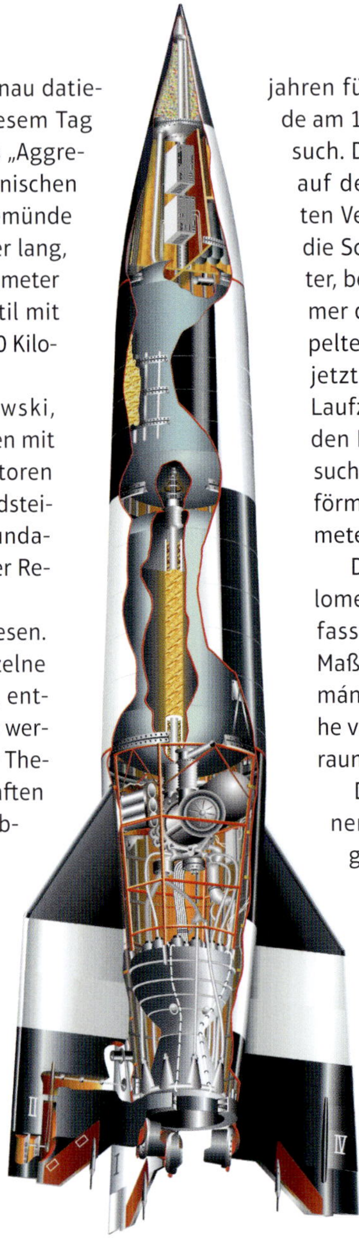

■ Grafik eines „Aggregat 4", oder, wie sie später genannt wurde „V2", mit Innenleben.

Die Geschichte dieses ersten Raumfahrzeugs der Welt ist stark belastet. Der NS-Propagandaminister Josef Göbbels gab der Rakete bei einer Rede im Oktober 1944 die Bezeichnung „Vergeltungswaffe 2" oder kurz „V2". Diesen Namen wurde sie nie wieder los. Er ist bis heute bei weitem gebräuchlicher als die technische Bezeichnung, die sie bis dahin hatte.

Etwa 6.300 Stück des Aggregat 4 wurden gebaut. 3.745 Stück davon wurden auf Ziele im europäischen Festland und auf England abgefeuert. Mehrere tausend Menschen kamen durch die Wirkung ihres Gefechtskopfes ums Leben. Noch mehr durch die unmenschlichen Bedingungen, unter der sie in einem Bergstollen bei Nordhausen im Harz, von Häftlingen des Konzentrationslagers „Mittelbau Dora", produziert wurde. Die V2 ist wahrscheinlich die einzige Waffe der Militärgeschichte, bei deren Produktion mehr Menschen ums Leben kamen, als bei ihrem Einsatz.

Im März 1945 erfolgten die letzten Kampfeinsätze der V2. Am 29. März fielen den Amerikanern auf einem Militärzug zehn vollständige V2-Raketen in die Hände, zusammen mit den mobilen Startrampen, dem Treibstoff, den technischen Handbüchern und den Betriebsanleitungen.

Zu diesem Zeitpunkt hatte sich die Führung des Peenemünder Entwicklungszentrums unter SS-Bewachung bereits ins Allgäu abgesetzt. Konstruktionspläne und Dokumente hatte von Braun schon zuvor sichern lassen und in Mitteldeutschland versteckt. Die Vorbereitungen dafür hatte er schon ab Spätherbst 1944 getroffen. Diese wertvollen Dokumente sollten das Pfand für ihn und sein Team für eine Zukunft in den USA sein.

Am 2. Mai 1945 stellte sich Wernher von Braun, General Dornberger (der Leiter der Versuchsanstalt Peenemünde) und einige ihrer Mitarbeiter den US-Truppen. Dann war der Krieg vorbei. Als die West-Alliierten und die Sowjets in das deutsche Kernland eindrangen, gehörten die sagenhaften

■ Dieses Bild zeigt vermutlich das erste Versuchsmodell der A4 im März 1942. Bei einem statischen Brennlauf am 14. März explodierte diese Rakete.

■ Glückwünsche nach dem erfolgreichen Start vom 3. Oktober 1942 durch den Inspekteur der Nachrichtentruppe, General Erich Fellgiebel. Rechts von ihm General Walter Dornberger. Er schüttelt hier die Hand von Oberst Leo Zanssen, dem die Heerestechnische Versuchsanlage Peenemünde unterstand. Hinter General Dornberger steht, ihm im dunklen Anzug, Wernher von Braun. Rechts hinter Zanssen steht Luftwaffen-Hauptmann Stölzel und neben mit der Mappe Dr. Rudolf Hermann, Aerodynamiker und Chef der Windkanalversuche in Peenemünde. Ganz rechts Diplomingenieur Gerhard Reisig von der Messabteilung.

■ Der Beginn des Raumfahrtzeitalters wird heute mit dem 3. Oktober 1942 verbunden. An diesem Tag erfolgte der erste erfolgreiche Start einer A4 vom Prüfstand 7 des Entwicklungs- und Testzentrums Peenemünde an der Ostsee.

Großraketen zu den begehrtesten Beutestücken. Die Sieger nahmen mit, was immer sie ergattern konnten: Konstruktionszeichnungen, Bauteile, Komponenten und ganze Systeme. Vor allem aber die Menschen, welche die Rakete entwickelt und gebaut hatten.

Der Vorteil lag zunächst bei den Amerikanern. Sie hatten das „Mittelwerk Dora" noch vor den Sowjets erreicht und konnten sich dort in großem Maßstab Material und Dokumente sichern. Sie bildeten die Grundlage der Raketenforschung der USA bis in die Mitte der 50er-Jahre.

Aber auch die Sowjets machten reiche Beute. Es war ihnen schon im August 1944 gelungen, bei der Eroberung des Testgeländes in Heidelager (in Südostpolen) Bauteile von V2-Raketen sicherzustellen. Am 5. Mai besetzte die Rote Armee Peenemünde und fand dort neben allerlei Gerät auch eine vollständige Rakete vor. Auch ehemalige Führungskräfte, unter ihnen Helmut Gröttrupp (unter Wernher von Braun verantwortlich für die Bordsysteme und die Flugsteuerung der Rakete) und vor allem einige hundert Techniker und Ingenieure des von Braun'schen Entwicklungsteams waren noch vor Ort. Die Sowjets verpflichteten sie umgehend zum Dienst für die Rote Armee.

Nachdem die US-Truppen aufgrund der Vereinbarungen des Potsdamer Abkommens Nordhausen räumen mussten, nahm die Sowjetunion in den – nun ehemals – deutschen Anlagen die Fertigung des Aggregats 4 wieder auf und gründete dafür sogar Unternehmen, unter anderem das Institut Nordhausen, in denen schließlich im Sommer 1946 mehrere tausend Menschen arbeiteten.

Mit der Operation Ossawakim, die am 22. Oktober 1946 begann, wurden 160 deutsche Projektwissenschaftler des Instituts Nordhausen mitsamt ihren Familien in die Sowjetunion deportiert. Außerdem wurden alle A4-Fertigungs-

■ Ein Aggregat 4 vor einem Versuchsstart im Jahre 1944.

anlagen der sowjetisch besetzten Zone demontiert und in die Sowjetunion geschafft. Dort wurde die A4 zunächst von gemeinsamen russisch-deutschen Teams produziert und weiterentwickelt. Die in Nordhausen fertiggestellten Raketen wurden in das Testzentrum Kapustin Jar am Kaspischen Meer verfrachtet. Der erste Start eines nachgebauten A4, die nun die Bezeichnung R-1 trug, erfolgte von da am 17. Oktober 1948.

Etwa um das Jahr 1951 war der Know-how-Transfer abgeschlossen, und die zwangsrekrutierten Familien wurden nach Deutschland zurückgeführt.

Die V2, die nunmehr R-1 hieß, wurde den sowjetischen Streitkräften zugeführt und begann dort ihre zweite Karriere. Es sollte nicht ihre letzte sein. Ihren dritten Frühling erlebte das Peenemünder Fluggerät in China, denn mit dieser Rakete begann unter der Leitung von Qian Xuesen in den frühen 60er-Jahren der Aufbau des chinesischen Raumfahrtprogramms.

■ Schon wenige Jahre nach dem Krieg befand sich die V2, die nunmehr R-1 hieß, im Arsenal der Roten Armee.

Wernher von Braun wurde, so wie er es geplant hatte, mit mehr als 100 seiner Mitarbeiter in die USA transferiert. Das Reisegepäck war umfangreich: Es beinhaltete neben den Konstruktionsplänen nicht weniger als 100 A4-Raketen. Der Transfer geschah auch auf Veranlassung von Qian Xuesen, der eine wesentliche Rolle im Projekt Paperclip spielte.

Von Paperclip zum Hausarrest

Anfang 1945 war Qian Xuesen in das Vorhaben LUSTY (das Akronym stand für **LU**ftwaffe **S**ecret **T**echnology) eingebunden, bei dem erstmals Teile der sagenhaften deutschen V2-Rakete in die USA gelangten und dort untersucht wurden. Schon seit Kriegseintritt der USA waren stets Spezialistenteams mit den vormarschierenden Truppen unterwegs, und sammelt alles an Material ein, das für die Luftkriegsführung interessant war. Das waren nicht nur einzelne Bauteile und Komponenten, sondern durchaus auch ganze Flugzeuge, manchmal sogar noch flugfähig, die man auf dem Vormarsch gekapert hatte.

Nach dem Waffenstillstand weitete sich die Operation LUSTY dramatisch aus. Nun durchkämmten Experten systematisch mit Hilfe so genannter „Schwarzer Listen" das gesamte Gebiet deutschen Reichs auf der Suche nach interessanten technischen Artefakten, Projekten und Dokumenten. Noch Monate nach dem Tag der Befreiung wurden aus britischen, französischen und sogar der sowjetischen Besatzungszone Flugzeuge der „Schwarzen Liste" ausgeflogen, versteckt oder anderweitig in die von der United States Army kontrollierten Gebiete abtransportiert.

Wernher von Braun bei seiner „Gefangennahme" Anfang Mai 1945 im Allgäu. Links General Walter Dornberger, der – nun ehemalige – Chef der Versuchsanlagen in Peenemünde.

Später kam das Projekt Paperclip dazu. Die immer weiter anwachsende Flut von unbekanntem, geheimnisvollem Gerät machte bald klar, dass man nicht umhin kam, auch die zum Gerät dazugehörenden Experten zu „beschaffen". Vor allem auch weil sich herauskristallisierte, dass

Abflug zur Inspektionsreise nach Deutschland. Qian ist der vierte von rechts.

Deutschland den Alliierten auf vielen technologischen Gebieten weit voraus war. Das galt vor allem für das sagenumwobene Raketenprogramm.

Im Mai 1945 machten sich Theodore von Kármán, Qian und einige andere hochrangige Wissenschaftler auf den Weg nach Europa. Um sich dort frei bewegen zu können, und in der Lage zu sein, sich jederzeit die notwendigen Ressourcen zu besorgen, wurden die beiden mit umfassenden Vollmachten und Befugnissen ausgestattet, und erhielten die dazu passenden militärischen Ränge. Von Kármán den Rang eines Generalmajors, Qian den Rang eines Oberst. Eines ihrer Hauptziele war es, Wernher von Braun und möglichst viele seiner Mitarbeiter zu gewinnen.

Obwohl die Alliierten auf dem Papier die Kriegsbeute bereits aufgeteilt hatten, war die Operation Paperclip tatsächlich ein Wettkampf zwischen den britischen, russischen und amerikanischen Geheimdiensten. Alle versuchten, so viele Wissenschaftler, Ausrüstung und Dokumente wie möglich in ihre Hände zu bekommen, bevor dies den jeweils anderen Parteien gelang. Es war die Zeit vor dem Inkrafttreten verbindlicher Regelungen, die in der Potsdamer Konferenz von den drei Siegermächten im Juli 1945 getroffen wurden. Danach wurde die Suche nach Material, Dokumenten und Personen zwar schwieriger, lief aber dennoch noch eine ganze Weil verdeckt ab.

Für die Teams von LUSTY- und Paperclip bedeutete das einen hektischen Zeitplan. Viele Aktionen liefen auf wenig legalen Wegen ab. Demzufolge gibt es nicht viele Aufzeichnungen über das, was damals geschah. Das war zum Einen der Eile geschuldet, aber auch, um keine Beweismittel zu produzieren.

Gesichert ist jedoch, dass Qian einer der ersten war, der Wernher von Braun, den Architekten des A4-Programms, nur wenige Tage nach seiner choreografierten Kapitulation Anfang Mai 1945 verhörte. Niemand konnte damals ahnen, dass in einem kleinen Ort im Allgäu der Vater des zukünftigen US-Raumfahrtprogramms vom Vater des zukünftigen chinesischen Raumfahrtprogramms befragt werden würde.

Während seiner Untersuchungen im Allgäu und in Oberbayern machte Qian eine ziemlich überraschende Entdeckung. Er erfuhr dort, dass deutsche Wissenschaftler mit dem ersten Hyperschall-Windkanal der Welt, der in Kochel in der Nähe des Walchensees entstanden war, seine theoretischen Arbeiten bei der Suche nach der optimalen aerodynamischen Form für das Aggregat 4 in die Praxis umgesetzt hatten. Dieser Windkanal war eine technische

In Deutschland treffen Qian und von Kármán auf Ludwig Prandtl, der während des Krieges in Deutschlang geblieben war. Prandtl (links) war der Doktorvater von Kármáns gewesen. Von Kármán wiederum war der Doktorvater von Qian Xuesen.

Weltsensation für sich selbst, und für von Kármán als Aerodynamiker und für Qian als Raketenforscher von ganz besonders hohem Interesse.

Der damalige Chefwissenschaftler des Kochel-Windkanals, Dr. Rudolf Hermann, erinnerte sich 45 Jahre später in einem Interview

„... sie kamen die ganze Zeit ... Hunderte von Wissenschaftlern und Ingenieuren von der Armee, von der Marine und der Luftwaffe ... ich erinnere mich an einen von ihnen, Dr. Qian, einen engen Mitarbeiter von Kármáns. Er hatte als erster Wissenschaftler eine Theorie über die Druckverteilung in einer Überschallströmung verfasst. Wir kannten seine Arbeit, weil sie etwa zwei Jahre vor Kriegsende veröffentlicht worden war. Wir hatten seine Gedanken aufgegriffen und in unserem Tunnel erprobt."

In Folge veranlassten von Kármán und Qian die Verlagerung vorhandener Maschinen und Dokumente in die USA. Jahre später wurde die Anlage am AEDC (**A**rnold **E**ngineering **D**evelopment **C**enter) in Tullahoma, die auf diesem Material basiert, in Betrieb genommen. Eine Internet-Adresse zu diesem interessanten Aspekt findet sich im Anhang dieses Buches.

■ Das „Peenemünde-Team“ nach seiner Ankunft in Fort Bliss, nahe El Paso in Texas. Etwa 100 deutsche Raketenwissenschaftler wurden – auch durch Veranlassung von Qian – im Sommer und Herbst 1945 in die USA übersiedelt. Hier ist das Team noch nicht vollständig. Wernher von Braun ist der siebte von rechts in der vorderen Reihe.

■ Fast genau 15 Jahre nach seiner Befragung durch Qian Xuesen wurde Wernher von Braun zum Direktor des Marshall Space Flight Centers der NASA ernannt. Dort entwickelte er die Raketen für das bemannte US-Mondlandeprogramm. Zur selben Zeit leitete Qian bereits die Entwicklung von Militärraketen und Orbitalträgern in China.

Nach seiner Rückkehr in die USA ging Qian an die Auswertung der gewonnenen Informationen. Anfang 1946 gab er ein neunbändiges Werk mit dem Titel *Towards New Horizons* heraus. Fünf dieser neun Bände stammten von Qian selbst. In diesem Dokument beschrieb er den Status der deutschen Entwicklungen, stellte sie dem bislang erreichten Weltstandard gegenüber und leitete daraus die weitere Entwicklung der US-Luftstreitkräfte ab. Es war genau die Art Bericht, wie ihn General Arnold ursprünglich angefordert hatte. Das Werk wurde als so wichtig und brisant angesehen, dass es für lange Zeit in der Geheimhaltung verschwand.

Sein alter Mentor Theodore von Kármán setzte sich dafür ein, dass Qian in das wissenschaftliche Beratungskomitee der US-Luftwaffe aufgenommen wurde. *„Mit 36 Jahren war er ein herausragendes Genie, dessen Arbeit enorme Impulse für den Fortschritt in der Erforschung der Aerodynamik bei hohen Geschwindigkeiten und des Strahlantriebs setzte“*, urteilte von Kármán über Qian.

Während er an all diesen geheimen Arbeiten für das Pentagon arbeitete, veröffentlichte er weiterhin wissenschaftliche Arbeiten. Ende 1946 machte ihn seine Arbeit *Superaerodynamics, Mechanics of Rarefied Gases* zu einer

Kapazität. Das veranlasste seine Alma Mater, das Massachusetts Institute of Technology dazu, ihn an die Ostküste der USA zurück zu locken. Im März 1947 trat er dort eine Stelle als außerordentlicher Professor für Luftfahrttechnik an. Qian war da gerade erst 36 Jahre alt.

Doch mit seiner Lehrtätigkeit wurde es zunächst nichts, denn bald nach seiner Ankunft in Boston erhielt Qian die Nachricht vom Tod seiner Mutter. So begann er sein Amt beim MIT mit einer Auszeit und reiste nach China, um seinen Vater zu besuchen. Es war sein erster Besuch in der Heimat nach zwölf Jahren.

China war zu dieser Zeit in einem schlimmen Zustand. Der Krieg gegen Japan war zwar endlich zu Ende gegangen, aber jetzt war China in einen Bürgerkrieg geraten. Die durch und durch korrupte nationalistische Regierung hatte das Land in einen der schlimmsten Fälle von Hyperinflation in der Geschichte getrieben. Innerhalb eines Jahres stiegen die Preise um das Millionenfache. Die Schatten der Dinge, die bald kommen sollten, legten sich bereits über das Land.

■ Nach der Rückkehr aus Deutschland gab Qian das neunbändige Kompendium „Towards New Horizons" heraus. Fünf Bände stammen von ihm.

Qian blieb einige Monate in China. In der Zeit bekam er auch eine hohe Position in der nationalistischen Regierung angeboten, was er aber ablehnte. Die Zustände im Lande waren zu wenig einladend, die Missstände überall sichtbar. Was sollte er also da? Aber es gab andere, wesentlich motivierendere Angelegenheiten für ihn, denn er verliebte sich. Er traf auf Jiang Ying, die er schon seit seinen frühen Jugendjahren kannte.

Ihre Väter waren in dieselbe Schule gegangen und Qians und Jiangs Eltern blieben später enge Freunde. Die beiden jungen Leute waren sich deshalb in ihrer Jugend oft begegnet. Dann hatten sie aber den Kontakt verloren. Jiang Ying war für ein Musikstudium nach Europa gegangen und hatte sich dort in Berlin und Luzern zur Opernsängerin ausbilden lassen. Qian war in die USA verschwunden. Jetzt, bei seinem Besuch in China, erlebte er sie bei einem Auftritt in Shanghai, und seine Liebe zu ihr entflammte aufs Neue. Kurz vor seiner Rückkehr nach Boston heirateten die beiden am 14. September 1947 in Shanghai.

Nur wenige Tage später kehrte Qian zurück, um seine Lehrtätigkeit am MIT endlich aufzunehmen. Er erhielt jetzt auch eine permanente Aufenthaltsgenehmigung in den USA. Im Dezember folgte ihm seine Frau in die USA nach. Es wird berichtet, dass seine Kollegen am MIT und später am CalTech von ihrer Schönheit, Eleganz und aufgeschlossenen Persönlichkeit sehr beeindruckt waren.

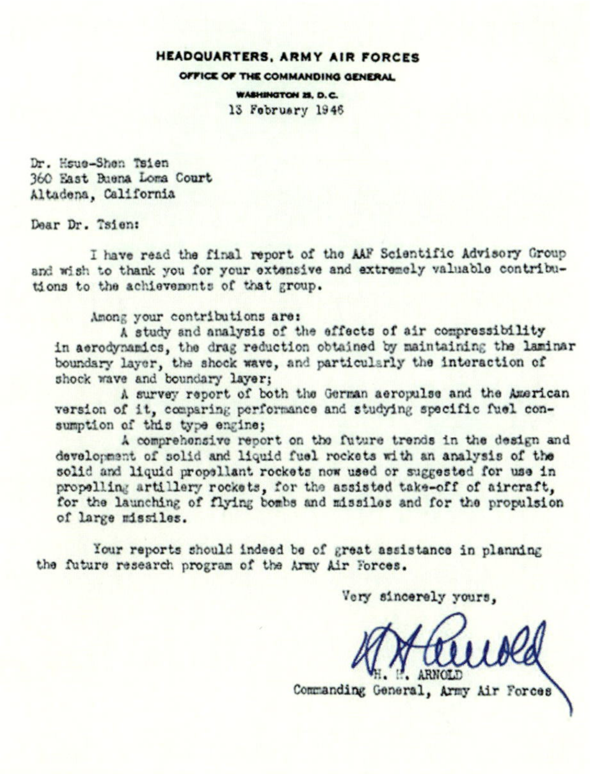

HEADQUARTERS, ARMY AIR FORCES
OFFICE OF THE COMMANDING GENERAL
WASHINGTON 25, D.C.
13 February 1946

Dr. Hsue-Shen Tsien
360 East Buena Loma Court
Altadena, California

Dear Dr. Tsien:

I have read the final report of the AAF Scientific Advisory Group and wish to thank you for your extensive and extremely valuable contributions to the achievements of that group.

Among your contributions are:

A study and analysis of the effects of air compressibility in aerodynamics, the drag reduction obtained by maintaining the laminar boundary layer, the shock wave, and particularly the interaction of shock wave and boundary layer;

A survey report of both the German aeropulse and the American version of it, comparing performance and studying specific fuel consumption of this type engine;

A comprehensive report on the future trends in the design and development of solid and liquid fuel rockets with an analysis of the solid and liquid propellant rockets now used or suggested for use in propelling artillery rockets, for the assisted take-off of aircraft, for the launching of flying bombs and missiles and for the propulsion of large missiles.

Your reports should indeed be of great assistance in planning the future research program of the Army Air Forces.

Very sincerely yours,

H. H. ARNOLD
Commanding General, Army Air Forces

■ Ein Dankschreiben von General Arnold für seine verschiedenen Beiträge für das Army Air Force Scientific Advisory Board.

Das Heiratsfoto mit Jiang Ying vom 14. September 1947.

Am 13. Oktober 1948 kam ihr erstes Kind zur Welt, ein Junge mit dem Namen Yu Con. Etwa zur selben Zeit erhielt Qian ein neues berufliches Angebot. Die Guggenheim-Foundation hatte unter der Leitung des Jet Propulsion Laboratory zwei neue Zentren für Strahlantriebe eröffnet. Das eine war am CalTech (das Guggenheim Aeronautical Laboratory, die ehemalige Wirkungsstätte von Kármáns), das andere in Princeton in New Jersey. Die Stiftung bot Qian an, die Leitung eines der beiden Institute zu übernehmen und ließ ihm die Wahl. Diese Funktion war auch mit einer ordentlichen Professur verbunden, was bedeutete, dass er nun seinen eigenen Lehrstuhl betreiben konnte. Qian wählte Pasadena, und so verließ er mit seiner kleinen Familie schon nach einem Jahr das MIT wieder und zog zurück nach Kalifornien.

Anfang 1949 trug er den Titel „Robert H. Goddard Professor des Jet Propulsion Laboratorys am California Institute of Technology" und trat damit die Nachfolge von Theodore von Kármán an.

In dieser Zeit brachte er es zu landesweiter Beachtung, weil er bei einer Konferenz der American Rocket Society erklärte, dass die Technology bereits weit genug fortgeschritten sei, um ein suborbitales Raumfahrzeug zu konstruieren, das in der Lage wäre, innerhalb von nur 45 Minuten um den halben Planeten zu fliegen. Dabei wies er auch auf die Möglichkeiten der militärischen Nutzung hin. Beeinflusst hatten ihn hier die Konzepte von Eugen Sänger, der schon vor dem Zweiten Weltkrieg Studien über Hyperschall-Vehikel ausarbeitete. Es war damals bekannt unter dem Namen „Silbervogel". Eugen Sänger bezeichnete dieses – damals noch extrem theoretische – Vehikel auch als den „Antipodenbomber".

Qians Ausarbeitungen bildeten die Grundlagen für die späteren Vorhaben X-15 und X-20 Dyna Soar. Ersteres Projekt wurde ab 1955 konzipiert und führte ab 1959 zu ersten Flügen, welche die X-15 nur wenige Jahre später mehrfach bis in Höhen von über 100 Kilometern und Geschwindigkeiten von bis zu 7.000 Kilometer pro Stunde führten. Das Vorhaben X-20 erreichte noch das Stadium der Vorentwicklung, wurde aber zugunsten der schneller zu entwickelnden Kapselsysteme wieder eingestellt. Qian gilt bis heute auch als der „Großvater des US-Space Shuttle".

1949 wurde er zum Mitglied der American Academy of Arts and Sciences gewählt. Im selben Jahr beantragte Qian die US-Staatsbürgerschaft. Dieser Punkt seiner Vita ist allerdings nicht vollständig gesichert. Die Aussage stammt von Mitarbeitern und Freunden aus seiner Zeit beim CalTech. Sie wurde erst 2008 in der weltweit bedeutendsten

Qian erläutert hier das Prinzip des „Wellenreitens" auf der oberen Atmosphäre, um bei einem suborbitalen Flug große Distanzen überbrücken zu können.

Zeitschrift für Luft- und Raumfahrt, *Aviation Week & Space Technology* gemacht. Qian selbst hat sich nie dazu geäußert, jedoch meinte seine Frau viele Jahre später bei einem Fernseh-Interview, dass das nicht der Fall gewesen sei.

Anfang 1950 hatte er den Höhepunkt seiner Popularität erreicht. Sein Name ging mit schöner Regelmäßigkeit

■ Die Jahre 1948 und 1949 waren Qians beste Zeit in den USA.

durch Fachzeitschriften und Boulevardpresse, weil er sich immer wieder zur Fragen der zukünftigen Entwicklung der Raumfahrt äußerte. Im Mai dieses Jahres erschien ein Artikel in Popular Mechanics in dem er wie folgt zitiert wurde: *„Ingenieure könnten noch in diesem Jahr mit dem Bau eines Raumschiffs beginnen, das in den Weltraum hinausfliegen und den Mond erreichen kann, sofern irgendeine Agentur dieses Vorhaben finanzieren würde."*

Die Dinge schienen für Qian richtig gut zu laufen, aber im Hintergrund zogen langsam die dunklen Schatten herauf. Diese Schatten waren eine Melange aus irrationalen Ängsten, den aktuellen weltpolitischen Entwicklungen und dem fanatischen Furor des rechtsextremen US-Senator Joseph Mc Carthy.

In der Folge der abgekühlten Beziehungen zwischen der Sowjetunion und den USA entwickelte sich in den USA ein hoch aggressiver Antikommunismus. Befeuert wurde das zunächst von Präsident Truman, der im März 1947 die *Executive Order 9835* veranlasste, auf deren Grundlage in der Folge eine Überprüfung der politischen Loyalität sämtlicher drei Millionen Staatsbediensteten durchgeführt wurde. Darunter fiel auch Qian.

Bis heute ist nicht endgültig geklärt, ob Qian in dieser Zeit ein Mitglied der Kommunistischen Partei war. Gesichert ist, dass er ab 1939 auf Versammlungen von Exilchinesen ging, bei denen es aber wohl eher um landsmannschaftliche Verbindungen ging. In dem Buch *Escape from Earth* von Fraser Mc Donald wird aber behauptet, dass Qian und einige andere seiner Mitstreiter vom CalTech von den kommunistischen Ideen begeistert waren und sich tatsächlich als Parteimitglieder eintragen ließen.

Das CalTech mit seinen vielen jungen Leuten war damals durchaus ein Zentrum von „Freigeistern". Sie setzten sich gegen die Rassentrennung ein und machten sich Sorgen um die politische Entwicklung in Europa. Wenn Qian möglicherweise auch nicht Parteimitglied war, so war er dennoch dem Gedankengut in seiner Reinform nicht abgeneigt. Im Übrigen hatte er bei der Rückkehr aus China im Herbst 1947 auf dem Einreiseformular angegeben, NICHT Mitglied einer staatsgefährdenden Vereinigung (zu denen die Kommunisten gehörten) zu sein. Und das hatte man ihm damals offensichtlich geglaubt.

Die Überprüfungen im Rahmen der *Executive Order 9835* erbrachten jedenfalls nicht genügend Material, um auch nur die militärischen Clearances, über die Qian für alle möglichen Geheimprojekte verfügte, zu widerrufen. Doch das blieb nicht so, denn draußen in der Welt ereigneten sich schlimme Dinge und im Lande radikalisierte sich die Stimmung.

Am 29. August 1949 zündete die Sowjetunion in Semipalatinsk die erste Atombombe. Nur Monate später wurde der Spion Klaus Fuchs enttarnt, ein Mitglied des Manhattan-Projektes, der den Sowjets die Pläne dafür geliefert hatte. Im März 1950 wurde er dafür zu 14 Jahren Gefängnis verurteilt. Im Juni brach der Korea-Krieg aus. Es war einer der ersten großen Stellvertreter-Kriege in der Geschichte, denn de facto kämpften in Korea die USA gegen die Sowjetunion und in noch größerem Maße gegen China.

Dort hatte sich der Kommunist Mao Tsedong gegen den Republikaner Tschiang Kai-Shek durchgesetzt. China wurde jetzt nach den Grundsätzen von Marx und Lenin stramm kommunistisch regiert. Das Schreckgespenst einer kommunistischen Weltherrschaft wurde überall im Westen

■ Diese Bilder sind nicht genau datiert, dürften aber zur Zeit von Qians Leitung der Guggenheim Aviation Laboratories entstanden sein.

an die Wand gemalt, nirgendwo aber mit einer solchen Inbrunst wie in den Vereinigten Staaten. Die schlimmsten Jahre der McCarty-Ära mit ihrer Verfolgung des „Red scare", also der „Roten Gefahr" begannen. Die Xenophobie und die manische Angst vor allem was „kommunistisch" war oder dahin definiert wurde, nahm nun – aufgepeitscht durch die Boulevardpresse – massiv pathologische Züge an.

Qian, wie viele hundert andere Intellektuelle des wissenschaftlichen und kulturellen Lebens dieser Zeit, geriet auf die schwarzen Listen des FBI. Dorthin war er durch den neuen Chef des Jet Propulsion Laboratory, Louis G. Dunn, also quasi seinem Vorgesetzten, gekommen. Dunn stand politisch ultrarechts und galt als fanatischer Antikommunist. Qian war nicht der Einzige, den Dunn an das FBI meldete, aber alle die er meldete waren entweder Chinesen oder Juden.

Die Zeit der Vorladungen und Verhöre politisch Verdächtiger vor parlamentarischen Untersuchungsausschüssen begann. Die schlimmste dieser Einrichtungen, besetzt mit den extremsten Fanatikern, war das „Komitee für unamerikanische Umtriebe", in dem sich vor allem der Republikaner Richard Nixon hervortat. Tiefste Abgründe menschlichen Zusammenlebens taten sich auf.

Präsident Truman tat das Seine dazu. Er bezeichnete die 60.000 Mitglieder zählende Kommunistische Partei der USA (CPUSA) als eine „verachtenswerte Minderheit in einem Land der Freiheit" („a contemptible minority in a land of freedom").

Es waren keine guten Zeiten für einen chinesischen Wissenschaftler, der in den USA in einer herausragenden Position arbeitete. Immer massiverer Druck begann sich gegen Qian aufzubauen. Am 6. Juni 1950 wurden all seine security clearances suspendiert und eine Serie von Verhören durch das FBI begann. Man setzte ihn unter Druck, und verlangte von ihm, Sidney Weinbaum zu denunzieren. Weinbaum war ein aus Russland stammender jüdischer

■ Nach ihm ist die gesamte Ära der Kommunistenhatz in den USA der frühern 50er-Jahre benannt: Der republikanische Senator Joseph McCarthy (stehend an der Tafel).

Physiker, der ebenfalls am CalTech arbeitete. Er war ein guter Freund Qians und Mitglied der amerikanischen kommunistischen Partei. Doch Qian weigerte sich, gegen ihn auszusagen. Andere dagegen taten es, und Weinbaum wurde zu vier Jahren Gefängnis verurteilt. Eine Internet-Adresse zum „Weinbaum-Case" findet sich im Anhang dieses Buches.

Viele, die damals unter Verdacht gerieten, versuchten ihre Haut mit Denunziationen anderer zu retten. Im Falle Weinbaums waren das Frank Oppenheimer, der Bruder von Robert Oppenheimer, sowie Frank Malina und Jack Parsons von Qians altem „suicide squad". Das war zwar schäbig von ihnen, aber irgendwo auch verständlich, denn wer nicht bereit war gegen andere auszusagen geriet schnell selbst unter Verdacht und kam auf die Schwarze Liste, wenn er denn nicht ohnehin schon darauf stand. Die Befragten wurden vor die Wahl gestellt, entweder die Namen ehemaliger oder gegenwärtiger „Kommunisten" und „Weggenossen" zu nennen oder keine Beschäftigung mehr in den USA zu finden.

Doch Qian verriet weder Weinbaum noch sonst jemanden, wie es sonst so viele taten, um ihre eigene Haut zu retten. Das Verhalten der Behörden, nach all dem, was er für das Land getan hatte, erschütterte ihn zutiefst. Wenn er nicht mehr an klassifizierten Projekten arbeiten konnte, die an der Spitze der Forschung standen, wenn er auf den Status eines reinen Lehrers zurückfiel, dann konnte er das genauso gut auch woanders machen. Das musste dann nicht in den USA sein, wo man ihn so schlecht behandelte. Der verbitterte Qian erklärte nach diesen Verhören, dass er seinen Posten beim JPL aufgeben und nach China zurückkehren wolle. Und zwar nach Rotchina, wo nun der Kommunistenführer Mao Zedong herrschte.

Zu dieser Zeit war Qian Xuesen immer noch chinesischer Staatsbürger. Aus der Sicht der USA, die Rotchina nicht anerkannten, bedeutete das aber, dass er Staatsbürger der Republik China war, die sich nun, im Jahre 1950 auf der Insel Taiwan unter der Führung von Tschiang Kai-Shek etabliert hatte. Tatsächlich war er von der dortigen Regierung auch schon zuvor aufgefordert worden, nach Taiwan zu kommen. Aber als Resultat aus den Erfahrungen und Beobachtungen, die er bei seinem Besuch im Jahre 1947 mit dem korrupten republikanischen Regime gemacht hatte, kam das für ihn nicht in Frage. Das China, das auf dem Festland um Mao Tsedong entstanden war, erschien ihm das bessere China. So besorgte Qian für sich und seine Familie Flugtickets und beauftragte eine Spedition, seine Sachen per Schiff nach China zu verschicken.

An der Fakultät am CalTech war man entsetzt über die Nachricht. Seine Freunde und Kollegen dort überredeten Qian, nach Washington zu fahren, um dort seinen Fall zu vertreten, und seine Sicherheitsfreigaben wiederzubekommen. Von früheren Gelegenheiten kannte Qian den Marineminister Dan Kimball und traf sich in Washington mit ihm. Als er ihm erklärte was passiert war, und dass er beabsichtige, nach China zurückzukehren, antwortete Kimball: *„Sie können nicht gehen. Sie sind zu wertvoll und sie wissen zu viel."* Qian bestand aber darauf. Gerade begann der Krieg in Korea und China war dabei, in diesen Krieg eintreten. So antwortete Qian: *„Ich bin Chinese. Ich will keine Waffen bauen, um damit meine eigenen Landsleute zu töten, so einfach ist das."* Kimball sagte dann: *„Ich werde Sie nicht aus dem Land lassen."*

Als Qian den Raum verließ, rief Kimball die Einwanderungsbehörde an. Qian wurde festgenommen, sobald er wieder in Kalifornien gelandet war. Dabei war Kimball Qian durchaus wohlgesonnen. Er hatte die Verhaftung in der Annahme angeordnet, dass er nur ein paar Stunden oder einen Tag in Arrest genommen werden würde und man ihm dann behördlicherseits befahl, im Land zu verbleiben. In

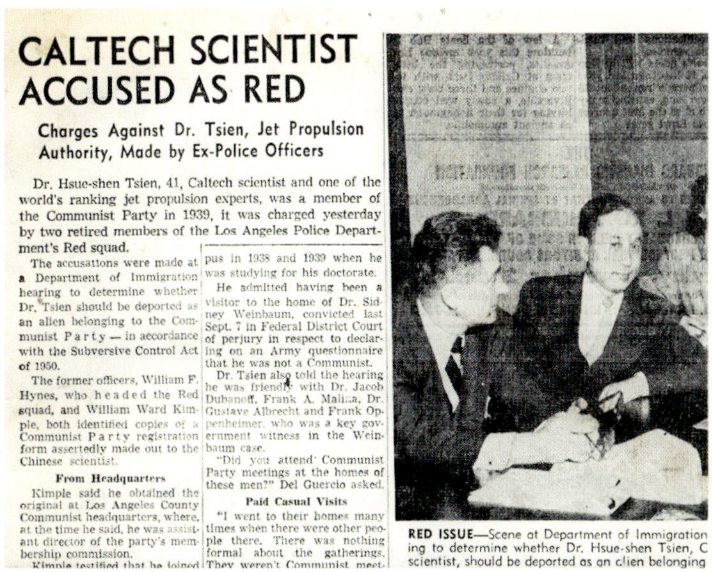

CALTECH SCIENTIST ACCUSED AS RED

Charges Against Dr. Tsien, Jet Propulsion Authority, Made by Ex-Police Officers

Dr. Hsue-shen Tsien, 41, Caltech scientist and one of the world's ranking jet propulsion experts, was a member of the Communist Party in 1939, it was charged yesterday by two retired members of the Los Angeles Police Department's Red squad.

The accusations were made at a Department of Immigration hearing to determine whether Dr. Tsien should be deported as an alien belonging to the Communist Party — in accordance with the Subversive Control Act of 1950.

The former officers, William F. Hynes, who headed the Red squad, and William Ward Kimple, both identified copies of a Communist Party registration form assertedly made out to the Chinese scientist.

From Headquarters

Kimple said he obtained the original at Los Angeles County Communist headquarters, where, at the time he said, he was assistant director of the party's membership commission.

Kimple testified that he joined [...]

[...] pus in 1938 and 1939 when he was studying for his doctorate.

He admitted having been a visitor to the home of Dr. Sidney Weinbaum, convicted last Sept. 7 in Federal District Court of perjury in respect to declaring on an Army questionnaire that he was not a Communist.

Dr. Tsien also told the hearing he was friendly with Dr. Jacob Dubanoff, Frank A. Malina, Dr. Gustave Albrecht and Frank Oppenheimer, who was a key government witness in the Weinbaum case.

"Did you attend Communist Party meetings at the homes of these men?" Del Guercio asked.

Paid Casual Visits

"I went to their homes many times when there were other people there. There was nothing formal about the gatherings. They weren't Communist meet- [...]

RED ISSUE—Scene at Department of Immigration [...]ing to determine whether Dr. Hsue-shen Tsien, C[...] scientist, should be deported as an alien belonging [...]

■ Ein Zeitungsausschnitt aus diesen Tagen. Links neben Qian sitzt Grant Cooper, sein Anwalt.

■ Marineminister Dan Kimball.

dieser Zeit, so hoffte Kimball, würde sich Qian wieder anders besinnen.

Doch die Dinge gerieten außer Kontrolle. Die von Qian beauftragte Spedition hatte in der Zwischenzeit das FBI kontaktiert, denn unter seinen Papieren befanden sich viele Dokumente, die als geheim gekennzeichnet waren. Am 25. August 1950 erließ die US-Einwanderungsbehörde einen Haftbefehl gegen Qian.

Am 6. September wurde Qian in das Gefängnis von Terminal Island verbracht (dasselbe, in dem auch schon Al Capone eingesessen war). Dort behandelte man ihn so schlecht, dass er nach seiner Freilassung vorübergehend die Sprache verlor.

Erst einige Zeit später stellte sich heraus, dass die Geheimhaltung der mit „vertraulich" oder „geheim" gekennzeichneten Dokumente längst abgelaufen war. Es handelte sich dabei auch durchwegs um Qians eigene Schriften. Weitere „Geheimdokumente", die das FBI als „verschlüsselt" bezeichnete, waren chinesische Logarithmentafeln. Und dann gab es da noch ein paar Zeitungsausschnitte zum Fall des Atomspions Klaus Fuchs, der damals ein großer Aufreger in der Presse war.

Marineminister Kimball und das CalTech sammelten Geld für seine Kaution, und nach zwei Wochen kam er wieder frei, wurde aber umgehend unter Hausarrest gestellt. Am 26. April, nach vielen Anhörungen vor dem Einwanderungsgericht, wurde er zur Abschiebung befohlen. Weil aber ein höheres Gericht angeordnet hatte, ihn aus Gründen der nationalen Sicherheit weiter im Land zu behalten, musste er dennoch bleiben. Er durfte ohne behördliche Genehmigung das Los Angeles County nicht mehr verlassen und war verpflichtet, sich in kurzen Zeitabständen bei der Polizei melden, um seine Anwesenheit nachzuweisen.

Seinerzeit war diese Technik „jemanden auf Eis zu legen" ein gängiges Verfahren. Dabei wird das Subjekt so lange von weiteren Informationen isoliert, bis sein Wissen schließlich veraltet war. Und das konnte viele Jahre dauern.

Rückkehr nach China

Seit dem 26. August 1951 stand Qian nun unter Hausarrest, und durfte das Los Angeles County nicht mehr verlassen. Während dieser Zeit lebte er unter ständiger Überwachung. Seine Lehrbefugnis durfte er zwar behalten, aber er bekam keinen Zugang mehr zu geheimen Forschungsdokumenten. Er musste sich monatlich bei der Polizei melden, und nachweisen, dass sich sein Wohnsitz nicht geändert hatte. Seine Post wurde zensiert und er musste jeden Postausgang den Behörden vorlegen. Er stand unter ständiger Beobachtung von FBI-Agenten.

Qian erhielt während seiner Inhaftierung Unterstützung von seinen Kollegen beim CalTech. Darunter auch von dessen Präsident Lee DuBridge, der nach Washington flog, um Qians Fall zu vertreten. Das CalTech beauftragte auch den Anwalt Grant Cooper, um Qian zu verteidigen. Aber am Ende bewirkten sie nicht viel.

Aber selbst unter diesen schwierigen Umständen war Qian wissenschaftlich enorm produktiv. In der Zeit seines Hausarrestes entstand sein bahnbrechendes Werk *Engineering Cybernetics* (Technische Kybernetik) ein Grundlagenwerk über die Mess- und Regeltechnik in komplexen technischen Systemen. Sie wird beispielsweise bei der Trägheitssteuerung von Fernraketen oder der Selbststeuerung unbemannter Flugkörper benötigt, wo unabhängig von menschlichen Eingriffen miteinander interagierende Systeme den autonomen Flug der Flugkörper steuern. Diese revolutionäre Schrift, die Auswirkungen bis in die heutige Zeit hat, wurde 1954 bei McGraw Hill (der auch der Herausgeber von *Aviation Week & Space Technology* ist) veröffentlicht, und schuf einen völlig neuen ingenieurtechnischen Zweig.

Trotz all der Bemühungen von Freunden und Förderern kam aber keine rechte Bewegung in den Status von Qian. Verschiedene Quellen verbreiten leicht unterschiedliche Versionen der Geschichte, wie es schließlich gelang, den Knoten zu lösen und die Ausreise Qians und seiner Familie zu erwirken. Die Story ist stark durch den weltpolitischen Kontext der damaligen Zeit bestimmt, und könnte das Sujet eines Agententhrillers aus den 50er-Jahren sein.

Dieses Bild entstand vor einer FBI-Anhörung am 16. November 1950. Rechts sein Anwalt Grant B. Cooper.

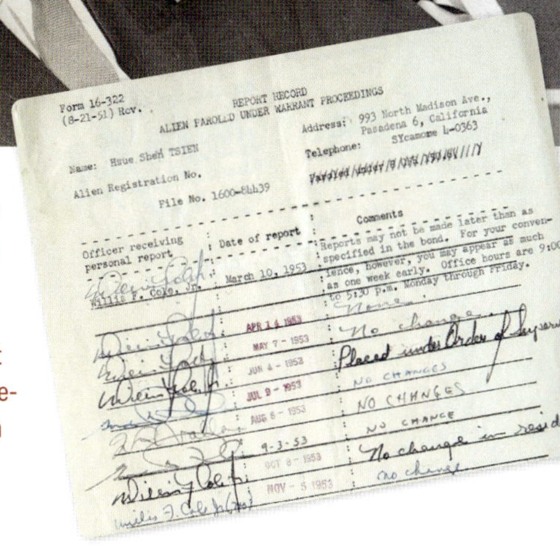

Form 16-322
(8-21-51) Rev.

REPORT RECORD
ALIEN PAROLED UNDER WARRANT PROCEEDINGS

Name: Hsue Shen TSIEN
Alien Registration No.
File No. 1600-84439

Address: 993 North Madison Ave., Pasadena 6, California
Telephone: SYcamore 4-0363

Officer receiving personal report	Date of report	Comments
Willis F. Cole, Jr.	March 10, 1953	Reports may not be made later than as specified in the bond. For your convenience, however, you may appear as much as one week early. Office hours are 9:00 to 5:30 p.m. Monday through Friday. None
	APR 14 1953	No change
	MAY 7 - 1953	Placed under Order of Supervision
	JUN 4 - 1953	NO CHANGES
	JUL 9 - 1953	NO CHANGES
	AUG 6 - 1953	NO CHANGE
	9-3-53	No change in residence
	OCT 8 - 1953	no change
Willis F. Cole Jr.	NOV - 5 1953	

Qians Meldezettel. Jeden Monat musste er sich von der Polizei bestätigen lassen, dass er noch im Lande war.

Qian und Cooper bei der Vorbereitung für ein FBI-Hearing.

Jedenfalls sah eines Tages Anfang 1955 Jiang Ying, Qians Frau, die Möglichkeit für einen Ausweg. Auf einem Zeitungsbild von den Feierlichkeiten zum fünfjährigen Bestehen der Volksrepublik China auf dem Tiananmen-Platz erkannte sie eine der Personen, die neben Mao Tsedong abgebildet waren. Es war Chen Shutong, ein Lehrer ihrer beiden Väter. Wenn es gelänge, ihn wissen zu lassen, was geschehen war, dann konnte er ihnen vielleicht helfen.

In einer Szene wie aus einem Spionagefilm arrangierten es Qian und Jiang die FBI-Agenten abzulenken. Für kurze Zeit richteten die ihre Aufmerksamkeit nur auf Qian, während Jiang einen Brief in den Briefkasten eines kleinen Cafés in der Nachbarschaft steckte. Der Brief war an ihre Schwester in Belgien adressiert. Jiang hatte ihn zusätzlich verschleiert, indem sie eine Kinderhandschrift nachahmte. Und es funktionierte. Jiangs Schwester erhielt den Brief in Brüssel und die schickte umgehend ein Telegramm nach Peking.

Die chinesische Regierung hatte schon vermutet, dass etwas nicht stimmte. Nach der Gründung der Volksrepublik China hatte Ministerpräsident Zhou Enlai Briefe an alle chinesischen Wissenschaftler geschickt, die auf der ganzen Welt arbeiteten, und sie darin eingeladen, zurückzukehren und beim Aufbau des Landes mitzuhelfen. Viele waren der Aufforderung nachgekommen. Manche aber wollten lieber nach Taiwan, wo Tschiang Kai-Shek die westlich orientierte Republik China gegründet hatte. Dorthin zurückzukehren war kein Problem, denn die USA unterstützten die abtrünnige Inselrepublik. Wer aber aus den USA nach Rotchina zurückkehren wollte, so wie Qian Xuesen, der hatte ein Problem.

Qian Xuesens Fall war keineswegs eine isolierte Geschichte. Nach dem Sieg der chinesischen Kommunisten 1949, und dem Ausbruch des Koreakrieges im Jahr 1950, waren viele Bürger beider Nationen hinter den nun dicht geschlossenen Grenzen gestrandet. Als klar wurde, dass die Vereinigten Staaten die Volksrepublik China nicht anerkennen würden, verweigerten die Chinesen US-Missionaren, Geschäftsleuten und Wissenschaftlern, die noch in China leben, die Ausreiseerlaubnis. Es handelte sich dabei um mehrere Dutzend Personen. Sie wurden weder wegen irgendwelcher Verbrechen angeklagt, noch wurde ihnen mitgeteilt, wie lange man sie festhalten würde.

In ähnlicher Weise definierte die US-Regierung einen „Notstand" und hinderte chinesische Studenten und Wissenschaftler mit technischen Fähigkeiten an der Rückkehr nach Hause. 1949 lebten insgesamt etwa 5.000 Personen chinesischer Nationalität in vielen Funktionen und Berufen in den USA. Die wenigsten von ihnen fielen aber in die Kategorie „Studenten & Wissenschaftler" und hatten ohnehin nicht die Absicht, die USA zu verlassen.

Aber neben Qian und seiner Frau gab es noch über 100 andere Personen, die gegen ihren Willen über Jahre hinweg festgehalten wurden. Es war ein durchaus erkanntes Problem, aber lange Zeit war es schwierig, die Sache anzufassen. Und es wurde nicht leichter. Ende 1954 und Anfang 1955 hatte die Bombardierung der vorgelagerten Inseln in der Taiwanstraße durch die Volksrepublik China die beiden Länder erneut an den Rand eines Krieges gebracht. Die Krise endete erst, als der chinesische Außenminister

Chen Shutong (rot eingeringelt) steht bei den Feierlichkeiten zum fünften Jahrestag der Gründung der Volksrepublik China neben Mao Tsedong auf der Bühne am Tiananmen-Platz.

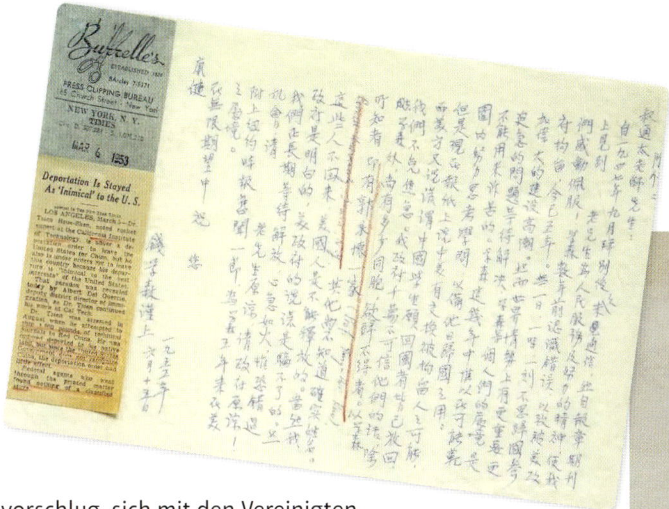

Der Brief, den Jian Ying an ihre Schwester in Brüssel schrieb und der schließlich die diplomatischen Bemühungen um Qians Ausreise auslöste.

UNITED STATES DEPARTMENT OF JUSTICE
IMMIGRATION AND NATURALIZATION SERVICE
458 SOUTH SPRING STREET
LOS ANGELES 13, CALIFORNIA
August 4, 1955

PLEASE REFER TO THIS FILE NUMBER
1600/84439-Inv-S

Mr. Hsue Shen Tsien
1041 Beverly Way
Altadena, California

Dear Sir:

You are advised that the Order of this Service, dated August 23, 1950, has been revoked and you may now depart from the United States.

So that no difficulty will be encountered in leaving the United States, please keep this office advised of all plans and arrangements made for your departure.

Very truly yours,

Albert Del Guercio
ALBERT DEL GUERCIO,
Officer in Charge

Die lang erwartete Ausreiseerlaubnis für Qian und seine Familie datiert auf den 4. August 1955.

vorschlug, sich mit den Vereinigten Staaten zu bilateralen Gesprächen zu treffen, was auch nicht ganz einfach war, denn es gab keinerlei diplomatische Beziehungen zwischen den Ländern.

Die USA schlugen vor, dass die beiden Nationen Personen mit Botschafterrang zu einem Treffen entsenden sollten. Die Vereinigten Staaten wurden dabei durch den US-Botschafter in der Tschechoslowakei, Ural Alexis Johnson vertreten. Für die chinesische Seite kam der chinesische Botschafter in Polen, Wang Bingnan. Das Treffen der beiden Parteien fand Anfang August 1955 auf neutralem Boden statt: in Genf, in der Schweiz.

Auf der Tagesordnung standen nur zwei Punkte: Verhandlungen über die Rückführung von Staatsangehörigen beider Länder und alle anderen praktischen Angelegenheiten, die für beide Seiten von Belang waren.

Eine Woche vor Beginn der geplanten Verhandlungen in Genf ließ Peking als Geste des guten Willens elf während des Koreakrieges gefangen genommene amerikanische Piloten frei. Dann, wie es der US-Botschafter per Telegramm nach der vierten Sitzung an das Außenministerium schrieb, *„eröffnete Wang die Sitzung mit einer langen Erklärung der Beschwerden der Kommunistischen Partei Chinas bezüglich der festgehaltenen Studenten und zitierte dabei ausführlich den Fall des Raketenexperten Dr. Qian vom CalTech. Behauptete, dieser hätte am 15. Juni einen Brief an die chinesische Regierung geschrieben und um Hilfe für seine Rückkehr nach China gebeten…"*.

Nach sechswöchigen Diskussionen gab die Verhandlungsgruppe am 10. September 1955 eine „vereinbarte Ankündigung" heraus, die das Recht von Amerikanern in China, und der Chinesen in den Vereinigten Staaten anerkannte, „zügig" in ihre Herkunftsländer zurückzukehren. Sollte jemand aus diesen Gruppen der Meinung sein, dass seine Rückkehr verhindert wurde, wurde das Recht vereinbart, Hilfe von einem dafür bestimmten Dritten zu suchen. Für in China inhaftierte Amerikaner war diese dritte Partei die britische Botschaft in China, und für Chinesen in den Vereinigten Staaten fungierte die indische Botschaft in den USA als Vermittler. Dieses Repatriierungsabkommen

Das Gepäck der Qian-Familie wartet am Hafen von Los Angeles auf die Verschiffung.

■ Qian besteigt die *President Cleveland*, das Schiff, das ihn und seine Familie nach Shanghai bringt.

■ Qian und seine Familie an Bord der *President Cleveland*.

blieb 16 Jahre lang die einzige Vereinbarung, die zwischen den beiden Ländern abgeschlossen wurde.

Eine Hilfestellung der indischen Botschaft benötigte Qian jetzt nicht mehr, denn nun liefen die Dinge tatsächlich „zügig“. Gleich zu Beginn der Gespräche in Genf, quasi als Antwort auf Chinas „Geste des guten Willens“ mit der Freilassung der elf Piloten, erhielt er die offizielle Ausreiseerlaubnis zugestellt. Jetzt brauchte er sich nur noch Tickets zu besorgen, seine Angelegenheiten in den Vereinigten Staaten zu regeln und dann abzureisen. Per Schiff, so wie er 20 Jahre zuvor gekommen war. Es wurde ihm nicht erlaubt, auch nur eines seiner Bücher oder seiner wissenschaftlichen Schriften mitzunehmen.

In seinem letzten Statement an die amerikanische Presse sagte er: *„Ich habe nicht vor, zurückzukommen. Ich habe auch keinen Grund dafür, zurückzukommen … ich habe vor, mein Bestes zu tun, um dem chinesischen Volk zu helfen, die Nation so aufzubauen, dass es in Würde und Glück leben kann“.*

Jahre später, als er nach Qians Deportation gefragt wurde, sagte Marineminister Kimball: *„Es war das Dümmste, was dieses Land je getan hat. Er war genauso wenig ein Kommunist wie ich, und wir haben ihn gezwungen, zu gehen.“* Wenn er bei informellen Anlässen auf diesen später berühmt gewordenen Ausspruch angesprochen wurde, fügt er noch manchmal hinzu: *„Ich hätte ihn eher erschossen, als ihn gehen zu lassen“.*

Am 17. September verließ das Linienschiff *President Cleveland* mit Qian und seiner Familie den Hafen von Los Angeles und traf bald danach in Shanghai ein, wo er schon von seiner Familie erwartet wurde. Er sollte nie wieder in die USA zurückkehren.

Dort nahm er innerhalb von Tagen seine Karriere wieder auf und arbeitete von nun an mit Wissenschaftlern zusammen, deren Fähigkeiten Jahrzehnte hinter dem technologischen Spitzenstand zurück lagen. Auch Quians eigenes Fachwissen war zu diesem Zeitpunkt – nachdem er jahrelang keinen Bezug zum wissenschaftlichen Fortschritt auf seinem Fachgebiet mehr gehabt hatte – ebenfalls veraltet. Er musste mit seinem Neustart weit unten beginnen.

20 Jahre lang hatte sich Qian Xuesen wie jeder amerikanische Mittelständler gekleidet, mit Anzug und Krawatte. Doch nun wechselte er übergangslos, wie alle chinesischen Intellektuellen seiner Zeit, zur Zhongshan-Kleidung, im Westen besser als der „Mao-Anzug“ bekannt. Nun begann sein kometenhafter Aufstieg in China.

■ Zurück in Shanghai bei seinem Vater.

Der lange Weg zur Langen Marsch

Qian wurde nach seiner Rückkehr von den höchsten Würdenträgern empfangen. Über seine Verwendung waren sich aber weder er selbst noch die chinesische Führung im Klaren. Qian wollte sich zunächst so schnell wie möglich mit der Situation in China vertraut machen. Auf Empfehlung der politischen Führung besuchte er die industriell gut entwickelten Städte im Nordosten des Landes. Diese Besuche sollten sich als bedeutungsvoll für seine Entscheidungsfindung herausstellen. Für ihn selbst, und für die chinesische Raketenentwicklung.

In einem Interview, das kurz vor seinem Tod entstand, erinnerte er sich: *„Auf einer dieser Reisen wurde ich eines Abends zu General Chen Geng gerufen, dem Chef des ‚Institutes für Militärtechnik' in Harbin. Ich ging zu ihm, und er fragte mich, ob China in der Lage wäre, Lenkwaffen zu entwickeln. Und ich sagte ihm, dass die chinesischen Menschen genauso fähig dazu seien, wie die im Ausland, und dass wir natürlich dazu in der Lage wären."* Er freute sich sehr über diese Antwort und sagte: *„Großartig! Genau das wollte ich hören"*.

Diese Begegnung in den Nordprovinzen war ausschlaggebend für seine Zukunft in China. Am 17. Februar 1956 erreichte ein Vorschlag den Schreibtisch des chinesischen Ministerpräsidenten Zhou Enlai. Es stammte von Qian Xuesen und beschrieb nichts anderes als die Gründung einer chinesischen Luft- und Raumfahrtindustrie. Er beschrieb darin auch einen Langzeitplan für die Entwicklung von Fernlenkwaffen und Raumfahrzeugen.

Der Aufbau entsprechender Organisationen begann umgehend. Schon am 6. August 1956 eröffnete Verteidigungsminister Peng Dehuai das so genannte „Fünfte Büro", eine Organisation des Verteidigungsministeriums, die sich mit der Entwicklung taktischer und strategischer Lenkwaffen beschäftigte. Qian Xuesen wurde zum Chefingenieur dieses Fünften Büros ernannte.

Nur zwei Monate später, am 8. Oktober 1956 wurde in Peking das „5. Forschungsinstitut des Verteidigungsministeriums" oder kurz die „Fünfte Akademie" gegründet, das im März 1957 das Personal des Fünften Büros übernahm. Zum Leiter dieses Institutes, das sich der Ausbildung der zukünftigen Raumfahrtingenieure, der Entwicklung militärischer Kurz- und Mittelstreckenraten aber auch mit Aspekten der Entwicklung der chinesischen Atombombe befasste, wurde Qian Xuesen berufen. Aus dieser Organisation entstand die heutige China Aerospace and Technology Corporation (oder kurz: CASC), das wahrscheinlich größte Raumfahrtunternehmen der Welt mit über 170.000 Mitarbeitern. In diesen Anfangstagen waren es aber zunächst nicht mehr als etwa 250 – 300 Menschen, durchwegs sehr

■ Zhou Enlai (links) und Mao Tsedong im Jahr 1967.

■ Qian Xuesen musste in China ganz von vorne anfangen und sogar selbst Grundkurse an der „Fünften Akademie" geben.

junge Leute, die gerade von den Oberschulen oder den Universitäten kamen.

In diesen Herbsttagen des Jahres 1956 war der im Namen verwendete Begriff „Akademie" durchaus wörtlich zu verstehen. Es handelte sich zunächst vor allem um eine Ausbildungs- und Lehranstalt. Es gab ja keinerlei in Raketentechnik ausgebildetes Personal. Qian musste von Grund auf neu anfangen. Er selbst übersetzte wichtige englischsprachige Dokumente ins Chinesische, und begann seine Lehrtätigkeit wieder aufzunehmen, so, wie er es schon am CalTech in Kalifornien getan hatte. Prinzipien wie das moderne System-Engineering waren in China bis dahin völlig unbekannt, genauso wie moderne Fertigungstechnologien. Das alles musste er erst vermitteln, bevor er daran gehen konnte, die notwendige Infrastruktur aufzubauen. Selbst für die Grundkurse in Raketentechnologie für die „Frischlinge", also für die Studenten, die gerade neu an die Hochschule gekommen waren, war er sich nicht zu schade. Überliefert ist, dass seine Studenten nicht nur von seinem Wissen beeindruckt waren, sondern auch von seinem bescheidenen Wesen und seiner Freundlichkeit.

Dennoch war bald klar, dass man – um den Prozess des Aufbaus einer eigenen Raketenindustrie zu beschleunigen – Hilfe von außen brauchen würde. Das konnte unter den damaligen Umständen nur von der Sowjetunion kommen, mit der seit 1950 ein Freundschafts- und Beistandspakt bestand.

So reiste am 7. September 1957 eine Delegation unter der Leitung des stellvertretenden Premierministers Nie Rongzhen mit neun Experten für Industrie und Luftfahrt, darunter Qian Xuesen, in die Sowjetunion und verhandelte dort über mögliche Technologietransfers, vor allem in der Raketentechnologie. Was das betraf war das Land, völlig überraschend für den Westen, zur Premium-Adresse geworden, denn am 21. August 1957 starteten die Sowjets erstmals erfolgreich (nach drei vorausgegangenen Fehlversuchen) die erste Interkontinentalrakete und nur gut einen Monat später, am 4. Oktober, mit Sputnik 1 den ersten Erdsatelliten.

Noch einmal nur wenige Tage später, am 15. Oktober 1957 unterzeichneten Vizepremier Nie und Michael Perwuchin, der stellvertretende Vorsitzende des Ministerrats der UdSSR, das *„Übereinkommen zwischen der Chinesischen Regierung und der Regierung der Sowjetunion über die Herstellung neuartiger Waffen und militärischer Ausrüstung sowie den Aufbau einer umfassenden Atomindustrie in China"*. Auf der Basis dieses Übereinkommens traf bereits am 30. Dezember 1957 eine erste Gruppe sowjetischer Experten in Peking ein. Mit Hilfe der Sowjetunion begann China nun sein eigenes Raketenentwicklungsprogramm.

Von der R-2 zur DF-1

Im Rahmen dieser Vereinbarungen versprach die Sowjetunion, China zwei Raketen des Typs R-2 zur Verfügung zu liefern, sowie die Werkzeuge, Vorrichtungen, das Spezialpersonal und die notwendige Ausbildung, um es dem Land zu ermöglichen, eine eigene Serienfertigung aufzunehmen. Die R-2 war nichts anderes, als eine nur geringfügig modifizierte deutsche V2. In der Sowjetunion waren diese Raketen zu diesem Zeitpunkt schon durch modernere Muster ersetzt worden. So fiel es den Sowjets nicht schwer, diese Technologie weiterzugeben. Qian aber konnte damit auf bekanntem Terrain starten, denn diese Rakete kannte er schon seit den Tagen im Mai 1945, als er Wernher von Braun befragt hatte.

Am 6. Dezember 1957 wurde das Lizenzabkommen über den Nachbau der R-2-Rakete unterzeichnet. In der Folge kamen mehr als tausend sowjetische Spezialisten in das Land, um die Fertigungsanlagen aufzubauen. Die beiden versprochenen R-2, zusammen mit den Startvorrich-

■ Eine DF-1, wie China die in Lizenz gebaute russische R-2 bezeichnete. Die war ihrerseits ein direkter Abkömmling des deutschen Aggregat 4/V2 aus Peenemünde. Gegenüber diesem Ausgangsmodell war die R-2/DF-1 etwas verlängert, konnte größere Tanks aufnehmen und verfügte deshalb über eine größere Reichweite als das deutsche Vorbild. Die abgebildete Rakete steht im Militärmuseum in Peking.

tungen und der Bodeninfrastruktur erreichten Peking am 24. Dezember 1957 per Eisenbahntransport und wurden aus Geheimhaltungsgründen mitten in der Nacht in das Gelände der Fünften Akademie verbracht.

Im darauf folgenden Halbjahr vergrößerte sich der Aufwand dramatisch. Die chinesische Volksbefreiungsarmee stellte 3.000 Techniker und Handwerker für Qians Institut ab. 300 Ingenieure wurden zur Unterstützung der Zulieferer geschickt. Eine immer weiter wachsende Zahl von chinesischen Ingenieuren fuhr in die Sowjetunion, um sich dort in Raketentechnologie ausbilden zu lassen. All das geschah unter großer Geheimhaltung.

Genauso geheim gehalten wurde der Aufbau der Versuchsanlagen in Jiuquan, der ab 1956 parallel begann. Brunnen wurden gegraben, Weiden und Pappeln gepflanzt, Straßen angelegt, Häuser gebaut und technische Anlagen errichtet, um bereit zu sein, wenn China mit den Versuchsflügen der R-2 begann. Es waren enorme infrastrukturelle Aufgaben zu bewältigen, wie etwa der Bau einer Eisenbahnlinie, um eine Anbindung an Peking zu bekommen. Die wurde erst im Sommer 1960 fertiggestellt, und selbst dann dauerte die Eisenbahnfahrt zwischen den beiden Orten vier bis fünf Tage.

In Peking waren bis zum zweiten Halbjahr 1958 mehr als 10.000 Bände an technischer Dokumentation eingetroffen. Peking bestellte weitere zwölf R-2-Raketen. Zusätzliche sowjetische Spezialisten kamen ins Land als Berater für die zukünftige Produktion und den Betrieb der Raketen. Gleichzeitig arbeitete die Fünfte Akademie schon an Plänen für die Nachfolgeprojekte der R-2. Das fand aber nicht bei allen chinesischen Funktionären Anklang. Vor allem Nie Rongzhen war der Meinung, man solle erst einmal das R-2-Projekt meistern, anstatt jetzt schon zu versuchen, diese Technologie zu überspringen und den nächsten Schritt zu gehen.

■ Dieses Bild zeigt Qian im Jahre 1959 bei einem Besuch des Campus der Jiaotong-Universität in Xi'an.

So nahm die sowjetisch-chinesische Zusammenarbeit schnell immer größere Formen an. Mehrmals fuhren 1959 chinesische Delegationen in die Sowjetunion, um die weitere Zusammenarbeit zu besprechen. Zu dieser Zeit wurden auch die ersten Fertigungsstätten für die Produktion der R-2 errichtet. Das stellte sich als unerwartet schwierig heraus, denn in China fehlte es überall an der industriellen Basis.

Allein für die Fertigung der Triebwerke benötigte man 14 verschiedene Hersteller bei denen insgesamt 1.400 Teams eingesetzt waren. Grundmaterialien waren kaum zu bekommen. Einige konnte man importieren. Andere musste man ersetzen. Schließlich wurden für 40 Prozent der Raketenteile Ersatzmaterialien benutzt. Aber dieser Ersatz zeigte sich häufig als qualitativ mangelhaft. Es waren keine Werkzeugmaschinen verfügbar, und so mussten Strukturteile der Rakete manuell mit menschlicher Muskelkraft geformt werden. In den industrialisierten Ländern bereits gängige technische Verfahren wie das Lichtbogenschweißen musste in China erst eingeführt werden. Mit Hilfe der sowjetischen Berater, Techniker und Ingenieure errichtete man die Fabriken im sowjetischen Stil.

Dann kam es zum Bruch mit der Sowjetunion. Im Hintergrund hatten die Spannungen zwischen den beiden Nationen schon seit längerem zugenommen. Gründe dafür gab es viele. Da war zum einen die fehlende sowjetische Rückendeckung in der Taiwan-Frage. Vor allem aber waren die Sowjets beunruhigt über das Chaos, das in China in der Folge des von Mao angeordnetem „Großen Sprung vorwärts" angerichtet wurde. Diese Initiative war der dilettantische Versuch, China über Nacht von seiner agrarischen Basis zu lösen und das Land zu industrialisieren. Das missglückte Experiment endete in einer Hungersnot.

■ Qian und der stellvertretende Premierminister Nie Rongzhen (links sitzend) beobachten in Jiuquan den Start der nachgebauten R-2 Rakete, die später in DF-1 umbenannt wurde.

Chinas zunehmend erratisches außenpolitisches Verhalten wirkte destabilisierend, was der Sowjetunion, die um das atomare Gleichgewicht bemüht war, gar nicht gefiel. Die Sowjets versuchten in der Folge, die chinesische Führung zu moderaterem Verhalten zu bewegen. Das aber wertete Mao Tsedong als Angriff auf die chinesische Souveränität. Schon im Juni 1959 deutete daraufhin die Sowjetunion an, sich aus dem Technologietransfer-Abkommen zurückzuziehen.

Bis in das erste Halbjahr 1960 konnten die wachsenden Spannungen unter der Decke gehalten werden. Doch im Juni wurde der Streit erstmals öffentlich, als auf einem Kongress der rumänischen Kommunistischen Partei Nikita Chruschtschow und Peng Zhen, der zweiten Sekretär der Kommunistischen Partei Chinas, öffentlich aneinandergerieten.

Weiteres Öl wurde in das schon lodernde Feuer geschüttet, als die Sowjets behaupteten, chinesische Studenten am Moskauer Luftfahrtinstitut dabei erwischt zu haben, geheime Dokumentation zu stehlen. Am 16. Juli 1960 setzte Chruschtschow die Volksrepublik China in Kenntnis, dass sämtliche sowjetische Experten zurückberufen würden. Innerhalb weniger Tage wurden 1.343 sowjetischen Spezialisten aus der Fünften Akademie in Peking abgezogen und kehrten nach Russland zurück. Sie hinterließen 343 unerledigte Verträge. Insgesamt 257 technische Entwicklungsprojekte wurden abgebrochen. China war von einem Tag auf den anderen mit seiner Raketenentwicklung auf sich allein gestellt.

Glücklicherweise war zu diesem Zeitpunkt Qian Xuesen mit seinen Arbeiten an den ersten Exemplaren der R-2 aus chinesischer Fertigung schon weit fortgeschritten. Damit begann gleichsam das dritte Leben der deutschen V2, denn die R-2 war nichts anderes als das Peenemünder Aggregat 4, ausgestattet mit verlängerten Tanks, um eine größere Reichweite zu erzielen.

Am 20. Oktober 1960 fuhr Qian nach Jiuquan, um dort die Vorbereitungen für den ersten Start einer in China gefertigten R-2 zu überwachen. Am 5. November, nur zweieinhalb Monate nachdem die sowjetischen Spezialisten das Land verlassen hatten, war es soweit. In Anwesenheit des stellvertretenden Premierministers Nie Rongzhen startete die Rakete zu einem perfekten Flug auf eine Höhe von 100 Kilometer.

Ein weiterer erfolgreicher Teststart erfolgte am 1. Dezember 1960. Über die weiteren Flüge ist nichts bekannt, doch soll die Rakete eine Reihe von Jahren im Truppendienst geblieben sein. Tatsächlich war die R-1 aber, wenn man so will, ein „Übungsmodell" für die Volksbefreiungsarmee, denn benötigt wurden andere Raketen. Geschosse mit wesentlich größerer Reichweite.

Typ	R-2/Dong Feng-1
Hersteller	CALT
Länge	17,70 Meter
Durchmesser	1,65 Meter
Startmasse	20,4 Tonnen
Nutzlast	500 Kilogramm
Startschub	250 Kilonewton
Treibstoff/Oxidator	Alkohol-Wasser/LOX
Reichweite	550 Kilometer
Erstflug	5. November 1960

■ Dieses Bild von einem Treffen Qian Xuesens mit Mao Tsedong entstand 1964.

Qian hatte bald danach eine Reihe von Treffen mit der chinesischen Führung, um Chinas Raketenentwicklungspläne neu zu planen. Die neuen Raketen wurden durch ihre militärischen Anforderungen definiert und in der Folge wurde ein neuer Entwicklungsplan mit genauen Zielvorgaben verabschiedet.

Was man an dieser Stelle ebenfalls nicht mehr wollte, waren Reminiszenzen an deutsche oder russische Produkte. Ein Name musste her, der den revolutionären Charakter des Landes widerspiegelte. Die Bezeichnung, die man fand, tat genau das. Qian nannte die Rakete Dong Feng, das heißt „Ostwind". Abgekürzt war das DF. So transformierte Nazideutschlands Aggregat 4 über die V2, die R-1

■ Diese DF-2-Rakete steht heute im Militärmuseum in Peking.

und die R-2 schließlich zur DF-1. Bis auf den heutigen Tag tragen in China alle militärischen Kurz-, Mittel- und Langstreckenraketen die Bezeichnung Dong Feng, oder DF.

Als nächstes sollte eine Rakete mit der Bezeichnung DF-2 entwickelt werden, mit einer Reichweite groß genug, um US-Militärbasen in Japan zu treffen. Der darauf folgende Schritt wäre dann die Konstruktion einer Rakete, welche die Philippinen erreichen konnte. Sie erhielt den Namen DF-3. Die DF-4 sollte in der Lage sein, Guam zu treffen. Die DF-5 schließlich sollte als vollwertige Interkontinentalrakete die Vereinigten Staaten erreichen können. Damit einhergehen sollte die Einführung immer weiterer technischer Neuerungen, die eine immer größere Treffgenauigkeit ermöglichten, wie zum Beispiel die Ausrüstung mit einem vollwertigen Trägheitsnavigationssystem anstelle von Funksteuerung aufgrund übermittelter Beschleunigungswerte.

Die DF-2 trägt die Atombombe

Anfang 1959 hatten die chinesischen Raketentechniker bei den Sowjets angefragt, ob sie neben der damals schon veralteten R-2 nicht auch eine moderne Rakete für den unteren Mittelstreckenbereich haben könnten. Das wäre die R-12 gewesen, die sich damals in der Sowjetunion eben in der Truppeneinführung befand. Qian wünschte sich neben den Plänen für diese Rakete auch ein vollständiges Exemplar davon. Chruschtschow versprach China, dass er das Zeichnungspaket für das R-12 IRBM bereitstellen würde, sobald die Tests in Russland abgeschlossen seien. Doch die Beziehungen zwischen den beiden Ländern befanden sich da schon auf dem absteigenden Ast. Am 20. Juni 1959 wurde die Entscheidung getroffen, weder die R-12 noch das versprochene Atomsprengkopfdesign nach China zu transferieren.

Was die Pläne der Atombombe betraf blieb die Sowjetunion hart. Für die R-12 hatte China aber ein Lockmittel in der Hand, das durch einen der skurrilsten Vorfälle in der Militärgeschichte in Chinas Hände gekommen war:Dieser Vorfall wurde unter dem Begriff „Sidewinder-Affäre" bekannt.

Beim Konflikt zwischen der Volksrepublik China und Taiwan über einige Inseln in der Taiwanstraße kam es zu einer Reihe von Luftgefechten, bei dem sich amerikanische F-86 Sabre-Kampfflugzeuge, die Bestandteil der taiwanesischen Luftwaffe waren, auf russische Mig-17 Kampfflugzeuge trafen, die ihrerseits Bestandteil der rotchinesischen Luftwaffe waren. Die F-86, schon fast am Ende ihrer militärischen Lebenszeit angelangt, war der moderneren Mig-17 deutlich unterlegen, vor allem hinsichtlich der Höhenflugleistungen. Um das auszugleichen, lieferten die USA unter dem Siegel äußerster Verschwiegenheit brandneue Sidewinder-Raketen nach Taiwan. Die Sidewinder war zu dieser Zeit der neueste Schrei der US-Rüstungsindustrie. Sie machte die zu dieser Zeit schon ziemlich veraltete F-86 Sabre wieder zum gleichwertigen Gegner der fortschrittlicheren Mig-17. Tatsächlich machte diese Waffe den Unterschied aus und Rot-

■ Eine DF-2 wird für einen Flugtest vorbereitet.

chinas Luftwaffe erlitt nach ihrer Einführung bei der taiwanesischen Luftwaffe schwere Verluste.

Bei einem dieser Luftkämpfe, es war am 24. September 1958, traf eine der taiwanesischen, mit Sidewinder-Raketen ausgerüsteten F-86, wieder einmal auf eine der chinesischen Migs. Der Pilot feuerte sie ab, die Rakete verschwand im Rumpf des Flugzeugs, doch sie explodierte nicht. Dem chinesischen Piloten gelang es, seine beschädigte Maschine zurückzufliegen und nun hatte China eine komplette, nahezu unbeschädigte Luft-Luft-Rakete neuester amerikanischer Bauart zur Hand.

Diese Rakete wurde nun zum Austauschgut für das komplette R-12-Paket. Die Sowjetunion bekam die Sidewinder, China die Konstruktionszeichnungen der R-12 plus eine vollständige Rakete. Am Ende war das Geschäft für die Sowjets nicht mal so schlecht. Sie machten daraus die R-35, im Westen besser bekannt und gefürchtet als „AA-2 Atoll", die später zur Hauptbewaffnung der Mig-21 mutieren sollte. Zur spannenden Geschichte der Sidewinder-Affäre gibt es im Anhang einen Link.

Am 21. März 1962, zwei Jahre nachdem sich die Sowjets aus dem Land zurückgezogen hatten, war die erste DF-2 startbereit. Doch schon wenige Sekunden nach dem Verlassen der Startrampe zeichnete sich ab, dass die Mission ein Fehlschlag werden würde. Gleich nachdem sie sich vom Startturm gelöst hatte, wich sie vom Kurs ab und schlug gut eine Minute nach dem Verlassen der Rampe unweit der Startstelle auf. Die darauf folgenden Untersuchungen brachten eine Vielzahl konstruktiver Mängel zu Tage. Die Komponenten der Rakete waren, dem enorm ambitionierten Zeitplan geschuldet, viel zu wenig getestet worden und technologisch nicht ausgereift. Es waren Nachentwicklungen,Modifikationen und strukturelle Verstärkungen notwendig, und so dauerte es über zwei Jahre, bis man die nun verbesserte DF-2 erneut zur Startrampe bringen konnte.

Am 29. Juni 1964 glückte erstmals der Start einer DF-2. Auch zwei weitere Testmissionen im Juli gelangen. Allerdings hatte man sich mit diesem Projektil auch nur ein – nach der DF-1 – zweites „Übungsmodell" geschaffen, denn im Laufe der konstruktiven Überarbeitung war das Vehikel wesentlich schwerer geworden und verfehlte damit die ursprünglich geforderten Leistungswerte. Sie war nun nicht mehr in der Lage, die US-Basen in Japan zu erreichen und konnte auch nicht mehr die geforderte Nutzlast tragen. Eine erneute Nachbesserung war notwendig, die schließlich

■ Auch diese Rakete ist ein Ausstellungsstück im Pekinger Militärmuseum.

in die DF-2A mündete. Es muss dennoch zumindest eine kleine Serie von DF-2 produziert worden sein, die man offensichtlich zum Training der Raketentruppen verwendete. Vereinzelte Starts sind noch bis in das Jahr 1974 belegt.

Nur drei Monate nach dem ersten gelungenen Start der DF-2 kam erneut eine aufregende Nachricht. Dieses Mal aus der Wüstenregion im Nordwesten Chinas. Projekt 596, wie es auch hieß, war von Erfolg gekrönt worden. China hatte am 16. Oktober 1964 seine erste Atombombe gezündet. Mit einer Sprengladung von 22 Kilotonnen entsprach sie in etwa der Leistung der Hiroshima-Bombe. China war damit das fünfte Land, das über Nuklearwaffen verfügte. Die Entwicklung dieser Fissionsbombe war die Realisierung des ersten Teils eines Planes, der die propagandistische Bezeichnung „Zwei Bomben, ein Satellit" trug. Er ging auf das Jahr 1958 zurück, zu einem Zeitpunkt, als die Zusammenarbeit mit der Sowjetunion noch in vollem Gang war, und Mao Tsedong öffentlich verkündet hatte, dass China Nuklearbomben, Raketen und Satelliten entwickeln wolle.

Qian Xuesens Fünfte Akademie erhielt nun die herausfordernde Aufgabe, diese Rakete mit der Bombe zu kombinieren, und damit Chinas ersten ballistischen Nukleartträger zu schaffen.

Am 13. November 1965 startete die stark verbesserte DF-2, die nun die Bezeichnung DF-2A trug, zum erfolgreichen Erstflug. In den folgenden Monaten folgten sieben weitere Testflüge, von denen sechs erfolgreich verliefen.

Eine der wesentlichen Verbesserungen der DF-gegenüber der DF-2A war die Einführung eines Trägheitsnaviga-

Typ	Dong Feng-2A
Hersteller	CALT
Länge	20,60 Meter
Durchmesser	1,65 Meter
Spannweite über Flossen	2,15 Meter
Startmasse	31,90 Tonnen
Nutzlast	1.500 Kilogramm
Startschub	475 Kilonewton
Treibstoff/Oxidator	Alkohol-Wasser/LOX
Reichweite	1.200 Kilometer
Erstflug	13. November 1965

tionssystems. Die DF-2-Grundversion war funkgesteuert, was bedeutete, dass entlang ihrer Flugroute Bodenstationen notwendig waren, welche Korrektursignale an die Rakete übermittelten mussten, sollte sie halbwegs zielgenau sein. Ein technischer und logistischer Aufwand, der unter Gefechtsbedingungen nur schwer geleistet werden konnte. Mit einer Trägheitsnavigation konnte die Rakete präzise (unter dem damaligen Verständnis von „präzise", also mit einer Abweichung von nur 1 – 2 Kilometern) ins Ziel gelenkt werden.

■ Eine DF-2A transportierte einen Nuklearsprengkopf mit einer Sprengwirkung von 16 Kilotonnen TNT über eine Distanz von 900 Kilometer vom Raketentestzentrum Jiuquan bis zum Atomwaffenversuchsgelände in Lop Nor.

Am 27. Oktober 1966 beförderte eine DF-2A, die vom Testzentrum Jiuquan aus gestartet wurde, einen Zwölf-Kilotonnen-Atomsprengkopf über eine Entfernung von 900 Kilometern in das Atomwaffentestgebiet von Lop Nor. Der Sprengkopf detonierte erfolgreich wie geplant 600 Meter über dem Boden. Der Test bewies, dass das auf der DF-2A basierende nukleare Raketenwaffensystem für den operativen Einsatz bereit war. Es war übrigens Chinas erster und einziger jemals durchgeführter raketengestützter Atomtest.

Die DF-2A wurde daraufhin in das chinesische Arsenal mit aufgenommen. Etwa 50 dieser Raketen wurden gebaut, die bis in die 80er-Jahre im Einsatz waren.

Von der DF-2A zur DF-3

Die Entwicklung der DF-2A war noch nicht abgeschlossen, da ging die Fünfte Akademie schon ihr nächstes Ziel an: Die Entwicklung einer Rakete mit einer Reichweite von 3.000 Kilometern, mit dem Ziel, im Ernstfall die US-Basis auf Guam erreichen zu können.

Die DF-3 gilt heute als Chinas erste „vollständig hausgemachte" ballistische Mittelstreckenrakete. Dennoch ist ihr Design noch stark von sowjetischen Elementen beeinflusst, vor allem von der R-14. Auch für die Konstruktion der ersten Versionen des Triebwerks scheint man von einem sowjetischen Modell stark inspiriert worden zu sein, einem Triebwerk, das beim OKB-2 von Alexei Isajew gebaut wurde und dort als Booster eines Marschflugkörpers konzipiert worden war. Vielleicht war ja doch etwas dran an dem Vorwurf der „Spionage", die Moskau den Pekinger Technikern, die zur Ausbildung dagewesen waren, zur Last gelegt hatte.

Die DF-3 war ursprünglich auf eine Nutzlast von 2.000 Kilogramm ausgelegt, um einen thermonuklearen Sprengkopf tragen zu können. Eine verbesserte Version mit der Bezeichnung DF-3A mit einer Reichweite von 3.000 – 4.000 Kilometern wurde ab 1981 entwickelt und 1987 mit konventionellen Sprengköpfen sogar nach Saudi-Arabien exportiert. Die DF-3A und ihre Nachfolgevarianten blieben über Jahrzehnte in immer weiter überarbeiteten Versionen im Dienst der Volksbefreiungsarmee. Insgesamt wurden mehrere hundert Exemplare von diesem Typ gebaut, und erst in den 2010er-Jahren durch die DF-21 ersetzt.

Insofern kann man tatsächlich gerade bei den späteren Einheiten von vollständig eigenproduzierten chinesischen Produkten sprechen, die nur noch wenig mit den ersten Versionen zu tun hatten. Die nachfolgende Tabelle bildet

■ Eine DF-3 bei einem Truppenversuch.

Typ	Dong Feng 3 (1966)	Dong Feng 3A (1985)
Hersteller	CALT	CALT
Länge mit Sprengkopf	21,00 Meter	22,50 Meter
Durchmesser	2,25 Meter	2,25 Meter
Spannweite über Flossen	3,25 Meter	3,25 Meter
Startmasse	61,00 Tonnen	65,00 Tonnen
Nutzlast	2.000 Kilogramm	2.000 Kilogramm
Startschub	940 Kilonewton	1.215 Kilonewton
Treibstoff/Oxidator	MMH/AK27S	MMH/AK27S
Reichweite	2.900 Kilometer	4.000 Kilometer
Erstflug	26. Dezember 1966	unbekannt

die Spezifikation der Testversionen der Rakete in den Jahren 1966 und 1967 ab. Zum Vergleich daneben die Werte für die DF-3A, wie sie ab den 80er-Jahren gebaut wurde.

Auf jeden Fall war die DF-3 von ganz entscheidender Bedeutung. Nicht nur für Chinas militärische Raketentechnik, sondern vor allem für die Raumfahrt. Entscheidungen, die damals bei der Konstruktion der DF-3 gefällt wurden, haben Auswirkungen bis auf den heutigen Tag. Die DF-3 bildete die erste Stufe für Chinas DF-4 Interkontinentalrakete, die ihrerseits die Basis für die Langer Marsch 1 bildete, den ersten Satellitenträger Chinas. Der Durchmesser der DF-3 bestimmt bis auf den heutigen Tag Spezifikationswerte selbst einiger der modernsten Raketentypen, wie etwa der zweiten Stufe der Langer Marsch 6 oder der Booster der Langer Marsch 7. Ursprünglich wollte man auch bei der DF-3 den deutlich geringeren Durchmesser der sowjetischen Typen R-5 und R-12 weiterverwenden, der schon die DF-2 beeinflusst hatte, entschied sich aber dann dagegen, um ein kompakteres Design zu erhalten.

Auch die Wahl des Treibstoffes der DF-3, Monomethylhydrazin (MMH), bestimmte die Entwicklung ziviler Raumfahrtträger wie der Langer Marsch 2, 3 und 4 mit ihren Varianten über Jahrzehnte. Lediglich der Oxidator der DF-3, ursprünglich rotrauchende Salpetersäure, wurde später durch Stickstofftetroxid ersetzt.

Um die Zeit des Erstfluges der DF-3 hatte das Wüten der Roten Garden im Rahmen der so genannten „Kulturrevolution" das ganze Land erfasst und bereits pathologische Züge angenommen. Dies verzögerte nicht nur die technische Entwicklung des Landes in allen Gebieten, sondern war auch lebensgefährlich für viele „Intellektuelle"

■ Eine DF-3 im Militäreinsatz.

oder solche Personen, von denen die Rotgardisten annahmen, dass sie welche wären. Viele von ihnen wurden aufs Land geschickt, mussten einfache Landarbeit durchführen und wurden unter Anwendung von Gewalt „umgeschult". Es war die Anfangszeit der „Zehn Jahre Chaos" wie man es in China später selbstkritisch sah.

Einige der Mitarbeiter Qians wurden von den Roten Garden getötet. Er selbst sah sich einer „Nazi-Kampagne" ausgesetzt, die stark an die aktuelle (2021/2023) russische „Nazi-Kampagne" im Überfall auf die Ukraine erinnert. Qian wurde vorgeworfen, bei seinem Aufenthalt in Deutschland im Zuge der Operation Paperclip nazistisches Gedankengut aufgenommen zu haben, das er nun in China zu verbreiten versuche. Auch die Arbeit an seinen vielen militärischen Geheimprojekten wurde ihm als Verrat an der Arbeiterschaft ausgelegt, weil er etwas vor ihnen zu „verbergen" habe.

Kurzfristig wurde er zum einfachen Arbeiter degradiert, erhielt aber schließlich Tschou Enlais persönlichen Schutz, wurde wieder zum „Stellvertretenden Minister" hochbefördert und konnte so mit seiner Arbeit fortfahren. Es ist im Nachhinein erstaunlich, dass unter diesen schwierigen Bedingungen, diesem chaotischen Auf und Ab, die chinesische Raketenentwicklung überhaupt fortgeführt werden konnte. Dennoch: Es ging weiter, wenn auch nicht so schnell, wie es ansonsten möglich gewesen wäre.

Am 26. Dezember 1966 startete die DF-3 zu ihrem Erstflug, der nur ein Teilerfolg war. Das Triebwerk schaltete nach 111 von spezifizierten 140 Sekunden ab. Beim zweiten Testflug am 12. Januar 1967 lief es 129 Sekunden. Der dritte Flug am 17. Mai 1967 war dann vollständig erfolgreich, allerdings blieben Triebwerksprobleme ein ständiges Problem bei dieser Grundversion. Sie war auch, da nicht mit einer Trägheitssteuerung sondern nur mit einer Funknavigation ausgerüstet, nicht besonders zielgenau. Die Abweichungen vom geplanten Zielpunkt lagen bei mehreren Kilometern. Für den späteren Einsatz als Satellitenträger war das aber unerheblich.

Von der DF-4 zur Langer Marsch 1

Einer der großen von Mao Tsedong propagierten Programmslogans lautete „Zwei Bomben, ein Satellit". Am 16. Juni 1967 waren die ersten beiden Punkte abgehakt. An diesem Tag führte China auf dem Versuchsgelände von Lop Nor den „Test Nummer 6" durch, wie der Codename für die Zündung der ersten chinesischen Wasserstoffbombe lautete. Knapp drei Jahre zuvor, am 16. Oktober 1964 hatte China bereits seine erste Spaltbombe gezündet. Der Zeitrahmen für den dritten Punkt der „Zwei Bomben, ein Satellit"-Kampagne war aber durch die Wirren der Kulturrevolution schwer ins Hintertreffen geraten.

Die Entwicklung der DF-4 begann im Juli 1965, fast gleichzeitig mit der des Satellitenträgers, der später die Bezeichnung „Langer Marsch 1" erhalten sollte. Den Auftrag für den Satellitenträger hatte die „Erste Akademie" erhalten, also die heutige chinesische Akademie für Trägerraketenentwicklung, oder kurz CALT. Der Auftrag für die Militärrakete ging an die heutige Shanghai Academy of Science and Technology, oder auch SAST, wie die Kurzform lautet. De facto gingen aber beide Entwicklungen von Anfang an Hand in Hand, denn von Beginn an hatte man auch den Einsatz als Satellitenträger neben der Verwendung als Interkontinentalrakete im Auge. So wurden die beiden Programme schließlich im November 1967 pragmatischerweise zusammengelegt. Die Gesamtverantwortung für das nunmehr kombinierte Vorhaben ging an die erste Akademie.

Eine vollwertige Interkontinentalrakete war die DFH-4 allerdings nie. Sie ging als Interimsmodell für eine wirk-

Eine DF-4 im Truppenbetrieb.

liche Interkontinentalrakete in sehr kleinen Stückzahlen Anfang der achtziger Jahre in den Truppendienst, verblieb dort dann aber relativ lange. Die Rakete war in der Lage, mit einer 2.200 Kilogramm schweren Wasserstoffbombe mit einer Sprengkraft von 3,3 Megatonnen TNT eine Strecke von etwa 5.000 Kilometer zurückzulegen. Sie lag also leistungsmäßig noch unter der Schwelle für Interkontinentalraketen.

In der reinen Militärversion wäre sie als Satellitenträger ungeeignet gewesen, denn sie war nicht in der Lage einen Orbit zu erreichen. Deshalb entschied man sich bei der ersten Akademie anstelle der 2.200 Kilogramm schweren militärischen Nutzlast eine dritte Stufe ähnlichen Gewichtes mitzuführen. Damit sollte der Träger nun in der Lage sein, theoretisch ein Gewicht von 300 Kilogramm auf einen Orbit in 400 Kilometer Höhe mit einer Bahnneigung zum Äquator von 70 Grad zu bringen.

Die Order für die Entwicklung des Feststofftriebwerkes der dritten Stufe erhielt die Vierte Akademie. Ein anspruchsvoller Auftrag, denn ein Feststoffmotor dieser Größenordnung war zuvor noch nie in China entwickelt worden. Als besonders problematisch betrachtete man dabei die Zündung in großer Höhe. Das Zündverhalten dieses Treibsatzes in Höhen zwischen weniger 100 bis über 300 Kilometern wurde 1968 aufwendig mit zwei Testflügen mit T-7A-Höhenforschungsraketen erprobt. Beide Male funktionierte es, und so war man in dieser Hinsicht beruhigt.

Bei der Zusammenlegung beider Projekte hoffte man, den ersten Satellitenstart noch im Jahr 1968 durchführen zu können, mit dem Ziel, Japan als vierter Weltraummacht zuvorzukommen. Vielleicht wäre das auch erreichbar gewesen, aber die Wirren der Kulturrevolution wirkten sich auch auf dieses Vorhaben negativ aus, und so verrann wertvolle Zeit.

Immerhin blieb als Reminiszenz an das revolutionäre China der Name, den die Rakete am Ende erhielt, nämlich „Langer Marsch 1" in Erinnerung an Maos legendären „Langen Marsch" durch China 1934/35 und dessen vermeintliche Fortsetzung im „Langen Marsch" der Rotgardisten durch die verkrusteten Instanzen in den 60er- und 70er-Jahren.

Diese Bezeichnung ist geblieben. Alle Orbitalraketen der CASC (China Aerospace Science and Space Technology Corporation), zu der sowohl die China Academy of Launch Vehicle Technology (kurz: CALT) als auch die Shanghai Academy of Spaceflight Technology (kurz: SAST) gehören, werden bis heute mit „Langer Marsch" bezeichnet (chinesisch: Chang Zeng, kurz: CZ, oder international als „Long March" oder kurz LM).

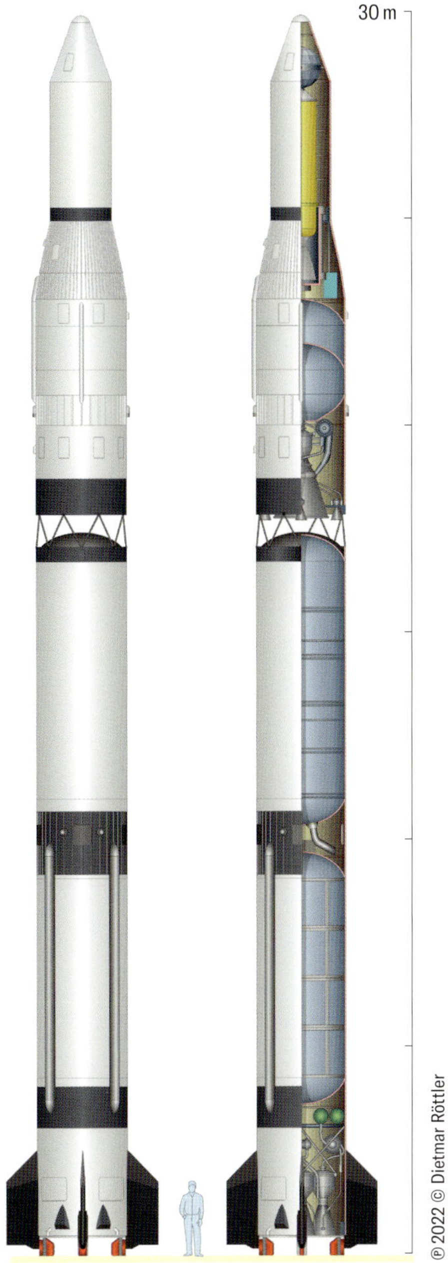

Zweimal die Langer Marsch 1 in der Grafik. Einmal die Rakete im Ganzen, einmal im Schnittbild.

Betrachten wir nun im folgenden Kapitel, was sich aus dieser Urmutter aller chinesischen Träger in den letzten Jahrzehnten entwickelt hat und sich noch weiter entwickeln wird.

Chinas Trägerraketen

Die Langer Marsch 1 (LM-1) mit ihrer geringen Nutzlastkapazität und ihrem engen Einsatzspektrum blieb ein kurzes Intermezzo. Basierend auf der Mittelstreckenrakete DF-4 war sie einzig dafür geschaffen, China so schnell wie möglich zur Weltraummacht zu machen und damit vor allem propagandistisch zu punkten. Praktikabel für Chinas Raumfahrtpläne, die sich zunächst vor allem mit Aufklärungssatelliten beschäftigten, war sie nicht. Mit der LM-1 wurden nur zwei erfolgreiche Orbitalstarts durchgeführt.

Nach ihrer zweiten Mission im März 1971 wurde sie in späteren Jahren – leicht verändert – zwar noch einige Male für suborbitale Waffentests verwendet, und es gab sogar in den 90er-Jahren noch einmal eine Initiative, sie als Träger für Kleinnutzlasten wiederaufleben zu lassen, aber es half nichts. Ihr Beitrag zur chinesischen Raumfahrt war geleistet. Sie gilt heute als das einzige Mitglied der ersten Generation chinesischer Träger.

Die DF-1, ein nur leicht modifizierten Nachbau Wernher von Brauns Aggregat 4, war Chinas Einstieg in das Raketenzeitalter.

Erst die DF-5, Chinas erste wirkliche Langstreckenrakete, produzierte dann als „Beiwerk" Trägertypen, die bis zum heutigen Tag eingesetzt werden und in dieser Zeit mehrere hundert Mal für Satellitenstarts verwendet wurden. Es sind dies die Langer Marsch 2, 3 und 4-Varianten, die sich allesamt aus der DF-5 ableiten.

Die Entwicklung der DF-5 begann im Jahre 1964. Ziel war es, mit dieser ersten „echten" Interkontinentalrakete, das Festland der USA zu erreichen. Dieses Ziel wurde erreicht. Die DF-5 konnte eine Nutzlast von 3.000 Kilogramm über eine Strecke von mehr als 12.000 Kilometer transportieren. Ihr Erstflug, es war ein suborbitaler Test, fand am 10. September 1971 statt.

Die DF-5 in ihrer Basisversion wurde nie in wesentlichen Zahlen als Atomwaffenträger eingesetzt. Ihre militärische Stationierung begann überhaupt erst ab 1981, weil es Probleme mit der Wiedereintrittstechnologie der Sprengköpfe gab. Ein Einsatz als voll ausgereifter militärischer Träger blieb erst ihrer Nachfolgerin, der DF-5A, beschieden, aber auch die war nie in wesentlichen Mengen im Militärarsenal vertreten. Genaue Stückzahlen sind nicht bekannt, man geht aber von etwa 20 Einheiten beider Versionen aus, die über Jahrzehnte in Silos eingelagert waren aber jederzeit innerhalb weniger Stunden hätten aktiviert werden können. Es gibt inzwischen auch die DF-5B und 5C, doch das sind Neuentwicklungen, die nur noch wenig mit ihrem „Vorfahren" zu tun haben.

Die DF-5 ist, und darin liegt ihr eigentlicher Beitrag für China, die „Urmutter" des Arsenals an Orbitalraketen der zweiten Generation. Ihr ziviler Verwandter, die Langer Marsch 2, startete am 5. November 1974 zum ersten Mal.

■ Eine Modifikation der ballistischen Mittelstreckenrakete DF-4 war Chinas Einstieg in die Raumfahrt.

Ihre zum Verwechseln ähnliche, und ebenfalls direkt aus der DF-5 abgeleitete Zwillingsschwester Feng Bao 1, hatte ihren ersten Orbitaleinsatz (nach einem suborbitalen Test am 10. August 1972) sogar schon am 18. September 1973.

Die ersten Einsätze sowohl der Langer Marsch 2 als auch der Feng Bao 1 scheiterten. Am Ende blieb der Ruhm, als erste der aus der DF-5 entstandenen Raketen erfolgreich den Orbit erreicht zu haben, ausgerechnet bei der Feng Bao 1, die schon wenige Jahre später, als Produkt der „Viererbande", wieder storniert wurde. Die Fertigungsanlagen in Shanghai blieben aber weiter in Gebrauch und ihr Produktionsunternehmen SAST bekam in der Folge den Auftrag für die Entwicklung der Langer Marsch 4 und ihrer Varianten. Womit wir eigentlich schon wieder beim Thema Doppelentwicklung wären (denn sie war eine Parallelentwicklung zur Langer Marsch 3), aber diese Geschichte können sie bei der detaillierten Vorstellung der einzelnen Träger im weiteren Verlauf dieses Abschnittes lesen.

Die Feng Bao 1 erreichte jedenfalls am 26. Juli 1975 mit dem Aufklärungssatelliten JSSW-4 den Orbit. Der erste erfolgreiche Flug des Konkurrenzmusters Langer Marsch 2C (man hatte sie nach ihrem Erstflug-Fehlstart am 5. November 1974, und den damit zusammenhängenden Änderungen, von Langer Marsch 2 in Langer Marsch 2C umbenannt) fand am 26. November 1975 statt.

Die aus der DF-5 abgeleiteten Träger werden noch bis gegen Ende der 20er-Jahre in immer geringeren Stückzahlen in Einsatz bleiben. Danach werden sie vollständig durch die Raketen der dritten Generation ersetzt werden: Durch die Langer Marsch 5 bis hin zur Langer Marsch 11, aber auch durch eine zunehmende Anzahl privat entwickelter Trägerraketentypen wie der Ceres, der Hyperbola, der Zhuque, der Tianlong und manch anderen mehr. Auch sie haben gelegentlich noch militärische Vorbilder, wie wir sehen werden, aber sind doch im Wesentlichen auf der Grundlage raumfahrttechnischer Forderungen entstanden.

■ Die Interkontinentalrakete DF-5 war das Ausgangsmodell für die Feng Bao 1 und die Langer Marsch 2.

Eine interessante Reminiszenz an die Militärtechnologie ist der Umstand, dass selbst die meisten dieser modernen, neu entwickelten Raketen Spezifikationsmerkmale aufweisen, die auf die Anfangstage chinesischer Militär-Raketentechnologie zurückgehen. So beträgt der Durchmesser moderner Starthilfsbooster (beispielsweise bei der Langer Marsch 7 und der Langer Marsch 8) 2,25 Meter, die Durchmesser von Raketenkörpern (Langer Marsch 6, 7 und 8) 3,35 Meter. Das sind Abmessungen, die noch auf die DF-2 und DF-3 zurückgehen, die wiederum ihren Ursprung in der Transportfähigkeit auf Eisenbahnzügen haben.

Nun wollen wir uns den chinesischen Trägerraketen im Detail widmen. Die nachfolgenden Abschnitte gliedern sich in Raketen, die nicht mehr in Dienst stehen, in Raketen, die sich gegenwärtig im Einsatz befinden und in Raketen, deren Erstflug (zum Stand 15. Juni 2023) noch bevorsteht. Innerhalb dieser Rubriken gehen wir in der Darstellung der einzelnen Typen alphabetisch vor.

Nicht mehr im Einsatz

Wie in der Einführung zu diesem Abschnitt erläutert, werden in der Folge alle chinesischen Träger der Vergangenheit, der Gegenwart und der zum Zeitpunkt der Drucklegung dieses Buches absehbaren zukünftigen Orbitalraketen der Reihe nach beschrieben. Wir beginnen dabei mit den Trägern, die nicht länger in Dienst sind, oder besser „vermutlich" nicht länger in Dienst sind, denn bei einer der hier beschriebenen Raketen ist das nicht so ganz klar.

Feng Bao 1

Typ	Feng Bao 1
Hersteller	SAST
Länge über Nutzlastverkleidung	33,0 Meter
Durchmesser Basis	3,35 Meter
Startmasse	192 Tonnen
Nutzlast LEO	2.500 Kilogramm
Startschub	2.680 Kilonewton
1. Stufe	
Triebwerke	4 × YF-20A
Startschub	4 × 670 Kilonewton
Brenndauer	128 Sekunden
Spezifischer Impuls (sl)	289 Sekunden
Treibstoff/Oxidator	UDMH/N_2O_4
Startmasse	150.400 Kilogramm
Länge/Durchmesser	20,10/3,25 Meter
2. Stufe	
Triebwerk	1 × YF-22/4 × YF-23
Schub	760 Kilonewton
Brenndauer	127 Sekunden
Spezifischer Impuls	295 Sekunden
Treibstoff/Oxidator	UDMH/N_2O_4
Leermasse/Startmasse	3.500/38.300 Kilogramm
Länge/Durchmesser	7,40/3,35 Meter
Erstflug (suborbital)	16. August 1972
Erster Orbitaleinsatz	18. September 1973
Anzahl Starts	11
Davon erfolgreich	7
Letzter Start	19. September 1981

Geheimnisumwittert bleibt bis auf den heutigen Tag die Feng Bao 1, kurz FB-1, und die Umstände ihrer Entwicklung. Ihren Ursprung hat sie in den unruhigen Tagen der chinesischen Kulturrevolution, wo sie auf Geheiß der so genannten „Viererbande" um Maos Ehefrau Jiang Qing nahezu zeitgleich und konkurrierend mit der Langer Marsch 2-Rakete entwickelt wurde. Feng Bao bedeutet „Sturm", das soll wohl auf die revolutionären Umstände anspielen, unter denen sie entstand.

Ihre Spezifikationen waren praktisch identisch zu denen der Langer Marsch 2, kurz LM-2. Wie diese entstand sie auf Basis der Interkontinentalrakete DF-5, und wie die LM-2 wurde sie entwickelt, um Aufklärungssatelliten in den Orbit zu bringen. Für den flüchtigen Betrachter sehen die LM-2 und die Feng Bao 1 fast gleich aus. Und wie bei den beiden Raketen war im Übrigen auch die Spezifikation für die beiden Typen von Aufklärungssatelliten, die sie tragen sollten, praktisch identisch.

Zwischen 1972 und 1981 wurde die Feng Bao 1 elfmal eingesetzt, aufgeteilt auf acht Orbitaleinsätze und drei suborbitale Missionen. Ihre Erfolgsbilanz war sehr durchwachsen, denn die Rakete versagte insgesamt vier Mal, wobei es nicht sicher ist, ob alle suborbitalen Versuche auch tatsächlich als solche geplant waren und nicht einfach nur gescheiterte Orbitalflüge darstellten, die man im Nachhinein besser darstellen wollte.

Alle Starts der Feng Bao 1 erfolgten vom Weltraumbahnhof Jiuquan aus, dem einzigen, den es damals in China gab.

Nach der Verhaftung der „Viererbande" und ihrer Verurteilung im Jahr 1980 zu langjährigen Gefängnisstrafen

■ Eine Feng Bao 1 wartet auf den Start in Jiuquan.

wurde das FB-1-Projekt eingestellt. Die letzte, bereits zuvor fertiggestellte, Rakete startete im Jahr darauf. Die in Shanghai aufgebauten Entwicklungs- und Produktionsstätten blieben jedoch weiter in Gebrauch. Dort werden heute die Träger der Typen Langer Marsch 2D und Langer Marsch 4 und Langer Marsch 6 gebaut.

Kaituozhe 1

Die Kaituozhe 1 (auch KT-1) war Chinas erster Orbitalträger, der ausschließlich mit festen Treibstoffen angetrieben wurde. Die erste und zweite Stufe wurden von der Mittelstreckenrakete DF-21 abgeleitet. Die dritte und vierte Stufe wurden neu konstruiert. Die KT-1 war in der Lage, eine Nutzlast von 100 Kilogramm auf einen niedrigen Erdorbit zu bringen.

Hergestellt und entwickelt wurde die Rakete von der China Aerospace Science and Industry Corporation (kurz:

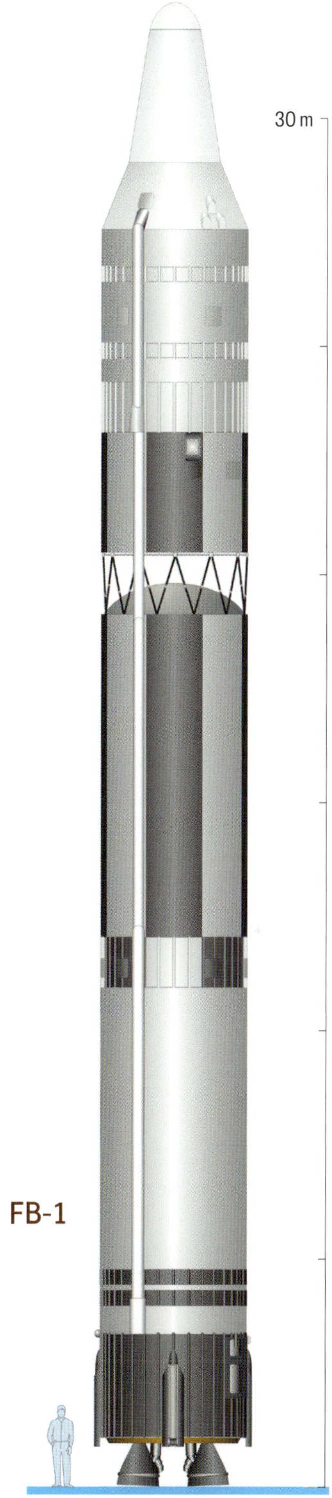

■ Eine Grafik der Feng Bao 1.

CASIC), die ihrerseits wiederum als Hauptauftragnehmer ein Unternehmen mit der Bezeichnung Space Solid Fuel Rocket Carrier Co. Ltd. ins Leben rief und einsetzte.

Der Erstflug am 15. September 2002 endete als Fehlschlag, weil die zweite Stufe nicht zündete. Der 50 Kilogramm schwere Testsatellit HTSTL-1 der Universität von Tshinghua ging dabei verloren. Ein zweiter Testflug am 16. September 2003 scheiterte wegen Versagens der vierten Stufe. Der 40 Kilogramm schwere PS-1 Satellit erreichte keinen Orbit. Weitere Orbitalflüge fanden danach nicht mehr statt.

Es wird vermutet, dass die Kaitouzhe im chinesischen Anti-Satelliten-Raketenprojekt eine Rolle spielte, und dort mehrere Male eingesetzt wurde, zuletzt bei der Zerstörung des chinesischen Wettersatelliten Fengyun-1C am 11. Januar 2007, bei dem ein großer Trümmergürtel auf der vielbeflogenen polaren sonnensynchronen Umlaufbahn erzeugt wurde. Der Start zu diesem militärischen Versuch erfolgte nicht von Taiyuan aus, sondern von einem unbekannten Ort in der Nähe der Startanlage Xichang.

Typ	Kaituozhe 1
Hersteller	CASIC/SSFRC
Länge über Nutzlastverkleidung	13,6 Meter
Durchmesser Basis	1,34 Meter
Startmasse	20,0 Tonnen
Nutzlast LEO	100 Kilogramm
1. Stufe	
Treibstoff	Fest
Basisdurchmesser	1,40 Meter
2. Stufe	
Treibstoff:	Fest
Durchmesser	1,40 Meter
3. Stufe	
Treibstoff	Fest
Durchmesser (Meter)	1,00
4. Stufe	Kickstufe
Treibstoff	Flüssig
Treibstoff/Oxidator	MMH/N_2O_4
Erstflug	15. September 2002
Anzahl Starts	2
Davon erfolgreich	0
Letzter Start	16. September 2003

Eine Kaituozhe 1 wartet auf den Start.

Nach 2004 gab es immer wieder unbestätigte Berichte, nac denen an einer leistungsfähigeren Version mit der Bezeichnung Kaituozhe 2 (kurz KT 2) gearbeitet werden sollte. Dieser Träger sollte mit 40 Tonnen Startgewicht gut doppelt so schwer sein wie die KT-1 und etwa 400 Kilogramm Nutzlast auf einen polaren Orbit bringen können. Diese verstärkte KT-2 sollte eine auf der Basis der DF-31 neuentwickelte erste Stufe aufweisen und als zweite und dritte Stufe die erste und zweite Stufe der KT-1 nutzen, die wiederum auf der DF-21 Mittelstreckenrakete basierten.

Dieser Entwurf wurde in den folgenden Jahren aber offensichtlich überarbeitet, denn am 2. März 2017 erfolgte etwas überraschend von Jiuquan aus der Start einer drei-

Eine Grafik der Kaituozhe 1.

stufigen Rakete mit der Bezeichnung Kaituozhe 2, von der behauptet wurde, sie könne einen 350 Kilogramm schweren Satelliten in eine niedrige Erdumlaufbahn bringen. Beim Start am 2. März 2017 wurde ein Raumfahrzeug mit der Bezeichnung Tiankun-1 auf eine polare Erdumlaufbahn gebracht. Seither ist diese Rakete nicht mehr in Erscheinung getreten, und so ist anzunehmen, dass auch dieses Modell aufgegeben wurde.

Langer Marsch 1

Im zweiten Halbjahr 1965 begann China mit der Entwicklung der Langer Marsch 1 (weitere Bezeichnungen: Long March 1, LM-1, Chang Zheng 1, CZ-1). Zweck des Projektes war die Bereitstellung einer Trägerrakete für Chinas ersten Erdsatelliten DFH-1.

Die LM-1 war dreistufig ausgelegt. Die ersten beiden Stufen entsprachen bis auf einige strukturelle Änderungen der Mittelstreckenrakete DF-4. Beide Antriebseinheiten verwendeten Salpetersäure als Oxidator und UDMH als Treibstoff. Die dritte Stufe war eine Neuentwicklung speziell für das Orbitalträgerprojekt und benutzte einen Feststoffmotor.

Interessant – aber typisch für Orbitalträger die sowohl flüssigkeitsbetriebene wie feststoffbetriebene Stufen einsetzen – war das Flugprofil der LM-1. Nach dem Brennschluss der zweiten Stufe flog die Gesamtkombination 200 Sekunden lang antriebslos weiter. In dieser Phase sorgte ein System, das den Resttreibstoff der zweiten Stufe verwendete, für die Lageregelung der gesamten Kombination. Erst nach Erreichen der Bahnhöhe für das gewünschte Perigäum erfolgte die Stufentrennung und die dritte Stufe zündete. Ein zusätzlicher kleiner Raketenmotor sorgte für eine Drallstabilisierung und bewirkte, dass die dritte Stufe mit dem Satelliten 180 Mal pro Minute rotierte.

Die Vorbereitungen für den Erstflug der Langer Marsch 1 fanden – inmitten der Wirren der Kulturrevolution – unter schwierigen Umständen statt. Ein großer Teil des Personals musste sich zu dieser Zeit „Umerziehungsmaßnahmen" unterziehen und wurde von den Roten Garden zum Bau von Entwässerungsgräben in den Provinzen abgeordnet. Viele der notwendigen Materialen konnten nur unter großer Geheimhaltung beschafft werden, um nicht den Unmut der Revolutionäre zu erwecken.

Alle drei Starts der Langer Marsch 1 erfolgten von Jiuquan aus. Eine modifizierte Version der LM-1, die LM-1D, wurde viermal eingesetzt, jedoch nie als Orbitalträger

■ Kein besonders schönes Foto, aber authentisch. Die Langer Marsch 1 mit DFH-1 an Bord wartet auf der Rampe auf den Start.

Typ	Langer Marsch 1
Hersteller	CASC/CASIC
Länge über Nutzlastverkleidung	29,90 Meter
Durchmesser Basis/über Flossen	2,25/4,00 Meter
Startmasse	81,6 Tonnen
Nutzlast LEO	300 Kilogramm
Startschub	1.020 Kilonewton
1. Stufe	DF-3
Triebwerke	4 × YF-1A
Startschub	4 × 255 Kilonewton
Brenndauer	130 Sekunden
Spezifischer Impuls (sl/vac)	242/267 Sekunden
Treibstoff/Oxidator	UDMH/AK27S
Leermasse/Startmasse	4.200/65.200 Kilogramm
Länge/Durchmesser	17,85/2,25
2. Stufe	
Triebwerk	1 × YF-3A
Schub	320 Kilonewton
Brenndauer	126 Sekunden
Spezifischer Impuls	287 Sekunden
Brenndauer	126 Sekunden
Treibstoff/Oxidator	UDMH/AK27S
Leermasse/Startmasse	2.340/13.500 Kilogramm
Länge/Durchmesser	5,35/2,25 Meter
3. Stufe	
Feststofftriebwerk	1 × FG-02
Schub	181 Kilonewton
Spezifischer Impuls	254
Brenndauer	38 Sekunden
Treibstoff	Fest
Leermasse/Startmasse	400/2.200 Kilogramm
Länge/Durchmesser	4,56/0,77 Meter
Erstflug	16. November 1969
Anzahl Starts	3
Davon erfolgreich	2
Letzter Start	03. März 1971

sondern als suborbitales Testgerät für Wiedereintritts-Flugkörper.

Die Feststoff-Oberstufe war in den späten 60er Jahren eine neue Technologie für China. Dieser Motor für die dritte Stufe hatte einen Durchmesser von 77 Zentimetern, eine Länge von vier Metern und nahm 1,8 Tonnen Treibstoff auf. Damit war er weit größer als jeder andere Feststoffmotor den China bis dahin gebaut hatte. Und auch die Anforderung für eine zuverlässige Zündung in großer Höhe, während sich die dritte Stufe gleichzeitig schnell drehte, war für die damaligen Verhältnisse recht anspruchsvoll. Vom Mai 1969 bis zum Januar 1970 fanden vier Tests des neuen Ra-

■ Der Start vom 16. November 1969 schlug fehl. 69 Sekunden nach dem Verlassen der Startrampe war die Langer Marsch 1 wieder zurück.

ketenmotors statt und zusätzlich ein Flug einer zweistufigen Variante der DF-3. Diese Versuche verliefen erfolgreich.

Der Testflug der neuen Kombination am 16. November 1969 misslang. Die Rakete schlug 69 Sekunden nach dem Abheben noch in Sichtweite der Startanlage auf. Der zweite Versuch am 24. April 1970 war erfolgreich und platzierte den 173 Kilogramm schweren DFH-1 Satelliten in den Orbit. China wurde damit zur fünften Nation nach der Sowjetunion, den USA, Frankreich und Japan, die einen eigenen Satelliten mit einer eigenen Trägerrakete in den Orbit brachte.

Langer Marsch 2 und 2A

Die Langer Marsch 2 (auch: Long March 2, LM-2, Chang Zheng 2, CZ-2) basiert auf der Interkontinentalrakete DF-5. Ihre Entwicklung begann im Jahre 1970 und dauerte gut vier Jahre. Am 5. November 1974 schlug der Erstflug fehl. Die Rakete explodierte 20 Sekunden nach dem Verlassen der Startrampe. Nach diesem Misserfolg wurde das Design überarbeitet, und die Rakete erhielt von nun da an die Bezeichnung Langer Marsch 2A. In den Jahren 1975 bis 1978 wurde diese Version drei Mal verwendet, bevor sie ihrerseits von der Langer Marsch 2C ersetzt wurde, die ihren Erstflug am 9. September 1982 hatte.

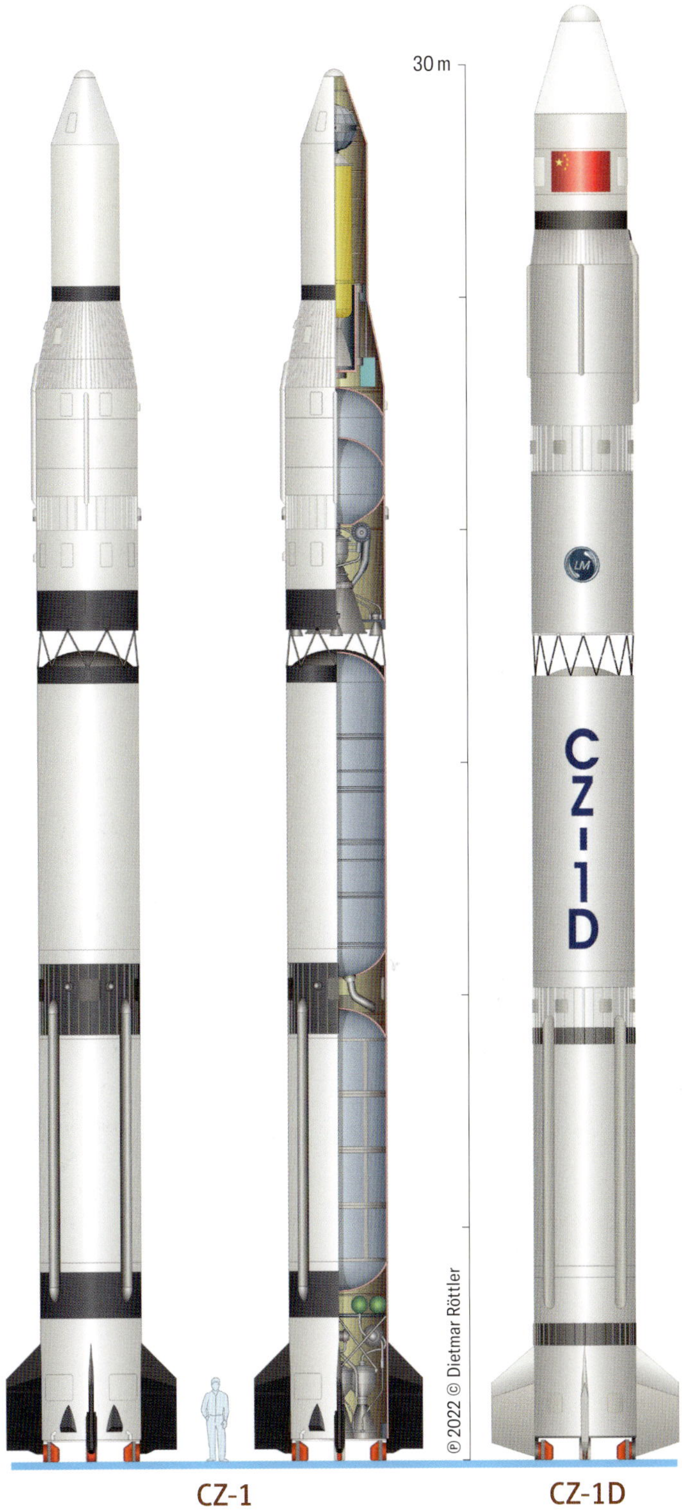

■ Die beiden Versionen der Langer Marsch 1. In der Mitte die LM-1 im Schnittbild.

Typ	Langer Marsch 2A
Hersteller	CALT
Länge über Fairing	35,15 Meter
Durchmesser Basis	3,35 Meter
Startmasse	192 Tonnen
Nutzlast LEO	2.400 Kilogramm
Startschub	2.768 Kilonewton
1. Stufe	
Triebwerke	4 × YF-20A
Schub Meereshöhe	4 × 740 Kilonewton
Spezifischer Impuls	261 Sekunden
Brenndauer	122 Sekunden
Treibstoff/Oxidator	UDMH/N_2O_4
Länge/Durchmesser	20,50/3,35 Meter
2. Stufe	
Triebwerk	1 × YF-22/4 × YF23A
Schub	782 Kilonewton
Isp (vac)	298 Sekunden
Brenndauer	190 Sekunden
Treibstoff/Oxidator	UDMH/N_2O_4
Länge/Durchmesser	10,00/3,35 Meter
Erstflug (LM-2)	05. November 1974
Anzahl Starts (LM-2 und 2A)	4
Davon erfolgreich	3
Letzter Start (LM-2A)	26. Januar 1978

Kurzzeitig gab es auch eine Langer Marsch 2B als dreistufige Version der Langer Marsch 2. Diese Variante wurde aber später in Langer Marsch 3 umbenannt.

Alle drei Starts der Langer Marsch 2 und 2A erfolgten vom Weltraumbahnhof Taiyuan aus.

Langer Marsch 2E

Im Jahre 1986 begann die Entwicklung einer neuen Version der Langer Marsch 2. Man verfolgte dabei das gleiche Konzept wie Europa bei der Ariane 4, allerdings ohne deren Variantenvielfalt, und erweiterte die Rakete um vier Zusatzbooster mit flüssigen Treibstoffen. Die Booster-Triebwerke sind die gleichen Motoren, die in der Erststufe der LM-2E und in den Langer Marsch-Versionen 3B und 3C verwendet werden.

Die Langer Marsch 2E (LM-2E) erwies sich als wenig erfolgreiches Modell. Sie wies erhebliche konstruktive Mängel auf. Vor allem ihr exzessives Vibrationsniveau machte sie für die Starts kommerzieller Satelliten in den geostationären Transferorbit, für die sie eigentlich vorgesehen war, kaum brauchbar. Überdies konkurrierte sie fast im gleichen Nutzlastsegment wie die Langer Marsch 3B, so dass sie für die Transporte schwerer Satelliten im Grunde überflüssig war.

Ein bizarrer Fehlstart ereignete sich mit einer LM-2E am 21. Dezember 1992. Eine Schwachstelle in der Softwareausstattung des Fluglenksystems bewirkte, dass das Vehikel nicht mit den starken Scherwinden zurechtkam, als das Fahrzeug aus der windstillen Talsenke des Startzentrums Xichang herauskam. Nach dem Überschreiten der Berggipfel war die Rakete plötzlich heftigen Böen ausgesetzt.

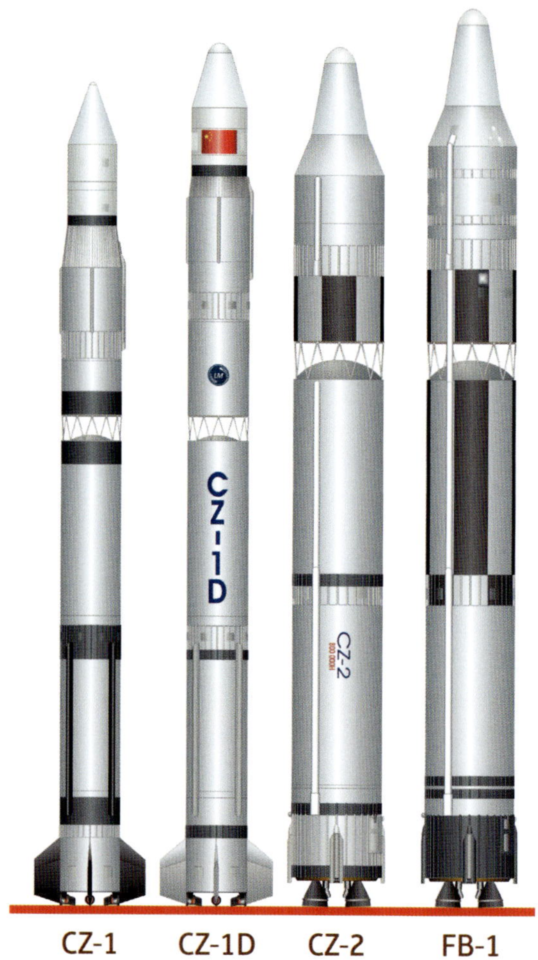

Gruppenbild der ersten drei Trägerraketen Chinas, sowie der CZ-1D (Langer Marsch 1D), die nur suborbital flog.

Typ	Langer Marsch 2E
Hersteller	CALT
Länge über Nutzlastverkleidung	49,7 Meter
Durchmesser Basis (ohne Booster)	3,35 Meter
Startmasse	460 Tonnen
Nutzlast LEO/GTO	9.400/3.370 Kilogramm
Startschub	5.920 Kilonewton
Booster	
Triebwerke	4 × YF-20B
Schub (sl/vac)	4 × 740/4 × 817 Kilonewton
Spezifischer Impuls (sl/vac)	261/291 Sekunden
Brenndauer	128 Sekunden
Treibstoff/Oxidator	UDMH/N_2O_4
Leermasse/Startmasse (jeweils)	3.200/41.000 Kilogramm
Länge/Durchmesser	15,30/2,25 Meter
1. Stufe	CALT CZ-2-1
Triebwerke	4 × YF-20B
Schub (sl)	4 × 740 Kilonewton
Spezifischer Impuls (sl/vac)	261/281 Sekunden
Brenndauer	166 Sekunden
Treibstoff/Oxidator	UDMH/N_2O_4
Leermasse/Startmasse	12.550/198.800 Kilogramm
Länge/Durchmesser	28,50/3,35 Meter
2. Stufe	CALT CZ-2-2
Triebwerke	1 × YF-22B; 4 × YF-23B
Schub inklusive Verniers	785 Kilonewton
Spezifischer Impuls (Triebwerk)	298 Sekunden
Spezifischer Impuls (Verniers)	289 Sekunden
Brenndauer	301 Sekunden
Treibstoff/Oxidator	UDMH/N_2O_4
Leermasse/Startmasse	4.950/84.600 Kilogramm
Länge/Durchmesser	14,20/3,35 Meter
3. Stufe	CALT CZ-2-3
Triebwerk	1 × FG-46
Schub	190 Kilonewton
Spezifischer Impuls	293 Sekunden
Brenndauer	87 Sekunden
Treibstoff	Fest (HTPB)
Leermasse/Startmasse	540/6.400 Kilogramm
Länge/Durchmesser	2,95/1,70 Meter
Erstflug	16. Juli 1990
Anzahl Starts	7
Davon erfolgreich	4
Letzter Start	28. Dezember 1995

Durch die starken dynamischen Belastungen kollabierte die Nutzlastverkleidung und wurde abgeworfen. Der Träger selbst funktionierte aber weiterhin, und brachte das Satellitenwrack präzise in den vorgesehenen Orbit.

Unglaublicherweise ereignete sich praktisch derselbe Fehler am 25. Januar 1995 noch einmal, diesmal jedoch mit ungleich schwereren Konsequenzen. Auch bei diesem Start kam die Rakete nach dem Abheben in der Talsenke, nachdem sie die Berggipfel überschritten hatte, in eine Scherwindzone, und erneut versagte die Fluglageregelung. Diesmal wurde der Träger jedoch völlig aus der Bahn geworfen und stürzte einige Kilometer von der Startanlage entfernt auf ein Dorf. Die Zahl der Toten wurde offiziell mit 21 angegeben, jedoch gingen westliche Beobachter seinerzeit von bis zu 60 Toten aus.

Bei ihren insgesamt sieben Missionen hatte sie neben diesen beiden vollständigen Fehlstarts noch einen Teilversager zu verzeichnen, als AsiaSat 2 am 28. November 1995 zwar erfolgreich im vorgesehenen Transferorbit ankam, aber durch die starken Vibrationen der Rakete so beschädigt wurde, dass er teilweise unbrauchbar war. Die Langer Marsch 2E wurde wegen ihrer technischen Mängel und dem daraus resultierenden miserablen Ruf im Jahre 1995 vom Markt genommen.

■ Eine Langer Marsch 2E wartet in Xichang auf den Start.

Alle Starts der LM-2E erfolgten von Xichang aus. Bis auf den ersten Einsatz waren bei allen Flügen westliche Nutzlasten an Bord. Eine Version mit verlängerten Boostern mit der Bezeichnung LM-2E/A wurde zwar um das Jahr 2000 angekündigt, das Projekt wurde aber nie realisiert. Dieser Träger hätte eine Nutzlastkapazität von 14,1 Tonnen für eine niedrige Erdumlaufbahn gehabt.

Trotz ihrer enttäuschenden Karriere als Satellitenträger sollte eine vollständig überarbeitete Variante der LM-2E, nämlich die LM-2F später doch noch vor allem im bemannten Raumfahrtprogramm Chinas zu Ruhm und Ehre gelangen. Allerdings klagten auch hier die Astronauten anfangs immer noch über das hohe Vibrationsniveau der Rakete. Bei späteren Flügen konnte das Problem aber abgestellt werden.

Nicht mehr im aktiven Dienst

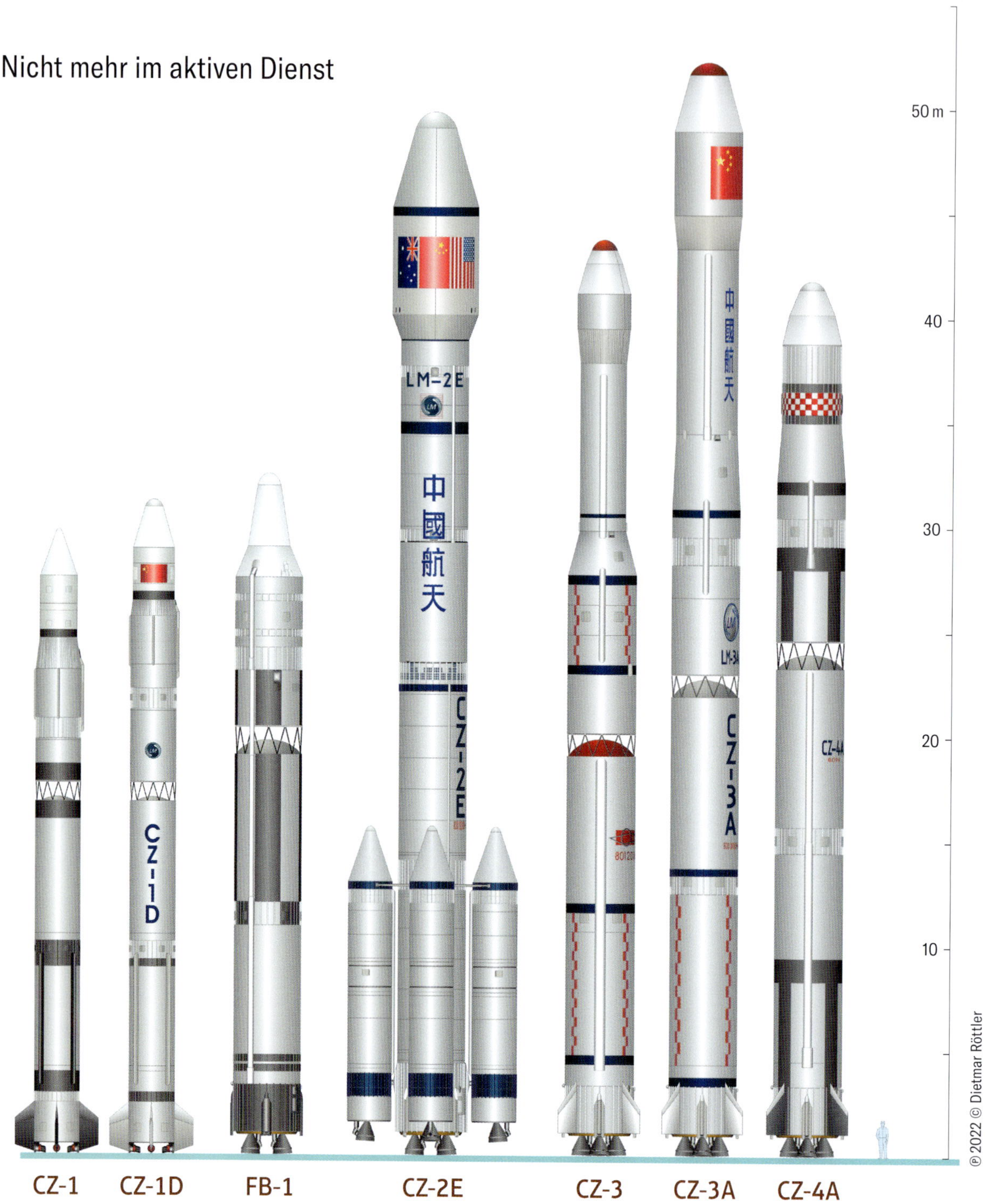

■ Die Feng Bao 1 und – mit Ausnahme der Langer Marsch 2, die auf Seite 65 abgebildet ist – alle Träger der Langer Marsch-Typenreihe, die heute nicht mehr im aktiven Dienst stehen.

Langer Marsch 3 und 3A

Die Langer Marsch 3 (auch LM-3, CZ-3) war eine um eine kryogene Drittstufe erweiterte Langer Marsch 2E ohne Booster. Sie war auf hochenergetische Trajektorien spezialisiert und brachte leichtere Satelliten bis etwa 1.500 Kilogramm Gewicht auf geostationäre Transferbahnen oder Navigationssatelliten auf mittelhohe Umlaufbahnen. Die Langer Marsch 3 war der Ausgangstyp der Langer Marsch 3-Modellreihe. Die Langer Marsch 3A war eine leistungsverstärkte Variante dieses Grundmodells und bildete ihrerseits die Zentralstufe für die Träger Langer Marsch 3B und 3C.

Die Raketen der Langer Marsch 3-Serie waren über viele Jahre die leistungsfähigsten Träger Chinas. Die schwerste Version, die Langer Marsch 3B/E, ist dabei in der Lage, bis zu 5.500 Kilogramm Nutzlast in einen geostationären Transferorbit zu befördern.

Bei den Trägern der Langer Marsch 3-Reihe finden wir erstmals in China eine kryogene Oberstufe mit der Treibstoff/Oxidatorkombination Flüssiger Wasserstoff/Flüssiger Sauerstoff. China setzte diese hochenergetische Verbindung noch vor der UdSSR als dritte Nation ein, und wie auch die USA und Europa musste China bei der Einführung dieser schwierigen Technologie viel Lehrgeld zahlen. Es gab bei den frühen Missionen drei Fehlstarts, die alle auf Probleme mit der neuen dritten Stufe zurückzuführen waren.

Die Versionen 3 und 3A wurden ohne Starthilfsraketen eingesetzt. In den Versionen 3B und 3C wird sie erweitert um zwei (Langer Marsch 3C) oder vier Booster (Langer Marsch 3B). In diesen Varianten wird die Ausstattung der Zentralstufe stets beibehalten. Die kryogene Drittstufe kann einmal wiedergezündet werden, ein durchaus fortschrittliches Feature, das es etwa in Europa selbst bei der Ariane 5 nicht gab.

Die vier Erststufentriebwerke sind schwenkbar und bewerkstelligen so die Steuerung der Rakete. Die Stufentrennung erfolgt im „heißen" Verfahren sowjetischer Art. Das bedeutet bei der Langer Marsch 3A, dass die YF-23 Vernier-Triebwerke der zweiten Stufe gezündet werden, noch während die erste Stufe läuft. Danach werden 14 Sprengbolzen aktiviert, mit denen die beiden Stufen getrennt werden. Erst dann zündet das Haupttriebwerk der zweiten Stufe.

Beim YF-22 Triebwerk der zweiten Stufe handelt es sich um eine vakuum-optimierte Variante des YF-20B mit verlängerter Expansionsdüse. Dazu kommen vier jeweils 46 Kilonewton Schub erzeugende YF-23 Vernier-Triebwerke. Die Verniers verfügen über ihre eigene Turbopumpe. Die Brenndauer der zweiten Stufe beträgt im Prinzip 178 Sekunden, jedoch laufen die vier Vernier-Triebwerke sechs Sekunden länger, um das „Hot-staging" zwischen den Stufen zwei und drei zu unterstützen. Der Triebwerksblock aus dem einzelnen YF-22 und den vier YF-23 wird manchmal auch als YF-24 bezeichnet.

Typ	Langer Marsch 3	Langer Marsch 3A
Hersteller	CALT	CALT
Länge über Nutzlastverkleidung	43,25 Meter	52,50 Meter
Durchmesser Basis	3,35 Meter	3,35 Meter
Startmasse	204 Tonnen	241 Tonnen
Nutzlast LEO/SSO/GTO	4.800/-/1.400 Kilogramm	6.000/3.800/2.650 Kilogramm
Startschub	2.785 Kilonewton	2.960 Kilonewton
1. Stufe		
Haupttriebwerke	4 × YF-20B	4 × YF-20B
Startschub	4 × 731 Kilonewton	4 × 731 Kilonewton
Spezifischer Impuls (sl/vac)	259/289 Sekunden	259/289 Sekunden
Brenndauer	140 Sekunden	155 Sekunden
Treibstoff/Oxidator	UDMH/N_2O_4	UDMH/N_2O_4
Leermasse/Startmasse	9.500/151.000 Kilogramm	9.500/179.000 Kilogramm
Länge/Durchmesser	20,25/3,35 Meter	23,30/3,35 Meter
2. Stufe		
Triebwerk/Verniers	1 × YF-22/4 × YF-23	1 × YF-22/4 × YF-23
Schub Triebwerk/Verniers	719/4 × 46 Kilonewton	719/4 × 46 Kilonewton
Spezifischer Impuls	295 Sekunden	292 Sekunden
Brenndauer	110 Sekunden	110 Sekunden
Treibstoff/Oxidator	UDMH/N_2O_4	UDMH/N_2O_4
Leermasse/Startmasse	4.000/39.000 Kilogramm	3.850/53.450 Kilogramm
Länge/Durchmesser	9,71/3,35 Meter	12,92/3,35 Meter
3. Stufe		
Triebwerke	4 × YF-73	2 × YF-75
Schub	4 × 11 Kilonewton	2 × 78 Kilonewton
Spezifischer Impuls	416 Sekunden	435 Sekunden
Brenndauer	810 Sekunden	480 Sekunden
Treibstoff/Oxidator	LH_2/LOX	LH_2/LOX
Leermasse/Startmasse	2.000/10.500 Kilogramm	2.740/20.930 Kilogramm
Länge/Durchmesser	7,48/2,35 Meter	12,38/3,00 Meter
Erstflug	29. Januar 1984	08. Februar 1994
Anzahl Starts	13	27
Davon erfolgreich	10	27
Letzter Start	25. Juni 2000	09. Juli 2018

Die beiden Drittstufentriebwerke vom Typ YF-75 arbeiten mit einem moderaten Brennkammerdruck von 40 bar. Sie sind schwenkbar aufgehängt, und können so die Orbitaleinheit, bestehend aus Nutzlast und dritter Stufe auf Kurs halten.

Alle Triebwerke wurden im Laufe der Jahre verbessert, ohne dass die Bezeichnungen der Modifikationen bekannt wurden. Stören Sie sich also nicht daran, dass bei späteren Triebwerken mit derselben Bezeichnung meist höhere Schubwerte in den Tabellen stehen.

Die dritte Stufe verfügt über ein komplexes Lageregelungssystem, mit dem die Raumlage der Oberstufe auch in antriebslosen Flugphasen exakt eingehalten werden kann. Es besteht aus drei Clustern von Triebwerken, einem pro Achse. Insgesamt werden dabei vier Triebwerke mit 70 Newton Schub eingesetzt, und acht Triebwerke mit 40 Newton Schub. Gierwinkel und der Neigungswinkel werden über einen Cluster von zwei 70 Newton- und zwei 40 Newton-Triebwerken gesteuert. Die Rollkontrolle läuft über vier 40 Newton-Einheiten.

Für das Treibstoffmanagement (um die Treibstoffe nach einer Freiflugphase auf den Tankboden zu bringen) werden zwei 300 Newton- und zwei 75 Newton-Triebwerke eingesetzt. Diese vier Motoren sind auch für die Feinabstimmung der Bahn nach dem Abschalten der beiden Haupttriebwerke verantwortlich.

Die zweiteilige Nutzlastverkleidung wiegt etwa 1,5 Tonnen. Sie ist 9,56 Meter lang und weist einen Durchmesser von vier Metern auf.

Die Langer Marsch 3 blieb bis zum Januar 1984 im Einsatz. Dabei fanden 13 Flüge dieser Basisvariante statt. Die Missionen 1, 8 und 11 endeten als Fehlschlag. In jedem dieser Fälle war ein Zündversagen der dritten Stufe die Ursache.

Die Langer Marsch 3A basiert auf der LM-2C/SD, der Spezialvariante der Langer Marsch 2, die für die Starts der Iridium-Satelliten eingesetzt wurde. Die erste Stufe verfügt über größere Tanks. Bei der zweiten Stufe wurden die Tanks dagegen verkleinert. Beide Stufen sind mit – gegenüber der Langer Marsch 3 – modernisierten Triebwerken ausgerüstet. Die Startmasse wurde gesteigert, die Leermasse konnte aber trotz der größeren Ausmaße beibehalten werden, wodurch sich die Nutzlast für den geostationären Transferorbit nahezu verdoppelte.

■ Start einer Langer Marsch 3 in Xichang.

Start einer Langer Marsch 3A am 5. Juni 2018 mit dem Wettersatelliten Fengyun 2H an Bord.

Der Erstflug des Trägers, bei dem der kleine Forschungssatellit SJ-4 und ein Massenmodell des Kommunikationssatelliten DFH-3 an Bord waren, fand am 8. Februar 1994 statt. Die letzte Mission erfolgte am 9. Juli 2018. Es wird angenommen, dass diese Variante der Langer Marsch 3 nicht mehr im Dienst ist.

Mit der Langer Marsch 3A wurden hauptsächlich die geostationären Satelliten der Beidou-Konstellation in den Orbit gebracht, sowie die Wettersatelliten der Fengyun-Reihe. Ihre bekannteste Nutzlast war die Mondorbit-Sonde Chang'e 1.

Die Angaben für die Langer Marsch 3A gelten genauso für die Langer Marsch 3B und 3C, da deren Zentralstufen nahezu baugleich sind. Lediglich für die E-Version dieser beiden Varianten gibt es einige Abweichungen.

Langer Marsch 4A

Die Ursprünge der Langer Marsch 4-Raketenreihe gehen auf die Feng Bao 1 zurück, die während der Jahre der Kulturrevolution auf Geheiß der „Viererbande" um Maos Witwe Jiang Qing entwickelt wurde. Sie stellte eine direkte Konkurrenz zur Langer Marsch 2 dar und wurde bei der Shanghaier Akademie für Raumfahrttechnologie (SAST) entwickelt und gebaut. Nach der Entmachtung der „Viererbande" verschwand die Feng Bao wieder von der Bühne, aber die dafür geschaffene Infrastruktur und das Know-how blieben.

Im Jahre 1978 erhielt die SAST den Auftrag, eine dreistufige Trägerrakete zu entwickeln, die in der Lage war, Satelliten in eine geostationäre Transferbahn zu bringen. Diese Rakete sollte zunächst die Bezeichnung Langer Marsch 2B tragen, wurde später aber in Langer Marsch 4 (LM-4) umbenannt. Sie wird vollständig über alle drei Stufen mit klassischen hypergolen Treibstoffen betrieben.

Die LM-4 stellte zunächst eine Rückfallversicherung zur parallel laufenden Entwicklung der Langer Marsch 3-Rei-

Typ	Langer Marsch 4A
Hersteller	SAST
Länge über Nutzlastverkleidung	41,90 Meter
Durchmesser Basis	3,35 Meter
Startmasse	251 Tonnen
Nutzlast LEO/SSO	4.600/1.500 Kilogramm
Startschub	2.962 Kilonewton
1. Stufe	
Triebwerke	4 × YF-21B
Schub (sl)	4 × 741 Kilonewton
Spezifischer Impuls (sl)	259 Sekunden
Brenndauer	150 Sekunden
Treibstoff/Oxidator	UDMH/N_2O_4
Leermasse/Startmasse	9.500/194.200 Kilogramm
Länge/Durchmesser	24,80/3,35 Meter
2. Stufe	
Triebwerk/Verniers	1 × YF-22/4 × YF-23
Schub Triebwerk/Verniers	719/4 × 46 Kilonewton
Spezifischer Impuls	295 Sekunden
Brenndauer	135 Sekunden
Treibstoff/Oxidator	UDMH/N_2O_4
Leermasse/Startmasse	4.000/39.550 Kilogramm
Länge/Durchmesser	7,50/3,35 Meter
3. Stufe	
Triebwerk	2 × YF-40A
Schub	2 × 50,4 Kilonewton
Spezifischer Impuls	303 Sekunden
Brenndauer	380 Sekunden
Treibstoff/Oxidator	UDMH/N_2O_4
Leermasse/Startmasse	2.000/15.150 Kilogramm
Länge/Durchmesser	4,80/2,90
Erstflug	07. September 1988
Anzahl Starts	2
Davon erfolgreich	2
Letzter Start	03. September 1990

■ Zhuque 1 vor dem Start.

he der CAST dar, für den Fall, dass diese scheitern sollte. Die Oberstufe der Langer Marsch 3 sollte mit der schwierig zu beherrschenden, wenngleich wesentlich effizienteren Treibstoffkombination flüssiger Wasserstoff und flüssiger Sauerstoff betrieben werden.

Die erste und zweite Stufe der Langer Marsch 4 entsprachen weitgehend denen der ebenfalls von der SAST gebauten Langer Marsch 2D. Die dritte Stufe war eine klassische Konstruktion auf der Basis von UDMH und N_2O_4 als Treibstoff, ausgerüstet mit zwei schwenkbaren Triebwerken.

Etwa 1982 erweiterte sich das Anforderungsprofil. Nun galt es auch, Nutzlasten vom Raumfahrtzentrum Taiyuan aus in polare, sonnensynchrone Erdumlaufbahnen zu transportieren. Die Rakete musste dafür umkonstruiert werden und wurde im Zuge dieser Modifikation von LM-4 nun in LM-4A umbenannt.

Die LM-4A verfügte über eine Nutzlastverkleidung mit einer Länge von 4,90 Metern und einem Durchmesser von 2,90 Metern. Sie absolvierte am 7. September 1988 ihren Erstflug, bei dem sie Fengyun-1A, Chinas ersten experimentellen Wettersatelliten, in eine sonnensynchrone polare Erdumlaufbahn transportierte. Beim zweiten und schon letzten Start dieses Typs am 3. September 1990 wurde ein weiterer Wettersatellit ins All transportiert. Nach dieser Mission wurde die Langer Marsch 4A von den weiter entwickelten Varianten Langer Marsch 4B und 4C abgelöst.

Typ	Zhuque 1
Hersteller	Landspace
Länge über Nutzlastverkleidung	19 Meter
Durchmesser Basis	1,35 Meter
Startmasse	27,0 Tonnen
Nutzlast LEO/SSO	300/200 Kilogramm
Startschub	450 Kilonewton
1. Stufe	
Treibstoff	Fest
Basisdurchmesser	1,35 Meter
2. Stufe	
Treibstoff	Fest
Durchmesser	1,35 Meter
3. Stufe	
Treibstoff	Fest
Durchmesser	1,35 Meter
Erstflug/Letzter Flug	27. Oktober 2018

Zhuque 1

Der Zhuque 1, ein Mikro-Launcher des Herstellers Landspace, war nur eine sehr kurze Karriere beschieden. Der Jungfernflug scheiterte am 27. Oktober. Ein kleiner Testsatellit mit der Bezeichnung Weilai-1 ging dabei verloren. Immerhin war es zum Startzeitpunkt der Zhuque 1 das erste Mal, dass ein chinesisches Privatunternehmen versuchte, einen Satelliten in den Orbit zu bringen.

Die ausschließlich mit festen Treibstoffen betriebene dreistufige Rakete startete dabei von einer Selbstfahrlafette am Raumfahrtzentrum Jiuquan.

Landspace musste die Entwicklung der Zhuque 1 einstellen, weil die CASC, die den Antrieb der Zhuque vollständig herstellte, ihrer eigenen Mikroträgerrakete Langer Marsch 11 den Vorzug gab und die Lieferungen der Treibsätze einstellte. Mit der privaten Unabhängigkeit chinesischer Raumfahrtunternehmen ist es eben manchmal nicht weit her.

Die in Peking ansässige Landspace Technology Corporation wurde im Jahre 2015 durch die Universität Tsinghua gegründet. Nach der Einstellung des Zhuque 1-Vorhabens konzentriert sich das Unternehmen jetzt auf den mit flüssigen Treibstoffen (Methan und Sauerstoff) betriebenen Zhuque 2-Träger.

Der Name bezieht sich auf den „Roten Vogel", einem chinesischen Sternbild. Er steht für den „Süden" oder „Sommer". Der Träger sollte in der Lage sein, etwa 200 Kilogramm Nutzlast auf eine sonnensynchrone Umlaufbahn in 500 Kilometer Höhe zu transportieren, oder etwa 300 Kilogramm in einen östlichen 300 Kilometer-Orbit.

Aktive Träger

In diesem Kapitel sehen wir uns die aktiven chinesischen Träger an. Einige sind brandneu wie beispielsweise die Varianten der Langer Marsch 6. Viele sind schon in die Jahre gekommen, werden uns aber noch für lange Zeit begleiten, wie die Träger der Reihen Langer Marsch 2, 3 und 4. Einige Varianten davon sehen aber schon bald ihrer Ausmusterung entgegen. Sehen wir sie uns, wie im vorausgegangenen Kapitel, in alphabetischer Reihenfolge an.

Ceres 1

Die Ceres 1 (auch Gushenxing 1) ist eine vierstufige Kleinträgerrakete des privaten Unternehmens Galactic Energy. Sie ist die aktuell erfolgreichste private Kleinträgerrakete Chinas. Bei bislang fünf Starts (Stand 15. Juni 2023) flog sie jedes Mal fehlerlos. Alle Missionen erfolgten bislang vom Raumfahrtzentrum Jiuquan aus.

Die Tabelle gibt die Spezifikation ab dem dritten Start wieder. Erst ab diesem Flug wurde eine vergrößerte Nutzlastverkleidung mit einem Durchmesser von 1,60 Meter und einer Länge von 5,20 Meter verwendet.

Typ	Ceres-1 (Gushenxing 1)
Hersteller	Galactic Energy
Länge über Fairing	20,00 Meter
Durchmesser Basis	1,40 Meter
Durchmesser Nutzlastverkleidung	1,60 Meter
Startmasse	30,00 Tonnen
Nutzlast LEO/SSO	350/250 Kilogramm
1. Stufe	
Treibstoff	Fest
Brenndauer	74 Sekunden
Basisdurchmesser	1,40 Meter
Startschub	600 Kilonewton
2. Stufe	GS-2
Treibstoff	Fest
Brenndauer	70 Sekunden
Durchmesser	1,40 Meter
Schub	280 Kilonewton
3. Stufe	GS-3
Treibstoff	Fest
Durchmesser	1,20 Meter
Schub	88 Kilonewton
4. Stufe	Kickstufe
Treibstoff	MMH
Schub	2 Kilonewton
Erstflug	07. Dezember 2020
Anzahl Starts	5
Davon erfolgreich	5
Status (15.03.2023)	Aktiv

Die Ceres 1 bei ihrem Erstflug am 20. November 2020.

Die zweite Ceres 1 wird für ihre Mission vorbereitet. Sie brachte am 7. Dezember 2021 fünf Kleinsatelliten in den Orbit.

Die Ceres 1 wird in den ersten drei Stufen mit festem Treibstoff betrieben, Stufe 4 verfügt über einen Einstoffantrieb mit Monomethylhydrazin.

Für die Transporte und die Starts der Rakete setzt Galactic Energy eine Selbstfahrlafette ein, die dem ganzen Startensemble einen etwas militärischen Anstrich gibt.

Hyperbola 1

Die Hyperbola ist einer der vielen Kleinträger, die in den letzten Jahren von chinesischen Startups entwickelt wurden. Hersteller dieses Mikro-Launchers ist die Beijing Interstellar Glory Space Technology Ltd., die allerdings unter ihrem Marketing-Kürzel iSpace weit besser bekannt ist. Dieses Unternehmen wurde erst 2016 gegründet.

Die Hyperbola 1 ist eine dreistufige Feststoffrakete mit einer flüssigkeitsbetriebenen zusätzlichen Kickstufe. Die Basisversion dieses Kleinträgers führte am 25. Juli 2019 erfolgreich ihren Erstflug durch. iSpace war damit das erste chinesische Privatunternehmen, dem ein Satellitenstart gelungen ist, und – nach SpaceX – erst das zweite weltweit.

■ Vorbereitung für den zweiten Flug der Hyperbola 1 am 1. Februar 2021. Leider scheiterte die Mission.

Typ	Hyperbola 1
Hersteller	iSpace
Länge über Fairing	24,00 Meter
Durchmesser Basis	1,40 Meter
Startmasse	42 Tonnen
Nutzlast LEO/SSO	280/150 Kilogramm
Startschub	770 Kilonewton
1. Stufe	
Treibstoff	fest
Spezifischer Impuls	245 Sekunden
Brenndauer	56 Sekunden
2. Stufe	
Treibstoff	fest
Schub	597 Kilonewton
Spezifischer Impuls	282 Sekunden
Brenndauer	60 Sekunden
Durchmesser	1,40 Meter
3. Stufe	
Treibstoff	fest
Schub	195 Kilonewton
Spezifischer Impuls	290 Sekunden
Brenndauer	56 Sekunden
Durchmesser	1,40 Meter
4. Stufe	
Treibstoff	fest
Schub	60 Kilonewton
Spezifischer Impuls	290 Sekunden
Brenndauer	50 Sekunden
Durchmesser	1,40 Meter
Erstflug	25. Juli 2019
Anzahl Starts	5
Davon erfolgreich	2
Bislang letzter Start (Status 30.4.2023)	07. April 2023

Vorausgegangen war der Entwicklung der Hyperbola 1 der Bau von zwei suborbitalen Versuchsraketen mit der Bezeichnung Hyperbola 1S und 1Z, die am 5. April und am 5. September 2018 jeweils Nutzlasten bis in Höhen von über 100 Kilometer brachten.

■ Die Startvorbereitung einer Hyperbola 1 läuft recht unkonventionell ab. ■ Die „Verifikationsmission“ am 7. April 2023 verlief fehlerlos.

Ab dem zweiten Flug wurde eine überarbeitete und verstärkte Version der Hyperbola 1 eingesetzt. Sie verfügt nun ausschließlich über feststoffbetriebene Antriebsstufen.

Ein besonderes Charakteristikum der Hyperbola 1 ist, dass sie in der aerodynamischen Phase des Fluges mit vier Gitterflossen an der Basis gesteuert wird, was ihre militärische Herkunft unverkennbar macht.

Der Jungfernflug der Hyperbola 1 im Juli 2019 war erfolgreich verlaufen. Doch danach scheiterte die Rakete dreimal in Folge. Beim ersten Fehlschlag am 1. Februar 2021 blockierte ein Stück Isolierschaum (der beim Start als Thermalschutz um die Nutzlastverkleidung der Rakete dient) eine der Grid Fins, mit denen die Rakete in der Anfangsphase ihres Fluges gesteuert wird. Beim zweiten Fehlstart, am 3. August 2021, kam es zu einem Problem mit der Nutzlastverkleidung und am 13. Mai 2022 ereignete sich der dritte Fehlstart, weil die zweite Stufe nicht zündete.

Erst am 7. April 2023 gelang ein als „Verfikationsmission“ bezeichneter Einsatz einwandfrei. Bei diesem Flug war keine Nutzlast an Bord.

Jielong 1 und Jielong 3

Auch die Jielong 1 (auch Smart Dragon 1 oder SD-1) gehört zur Serie chinesischer Kleinträger, die noch relativ neu auf dem Markt sind. Betreiber ist in diesem Fall Chinarocket, eine Ausgründung der staatlichen China Academy of Launch Vehicle Technology Corporation (oder kurz: CALT), die ihrerseits wiederum eine Tochtergesellschaft der staatlichen CAST (China Aerospace Science and Technology Corporation) ist. Chinarocket wurde 2016 gegründet.

Jielong bedeutet so viel wie „Kluger Drache“. Die Rakete führte am 17. August 2019 einen erfolgreichen Erstflug durch, und brachte dabei drei Satelliten in den Orbit. Chinarocket ist damit das zweite chinesische Privatunternehmen (wenn man ihm diesen Status bei all der staatlichen Unterstützung zugestehen will), dem ein Satellitenstart gelungen ist.

Ähnlich wie die Hyperbola ist auch bei diesem Kleinträger der militärische Ursprung unverkennbar, denn auch hier werden Komponenten der militärischen chinesischen Trägerentwicklung verwendet. Der Start erfolgt von einer

■ Der erste einzige Flug der Jielong 1 erfolgte am 17. August 2019.

■ Die Startvorbereitung der Jielong 3, die am 9. Dezember 2022 ihren erfolgreichen Erstflug absolvierte.

Typ	Jielong 1	Jielong 3
Hersteller	CALT/CASC	CALT/CASC
Länge über Nutzlastverkleidung	19,5 Meter	31,0 Meter
Durchmesser über Nutzlastverkleidung	1,20 Meter	3,35 Meter
Durchmesser Basis	1,20 Meter	2,65 Meter
Startmasse	23 Tonnen	145 Tonnen
Stufen	4	4
Nutzlast LEO/SSO	400/200 Kilogramm	2.500/1.500 Kilogramm
Startschub	650 Kilonewton	2.000 Kilonewton
Erstflug	17. August 2019	09. Dezember 2022
Anzahl Starts	1	1
Davon erfolgreich	1	1
Letzter Start	Im Einsatz	Im Einsatz

Selbstfahrlafette aus. Die Startvorbereitungen sollen nur etwa einen Tag dauern. Startort war das Raumfahrtzentrum Jiuquan.

Eine Eigenart der Jielong 1 ist die umgekehrte Anordnung der vierten Stufe, deren Triebwerk beim Start in Flugrichtung zeigt. Die Nutzlast befindet sich dementsprechend zwischen dritter und vierter Stufe. Nach Abtrennen der dritten Stufe und vor der letzten Triebwerkszündung wird die vierte Stufe um 180 Grad gedreht. Es gibt zwei Typen von Nutzlastverkleidungen für die Rakete, die eine ist 1,1 Meter lang und verfügt über einen Durchmesser von 1,5 Metern und die andere ist zwei Meter lang mit einem Durchmesser von 1,4 Metern.

Obwohl seit dem Erstflug fast vier Jahre vergangen sind gibt es keine Hinweise darauf, dass man die Produktion der Jielong 1 aufgegeben hätte.

Seit Dezember 2022 ist die wesentlich leistungsstärkere Jielong 3 im Einsatz, die eine fast fünfmal so große Startmasse aufweist, und sich damit in etwa in der Leistungs- und Größenklasse der europäischen Vega-Rakete befindet. Die Entwicklung der 21 Meter langen Jielong 2 wurde im September 2021 eingestellt. Sie hätte die Nutzlastlücke zwischen der Jielong 1 und 2 ausfüllen sollen. Beim Erstflug der Jielong 3 waren 13 Kleinsatelliten an Bord. Der Start erfolgte von der Barke *Tai Rui* im Gelben Meer, direkt vor der Küste der Großstadt Hayang.

Die Beweggründe für die Entwicklung der Jielong 3 sind nicht bekannt. Auf jeden Fall verwendet sie genau die gleichen Treibsätze wie die Zhongke 1A der Guangzhou Zhongke Aerospace Exploration Technology Co., Ltd., die damit auch ziemlich genau im selben Leistungssegment ist. Doch ist die chinesische Raumfahrtgeschichte seit jeher voll mit unverständlichen Parallelentwicklungen.

Eine Trägerrakete mit der Bezeichnung Jielong 4, mit der zweieinhalbfachen Schubleistung der Jielong 3 wird untersucht. Zum Redaktionsschluss dieses Buches lagen aber noch keine eindeutigen Informationen vor.

Kuaizhou 1, 1A und 11

Kuaizhou 1 (auch KZ-1 genannt) und Kuaizhou 1A sind preiswerte, vierstufige Feststoffraketen, die von der China Aerospace Science and Technology Corporation (CASIC) entwickelt und von einer Tochtergesellschaft, der China Space Sanjiang Group Corporation, besser bekannt unter dem Namen ExPace, gebaut und kommerzialisiert werden. Sie verfügen über drei feststoffbetriebene Antriebseinheiten und eine flüssigkeitsbetriebene, so genannte „Post-Boost-Stufe" (PBS) für die Feinabstimmung der Umlaufbahn.

In ihren ersten beiden Stufen basieren sie auf der zweistufigen Mittelstreckenrakete DF-21. Die Startvorbereitungen sind wenig zeitaufwendig. Dies wurde bei zwei Flügen im Dezember 2019 in Taiyuan bewiesen, als zwei KZ-1A im Abstand von weniger als sechs Stunden starteten. Ein weiterer Vorteil der KZ-1 und KZ-1A: die Startzone kann sich auch in unvorbereitetem Terrain befinden.

Die Rakete ist in der Version KZ-1 in der Lage, eine Nutzlast von etwa 430 Kilogramm in einen polaren, sonnensynchronen Orbit in einer Höhe von etwa 500 Kilometern zu transportieren. In der etwas leichteren Variante KZ-1A sind das noch etwa 225 Kilogramm. Die KZ-1 ist sehr einfach gehalten. Die drei Unterstufen verfügen jeweils über eine fixe Düse und laufen bis zum Verbrauch des Treibstoffs. Die flüssigbetriebene Viertstufe gleicht die kumulierten Einschussungenauigkeiten aus.

Zwischen der Kuaizhou-1 und der Kuaizhou 1A gibt es nur geringe leistungsmäßige Unterschiede. Die Kuaizhou 1 ist nur für Einzelnutzlasten geeignet, braucht daher ein weniger aufwendiges Adaptersystem und kann daher etwas schwerere Nutzlasten transportieren, während die KZ-1A vor allem für das Absetzen mehrerer Kleinsatelliten ausgelegt ist. Es sind allerdings bis auf die beiden ersten Missionen alle darauf folgenden Kuaizhou 1-Missionen in der Version 1A geflogen worden.

Nicht nur die Antriebsmodule der Rakete weisen auf den militärischen Ursprung hin, sondern das Startverfahren, denn die Kuaizhou-1 startet stets von einer Selbstfahrlafette aus. Mit diesem Fahrzeug wird der Weg vom Integrationsraum zum Startgelände zurückgelegt, sie versorgt Nutzlast und Rakete vor dem Start mit Energie und Thermalkontrolle, testet die Rakete vor dem Flug und führt den Start durch.

Für die KZ-1A gibt es zwei Typen von Nutzlastverkleidungen, je nach Anforderung der Nutzlast. Sie haben Durchmesser von 1,2 und 1,4 Metern.

Das Standardstartprofil der KZ-1A sieht so aus, dass sich die Stufen 1 und 2 83 Sekunden nach dem Verlassen der Startlafette trennen. Die Trennung von zweiter und dritter Stufe erfolgt 142 Sekunden nach dem Liftoff. Die Zündung der dritten Stufe erfolgt 192 Sekunden nach dem Abheben. 92 Sekunden später wird sie abgetrennt. Drei Sekunden darauf zündet die vierte, flüssigkeitsbetriebene Stufe. Sie ist von ihrem Charakter her eine Post-Boost-Stufe, deren Aufgabe es ist, Ungenauigkeit der feststoffbetriebenen Stufen auszugleichen und den finalen Orbiteinschuss vorzunehmen. Sie hat eine Brenndauer von bis zu 12 Minuten und 45 Sekunden. Die Trennung der Nutzlast erfolgt üblicherweise 17 Minuten 40 Sekunden nach dem Verlassen der Startrampe.

Der Erstflug der Kuaizhou 1 erfolgte am 25. September 2013. Am 21. November 2014 kam es zu einer weiteren, und bisher letzten Mission dieser Variante. Beide Flüge wurden von Jiuquan aus durchgeführt. Der Erstflug der Kuaizhou 1A fand am 9. Januar 2017 statt, und erfolgte ebenfalls am Raumfahrtzentrum Jiuquan.

■ Der Flug dieser Kuaizhou 1A, die hier für den Start vorbereitet wird, endete als Fehlschlag. Dabei gingen am 15. Dezember 2021 die beiden Satelliten GeeSat 1A und 1B verloren. Interessant ist die Selbstfahrlafette, die sowohl als Transportmittel als auch als Startanlage dient.

Typ	Kuaizhou 1 und 1A	Kuaizhou 11
Hersteller	Expace/CASIC	Expace/CASIC
Länge über Nutzlastverkleidung	20,00 Meter	unbekannt
Durchmesser Basis	1,40 Meter	2,2 Meter
Startmasse	31 Tonnen	78 Tonnen
Nutzlast LEO/SSO	300/225 Kilogramm	1.500/1.000 Kilogramm
Startschub	537 Kilonewton	unbekannt
1. Stufe		
Treibstoff	fest	fest
Spezifischer Impuls	250 Sekunden	unbekannt
Brenndauer	65 Sekunden	unbekannt
Leermasse/Startmasse	1.240/16.620 Kilogramm	unbekannt
Länge/Durchmesser	8,70/1,40 Meter	unbekannt
2. Stufe		
Treibstoff	fest	fest
Schub	355 Kilonewton	unbekannt
Spezifischer Impuls	286 Sekunden	unbekannt
Brenndauer	62 Sekunden	unbekannt
Leermasse/Startmasse	1.770/8.700 Kilogramm	unbekannt
Länge/Durchmesser	6,40/1,40 Meter	unbekannt
3. Stufe		
Treibstoff	fest	fest
Schub	148 Kilonewton	unbekannt
Isp	291 Sekunden	unbekannt
Brenndauer	55 Sekunden	unbekannt
Leermasse/Startmasse	300/3.200 Kilogramm	unbekannt
Länge/Durchmesser	2,40/1,20 Meter	unbekannt
4. Stufe	PBS	
Triebwerk	1 × LRM	unbekannt
Schub	4,1 Kilonewton	unbekannt
Spezifischer Impuls	310 Sekunden	unbekannt
Brenndauer	765 Sekunden	unbekannt
Treibstoff/Oxidator	MMH/N_2O_4	unbekannt
Leermasse/Startmasse	400 Kilogramm	unbekannt
Länge/Durchmesser	2,30/1,20 Meter	unbekannt
Erstflug	25. September 2013	10. Juli 2020
Anzahl Starts	23	2
Erfolgreich	21	1
Letzter Start (Stichtag: 15.6.2023)	18. März 2023	07. Dezember 2022

Die wesentlich größere und leistungsfähigere Kuaizhou 11 (KZ-11) erlebte ihren – allerdings gescheiterten – Erstflug am 10. Juli 2020. Mission 2 war dagegen erfolgreich. Beide Einsätze begannen wieder am Weltraumbahnhof Jiuquan.

ExPace arbeitet momentan an der zweistufigen Hybrid-Rakete KZ-21. Deren erste Stufe soll mit festen Treibstoffen angetrieben werden, die zweite Stufe soll mit flüssigen Treibstoffen arbeiten. Sie soll einen Basisdurchmesser von etwa vier Metern aufweisen und etwa 20 Tonnen Nutzlast in einen niedrigen Erdorbit bringen können. Eine noch stärkere Variante, die KZ-21A, soll mit zusätzlichen Starthilfsboostern arbeiten.

Noch in einem frühen Planungsstadium befindet sich die KZ-31. Dies wird ein Träger der Oberklasse mit einer

Im Prinzip ähnlich und dennoch etwas anders sieht die Start- und Abschussvorrichtung der wesentlich größeren Kuaizhou 11 aus.

■ Start einer Kuaizhou 11

Nutzlastkapazität von 70 Tonnen in den niedrigen Erdorbit. Ob ExPace allerdings ein Projekt dieser Größenklasse stemmen kann scheint fraglich. Aber vielleicht hilft da auch die staatliche Mutterfirma aus.

Langer Marsch 2C

Die Langer Marsch 2 (auch: Long March 2, LM-2, Chang Zheng 2, CZ-2) basiert auf der Interkontinentalrakete DF-5. Ihre Entwicklung begann im Jahre 1970 und dauerte gut vier Jahre. Am 5. November 1974 schlug der Erstflug der Langer Marsch 2 fehl. Nach dem Fehlschlag wurde das Design überarbeitet, und die Rakete erhielt von nun an die Bezeichnung „Langer Marsch 2A". In den Jahren 1975 bis 1978 wurde diese Version drei Mal verwendet, bevor sie ihrerseits von der Langer Marsch 2C ersetzt wurde, die ihren Erstflug am 9. September 1982 hatte. Mehr Details zur Langer Marsch 2 und 2A finden sich in den Seiten 65 und 66.

Die Langer Marsch 2 war ursprünglich als Träger für die FSW-1 Foto-Aufklärer geschaffen worden. Eine große Anzahl der frühen Missionen der Langer Marsch 2A und 2C wurden auch für diesen Zweck durchgeführt.

Mit den Jahren wurde aus der LM-2C und ihren Varianten eines der erfolgreichsten chinesischen Trägerprogramme. Sie steht heute an Nummer zwei in der Liste der am häufigsten eingesetzten chinesischen Raketen. Ab dem Jahre 1997 kam die LM-2C auch für westliche Kunden zum Einsatz. Zwischen 1997 bis 1999 transportierte sie in der Variante 2C/SD bei sechs Starts zehn Iridium-Satelliten von Motorola in einen mittelhohen Erdorbit (einer der Starts war eine Testmission).

Eine Weiterentwicklung der LM-2C wurde für das Double-Star-Programm mit der ESA und das Kompsat-Programm mit Südkorea vorgenommen. Für diese Flüge erhielt die Rakete eine Oberstufe mit Dreiachsen-Lageregelung.

Die Langer Marsch 2C wurde, neben der Grundversion, in den folgenden weiteren Versionen eingesetzt:

- 2C/SD: Mit einem Doppelstartadapter speziell für sechs Starts mit Iridium-Satelliten der ersten Generation
- 2C/SM: Eine Variante für den Transport kleinerer Satelliten in hohe Orbits
- 2C/SMA: Verbesserte Version der SM
- 2C/YZ-1S: Ausgerüstet mit der flexiblen YZ-Oberstufe, die seit 2015 im gesamten Langer Marsch Programm verwendet wird.

Es kommen aber auch immer wieder Modifikationen zum Einsatz, die nur für eine einzelne spezielle Mission verwen-

■ In den frühen Morgenstunden des 16. Juli 2022 brachte eine Trägerrakete des Typs Langer Marsch 2C die beiden Erdbeobachtungssatelliten SuperView Neo 2-01 und 2-02 in eine sonnensynchrone polare Erdumlaufbahn. Startort war das nordchinesische Raumfahrtzentrum Taiyuan.

Diese Langer Marsch 2C brachte am 29. Oktober 2013 den militärischen Radaraufklärer Yaogan 18 in den Orbit.

Typ	Langer Marsch 2C
Hersteller	CALT
Länge über Nutzlastverkleidung	40,40 Meter
Durchmesser Basis	3,35 Meter
Startmasse	213 Tonnen
Nutzlast LEO/SSO	2.800/1.400 Kilogramm
Startschub	2.960 Kilonewton
1. Stufe	
Triebwerke:	4 × YF-20A
Schub Meereshöhe	4 × 740 Kilonewton
Spezifischer Impuls (sl)	261 Sekunden
Brenndauer	122 Sekunden
Treibstoff/Oxidator	UDMH/N_2O_4
Leermasse/Startmasse	10.000/153.000 Kilogramm
Länge/Durchmesser	20,50/3,35 Meter
2. Stufe	
Triebwerk	1 × YF-22/4 × YF23A
Schub	782 Kilonewton
Spezifischer Impuls (vac)	298 Sekunden
Brenndauer	190 Sekunden
Treibstoff/Oxidator	UDMH/N_2O_4
Leermasse/Startmasse	5.000/55.000 Kilogramm
Länge/Durchmesser	10,00/3,35 Meter
Erstflug	5. November 1974
Anzahl Starts	69
Davon erfolgreich	68
Letzter Start (Status 15. Juni 2023)	13. Mai 2023

det werden, wie etwa am 12. Januar 2023 der Einsatz einer Drittstufe, möglicherweise einer Modifikation der YZ-1S, welche die Bezeichnung „SLS" trug. Auch speziell angefertigte Nutzlastverkleidungen für einzelne Missionen gibt es gelegentlich. All das ist Ausdruck der Vielseitigkeit dieser im chinesischen Raumfahrtprogramm sehr beliebten Rakete.

Die vielseitige LM-2C kann sowohl von Jiuquan als auch von Taiyuan und Xichang aus gestartet werden. In der obigen Tabelle ist die Rakete hinsichtlich der Länge in der Konfiguration der SD-Variante beschrieben. Der Träger kann generell mit verschiedenen Versionen von Nutzlastverkleidungen betrieben werden, was sich dann natürlich in einer unterschiedlichen Gesamtlänge der Rakete auswirkt.

An sich ist die Langer Marsch 2C ein Träger der unteren Mittelklasse, und damit im Prinzip ungeeignet, geostationäre Kommunikationssatelliten in den Orbit zu befördern. Aber wenn man die Limits etwas streckt, geht es dann doch. Um hier dem Kommunikationssatelliten Apstar 6E am 12. Januar 2023 in eine geostationäre Transferbahn zu verhelfen, musste die an sich zweistufige Rakete mit einer zusätzlichen Antriebseinheit ausgerüstet werden. Und auch eine nie zuvor verwendete größere Nutzlastverkleidung kam zum Einsatz.

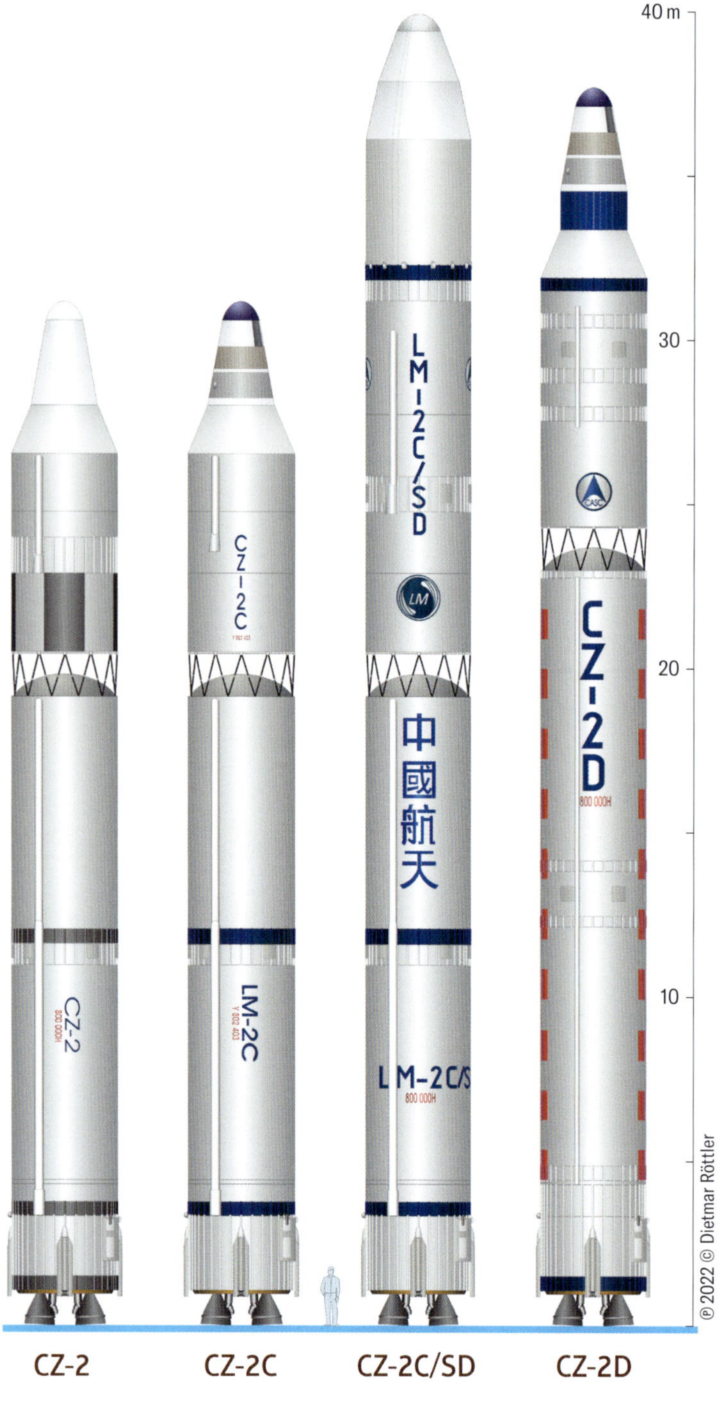

■ Grafik einiger Versionen der Langer Marsch 2-Serie

Langer Marsch 2D

Die Langer Marsch 2D (auch: Long March 2D, LM-2D, Chang Zheng 2D, CZ-2D) ist eine zweistufige Trägerrakete, die von der Shanghai Academy of Spaceflight Technology (SAST) entwickelt wurde. Mit lagerfähigen Treibstoffen betrieben wird sie hauptsächlich dazu verwendet, Satelliten auf niedrigen Erdumlaufbahnen oder auf sonnensynchronen polaren Orbits abzusetzen.

Die Entwicklung der Rakete begann im Jahre 1990. Sie wurde danach zunächst relativ selten eingesetzt, bis sie im

■ Hier wartet die Langer Marsch 2D auf den Start, der am 8. Dezember 2022 den Umweltbeobachtungssatelliten Gaofen-5 01A für das CHEOS-Programm in eine sonnensynchrone polare Erdumlaufbahn bringen wird.

Typ	Langer Marsch 2D
Hersteller	SAST
Länge über Nutzlastverkleidung	41,00 Meter
Durchmesser Basis	3,35 Meter
Startmasse	232 Tonnen
Nutzlast LEO/SSO	3.500/1.300
Startschub	2.960 Kilonewton
1. Stufe	
Triebwerke	4 × YF 20B
Schub Meereshöhe	4 × 740 Kilonewton
Spezifischer Impuls (sl)	261 Sekunden
Brenndauer	170 Sekunden
Treibstoff/Oxidator	UDMH/N_2O_4
Leermasse/Startmasse	9.200/192.700 Kilogramm
Länge/Durchmesser	24,7/3,35 Meter
2. Stufe	
Triebwerk	1 × YF-25/ 4 × YF-23 (YF-24)
Schub	831 Kilonewton
Spezifischer Impuls (vac)	295 Sekunden
Brenndauer	135 Sekunden
Treibstoff/Oxidator	UDMH/N_2O_4
Leermasse/Startmasse	4.000/39.550 Kilogramm
Länge/Durchmesser	10,40/3,35 Meter
Erstflug	09. August 1992
Anzahl Starts	76
Davon erfolgreich	75
Letzter Start (Status 15. Juni 2023)	15. Juni 2023

Jahre 2002 mit größeren Verbesserungen vor allem für ihren Einsatz auf polaren, sonnensynchronen Bahnen aufwarten konnte. Dies betraf insbesondere die zweite Stufe, mit einem überarbeiteten Lageregelungssystem und einer verbesserten Möglichkeit zum „decommissioning“ und „deorbiting“. Der Träger ist durch hohe Zuverlässigkeit und ausgereifte Technik gekennzeichnet.

Im Grunde ist die Langer Marsch 2D eine zweistufige Version der Langer Marsch 4A. Die erste Stufe ist komplett identisch, die zweite Stufe ist es ebenfalls weitgehend, sieht man von einigen Veränderung in der Elektronikbucht zwischen zweiter Stufe und Nutzlast einmal ab. Warum also die chinesische Raumfahrtbehörde einer Rakete, die eine Variante der Langer Marsch 4 ist, unbedingt als Langer Marsch 2D bezeichnen will, wird wohl auf immer ihr Geheimnis bleiben.

■ Mit dieser Langer Marsch 2D brachte China am 6. September 2022 die fünfte Dreiergruppe der rätselhaften Yaogon 35-Satelliten in eine äquatornahe Umlaufbahn.

■ Und auch diese Langer Marsch 2D brachte drei Satelliten in den Orbit. Dieses Mal Einheiten aus der Yaogan 36-Reihe.

Die Langer Marsch 2D kann, je nach Missionserfordernissen, zwei verschiedene Typen von Nutzlastverkleidungen einsetzen. Die eine hat einen Durchmesser von 2,90 Metern. Mit ihr ist die Rakete 37,75 Meter lang. Die zweite Fairing, wesentlich häufiger benutzt, hat einen Durchmesser von 3,35 Metern und führt zur Gesamtlänge der Rakete von 41,00 Metern.

Optional kann die Langer Marsch 2D mit einer Kickstufe des Typs YZ-3 ausgerüstet werden. Mit dieser zusätzlichen Stufe startete die Langer Marsch 2D bislang erst einmal (am 29. Dezember 2018). Varianten dieser Kickstufe stehen auch für die Langer Marsch 2C (unter der Bezeichnung YZ-1S), die Langer Marsch 3B und 3C (Bezeichnung YZ-1), die Langer Marsch 5 (Bezeichnung YZ-2) und für die Langer Marsch 7 (Bezeichnung YZ-1A) zur Verfügung.

Der Erstflug der Langer Marsch 2D erfolgte am 9. August 1992 vom Raumfahrtzentrum Jiuquan aus. Seither hat die Rakete bis zum 15. Juni 2023 insgesamt 76 Einsätze absolviert. Nur einer davon war lediglich teilweise erfolgreich.

Die Starts der Langer Marsch 2D erfolgen ursprünglich meist von Jiuquan aus, durch die in den letzten Jahren stark steigenden Startzahlen aber auch zunehmend von der Startanlage 9 in Taiyuan und der Startanlage 3 in Xichang.

Langer Marsch 2F, 2F/G und 2F/T

Die Langer Marsch 2F (auch LM-2F, Long March 2F, CZ-2F) ist eine für die bemannten Shenzhou-Missionen stark modifizierte Langer Marsch 2E. Für diesen Typ wurden die System-Redundanzen erheblich erweitert und die zweite Stufe wurde strukturell verstärkt, um das Shenzhou-Raumfahrzeug aufnehmen zu können.

Der Erstflug mit Shenzhou 1 erfolgte am 19. November 1999. Drei weitere unbemannte Testflüge folgten, bis mit Shenzhou 5 und dem Astronauten Yang Liwei an Bord am 15. Oktober 2003 die erste bemannte chinesische Weltraummission startete. Hier wurde wieder das alte Problem der LM-2E evident, denn Yang Liwei beklagte sich über das sehr hohe Vibrationsniveau. Mit zunehmender Anzahl der Flüge bekam man das Problem aber mehr und mehr in Griff.

Eine leicht modifizierte Version der LM-2F ist die LM-2F/G, mit der am 29. September 2011 und am 15. September 2016 zwei experimentelle Raumstationsmodule – Tiangong 1 und Tiangong 2 – in eine niedrige Erdumlaufbahn gebracht wurden. Diese Version verfügt nicht über das Startrettungssystem der LM-2F und ist stattdessen mit einer größeren Nutzlastverkleidung ausgestattet. Eine noch einmal leicht modifizierte Variante, die LM-2F/T, wird für die Starts des experimentellen unbemannten wiederverwendbaren Shenlong-Raumschiffs, einer Kopie des US-Minishuttles X-37B, verwendet. In dieser Variante verfügt die Nutzlastverkleidung über ein nochmal um 3,5 Kubikmeter erweitertes Raumvolumen. Für diesen letzteren Zweck wurde die Rakete bislang zweimal eingesetzt.

Bis zum Stichtag 15. Juni 2023 fanden insgesamt 20 Einsätze der Versionen Langer Marsch 2F, 2F/G und 2F/T statt. Alle Flüge erfolgten von Jiuquan aus, alle waren erfolgreich.

Die Langer Marsch 2F mit dem Raumschiff Shenzhou 15 an der Spitze wartet auf den Rollout.

■ Das bemannte Raumschiff Shenzhou 15 startet am 29. November 2022 zur chinesischen Raumstation.

Typ	Langer Marsch 2F
Hersteller	CALT
Länge bis Spitze Rettungsturm	62,00 Meter
Durchmesser Basis	8,00 Meter
Startmasse	464 Tonnen
Nutzlast LEO	8.400 Kilogramm
Startschub	5.920 Kilonewton
Booster	
Triebwerke	4 × YF-20B
Schub	4 × 740 Kilonewton
Spezifischer Impuls (sl)	261 Sekunden
Brenndauer	128 Sekunden
Treibstoff/Oxidator	UDMH/N_2O_4
Leermasse/Startmasse	3.200/41.000 Kilogramm
Länge/Durchmesser	15,30/2,25 Meter
1. Stufe	
Triebwerke	4 × YF-20B
Startschub (sl)	4 × 740 Kilonewton
Spezifischer Impuls (sl)	261 Sekunden
Brenndauer	166 Sekunden
Treibstoff/Oxidator	UDMH/N_2O_4
Leermasse/Startmasse	9.500/196.500 Kilogramm
Länge/Durchmesser	23,70/3,35 Meter
2. Stufe	
Triebwerke	1 × YF 22B/4 × YF 23B
Schub	831 Kilonewton
Spezifischer Impuls	289 Sekunden
Brenndauer	300 Sekunden
Treibstoff/Oxidator	UDMH/N_2O_4
Leermasse/Startmasse	5.500/91.500 Kilogramm
Länge/Durchmesser	13,50/3,35 Meter
Erstflug	19. November 1999
Anzahl Starts	20
Davon erfolgreich	20
Letzter Start (Status 15. März 2023)	29. November 2022

■ Unter der Nutzlastverkleidung dieser Langer Marsch 2F/T verbirgt sich ein unbemannter Mini-Shuttle des Typs Shenlong. Der Start erfolgte am 4. September 2020.

Typenreihe Langer Marsch 1, 2 und Feng Bao 1

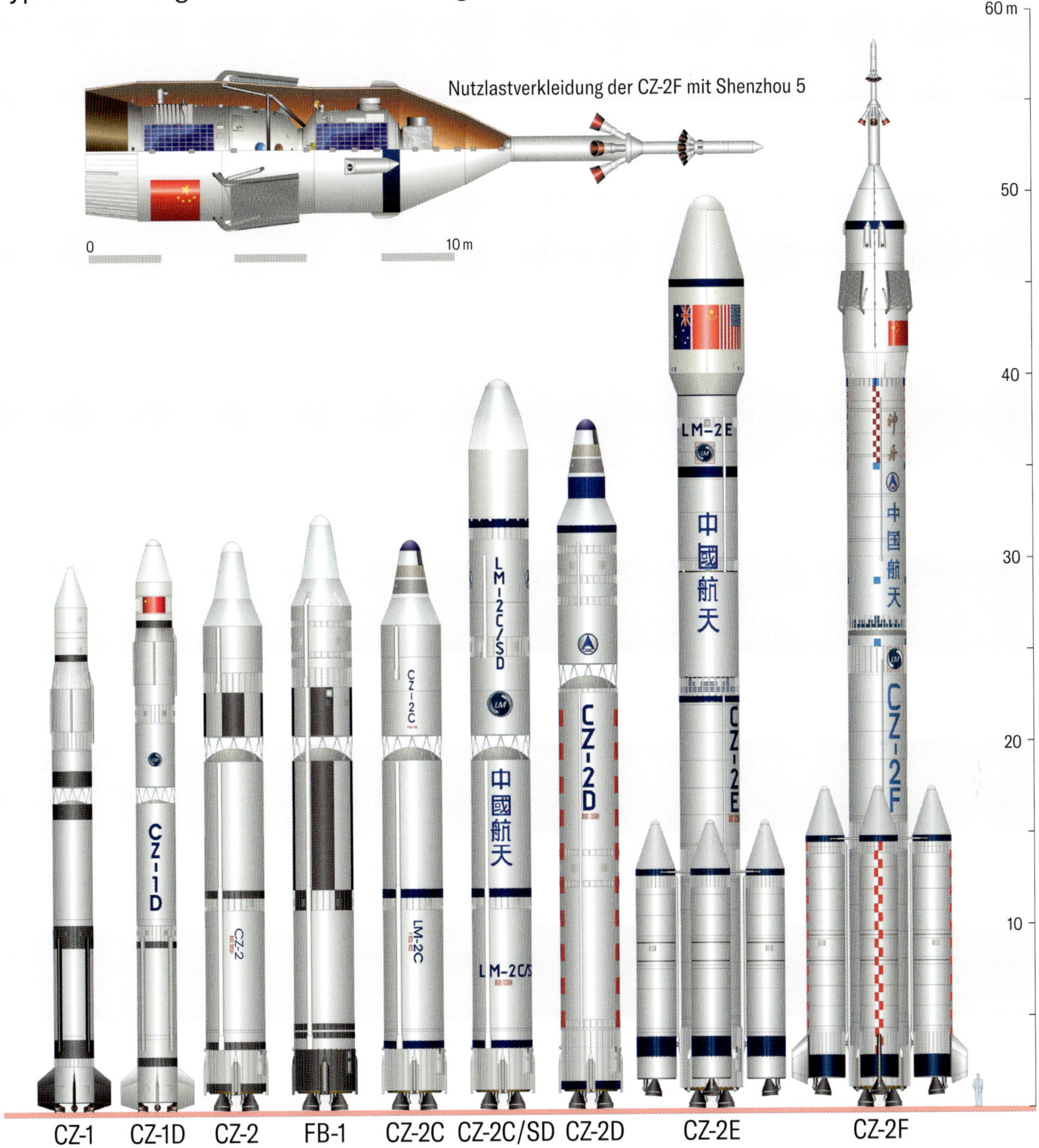

■ Die vier Träger links sind nicht mehr im aktiven Dienst. Die anderen werden wir noch eine Reihe von Jahren sehen, bis sie vollständig von ihren moderneren Nachfolgern abgelöst werden.

Langer Marsch 3B und 3C

Die Typen Langer Marsch 3B und 3C (LM-3B/3C) entstanden im Rahmen eines Weiterentwicklungsprogramms für die Langer Marsch 3A, das im Jahre 1986 initiiert wurde. Zweck war es, der steigenden internationalen Nachfrage nach Trägern für große Kommunikationssatelliten in den geostationären Orbit zu begegnen. Die neue Konstruktion erhielt verlängerte Treibstofftanks, eine größere Nutzlastverkleidung und vier Booster an der Zentralstufe. Die Booster sind identisch zu denen, die bei den Langer Marsch 2E und 2F-Varianten eingesetzt werden.

Mit fünfeinhalb Tonnen Nutzlastgewicht für den geostationären Transferorbit war die Langer Marsch 3B bis zum Erscheinen der Langer Marsch 5 und 7 die stärkste chinesische Trägerrakete.

Eine Langer Marsch 3B/E wartet hier mit dem Navigationssatelliten Beidou IG3 an Bord auf den Start in einen geostationären Transferorbit. Der erfolgte am 4. November 2019.

Diese Langer Marsch 3B/E startet am 24. August 2021 mit dem militärischen Kommunikationssatelliten TJSW-7 an Bord.

Der erste Start am 14. Februar 1996 mit dem Nachrichtensatelliten Intelsat-708 endete in einem folgenschweren Desaster. Bereits zwei Sekunden nach dem Abheben neigte sich die Rakete aus der vorgesehenen Bahn, machte schließlich buchstäblich kehrt und explodierte 22 Sekunden nach dem Abheben, noch auf dem Startgelände. Sieben Menschen kamen damals ums Leben, 57 weitere wurden verletzt. Den Umständen dieses Unfalles habe ich ab Seite 157 einen längeren Abschnitt gewidmet.

Zwischen den Starts Nummer fünf (am 18. Juli 1998 mit Sinosat) und sechs (am 12. April 2005 mit Apstar 6) vergingen fast sieben Jahre ohne Einsätze der Langer Marsch 3B, so dass seinerzeit im Westen angenommen wurde, die Rakete befinde sich nicht mehr in Produktion. Heute ist sie eine der am meisten eingesetzten und zuverlässigsten Trägerraketen Chinas, und absolviert in manchen Jahren mehr als zehn Starts.

Von den bis zum Berichtszeitpunkt insgesamt vier nicht erfolgreichen Flügen kann nur der oben beschriebene Jungfernflug sowie die Mission Nummer 67 vom 9. April 2020 als vollständiger Fehlschlag gewertet werden. Bei letzterem versagte eines der beiden Oberstufentriebwerke. Bei dieser Mission hatte es sich um einen Kundenauftrag aus Indonesien gehandelt, bei dem Palapa N-1 auf eine geostationäre Transferbahn hätte gebracht werden sollen.
Die Missionen Nummer 12 (am 31. August 2009 mit Palapa-D) und Nummer 40 (am 19. Juni 2017 mit ChinaSat 9) können mit einigem guten Willen als Teilerfolg (oder bei nicht so gutem Willen als Teilfehlschlag) gewertet wurden. Bei diesen Flügen wurden zwar nicht die geplanten Orbitparameter erreicht, die beiden Nutzlasten konnten sich aber mit ihren Bordtriebwerken auf ihre Arbeitsposition begeben, wenngleich das stark zu Lasten ihrer Treibstoffreserven ging.

Im März 2007 erschien erstmals eine verstärkte Version der Langer Marsch 3B auf der Bildfläche, die als 3B/E (E für „Enhanced“), manchmal auch als 3B/G2 bezeichnet wurde. Bei ihr wurden Booster und Erststufentanks verlängert, um mehr Treibstoff aufnehmen zu können. Dies führt zu einem noch einmal um 400 Kilogramm erhöhten Nutzlastgewicht für den geostationären Transferorbit. Die Nutzlastverkleidung wurde auf 4,2 Meter Durchmesser erweitert, um auch voluminösere Satelliten aufnehmen zu können.

Die seitlich montierten Zusatzraketen werden jeweils von einem einzelnen YF-25 angetrieben, einer Booster-Version des YF-20C-Triebwerks. In der ersten Stufe wird ein Modul aus vier YF-20C-Triebwerken verwendet. Dieses Modul trägt die Bezeichnung YF-21C.

Die zweite Stufe verwendet ein YF-24E-Triebwerk. Das ist ein Triebwerksblock bestehend aus einem YF-22-Haupttriebwerk und einer YF-23-Vernier-Einheit mit vier Brennkammern und 47,1 Kilonewton Schub für die Vorbeschleunigung bei der Stufentrennung, der Lagekontrolle während der Brennphase des Haupttriebwerks und dem Treibstoffmanagement nach der abgeschlossenen Brennphase des Zweitstufentriebwerks.

Typ	Langer Marsch 3B/E	Langer Marsch 3C/E
Hersteller	CALT	CALT
Länge über Nutzlastverkleidung	55,60 Meter	55,60 Meter
Durchmesser Basis	8,00 Meter	8,00 Meter
Startmasse	426 Tonnen	345 Tonnen
Nutzlast LEO/GTO	11.200/5.500	8.000/3.900
Startschub (kN):	5.784	4.392
Booster	L 40	L 40
Triebwerke	4 × YF-25	2 × YF-25
Schub Meereshöhe	4 × 740 Kilonewton	2 × 740 Kilonewton
Spezifischer Impuls (sl)	261 Sekunden	261 Sekunden
Brenndauer	140 Sekunden	140 Sekunden
Treibstoff/Oxidator	UDMH/N_2O_4	UDMH/N_2O_4
Leermasse/Startmasse (je Booster)	3.200/44.200 Kilogramm	3.200/44.200 Kilogramm
Länge/Durchmesser	15,30/2,25	15,30/2,25
1. Stufe		
Triebwerke	1 × YF-21C	1 × YF-21C
Schub Meereshöhe	1 × 2.962 Kilonewton	1 × 2.962 Kilonewton
Spezifischer Impuls (sl)	261 Sekunden	261 Sekunden
Brenndauer	159 Sekunden	159 Sekunden
Treibstoff/Oxidator	UDMH/N_2O_4	UDMH/N_2O_4
Leermasse/Startmasse	9.000/195.000 Kilogramm	9.000/179.000 Kilogramm
Länge/Durchmesser	24,78/3,35 Meter	24,78/3,35 Meter
2. Stufe		
Triebwerke	1 × YF 22B/4 × YF 23B	1 × YF 22B/4 × YF 23B
Schub inklusive Verniers	790 Kilonewton	790 Kilonewton
Spezifischer Impuls	298 Sekunden	298 Sekunden
Brenndauer	178 Sekunden	185 Sekunden
Treibstoff/Oxidator	UDMH/N_2O_4	UDMH/N_2O_4
Leermasse/Startmasse	3.850/53.450 Kilogramm	3.850/53.450 Kilogramm
Länge/Durchmesser	12,90/3,35 Meter	12,90/3,35 Meter
3. Stufe		
Triebwerke	2 × YF-75	2 × YF-75
Schub	2 × 78,5 Kilonewton	2 × 78,5 Kilonewton
Spezifischer Impuls	438 Sekunden	438 Sekunden
Brenndauer	478	487
Treibstoff/Oxidator	LH_2/LOX	LH_2/LOX
Leermasse/Startmasse	2.740/21.000 Kilogramm	2.740/21.000 Kilogramm
Länge/Durchmesser	12,40/3,00 Meter	12,40/3,00 Meter
Erstflug	15. Februar 1966	25. April 2008
Anzahl Starts	90	18
Davon erfolgreich	86	18
Letzter Start (Status 15.6.2023)	17. Mai 2023	06. Juli 2021

■ Der Unterschied einer Langer Marsch 3C zur Version 3B ist hier klar sichtbar. Zwei Booster statt vier.

Die dritte Stufe verwendet zwei YF-75 Triebwerke, die mit flüssigem Sauerstoff und flüssigem Wasserstoff arbeiten. Die Nutzlastverkleidung der LM-3B (also der Basisversion) hat einen Durchmesser von vier Metern und ist 9,56 Meter lang.

Seit Mai 2010 fliegt ausschließlich die 3B/E-Version der Langer Marsch 3B. Seit November 2017 wird bei Starts, die eine mehrfache Zündung der Oberstufe erfordern (z.B. bei den Starts der Beidou-Satelliten) optional auch gelegentlich eine mehrfach zündbare Viertstufe mit der Bezeichnung YZ-1 (für Yuanzheng) zusätzlich zur kryogenen Standard-Drittstufe verwendet. Sie wird mit einem einzelnen YF-50D-Triebwerk betrieben und verwendet UDMH als Treibstoff und N_2O_4 als Oxidator. Sie verfügt über einen Schub von 6,5 Kilonewton und einen spezifischen Impuls von 315 Sekunden. Die garantierte Lebensdauer beträgt 6,5 Stunden, genug um Direkteinschüsse in den geostationären oder semi-geostationären Orbit zu unterstützen.

Diese zusätzliche Kickstufe wurde bis zum Redaktionsschluss für dieses Buch (15. Juni 2023) insgesamt 13-mal verwendet.

Die YZ-Kickstufe gibt es in verschiedenen Versionen, die an den jeweiligen Träger angepasst sind.

Eine typische Langer Marsch 3B-Mission, ohne den Einsatz einer YZ-1 Kickstufe, dauert etwa 26 Minuten. Zehn Sekunden nach dem Verlassen der Startrampe erfolgt der „pitch over“, ein Manöver, bei dem sich die aufsteigende Rakete in den Azimuth der vorgesehenen Flugbahn neigt. Zwei Minuten und sechs Sekunden in der Mission werden die vier Booster stillgelegt und eine Sekunde später abgeworfen. Noch vor der Trennung der ersten von der zweiten Stufe beginnen die Vernier-Triebwerke der zweiten Stufe zu feuern. Nach 205 Sekunden wird die Nutzlastverkleidung abgeworfen, nach 326 Sekunden wird die zweite Stufe stillgelegt. Die Vernier-Triebwerke feuern noch 15 Sekunden länger. Eine Sekunde später trennen sich zweite und dritte Stufe. Dann beginnt die dritte Stufe für etwa vier Minuten und 45 Sekunden zu feuern. Schließlich erfolgt eine Driftphase, die knapp 21 Minuten nach dem Verlassen der Startrampe endet. Dann zündet die dritte Stufe erneut für etwa drei Minuten. Unmittelbar nach dem Brennschluss führt die dritte Stufe mit dem bordeigenen Lageregelungssystem eine Feinjustierung der Geschwindigkeit durch, bis die geplanten Parameter erreicht sind. Knapp 26 Minuten nach dem Abheben in Xichang wird der Satellit schließlich freigegeben.

Ausnahmslos alle Starts der Langer Marsch 3B- und 3B/E sowie der Langer Marsch 3C und 3C/E Träger erfolgen vom zentralchinesischen Raumfahrtzentrum Xichang aus.

■ Diese Langer Marsch 3C bringt an Heiligabend 2018 den militärischen Kommunikationssatelliten TJS3 in eine geostationäre Transferbahn.

Grafik der Langer Marsch 3 und Langer Marsch 4-Versionen

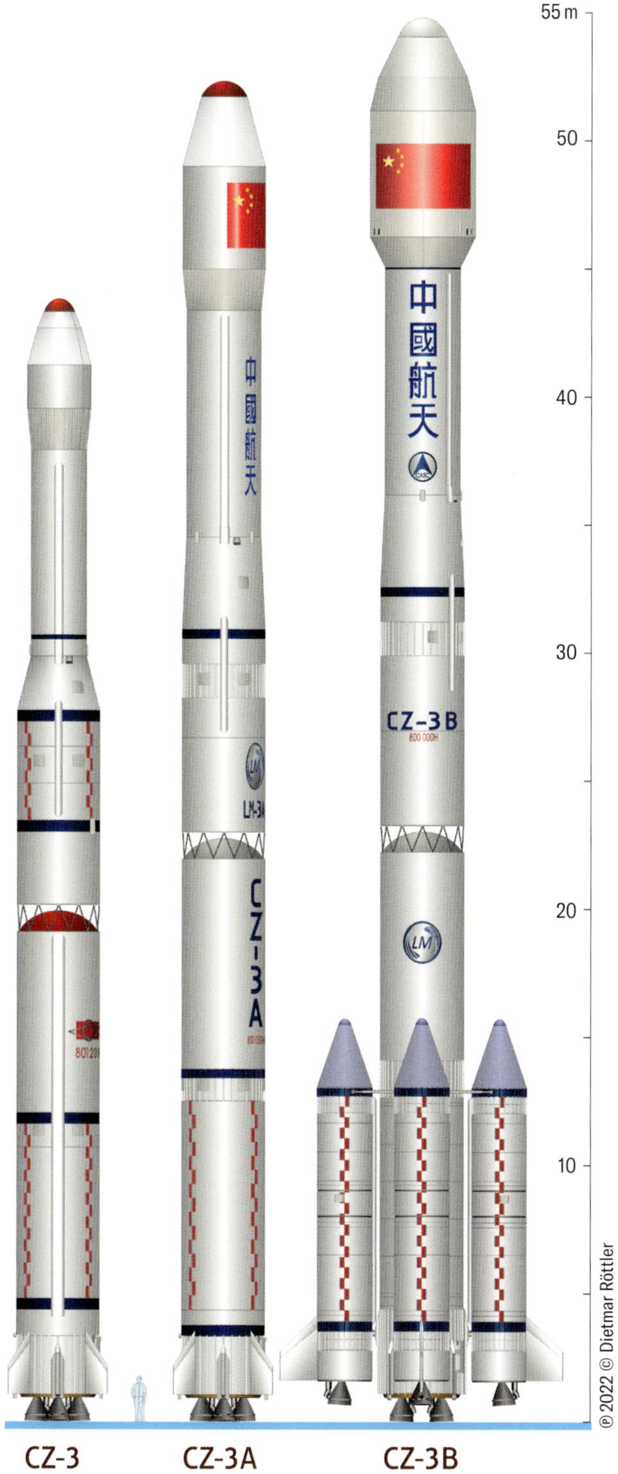

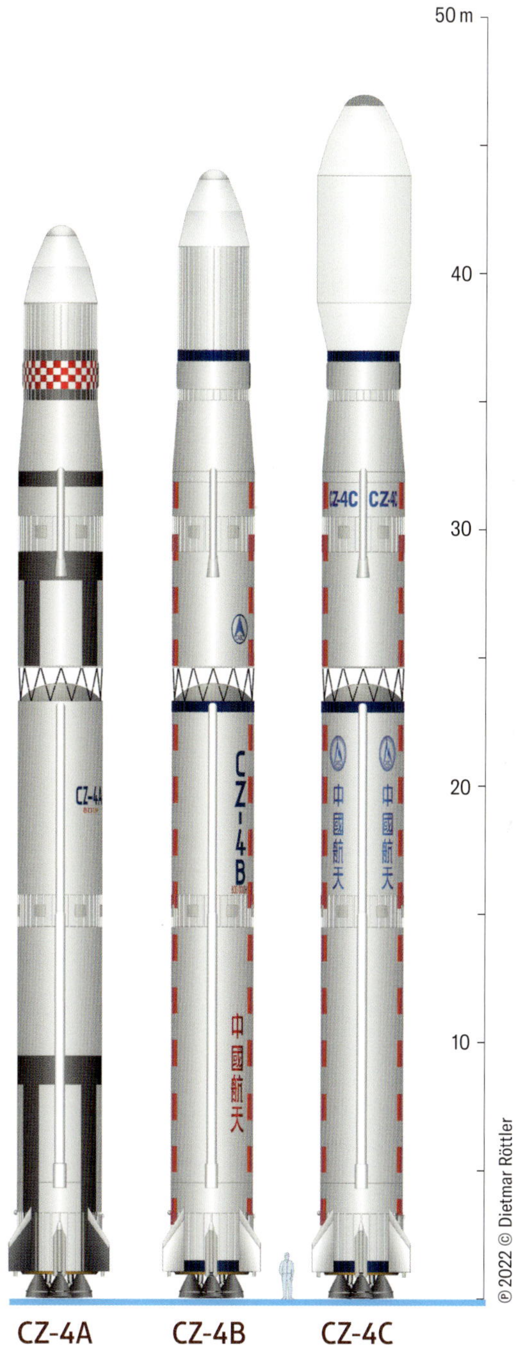

Die Tabelle auf Seite 89 beinhaltet nicht die YZ-1 Kickstufe.

Die Langer Marsch 3C ist eine Variante der Langer Marsch 3A und 3B, die mit zwei Boostern für die Startunterstützung ausgerüstet ist. Die überwiegende Mehrzahl der Langer Marsch 3C-Raketen wurden für den Aufbau der Beidou-Navigationssatellitenkonstellation verwendet, die international bekannteste Nutzlast dürfte aber die Mondsonde Chang'e 5-T1 gewesen sein.

Die Langer Marsch 3C/E weist, genauso wie die 3B/E, Veränderungen in den Boostern und in der ersten Stufe gegenüber dem 3A-Grundmodell auf. Der Erstflug der Variante 3C/E erfolgte am 23. Oktober 2014 beim Start der Mondsonde Chang'e 5-T1. Sie wurde seither sieben Mal eingesetzt. Die erste Verwendung einer zusätzlichen YZ-1 Kickstufe erfolgte am 30. März 2015. Sie kam bislang (Status 15. Juni 2023) zwei Mal bei der Langer Marsch 3C zum Einsatz.

Langer Marsch 4B und 4C

Bei den Typen Langer Marsch 4B und 4C handelt es sich um dreistufige Ausführungen der zweistufigen Langer Marsch 2D, oder anders herum, die Langer Marsch 2D ist eine zweistufige Version der Langer Marsch 4A (eine ausführliche Beschreibung zur Grundversion Langer Marsch 4A finden Sie ab Seite 71). Sie ist auf Satellitentransporte in sonnensynchrone, polare Umlaufbahnen spezialisiert, bringt aber auch gelegentlich Raumfahrzeuge auf niedrige östliche Umlaufbahnen.

Die Entwicklung der Langer Marsch 4B begann im Februar 1989. Es dauerte bis zum Jahre 1999, bis sie zu ihrem ersten Einsatz kam. Heute ist sie eine der am häufigsten eingesetzten Trägerraketen Chinas.

Das Haupttriebwerk der zweiten Stufe besteht aus einem Funktionsblock mit der Bezeichnung YF-24C, der aus einem einzelnen YF-22C und vier YF-23C-Triebwerken als Vernier-Einheiten besteht.

Die Langer Marsch 4B konnte ursprünglich mit drei unterschiedlichen Nutzlastverkleidungen ausgerüstet werden. Zum einen mit der Standard-Fairing, die auch die Langer Marsch 4A benutzte, und die 4,91 Meter lang ist und einen Durchmesser von 2,90 Metern aufweist. Sie ist aber

■ Start einer Trägerrakete des Typs Langer Marsch 4B in Taiyuan. Die Styroporplatten, welche die Nutzlastverkleidung umgeben, werden in wenigen Sekunden durch den Fahrtwind weggedrückt.

■ Beim vorletzten Orbitalstart Chinas im Jahr 2022, am 27. Dezember 2022, brachte eine Langer Marsch 4B den militärischen Aufklärungssatelliten Gaofen-11-04 in den Orbit.

Typ	Langer Marsch 4B	Langer Marsch 4C
Hersteller	SAST	SAST
Länge über Nutzlastverkleidung	44,10 Meter	45,80 Meter
Durchmesser über Heckflossen	5,00 Meter	5,00 Meter
Startmasse	248,5 Tonnen	250 Tonnen
Nutzlast LEO/SSO/GTO	4.200/2.790/1.500	4.200/2.800/1.500
Startschub	2.962 Kilonewton	2.962 Kilonewton
1. Stufe		
Triebwerke	4 × YF 21C	4 × YF 21C
Gesamtschub Vakuum	3.265 Kilonewton	3.265 Kilonewton
Spezifischer Impuls (sl)	260 Sekunden	260 Sekunden
Brenndauer	157 Sekunden	157 Sekunden
Treibstoff/Oxidator	UDMH/N_2O_4	UDMH/N_2O_4
Leermasse/Startmasse	9.500/192.700 Kilogramm	9.500/192.700 Kilogramm
Länge/Durchmesser (ohne Flossen)	27,90/3,35	27,90/3,35
2. Stufe		
Triebwerk	1 × YF-25/23 (YF-24C)	1 × YF-25/23 (YF-24C)
Schub gesamt	795 Kilonewton	795 Kilonewton
Spezifischer Impuls (vac)	300 Sekunden	300 Sekunden
Brenndauer	135 Sekunden	135 Sekunden
Treibstoff/Oxidator	UDMH/N_2O_4	UDMH/N_2O_4
Leermasse/Startmasse	4.000/39.550 Kilogramm	4.000/39.550 Kilogramm
Länge/Durchmesser	10,90/3,35 Meter	10,90/3,35 Meter
3. Stufe		
Triebwerke	2 × YF-40	2 × YF-40A
Schub gesamt	100,8 Kilonewton	100,8 Kilonewton
Spezifischer Impuls	303 Sekunden	303 Sekunden
Brenndauer	433 Sekunden	433 Sekunden
Treibstoff/Oxidator	UDMH/N_2O_4	UDMH/N_2O_4
Leermasse/Startmasse	2.000/14.560 Kilogramm	2.400/14.560 Kilogramm
Länge/Durchmesser	4,93/2,90 Meter	5,15/2,90 Meter
Erstflug	10. Mai 1999	26. April 2006
Anzahl Starts	48	49
Davon erfolgreich	47	47
Letzter Start (Status 1. Mai 2023)	16. April 2023	31. März 2023

heute nicht mehr in Gebrauch. Aktuell fliegt sie – je nach Einsatzzweck – mit zwei verschiedenen Nutzlastverkleidungen. Die eine ist 7,28 Meter lang und verfügt über einen Durchmesser von 2,90 Metern, die andere ist 8,48 Meter lang und verfügt über den chinesischen Standard-Basisstufen-Durchmesser von 3,35 Metern. Das Treibstoff-Fassungsvermögen der dritten Stufe ist in der Version Langer Marsch 4B gegenüber der Version 4A etwas verbessert.

Die Starts erfolgen entweder von der Startanlage 7 in Taiyuan oder von der Rampe 2 des Startkomplexes 4 in Jiuquan. Der bislang letzte für dieses Buch erfasste Start einer Langer Marsch 4B erfolgte am 16. April 2023 mit dem Umweltbeobachtungssatelliten Fengyun-3G.

Der einzige Fehlstart in der Historie der Langer Marsch 4B ereignete sich am 9. Dezember 2013 beim Start des chinesisch-brasilianischen Umweltbeobachtungssatelliten CBERS-3. Eines der beiden Drittstufentriebwerke hatte sich frühzeitig abgeschaltet, weil ein Fremdkörper den Treibstoffeinlauf blockiert hatte.

■ Start von Gaofen-3-03 für das CHEOS-Programm Chinas.

■ Am 12. Dezember 2022 transportierte eine Langer Marsch 4C von Jiuquan aus die beiden militärischen Technologiesatelliten Shiyan-20A und 20B auf eine niedrige Erdumlaufbahn in etwa 800 Kilometern Höhe.

Die Langer Marsch 4C (auch Long March 4C, Chang Zheng 4C, CZ-4C oder LM-4C) ist eine Variante der Langer Marsch 4B mit einer wesentlich vergrößerten Nutzlastverkleidung, um voluminösere Satelliten aufnehmen zu können. Außerdem verfügt sie, im Gegensatz zur Langer Marsch 4B, über eine mehrfach wiederzündbare Oberstufe. Die Langer Marsch 4C wird häufig für die militärischen Starts der Satelliten der Yaogan-Reihe eingesetzt.

Die Langer Marsch 4C fliegt – je nach Einsatzzweck – mit drei verschiedenen Fairings. Die eine ist 8,48 Meter lang und verfügt über einen Durchmesser von 2,90 Metern (also die Standard-Nutzlastverkleidung der Langer Marsch 4B), die zweite Version ist 9,98 Meter lang und verfügt über einen Durchmesser von 3,90 Metern und der dritte Fairing-Typ ist 11,74 Meter lang und 3,80 Meter weit.

Wie aus der Tabelle zu erkennen ist, waren die bisherigen Starts der Versionen Langer Marsch 4B und 4C fast genau paritätisch aufgeteilt. Die Langer Marsch 4C erlebte bislang 49 Missionen, von denen 47 erfolgreich verliefen. Der erste der beiden Fehlstarts ereignete sich bei der Mission Nummer 20 am 31. August 2016 mit dem Erdbeobachtungssatelliten Gaofen-10 an Bord, einer Einheit aus dem CHEOS-Programm. Fehlstart Nummer zwei ereignete sich am 22. Mai 2019 bei der Langer Marsch 4C-Mission Nummer 16 mit dem militärischen Aufklärungssatelliten Yaogan 33.

Die Starts der Langer Marsch 4C erfolgen entweder von den Startanlagen 7 und 9 in Taiyuan, von der Rampe 2 des Startkomplexes 4 in Jiuquan und neuerdings auch von der Startanlage 3 in Xichang. Der bislang letzte für dieses Buch erfasste Start einer Langer Marsch 4C erfolgte am 9. März 2023 mit den beiden Erdbeobachtungssatelliten Tianhui 6A und 6B. Die wahrscheinlich international bekannteste Nutzlast dieser Rakete dürfte die Raumsonde Queqiao darstellen, eine Funkrelay-Sonde die zum Lagrange-Punkt 2 des Erde-Mond-Systems transferiert wurde, um von dieser Position aus den Funkverkehr mit der Landesonde Chang'e 4 zu sichern, die bald danach auf der Mondrückseite landete.

Langer Marsch 5 und 5B

Die Langer Marsch 5 (auch LM-5 oder CZ-5) ist das erste von Grund auf neu konstruierte Raumtransportsystem Chinas. Erstmals basierte damit in China eine neue Trägerrakete nicht auf einem militärischen Ausgangsmodell und erstmals wird es über die Basisstufen ausschließlich von nicht toxischen und nicht hypergolen Treibstoffen betrieben. Die Langer Marsch 5 ist Chinas Schwerlastträger der ersten Hälfte der zwanziger Jahre. Mit ihrer Nutzlastkapazität liegt sie etwa in derselben Leistungsklasse wie die US-amerikanischen Delta 4 Heavy.

Die Entwicklung der neuen Trägerrakete war im Jahre 2007 genehmigt worden. Gefertigt wird der Träger von der CALT in der Küstenstadt Tianjin in unmittelbarer Nähe des dortigen Hafens um die logistischen Probleme im Zu-

■ Eine Langer Marsch 5 mit dem militärischen Technologiesatelliten Shijian-20 an Bord wird zur Startanlage 101 transportiert.

■ Eine Langer Marsch 5B wird im Endmontagegebäude in Wenchang auf den Start des Mengtian-Moduls zur chinesische Raumstation vorbereitet.

Typ	Langer Marsch 5	Langer Marsch 5B
Hersteller	CALT	CALT
Länge über Nutzlastverkleidung	57 Meter	57 Meter
Durchmesser Basis	9,50 Meter	9,50 Meter
Startmasse	855 Tonnen	855 Tonnen
Nutzlast LEO/GTO/MIO	14.000/6.000 Kilogramm	25.000 Kilogramm
Startschub	10.620 Kilonewton	10.620 Kilonewton
Booster	CZ 5-300	CZ 5-300
Triebwerke	8 × YF-100	8 × YF-100
Schub (sl)	8 × 1.200 Kilonewton	8 × 1.200 Kilonewton
Spezifischer Impuls (sl)	300 Sekunden	300 Sekunden
Brenndauer	180 Sekunden	180 Sekunden
Treibstoff/Oxidator	Kerosin/LOX	Kerosin/LOX
Leermasse/Startmasse (je)	13.800/156.600 Kilogramm	13.800/156.600 Kilogramm
Länge/Durchmesser	27,60/3,35 Meter	27,60/3,35 Meter
1. Stufe	CZ-5-500	CZ-5-500
Triebwerke	2 × YF-77	2 × YF-77
Schub (sl)	2 × 510 Kilonewton	2 × 510 Kilonewton
Spezifischer Impuls (sl)	310 Sekunden	310 Sekunden
Brenndauer	445 (Sekunden)	445 (Sekunden)
Treibstoff	LH_2/LOX	H_2/LOX
Leermasse/Startmasse	21.600/186.900 Kilogramm	21.600/186.900 Kilogramm
Länge/Durchmesser	33,20/5,00 Meter	33,20/5,00 Meter
2. Stufe	CZ-5-HO	
Triebwerke:	2 × YF-75D	
Schub inklusive Verniers	2 × 88,3 Kilonewton	
Spezifischer Impuls	442 Sekunden	
Brenndauer	700 Sekunden	
Treibstoff	LH_2/LOX	
Leermasse/Startmasse	6.700/38.800 Kilogramm	
Länge/Durchmesser	11,50/5,00 Meter	
3. Stufe (optional)	YZ-2	
Triebwerke	2 × YF-50D	
Schub	2 × 6,5 Kilonewton	
Spezifischer Impuls	316 Sekunden	
Brenndauer	1.105 Sekunden	
Treibstoff/Oxidator	UDMH/N_2O_4	
Leermasse/Startmasse	2.740 Kilogramm	
Länge/Durchmesser	unbekannt/3,80 Meter	
Erstflug	03. November 2016	05. Mai 2020
Anzahl Starts	5	4
Davon erfolgreich	4	4
Letzter Start (Status 15. Mai 2023)	23. November 2020	31. Oktober 2022

sammenhang mit dem Transport dieser Rakete zu erleichtern. Für diese (und weitere neue) Raketen, deren Bauteile nicht mehr mit der Eisenbahn transportiert werden können, wurde eigens der neue Weltraumbahnhof in Wenchang angelegt.

Gegenwärtig (Stand 15. Juni 2023) sind zwei Varianten dieser Großrakete in Betrieb, die dreistufige Langer Marsch 5 und die zweistufige Langer Marsch 5B.

Der Einsatz der LM-5 begann nicht ohne Probleme. Der Erstflug am 3. November 2016 endete für die Versuchsnutzlast in einer deutlich zu niedrigen, aber immerhin noch brauchbaren Umlaufbahn. Die zweite Mission am 2. Juli 2017 war ein glatter Fehlschlag, weil es zu einem Triebwerksproblem in der Zentralstufe gekommen war. Erst die Mission Nummer drei, am 27. Dezember 2019, verlief vollständig fehlerfrei. Die lange Zeit der Modifikationen und Verbesserungen hatte zur Folge, dass sich eine ganze Reihe von Nutzlasten für diese Rakete in der „Warteschlange" befand. Die Rakete ist zu einer großen Zuverlässigkeit verdammt, denn sie transportiert derzeit ausschließlich ultrateure Premium-Nutzlasten.

Die Langer Marsch 5 verfügt über vier Booster, von denen jeder mit zwei YF-100 Triebwerken betrieben wird, die mit flüssigem Sauerstoff und Kerosin arbeiten. Das Triebwerk leistet einen Bodenschub von 1.200 Kilonewton und ist im Schub in einem Leistungsrahmen zwischen 65 und 100 Prozent regelbar.

Mit dem YF-77 wird erstmals in China ein Sauerstoff-Wasserstofftriebwerk in der Erststufe eingesetzt. Bislang war diese Treibstoffkombination nur in Oberstufen vertreten.

Die Version 5B ist für große Nutzlasten in niedrigen Umlaufbahnen optimiert. Sie besteht nur aus den Boostern und der ersten Stufe. Die zweite Stufe fehlt. Diese Version erlebte ihren Erstflug am 5. Mai 2020 als sie den Prototypen für Chinas zukünftiges bemanntes Raumschiff, das eines Tages die Shenzhou ablösen soll, in den Orbit transportierte. In den Jahren 2021 und 2022 war diese Rakete vor allem deswegen öffentlich sehr sichtbar, weil mit ihr die Orbitaltransporte der Einzelmodule der chinesischen Raumstation erfolgten.

Bei Redaktionsschluss für dieses Buch wurden Gerüchte laut, dass die Langer Marsch 5B auch für die Implemen-

■ Der Erstflug der Langer Marsch 5B am 5. Mai 2020. Ein sehr schöner Blick vor allem auf das „Business end" des Trägers.

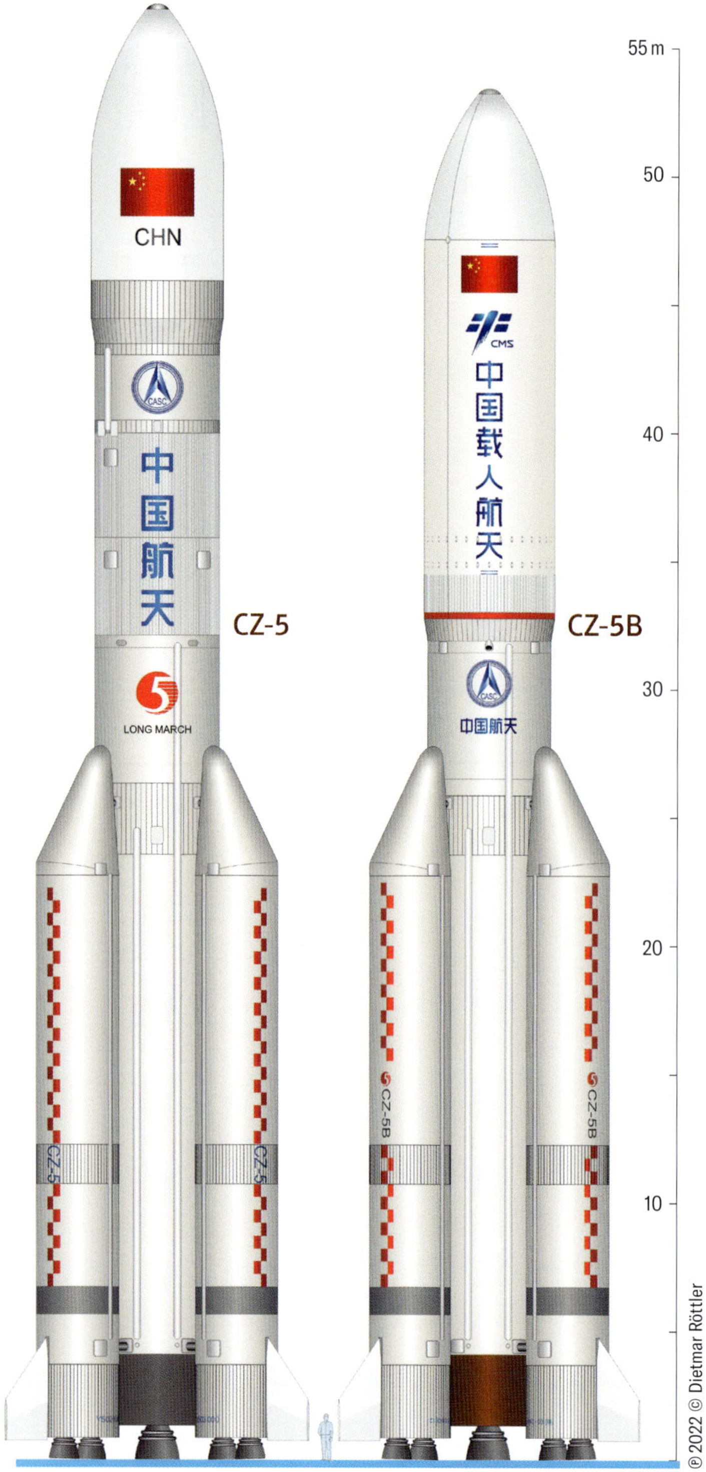

■ Grafik beider Varianten der Langer Marsch 5

tierung einer chinesischen Internet-Konstellation ähnlich der Starlink-Konstellation von SpaceX verwendet werden soll. Dazu wird wahrscheinlich noch im Jahr 2023 eine Spezialversion der Langer Marsch 5B mit einer Yuanzheng-2 Oberstufe erprobt.

Die Langer Marsch 5 wird auch die Basis für die Interims-Mondrakete Chinas bilden. Für diesen Zweck laufen derzeit die Entwicklungen von Versionen dieser Rakete, die bis 2022 als Langer Marsch 5G (manchmal auch 5DY) und Langer Marsch 5ZRL bezeichnet wurden. Immer häufiger sieht man in offiziellen Präsentationen aber auch die Bezeichnung Langer Marsch 10. Ab Seite 123 können Sie mehr darüber erfahren.

Langer Marsch 6 und 6A

Die Langer Marsch 6 (auch LM-6 oder CZ-6 genannt) ist ein Kleinträger, der aus einer Kombination von Komponenten der Langer Marsch 5 und der Langer Marsch 7 besteht, und diese beiden Raketen auch im unteren Nutzlastsegment ergänzt. Sie wird von einem einzelnen YF-100 Triebwerk angetrieben, derselben Antriebseinheit, von denen die Langer Marsch 5 acht Stück in den Boostern einsetzt und weist auch denselben Durchmesser auf, wie die LM-5 Booster-Einheit.

Überhaupt wird bei den Typen LM-5, LM-6 und LM-7 die modulare Austauschbarkeit verschiedener Grundkomponenten unter den drei Trägertypen sehr gut sichtbar. Das Zweitstufentriebwerk der LM-6, das YF-115, wird auch in der zweiten Stufe der LM-7 verwendet. Dort allerdings sind es vier Stück, während die LM-6 nur ein Einzelnes einsetzt. Die zweite Stufe verwendet zusätzlich noch ein Rollkontrollsystem mit vier Triebwerken zu je 25 Newton.

Das Triebwerk der optionalen dritten Stufe ist mehrfach wiederzündbar und neben den vier Haupttriebwerken noch mit einem Lageregelungssystem mit insgesamt acht 10-Newton-Triebwerken ausgestattet.

Die Nutzlastverkleidung ist für die relativ kleine Rakete sehr großzügig dimensioniert. Sie ist in zwei Versionen von zwei Metern oder 2,25 Metern Durchmesser erhältlich und 5,70 Meter lang.

Mit ihrem Durchmesser von 3,35 Metern hat die Rakete das Standardmaß der von der DF-5 abgeleiteten ersten Generation chinesischer Trägerraketen. Damit ist sie noch

■ Start der Langer Marsch 5B mit dem Wengtian-Modul an Bord am 24. Juli 2022.

Der Erstflug der Langer Marsch 6 erfolgte am 19. September 2015 an der Startanlage 16 in Taiyuan. Von hier aus sind bislang ausnahmslos alles Raketen dieses Typs gestartet.

mit der Eisenbahn transportierbar und kann somit auch auf den Inlands-Startbasen eingesetzt werden. In diesem Sinne begannen alle elf bisherigen Starts (Stichtag 15. Juni 2023) an der Startanlage 16 des nordchinesischen Weltraumbahnhofs Taiyuan. Alle Missionen verliefen bis zum Stichtag erfolgreich.

Was Chinas Raumfahrt-Verantwortliche reitet, eine eigentlich komplett andere Rakete als Variante der Langer Marsch 6 auszugeben, ist unbekannt. Aber wir begegnen in diesem Buch ja öfter den Seltsamkeiten chinesischer Nomenklatur.

Es gibt zwar tatsächlich eine kleine Anzahl von Gemeinsamkeiten, aber die Unterschiede sind deutlich größer. So verfügt die Langer Marsch 6A über Feststoffbooster. Es sind die ersten feststoffbetriebenen Zusatztriebwerke, die jemals für einen chinesischen Träger eingesetzt wurden. Die Düsen dieser Booster sind steuerbar.

Die erste Stufe wurde gegenüber der Langer Marsch 6 verlängert, und sie ist mit zwei YF-100 Triebwerken ausgerüstet, anstatt nur einem. Es stehen mehrere Modelle von Nutzlastverkleidungen zur Verfügung, mit Durchmessern von bis zu 5,2 Meter, ein weiterer Hinweis auf die Variabilität der LM-6A und ihrer zukünftigen Varianten.

Die zweite Stufe ist, vom Triebwerk abgesehen, komplett neu und verfügt jetzt über denselben Durchmesser wie die erste Stufe. Während die Langer Marsch 6 im Prinzip eine Kleinträgerrakete in der Größenordnung der Basisversion der europäischen Vega ist, ist die 6A ein Träger der mittleren Mittelklasse und dort in etwa vergleichbar mit der russischen Sojus 2.1. mit einem Nutzlastvermögen von gut 4.000 Kilogramm für den sonnensynchronen Orbit und etwa 6.000 – 7.000 Kilogramm für den östlichen niedrigen Erdorbit.

Eine Variante der Langer Marsch 6A, die möglicherweise die Bezeichnung Langer Marsch 6C bekommen wird, befindet sich in Entwicklung. Sie ist wieder näher an der Basisversion der Langer Marsch 6, denn sie soll keine Booster aufweisen. Der Durchmesser der zweiten Stufe bleibt un-

■ Diese Langer Marsch 6A führte am 29. März 2022 den Erstflug dieses Modells durch.

verändert gegenüber der LM-6A. Auch die beiden YF-100 Triebwerke der LM-6A werden beibehalten. Diese Rakete wird in der Lage sein, eine Nutzlast von etwa 2.000 Kilogramm auf eine sonnensynchrone polare Umlaufbahn zu bringen.

Für die Langer Marsch 6A wurde in Taiyuan eine eigene Startrampe gebaut. Schon von daher kann angenommen werden, dass wir diese Rakete und ihre Varianten in Zukunft häufiger sehen werden.

Zusammengefasst kann man annehmen, dass die Langer Marsch 6A, 6C und möglicherweise auch eine Version 6B mit nur zwei Boostern mittelfristig die Raketen der Langer Marsch 2 und 3-Serie ablösen könnten.

Wie eine ganze Reihe von anderen chinesischen Trägern, kann auch die Langer Marsch 6A optional mit einer „Post Boost Stufe" für die Feinabstimmung der Umlaufbahn und für das Absetzen mehrerer Satelliten auf unterschiedlichen Bahnen eingesetzt werden. Die Trieb-

■ Die Langer Marsch 6 wird liegend auf einer Selbstfahrlafette zur Startanlage gefahren und von dieser Lafette aus auch gestartet.

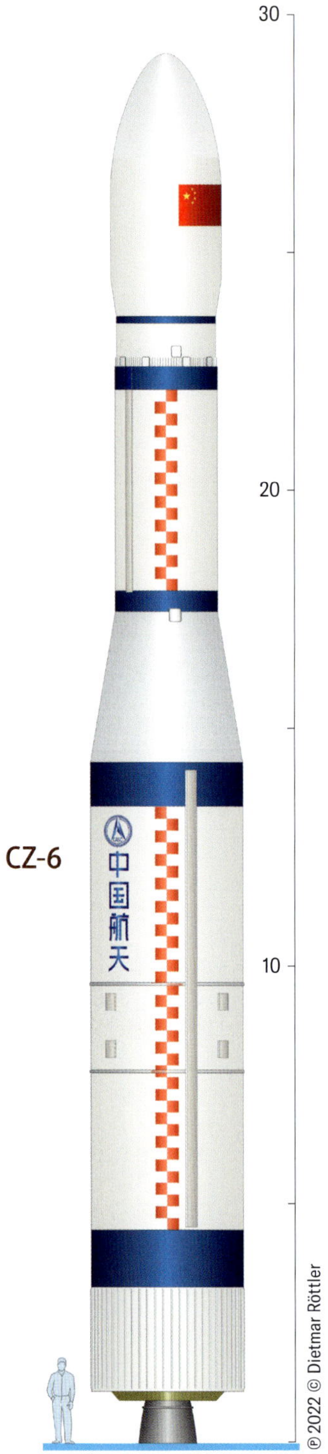

■ Grafik der Langer Marsch 6.

Typ	Langer Marsch 6	Langer Marsch 6A
Hersteller	SAST	SAST
Länge über Nutzlastverkleidung	29 Meter	50 Meter
Durchmesser Basis	3,35 Meter	6,50 Meter
Startmasse	103 Tonnen	530 Tonnen
Nutzlast LEO/SSO	2.000/1.080	7.500/4.000
Startschub	1.200 Kilonewton	7.230 Kilonewton
Booster		
Triebwerke		4 × Feststoff
Schub (sl)		4 × 1.210
Spezifischer Impuls (sl)		unbekannt
Brenndauer		unbekannt
Treibstoff/Oxidator		Feststoff
Leermasse/Startmasse (je)		unbekannt/70.000 Kilogramm
Länge/Durchmesser		unbekannt/2,00 Meter
1. Stufe		
Triebwerk	1 × YF-100	2 × YF-100
Schub (sl)	1 × 1.200	2 × 1.200
Spezifischer Impuls (sl)	300 Sekunden	300 Sekunden
Brenndauer	188 Sekunden	unbekannt
Treibstoff	Kerosin/LOX	Kerosin/LOX
Leermasse/Startmasse	12.000/82.000 Kilogramm	-/- Kilogramm
Länge/Durchmesser	21,00/3,25 Meter	-/3,25 Meter
2. Stufe		
Triebwerk	1 × YF-115	1 × YF-115
Schub inklusive Verniers	1 × 180 Kilonewton	1 × 180 Kilonewton
Spezifischer Impuls	330 Sekunden	330 Sekunden
Brenndauer	300 Sekunden	unbekannt
Treibstoff:	Kerosin/LOX	Kerosin/LOX
Leermasse/Startmasse	2.800/18.000 Kilogramm	-/- Kilogramm
Länge/Durchmesser	5,50/2,25 Meter	unbekannt/3,25 Meter
3. Stufe (optional)	PBV	
Triebwerke	4 × YF-85	
Schub	4 × 1,0 Kilonewton	
Spezifischer Impuls	307 Sekunden	
Brenndauer	300 Sekunden	
Treibstoff/Oxidator	Kerosin/H_2O_2	
Leermasse/Startmasse	2.740 Kilogramm	
Länge/Durchmesser	unbekannt/2,25 Meter	
Erstflug:	19. September 2015	29. März 2022
Anzahl Starts:	11	2
Davon erfolgreich:	11	2
Letzter Start (Status 20. Juni 2023)	23. November 2020	11. November 2022

■ Das Redaktionsteam einer Partei-Jungendzeitung posiert hier vor dem zweiten Flugmodell der Langer Marsch 6A, die am 11. November 2022 startete.

werksausstattung dafür ist nicht ganz klar. Einige Quellen sprechen von vier YF-85-Triebwerken die mit Kerosin und Wasserstoffperoxid betrieben werden, andere Quellen nennen ein einzelnes YF-50 Triebwerk als Antrieb für die Kickstufe.

Langer Marsch 7 und 7A

Wie alle Träger mit Bezeichnungen oberhalb der Langer Marsch 4-Reihe gehört auch die Langer Marsch 7 zur „Neuausstattung“ des chinesischen Trägerarsenals. Sie ist eine Rakete der mittleren Mittelklasse, die in der Lage ist, Nutzlasten bis zu einem Gewicht von etwa 14 Tonnen in eine niedrige Erdumlaufbahn zu transportieren und in der

■ Die Langer Marsch 7, mit der Tianzhou 5 zur chinesischen Raumstation gebracht wurde, wird hier gerade im Montagegebäude von Wenchang für den Transport zur Startrampe vorbereitet.

■ Eine Langer Marsch 7 wird zur Startanlage 201 in Wenchang transportiert.

Version 7A bis etwa 5,5 Tonnen in einen geostationären Transferorbit. Das ist ziemlich genau das Nutzlastspektrum der seit Jahrzehnten eingesetzten Langer Marsch 3B, die wahrscheinlich nach und nach von der Langer Marsch 7A ersetzt werden wird.

Die Rakete enthält noch eine Reihe der „alten" Features der Raketentypen der Langer Marsch 2, 3 und 4-Serien. Der Durchmesser beträgt wie dort 3,35 Meter und die Booster haben einen Durchmesser von 2,25 Metern (der seinerseits auf die Langer Marsch 1 zurückgeht und noch weiter bis zur Mittelstreckenrakete DF-3). Strukturell ist sie von der Langer Marsch 2F abgeleitet. Ihr wesentliches Merkmal ist aber die Verwendung von Kerosin und flüssigem Sauerstoff als Treibstoff und Oxidator, und nicht mehr wie bei Chinas „alten" Raketen die gefährliche und teure Kombination aus Monomethyhlydrazin (MMH) und Stickstofftetroxid (N_2O_4).

Die Langer Marsch-Versionen 7 und 7A werden bis in die mittlere Zukunft mit die wesentlichen Stützpfeiler der chinesischen Raumfahrt sein. Eine ihrer Kernaufgaben ist die Durchführung von Versorgungsflügen mit den Tianzhou-Raumfahrzeugen zur chinesischen Raumstation. Im Prinzip könnte sie auch die bemannten Zubringerflüge mit den Shenzhou-Raumschiffen durchführen und die in die Jahre gekommene Langer Marsch 2E/F ersetzen. So war das auch der Plan, bis vor wenigen Monaten (Status Juni 2023) entschieden wurde, dass die „Single Stick-Version" der Langer Marsch 10 diese Aufgabe übernehmen wird.

Die Triebwerksausstattung teilt sich die LM-7 mit der LM-6 und der LM-5. Sie verwendet die gleichen Triebwerke wie die Booster der Langer Marsch 5 und die erste Stufe der Langer Marsch 6. Die dritte Stufe der Langer Marsch 7A entspricht der dritten Stufe der Langer Marsch 3B und 3C, die mit flüssigem Wasserstoff und flüssigem Sauerstoff betrieben werden. Die LM-7A kann auch noch zusätzlich mit einer Kickstufe des Typs Yuanzheng-1A ausgerüstet werden, um Direkteinschüsse in den geostationären Orbit durchzuführen, weil die dritte Stufe nicht mehrfach wiederzündbar ist. Die LM-7 kann in beiden Versionen grundsätzlich auch mit nur zwei Boostern oder auch ohne Booster eingesetzt werden.

Obwohl die Komponenten dieser Rakete im Prinzip mit der Bahn zu den Inlandsstartplätzen transportier-

Typ	Langer Marsch 7	Langer Marsch 7A
Hersteller	CALT	CALT
Länge über Nutzlastverkleidung	53,10 Meter	60,10 Meter
Durchmesser Basis	3,35 Meter	3,35 Meter
Startmasse	594 Tonnen	573 Tonnen
Nutzlast LEO/GTO/TLI	13.500/- Kilogramm	-/6.500/5.500 Kilogramm
Startschub	7.000 Kilonewton	7.000 Kilonewton
Booster		
Triebwerke	4 × YF-100	4 × YF-100
Schub (sl)	4 × 1.200 Kilonewton	4 × 1.200 Kilonewton
Spezifischer Impuls (sl)	300 Sekunden	300 Sekunden
Brenndauer	175 Sekunden	175 Sekunden
Treibstoff/Oxidator	Kerosin/LOX	Kerosin/LOX
Leer-/Startmasse (je)	6.800/78.000 Kilogramm	6.800/78.000 Kilogramm
Länge/Durchmesser	27,00/2,25 Meter	27,00/2,25 Meter
1. Stufe		
Triebwerke	2 × YF-100	2 × YF-100
Schub (sl)	2 × 1.200 Kilonewton	1.200 Kilonewton
Spezifischer Impuls (sl)	300 Sekunden	300 Sekunden
Brenndauer	174 Sekunden	174 Sekunden
Treibstoff/Oxidator	Kerosin/LOX	Kerosin/LOX
Leer-/Startmasse	12.000/186.000 Kilogramm	12.000/186.000 Kilogramm
Länge/Durchmesser	26,00/3,35 Meter	26,00/3,35 Meter
2. Stufe		
Triebwerke	4 × YF-115	4 × YF-115
Schub	4 × 176 Kilonewton	4 × 176 Kilonewton
Spezifischer Impuls	342 Sekunden	342 Sekunden
Brenndauer	400 Sekunden	400 Sekunden
Treibstoff/Oxidator	Kerosin/LOX	Kerosin/LOX
Leer-/Startmasse	8.000/94.000 Kilogramm	8.000/94.000 Kilogramm
Länge/Durchmesser	13,00/3,35 Meter	13,00/3,35 Meter
3. Stufe		
Triebwerke		2 × YF-75
Schub		2 × 78,5 Kilonewton
Spezifischer Impuls		438 Sekunden
Brenndauer		478 Sekunden
Treibstoff/Oxidator		LH_2/LOX
Leermasse/Startmasse		2.740/21.000 Kilogramm
Länge/Durchmesser		12,40/3,00 Meter
Erstflug	25. Juni 2016	16. März 2020
Anzahl Starts	7	5
Davon erfolgreich	7	4
Letzter Start (bis 15. 6. 2023)	10. Mai 2022	08. Januar 2023

■ Diese Langer Marsch 7A wird im Montagegebäude für den Start von Shiyan-23 am 8. Januar 2023 vorbereitet. Shiyan-23 ist ein militärischer Experimentalsatellit.

■ Auch mit dieser Langer Marsch 7A wurde eine Einheit der Shiyan-Reihe (Shiyan-9) in eine geostationäre Transferbahn gestartet, und zwar am 11. März 2021.

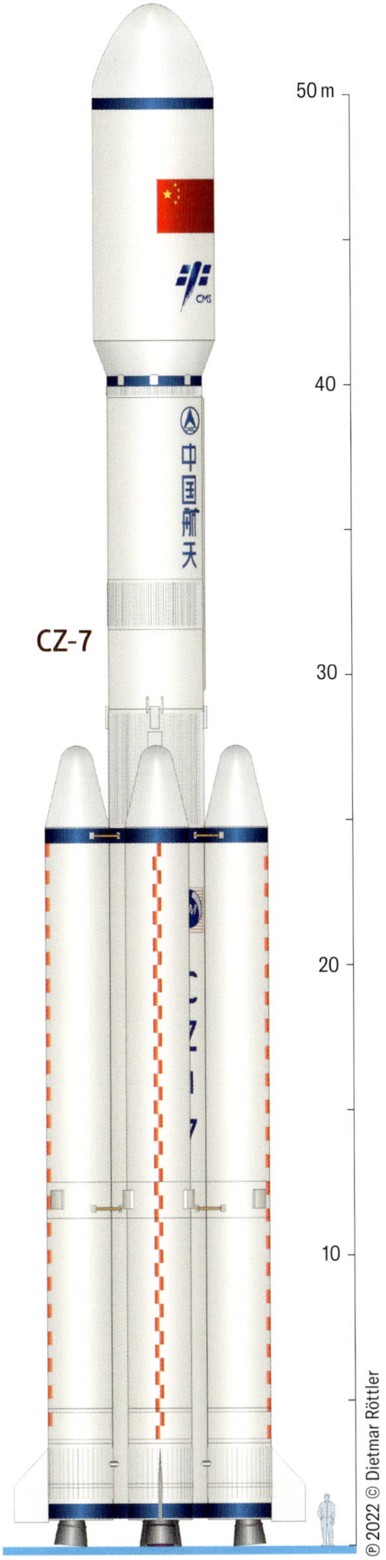

bar wären, gibt es derzeit (Juni 2023) für die Langer Marsch 7 und 7A keine andere Startmöglichkeit als die Anlage 201 in Wenchang.

Bei den bisherigen zwölf Missionen (Stand 15. Juni 2023) kam es zu einem Fehlstart, der sich beim Jungfernflug der Version 7A am 16. März 2020 ereignete. 168 Sekunden nach dem Liftoff explodierte die Rakete. Der Fehler lag in einer falschen Kabelführung an der Basis der zweiten Stufe, welche die korrekte Funktion der YF-115 Triebwerke der zweiten Antriebseinheit verhinderte.

Langer Marsch 8 und 8A

Die Langer Marsch 8 ist ein weiteres Beispiel der rätselhaften chinesischen Doppelentwicklungen, bei denen jeweils zwei Typen staatlicher Raketen gleicher Leistung produziert werden. Die Langer Marsch 8 konkurriert leistungsmäßig eng mit der Langer Marsch 6A. Allerdings sind denn doch ein paar Features eingebaut, die dieser Rakete mittelfristig ein Alleinstellungsmerkmal geben könnten: Die erste Stufe der Rakete ist nämlich – im Prinzip – wiederverwendbar ausgelegt und kann ähnlich wie die SpaceX Falcon 9 mit einer Kombination aus Kaltgastriebwerken, Grid Fins und ausklappbaren Landebeinen auf einen Landeplatz gesteuert werden. Diese Version, sie wird die Bezeichnung Langer Marsch 8R tragen, soll etwa ab 2025 zum Einsatz kommen.

Zunächst gibt es von dieser Rakete aber zwei Varianten, die im „Verbrauchsmodus" fliegen, nämlich die LM-8 und die LM-8A. Die LM-8 ist mit zwei Boostern ausgestattet, die andere nicht. Von der LM-8 soll es zwei Untervarianten geben: Eine, bei welcher die Booster abtrennbar sind, und eine weitere, bei der das nicht der Fall ist. Diese zweite Version soll kostengünstiger sein, was zwar zu Lasten der Leistung geht, die aber damit besser für private Kunden vermarktbar sein sollte. Bei der zum Stichtag des Redaktionsschlusses (15. Juni 2023) bislang einzigen geflogenen LM-8 handelte es sich um die Variante mit den abwerfbaren Boostern.

Die LM-8A verfügt über keine Booster. Auch mit dieser Version gab es erst einen Flug.

Die zukünftige LM-8R mit der wiederverwendbaren Erststufe wird über fest montierte Booster verfügen. Die weiche, raketengestützte Landung soll mit dem kompletten Block aus Zentralstufe und Boostern erfolgen.

■ Grafik der Langer Marsch 7.

Die beiden bisherigen Starts erfolgten von Wenchang aus. Dabei wird die Startanlage der Langer Marsch 7 genutzt. Technisch ist es aber möglich, die Raketen auch von den Weltraumbahnhöfen im Landesinneren einzusetzen.

Hinsichtlich der teilweise wiederverwendbaren Version besagen die bislang sehr dürftigen Informationen, dass die Erststufe auf einem Bergungsschiff landen soll, vergleichbar mit der Praxis des US-Unternehmens SpaceX. Dies würde aber eine küstennahe Startanlage voraussetzen, was

Typ	Langer Marsch 8	Langer Marsch 8A
Hersteller	CALT	CALT
Länge über Fairing	50,30 Meter	48,00 Meter
Durchmesser Basis	3,35 Meter	3,35 Meter
Startmasse	356 Tonnen	198 Tonnen
Nutzlast LEO/SSO/GTO	8.100/4.500/2.800 Kilogramm	-/3.000/- Kilogramm
Startschub	4.800 Kilonewton	2.400 Kilonewton
Booster		
Triebwerke	2 × YF-100	
Schub (sl)	2 × 1.200 Kilonewton	
Spezifischer Impuls (sl)	300 Sekunden	
Brenndauer	150 Sekunden	
Treibstoff/Oxidator:	Kerosin/LOX	
Länge/Durchmesser	26,50/2,25 Meter	
1. Stufe		
Triebwerke	2 × YF-100	2 × YF-100
Schub (sl)	2 × 1.200 Kilonewton	1.200 Kilonewton
Spezifischer Impuls (sl)	300 Sekunden	300 Sekunden
Brenndauer	208 Sekunden	208 Sekunden
Treibstoff/Oxidator	Kerosin/LOX	Kerosin/LOX
Länge/Durchmesser	26,00/3,35 Meter	26,00/3,35 Meter
2. Stufe		
Triebwerke	2 × YF-75	2 × YF-75
Schub	2 × 78,5 Kilonewton	2 × 78,5 Kilonewton
Spezifischer Impuls	438 Sekunden	438 Sekunden
Brenndauer	478 Sekunden	478 Sekunden
Treibstoff/Oxidator	LH_2/LOX	LH_2/LOX
Leer-/Startmasse	2.740/21.000 Kilogramm	2.740/21.000 Kilogramm
Länge/Durchmesser	12,40/3,00 Meter	12,40/3,00 Meter
Erstflug	22. Dezember 2020	27. Februar 2022
Anzahl Starts	1	1
Davon erfolgreich	1	1
Letzter Start (bis 15. Juni 2023)	22. Dezember 2020	27. Februar 2022

■ Die Langer Marsch 8 wird im Montagegebäude von Wenchang für den Jungfernflug vorbereitet. Der fand am 22. Dezember 2020 statt. Dabei wurden fünf Satelliten erfolgreich auf eine sonnensynchrone Erdumlaufbahn gebracht.

■ Die Langer Marsch 8A, also die Version ohne Booster, flog am 27. Februar 2022 zum ersten Mal. Dabei wurden 22 Kleinsatelliten in den Orbit gebracht.

bedeutet, dass Starts mit dieser Rakete zukünftig generell von Wenchang aus stattfinden.

Langer Marsch 11

Bei der Langer Marsch 11 (auch LM-11, Long March 11, Chang Zheng 11 oder CZ-11) handelt es sich um eine vierstufige Mikro-Trägerrakete. Sie wurde von der Academy of Aerospace Solid Propulsion Technology (AASPT) entwickelt, die zur China Academy of Launch Vehicle Technology (CALT) gehört. Die ersten drei Stufen verwenden feste Treibstoffe, die vierte Stufe ist flüssigkeitsbetrieben. Die Rakete kann sowohl von Land, als auch von speziell ausgerüsteten Barken vom Meer aus starten. In dieser seegestützten Version trägt sie die Bezeichnung Langer Marsch 11H.

Die LM-11 beinhaltet Elemente der chinesischen Interkontinentalrakete DF-31. Entsprechend ihrer militärischen

■ Die Langer Marsch 8 startet am 22. Dezember 2020 zu ihrem Jungfernflug.

■ Eine Langer Marsch 11 wird mittels einer Kartusche aus dem Startcontainer ausgeworfen. Das Erststufentriebwerk hat noch nicht gezündet.

Typ	Langer Marsch 11
Hersteller	CALT/AASPT
Länge über Nutzlastverkleidung	20,80 Meter
Durchmesser Basis	2,00 Meter
Startmasse	58 Tonnen
Nutzlast LEO/SSO	700/350 Kilogramm
Startschub	1.200 Kilonewton
1. Stufe	
Treibstoff	Fest
Länge/Durchmesser	9,00/2,00 Meter
2. Stufe	
Treibstoff	Fest
Länge/Durchmesser	3,70/2,00 Meter
3. Stufe	
Treibstoff	Fest
Länge/Durchmesser	2,50/1,40 Meter
4. Stufe	PBS
Triebwerk	1 × YF 50
Schub	490 Newton
Treibstoff/Oxidator	MMH/N_2O_4
Länge mit Nutzlastverkleidung	5,60 Meter
Durchmesser	1,60 oder 2,00 Meter
Erstflug	25. September 2015
Anzahl Starts	16
Davon erfolgreich	16
Letzter Start (Stand 15. Juni 2023)	15. März 2023

Abstammung wird die Langer Marsch 11 mit einer Selbstfahrlafette transportiert und von dieser für den Start aufgerichtet und aus dem Transportcontainer heraus mittels einer Startkartusche verschossen. Der Transporter muss dafür auf einem ebenen, befestigten Untergrund stehen.

Bei Seestarts wird nur der Transport- und Abschussbehälter an Bord des Schiffes gebracht. Die Rakete wird erst

■ Start einer Langer Marsch 11H von der Barke *Tai Rui* am 30. April 2022. Bei dieser Mission wurden vier Satelliten der Jilin-Erdbeobachtungs-Konstellation in den Orbit transportiert.

bei Erreichen der Startposition aufgerichtet. Der Start wird von Land aus per Funk initiiert. Bei den bisherigen vier Flügen der Variante Langer Marsch 11H wurden drei verschiedene Leichter verwendet. Zweimal die Barke *Tai Rui*, einmal die *Be Do* 3 und einmal die Barke *De Fu 15002*. Auch die geografischen Positionen der Starts waren jedes Mal unterschiedlich.

Die Nutzlastverkleidung ist 5,7 Meter lang und hat einen Außendurchmesser von 1,26 Metern. Der nutzbare Raum ist allerdings wesentlich kleiner und dürfte eine Höhe von zwei Meter und einen Durchmesser von etwa 1,3 Metern aufweisen.

Die Langer Marsch 11 führt ihre Starts entweder vom Raumfahrtzentrum Jiuquan aus durch, oder, wie beschrieben, von einer Plattform im Meer. Der erste Start in dieser Variante erfolgte am 5. Juni 2019.

Alle der insgesamt 16 Starts, die bis zum Redaktionsschluss dieses Buches (15. Juni 2023) erfasst werden konnten, verliefen erfolgreich.

Start einer Langer Marsch 11H von der Barke *De Fu 15002* am 7. Oktober 2022.

One Space M1

One Space ist eines der vielen chinesischen Startups, die in den Trägerraketenmarkt für die Starts von Mikro- und Nanosatelliten einsteigen wollen. Bei diesem Unternehmen gibt es aktuell (Stand 15. Juni 2023) keine gesicherten Informationen, ob es überhaupt noch aktiv an der Entwicklung seiner Trägersysteme arbeitet. Seit dem ersten und einzigen Versuch eines Orbitalfluges im März 2019 haben jedenfalls keine weiteren sichtbaren Aktivitäten mehr stattgefunden. Es gibt allerdings auch keine Informationen über eine Liquidierung der Firma. Die Website ist nach wie vor aktiv, und die aktuellsten Eintragungen datieren vom Oktober 2022. Seien wir deswegen optimistisch und führen sie weiter als aktives Unternehmen.

Typ	One Space M1
Hersteller	One Space
Länge über Nutzlastverkleidung	19,0 Meter
Durchmesser Basis	1,20 Meter
Startmasse	21 Tonnen
Nutzlast LEO/SSO	200/100 Kilogramm
Erstflug	27. März 2019
Anzahl Starts	1
Davon erfolgreich	0
Letzter Start (Status 15. Juni 2023)	27. März 2019

One Space ist in Peking gemeldet und existiert seit 2015. Das Unternehmen stellt sowohl Höhenforschungsraketen als auch Orbitalträger her. Erstere manifestieren sich in der OS-X Serie, mit der Forschungsnutzlasten auf über 100 Kilometer Höhe gebracht werden können. Zwei dieser Flüge haben 2017 und 2018 stattgefunden.

Die Orbitalträger von One Space tragen die Bezeichnung OS-M. Ihre Komponenten bestehen, wie bei sehr vielen chinesischen Startups auf dem Trägermarkt, aus demilitarisierten militärischen Treibsätzen.

Bislang gab es einen orbitalen Startversuch mit einer Rakete, die als OS-M1 bezeichnet wurde. Diese Mission, mit

Eine One Space M1 wird für den Start vorbereitet.

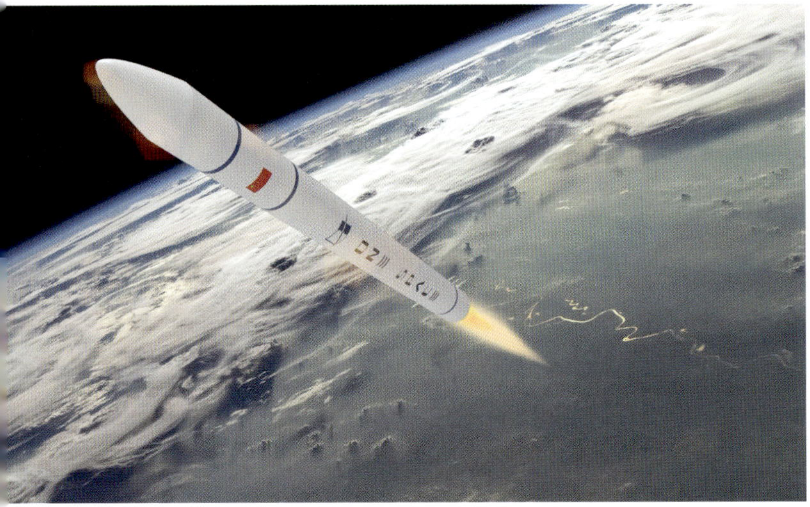

Und so sollte es aussehen, wenn eine One Space M1 in den Orbit fliegt. Bislang allerdings nur in der Grafik, denn der erste und bislang einzige Flugversuch schlug fehl.

dem Mikrosatelliten Lingque-1B an Bord, scheiterte. Die Rakete wurde kurz nach der Trennung der ersten Stufe instabil und kam vom Kurs ab.

Die OS-M1 ist vierstufig und für den Transport einzelner Mikro- und Nanosatelliten ausgelegt. Sie kann Nutzlasten bis maximal 200 Kilogramm Gewicht in eine niedrige Erdumlaufbahn bringen. Dafür stehen zwei verschiedene Nutzlastverkleidungen zur Verfügung.

Leistungsstärkere Versionen mit den Bezeichnung M2 (die etwa 400 Kilogramm Nutzlast in eine niedrige Erdumlaufbahn bringen können soll) und M4 (mit Nutzlasten bis 750 Kilogramm) sind geplant.

Tianlong 2 und 3

Kommen wir nun zu einer Rakete, die eine Blaupause der Falcon 9 von SpaceX zu sein scheint: Die Tianlong 2 des Pekinger Unternehmens „Beijing Tianbing Technology Co., Ltd.", besser bekannt unter dem Namen Space Pioneer. Das Unternehmen wurde im Jahre 2015 gegründet und zeigt sich als sehr emsig, mit Aktivitäten auf mehreren raumfahrtbezogenen Gebieten, unter anderem auch mit der Entwicklung und dem Bau von Triebwerken.

Was die Träger betrifft: Wie beim US-Vorbild soll auch hier die erste Stufe landefähig sein. Um das zu erreichen gibt es Triebwerke, die im Schub stark variabel sind, Grid-Fins für die Steuerung in der Atmosphäre und Landebeine, die dem Konzept von SpaceX wie ein Ei dem anderen gleichen.

Eine Tianlong 1-Rakete gibt es übrigens nicht, oder zumindest nicht mehr. Sie war ein Konzept, das schon ziemlich weit gediehen war, und basierte auf Triebwerken, die mit NOFBX betrieben werden sollten. Dieser wenig verwendete Treibstoff ist eine lagerbare Mischung aus Treibstoff und Oxidator. Er ist nicht giftig, wie etwa die klassischen lagerbaren Treibstoff/Oxidator-Komponenten Hydrazin und Stickstofftetroxid, bedarf aber entweder einer sehr vorsichtigen Handhabung oder den Gebrauch von Zusätzen (bestimmte Kohlenwasserstoffe) um das Explosionsrisiko zu senken. Der Handelsname NOFBX stammt von der US-Firma Firestar, welche auch die Patentrechte darauf hält. Firestar hat sich auch die Zusätze patentieren las-

Die Tianlong 2 bei ihrem erfolgreichen Erstflug am 2. April 2023

sen, es ist also anzunehmen, dass Space Pioneer mit einer eigenen Mischung arbeitet.

NOFBX wurde in den frühen 2010er-Jahren eine Weile als umweltfreundlicher Treibstoff sehr gehypt, in der Zwischenzeit ist es aber wieder recht still darum geworden. Offensichtlich stieß auch Space Pioneer auf Probleme damit und gab das Verfahren wieder auf.

Stattdessen ging man auf die klassische und kostengünstige Treibstoffmischung mit Kerosin und flüssigem Sauerstoff über. Für die erste Stufe verwendet man nun drei Einheiten des YF-102, das von der staatlichen AALPT (Academy of Aerospace Liquid Propulsion Technology, oder auf Deutsch Akademie für Flüssigkeitsraketentechnik) hergestellt wird.

Für die zweite Stufe entwickelte man ein Triebwerk, das im Hauptstromverfahren arbeitet und etwa 300 Kilonewton Schub leistet. Die dritte Stufe ist ein Modul aus einem

■ Die Tianlong 2 am Startplatz. Es wird nur sehr wenig Infrastruktur benötigt.

Typ	Tianlong 2
Hersteller	Space Pioneer
Länge über Nutzlastverkleidung	32,80
Durchmesser Basis	3,35 Meter
Startmasse	153 Tonnen
Nutzlast LEO/SSO	2.000/1.500
Startschub	1.900 Kilonewton
1. Stufe	
Triebwerk	3 × YF-102
Schub (sl)	3 × 650 Kilonewton
Spezifischer Impuls	275 Sekunden
Treibstoff	Kerosin/LOX
2. Stufe	
Triebwerk	1 × Tianhou 11
Schub	300 Kilonewton
Spezifischer Impuls	346 Sekunden
Treibstoff	Kerosin/LOX
3. Stufe	Tianhou 31
Triebwerk	1 × 3 Kilonewton + 8 × 150 Newton
Gesamtschub	3,2 Kilonewton
Treibstoff	MMH/N_2O_4
Erstflug	02. April 2023
Anzahl Starts	1
Davon erfolgreich	1
Letzter Start (Status 15. April 2023)	02. April 2023

3-Kilonewton Haupttriebwerk und einer Anordnung aus einem Bündel von acht 150 Newton-Triebwerken, die als Lageregelungstriebwerke und sekundäre Antriebseinheiten dienen. Dieses Modul trägt die Bezeichnung Tianhou 31. Die Nutzlastverkleidung ist etwa acht Meter lang.

Dem gegenüber der Tianlong 1 völlig neuen Konzept geschuldet, gab man nun der Rakete die Bezeichnung Tianlong 2.

Seit 2022 führt Space Pioneer vertikale Start- und Landeversuche mit einem Vehikel namens Tiansou 1 durch und hat damit auch schon einige erfolgreiche Flugversuche in niedriger Höhe absolviert.

Space Pioneer arbeitet auch an einer Rakete mit der Bezeichnung Tianlong 3, die mit einer Länge von 71 Metern deutlich größer sein wird als die Tianlong 2. Ihr Durchmesser wird 3,8 Meter betragen, die Nutzlastverkleidung wird 4,2 Meter weit sein. Das Startgewicht soll 590 Tonnen betragen und der Startschub 7.700 Kilonewton. Die erste Stufe wird mit zehn Triebwerken bestückt. Die Nutzlastkapazität dieser Rakete liegt bei etwa 80 Prozent der ihres Vorbildes, der Falcon 9. Im Wiederverwendungsmodus beträgt sie 14 Tonnen, im Verbrauchsmodus 17 Tonnen.

In einer Version mit der Bezeichnung Tianlong 3H (H für Heavy) ist die Rakete dann über 85 Meter lang und wird bei einem Startgewicht von 1.740 Tonnen einen Startschub von 23.100 Kilonewton aufweisen. Die Nutzlast liegt

Die dritte Stufe wird auf dem Prüfstand Brennläufen unterzogen.

dann bei 42 Tonnen im Wiederverwendungsmodus und bei 68 Tonnen im Verbrauchsmodus. Diese Rakete besteht aus drei parallel gekoppelten Zentralstufen und ist damit ein vollständiger Klon der Falcon Heavy von SpaceX, mit dem einzigen Unterschied, dass jede der drei Basiseinheiten von zehn Triebwerken angetrieben wird und nicht mit neun, wie bei der Falcon Heavy.

Und schließlich gibt es noch ein Spaceplane-Konzept von Space Pioneer. Ein wiederverwendbares Raumflugzeug auf Basis der Tianlong 3.

Zhongke 1

Die Chinesen lieben komplexe organisatorische Konstrukte. Die Bezeichnungen und Namen so mancher Trägerraketen chinesischer Startups, ihre Herkunftsbezeichnungen und ihre wirtschaftlichen Verwandtschaftsverhältnisse sind manchmal recht verwirrend. Da kann leicht ein Durcheinander angerichtet werden und besonders schwierig stellt sich das im Fall der Zhongke 1A dar.

Entwickelt wurde diese Rakete von der CAS Space, einem Unternehmen mit gemischtem Bestand an Anteilseignern, aber mit wesentlichen Anteilen der Chinesischen Akademie der Wissenschaften. Englisch abgekürzt lautet das CAS (also **C**hinese **A**cademy of **S**ciences). Dies ist jedoch nur der Handelsname, quasi ein Pseudonym, mit dem es auf dem Markt firmiert. So ein kurzes Pseudonym ist in diesem Fall ganz angebracht, denn der vollständige und ausgeschriebene Name lautet *Beijing Zhongke Aerospace Exploration Technology Co.*, Ltd. Das Unternehmen ist also eine Gesellschaft mit beschränkter Haftung, ähnlich einer deutschen GmbH. Verwirrend ist dabei, dass die Langform der Firmenbezeichnung, wie bei einem Akronym sonst üblich, keinen unmittelbaren Bezug zur Kurzform CAS Space hat.

Die von diesem Unternehmen entwickelte Rakete wurde in der Vergangenheit nach ihrem herstellenden Unternehmen, in diesem Fall also der *Beijing Zhongke Aerospace Exploration Technology*, als Zhongke 1 bezeichnet. Weil man sich das aber noch gerade merken könnte, bezeichnet das Unternehmen ihr erstes Produkt auch noch als Lijian-1, verwendet obendrein zusatzlich auch noch häufig die Bezeichnung ZK-1 (was wohl die Abkürzung fur Zhongke 1 sein soll). und nennt die Rakete neuerdings, und um die Verwirrung vollständig zu machen, „Kinetika 1".

Der Zhongke 1A-Prototyp in der Endmontagehalle.

Typ	Zhongke 1
Hersteller	CAS Space
Länge über Nutzlastverkleidung	30,0 Meter
Durchmesser Basis	2,65 Meter
Startmasse	135 Tonnen
Stufen	4
Nutzlast LEO/SSO	2.200/1.600 Kilogramm
Startschub	unbekannt
Erstflug	27. Juli 2022
Anzahl Starts	2
Davon erfolgreich	2
Letzter Start (Status 15.6.2023)	07. Juni 2023

■ Die Zhongke 1A wird für den Start vorbereitet.

■ Start der Zhongke 1A zum erfolgreichen Erstflug am 27. Juli 2022

Je nach Urheber werden sie alle drei Namen für diesen Träger lesen können, aber es ist immer dieselbe Rakete. Und die erlebte am 27. Juli 2022 einen erfolgreichen Erstflug, bei dem sie sechs Satelliten mit einer Gesamtmasse von 1.070 Kilogramm in eine sonnensynchrone polare Erdumlaufbahn brachte.

Das Unternehmen arbeitet an weiteren Trägerraketen, von denen aber keine bis Redaktionsschluss (15. Juni 2023) einen einsatznahen Status erreicht hat. Sie trugen bis vor einer Weile die Bezeichnungen ZK-2, ein kleiner, teilweise wiederverwendbarer flüssigkeitsbetriebener Träger, ZK-3, eine Rakete für den mittleren Nutzlastbereich und ebenfalls teilweise wiederverwendbar, ZK-4 und 4A, Raketen der oberen Mittelklasse (wobei die 4A mit Zusatzboostern ausgerüstet werden soll) und schließlich die ZK-5, ein suborbitales Experimentalvehikel. Schließlich gibt es auch noch Pläne für eine ZK-6, einem suborbitalen Raumschiff für Space-Tourismus, sehr ähnlich dem New Shepard von Blue Origin. Wie oben schon angemerkt tragen die Raketen neuerdings auch die Bezeichnung „Kinetica" und wir werden wahrscheinlich erst dann, wenn sie auf der Rampe stehen, erkennen, wie die dann gerade aktuelle Bezeichnung lautet.

Zhuque 2

Wir haben auf Seite 72 schon festgehalten, dass der Zhuque 1 von Landspace nur eine sehr kurze Karriere beschieden war. Der Jungfernflug dieser Kleinträgerrakete war auch schon die einzige Mission dieses Typs, und die scheiterte 27. Oktober 2018. Ein kleiner Testsatellit mit der Bezeichnung Weilai-1 ging dabei verloren. Es war zu diesem Zeitpunkt das erste Mal, dass ein chinesisches Privatunternehmen versuchte, einen Satelliten in den Orbit zu bringen.

■ Für den Erstflug der Zhuque 2 hatte Landspace ein schickes Startplakat entworfen.

■ Der Zhuque 2-Prototyp wird zur Startanlage transportiert.

Landspace musste die Entwicklung der Zhuque 1 einstellen, weil die CASC, die den Antrieb der Zhuque vollständig herstellte, ihrer eigenen Mikroträgerrakete Langer Marsch 11 den Vorzug gab, und die Lieferungen der Treibsätze einstellte. Nach der Einstellung des Zhuque 1-Vorhabens konzentrierte sich das Unternehmen auf den mit flüssigem Methan und flüssigem Sauerstoff betriebenen Zhuque 2 -Träger.

Die Zhuque 2 verfügt über den chinesischen Standard-Durchmesser bei Orbitalraketen von 3,35 Meter, der noch auf Chinas DF-5 Interkontinentalrakete zurückgeht, und auf der Notwendigkeit von Bahntransporten basiert. Die Zhuque 2 ist, bei ähnlichen Abmessungen und ähnlichem Startgewicht, dank modernerer Triebwerkstechnik etwas leistungsfähiger als die Langer Marsch 2C oder 2D. Die Nutzlastverkleidung ist 8,24 Meter lang und verfügt über einen Durchmesser von 3,35 Metern.

Die Tianque-Triebwerke (Abkürzung: TQ) beider Stufen arbeiten mit Methan als Treibstoff und flüssigem Sauerstoff als Oxidator. Damit war die Zhuque 2 die erste Rakete weltweit mit diesem Treibstoffgemisch, die zu einem Orbitalflug startete.

Der bislang einzige Flug erfolgte vom Raumfahrtzentrum Jiuquan aus. Die Mission scheiterte, aber nur sehr knapp. Die Triebwerke der ersten und zweiten Stufe arbeiteten korrekt, allerdings gab es eine Fehlfunktion bei den TQ-11 Vernier-Triebwerken, bei denen es sich um vier einzelne Einheiten handelt, die von einer gemeinsamen Turbopumpe angetrieben werden.

Landspace arbeitet nach eigenen Angaben an vier Varianten der Zhuque 2. Dies wären die

- Zhuque 2A mit drei Stufen, um auch hoch energetische Bahnen wie den geostationären Transferorbit oder heliozentrische Bahnen erreichen zu können.
- Zhuque 2B ebenfalls dreistufig mit zwei Boostern. Diese Version könnte bis zu 17 Tonnen Nutzlast in eine niedrige Erdumlaufbahn bringen. Das Startgewicht dieser Version läge bei 550 Tonnen.
- Zhuque 2C. Dreistufig, vergrößert, mit vier Boostern. Startgewicht bei etwa 870 Tonnen mit einer Nutzlast von 37 Tonnen in eine niedrige Erdumlaufbahn, und schließlich eine…
- ..noch unbenannte Version mit rückführbarer Erststufe.

Typ	Zhuque 2
Hersteller	Landspace
Länge über Nutzlastverkleidung	49,50 Meter
Durchmesser Basis	3,35 Meter
Startmasse	219 Tonnen
Nutzlast LEO/SSO	4.000/2.000 Kilogramm
Startschub	2.680 Kilonewton
1. Stufe	
Triebwerke	4 × TQ-12
Schub Meereshöhe	4 × 670 Kilonewton
Spezifischer Impuls (sl)	315 Sekunden
Treibstoff/Oxidator	Methan/LOX
Durchmesser	3,35 Meter
2. Stufe	
Triebwerke	1 × TQ-12/4 × TQ-11
Schub	1× 670/ 1 × 82 Kilonewton
Spezifischer Impuls (vac)	331 Sekunden
Treibstoff/Oxidator	Methan/LOX
Durchmesser	3,35 Meter
Erstflug	14. Dezember 2022
Anzahl Starts	1
Davon erfolgreich	0
Letzter Start (Status 15. Juni 2023)	14. Dezember 2022

Die Zhuque 2 startet am 14. Dezember 2022 zu ihrem Erstflug.

In Entwicklung

In diesem Kapitel stelle ich Träger vor, die noch nicht in Dienst stehen, die aber absehbar kommen werden. Hier wird es naturgemäß ein wenig ungenau. Anders als im Westen, wo man das Entstehen neuer Träger über Jahre im Voraus mitverfolgen kann, wird man in China gelegentlich erst unmittelbar vor einem Erstflug vor vollendete Tatsachen gestellt. Auch mit dem Bildmaterial geht es dann meist etwas sparsamer zu.

Darwin 1 und 2

Zum Zeitpunkt, an dem diese Zeilen entstehen ist über Rocket Pi's geplante Trägerraketen Darwin 1 und Darwin 2 noch nicht viel bekannt. Allerdings hatte sich das Unternehmen bereits im Satellitenbau und Bau von Höhenforschungsnutzlasten bewährt, und am 10. Dezember 2022 Huoju-1-01 in die Umlaufbahn transportiert. In (noch) Ermangelung eigener Raketen mit einer Jielong 3-Rakete des privaten Konkurrenten Chinarocket.

Das erste im Westen wahrnehmbare wesentliche Lebenszeichen des Unternehmens hinsichtlich der Konstruktion einer Trägerrakete bestand im Oktober 2022 darin, dass Rocket Pi einen Vertrag mit dem Triebwerkshersteller Jiuzhou Yunjian abschloss. Darin ging es um die Lieferung von Raketenmotoren für die erste und zweite Stufe der Darwin 1.

Typ	Darwin 1
Hersteller	Rocket Pi
Länge über Nutzlastverkleidung	27,20 Meter
Durchmesser Basis	2,25 Meter
Startmasse	53,00 Tonnen
Nutzlast LEO	500 Kilogramm
Startschub	676 Kilonewton
1. Stufe	
Triebwerk	1 × Lingyun 70
Schub Meereshöhe	1 × 700 Kilonewton
Treibstoff/Oxidator	Methan/LOX
2. Stufe	
Triebwerk	1 × Lingyun 10
Schub	125 Kilonewton
Treibstoff/Oxidator	Methan/LOX
Geplanter Erstflug (Status 15. März 2023)	Mitte 2023

■ Die Darwin 1-Trägerrakete. Künstlerische Darstellung.

Die Darwin 1 ist ein Mikrolauncher, der sich etwas oberhalb der Leistungsklasse der Langer Marsch 11 der CASC oder der Kuaizhou 1A der ExPace befindet.

Beim Erststufentriebwerk handelt es sich um den Lingyun-70-Raketenmotor, der eine Leistung von 700 Kilonewton aufweist. Das Triebwerk ist im Schub regelbar, was ein Hinweis auf eine geplante Wiederverwendung der Erststufe sein könnte. Die zweite Stufe soll von einem Lingyun-10-Raketenmotor angetrieben werden, der einen Schub von 125 Kilonewton leistet.

Die geplante Darwin 2 wird ein Träger für den unteren Mittelklassebereich. Verlässliches Bildmaterial ist für diese Rakete zum Zeitpunkt, an dem diese Zeilen entstehen, leider noch nicht erhältlich

Gravitation 1, 2 und 3

Orienspace (auch Orien Space Shandong Technology genannt) ist ein privates Raumfahrtunternehmen, das 2020 gegründet wurde. Es hat seinen Hauptsitz in Jinan und verfügt über Zweigstellen in Quingdao und Shanghai. Geschäftszweck ist die Entwicklung einer Rakete namens Gravitation 1, deren Erstflug für das Jahr 2023 vorgesehen ist.

Die Gravitation 1 soll das untere Mittelklassesegment bedienen, und Nutzlasten bis zu drei Tonnen in eine niedrige Erdumlaufbahn bringen können. Damit ist das Unternehmen allerdings in einer Leistungsklasse unterwegs, in der es harte Konkurrenz gibt. Nicht nur von den staatlichen Anbietern, sondern auch von einer ganzen Reihe von Startups wie Galactic Energy, Landspace, LinkSpace, ExPace, iSpace, OneSpace und Deep Blue Aerospace.

Dem Unternehmen gelang es 2021 und 2022 insgesamt mehr als 100 Millionen Dollar an Investmentkapital zu akquirieren. Damit sollte es gelingen, bis zum Ende des Jahres 2023 die Gravitation 1 startklar zu bekommen. Zwei größere und leistungsfähigere Modelle, die Gravitation 2 und 3, sollen 2024 und 2027 folgen.

Die Gravitation 1 wird mit festen Treibstoffen betrieben. Ein besonderes Feature dieser Rakete ist der volumi-

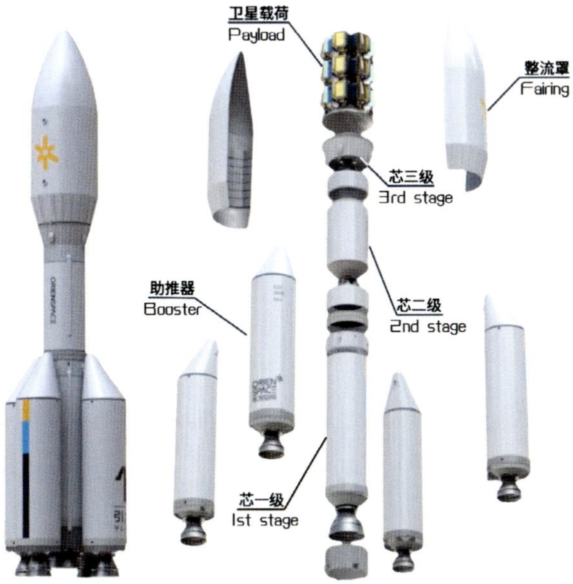

Hier gibt Orienspace Einblicke das sehr kompakte Design der Gravitation 1.

nöse Nutzlastraum, der ein Volumen von 100 Kubikmetern bieten wird.

Die Gravitation 2 ist für mittelschwere Satelliten und die Anforderungen für hohe Umlaufbahnen wie etwa geostationäre Transferorbits ausgelegt. Es ist eine zweieinhalbstufige Konfiguration mit einer flüssigkeitsbetriebenen Zentralstufe, die entweder solo fliegen kann, oder mit

Typ	Gravitation 1
Hersteller	Orienspace
Länge über Nutzlastverkleidung	31,40 Meter
Durchmesser Nutzlastverkleidung	4,20 Meter
Startmasse	400 Tonnen
Nutzlast LEO/SSO	6.500/4.200 Kilogramm
Startschub	6.000 Kilonewton
1. Stufe	
Triebwerke	5 × Force 85
Schub Meereshöhe	4 × 1.200 Kilonewton
Treibstoff/Oxidator	Kerosin/LOX
2. Stufe	
Triebwerke	1 × Force 85
Schub	1 × 1.200 Kilonewton
Treibstoff/Oxidator	Kerosin/LOX
Erstflug geplant	Herbst 2023

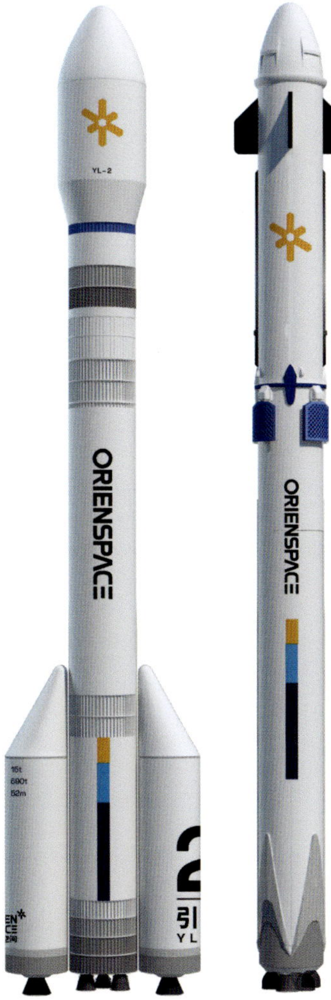

Die Gravitation 2 in ihren beiden Varianten. Die „solo"-Version (also die ohne die Booster) könnte die Blaupause einer Falcon 9 mit einem Dragon-Raumschiff an der Spitze sein.

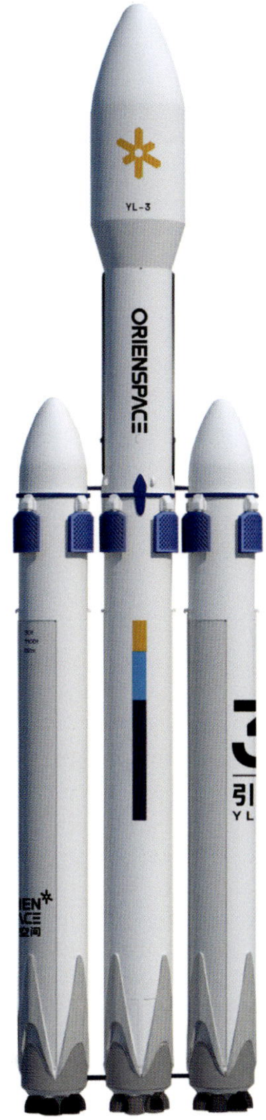

Die Gravitation 3 ist eine Blaupause der Falcon Heavy von SpaceX. In China war Nachahmung schon immer die höchste Form des Respekts.

den Feststoffboostern der Gravitation 1 ausgerüstet wird. Kernstufe und Booster setzen sieben Stück des von Orienspace selbst entwickelten Force-85-Triebwerks ein, das mit flüssigem Sauerstoff und Kerosin arbeiten wird. Sie soll ein Startgewicht von 510 Tonnen aufweisen und einen Startschub von 6.400 Kilonewton leisten. Die zweite Stufe verwendet einen einzelnen und für den Vakuumbetrieb optimierten Force-85-Raketenmotor. Die Nutzlastkapazität dieser 60 Meter hohen Rakete soll bei 15,5 Tonnen für den niedrigen Erdorbit liegen und bei 8,6 Tonnen für eine sonnensynchrone Umlaufbahn. Diese Rakete soll 2025 ihren Flugbetrieb aufnehmen.

Schließlich soll es noch die Gravitation 3 geben. Sie verwendet die Zentralstufe der Gravitation 2 und zusätzlich zwei seitliche Booster, die nichts anderes sind, als ebenfalls Gravitation 2-Zentralstufen, die zu Boostern modifiziert wurden. Gravitation 2 und 3 sehen dem Konzept der US-Firma SpaceX mit ihrer Falcon 9 und Falcon Heavy ähnlich wie ein Ei dem anderen. Die Leistungsfähigkeit liegt allerdings etwa 25 Prozent unter derjenigen des US-Konkurrenten. Bei einem Startgewicht von 1400 Tonnen läge ihre Transportleistung in den niedrigen Erdorbit bei 31 Tonnen.

Hier hat sich der Firmengründer Yao Song, übrigens erst 29 Jahre alt, also genau umgesehen, was derzeit auf dem Markt funktioniert und was nicht. Selbst die Landebeinkonfiguration entspricht genau derjeniger der Falcon 9.

Hyperbola 2 und 3

iSpace ist mit seiner ausschließlich mit festen Treibstoffen betriebenen Hyperbola 1-Rakete bislang nur wenig erfolgreich. Bei insgesamt fünf Starts kam es zu drei Fehlschlägen. Mit der Hyperbola 2 versucht es das Unternehmen jetzt besser zu machen. Dieser Träger ist eine zweistufige Rakete für das Nutzlastsegment der unteren Mittelklasse. Sie wird mit flüssigem Methan und flüssigem Sauerstoff betrieben werden.

Die Rakete soll über neun tief regelbare Triebwerke verfügen, was einen deutlichen Hinweis auf die angestrebte Wiederverwendbarkeit darstellt. Ähnlich wie die Falcon 9 von SpaceX soll auch die Hyperbola 2 auf ausklappbaren Beinen landen.

Für die Entwicklung der neuen Versionen der Hyperbola hat iSpace Investmentmittel in Höhe von 173 Millionen Dollar akquiriert.

Parallel arbeitet das Unternehmen an der Hyperbola 3. Über diese Rakete ist noch wenig bekannt, außer dass sie im Prinzip auf der Hyperbola 2 basiert und über die Möglichkeit der Bestückung mit mehreren Varianten von Zusatzboostern verfügen soll. Die Grundversion soll eine Länge von 68 Metern und ein Startgewicht von etwa 490 Tonnen aufweisen. Auch hier wird die erste Stufe wiederverwendbar ausgelegt. Angetrieben werden soll diese Version von neun Triebwerken des Typs Jiaodian 2, das eine Schubleistung von je 850 Kilonewton aufweist. Auch dieses Triebwerk soll mit Methan und Sauerstoff betrieben werden. In der zweiten Stufe soll ein einzelnes Jiaodian 2-Triebwerk zum Einsatz kommen, mit einem Vakuumschub von 1.040 Kilonewton.

■ Eine Grafik der Hyperbola 2.

Typ	Hyperbola 2
Hersteller	iSpace
Länge über Nutzlastverkleidung	38,00 Meter
Durchmesser	2,50 Meter
Startmasse	112 Tonnen
Nutzlast LEO/SSO	1.900/1.100 Kilogramm
Startschub	1.350 Kilonewton
1. Stufe	
Triebwerke	9 × Jiaodian 1
Schub Meereshöhe	9 × 150 Kilonewton
Treibstoff/Oxidator	Methan/LOX
2. Stufe	
Triebwerke	1 × Jiaodian 1
Schub	1 × 150 Kilonewton
Treibstoff/Oxidator	Methan/LOX
Durchmesser	2,25 Meter
Erstflug geplant	Herbst 2023

Langer Marsch 6C

Die Langer Marsch 6C ist eine Variante der Langer Marsch 6A. Sie ist wieder näher an der Basisversion der Langer Marsch 6, denn sie soll nicht über Booster verfügen und der Durchmesser der zweiten Stufe bleibt gegenüber der LM-6A unverändert. Die beiden YF-100 Triebwerke der LM-6A sollen allerdings beibehalten bleiben. Diese Rakete wird in der Lage sein, eine Nutzlast von etwa 2.000 Kilogramm auf eine sonnensynchrone polare Umlaufbahn zu bringen. Ein erster Start dieser Version könnte für 2023 erwartet werden.

Langer Marsch 8RH, 8ZH und 8R

Die Langer Marsch 8, also die mit zwei Boostern ausgerüstete Version, gibt es in zwei Untervarianten: Die 8ZH, bei der die Booster abtrennbar sind und die 8RH, bei der das nicht der Fall ist.

Die erstere, etwas komplexere Version mit deutlichen Leistungsvorteilen, ist bislang einmal geflogen (am 22. Dezember 2020), die andere noch nicht, und wird deshalb in diesem Kapitel erwähnt.

Die Version 8RH ist kostengünstiger, was aber zu Lasten der Leistung geht. Der Hersteller CALT rechnet sich jedoch aus, dass sie bei Einsätzen für private Kunden besser vermarktbar sein könnte.

Bei der Version 8R handelt es sich um eine teilweise wiederverwendbaren Version der Langer Marsch 8. Dabei soll die Zentralstufe zusammen mit den beiden Boostern nach ihrem Einsatz auf einem Bergungsschiff landen, vergleichbar denen, wie sie SpaceX einsetzt. Dies würde aber eine küstennahe Startanlage voraussetzen, also vermutlich den Weltraumbahnhof Wenchang am Gelben Meer. Von dort starten die Grundversionen der Langer Marsch 8 allerdings (zumindest bislang) ohnehin schon, obwohl sie wegen ihrer Abmessungen auch durchaus die Inlands-Spaceports verwenden könnten.

Langer Marsch 9

Die Langer Marsch 9 ist eine Trägerrakete der Ultraschwergewichtsklasse. Es ist womöglich das teuerste Raketen-Entwicklungsvorhaben aller Zeiten.

Die Vorstudien für die Langer Marsch 9 liefen seit den frühen 2010er-Jahren bis etwa 2015, als dann nach der Analyse von mehr als 15 verschiedenen Varianten das endgültige Konzept gefunden schien, auf dessen Basis man mit der Komponentenentwicklung beginnen wollte. Dieses Design sah eine dreistufige Rakete mit einer Höhe von 93 Metern, einem Basisdurchmesser von 9,50 Metern und einem Startgewicht von etwa 4.000 Tonnen vor. Vier gewaltige Starthilfsbooster sollten den Abflug dieser Rakete unterstützen. In der Startkonfiguration wären zwölf Triebwerke gezündet worden, vier in der Zentralstufe, je zwei in den vier Boostern. Der Startschub sollte bei 58.000 Kilonewton liegen.

■ Viel gibt es von der Langer Marsch 9 noch nicht zu sehen. Das hier ist ein Modell der Rakete, das im November 2022 auf der Luft- und Raumfahrtshow im chinesischen Zhuhai ausgestellt war.

Über diesen langen Entscheidungsprozess verging so viel Zeit und es entstanden so viele Änderungen, dass in der Folge eine komplette Neuausrichtung des bemannten chinesischen Mondflugprogramms notwendig wurde, denn es war absehbar, dass die Entwicklung der Langer Marsch 9 viel mehr Zeit benötigen würde als geplant. Das gefährdete aber nun die Pläne Chinas für eine bemannte Mondlandung um das Jahr 2030. Daher musste jetzt – zusätzlich zur Langer Marsch 9 – eine neue Entwicklungslinie mit einer stark modifizierten Langer Marsch 5 aufgemacht werden. Diese Rakete wird seit kurzem als Langer Marsch 10 bezeichnet. Die ersten Landungen basieren nun darauf, jeweils zwei Raketen dieses Typs zum Mond zu senden, eine mit dem Lander, die andere mit der Crew. Detaillierte Informationen dazu gibt es im Hauptkapitel „China und der Mond".

Die erste Stufe wäre mit Kerosin und flüssigem Sauerstoff betrieben worden, die zweite und die dritte Stufe mit flüssigem Sauerstoff und flüssigem Wasserstoff. Der Durchmesser dieser Rakete sollte sich ab der zweiten Stufe von 9,50 Metern auf 7,50 Meter verjüngen. Die Nutzlast für die niedrige Erdumlaufbahn hätte 150 Tonnen betragen, für die Transferbahn zum Mond etwa 50 Tonnen und für eine Transferbahn zum Mars noch etwa 45 Tonnen.

Auf Grundlage dieses Entwurfes wurden Detailentwicklung und Bau im Jahre 2021 offiziell genehmigt. Im Laufe des Jahres 2022 wurde aber noch einmal eine grundlegende Änderung des Basiskonzeptes durchgeführt. Die seitlichen Booster wurden entfernt, der Treibstoff von Kerosin auf Methan umgestellt und der Durchmesser auf 10,50 Meter erweitert. Die erste Stufe erhielt nun auch Grid Fins, damit sie eine genau definierte Landezone ansteuern kann. Und der gesamte Träger, also beide Stufen, soll wiederverwendbar sein.

Die angestrebten Leistungsdaten blieben bei all diesen Änderungen dieselben. Die technisch extrem anspruchsvollen Änderungen haben natürlich Auswirkungen auf den Entwicklungszeitplan, der nun in Richtung 2035 rutscht.

Typ	Langer Marsch 9 – Mondversion
Hersteller	CAST
Länge über Nutzlastverkleidung	114 Meter
Durchmesser Basis	10,60 Meter
Startmasse	4.400 Tonnen
Nutzlast LEO/TLI/TMI	150.000/53.000/44.000 Kilogramm
Startschub	52.000 Kilonewton
1. Stufe	
Triebwerke	30 Triebwerke
Schub (sl)	30 × 2.000 Kilonewton
Treibstoff	Methan/LOX
2. Stufe	
Triebwerk	2 Triebwerke
Schub	2 × 2.000 Kilonewton
Treibstoff	Methan/LOX
3. Stufe	
Triebwerk	1 × YF-91
Schub	1 × 1.200 Kilonewton
Treibstoff	H_2/LOX
Erstflug geplant für	2035

Das spielt allerdings keine so große Rolle mehr wie zu Beginn der Langer Marsch 9-Planungen, weil ja, wie oben angemerkt, die frühen bemannten Mondlandungen mit einem Szenario mit zwei Raketen des Typs Langer Marsch 10 ablaufen sollen.

Diese bislang letzten Iterationen der Entwicklung, es ging hier schon um die Version 23 der Rakete, wurden im Oktober 2022 bekannt gegeben. Der technisch anspruchsvollste Punkt, die bis zu 10-malige Wiederverwendbarkeit der Rakete, wurde dabei ausdrücklich festgeschrieben. Ausgelöst wurde dieser Entschluss wohl vor allem auch durch die Absicht von SpaceX, ihr Spaceship, das in der gleichen Leistungsklasse wie die Langer Marsch 9 liegt, vollständig wiederverwendbar zu machen. Die chinesischen Ingenieure wollten da wohl nicht hinten anstehen. Aber der Entschluss ist sicher vernünftig, wenn man bedenkt, dass für den Aufbau der großen Solarfarmen im geostationären Gürtel mehrere hundert Starts von Raketen der Langer Marsch 9-Klasse notwendig sein werden.

Die Umstellung des Antriebs der ersten und zweiten Stufe auf die Kombination Methan und flüssiger Sauerstoff hat, neben einem etwas höheren spezifischen Impuls, besonders bei häufiger Wiederverwendung Vorteile im Betrieb. Methan verbrennt sauberer als Kerosin und so lagern sich keine Verbrennungsrückstände in den Triebwerken ab.

Die Umstellung von einem etwas schlankeren Raketen-Zentralkörper mit seitlich angebrachten Boostern zu einem monolithischen Konzept liegt in den nun deutlich voluminöseren Ausmaßen des Nutzlastraumes. Damit ist die Rakete jetzt besser geeignet, den Aufbau weltraumbasierter Solarfarmen zu unterstützen.

Die Langer Marsch 9 wird es in zwei Version geben: In einer zweistufigen Variante für Einsätze im niedrigen Erdorbit und in einer dreistufigen Version für hochenergetische Bahnen. Und so wie in der Tabelle links beschrieben sehen die Dimensionen und Leistungswerte aus heutiger Sicht aus.

Derzeit (15. Juni 2023) hat die Prototypenfertigung für Komponenten begonnen und die Testläufe für das noch namenlose Triebwerk der ersten und zweiten Stufe.

Interessant ist, dass sich fast sofort nach der Vorstellung des neuen Konzeptes für die Rakete auch schon erste potentielle Kunden meldeten. In diesem Zusammenhang wird auch der Bau eines sehr großen optischen Weltraumteleskops mit einem Öffnungsdurchmesser von mindestens zehn Metern genannt. Das Projekt trägt die Bezeich-

■ Ähnlich wie bei der Langer Marsch 9 ist auch das Bildmaterial bei der Langer Marsch 10 derzeit noch spärlich. Immerhin ist diesem Modell die Konfiguration gut zu entnehmen.

nung *Ultra-Large Aperture On-Orbit Assembly Project*. Die Langer Marsch 9 könnte dieses Teleskop in den Weltraum bringen, ohne dass hochkomplexe Faltvorgänge notwendig wären, so wie das beim James Webb Space Telescope noch der Fall war. Dies war ein Punkt der mit zu den enormen Kostensteigerungen bei diesem Projekt geführt hatte.

Langer Marsch 10

Mit der Neuausrichtung der Konstruktion der Langer Marsch 9 zu einem wiederverwendbaren Superträger und der damit verbundenen verlängerten Entwicklungszeit bis etwa 2035 stand das bemannte chinesische Mondprogramm kurzfristig ohne einen Träger da. Diese Lücke füllt nun eine neue Entwicklungslinie, die auf Elementen der Langer Marsch 5 basiert und die noch vor kurzem die Bezeichnung Langer Marsch 5ZRL trug. Es zeichnete sich aber in den Tagen des Redaktionsschlusses für dieses Buch ab, dass diese Rakete eine eigene Bezeichnung bekommen wird. Das scheint umso mehr geboten, als dass sie das Trägerfahrzeug für die neue Generation bemannter Raum-

Typ	Langer Marsch 10 Single Stick	Langer Marsch 10 mit Booster
Hersteller	CALT	CALT
Länge über alles	68,00 Meter	88,00 – 93,00 Meter
Durchmesser Basis	5,00 Meter	17,00 Meter
Startmasse	748 Tonnen	2.000 Tonnen
Nutzlast LEO/TLI	18.000 Kilogramm/-	70.000/ 27.000 Kilogramm
Startschub	8.400 Kilonewton	32.400 Kilonewton
Booster		
Triebwerke		14 × YF-100
Schub (sl)		14 × 1.250 Kilonewton
Spezifischer Impuls (sl)		300 Sekunden
Treibstoff/Oxidator		Kerosin/LOX
1. Stufe		
Triebwerke	7 × YF-100	7 × YF-100
Schub (sl)	7 × 1.200 Kilonewton	7 × 1.200 Kilonewton
Spezifischer Impuls (sl)	300 Sekunden	300 Sekunden
Treibstoff/Oxidator	Kerosin/LOX	Kerosin/LOX
2. Stufe		
Triebwerke	1 × YF-100M	2 × YF-100M
Schub (vac)	1 × 1.340 Kilonewton	2 × 1.340 Kilonewton
Spezifischer Impuls	335 Sekunden	335 Sekunden
Treibstoff/Oxidator	Kerosin/LOX	Kerosin/LOX
3. Stufe		
Triebwerk		3 × YF-75E
Schub (vac)		3 × 78,5 Kilonewton
Spezifischer Impuls		438 Sekunden
Treibstoff/Oxidator		H_2/LOX
Erstflug geplant	2027	2027

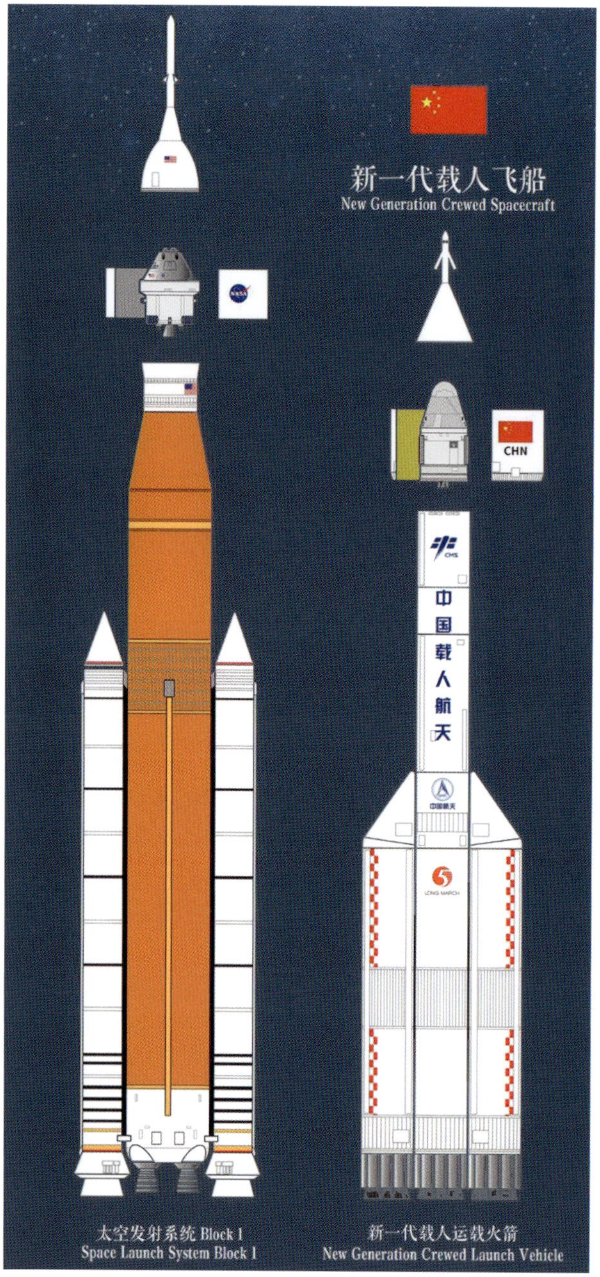

■ Stören Sie sich bei diesem Bild nicht, dass es dem vorherigen Foto nicht exakt ähnlich sieht. Interessant ist hier nur der Größenvergleich zum US Space Launch System, mit dem die Orion-Astronauten zum Mond starten werden. Bei einer bemannten chinesischen Mondlandemission werden jeweils zwei dieser Raketen eingesetzt.

fahrzeuge sein wird, eine Rolle, die man zuvor der Langer Marsch 7 zudachte. Sie wird zukünftig unter dem Namen Langer Marsch 10 firmieren.

Die Langer Marsch 10 wird es in zwei Varianten geben: einmal als zweistufige „single-stick"-Rakete für den Transport von bemannten Raumfahrzeugen und unbemannten Nachschubtransportern für die chinesische Raumstation, und einmal zweieinhalbstufig mit zwei Boostern. Diese Booster sind nichts anderes als drei parallel nebeneinander montierte Zentralstufen. Die mit Boostern ausgestattete Variante wird es wiederum in zwei Versionen geben: Einmal als zweieinhalbstufige Trägerrakete für Nutzlasten bis etwa 50 Tonnen in eine niedrige Erdumlaufbahn, oder eine dreieinhalbstufige Variante für die Mondflüge, die gut 25 Tonnen auf eine translunare Transferbahn bringen kann.

Mit dieser Rakete ist bei einem Doppelflugszenario, und einem Rendezvous von Mondlander und Crew-Kapsel im Mondorbit, eine bemannte Mondlandung mit begrenzten Aktivitäten auf der Mondoberfläche möglich. Die chinesische Raumfahrtagentur hofft, dieses Ziel bis 2030 erreichen zu können.

Die „single-stick"-Version der Langer Marsch 10 wird die Struktur der Langer Marsch 5 mit einem Durchmesser von fünf Metern verwenden. Die von mir vermuteten technischen Werte sehen Sie in der Tabelle. Ein Punkt, den sie nicht enthält, ist der, dass man sich zumindest mittelfristig auch für diese Rakete eine teilweise Wiederverwendbarkeit überlegt. Das würde die maximale Nutzlast für den niedrigen Erdorbit von 18 auf 14 Tonnen senken. Die erste Stufe inklusive der Triebwerke soll dann bis zu 10-mal wiederverwendet werden können.

Einiges an Entwicklungsbedarf ist beim YF-100 Triebwerk notwendig, obwohl dieser Raketenmotor jetzt schon existiert und häufig eingesetzt wird. Für die Langer Marsch 10 muss es aber um etwa zehn Prozent in der Leistung gesteigert werden, und es benötigt die Fähigkeit der Schubregulierung über ein weites Spektrum, um das Triebwerk für Landungen unter Raketenantrieb verwenden zu können.

Nebula 1 und 2

Die Nebula 1 ist eine Rakete für den Bereich der unteren Mittelklasse, die von der Jiangsu Deep Blue Aerospace Technology Co., Ltd., besser bekannt unter der Kurzbezeichnung Deep Blue Aerospace, entwickelt und gebaut wird. Das Unternehmen wurde 2017 gegründet. Die Rakete wird von Anfang an für die teilweise Wiederverwendbarkeit konzipiert.

Viel versprechende Start- und Landetests mit einem Testvehikel mit der Bezeichnung Nebula M1 erfolgten bereits 2022. Dabei erreichte diese Rakete eine Höhe von einem Kilometer und landete danach sicher. Die ersten Testflüge des Orbitalvehikels sollen Ende 2024 erfolgen.

Wie bei so manchem Hersteller in Chinas privater Raumfahrtszene hat die Form der Nebula 1 eine verblüffende Ähnlichkeit mit der Falcon 9 von SpaceX. Genauso ist es mit der Nebula 2, die wie ein etwas zu klein geratener Zwillingsbruder der Falcon Heavy wirkt.

Die Landung der Erststufe soll auf einer Meeresplattform erfolgen, was einen Start von Wenchang aus erfordern würde.

Die Nebula 2, also der Falcon-Heavy-Klon, hat eine Nutzlastkapazität von 14 Tonnen für den niedrigen Erdorbit wenn Booster und Erststufe geborgen werden sollen. Diese Nutzlastkapazität steigt auf 20 Tonnen im Verbrauchsmodus.

Pallas 1 und 2

Pallas-1 ist eine zweistufige mittelschwere Trägerrakete, die eine Nutzlast von fünf Tonnen in eine erdnahe Umlaufbahn in 200 Kilometern Höhe bringen soll, und drei Tonnen in eine sonnensynchrone Erdumlaufbahn in 700 Kilometern Höhe. Entwickelt und hergestellt wird sie von dem chinesischen Privatunternehmen Galactic Energy, das sei-

Typ	Nebula 1
Hersteller	Deep Blue Aerospace
Länge über Nutzlastverkleidung	unbekannt
Durchmesser Basis	3,35 Meter
Startmasse	150 Tonnen
Nutzlast LEO/SSO	2.000/1.000 Kilogramm
Startschub	1.800 Kilonewton
1. Stufe	
Triebwerk	9 × Leiting 20
Schub (sl)	9 × 200 Kilonewton
Treibstoff	Kerosin/LOX
2. Stufe	
Triebwerk	1 × Leiting 20
Schub	1 × 200 Kilonewton
Treibstoff	Kerosin/LOX
Erstflug geplant für	2024

■ Nein, das ist keine Grafik einer verkleinerten SpaceX Falcon 9 sondern die Nebula 1 von Deep Blue Aerospace.

■ Die Nebula 2. Auch sie ein Klon eines SpaceX-Produktes.

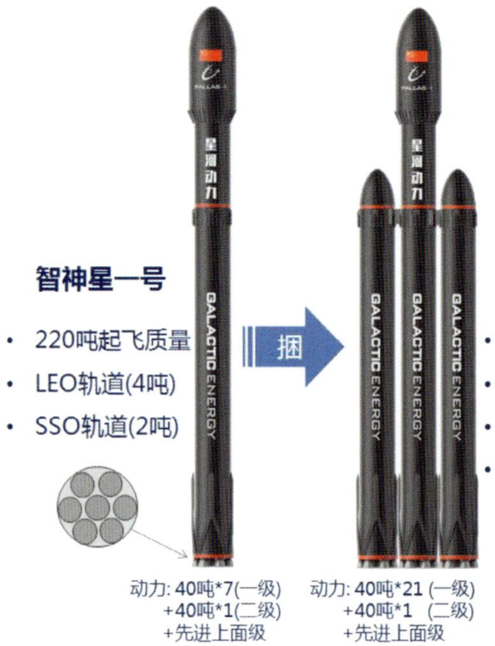

■ Auch bei der Pallas glaubt man Falcon 9 und Falcon Heavy vor Augen zu haben.

Typ	Pallas 1	Pallas 2
Hersteller	Galactic Energy	Galactic Energy
Länge über Nutzlastverkleidung	42 Meter	42 Meter
Durchmesser Basis	3,35 Meter	3,35 × 3 Meter
Startmasse	220 Tonnen	550 Tonnen
Nutzlast LEO/SSO/GTO	4.000/2.000/-	14.000/7.000/5.000
Startschub	2.800 Kilonewton	8.400 Kilonewton
Booster		
Triebwerke		2 × 7 Weikin
Schub		5.600 Kilonewton
Brenndauer		151 Sekunden
Treibstoff/Oxidator		Kerosin/LOX
1. Stufe		
Triebwerke	7 × Weikin	7 × Weikin
Schub	2.800 Kilonewton	2.800 Kilonewton
Brenndauer	151 Sekunden	151 Sekunden
Treibstoff/Oxidator	Kerosin/LOX	Kerosin/LOX
2. Stufe		
Triebwerke	1 × Weikin (vac)	1 × Weikin (vac)
Schub	1 × 500 Kilonewton	1 × 500 Kilonewton
Brenndauer	186 Sekunden	186 Sekunden
Treibstoff/Oxidator	Kerosin/LOX	Kerosin/LOX
Durchmesser	3,35 Meter	3,35 Meter
Geplanter Erstflug	Mitte 2024	2025 - 2026

nen Sitz in Peking hat. Das Unternehmen ist auch Hersteller der Ceres 1-Rakete, die bereits fünf erfolgreiche Missionen durchgeführt hat.

Die Pallas 1 ist für Starts von den Weltraumbahnhöfen Wenchang und Taiyuan vorgesehen, obwohl letzteres Kosmodrom derzeit noch nicht über eine Betankungsmöglichkeit für kryogene Treibstoffe verfügt. Die erste Stufe wird wiederverwendbar ausgelegt.

In der ersten Stufe verwendet die Pallas 1 sieben Triebwerke des Typs Weikin, die jeweils 400 Kilonewton Startschub erbringen.

Pallas 1 und Pallas 2 folgen, wie eine ganze Reihe anderer privat entwickelter chinesischer Raketen, dem Konstruktionsprinzip von SpaceX. Landebeine, Grid Fins, die Form der Nutzlastverkleidung, alles sieht genauso aus. Bei der Pallas 2 wird das Falcon Heavy-Prinzip übernommen, indem einfach drei Pallas 1-Erststufen gebündelt werden, wobei die beiden äußeren Einheiten als Booster dienen.

Die Nutzlastangaben in der Tabelle beziehen sich auf den „Wiederverwendungsmodus“ der Rakete. Im „Verbrauchsmodus“ liegt sie jeweils etwa ein Drittel höher.

Space Epoch

Das zum Zeitpunkt des Redaktionsschlusses für dieses Buch jüngste chinesische Trägerraketenunternehmen, das auf dem Markt erschien, ist Space Epoch. Während sich eine ganze Reihe anderer chinesischer Firmen von der Falcon 9-Trägerrakete von SpaceX inspirieren ließen, geht Space Epoch einen Schritt weiter. Auch Space Epoch orientiert sich zwar an SpaceX, nimmt sich aber dort das Starship zum Vorbild, also gleich die nächste Generation von SpaceX-Trägern. Auf Basis der Starship-Prinzipien will das Unternehmen eine Mini-Version des zukünftigen Raumschiffes von Elon Musk entwickeln.

Die Raketenstruktur, die gleichzeitig den Tank bildet, besteht hier wie da aus rostfreiem Stahl. Der Durchmesser der Space Epoch-Rakete ist allerdings ein deutliches Stück kleiner als sein US-Vorbild. Statt zehn Meter wie bei SpaceX sind es hier – derzeit – 4,2 Meter. Dieser Stahltank wurde für erste Versuche mit einem Lingjun 70-Triebwerk ausgerüstet, das mit Methan und flüssigem Sauerstoff arbeitet und einen Startschub von 690 Kilonewton erbringt. Im Dezember 2022 führte Space Epoch damit einen statischen Brennlauf durch, der offenbar zufriedenstellend verlief.

Aus diesem reinen Prüfstandsmodell, das die Bezeichnung XZH-1 D1 trägt, wird nun eine flugfähige Version mit

■ Das Prüfstandsmodell XZH-1 D1 bei einem statischen Brennlauf im Dezember 2022.

■ Der hier abgebildete kombinierte Triebwerks- und Tanktest fand im Januar 2023 statt.

der Bezeichnung XZH-1 D2 abgeleitet, mit der dann 2023 suborbitale Flugversuche durchgeführt werden sollen.

Der Träger den Space Epoch entwickelt, soll in der Lage sein eine Nutzlast von 6,5 Tonnen auf einen sonnensynchronen Orbit in 1.100 Kilometern Höhe zu bringen, oder etwa 20 Tonnen in einen niedrigen Erdorbit. Sie soll bis zu 20-mal wiederverwendbar sein.

Der Markt, den Space Epoch mit seinem Träger zunächst ansteuert, ist der der Internet-Konstellationen, einem Gebiet, auf dem China große Ambitionen hat und für den tausende von Satelliten in den Orbit transportiert werden sollen. Das Unternehmen sagt aber auch, dass es auf Zukunftsmärkte wie planetaren Punkt-zu-Punkt-Transport, Weltraumtourismus, den Bau von Raumstationen und generell die Erforschung des Weltraums und Asteroidenabwehr abzielt. Dafür fasst man schon jetzt eine vergrößerte Version ins Auge, die in der Lage ist, etwa 100 Tonnen Nutzlast in eine niedrige Erdumlaufbahn zu bringen.

Um eine Spezifikationstabelle zu befüllen sind die Daten momentan noch zu dünn. Immerhin gibt es aber erste Bilder von den Testläufen.

Von Weltraumbahnhöfen, Funkschiffen und Landezonen

In diesem Kapitel beschäftigen wir uns mit wesentlichen infrastrukturellen Notwendigkeiten welche China für die Startvorbereitung, die Startdurchführung, die Überwachung von Starts und ganzen Missionen, und für Landungen aus dem Weltraum benötigt.

Jahr	Jiuquan	Xichang	Taiyuan	Wenchang	Barken	Gesamt
2000	0	4	1	0	0	5
2001	0	1	1	0	0	2
2002	2	0	5	0	0	7
2003	2	3	3	0	0	8
2004	2	3	3	0	0	8
2005	4	1	0	0	0	5
2006	1	3	2	0	0	6
2007	2	6	2	0	0	10
2008	3	4	4	0	0	11
2009	2	2	2	0	0	6
2010	4	8	3	0	0	15
2011	6	9	4	0	0	19
2012	5	9	5	0	0	20
2013	7	3	6	0	0	16
2014	8	2	6	0	0	16
2015	5	9	5	0	0	19
2016	9	7	4	2	0	22
2017	7	7	2	2	0	18
2018	16	16	6	0	0	38
2019	9	13	10	1	1	34
2020	13	13	7	5	1	40
2021	22	16	11	5	0	54
2022	25	16	14	6	3	64

Normalerweise gilt es als wenig lesefreundlich, in einem Buchkapitel gleich mit einer Tabelle loszulegen. Aber die Übersicht links ist außergewöhnlich aussagekräftig, denn sie erzählt nicht nur die Geschichte der chinesischen Orbitalstartplätze in den letzten zwei Jahrzehnten, sondern auch die Geschichte der Raumfahrtentwicklung Chinas generell.

Die Flughistorie der chinesischen Weltraumbahnhöfe ist ein Kurzbericht des Aufstieges von einem nachrangigen, regionalen Raumfahrtzwerg zu einem der beiden Top-Player in der Raumfahrtwelt. Im Jahr 2000, dem Jahr, in dem diese Tabelle beginnt, führte Russland die Startstatistik mit 35 Missionen an, gefolgt von den USA mit 28 und Europa mit 12. China lag nur knapp vor Indien auf Platz 4. Im Jahr darauf war China sogar auf Platz 5 hinter Indien abgerutscht. Nichts sah danach aus, als würde sich hier jemand innerhalb weniger Jahre zum absoluten Global Player entwickeln.

Das Bild hat sich grundlegend geändert. Für 2023, das Jahr in dem dieses Buch entsteht, können wir etwa 80 chinesische Starts erwarten. Um diese Zahl ins rechte Licht zu rücken: Europa, weit zurückgefallen in der Raumfahrt, wird in diesem Jahr wahrscheinlich nur zwei Orbitalstarts absolvieren.

■ Am 24. August 2021 verlässt eine Trägerrakete des Typs Langer Marsch 3B mit dem militärischen Technologie-Erprobungssatelliten TJS-7 die Startanlage 2 am Weltraumbahnhof Xichang.

中国航天

Raumfahrtzentrum Jiuquan

Das Raumfahrtzentrum Jiuquan ist der älteste und größte der vier Weltraumbahnhöfe der Volksrepublik China. Er liegt etwa 200 Kilometer nordöstlich der gleichnamigen Stadt und etwa 200 Kilometer südlich der Grenze zur Mongolei. Peking ist von hier etwa 1.600 Kilometer entfernt.

Die Anlage befindet sich in einer Höhe von etwa 1.000 Meter über dem Meeresspiegel in der Wüste Badain Jaran, die zur Wüste Gobi gehört. Das Klima ist kontinental und regenarm. An etwa 300 Tagen im Jahr sind die Voraussetzungen für Orbitalstarts optimal.

Das Startgelände kann für Orbitalmissionen in Inklinationen zwischen 57 und 70 Grad genutzt werden. Der Flughafen von Jiuquan liegt 75 Kilometer südlich der Einrichtung. Das Kosmodrom Jiuquan verfügt über eine eigene Anbindung ins Eisenbahnnetz. Neben den Raumfahrteinrichtungen gibt es dort auch militärische Anlagen für die Tests von Fernraketen. Auf dem Gelände befindet sich außerdem ein Raumfahrtmuseum und ein „Heldenfriedhof".

Derzeit umfasst die gesamte Anlage eine Fläche von etwa 2.800 Quadratkilometern. Innerhalb des Geländes gibt es eine kleine Stadt mit etwa 20.000 Einwohnern. Dort befinden sich das Kontrollzentrum, Büros, Schulen, Hotels, Sportanlagen, ein Elektrizitätswerk, und ein Wohngebiet, in dem das Personal des Raumfahrtzentrums untergebracht ist. Etwa acht Kilometer westlich dieser Stadt gibt es einen Stausee. Das Gelände wurde Ende der 50er-Jahre von sowjetischen Spezialisten konzipiert. Die Sowjetunion leistete auch umfangreiche technische Hilfe bei der Erstausstattung der Anlage.

Ausschlaggebend für die Ortswahl waren zum einen die Abgeschiedenheit der Einrichtung und die Tatsache, dass sie von den damaligen US-Marschflugkörpern kaum erreicht werden konnte.

Begonnen hatte der Bau der Anlage im Oktober 1958. Am 1. September 1960 hob von hier aus die erste R-2 ab, die nichts anderes war, als eine modifizierte deutsche V2 auf Grundlage sowjetischer Pläne. Es war dies die erste Großrakete die jemals von chinesischem Boden aus startete.

Am 27. Oktober 1966 wurde von hier aus eine DF-2A mit einem nuklearen Dummy-Sprengkopf an der Spitze abgefeuert. Über die Jahre wurde Jiuquan intensiv für Militärzwecke genutzt. Lange Zeit erfolgten alle Testflüge von

■ Blick auf die Rampe 2 der Der Startanlage 4 in Jiuquan. Hier wird im September 2022 gerade eine Langer Marsch 4C mit dem militärischen Aufklärungssatelliten Yaogan 33-02 auf den Start vorbereitet. In der Grafik auf Seite 131 ist die Rampe 2 mit der Nummer 14 gekennzeichnet.

Satellitenstartzentrum Jiuquan

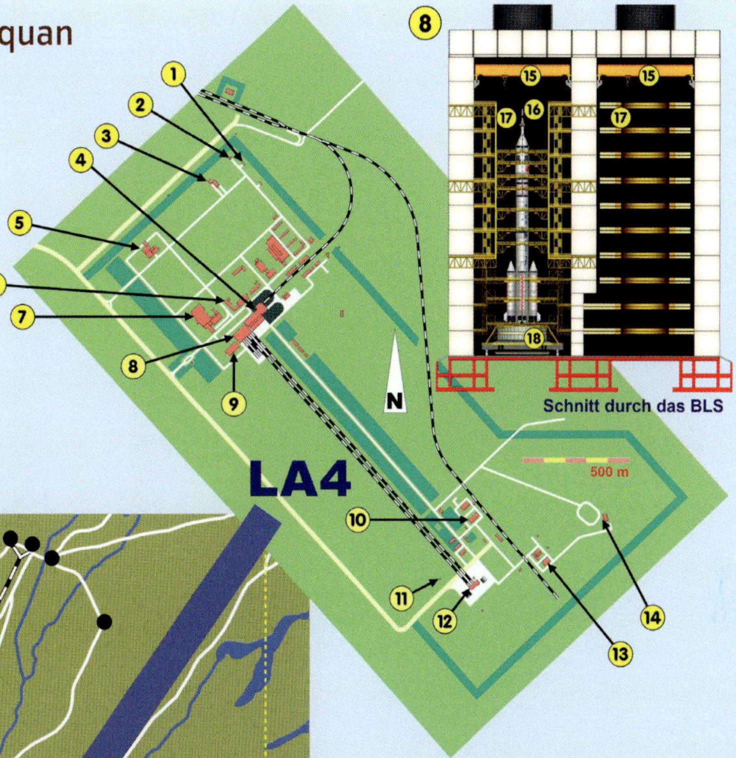

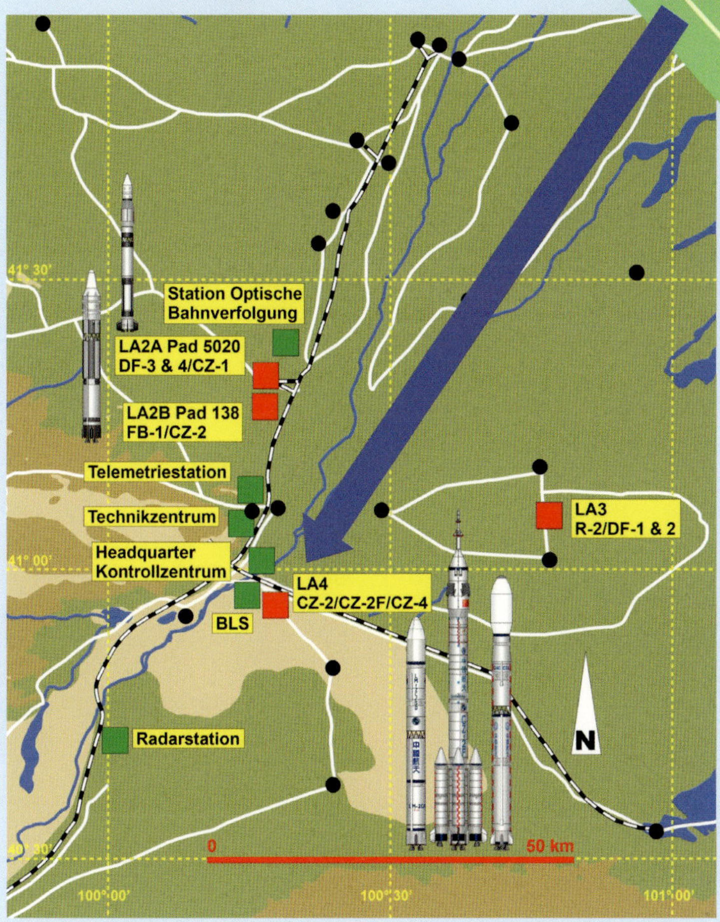

1 Pyrotechnik-Testraum 2 (BP2)
2 Pyrotechnik-Testraum 1 (BP1)
3 Gebäude für Feststoff-antriebe (BM)
4 Horizontaler Träger-Durchlauf (BI1)
5 Gebäude für Gefahrenprozeduren am Raumflugkörper (BS3)
6 Kraftwerk
7 Gebäude für gefahrlose Prozeduren am Raumflugkörper (BS2)
8 Gebäude für Vertikalmontage (BLS)
9 Startkontrollzentrum (LCC)
10 Oxidator-Lagerhaus
11 Bahnverfolgungs-Gebäude
12 Startturm Startplatz 1
13 Treibstoff-Lagerhaus
14 LA 4 / Startplatz 2
15 Krananlage
16 CZ-2F-Rakete
17 Montageplattformen
18 Mobile Startplattform

■ Eine Langer Marsch 2F mit dem Raumschiff Shenzhou 14 an der Spitze wird zum Startturm gefahren.

Kurz- und Mittelstreckenraketen sowie ballistischen Interkontinentalraketen von hier aus. Auch der erste chinesische Erdsatellit, Dong Fang Hong-1 wurde von hier aus am 24. April 1970 gestartet.

Ab 1992 wurde die Startzone 4 (manchmal auch als Anlage 43 oder als das „Südzentrum" bezeichnet) vollständig neu errichtet und 1999 fertiggestellt. Es wurde gebaut, um vor allem den Ansprüchen des bemannten Shenzhou-Programms zu genügen. Von hier aus startete die noch unbemannte Shenzhou 1 am 19. November 1999 und das erste bemannte chinesische Raumschiff, Shenzhou 5, am 15. Oktober 2003. Seither wurden alle Missionen mit Astronauten an Bord von hier aus gestartet.

Das Startareal 4 ist heute der einzige aktive Komplex für Großraketen, die Zonen 2 und 3 (auch als „Nordzentrum" bezeichnet) sind nicht mehr in Betrieb und gelten heute als geschützte historische Anlagen. Zone 3 ist bereits seit den 60er-Jahren nicht mehr aktiv. Von dort aus wurden Versuche mit Kurz- und Mittelstreckenraketen durchgeführt.

Der Startkomplex 2 wurde in den 60er-Jahren gebaut um von hier aus ballistische Mittelstreckenraketen, Interkontinentalraketen und Satelliten zu starten. Er umfasst zwei Startrampen mit den Bezeichnungen 5020 und 138. Die Startrampe 5020 wurde im Dezember 1966 in Dienst gestellt und zum Abschuss der DF-4-Rakete und der „Langer Marsch 1" verwendet. Rampe 158 wurde 1970 in Betrieb genommen, um die Langstreckenrakete DF-5 und die aus ihr abgeleiteten orbitalen Trägerraketen Langer Marsch 2C und Langer Marsch 2D zu starten. Der erste Start fand am 10. September 1971, der letzte am 20. Oktober 1996 statt. Der Startkomplex wurde 1996 deaktiviert und wird seither als Raumfahrt-Themenpark genutzt.

Im neuen Areal 4 befinden sich zwei Startanlagen: die Startrampe 91 (manchmal auch als Startanlage 901 oder einfach als Startplatz 1 bezeichnet) und die Startrampe 94 (auch 9401 oder einfach Startplatz 2 genannt). Startanlage 91 wird für das bemannte chinesische Raumfahrtprogramm und die Starts unbemannter militärischer Mini-Shuttles benutzt. Von dort starten Raketen der Typen 2F, 2F/G und 2F/T. Von der erst 2003 fertig gestellten Startanlage 94, nur wenige hundert Meter entfernt, finden die unbemannten Orbitalflüge mit den Typen Langer Marsch 2C, 2D und 4C statt.

Einige Kilometer außerhalb dieses Bereiches werden heute Starts kleiner feststoffbetriebener Orbitalträger wie

Eine Langer Marsch 2F mit einem experimentellen Tiangong-Modul unter der Nutzlastverkleidung ist auf dem Weg zur Startrampe.

■ Der Start von Shenzhou 14 am 5. Juni 2022.

der Langer Marsch 11, der Kuaizhou, der Zhuque 1, der Ceres oder der Hyperbola 1 durchgeführt. Diese Träger bringen ihre Startvorrichtungen selbst mit, da sie meist von Selbstfahrlafetten aus gestartet werden. Sie nehmen im Raumfahrtzentrum Jiuquan nur die technische und logistische Infrastruktur in Anspruch, wie etwa die Antennen für die Bahnverfolgung oder die Beherbergungsmöglichkeiten mit Appartements und Hotels.

Rund 1,5 Kilometer von den beiden Startrampen der Zone 4 entfernt befindet sich ein großes, zweigeteiltes Montagegebäude, das dem VAB (Vehicle Assembly Building) des Kennedy Space Centers sehr ähnlich sieht, aber mit 81,6 Meter Höhe, 26,8 Meter Breite und 28 Meter Länge deutlich kleiner ist. Das Gebäude dient der vertikalen Montage der LM-2F, 2F/G und 2F/T, wobei darin zwei Raketen gleichzeitig startfertig gemacht werden können.

Ein Novum für die chinesische Raumfahrt ist die mobile Startplattform nach Vorbild der europäischen Ariane-Systeme, welche die Langer Marsch-2F, 2F/G und 2F/T-Trägerraketen auf einem Schienensystem zum Startplatz befördert. Das 25 Tonnen schwere Fahrzeug mit Abmessungen von 24,4 × 21,7 × 8,4 Meter legt dabei 28 Meter in der Minute zurück. Zuvor wurden die chinesischen Träger stets am Startort selbst montiert, was bei den Trägern, die von der benachbarten Startrampe 91 aus starten, weiterhin der Fall ist.

Raumfahrtzentrum Xichang

Von den drei chinesischen Inlandsstartzentren ist das Raumfahrtzentrum Xichang am weitesten von den Landesgrenzen entfernt. Es befindet sich bei 28,2 Grad nördlicher Breite und 102,0 Grad östlicher Länge. Die offizielle Bezeichnung des Startzentrums lautet: Xichang Satellite Launch Centre (XSLC). Es liegt in der Provinz Sichuan, in Südost-China.

Von hier sind es 64 Kilometer bis zur namensgebenden Stadt Xichang, wo sich auch das Missionskontrollzentrum für diesen Weltraumbahnhof befindet. Der nächstgelegene Großflughafen ist 50 Kilometer entfernt. Er ist mit einer 3.600 Meter langen Start- und Landebahn ausgestattet, auf dem auch die größten Transportflugzeugtypen wie die Boeing 747 oder die Antonow An-124 landen können. Der Flughafen hat eine direkte Gleisanbindung zum Kosmodrom.

Der Ursprung dieser eigenartigen Lage geht darauf zurück, dass in den späten 60er Jahren, zu einer Zeit erheblicher Spannungen mit der Sowjetunion, der chinesische Staatsrat beschloss, eine Abschussbasis für strategische Lenkwaffen geschützt und möglichst weit von der sowjetischen Grenze entfernt zu etablieren. Generell herrschte damals in China die Devise, militärische Einrichtungen über das ganze Land zu verstreuen.

Die Einrichtung des Weltraumbahnhofs in einem engen Talkessel war bereits damals umstritten. Das Startzentrum liegt in einer Senke umgeben von 1.500 Meter hohen Bergen. Das Gebiet ist erdbebengefährdet und der nutzbare Startwinkel ist mit 28-36 Grad zum Äquator obendrein recht klein. Problematisch ist vor allem das Auftreten starker Scherwinde, wenn die Rakete das Tal verlässt und den freien Luftraum erreicht.

Mit der Errichtung der Startrampe 1 wurde 1972 begonnen. Sie war für das bemannte Programm Shuguang vorgesehen, das aber 1975 eingestellt wurde. Damit wurde auch die Rampe nicht benötigt, und damit blieb sie unvollendet. Sie wird heute als Aussichtsplattform genutzt.

So erfolgte der erste Orbitalstart Xichangs im Januar 1984 von der Startrampe 3 aus, die als erste fertiggestellt wurde. 2005 wurde diese Rampe demontiert und bis

■ Ein schöner Rundblick über das Raumfahrtzentrum Xichang.

Satellitenstartzentrum Xichang

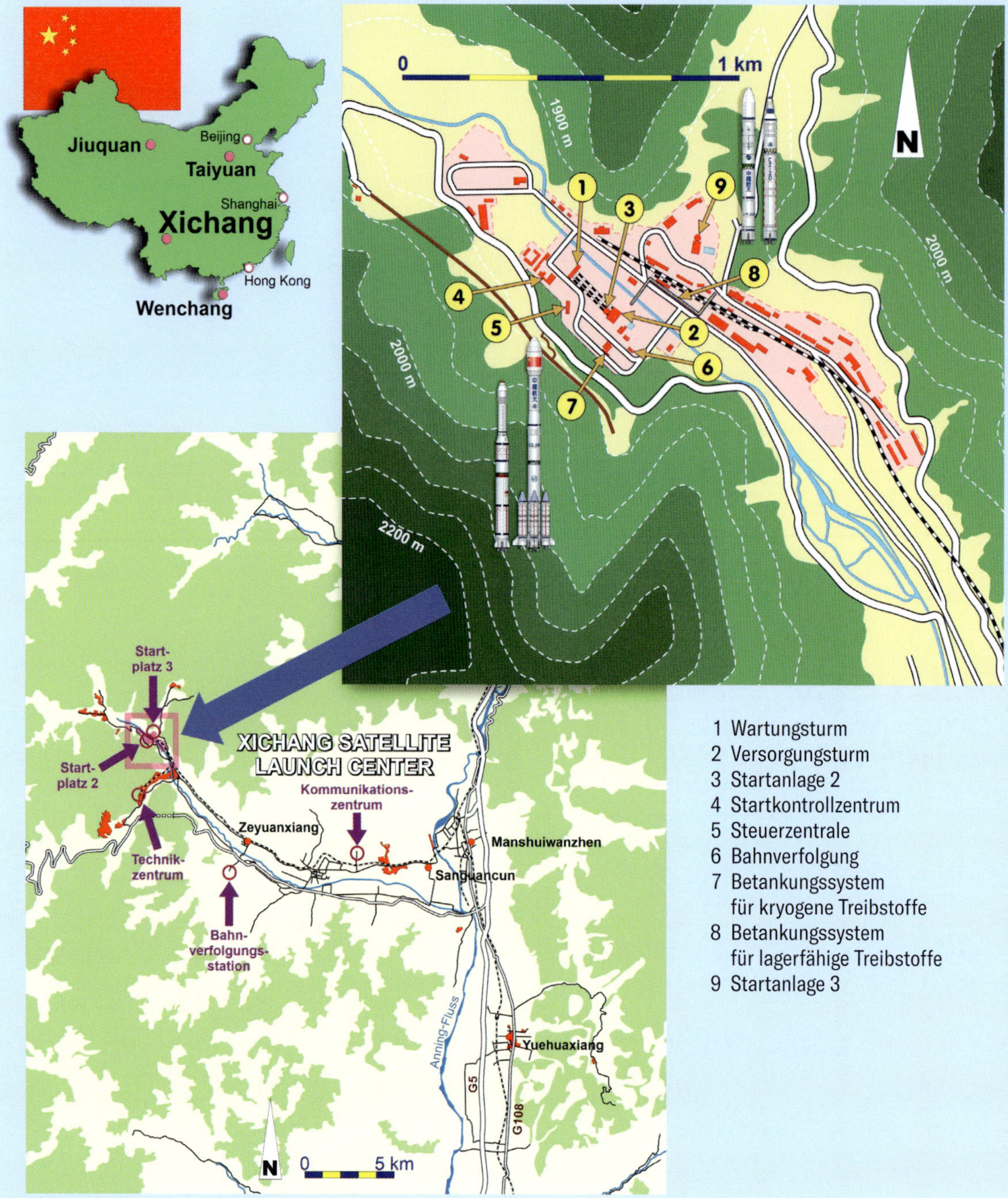

1 Wartungsturm
2 Versorgungsturm
3 Startanlage 2
4 Startkontrollzentrum
5 Steuerzentrale
6 Bahnverfolgung
7 Betankungssystem für kryogene Treibstoffe
8 Betankungssystem für lagerfähige Treibstoffe
9 Startanlage 3

2007 vollständig modernisiert wiederaufgebaut. Am 12. April 2007 fand von hier aus die erste Mission statt. Im Jahre 2013 wurde sie erneut abgebaut und bis 2015 neu errichtet.

In den Jahren 1989 und 1990 wurde zwei Kilometer von der Rampe 1 entfernt die Startrampe 2 errichtet. Sie wurde eigens für kommerzielle Starts unter Hinzuziehung von US-Spezialisten erbaut. Der erste Start von dieser Anlage erfolgte am 7. April 1990. Sie wird heute vor allem für die Starts der Langer Marsch 3B verwendet.

Das Raumfahrtzentrum Xichang ist – Stand 2023 – Chinas wichtigstes Startgelände für geostationäre Nutzlasten, für die Einheiten des Beidou-Systems und alle Satelliten, die auf niedrige Erdumlaufbahnen mit geringer Inklination befördert werden. Es ist, nach Jiuquan, der am zweithäufigsten genutzte Startort Chinas. Von dort aus wurden die meisten der chinesischen Mondsonden auf den Weg gebracht und auch internationale Vorhaben, wie das gemeinsam mit der ESA durchgeführte Vorhaben „Double Star", nahm hier seinen Anfang.

■ Eine Langer Marsch 3B wartet im milden Morgenlicht auf den Start.

Xichang hat neben der Kessellage noch einen weiteren ganz entscheidenden Nachteil: Anders als Jiuquan, das in der menschenleeren südlichen Gobi angesiedelt ist, und Taiyuan wo die Fallwege zurückkehrender Stufen ebenfalls in eher mäßig besiedelten Gegenden liegen, befindet sich Xichang in einer dicht bevölkerten Region. Es handelt sich hier um eine alte Kulturlandschaft mit vielen kleinen Dörfern und Einzelgehöften. Die örtliche Bevölkerung lebt bis in die unmittelbare Nähe der Startanlagen.

In den 90er-Jahren kam es am Kosmodrom Xichang zu drei Unfällen, die alle auf seine ungewöhnliche Lage zurückzuführen sind. Zwei davon endeten mit vielen Toten und Verletzten.

Am 21. Dezember 1992 kam eine Langer Marsch 2E mit den vorherrschenden Scherwinden nicht zurecht. Die Kombination der starken Vibrationswerte dieses Raketen-

■ Am 18. Juni 2021 startete diese Langer Marsch 2C mit drei militärischen Aufklärungssatelliten der Yaogan 30-Serie von der Startanlage 3 des Raumfahrtzentrums Xichang.

■ Auch diese Langer Marsch 3B benutzt die Startanlage 3 des Raumfahrtzentrums Xichang. Links davon die Startanlage 2.

typs mit den harten Steuerkorrekturen beim Verlassen des Tals führte dazu, dass die Nutzlastverkleidung abgeworfen wurde. Der Satellit erreichte dennoch die Umlaufbahn, und setzte den völlig zerstörten (australischen) Kommunikationssatelliten ab.

Die größte Katastrophe ereignete sich mit einer Langer Marsch 2E am 26. Januar 1995. Damals kam die Rakete, nachdem sie den Talkessel verlassen hatte, vom Kurs ab und explodierte 50 Sekunden nach dem Abheben. Die Trümmer fielen auf ein Dorf in der Nähe des Raumfahrtzentrums. Es gab eine nicht genau bekannte Anzahl von Toten unter der Zivilbevölkerung, aber man spricht heute von 21 Toten.

Bei einem weiteren Unfall am 15. Februar 1996 versagte beim Jungfernflug der Langer Marsch 3B die Trägheitssteuerung. Die Rakete vollführte unmittelbar nach dem Abheben einen Bogen und explodierte an einem Berghang unweit des Haupttores der Anlage, nur etwa zwei Kilometer von der Startrampe entfernt. Sechs Menschen wurden getötet, 57 verletzt.

Seither läuft der Betrieb in Xichang aber sicher und ohne größere Unfälle.

Zum Zeitpunkt an dem dieses Buch entsteht (15. Juni 2023) sind zwei Startanlagen für Raketen der Mittelklasse in Betrieb: Startkomplex 2 von dem aus die Starts der Langer Marsch 3A, 3B und 3C-Raketen abgewickelt wird, und Startkomplex 3, von dem aus die Langer Marsch-Typen 2C, 2D, 3A und 3B starten.

Darüber hinaus werden von Xichang aus auch Missionen kleiner Satellitenträger durchgeführt, die keine aufwendige Startinfrastruktur brauchen, sondern von Selbstfahrlafetten aus gestartet werden können. Dies betrifft Starts der zivilen Typen Langer Marsch 11 und der Kuaizhou-1A. Das Startgelände für diese kleinen Satellitenträger wird als „Fläche 4“ bezeichnet.

Militärisch wurde das Gelände noch bis in die 2000er-Jahre genutzt, um Lenkwaffenversuche durchzuführen, der letzte bei einem Test für das chinesische Antisatelliten-System im Jahre 2007.

Interessant ist, dass das deutlich größere und rund 2.000 Kilometer entfernte Kosmodrom Wenchang organisatorisch zum Startplatz Xichang gehört.

Raumfahrtzentrum Taiyuan

Das Taiyuan Satellite Launch Center (TSLC) liegt auf 38,5 Grad nördlicher Breite und 115,0 Grad östlicher Länge im Bezirk Kelan im Norden der Provinz Shanxi und etwa 280 Kilometer von der 2,2 Millionen-Einwohnerstadt Taiyuan entfernt, deren Namen es trägt. Die Anlage war lange Zeit durch einen vorwiegend militärischen Charakter geprägt. Sie wurde im Jahre 1966 gegründet und ist seit 1968 im Betrieb. In den darauf folgenden 20 Jahren erfolgten von hier aus etwa 70 Teststarts von Kurz-, Mittel- und Langstreckenraketen. Der erste Orbitalstart von dieser Anlage erfolgte am 6. September 1988 mit dem Wettersatelliten Fengyun 1A.

Taiyuan befindet sich über 1.500 Meter über dem Meeresspiegel. Es ist damit der höchstgelegene Weltraumbahnhof für Orbitalstarts weltweit. Das trockene Klima in der Region macht es zur idealen Startstelle. Das Zentrum ist im Osten, Süden und Norden von Bergen umgeben, im Westen befindet sich der Gelbe Fluss. Das jährliche Temperaturmittel ist recht niedrig, es liegt bei etwa fünf Grad, mit etwa 28 Grad im Sommer und bis zu minus 40 Grad im Winter.

Taiyuan verfügt derzeit (Status Juni 2023) über drei aktive Startanlagen. Dies sind der Startkomplex 9 für Starts der Langer Marsch 2C, 2D, 4B und 4C, der seit Oktober 2008 in Betrieb ist. Startkomplex 9A ist für die Starts der Langer Marsch 6A vorgesehen und wird seit März 2022 benutzt, und Startkomplex 16, von wo aus im September 2016 die erste Orbitalmission begann und der vorläufig für die Langer Marsch 6 bestimmt ist. Eine weitere Anlage, die Startrampe 7, ist seit April 2009 stillgelegt.

Außerdem sind von Taiyuan aus auch Lafettenstarts von Kleinträgern wie etwa der Kuaizhou-1A möglich, die keine große Startinfrastruktur benötigen.

■ Eine Langer Marsch 4B hebt am Weltraumbahnhof Taiyuan ab.

Satellitenstartzentrum Taiyuan

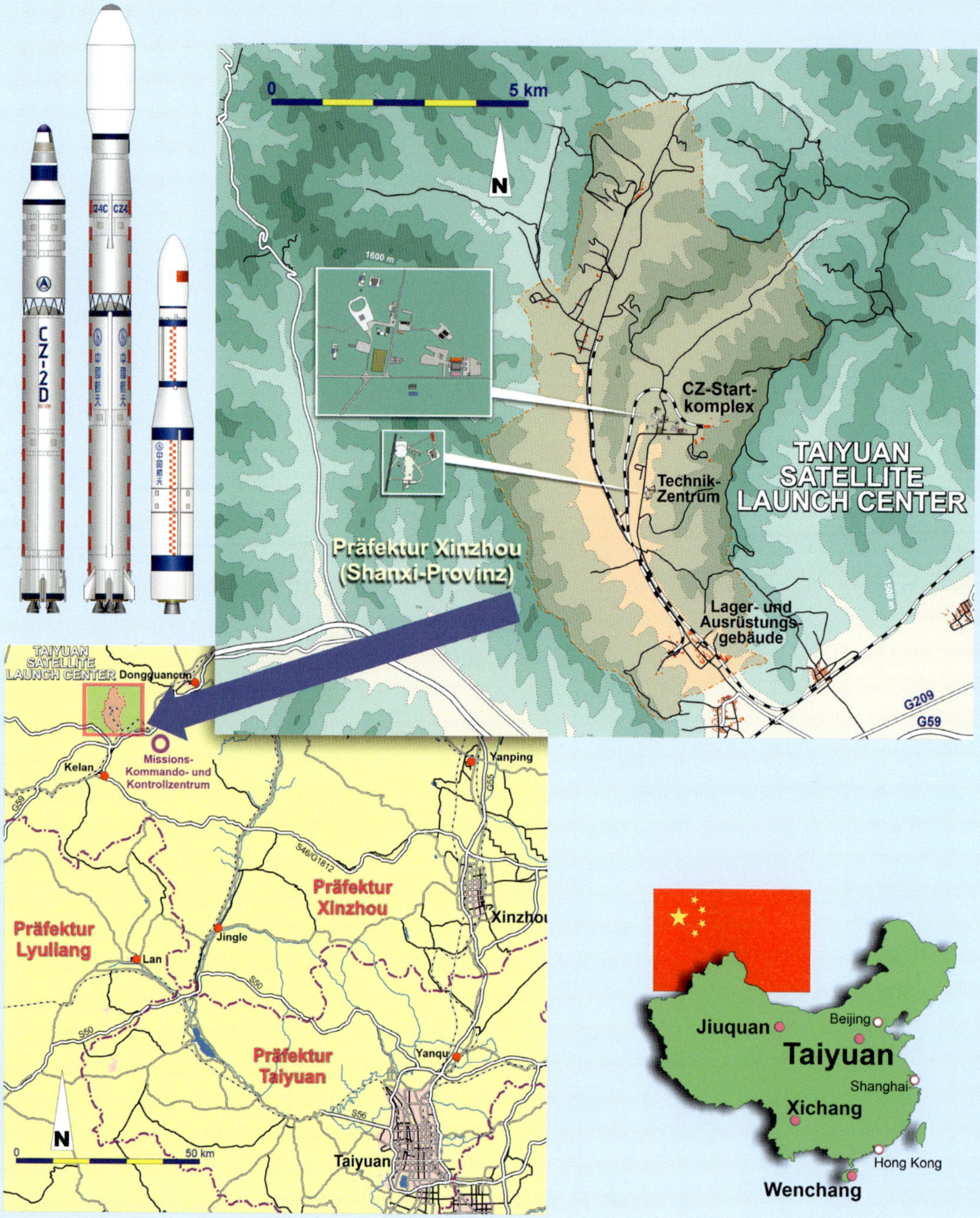

■ Diese Langer Marsch 4B hat offiziell den Erdbeobachtungssatelliten Gaofen-11-04 für Chinas CHEOS-Programm an Bord. Inoffiziell deutet es allerdings eher auf Jianbing 16 hin. In diesem Fall wäre es ein militärischer Spionagesatellit.

Es gibt außerdem einen technischen Bereich, in dem Raketen und Nutzlasten auf den Start vorbereitet werden, ein Kommando- und Kontrollzentrum und eine Bahnverfolgungsanlage. Die Raketen werden mit der Bahn angeliefert und an einem Bahnhof südlich der Anlage entladen. Dann werden sie auf der Straße zum technischen Bereich transportiert und dort geprüft. Satelliten werden mit dem Flugzeug zum Flughafen der Stadt Taiyuan transportiert, und dann auf der Straße zum Startplatz gebracht.

Zwischen 1988 und 1990 wurden von Taiyuan mit der Langer Marsch 4A Wettersatelliten der Fengyun-Serie in einen polaren Orbit geschickt. Danach war der Startplatz einige Jahre nicht mehr für Orbitalstarts in Betrieb, bis die CALT (China Academy of Launch Vehicle Technology) den Auftrag für den Start der Iridium-Kommunikationssatelliten-Konstellation bekam. Dafür wurden 1997 und 1998 sechs Starts mit der Langer Marsch 2C/SD durchgeführt.

In der Folge wurde der Start von Trägerraketen der Typen Langer Marsch 4A und 4B wieder aufgenommen. Chinas erster Marine-Überwachungssatellit, HY-1A, startete von hier am 15. Mai 2002, der Erdbeobachtungssatellit CBERS, der in Zusammenarbeit mit Brasilien gebaut worden war, startete von hier ebenso wie das zweite Raumfahrzeug des Chinesisch-Europäischen Vorhabens „Doublestar“.

Danach lag die Startfrequenz in Taiyuan über einen Zeitraum von 20 Jahren bei zwei bis vier Starts jährlich, hat aber in der jüngeren Vergangenheit sehr stark zugelegt. Im Jahre 2022 wurden von hier aus 14 Raumfahrtmissionen unternommen. Damit lag Taiyuan weltweit an fünfter Stelle, mit einer mehr als doppelt so hohen Anzahl an Starts wie der europäische Weltraumbahnhof Kourou.

■ Das Logo der Langer Marsch 2D-Mission vom 15. Januar 2023 nimmt mehrfach Bezug auf ihren Startort Taiyuan. Zum einen haben wir da das Kürzel TSLC, das für Taiyuan Space Launch Center steht, dann die Zahl 2023.01, was für den ersten Start des Jahres 2023 von Taiyuan aus steht, und schließlich den Drachen in der rechten Bildhälfte, der von Taiyuan aus in den Himmel steigt.

Raumfahrtzentrum Wenchang

■ Eine Langer Marsch 7 mit dem Nachschubraumschiff Tianzhou 3 für die chinesische Raumstation wird zur Startanlage 201 transportiert.

Das Raumfahrtzentrum Wenchang im Nordosten der Insel Hainan ist der südlichste der vier chinesischen Weltraumbahnhöfe. Es liegt auf nur 19 Grad nördlicher Breite und damit in den Subtropen. Dieses Gelände ist ausschließlich für Starts der neuen Generation von Trägerraketen und Raumfahrzeugen bestimmt. Organisatorisch gehört Wenchang zum Raumfahrtzentrum Xichang.

Standortmäßig ist Wenchang das mit weitem Abstand am besten für Orbitalstarts geeignete der vier chinesischen Raumfahrzentren. An diesem Standort kann bei genau östlichen Starts wesentlich mehr vom „Schleudereffekt“ der Erdrotation mitgenommen werden, als bei den weiter nördlich gelegenen Startorten. Auch der verfügbare Azimuth ist hier von allen vier Standorten am Größten. Zusätzlich erfolgen die Starts in Richtung Meer, so dass ausgebrannte Raketenstufen gefahrlos zur Erde zurückfallen können. Der Startort ist für die Versorgung der chinesischen Raumstation genauso gut geeignet wie für Einschüsse in eine geostationäre Transferbahn oder Flüge in den sonnensynchronen polaren Erdorbit.

Die Startfrequenzen in Wenchang sind momentan noch moderat. Es sind derzeit nicht mehr als etwa sechs bis acht Starts jährlich. Doch soll das schon in wenigen Jahren auf 20 bis 30 Missionen pro Jahr steigen.

Hier sind auch Starts mit Raketen möglich, deren Durchmesser über 3,35 Metern liegt. Dieser Begrenzung unterliegen die drei klassischen Startorte, vor allem wenn diese Raketenstufen mit der Bahn transportiert werden. Anders als die anderen Startzentren verfügt Wenchang auch über einen Seehafen, an dem die großen Komponenten der neuen Trägerraketengeneration angelandet werden können. In den Inlandsanlagen können Raketensegmente nur mittels Schienentransport angeliefert werden, was für Träger der Typen Langer Marsch 5, 9 und 10 nicht möglich ist.

Vom Kosmodrom Wenchang werden geostationäre Satelliten, Raumsonden und Raumstationsmodule in den Orbit befördert. Mittelfristig werden von hier aus auch bemannte Missionen durchgeführt, vor allem mit Beginn des bemannten Mondprogramms.

Die Grundsteinlegung für das neue Kosmodrom erfolgte am 14. September 2009. Der erste Start von der neuen Anlage fand am 25. Juni 2016 mit dem Erstflug der Langer

Satellitenstartzentrum Wenchang

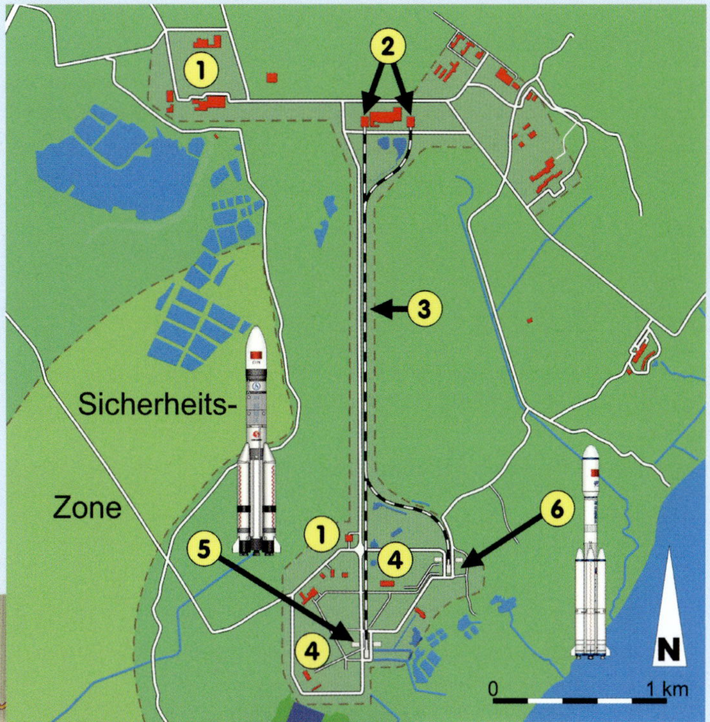

1 Lagergebäude
2 Vertikalmontage-Gebäude
3 Schienenweg von den Vertikalmontage-Gebäuden zum Startplatz
4 Flüssigsauerstoff- und Treibstofftanks
5 Startanlage CZ-5
6 Startanlage CZ-7

■ Dass sich der Startplatz Wenchang in den Subtropen befindet ist auf diesem Bild gut zu erkennen.

Marsch 7 statt. Der erste Start einer Langer Marsch 5 erfolgte hier am 3. November 2016.

Raketen und große Raumfahrzeug-Komponenten können mit zwei Spezialschiffen mit einer Raumzahl von jeweils 9.000 zum Startplatz gebracht werden. Diese beiden Schiffe heißen *Yuanwang 21* und *22*. Ihr Anlande-Hafen befindet sich im nahe gelegenen Quinglan. Von dort werden die Komponenten auf einer Spezialstraße zum technischen Bereich des Spaceports gebracht.

Das Kosmodrom Wenchang ist vorläufig auf die Trägerraketen der Typen Langer Marsch 5, 7 und 8 beschränkt. Langfristig wird sie auch die Langer Marsch 9 und 10 aufnehmen, Chinas zukünftige Großraketen für Schwerlast-Transporte wie etwa die Komponenten für Chinas zukünftige weltraumbasierte Solarkraftwerke.

Am südlichen Ende des derzeitigen Geländes gibt es zwei einige hundert Meter voneinander getrennte Startrampen: die Rampe 101 für die Langer Marsch 5 und die

■ Eine Langer Marsch 7 wird mit der mobilen Startplattform zur Rampe 201 transportiert.

Anlage 201 für die Langer Marsch 7 und Langer Marsch 8. Jede der beiden Startanlagen ist von vier jeweils 120 Meter hohen Metallgittertürmen umgeben, die als Blitzableiter fungieren. Eine dritte Startanlage für die Langer Marsch 9 ist derzeit in der Planung.

Diese beiden Startanlagen sind durch einen knapp drei Kilometer langen Schienenweg von zwei Montagegebäuden getrennt. Sie tragen die Bezeichnung 502 (für die Langer Marsch 7) und 501 für die Langer Marsch 5. Sie sind 99,4 und 96,4 Meter hoch. Diese beiden Gebäude sind durch einen flacheren Bau miteinander verbunden. Dieser Verbindungsbau ist das „Launch Vehicle Horizontal Checkout Building", in dem die Komponenten der Trägerraketen in Empfang genommen und geprüft werden, bevor sie dann in einem der beiden großen Montagegebäude (Vehicle Assembly Building oder kurz: VAB) zusammengesetzt werden.

Nicht weit davon entfernt befinden sich auch Technik-Gebäude in denen die Nutzlasten überprüft, betankt und für den Start vorbereitet werden. Außerdem gibt es im Startzentrum auch ein Kraftwerk.

■ Der Start des Raumstationsmoduls Wentian erfolgte am 22. Juli 2022 mit einer Langer Marsch 5 von der Startanlage 101.

Im Bau befindet sich derzeit ein großes kommerzielles Startzentrum südlich der bisherigen Anlagen. Von hier aus sollen private Startanbieter ihre Raketen starten können.

In ihren jeweiligen Montagegebäuden werden die Raketen auf einen 1.800 Tonnen schweren, fahrbaren Starttisch montiert und kurz vor dem Start mit dieser „Mobile Launcher Platform" (MLP) aus dem Gebäude zu den 2,8 Kilometer entfernten Startrampen hinausgefahren. Die Schienen, auf denen sich das Fahrzeug bewegt, haben eine Spurweite von 20 Meter.

Zur Überwachung der Starts verfügt der Weltraumbahnhof über ein eigenes Kontrollzentrum. Für die Endmontage der Nutzlasten und ihre Integration in die Nutzlastverkleidung gibt es neben dem Werkstattgebäude noch weitere Anlagen in denen die Satelliten und gegebenenfalls die Kickstufen der Trägerraketen betankt werden können.

Schiffe für Chinas Raumfahrt

China verfügt, ähnlich wie andere große Raumfahrtnationen auch, über eine „Raumfahrtmarine". Die beinhaltet sehr unterschiedliche Schiffstypen für sehr unterschiedliche Zwecke. Im Westen findet man häufig nur eine Kategorie, nämlich die der Frachtschiffe. Sie bringen Komponenten zu den Startorten, die weder auf der Straße noch in der Luft transportiert werden können. Schiffe dieser Art unterhalten die NASA, die United Launch Alliance und die europäische Arianespace.

Eine Ausnahme ist wie immer die „private Raumfahrtgroßmacht" SpaceX, die ein ganzes Sammelsurium unterschiedlichster Schiffstypen betreibt. Angefangen vom (angemieteten) Frachter, das Starship-Bauteile von Boca Chica zum Kennedy Space Center bringt, über unbemannte Barken für die Landungen der Falcon 9-Raketen, Spezialschiffen für die Bergung bemannter und unbemannter Raumschiffe, die von Orbitalmissionen kommen bis hin zu Mehrzweckschiffen für alles übrige, wie die *Doug* oder *Megan*, die manchmal als Schlepper für die Barken eingesetzt werden, manchmal als Versorgungsschiffe im Einsatz sind und manchmal als Bergungsschiffe für Nutzlastverkleidungen.

Wenn wir über die chinesische „Raumfahrtmarine" sprechen, dann geht es dabei um drei Kategorien: Zum einen eine Flotte von derzeit vier aktiven Bahnverfolgungsschiffen, dann die Transportschiffe für die Überführung von Raketen von den Fertigungsstätten zum Startplatz Wenchang und schließlich um Startbarken, von denen aus Raketen in den Orbit starten. Bei ihnen handelt sich nicht um Schiffe im klassischen Sinne, denn sie werden von Schleppern zum Einsatzort gezogen.

Die Bahnverfolgungsschiffe und die Transporter tragen alle den gleichen Namen mit jeweils einer Zählnummer dahinter. Sie werden als „Yuan Wang" bezeichnet, was man in etwa mit „Weite Sicht" übersetzen könnte. Für die Durchführung von Starts gibt es aktuell (15. März 2023) drei verschiedene Barken: Die *Tai Rui*, die *De Fu 15002* und die *De Bo 3*.

Schiffe für Bahnverfolgung und Telemetrie

Die Schiffe für die Bahnverfolgung, das Empfangen von Telemetriedaten und das Senden von Steuersignalen an Raumfahrzeuge werden von den „Strategischen Unterstützungskräften" der Nationalen Volksarmee betrieben. Diese Schiffe werden nicht nur für zivile Vorhaben sondern auch für militärische Zwecke verwendet, beispielsweise um Flugdaten von Interkontinentalraketen bei Übungseinsätzen zu empfangen oder deren Bahnen genau zu vermessen. Manchmal werden sie auch eingesetzt, um Raumfahrzeuge oder Teile davon zu bergen. Ihr weithin sichtbares Kennzeichen sind die riesigen Antennenanlagen.

Diese Schiffe sind zwar annähernd gleich groß, und sind sich auf den ersten Blick auch optisch sehr ähnlich, sie repräsentieren aber nicht eine Flotte von Fahrzeugen mit identischem Design. Vielmehr handelt sich dabei um unterschiedliche Schiffstypen, die denselben Namen tragen und allesamt ein ähnliches Aufgabenspektrum erfüllen.

Von diesen Bahnverfolgungsschiffen existierten insgesamt sieben Einheiten. Sie waren von *Yuan Wang 1* bis *Yu-*

■ Die Barke *Be Do 3* nimmt hier gerade eine Kleinträgerrakete des Typs Langer Marsch 11H an Bord. Wenige Tage später wird sie neun Kleinsatelliten der Gaofen-03-Serie in den Orbit transportieren.

an Wang 7 durchnummeriert. Drei von ihnen befinden sich aber nicht mehr im Dienst. Die Einheiten *Yuan Wang 3*, *5*, *6* und *7* sind weiterhin aktiv. Sie können zwischen drei und vier Monate ohne Nachschub auf See bleiben und verfügen jeweils über mehrere hundert Besatzungsmitglieder. Das bislang jüngste Schiff dieser Reihe, die *Yuan Wang 7*, wurde am 19. Juli 2016 offiziell in Dienst gestellt.

Die Schiffe sind verhältnismäßig groß. Ihre Länge liegt zwischen 210 und 240 Metern und ihre Bruttoraumzahl liegt bei über 50.000. Bahnüberwachungsschiffe, das nur nebenbei, existierten und existieren auch in der Sowjetunion und in Russland. Diese Schiffe wie die *Juri Gagarin*, die *Kosmonaut Wladimir Komarow* und die *Marschall Krylow* erlangten einige Berühmtheit. Insgesamt verfügte die Sowjetunion zu ihren besten Zeiten über zehn solcher Schiffe. Und natürlich gab es sie auch in den USA vor der Zeit, als zivile und militärische Datenrelaysatelliten diese Aufgabe übernahmen.

Die *Yuan Wang 1* wurde im Jahre 1977 in Dienst gestellt, *Yuan Wang 2* im Jahre 1978. Beide sind aber inzwischen aus dem Dienst genommen. Ein sehr abenteuerliches Schicksal war der *Yuan Wang 4* beschieden. Bei ihr handelte es sich nicht um ein von vorneherein als Tracking- und Datarelay-Zwecke konzipiertes Schiff. Ihre ersten 20 Lebensjahre hatte sie im Dienst der Meeresforschung verbracht. Von daher verfügte sie auch über einen Helipad für schwere Hub-

■ Das Bahnverfolgungsschiff *Yuan Wang 6* liegt hier im Hafen von Papeete auf der Insel Tahiti.

■ *Yuan Wang 21* und *22* in der Werft.

■ Ein Yuan Wang-Schiff wird mit in Containern verpackten Raketenkomponenten beladen.

schrauber. Nach ihrem Dienst als Marineforschungsschiff wurde sie 1998 umgebaut und kam ab 1999 als Bahnverfolgungsschiff zum Einsatz.

Am 5. August 2007 wurde die *Yuan Wang 4* in einen Unfall mit einem Kohlefrachter verwickelt, in dessen Folge sie vollständig ausbrannte. Glücklicherweise gab es weder Tote noch Verletzte. Danach war sie aber praktisch ein Totalverlust, zumindest was ihren ursprünglichen Zweck betraf. Man fand aber trotzdem noch eine Verwendung für sie, und baute sie zum Zieldarstellungsschiff um. Im zweiten Halbjahr 2010 wurde sie von einer DF-21 Mittelstreckenrakete zerstört. Mit ihr hatte China einen Test vorgenommen, um festzustellen ob dieser Raketentyp gegen US-Flugzeugträger eingesetzt werden könnte. Über den Ausgang des Tests ist – zumindest offiziell – nichts bekannt. Das spurlose Verschwinden der *Yuan Wang 4* deutet aber darauf hin, dass der Versuch erfolgreich war.

Mit der Errichtung eines eigenen chinesischen orbitgestützten Datenrelay- und Trackingsystems auf Basis der Tianlian-Satelliten hat die Bedeutung dieser Schiffe in letzter Zeit etwas abgenommen. Lange Zeit aber stellten sie eine absolute Notwendigkeit dar, wollte China mit seinen Raumfahrzeugen auch dann Kontakt halten, wenn sie sich außerhalb der Funkreichweite des Landes aufhielten.

Transportschiffe

Trotz gleichen Namens wie die Bahnverfolgungsschiffe stellen die Seetransporter der Yuan Wang-Reihe eine vollständig andere Schiffskategorie dar. Es gibt derzeit zwei Einheiten davon. Sie tragen die Namen *Yuan Wang 21* und *22*.

Bei ihnen handelt sich um klassische Transportschiffe. Ihre Hauptaufgabe besteht derzeit darin, die großen Komponenten der Trägerraketen des Typs Langer Marsch 5 und Langer Marsch 7 vom Herstellerwerk zum Startzentrum Wenchang zu transportieren. Sie sind also auf küstennahen und relativ kurzen Routen unterwegs.

Yuan Wang 21 und *22* haben jeweils eine Brutto-Raumzahl von 9.100. Sie sind 130 Meter lang, 19 Meter breit und haben einen Tiefgang von 5,8 Metern. Ihr Anlande-Hafen befindet sich in Quinglan, ganz in der Nähe des Kosmodroms Wenchang. Von dort werden die Komponenten, die sie auf dem Seeweg gebracht haben, auf einer eigens für diesen Zweck gebaut überbreiten Spezialstraße zum technischen Bereich des Spaceports transportiert.

Die *Yuan Wang 21* wurde am 6. März 2013 in Dienst gestellt, *Yuan Wang 22* am 28. Juni desselben Jahres. Konstruiert wurden die beiden Schiffe von der China Southern Shipbuilding Ltd., gebaut wurden sie von der Jiangnan Shipyards Ltd.

Die Auslastung der beiden Schiffe scheint im Zusammenhang mit der steigenden Startkadenz des Kosmodroms in Wenchang zuzunehmen. Eine chinesische Publikation berichtete im November 2022, dass *Yuan Wang 21* an 95 aufeinanderfolgenden Tagen im Einsatz war. Das Kosmodrom Wenchang kann vorläufig nur Starts von Trägerraketen der Typen Langer Marsch 5, 7 und 8 durchführen. Langfristig werden von hier aber auch die Langer Marsch 9 und 10 gestartet. Sie sind Chinas zukünftige Großraketen für Schwerlast-Transporte in den Erdorbit und zum Mond, und die Träger für bemannte Einsätze mit dem Raumschiff der nächsten Generation. Insofern ist Bedarf für weitere Transportschiffe in der Art von *Yuan Wang 21* und *22* gegeben.

Schwimmende Startrampen

China verfügt derzeit über vier „Weltraumbahnhöfe". Das scheint recht viel zu sein, aber anders als in den USA, wo sich auf den Hauptstartplätzen Cape Canaveral Space Force Base/Kennedy Space Center und der Vandenberg Space Force Base jeweils mehr als ein Dutzend Startanlagen befinden, und zusätzlich auch kleinere Startzentren wie Wallops Island und Kodiak Island mit jeweils zwei bis drei Startanlagen verfügbar sind, ist die Ausstattung mit Startanlagen vergleichsweise deutlich geringer. In den chinesischen Startzentren gibt es bislang in der Regel nur je zwei oder drei Anlagen für Orbitalraketen der unteren Mittelklasse und darüber. Zusätzlich ist es in China bei Raketen älterer Bauart wie den Langer Marsch-Typen 2, 3 und 4 weiterhin das Standardverfahren, eine Rakete erst am Startplatz aufzubauen. Das führt dazu, dass eine Rampe schon von daher für drei bis vier Wochen belegt ist.

Obwohl in den letzten Jahren in den klassischen Anlagen erhebliche Erweiterungen begonnen wurden, entsteht durch die stark ansteigenden Startraten ein gewisser Druck, auszuweichen.

Chinas Antwort lautet hier: Meeresplattformen und Kommandoschiffe. Einige Kleinträger – und es werden mehr – weichen schon auf diese Möglichkeit aus. Bislang gibt es insgesamt drei Plattformen, von denen aus schon Orbitalstarts erfolgt sind. Am häufigsten eingesetzt wurde die Barke *Tai Rui*, von der aus bis zum 15. März 2023 insgesamt drei Starts erfolgt sind. Zwei mit der Langer Marsch 11 und ein Start mit einer Jielong 3. Je ein weiterer Start einer Langer Marsch 11 erfolgte mit den Barken *De Fu 15002* und *De Bo 3*. Das Kontrollzentrum für diese unbemannten Barken befindet sich jeweils auf einem Kommandoschiff. Beim Einsatz der Barke *De Bo 3* war das beispielsweise die *Bei Hai Jiu 101*, ein für diesen Zweck speziell ausgerüstetes Such- und Rettungsschiff.

■ Eine Langer Marsch 11 startet von der Meeresplattform *Tai Rui.*

Landezonen

Die größte Motivation für die Aufnahme eines nationalen chinesischen Raumfahrtprogramms war neben dem nationalen Prestige auch die Möglichkeit der Spionage, oder, wie man es schon damals wesentlich lieber kundtat, die „Inspektion und Überwachung landwirtschaftlicher Flächen und Natur-Ressourcen". Dies konnte seinerzeit nur mit Foto-Aufklärern geschehen, mit denen feindliches wie freundliches Gebiet fotografiert wurde. Den Möglichkeiten der Zeit geschuldet – opto-elektronische Aufklärer, die ihre Daten zur Erde senden können gab es ja noch nicht – geschah dies mittels Satelliten, die mit leistungsfähigen Telekameras ausgerüstet waren und Bilder auf fotografischen Film bannten. Die dabei gewonnenen Aufnahmen mussten dann mittels Landekapseln zur Erde zurückgebracht werden, wo sie entwickelt und ausgewertet werden konnten.

■ Das Bild mag grieslig sein, aber es ist ein interessantes historisches Dokument. Es zeigt eine der frühen FSW-Landekapseln, bei denen man es schon als Erfolg betrachtete, wenn sie China trafen.

Die ersten dieser Satelliten der Fǎnhuí Shì Wèixīng-Klasse (kurz: FSW) wurden bereits 1974 gestartet und nach einem Fehlversuch und einem Teilerfolg gelang im Dezember 1976 mit FSW-3 erstmals eine „geordnete" Rückkehr. Den unzureichenden Möglichkeiten der Bahnkontrolle in der damaligen Zeit geschuldet erfolgte die Landung allerdings mehr oder weniger zufällig in einem riesigen Gebiet innerhalb des Landes, was das Auffinden der Rückkehrkapseln jedes Mal zu einem Abenteuer machte. Insgesamt wurden 24 FSW-Satelliten gestartet, und 22 der Landekapseln auch in mehr oder weniger gutem Zustand aufgefunden. Der letzte FSW-Satellit startete im August 2005.

Für bemannte Missionen und für die lunaren Probenrückkehr-Kapseln der Chang'e-Reihe kamen derartige Landezufälligkeiten nicht mehr in Frage. Seit dieser Zeit gibt es zwei für Raumfahrzwecke ausgewiesene Landegebiete: das Siziwangqui-Landegebiet (etwas bekannter unter der Bezeichnung Dorbod-Banner), das etwa 1.700 Kilometer von Jiuquan entfernt ist, und das Dongfeng (Ostwind)-Landefeld im Eina Banner in der Inneren Mongolei, das nur 60 Kilometer südöstlich des Kosmodroms Jiuquan liegt.

Ein Nachteil der Dorbod-Banner-Region besteht darin, dass die Gegend durchaus nicht komplett menschenleer ist, und die Bevölkerung dort wächst. Es gibt dort inzwischen auch schon vereinzelte Bauernhöfe, wie man bei der Landung von Shenzhou 10 sehen konnte, die direkt vor einer Farm aufsetzte und schnell von interessierten Rindern umringt war.

Das Dorbod-Banner-Gebiet war für lange Zeit die Primärlandezone für alle aus dem Weltraum zurückkehrende Raumfahrzeuge. In dieser Region gingen sämtliche aus dem All zurückkehrenden Raumfahrzeuge des bemannten Raumflugprogramms nieder, sowie Satelliten aus den Programmen FSW- und Shijian. Zuletzt landete dort Shenzhou 11 am 18. Oktober 2016.

Nach der Mission von Shenzhou 11 kehrte sich die Sache um. Seit 2016 ist nun das Ostwind-Landegebiet südöstlich von Jiuquan die Primärzone, und Dorbod-Banner wurde zum Reservegelände zurückgestuft. Was allerdings nicht bedeutet, dass dieses Landegebiet nun nicht mehr gebraucht wird. Gerade wenn keine große Landegenauigkeit erzielt werden kann, ist dieses Gebiet immer noch der Ort der Wahl. So landeten hier die Chang'e 5-T1-Testkapsel aus dem cislunaren Raum am 31. Oktober 2014, die Rückkehrkapsel von Shijian-10 am 18. April 2016 und die Chang'e 5-Probenrückkehrkapsel von der Mondoberfläche am 16. Dezember 2020.

Als erstes Raumfahrzeug nutzte am 5. Mai 2020 der Prototyp für das chinesische Raumschiff der neuen Generation, also der zukünftige Nachfolger des Shenzhou-Raumschiffes, das Ostwind-Landegebiet. Das erste bemannte Raumfahrzeug, welches auf dem Ostwind-Gelände niederging, war Shenzhou 12 am 17. September 2021.

Diese Änderung hat auch der technische Fortschritt ermöglicht, der heute wesentlich präzisere Landungen erlaubt als früher. Damit kann man nun auf einem deutlich kleineren Areal landen.

Ein gewisser Nachteil der Dongfeng-Landezone besteht darin, dass sie eine etwas strukturiertere Morphologie aufweist als der Dorbod-Banner. Mit anderen Worten: Sie ist nicht so ganz eben. Man sollte also innerhalb dieser Region das vorgesehene Kerngebiet auch genau treffen. Klein ist die Region trotzdem nicht. Sie umfasst ein Gelände von 20.000 Quadratkilometern, das ist in etwa die Größe von Oberbayern. Wie genau Kapsellandungen heute durchgeführt werden können, zeigten die letzten Landungen der Shenzhou-Raumschiffe. Sie spielten sich innerhalb einer Ellipse von weniger als einem Kilometer Durchmesser ab. Shenzhou 15 landete sogar nur etwa 500 Meter vom vorgesehenen Landepunkt entfernt. Für fallschirmgestützte Landungen, bei der die Winddrift immer ein Problem ist, eine beeindruckende Präzision.

Die Ostwind-Landestelle hat ganz wesentliche infrastrukturelle Vorteile. Die Bergungskräfte können vom gut ausgebauten, und mit allen notwendigen Dingen versehenen Kosmodrom Jiuquan in weniger als einer Stunde mit Fahrzeugen dort eintreffen. Aufwendige Bergungsoperationen mit vielen Hubschraubern sind nicht nötig, und die wenigen Helikopter, die man braucht sind innerhalb weniger Minuten von Jiuquan aus vor Ort. Mehr noch, Bahnverfolgungsanlagen, Telemetrieempfänger und die medizinischen Einrichtungen des Kosmodroms können genutzt werden. Letzteres ist gerade bei den nun häufigeren Langzeitflügen chinesischer Astronauten von Bedeutung. Und die Bergungskräfte finden alles vor, was sie brauchen. Von der Unterkunft bis zur Kantine, alles ist vorhanden.

■ Eine Landung im Dorbod-Banner kann, so wie die hier von Shenzhou 10, schon einmal in unmittelbarer Nähe eines Bauernhofes erfolgen.

Inzwischen ist es sogar schon so, dass die Besatzungen der chinesischen Raumstation eventuelle Schlechtwetterzeiten an der Ostwind-Landestelle einfach an Bord der Raumstation aussitzen, und lieber erst ein paar Tage später zurückkehren, als dass sie die Dorbod-Banner-Region als Landegebiet nutzen würden. Eine richtige Bedeutung bekommt das Reservelandegebiet erst wieder, sobald die Mondflüge anstehen. Dann kann natürlich nicht auf besseres Wetter gewartet werden. Wenn dann eine Schlechtwetterlage im Ostwind-Gebiet herrscht, ist der Dorbod-Banner wieder gefragt.

■ Der erste Prototyp des noch namenlosen Raumschiffs der zweiten Generation landete am 8. Mai 2020 nach einem erfolgreichen dreitägigen Testflug im Dongfeng-Landegebiet, Chinas neuer primärer Landezone für rückkehrende chinesische Raumschiffe.

Chinas erster Satellit

Als im Jahre 1958 Mao Tsedong seinen Drei-Punkte-Slogan „Zwei Bomben, ein Satellit" verkündete, bedeutete das auch für Qian Xuesen, drei große Aufgaben bewältigen zu müssen. Zunächst galt es eine Rakete zu schaffen, mit der Chinas erste Spaltbombe transportiert werden konnte. Dies gelang ihm mit der Konstruktion der DF-2, mit der am 27. Oktober 1967 von Jiuquan aus eine Atombombe ins Testzentrum Lop Nor geflogen wurde, wo sie explodierte.

Aufgabe zwei war die Entwicklung einer Trägerrakete, die Chinas ersten Satelliten in den Orbit bringen konnte. Das erreichte er mit der LM-1, deren Geschichte wir schon beschrieben haben. Aufgabe Nummer 3 schließlich war die Konstruktion und der Bau des Satelliten selbst, die parallel zu den Aufgaben eins und zwei durchgeführt werden mussten.

■ Qian Xuesen trifft sich mit Mao Tsedong.

Dazu bildete noch Ende 1958 die Chinesische Akademie der Wissenschaften unter der Leitung von Qian Xuesen eine kleine Arbeitsgruppe mit dem Codenamen 581 und begann mit den Arbeiten. 1965 überprüfte der Staatsrat den Entwurf. Bei dieser Gelegenheit wurde auch der Name des Projektes vergeben, der wie bei anderen Vorhaben auch einen Slogan der Kommunistischen Partei Chinas aufnehmen sollte: DFH-1. Die Abkürzung stand für „Dong Fang Hong". Auf Deutsch: „Der Osten ist rot". So lautete der Titel eines Lobliedes auf Mao Tsedong, das in den Jahren der so genannten Kulturrevolution auch Chinas Nationalhymne war. In Erinnerung daran tragen alle Satelliten, die von der staatlichen CASC entwickelt werden, bis auf den heutigen Tag die Bezeichnung DFH. Dabei ist man inzwischen beim Entwicklungsmuster DFH-5 angekommen, hochmodernen technologischen Spitzenprodukten, die den modernsten westlichen Kommunikationssatelliten nicht nachstehen. Im August 1965 konzipierte Qian Xuesen auch den „Drei Satelliten Plan", nach den in Chinas Staatsentwicklung so beliebten Dreierschritten und analog zum „Zwei Bomben, ein Satellit"-Programm. In diesem Plan bildete Dong Fang Hong 1 den ersten Schritt, Schritt 2 war der zur Erde zurückkehrende Satellit und Schritt 3 schließlich ein Kommunikationssatellit in einer geostationären Umlaufbahn.

Wie von der Arbeitsgruppe vorgeschlagen, sollte DFH-1 ein wissenschaftlicher Testsatellit zur Erprobung von Kommunikationssystemen sein. Seine Hauptaufgabe sollte vor allem in der Übertragung von Funksignalen bestehen. Er sollte aber vor allem auch propagandistischen Zwecken dienen, und der eigenen Bevölkerung und der Welt die neuen Fähigkeiten Chinas demonstrieren.

Die Detailentwicklung des Satelliten begann im November 1966. Um den Entwicklungsprozess zu beschleunigen nahm man einige „Anleihen" bei den Amerikanern. Das führte dazu, dass das Endprodukt auffallende Ähnlichkeit mit dem amerikanischen Kommunikationssatelliten Telstar 1 aufwies, was auf US-Seite zu einigem Unmut führte.

Auch die Entwicklungsziele wurden nicht so ganz getroffen. Konzipiert wurde DFH-1 mit einer Startmasse von 150 Kilogramm. Am Ende wurden es 15 Prozent mehr, was aber gerade noch im Leistungsrahmen der LM-1-Rakete lag. Der chinesischen Führung war es wichtig, dass der Satellit auch mit bloßem Auge sichtbar war, als Beweis für das eigene Volk und die Welt. DFH-1 selbst war aber so leuchtschwach, dass er mit bloßem Auge unter günstigsten Bedingungen gerade eben noch erkennbar war. Er leuchtete nur mit einer Magnitude zwischen 5 und 8. Unter besten Verhältnissen, einer mondlosen, klaren Nacht abseits aller Siedlungen konnte er von sehr erfahrenen Beobachtern mit bloßem Auge als sehr schwacher Lichtpunkt gesichtet werden. Bei Magnituden über sechs blieb er völlig unsichtbar, und man musste ein Fernglas verwenden, um ihn sehen zu können. Aber Qian fand dafür die passende Abhilfe. Die letzte Stufe des Boosters, die ja wesentlich größer war als der Satellit, und diesem nach der Abtrennung in geringem Abstand folgte, wurde mit einer aufklappbaren „Schürze" ausgestattet, die mit reflektierendem Material beschichtet war. Danach leuchtete die Raketenstufe mit einer Magnitude von 2 bis 3, war also mit bloßem Auge bequem zu erkennen.

Konstruktion und Bau der Rakete und des Satelliten wurde durch die Kulturrevolution empfindlich gestört. Die meisten der Satelliteningenieure wurden von den Roten Garden zum Bau von Bewässerungsgräben in die Provinzen verbannt. Im Januar 1967 wurde Qian von den Roten Garden kurzzeitig seines Postens enthoben. Nur Zhou Enlais persönliche Intervention verhinderte das Schlimmste. War man damals einmal in die Fänge der völlig entfesselten Rotgardisten geraten konnte das den Tod durch Misshandlungen bedeuten. Einigen von Qians Ingenieuren widerfuhr genau dieses Schicksal. Qian selbst hatte jedoch das Glück, dass Ministerpräsident Zhou Enlai seinen Schutz und seine schnelle Wiedereinsetzung zur „Chefsache" machte.

Das Ziel des Satellitenstarts war es nicht nur, Chinas ersten künstlichen Erdbegleiter zu starten, es sollte auch ausdrücklich und propagandistisch verwertbar der erste „asiatische" Satellit sein, schon um der Welt und in diesem Fall besonders auch dem restlichen Asien einmal mehr die Überlegenheit des Kommunismus zu demonstrieren. Den

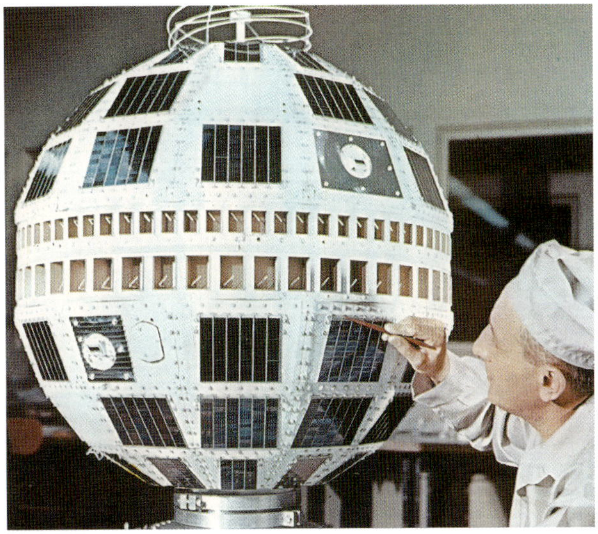

■ Das Vorbild für DFH-1 war der US-Telekommunikationssatellit Telstar 1.

Befehl Japan zu schlagen hatte die Fünfte Akademie von Vizepremier Deng Xiaoping erhalten, noch bevor dieser während der so genannten Kulturrevolution ebenfalls in Ungnade fiel. Deng mochte zwar zeitweilig ausgeschaltet sein, aber das Ziel blieb.

Diesen Plan aber – den ersten asiatischen Satelliten zu starten – hatte sich auch das kapitalistische Japan vorgenommen, mit dem China damals im Kampf um die Vor-

■ DFH-1 war zweiundsiebzigseitiger Polyeder, genau wie Telstar 1.

herrschaft im asiatischen Raum stand. Japan versuchte das mit seiner Lambda 4S-Rakete schon eine ganze Weile bevor China auch nur annähernd so weit war. Aber auch hier musste man erst aus Fehlern lernen. Vier Versuche einen Satelliten in eine Erdumlaufbahn zu bringen waren in Folge gescheitert. Am 26. September 1966 fand der erste Versuch statt, aber die vierte Stufe zündete nicht. Das passierte noch weitere zwei Male. Am 22. September 1969, beim vierten Start einer Lambda 4S, kam es zu einem Fehler im Fluglagesystem und die dritte Stufe kollidiert mit der Vierten.

Wegen der vielen japanischen Fehlversuche bestand eine gute Chance, den Japanern dennoch zuvorzukommen. Die erste DF-1, ein Versuchsmodell für einen suborbitalen Flug, traf bereits am 18. März 1969 in Jiuquan ein. Doch der Satellit hatte Verzug. Die Unruhen im Lande sorgten nicht nur dafür, dass zu wenige Ingenieure zur Verfügung standen, auch die benötigten Materialien wurden knapp. So kam der Satellit erst Monate später ins Startzentrum. Bis zuletzt hatten die chinesischen Techniker und Ingenieure vor allem mit dem Bauteilemangel zu kämpfen. Besonders die Beschaffung des Materials für die „Schürze" stellte sich als schwierig heraus.

Sie musste aus einer speziellen Seide angefertigt werden, einem „dekadenten kapitalistischen Gut", die in einer Fabrik ohne Wissen der Roten Garden hergestellt wurde. Die Beschaffung musste heimlich erfolgen. Was den Entfaltmechanismus der Schürze betraf, mussten die Ingenieure mit dem Bus in ein Kaufhaus nach Peking fahren, um einen importierten Klappschirm als Vorlage zu untersuchen. Ihn einfach zu kaufen konnten sie sich nicht leisten.

Auch bei Thermalversuchen musste man improvisieren. Anlagen dafür waren nicht vorhanden, die Beschaffung mangels genügender Finanzierung unmöglich. So fanden die Tests schließlich in einem Kühlhaus der chinesischen Marine statt.

Im Gegensatz zu den chinesischen Vorbereitungen, die vor den Augen der Welt verborgen waren, liefen die japanischen Anstrengungen um den ersten asiatischen Satellitenstart in aller Öffentlichkeit ab. So wussten Qian und sei-

Dieses Modell von DFH-1 befindet sich im Pekinger Planetarium.

ne ihm verbliebenen Ingenieure genau, wann die Japaner ihren nächsten Orbitalversuch unternehmen wollten. Und womöglich wäre Chinas Absicht auch aufgegangen, wenn nicht die unselige Kulturrevolution diese Pläne zunichte gemacht hätte.

Schließlich stand am 16. November 1969 die erste Langer Marsch 1 in Jiuquan auf der Startrampe, nur wenige Wochen bevor Japan seinen fünften Versuch mit der Lambda 4S unternehmen wollte. Allerdings war dieses Modell nicht orbitfähig, sondern sollte lediglich einen suborbitalen Testeinsatz ohne die dritte Stufe durchführen.

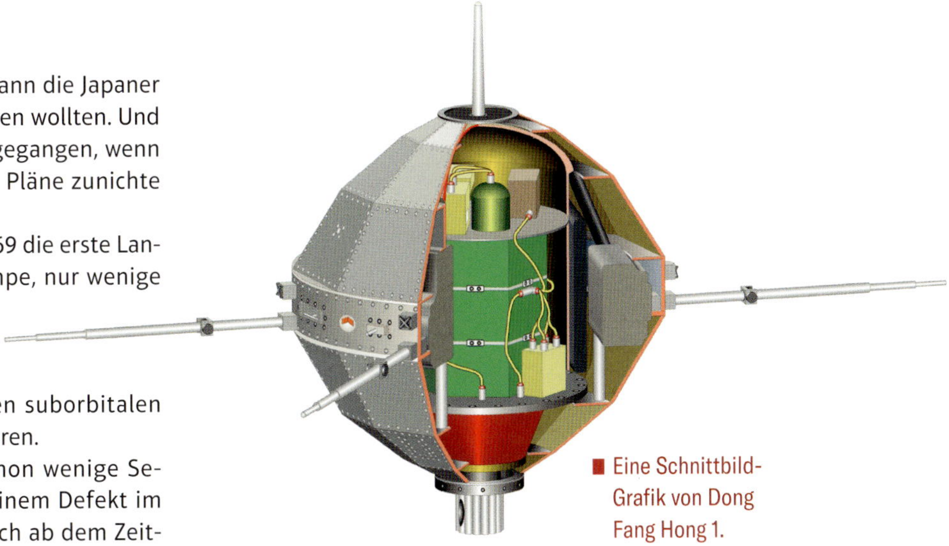

Eine Schnittbild-Grafik von Dong Fang Hong 1.

Doch der Startversuch misslang. Schon wenige Sekunden nach dem Abheben kam es zu einem Defekt im Programmgeber, einem Lochband, das sich ab dem Zeitpunkt der Zündung abspulte, und das nacheinander auf sehr analoge Weise über einen Lochstreifenleser die Abfolge der Programmschritte an die Subsysteme der Rakete weitergab. Ohne Steuerung kehrte die Rakete wieder um und krachte in Sichtweite der Besuchertribüne nach nur 69 Flugsekunden in den Boden von Jiuquan.

Ein zweiter suborbitaler Flugversuch, ebenfalls ohne dritte Stufe, gelang am 30. Januar 1970. Jetzt war man soweit, die Gesamtkombination zu fliegen. Alle drei Stufen und den Satelliten. Vielleicht klappte es ja doch noch vor den Japanern.

Doch das war nicht der Fall. Japan war weniger als zwei Wochen später erfolgreich. Damit gelangte der erste asiatische Satellit am 11. Februar 1970 in den Orbit. Die Lambda 4S lieferte den nur zwölf Kilogramm schweren Ohsumi 5 auf einem Orbit mit einem niedrigsten Bahnpunkt von 323 Kilometern und einem höchsten Bahnpunkt von 2.440 Kilometern ab. Dass der Satellit schon wenige Stunden nach dem Start seinen Betrieb einstellte, tat der Sache keinen Abbruch. Japan war damit ein- und für alle Male in den Annalen der Raumfahrt als die vierte Nation weltweit eingetragen, die einen eigenen Satelliten mit einer eigenen Rakete gestartet hatte. Und die japanischen Ingenieure waren damit auch die Ersten, denen das in Asien gelang.

Noch einmal zweieinhalb Monate später war auch DFH-1 der Erfolg beschieden. Als Chinas erster künstlicher Satellit erreichte er am 24. April 1970 eine Erdumlaufbahn. Ministerpräsident Zhou Enlai war beim Start anwesend und stand in ständigem Kontakt mit Mao Tsedong.

Der Satellit bestand aus sieben Systemkomponenten: Der Struktur, der Thermalsteuerung, der Stromversorgung mittels einer chemischen Batterie, Ortung und Fluglagemessung und einem Bandgerät, das ununterbrochen „Der Osten ist Rot“ abspielte. Das Lied, der Funkverkehr und die Telemetrie wurden in drei verschiedenen Frequenzbändern übermittelt. Für den Funkverkehr war DFH-1 mit vier jeweils zwei Meter langen Peitschenantenne für den Kurzwellenbereich, und einer einzelnen etwa 50 Zentimeter langen fest installierten Antenne für den UKW-Bereich (um das Lied zu senden) ausgerüstet, und im Inneren des Satelliten befand sich noch eine zehn Zentimeter lange UHF-Funkantenne.

Die Gesamtmasse des Raumfahrzeugs betrug 173 Kilogramm. Seine Form ähnelte dem amerikanischen

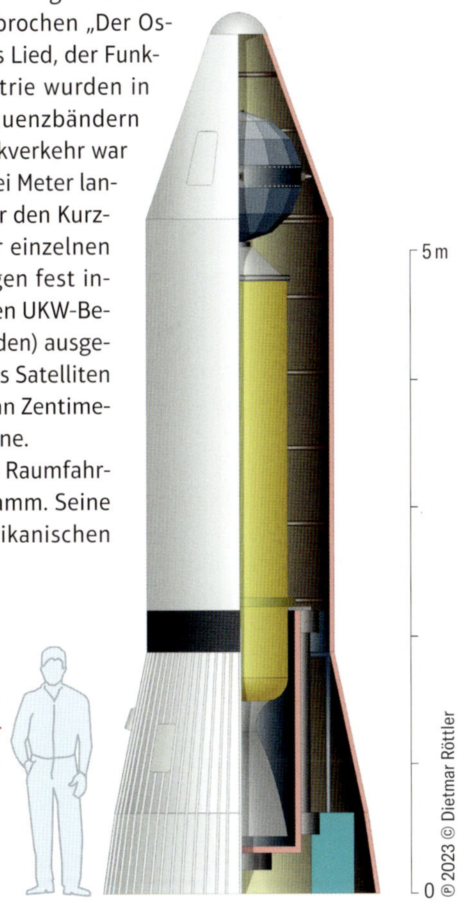

Risszeichnung der dritten Stufe der Langer Marsch 1 mit Chinas erstem Satelliten, Dong Fang Hong-1 (DFH-1), an Bord. Der Feststofftreibsatz ist in gelber Farbe dargestellt. Nach heutigen Begriffen wäre die Rakete ein „Mikro-Launcher“.

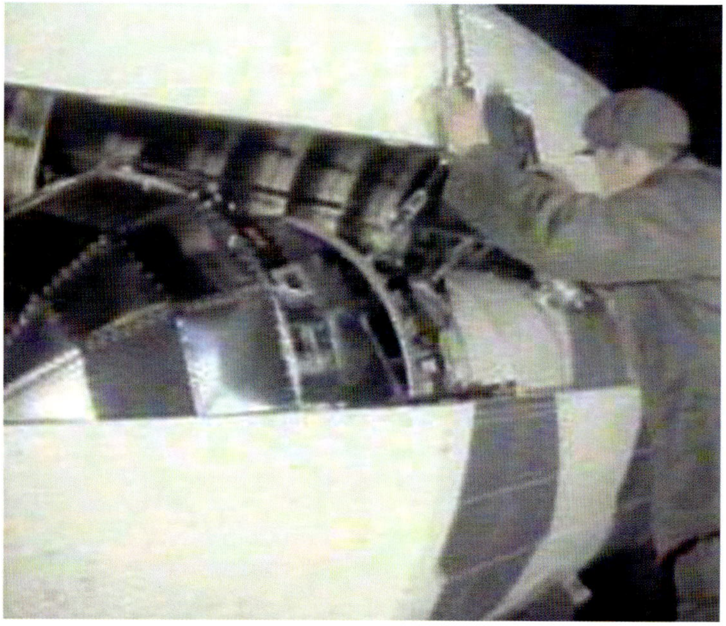

Die Nutzlastverkleidung an der Spitze der Rakete wird geschlossen. Trotz der schlechten Qualität dieses kleinen Bildes ist der Satellit in der Rakete gut erkennbar.

Telstar wie ein Ei dem anderen. Die Struktur war ein zweiundsiebzigseitiger Polyeder mit einem Durchmesser von einem Meter. Das Raumfahrzeug wurde während seines Fluges ins All mit 120 Umdrehungen pro Minute drallstabilisiert.

Nachdem der Satellit die Umlaufbahn erreicht hatte, zog er Strom aus den Bordbatterien und begann, die (damalige) chinesische Nationalhymne „Der Osten ist rot" auf 20,009 Megahertz zu senden. Die Sendungen von DFH-1 verstummten am 14. Mai 1970, weil die Batterien leer waren. Alle Systeme funktionierten bis dahin perfekt. Wenn Sie sich die damalige Übertragung von Telemetrie und Lied anhören wollen: Im Anhang finden sie eine Internet-Adresse dazu.

Die Bahn von DFH-1 wies ein Perigäum von 441 Kilometern, ein Apogäum von 2.286 Kilometern und einer Bahnneigung von 68,42 Grad auf. Das ist so hoch, dass der Satellit bis auf den heutigen Tag im Orbit ist. Die Parameter lagen im April 2022 immer noch bei einem Perigäum von 429 Kilometern und einem Apogäum von 2.030 Kilometern. So wird es noch einmal einige Jahrzehnte dauern, bis der Satellit wieder in die Erdatmosphäre eintritt. Wahrscheinlicher dürfte es aber beim Fortschritt der chinesischen Raumfahrt sein, dass man ihn eines Tages in nicht allzu ferner Zukunft aus dem Orbit herausholt und auf der Erde in ein Museum gibt. Das dürfte das Planetarium von Peking sein, wo gegenwärtig ein Nachbau von DFH-1 präsentiert wird. Dann wird man die Replik durch das Original ersetzen.

Am 3. März 1971 wurde der zweite DFH-1-Satellit mit der Bezeichnung Shijian-1 (oder kurz: SJ-1) gestartet. Shi Jian bedeutet so viel wie „Praxis". Die Shijian-Satellitenreihe gibt es übrigens bis auf den heutigen Tag.

Anders als sein Vorgänger, der mit chemischen Batterien betrieben wurde, verfügte Shijian-1 über Solarzellen. Die geplante Lebensdauer des Satelliten betrug ein Jahr. Tatsächlich arbeitete er aber acht Jahre lang, bis er am 11. Juni 1979 wieder in die Erdatmosphäre eintrat und verglühte. Dieses dritte Exemplar von DFH-1, das zweite, das den Orbit erreichte, war 221 Kilogramm schwer. Es erreichte eine Umlaufbahn mit einem Perigäum von 265 Kilometern, einem Apogäum von 1.833 Kilometern und einer Bahnneigung zum Äquator von 69,8 Grad.

Bei Shijian-1 verzichtete man auch auf die propagandistischen Mätzchen. Statt eines Gerätes, das Hymnen auf Mao Tsedong abspielte, enthielt es jetzt wissenschaftliche Instrumente: Einen Geigerzähler zur Ermittlung der kosmischen Strahlung im unteren Van Allen-Gürtel und eine Vorrichtung zur Messung der solaren Röntgenstrahlung.

Und damit war die Geschichte der Langer Marsch 1 als Satellitenträger und des DFH-1 als Satellitenplattform auch schon beendet.

Fallout

Es gibt einen wunderbaren kritischen Song des US-Mathematikers, Sängers, Songwriters und Schauspielers Tom Lehrer über Wernher von Braun. Ich habe ihnen einen Link dazu im Anhang eingestellt. In der zweiten Strophe dieses Liedes heißt es: „Once the rockets are up, who cares where they come down? / That's not my department, says Wernher von Braun". Die letzten beiden Zeilen im selben Lied lauten „In German or English I know how to count down/ And I'm learning Chinese! says Wernher von Braun". Diesen Song schrieb Tom Lehrer im Jahre 1965. Vier Jahre vor der ersten Mondlandung.

Doch widmen wir uns jetzt der zweiten Strophe des Liedes, wo es sinngemäß übersetzt heißt: „Sind die Raketen erstmal oben, wen kümmert's schon, wo sie runterkommen? Dafür bin ich nicht zuständig" Eine Haltung, die aus Sicht vieler westlicher Beobachter auch den Umgang der chinesischen Wernher von Brauns, also in diesem Fall Qian Xuesen und seine Nachfolger betrifft. Seit Anbeginn der chinesischen Raumfahrt fallen Booster und Erststufen nach dem Ausbrennen ungesteuert auf das vielerorts recht dicht besiedelte Festland zurück. Schon weil es aufgrund der geografischen Lage der chinesischen Raketenstartplätze gar nicht anders geht. Wer aber den dortigen Ingenieuren damit gewissenloses Handeln unterstellen will, greift zu kurz.

Drei der vier Orbitalstartplätze Chinas sind aufgrund militärischer Überlegungen entstanden und dorthin gekommen, wo sie heute sind. Das Überleben der Nation galt in China schon seit jeher als das höhere ideelle Gut gegenüber der Unversehrtheit des Einzelnen. Also nahm man die statistisch sehr niedrige Wahrscheinlichkeit einer Verletzung oder eines Todesfalls durch herabfallende Raketenteile in Kauf, wenn das Land dafür über eine sicher platzierte orbitale Startinfrastruktur verfügen konnte.

■ Wer im weiteren östlichen Umfeld um Xichang wohnt, kann durchaus Überraschungen wie diese erleben. Hier handelt es sich um einen der vier Booster einer Langer Marsch 3B-Rakete.

Tatsächlich ist bis auf den heutigen Tag kein einziger Toter oder auch nur Verletzter durch planmäßig abgetrennte Booster und Erststufen bekannt geworden, obwohl diese Raketenteile gar nicht so selten in menschliche Ansiedlungen oder in landwirtschaftliche Kulturen fallen. Und das trotz der stark steigenden Startzahlen der letzten Jahre.

Aber manches war nicht zu planen, und so hat China, wie auch andere Raumfahrtnationen, viele Fehler gemacht,

■ Die Qualität der Bilder ist leider sehr schlecht. Es sind Standbilder der Fernsehübertragung von damals. Sie zeigen die ersten etwa fünf Sekunden des Starts vom 15. Februar 1996.

und dafür einen hohen Preis gezahlt. Es kam zu schweren Unfällen mit Toten und Verletzten auf den Startanlagen und es gab – im Rückblick ist man immer schlauer – unverantwortliches Handeln im orbitalen Verkehrsmanagement. Das war auch in Russland so und in den USA. Keine der großen Raumfahrtnationen blieb gerade in ihren Anfangsjahren von bösen Überraschungen verschont. Die Nedelin-Katastrophe in Baikonur forderte im Oktober 1960 über 100 Opfer, und im August 1965 erstickten bei Wartungsarbeiten in einem Titan II-Silo in den USA 53 Menschen. Die einzige Möglichkeit immer auf der sicheren Seite zu bleiben ist es, Raketentechnik erst gar nicht zu betreiben. Aber das ist keine Option.

Chinas „Lernphase" in dieser Hinsicht blieb auf den Startplatz Xichang begrenzt, der einer der wohl am ungünstigsten gelegenen Weltraumbahnhöfe auf diesem Planeten ist. Die Gründe dafür haben wir bereits beschrieben. Einen der insgesamt drei schwerwiegenden Vorfälle, die es in Xichang im Verlauf von weniger als zwei Jahren gab, wollen wir uns jetzt im Detail ansehen.

Die Katastrophe von Xichang

Der 15. Februar 1996 ist ein Datum, das sich unauslöschbar in das kollektive Gedächtnis der chinesischen Raumfahrtgemeinde eingegraben hat. Nur vier Tage vor dem chinesischen Neujahrsfest ereignete sich die zweite große Raumfahrtkatastrophe des Landes. Am selben Ort, an dem es nur ein Jahr zuvor schon zu einem schrecklichen Unfall mit einer bis heute nicht genau bekannten Anzahl von Toten gekommen war. Dieser 15. Februar 1996 war der Tag, an dem Chinas neueste und leistungsfähigste Rakete, die „Langer Marsch 3B", zu ihrem Erstflug aufbrechen sollte.

Die chinesischen Raumfahrt-Techniker waren zuversichtlich genug, bereits bei diesem Jungfernflug eine zahlende Nutzlast mit an Bord zu führen. Das war der US-Kommunikationssatellit Intelsat 708, hergestellt von Space Systems Loral. Um 3:01 Uhr morgens Pekinger Zeit zündeten die vier Haupttriebwerke und die vier Boostermotoren, und die Rakete hob langsam von der Startrampe 2 des Xichang Startzentrums in Südwestchina ab. Der Start wurde live auf CCTV (China Central Television) übertragen, die

Sendung wurde von dort direkt an Intelsat in die Vereinigten Staaten weitergeleitet.

Doch schon in den allerersten Sekunden wurde klar, dass die Mission zum Untergang verurteil war. Die Rakete hatte das Service-Gerüst noch nicht einmal zur Hälfte passiert, als sie sich zur Seite neigte und in einem Winkel von 45 Grad vom Startturm wegflog. 22 Sekunden nach dem Abheben schlug sie auf dem Boden auf und explodierte, 1.850 Meter von der Startrampe entfernt, noch knapp innerhalb des Startgeländes von Xichuan.

Offizielle Stellungnahmen

Wenige Stunden nach dem Desaster ging eine Eilmeldung von Xinhua (der offiziellen chinesischen Nachrichtenagentur) an die Medien. Sie hatte folgenden lakonischen Wortlaut:

Heute um 3:01 Uhr morgens endete die Mission der in unserem Land neu entwickelten Satellitenträgerrakete „Langer Marsch 3B" mit dem Kommunikationssatelliten Intelsat-708 an Bord in einem Fehlschlag. Es war der Jungfernflug dieses Trägerfahrzeugs. Die beteiligten Parteien untersuchen den Unfall derzeit.

Danach gab es keine einzige weitere offizielle Meldung mehr, bis zwei Wochen später, wieder über Xinhua, ein sehr viel detaillierterer Bericht erschien, aus dem nachfolgend einige Auszüge wiedergegeben sind:

...Aufgrund der Analysen und der Interpretation der Telemetrie-Daten ist davon auszugehen, dass der Unfall durch einen Datenfehler in der Trägheitsplattform verursacht wurde. Die genaue Ursache muss noch analysiert und ermittelt werden... ...Die in unserem Land neu entwickelte Trägerrakete des Typs Langer Marsch 3B hob um 3:01 Uhr ab. Zwei Sekunden später trat eine Anomalie in der Fluglage der Rakete auf. Der Träger verließ unmittelbar darauf den vorgesehenen Flugweg. 22 Sekunden später schlug die Rakete mit der Spitze voran in einer heftigen Explosion auf dem Boden auf. Sowohl die Rakete als auch der Satellit wurden dabei zerstört...auf dem Gelände lagen keine größeren Trümmer herum...bis heute wurden 49 der insgesamt 57 Verletzten medizinisch behandelt. Sie haben inzwischen das Hospital wieder verlassen. Acht Personen befinden sich noch in ärztlicher Behandlung. Die Abwicklung der Trauerfeier für die sieben Toten hat bereits stattgefunden. Die Start- und Testkapazitäten des Xichang Startzentrums wurden durch den Unfall nicht betroffen...das Zentrum kann Anfang März seinen normalen Betrieb wieder aufnehmen. Über 80 Häuser von Anwohnern wurden beschädigt. Die Verwaltung des Startzentrums und die Bezirksregierung versorgt die Obdachlosen mit Übergangswohnungen und mit Entschädigungen.... Abgesehen von einer kurzen Zeit unmittelbar nach der Explosion kam es zu keiner Kontaminierung der Luft, des Wassers, der Pflanzen oder von Lebensmitteln... China Great Wall informierte alle Kunden und die internationalen Versicherungsgesellschaften über den Fortgang der Ermittlungen. Am 28. Januar wurde Intelsat eingeladen, an der Ermittlung der Absturz-Ursache mitzuwirken....

Die Fehlerursache konnte nach intensiven Untersuchungen bis zum Juli 1996 exakt ermittelt werden. Sie lag, wie schon

■ Das sind Standbilder aus dem Film des angeblichen israelischen Ingenieurs. Die oberen beiden Bilder zeigen die Schäden im Gelände selbst. Links ist die beschädigte Attrappe einer Nutzlastverkleidung, die im kleinen Park im Gelände aufgestellt war. Rechts ist der Sockel einer Statue zu sehen, die von der Explosion heruntergeblasen wurde. Im Hintergrund des rechten oberen Bildes ist das Hotel zu erkennen, in dem die Besucher und ausländische Ingenieure untergebracht waren. Die unteren beiden Bilder zeigen das so genannten „Koordinationsgebäude" und eingeebnete Häuser im Dorf Mayelin.

früh vermutet worden war, in einem fehlerhaften Schaltkreis der Trägheitsplattform.

Der Absturz der Langer Marsch 3B war eine Zäsur auf dem kommerziellen Trägermarkt. Der Unfall veränderte nicht nur den damals gerade entstehenden kommerziellen Raumfahrtmarkt selbst, sondern auch den Verlauf des chinesischen Raumfahrtprogramms. Zwei Jahre nach dem Absturz veröffentlichten die Vereinigten Staaten den so genannten Cox-Report, in dem China vor allem beschuldigt wurde, Informationen über Nuklearwaffen durch Spionage erlangt zu haben. Das Dokument ging aber auch auf das Intelsat 708-Desaster und den im Januar 1995 unweit davon abgestürzten Apstar 2 ein. Der Report bezichtigte China der Spionage in der Folge dieser Abstürze, weil chinesische Wissenschaftler aufgrund der Fehleranalysen und durch fahrlässige Weitergabe von sensitiven Daten seitens der Hersteller der Satelliten unrechtmäßig an intellektuelles Eigentum über die US-Satellitentechnik gelangt seien. China wurde auch beschuldigt, die Trümmer der Satelliten analysiert zu haben. Vor allem ging der Bericht darauf ein, dass Intelsat-708 ein geheimes Datenverschlüsselungssystem an Bord mitgeführt habe, das von China ausspioniert worden sei. Dadurch sei den Vereinigten Staaten erheblicher wirtschaftlicher Schaden entstanden. Der Cox-Bericht führte zu strikten Exportkontroll-Vorschriften und dem Bann Chinas vom Trägermarkt für Satelliten mit US-Komponenten. Diesem Bann unterliegt China bis zum heutigen Tag. Den Firmen Hughes Electronics und Boeing wurde seinerzeit wegen Verletzung der Exportkontrollbestimmungen und fahrlässiger Weitergabe sensitiver Daten eine Geldstrafe von 32 Millionen Dollar auferlegt.

All das interessierte die Menschen im Westen aber zunächst weit weniger, als die im Vordergrund stehende Frage nach dem tatsächlichen Ausmaß der Katastrophe. Aufgrund der intransparenten Berichterstattung der offiziellen chinesischen Stellen, und dem zögerlichen Verhalten, über die Sache zu berichten, wuchsen die Spekulationen schnell ins Uferlose. Schon bald war man so weit, den Unfall mit der Nedelin-Katastrophe zu vergleichen, dem größten bekannten Raketenunfall, bei dem am 24. Oktober 1960 bei der Explosion einer Interkontinentalrakete in Baikonur 126 Menschen ums Leben kamen (die Katastrophe ist nach Mitrofan Nedelin benannt, dem Verantwortlichen für das Desaster, der damals selbst dabei starb). Tatsächlich sind bis heute nicht alle Fragen im Detail beantwortet, wenngleich das Geschehen inzwischen als hinreichend aufgeklärt gilt.

Die Spekulationen im Westen nahmen gut fünf Wochen nach dem Ereignis ihren Anfang. Am 23. März 1996 brachte das israelische Fernsehen (der Sender „Kanal 2") einen Film, von dem der anonyme Kameramann behauptete, er hätte auf dem Startgelände Xichang als Ingenieur gearbeitet und das Video herausgeschmuggelt. Der Film, so wurde erzählt, sei am Tag nach dem Unfall entstanden. Es zeigt auf wackligen Bildern, offensichtlich aus einem fahrenden Auto heraus entstanden, eine Reihe völlig eingeebneter Häuser und eine noch größere Anzahl von Wohnbauten ohne Dächer und Seitenwände entlang der Straße zum Startgelände. Die hohe Zahl der beschädigten Gebäude ließ erste Spekulationen darüber aufkommen, wie groß der Auswirkungen der Explosion wirklich waren. Vor allem aber ließ sie Zweifel darüber entstehen, ob die offizielle Zahl von nur sieben Toten glaubhaft sei.

Die westlichen Medien kamen aufgrund dieser Bilder schnell zu einem Urteil. Sie waren sich darüber einig, dass die offiziellen Angaben, im üblichen chinesischen Bestreben, Fakten zu verschleiern, unglaubhaft waren. Bald machte eine Zahl von mehreren Dutzend Toten die Runde, dann wurden es 300 und schließlich wurde eine Zahl von 500 Toten kolportiert. Offizielle chinesische Stellen stritten das jedoch stets ab. Das Video des so genannten „israelischen Ingenieurs" kann heute noch auf YouTube eingesehen werden. Es gibt übrigens noch ein zweites Video, das zuerst in der japanischen Ausgabe des Discovery Channels gesendet wurde. Das interessante daran ist, dass die beiden Clips von Fahrzeugen aus gemacht wurden, die in entgegengesetzte Richtungen fuhren. Das eine in das Gelände hinein, das andere aus dem Gelände heraus. Bis heute weiß niemand, wer die Filme gemacht hat, und wer sie den westlichen Medien zugespielt hat. Es konnte beispielsweise eindeutig ermittelt werden, dass zum Zeitpunkt des Unfalles kein israelischer Ingenieur im Gelände arbeitete. Ich habe Ihnen im Anhang einen Link zu einem YouTube-Beitrag über dieses Thema gelegt.

Augenzeugenberichte

Es dauerte über sieben Jahre, bis der erste Augenzeugenbericht in den chinesischen Medien erschien. Im Juli 2003 verbreitete Dajiang Weekly, eine regionale Publikation der Provinz Jiangxi, ein Interview mit dem CCTV-Journalisten Zhang Heng. Der hatte während des Unglücks die Live-Übertragung für das Fernsehen kommentiert. Er erzählte, dass er um 2:00 Uhr im Missionskontrollzentrum eintraf,

■ Weitere Bilder aus dem Videoclip des angeblichen israelischen Ingenieurs. Es zeigt Schäden im Inneren des Startgeländes (links oben), am so genannten Koordinationsgebäude (rechts oben und links unten) und im Dorf Mayelin.

und fünf Minuten vor dem geplanten Start mit der Übertragung begann. Er erinnerte sich, dass es 59 Sekunden vor dem geplanten Zünd-Zeitpunkt eine Unterbrechung gab, erfuhr aber nie den Grund dafür. Die Zündung und das Abheben wurden von frenetischem Applaus begleitet. Zhang aber kam es vor, als würde die Rakete schlingern, als sie langsam abhob. Der Applaus erstarb abrupt, als die Menschen im Kontrollzentrum erkannten, dass die Rakete vom Kurs abkam. Sie folgten wie gebannt ihrem erratischen Flugweg und sahen sie dann in einem hellen Blitz auf dem Boden einschlagen. Nur Sekunden darauf hörte man ein grauenvolles Donnern und ein wildes Schütteln von der Druckwelle. Der Kontrollraum fiel ins Dunkel. Kurz darauf kam das Licht aber wieder. Wenig später kam der CCTV-Kameramann Lu Xiaobing mit leichenblassem Gesicht hereingestürzt. Er hatte den Start auf dem Dach des Kontrollzentrums gefilmt und war von der enormen Druckwelle durch die Luft geschleudert worden. Er hatte aber gleich danach weitergefilmt. Sein Video zeigte einen enormen Rauchpilz, der von der Bergseite nahe am Eingang des Geländes aufstieg. Später, so erinnerte sich Zhang, kam der stellvertretende Kommandant des Startzentrums herein und sagte, dass einige Häuser von Anwohnern zerstört seien, und dass es sieben Tote gegeben habe. Zhang musste bis 6:00 Uhr morgens im Kontrollzentrum bleiben. Zurück in seiner Unterkunft bemerkte er, dass die meisten Fenster zerbrochen waren. Gegen Mittag konnte er das Flugzeug zurück nach Peking nehmen.

Im Oktober 2003, im Vorfeld des historischen ersten bemannten Raumflugs Chinas, startete CCTV eine zehnteilige Dokumentarserie mit dem Titel „Shaking the Sky" über das chinesische Raumfahrtprogramm. Die sechste Folge dieser Serie trug den Titel, den man etwa mit „Raumfahrt ist eine ernsthafte Sache" übersetzen könnte. Sie behandelte den CZ-3B Unfall des Jahres 1996 in großem Detail. Viele der damaligen Zeugen und unmittelbar Beteiligten wurden dabei interviewt und sprachen über die unvergesslichen Ereignisse dieser Nacht. Stellvertretend für die zahlreichen Interviewten seien hier Teile der Aussage von Yu Meniun erwähnt, einem Flugbahn-Experten von CALT (China Academy of Launch Vehicle Technology).

„...Ich besprach nach dem Abendessen mit Sun Shijie (einem Kollegen) wo wir uns den Start am besten ansehen könnten. Normalerweise bekommen wir kaum jemals so etwas in Realität zu sehen, weil wir immer im Kontrollraum sitzen. Dieses

■ Im Rahmen der Dokumentation „Shaking the Sky“ brachte das chinesische Fernsehen eine ausführliche Dokumentation zum Unfall der Langer Marsch 3B am 14. Februar 1996. Das Bild zeigt einige der Augenzeugen. Unten links mit der roten Krawatte: Yu Menglun.

Mal gab es aber wenig für uns zu tun, und so beschlossen wir, auf das Dach unserer Unterkunft zu steigen, und von dort aus die Rakete zu beobachten. Danach bekam ich aber einen Anruf von der Startrampe. Ich sollte dort nach etwas sehen. Ich erledigte das, und ging kurz vor dem Start wieder. Ich konnte aber nicht mehr zur Unterkunft zurück, und so war ich nicht bei Sun, als die Zündung erfolgte… Als sicher war dass die Rakete starten würde (nach zwei Unterbrechungen) ging er zusammen mit drei anderen Kollegen schnell die Treppe hoch. Er war schon fast oben, als die Rakete explodierte. Die Druckwelle blies die Scheiben heraus, warf ihn die Treppe hinunter und schleuderte ihn zu Boden. Er war sofort tot. Wenn ich bei ihm gewesen wäre, wäre es mir vielleicht ähnlich ergangen....

Ein weiterer Bericht stammt von Shi Wie, einem Journalisten, der ebenfalls über den Start berichtete. Er war am Tag der Katastrophe als Reporter der „Bejing Youth Daily“ vor Ort gewesen. Sein sehr detaillierter Bericht erschien am 14. Februar 2006, also am 10. Jahrestag der Katastrophe in seinem persönlichen Blog. Seine Geschichte ist insofern interessant, weil sie auch die ganze Szenerie im Umfeld der Mission mit beschrieb und auf die Sicherheitsvorkehrungen vor dem Start einging. Er beginnt zwölf Stunden vor dem Start, als alle am Start beteiligten Personen die Dokumente mit dem üblichen Evakuierungsplan für die umliegende Bevölkerung und den Notfall-Abläufen erhielten. Um 2:00 Uhr gellte eine Sirene, und Busse kamen, um Leute aufzunehmen und an sichere Plätze weiter unten im Tal zu bringen. Weitere Busse kamen um 2:30 Uhr und 2:45 Uhr, holten weitere Menschen ab und transportierten sie vom Startgelände weg.

Shi erinnerte sich, dass er nach der Explosion zunächst im Startkontrollzentrum bleiben musste. Etwa um 3:20 Uhr durfte er hinausgehen, es wurde ihm aber geraten, ein nasses Handtuch vor das Gesicht zu halten. Bald danach wurde er mit anderen Personen mit Bussen weggebracht. Er erinnerte sich, dass alle Fenster des Busses zerstört waren und die Splitter im Bus herumlagen. Er erinnert sich außerdem, dass er einen Offizier fragte, wo denn die Rakete herunter gekommen sei, und der ihm erzählte, dass der Einschlag am Berghang gegenüber dem so genannten „Koordinationsgebäude“ erfolgt sei. Shis Bericht beschönigt nichts, zeichnet aber das Bild eines angesichts der Umstände sehr geordneten und überlegten Agierens aller Beteiligten.

Erst im Dezember 2012 gab es einen ersten detaillierten westlichen Augenzeugenbericht. Der bekannte Raumfahrtgrafiker und Journalist Anatoli Zak hatte für einen Artikel im Air & Space Magazine einen Ingenieur der Firma Astrotech namens Bruce Campell interviewt, der seinerzeit bei diesem Start zusammen mit einem Kollegen dabei gewesen war. Seine Funktion war die eines Quality Assurance Managers für die Betankung des Satelliten.

In der Nacht des Starts befanden sich die beiden im „Satellite Processing Building“, im Technischen Zentrum der Anlage, etwa 2,5 Kilometer von der Startrampe entfernt. Bis drei Minuten vor dem Lift-off verlief alles problemlos und ohne Unterbrechungen. Zum Zeitpunkt T-2:51 Minuten wurde der Countdown ohne Angabe von Gründen zunächst für neun Minuten angehalten. Danach lief er weiter bis zur T-1 Minutenmarke, wo er noch einmal für 45 Sekunden gestoppt wurde. Campell und sein Kollege standen zu diesem Zeitpunkt auf dem Dach des Gebäudes, um sich den Start anzuschauen. Die beiden erkannten die abrupte Wendung, welche die Rakete machte, und dass sie ungefähr in ihre Richtung flog. Er selbst, sein Kollege und einige andere Beobachter des Starts drängten sich ins Gebäude zurück und rannten die Treppe zum Erdgeschoss hinunter. Noch während sie das taten… *„machte ein gewaltiger Lichtblitz die Nacht zum Tag…Ich hörte die gewaltigste Explosion meines ganzen Lebens, ich drehte mich um und rannte los…ich war im Erdgeschoss und wusste nicht mehr, wie ich da hin gekommen war…ich hörte Glas brechen. Überall flog die Scheiße herum…“*. Die Schockwelle hatte das Gebäude getroffen und die Glasfassade des Eingangsbereichs in tausende von Fragmenten zersplittert. Campell, sein Kollege und einige chinesische Techniker rannten zur Betankungsanlage (für den Satelliten) und schlossen alle Leitungen, um einen toxischen Gasfluss zu verhindern. Danach waren sie bis zum folgenden Morgen in dem Gebäude gestrandet.

Als am Morgen immer noch niemand kam, um nach ihnen zu sehen, nahmen Campell und sein Kollege ein Fahrrad und fuhren zum Hotel zurück. Als sie sich dem Gebäude näherten, erkannten sie das enorme Ausmaß der Verwüstung. Am Hotel war die ganze Fassade schwer beschädigt, kein einziges Fenster war ganz geblieben. In dem Bereich, in dem die Rakete eingeschlagen war, gab es in der naheliegenden Bergflanke viele kleine Krater. Felsen und Erde hatten sich herausgelöst, und die darunter liegende Eisenbahnlinie unter sich begraben. Nur 60 Meter östlich der Einschlagstelle hatte das Hotel, in dem die Amerikaner untergebracht waren, und das danebengelegene Wohnheim der chinesischen Techniker die Hauptlast der Explosion abbekommen. Dennoch standen die beiden Gebäude noch. Aber ein Friseurgeschäft und ein kleiner Markt davor waren eingeebnet worden. Im Inneren des Hotels war jedes einzelne Fenster, jede Tür, jedes Möbelstück, zerstört. In den Wänden waren Löcher. Campell erinnerte sich auch daran, dass eine Statue, ein Denkmal an die Frühgeschichte chinesischer Raketen, von seinem Sockel geblasen worden war. Die beiden beschrieben auch den Schaden, der im nahegelegenen Dorf entstanden war mit den Worten *„Auf einer Strecke von mehreren hundert Metern war jedes Haus eingeebnet“*.

Campbell konnte nirgendwo Tote sehen, aber die beiden Amerikaner stellten ihre Vermutungen darüber an. In der Nacht vor dem Start waren sie vom Hotel zum Satellite Processing Building gebracht worden. Bei der Gelegenheit hatten die beiden einige dutzend, vielleicht sogar mehr als hundert Personen – Schaulustige wie sie damals vermuteten – vor dem Haupttor des Startgeländes herumstehen sehen. Als sie am Morgen nach dem Unfall ins Hotel zurückkehrten sahen sie zahlreiche chinesische Soldaten und eine große Anzahl von Militärlastwagen in das Gelände hereinströmen. Campell und sein Kollege vermuteten, dass sie die Toten wegräumten. Einige der Lastwagen waren Pritschenwagen auf deren Ladefläche Gegenstände mit Planen abgedeckt waren. Leichen, wie Campell vermutete. Außerdem waren dutzende von Krankenwagen im Gelände unterwegs.

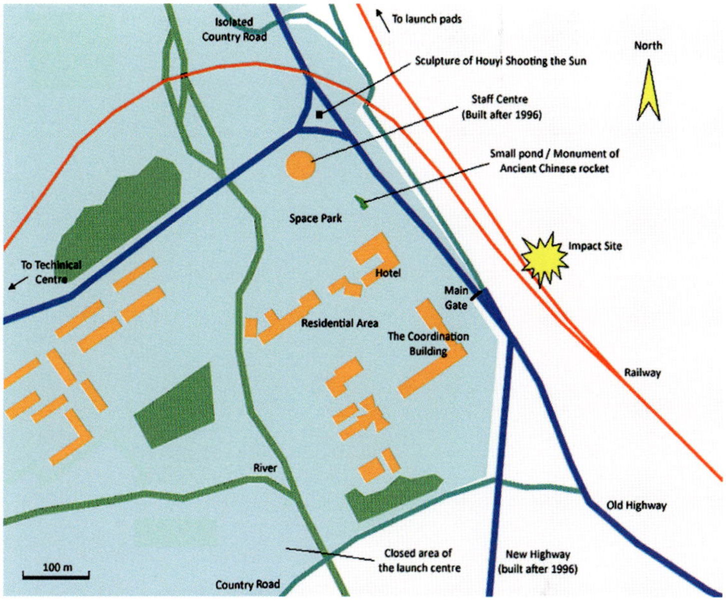

■ Der Innenbereich des Startgeländes mit der Lage des Koordinationsgebäudes, des Hotels und der anderen Unterkünfte, des Parks und des Haupttors sowie des Einschlagorts. Campbell und sein Kollege befanden sich während des Unfalls im Technischen Zentrum.

Eine der neueren Informationen über den Unfall stammt von einer weiteren Dokumentation des chinesischen Fernsehens vom 23. April 2012. Sie erschien zum 50. Start eines Trägers der Langer Marsch 3-Serie (das beinhaltet alle Varianten, wie die CZ-3A, 3B und 3C). Darin trat auch Lang Xiaohong auf, der Chef von CALT, der in einer Ansprache unter anderem erwähnte: *„Ich möchte die Gelegenheit nutzen, das Gedenken an die Kameraden Qian Zhiying und Yang Linzhen wachzurufen, die am 15. Februar 1996 in Erfüllung ihrer Pflicht starben“*.

Ort des Geschehens und Todesfälle

Das Satellitenstartzentrum Xichang bestand damals aus vier großen Hauptbereichen, die es auch heute noch im Wesentlich dort gibt: Dem Startkomplex mit seinen beiden Startrampen und der Betankungsanlage im Nordwesten,

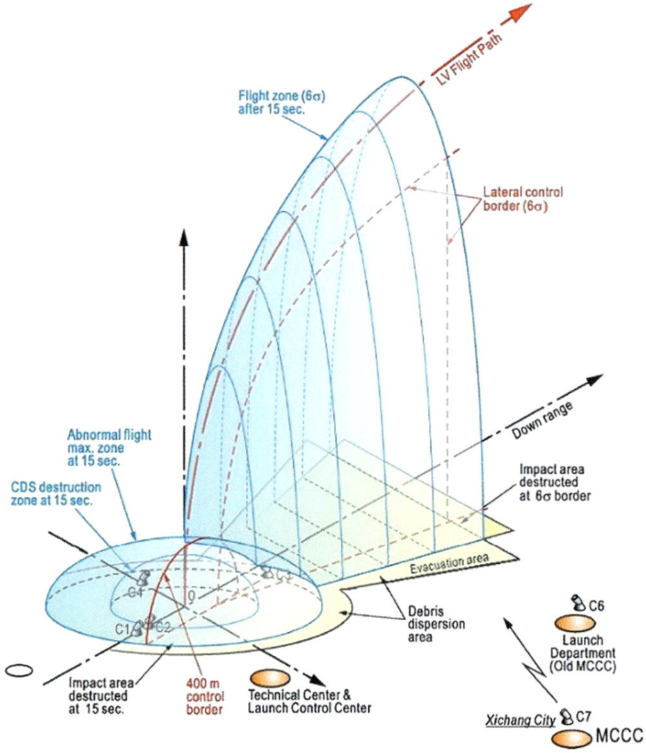

■ Diese Grafik stammt aus dem User Manual für die Langer Marsch 3B und den Startort Xichang. Sie zeigt die „Range Safety Control"-Bereiche des Startzentrums.

■ Die Einschlagstelle an der Bergflanke im Eingangsbereich des Startzentrums. Der Aufwuchs der Pflanzen war zum Zeitpunkt, als dieses Bild entstand (etwa 2013) deutlich geringer als an den anderen Stellen.

dem technischen Zentrum mit der „Launcher and Payload Processing Facility" im Südwesten, dem Missionskontrollzentrum im Südosten und dem Wohnbereich in der Mitte. Diese vier Bereiche sind über Straßen und Eisenbahn miteinander verbunden. Der normale Startazimuth von Xichang aus beträgt 97,5 Grad, also 7,5 Grad südlich von Ost. Die CZ-3B am 15. Februar 1996 flog aber 40 Grad südlich von Ost und damit genau in Richtung des Wohnbereiches des Startgeländes.

Der Wohnbereich befindet sich unmittelbar hinter dem Haupteingang zur Startanlage. Zwei Straßen, eine alte und eine neue, treffen unmittelbar vor dem Haupteingang zusammen und durchlaufen das Gelände von Südosten nach Nordwesten. Die Eisenbahnschienen laufen parallel zur alten Straße, und befinden sich auf der nordöstlichen Seite. Nach dem Haupteingang und hinter dem Wohnbereich zweigt eine weitere Straße links zum technischen Bereich der Anlage ab. Vor der Kreuzung, auf der Südwestseite der Hauptstraße, befindet sich ein kleiner Park, das Hotel, die Unterkunft des technischen Personals und der als „Koordinationsgebäude" bezeichnete Multifunktionsbau, in dem sich auch Büros befinden. Außerdem gibt es Lager-Gebäude und ein Hospital. Im Nordosten der Straße beginnen die Berge.

Aufgrund der Aussagen praktisch aller Zeugen kann man es als gesichert annehmen, dass die Rakete am Fuß der Bergflanke auf Höhe des Haupttores, gegenüber den Wohnanlagen und dem Koordinationsgebäude einschlug. Alle Aussagen mit Ausnahme der von Campell stimmen mit dieser Angabe überein. Campell verortete das Epizentrum des Aufschlags 200 Meter nordwestlich des Hotels. An der Stelle befindet sich der kleine Park. Dazu passt aber Campells andere Aussage nicht, nämlich dass der Schienenweg unterhalb des Berges durch den Einschlag der Rakete verschüttet worden war. Fotografien der Bergflanke aus neuerer Zeit deuten ebenfalls darauf hin, dass die Rakete an der Bergflanke einschlug. An dieser Stelle ist der Aufwuchs der Vegetation auch noch nach vielen Jahren auffallend zurückgeblieben.

Im Westen kam schnell die Frage auf, warum die Chinesen die Rakete nicht über einen Funkbefehl in der Luft zerstörten, oder warum das Selbstvernichtungssystem nicht aktiviert wurde. Tatsächlich können alle chinesischen Trägerraketen sowohl vom Boden aus zerstört werden, oder sich bei gravierenden Kurs- und Funktionsabweichungen selbst zerstören. Dies wurde jedoch in diesem Fall durch eine spezielle Prozedur verhindert. Wenn der Bordcomputer bei Starts von Xichang aus direkt beim Abheben, oder unmittelbar danach eine Anomalie entdeckt, wird die Selbstvernichtung um 15 Sekunden verzögert. Damit soll sichergestellt werden, dass die Rakete das Zentrum des Startgeländes verlassen hat, bevor sie vernichtet wird. Mit anderen Worten: sie soll erst eine etwas sicherere Aufschlagzone erreichen, bevor ihre Sprengung erfolgt. Warum in diesem Fall aber nach Ablauf der Toleranzzeit, also zwischen der 15. und 22. Sekunde, kein Vernichtungskommando an die Rakete ging, ist bis heute ungeklärt. Für die Bodencrew mag diese Zeitspanne für eine manuelle Auslösung zu kurz gewesen sein. Nachdem sich die Rakete noch im Bereich des Geländes befand, hatte der zuständige Sicherheitsoffizier auch vielleicht Skrupel, die Rakete zu sprengen. Warum es aber die Automatik in den verbliebenen etwa fünf Sekunden nicht tat, ist bis heute unklar.

Die wichtigste Frage im Zusammenhang mit dem Xichang-Desaster ist die Frage nach der Anzahl der Toten. Die offizielle Zahl lautet sieben. Alle sieben Fälle sind eindeutig nachverfolgbar. Alle Augenzeugen berichteten von der enormen Schockwelle und den herumfliegenden Glasteilen. Es gab eine große Anzahl stumpfer Verletzungen und Schnittwunden, aber praktisch niemand sah jemanden, der lebensgefährlich verletzt oder tot war.

Es gibt eine glaubhafte Quelle, die alle tödlich verunglückten Arbeiter, Techniker und Ingenieure des Startzentrums Xichang seit Beginn seines Bestehens bis zum Jahre 2010 auflistet. Diese Zahl beträgt genau 30. Die überwiegende Anzahl dieser 30 Todesfälle seit dem Jahr 1975 kann eindeutig identifiziert werden, und sie gehörten nicht zum Startunfall von 1996. Die Aussage, die man hier machen kann ist somit: Die offizielle Angabe zur Zahl der Toten kann für das Startgelände durchaus stimmen, oder zumindest der Wahrheit sehr nahe kommen. Mehr noch, fast alle Zeugenaussagen belegen, dass die Sicherheitsmaßnahmen angesichts der Umstände korrekt und effektiv erfolgt waren.

Aber es gibt ja noch die Videoaufnahmen der vielen zerstörten Gebäude entlang der Straße, die zum Startgelände führt. Vielleicht ist die große Anzahl von Toten, von

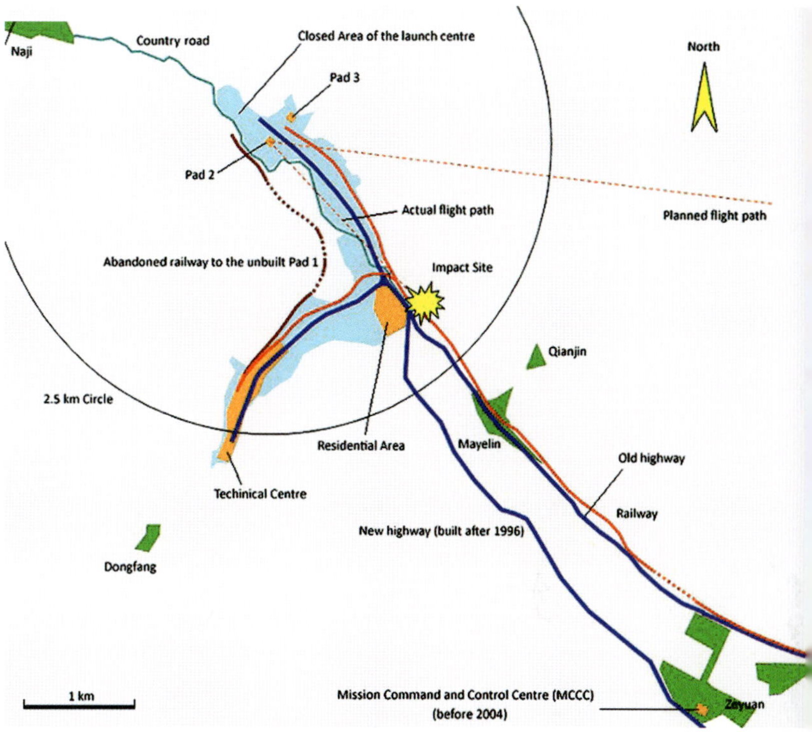

■ Karte der weiteren Umgebung des Startzentrums.

denen im Westen immer gesprochen wurde, hier zu finden. Nachdem es keinerlei Brandspuren gab, müssten die schweren Schäden an den Gebäuden durch die Druckwelle der Explosion angerichtet worden sein. Man könnte also durchaus spekulieren, dass es hier eine große Anzahl von Toten gegeben haben kann. Tatsächlich leben und arbeiten viele Menschen, vor allen Dingen Bauern, in unmittelbarer Nähe des Zentrums.

Innerhalb eines Umkreises von vier Kilometern um die Startrampe befinden sich die Dörfer Bayi im Nordwesten und Naji im Westen. Dongfang liegt im Süden des Technischen Zentrums, Mayelin direkt vor dem Tor des Geländes und Qianjin östlich von Mayelin. Mayelin, Dongfang, Quianjin und Bayi lagen ursprünglich innerhalb des Geländes des Startzentrums, wurden aber, bevor das Zentrum für den Start von Großraketen umgerüstet wurde, nach außen verlegt. Nach dem Desaster von 1996 wurde Bayi noch einmal umgesiedelt und liegt nun acht Kilometer nördlich des Startgeländes. Die Felder der Bauern lagen aber immer noch im und am Startgelände selbst, und die Bauern kamen täglich hierher, um sie zu bestellen. Das gesamte

Startzentrum, mit Ausnahme des im mehrere Kilometer entfernten Zeyuan liegenden Missionskontrollzentrums, ist ein gesichertes, abgeschlossenes Gelände. Es gibt aber eine Verbindungsstraße zwischen den Dörfern Naji und Bayi im Norden zu den Dörfern und Feldern im Süden des Geländes. Diese Straße ist isoliert, ein Zugang zum Gelände ist von der Straße aus nur in Höhe des Haupteinganges möglich. Von dort zweigt sie von der Hauptstraße ab.

Zeyuan, die größere Stadt im Süden, hatte bei der letzten bekannten Zählung etwa 12.000 Einwohner. Quianjin und Dongfang sind sehr klein, und haben jeweils weniger als 300 Einwohner. Mayelin hatte 2007 1.200 und im Jahre 2010 1.600 Einwohner. Hier lebt die Hauptanzahl der Arbeiter des Startgeländes. Dieser Ort liegt nur einen Kilometer von der Einschlagstelle der CZ-3B entfernt. Es handelt sich dabei um ein Straßendorf, das sich über mehrere hundert Meter hinzieht. Ganz offensichtlich ist es der Ort, den die beiden Videos zeigen. Der Ort also, der die größten Schäden aufwies.

Hier zeigt sich aber, dass bei den westlichen Schätzungen über die Zahl der Toten ein Faktor regelmäßig außer Acht gelassen wird. Der Umstand nämlich, dass seit 1984 die ganze Gegend bei jedem Start evakuiert wird. Wobei allerdings diese „Evakuierung" auf einer freiwilligen Basis durchgeführt wird. Die Menschen werden einfach aufgefordert, an bestimmte Stellen zu gehen, wie beispielweise zu Schulhöfen oder öffentlichen Plätzen, von wo man sie dann abholt und nach dem Start wieder hinbringt. Es gibt immer einige Menschen, vor allen Dingen ältere Leute, die sich weigern, ihre Häuser zu verlassen. Dieses Verhalten änderte sich auch nach der Katastrophe des Jahres 1996 nicht. Nachdem die meisten Starts von Xichang aus bei Nacht stattfinden, motiviert man die Bewohner zusätzlich manchmal mit Freilicht-Kinovorstellungen an den Plätzen, wo sie für die Dauer der Starts hingebracht wurden.

■ Ein Bauer biegt mit seinem Pferdewagen von der Hauptstraße nach rechts auf den Durchgangsweg in die nördlich gelegenen Dörfer ab. Im Hintergrund ist der Zaun zu erkennen, der das Gelände umgibt. Das Bild kann nicht genau datiert werden, es dürfte aber vor 2010 entstanden sein.

Gehen wir aber einmal davon aus, dass ausgerechnet die Evakuierung im Februar 1996 nicht stattfand, und dass damit die im Westen geschätzte Zahl von bis zu 500 Toten möglicherweise zutrifft. In diesem Fall hätte die Katastrophe den Ort Mayelin vor allen anderen Siedlungen treffen müssen, lag er doch nur einen Kilometer von der Einschlagstelle entfernt, und genau in der Flugrichtung der Rakete. Alle anderen Orte, mit Ausnahme von Qianjin, konnten schon aufgrund ihrer Lage nicht vom Desaster betroffen gewesen sein. Qianjin hatte damals allerdings nur wenige Dutzend Einwohner und liegt außerdem hinter einem Hügel, der die Schockwelle abhielt. Aus Zeyuan und vom dort angesiedelten Missionskontrollzentrum wurden keine wesentlichen Schäden und keine Verletzten gemeldet. Nachdem es bei dem fatalen Start drei Uhr morgens war, war auch niemand draußen auf den Feldern, um zu arbeiten. Somit kann es auch dort keine Opfer gegeben haben. Bleibt also einzig und allein Mayelin.

Betrachtet man hier den rasanten Bevölkerungszuwachs der letzten Jahre kann man die Anzahl der Einwohner des Ortes im Jahr 1996 irgendwo bei 500 – 1.000 Personen ansiedeln, möglicherweise auch weniger. Sollten dort tatsächlich 500 Menschen ums Leben gekommen sein, würde das bedeuten, dass mindestens die Hälfte, womöglich aber die komplette Bevölkerung des Dorfes ausradiert worden wäre. Mayelin wäre danach im besten Fall für Jahre hinaus ein toter Ort gewesen. Wahrscheinlich hätte man aus Sicherheitsgründen auch keine Wiederansiedlung erlaubt. Das war aber nicht der Fall. Ganz im Gegenteil prosperiert der Ort überdurchschnittlich, und die Einwohnerzahl hatte sich schon bald nach der Katastrophe verdoppelt.

■ Der Ort Mayelin beginnt unmittelbar hinter der Position des Fotografen. Das Bild zeigt den etwa 100 Meter entfernten Eingangsbereich des Xichang-Startzentrums. Links ist die breite Straße, die in das Gelände hinein führt, rechts die etwas schmalere Durchgangsstraße, die durch das Gelände hindurch läuft und von der aus kein Zugang zum Startzentrum besteht. Rechts, auf Höhe des Eingangs, die Bergflanke, in die die Rakete am 15. Februar 1996 einschlug. Auch hier ist der verminderte Pflanzenaufwuchs zu erkennen.

Zusammen mit den Augenzeugenberichten, den Berichten der Anwohner, den Informationen, welche zufällig gestreut wurden, wie zum Beispiel die Zahlenangabe des stellvertretenden Kommandeurs der Rettungstruppen, der die Zahl 7 nannte (was im Chinesischen etwas anders betont auch „einige" bedeuten kann), kann man davon ausgehen, dass eine sehr große Abweichung von dieser Zahl recht unwahrscheinlich ist.

Man kann auch durchaus unterstellen, dass die übliche Evakuierung tatsächlich durchgeführt wurde, so wie bei allen Starts zuvor und bei allen danach. Erst ein Jahr zuvor war es zu einem ähnlich schweren – aber in der westlichen Öffentlichkeit praktisch unbeachtet gebliebenen – Unfall gekommen, als eine CZ-2E kurz nach dem Start explodiert war, und die herabfallenden Trümmer sechs Menschen töteten. Es wäre höchst unlogisch, wenn man nach so einem Unfall nicht die Sicherheitsvorkehrungen verstärkt hätte, vor allem beim Jungfernflug einer neuen Rakete. All das deutet daraufhin, dass die Evakuierung erfolgt ist, und sich zum Zeitpunkt des Unfalls nur sehr wenige Menschen im Ort aufgehalten haben. Demzufolge dürfte die weitaus überwiegende Zahl der Dorfbewohner überlebt haben.

Dennoch bleiben viele Fragen unbeantwortet. Die in Campells Bericht erwähnten Pritschenwagen mit den abgedeckten Gegenständen könnten sich gut auch als die Kisten mit den Dokumenten erklären, die man aus dem verwüsteten Koordinationsgebäude herausschaffte, um sie – alle Fenster und Türen waren ja zerstört – nicht Wind und Wetter auszusetzen. Und die Menschen am Zaun, von denen Campell meinte, dass es Schaulustige waren, könnten genauso gut Dorfbewohner gewesen sein, die gerade auf ihre Busse für die Evakuierung warteten.

Wir können also nicht exakt verifizieren, ob die offizielle Anzahl der Toten stimmt oder nicht. Es mögen tatsächlich mehr als nur sieben gewesen sein. Ganz gewiss waren es aber nicht hunderte, wie die westlichen Medien lange Zeit kolportieren.

Seit damals hat es in Xichang, aber auch in den anderen chinesischen Startzentren, keine schweren Unfälle mehr gegeben. Aber auch auf weiteren Gebieten musste die chinesische Raumfahrt dazulernen, um künftigen Schaden wenn auch nicht komplett zu verhindern (was nie möglich sein wird) so doch einzugrenzen. Werfen wir dazu auch einen kurzen Blick auf das Problemfeld „Weltraummüll".

Kollisionen und Explosionen

Wo der Mensch lebt und handelt gibt es Müll. Auf dem Land, in den Ozeanen, in der Atmosphäre und seit mehr als 65 Jahren auch im niedrigen Erdorbit. Seit den Anfangstagen der Raumfahrt wurden etwa 14.000 Satelliten gestartet, von denen sich etwa 9.500 noch auf Umlaufbahnen um die Erde befinden. Etwa 5.000 davon sind aktiv. Die Zahl scheint groß, aber sie ist nicht das Problem, auf das wir gleich kommen werden, denn zu diesen Satelliten kommen noch Raketenendstufen, Adapterteile und Nutzlastverkleidungen. Dinge, die benötigt wurden, um diese Satelliten im Orbit abzusetzen. Und das ist noch lange nicht alles, denn dann haben wir noch die Fragmente explodierter Endstufen, die Trümmer zerbrochener Satelliten, Farbpartikel, Spannringe, Federn, Schrauben, Muttern und Bolzen.

Mit mächtigen Radaranlagen verfolgen Experten von der Erdoberfläche aus die derzeit etwa 40.000 Objekte im Orbit, die größer als 10 Zentimeter sind. Die Anzahl der Teile, die zwischen einem und zehn Zentimetern groß sind,

■ Donald Kessler bei einer Konferenz der ESA zum Thema Weltraummüll.

ist unbekannt, da nicht zu beobachten. Sie könnte bei etwa einer Million liegen. Bei einer Partikelgröße ab einem Millimeter dürften es derzeit vielleicht 180 Millionen sein.

Allesamt sind sie die unerwünschten Nebeneffekte des Weltraumzeitalters. Wenn wir uns des Problems nicht bald annehmen, dann könnte es sein, dass wir die Erde in einigen Jahrzehnten nicht mehr verlassen können. Jedes Raumschiff könnte dann Gefahr laufen, von rasend schnellen Schrapnells aus den orbitalen Schrottwolken durchlöchert zu werden.

Für Raumfahrzeuge wird es schon jetzt zunehmend schwieriger, sich dort ungestört zu bewegen. Alle paar Wochen muss sogar die gigantische Internationale Raumstation Ausweichmanöver fliegen, um einem der Trümmerteile früherer Raumfahrtaktivität auszuweichen. Aber ausweichen kann man nur den Teilen, die man auch sieht.

Die Zahl gefährlicher Partikel nimmt stetig zu. Schon 1978 hatte der damalige NASA-Mitarbeiter Donald Kessler vor einem Schneeball-Effekt gewarnt: Durch Kollisionen untereinander werde die Anzahl immer weiter wachsen – bis eine schier undurchdringliche Wolke um die Erde entsteht. Experten sprechen seither düster vom „Kessler-Syndrom". Für die breite Öffentlichkeit bekannt wurde das Kessler-Syndrom durch den Science-Fiction Film „Gravity". Wer das Kessler-Syndrom verhindern will, muss im Orbit aufräumen.

So richtig groß ist der Druck aber wohl immer noch nicht. Bis heute gibt es keine bindenden internationalen Regularien. Die Regierungen können, wenn sie Lust dazu haben, mutwillig die Trümmerwolken immer weiter vergrößern. Das zu verhindern, wird seit Jahrzehnten über die UN versucht. Aber hier wie in praktisch jedem Gebiet, auf dem die UN unterwegs ist, sind die Erfolge der internationalen Staatenorganisation ziemlich genau bei Null.

Sorgen machen den Experten auch die großen Satellitenkonstellationen, die sich derzeit in Planung oder bereits im Bau befinden. Ihre Aufgabe wird es sein, den gesamten Planeten mit Breitband-Internet zu versorgen. Gerade sind wir dabei, die Zahl der aktiven Satelliten im niedrigen Erdorbit innerhalb kürzester Zeit zu vervielfachen. Die Satelliten müssen einen exakt bemessenen Abstand zueinander einhalten, und sie dürfen sich auch dann nicht in die Quere kommen, wenn sie einmal ihren Job getan haben und deaktiviert sind. One Web, SpaceX, Blue Origin und viele andere planen zehntausende neue Satelliten. Allesamt in der Gewichtsklasse zwischen 150 und 1.200 Kilogramm und jeder von ihnen billig gebaut, wie irgend möglich. Auch China will sich mit (derzeit veranschlagten) 13.000 Satelliten daran beteiligen.

Bei all dieser orbitalen Verkehrsverdichtung wird es immer schwieriger, Unfälle in der Umlaufbahn zu vermeiden. Die Quellen für den Schrott sind vielfältig. Ein Beispiel für einen unfreiwilligen Zusammenstoß ist der Vorfall des ausrangierten sowjetischen Satelliten „Kosmos 2251" mit einem aktiven Kommunikationssatelliten der Iridium-Konstellation am 10. Februar 2009.

Manchmal explodieren auch längst vergessene alte Endstufen von Trägerraketen, in denen sich noch Treibstoffreste befinden. Manchmal brechen altersschwache Satelliten auch einfach so auseinander, wie es nahezu alle Raumfahrzeuge der US-Amerikanischen DMSP-Serie tun, bei denen chemische Prozesse in den Batterien am Ende ihres Einsatzlebens die Desintegration der Satelliten bewirkten. Und so kommen zu den abertausenden von Trümmerteilen, die ohnehin schon unseren Planeten auf erdnahen Bahnen umkreisen, ständig immer weitere dazu. Bisher hat es etwa 300 Explosionen und einige wenige Zusammenstöße im Orbit gegeben.

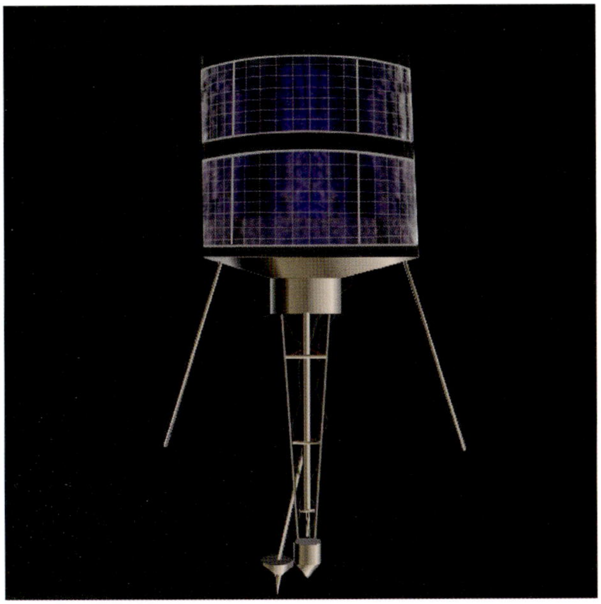

■ Ein sowjetischer Satellit der Strela 2M-Klasse, zu der auch Kosmos 2251 gehörte.

■ So sahen die Satelliten der ersten Iridium-Konstellation, unter ihnen auch Iridium 33, aus.

Man müsste also annehmen, dass jeder Teilnehmer des außerirdischen Nahverkehrs dringend an einer Verhinderung weiterer Vermüllung interessiert wäre. Doch dem ist leider nicht so. Als wäre das alles nicht schon Besorgnis erregend genug, gibt es aber auch noch die völlig überflüssige Kategorie mutwilliger Zerstörung von Satelliten für die Tests von Antisatelliten-Lenkwaffen. Dabei bin ich gar nicht einmal gegen solche Tests, denn man kann solche Versuche auch in verantwortlicher Weise so durchführen, dass Explosionspartikel innerhalb von Stunden und Tagen wieder zur Erde zurückkehren. Doch das ist offenbar nicht immer so gewünscht.

In jüngerer Zeit machten selbst Länder wie Indien in dieser Hinsicht Schlagzeilen, wie bei der „Mission Shakti" am 27. März 2019, dem Test einer Antisatellitenwaffe an einem Raumfahrzeug in der Umlaufbahn. Zielobjekt war ein Satellit, den Indien selbst nur zwei Monate zuvor für genau diesen Zweck gestartet hatte. Die indische Regierung hatte den Test zuvor angekündigt und sogar ausdrücklich darauf aufmerksam gemacht, dass er „in niedriger Höhe erfolgen werde" um zu vermeiden, dass Trümmerstücke für lange Zeit im Orbit verblieben.

Der Test in 300 Kilometern Höhe war erfolgreich. Es entstanden 270 Bruchstücke, die größer waren als zehn Zentimeter. Von denen waren ein Vierteljahr später nur noch 49 im Orbit. Das letzte Bruchstück trat am 14. Juni 2022 in die Erdatmosphäre ein und verglühte.

Insofern war dieser indische Test noch halbwegs „verantwortlich" durchgeführt worden. Aus himmelsmechanischen Gründen ist es aber deutlich einfacher, einen Satelliten in großer Höhe abzuschießen als in vergleichsweise niedrigerer Höhe, weil dort die Bahngeschwindigkeit größer ist. Nicht zuletzt deswegen (es gibt noch andere Gründe) finden solche Demonstrationen gerne in größerer Höhe statt. Die unwissende Öffentlichkeit vermutet, dass ein Satellit, der sich in größerer Höhe befindet, schwieriger abzuschießen sei, als einer, der niedrig fliegt. Somit verstärkt das den Demonstrationseffekt für die Öffentlichkeit und die Aktion ist zusätzlich wesentlich leichter durchzuführen. Der angerichtete Schaden aber ist bedauerlicherweise auch wesentlich größer.

Extrem unverantwortlich war in dieser Hinsicht ein Antisatelliten-Test, den Russland am 15. November 2021 zur Erprobung seines Nudol-Antisatellitensystems durchführte und dabei einen eigenen Satelliten (Kosmos 1408) abschoss. Der Test erzeugte eine Trümmerwolke, die sich ausgerechnet mit der Bahn der Internationalen Raumstation kreuzt, in der sich ja immerhin auch russische Kosmonau-

Rang	Bezeichnung	Jahr	Apogäum/ Perigäum	Anzahl anfangs	Anzahl heute	Grund der Zerstörung
1	Fengyun-1C	2007	865/845	3.532	2.793	Abschuss des Satelliten
2	Kosmos 1408	2021	490/465	1.785	364	Abschuss des Satelliten
3	Kosmos 2251	2009	800/775	1.715	1.021	Zusammenstoß mit Iridium 33
4	Step II Oberstufe	1996	820/585	754	76	Detonation der Oberstufe
5	Iridium 33	2009	780/775	657	300	Zusammenstoß mit Kosmos 2251
6	LM 6A-Oberstufe	2022	847/813	533	529	Detonation der Stufe
7	Kosmos 2421	2008	420/400	509	0	Ursache unbekannt
8	Spot 1 Oberstufe	1986	835/805	498	30	Detonation der Stufe
9	Kosmos 1275	1981	1015/960	479	418	Detonation des Satelliten
10	Titan IIIC-Stufe	1965	790/710	473	32	Detonation der Stufe

ten aufhalten. Das Zielobjekt, also Kosmos 1408, war schon seit den 80er-Jahren nicht mehr in Betrieb. Aber er ist ein ausgesprochen großes Objekt, das in viele Teile zerfallen ist. Russland hätte ohne größere Probleme ein kleineres oder niedriger fliegendes Objekt auswählen können.

Das schlimmste absichtliche „Massaker" dieser Art zettelte aber China an. Am 11. Januar 2007 startete die Volksbefreiungsarmee eine modifizierte Mittelstreckenrakete des Typs „DF-21". Ihr Ziel war der ausgediente chinesische Wettersatellit „Fengyun-1C". Die Rakete traf ihn hochpräzise in 850 Kilometern Höhe und pulverisierte ihn geradezu. Die Folgen waren dramatisch, und wahrscheinlich selbst für die Chinesen überraschend, denn die Detonation ließ nach Schätzungen von Experten mehr als 40.000 Trümmerteile von mehr als einem Zentimeter Durchmesser entstehen. Und das in einer Höhe, in der es praktisch keine Restreibung durch die Erdatmosphäre mehr gibt. Die Chinesen waren sichtlich betroffen, von dem Unheil, das sie da angerichtet hatten, aber es war nun mal geschehen. Seither geht nach Angaben der Europäischen Raumfahrtbehörde jedes zweite Kollisionsvermeidungsmanöver für ESA-Satelliten auf die Trümmer des damaligen Abschusses zurück.

■ Ein russisches Antisatellitensystem des Typs A-235-NUDOL. Von einer solchen Selbstfahrlafette aus wurde die Rakete abgeschossen, welche Kosmos 1408 vernichtete.

Die oben stehende Tabelle gibt Ihnen einen Überblick über die schlimmsten dieser so genannten „Breakup Events" der Raumfahrtgeschichte. Die darin enthaltenen Angaben über die Anzahl der Trümmerstücke beziehen sich auf Objekte von mehr als zehn Zentimetern Größe. Die entsprechende Anzahl für Objekte ab einem Zentimeter Größe wäre etwa das Zehnfache der genannten Zahl, bei Objekten ab einem Millimeter Größe wäre es das Hundertfache. Objekte von einem Millimeter Größe könnten schon einen erheblichen Schaden an einem Raumfahrzeug anrichten, denn die Relativgeschwindigkeiten, mit denen sie sich bewegen, sind enorm.

Die Informationen über Apogäum und Perigäum sind insofern wichtig, weil sie einen Hinweis auf die Lebensdauer eines Objektes im Orbit geben. Ein Objekt in einer Umlaufbahn von 500 Kilometern oder weniger wird nach maximal 20 Jahren wieder in die Erdatmosphäre eintreten. Bei einem Objekt in 750 Kilometern Höhe kann das, abhängig von Masse und Querschnitt schon mal über 50 Jahre dauern. Und in Höhen um die 1.000 Kilometer sind es auch bei sehr großflächigen Objekten mit niedrigem spezifischem Gewicht schon mal 100 Jahre oder mehr.

Nur wenige Monate vor Redaktionsschluss war schon wieder China mit einem solchen – diesmal allerdings unfreiwilligen – Breakup-Event in den Medien. Die Explosion der 5.800 Kilogramm schweren Oberstufe der chinesischen Langer Marsch 6A-Rakete am 12. November 2022 produzierte 533 katalogisierte Fragmente von mehr als zehn Zentimetern Größe in Höhen zwischen 300 und 1.600 Kilometern. Die maximale Konzentration dieser Trümmerwolke liegt in einer Höhe zwischen 600 und 1.000 Kilometern. Mit Sicherheit entstanden dabei auch mehrere zehntausend Teile, die zu klein sind, um erkannt zu werden. In der Tabelle auf Seite 170 ist das als der sechstschlimmste Breakup-event aller Zeiten eingestuft.

Es führt kein Weg an der Erkenntnis vorbei: China ist auch in dieser negativen Hinsicht ein Global-Player. Nur langsam erkennt das Land, dass ihm dabei schon im eigenen Interesse eine besondere Verantwortung zufällt. Davon ist bislang noch nicht viel zu spüren. Aber vielleicht hat China hier auch einfach einen besonders hohen Toleranzpegel, denn zum Schluss wollen wir uns noch eine ganz typische chinesische Besonderheit beim Thema „Fallout“ ansehen.

Raketenregen

Die Besonderheit der drei „alten“ Weltraumbahnhöfe Xichang, Jiuquan und Taiyuan haben wir schon beschrieben. Sie liegen im Landesinneren. Das bedeutet automatisch, dass Erststufen und Zusatzbooster, mit denen Orbitalraketen und ballistischen Mittel- und Langstreckenraketen gestartet werden, auf Land herunterkommen. „What goes up, must come down“, wie Tom Lehrer es einst ausdrückte.

Das ist bei den Weltraumbahnhöfen Jiuquan und Taiyuan nicht ganz so kritisch. Sie liegen in weniger dicht besiedeltem Gebiet, aber auch hier fallen Booster und Erststufen auf Land, und da kann es schon mal knapp hergehen. Schlecht ist das im Fall von Xichang, das in dicht besiedeltem Gebiet liegt. Im Übrigen läuft das in Russland nicht anders, aber da fallen die Raketenendstufen immer auf unbewohntes Gelände.

■ Dieses Verbindungselement zwischen erster und zweiter Stufe einer Langer Marsch 4C kam im Wald herunter. Die Rakete hatte Gaofen-10 in den Orbit gebracht.

■ Das hier war einmal ein Motorrad. Bis ein Raketenteil darauf fiel. Der Besitzer kann jetzt mit einem guten Ersatz rechnen.

■ Auch so kann man das Interesse an der Raumfahrt wecken. Oder das Interesse an der Verbesserung der Raumfahrt.

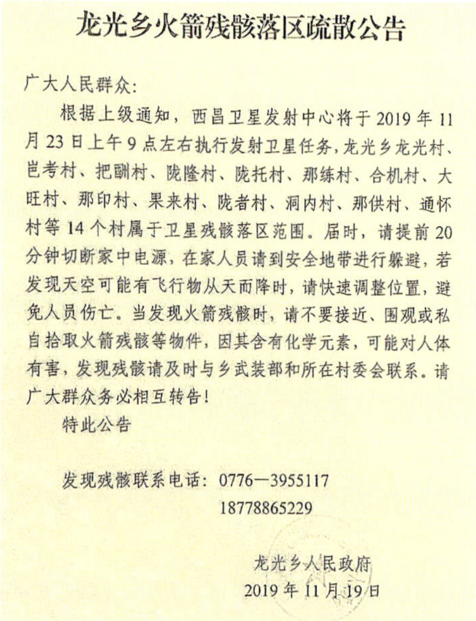

龙光乡火箭残骸落区疏散公告

广大人民群众:

根据上级通知，西昌卫星发射中心将于 2019 年 11 月 23 日上午 9 点左右执行发射卫星任务，龙光乡龙光村、岜考村、把酬村、陇隆村、陇托村、那练村、合机村、大旺村、那印村、果来村、陇者村、洞内村、那供村、通怀村等 14 个村属于卫星残骸落区范围。届时，请提前 20 分钟切断家中电源，在家人员请到安全地带进行躲避，若发现天空可能有飞行物从天而降时，请快速调整位置，避免人员伤亡。当发现火箭残骸时，请不要接近、围观或私自拾取火箭残骸等物件，因其含有化学元素，可能对人体有害，发现残骸请及时与乡武装部和所在村委会联系。请广大群众务必相互转告!

特此公告

发现残骸联系电话: 0776—3955117
18778865229

龙光乡人民政府
2019 年 11 月 19 日

■ Eine Mitteilung mit Verhaltensregeln. Sie ging vor dem Start der beiden Navigationssatelliten Beidou 3-M21 und M22 an etwa 40 Dörfer in der Nähe des Startplatzes Xichang und in den Booster-Abwurfzonen.

Dazu kommt, ich habe es an anderer Stelle schon erwähnt, dass alle chinesischen Trägerraketen der zweiten Generation, also diejenigen, die von der DF-5 Interkontinentalrakete abstammten, und das sind momentan noch die Meisten, mit toxischen Treibstoffkomponenten arbeiten. Mit Hydrazin als Treibstoff und Stickstofftetroxid als Oxidator. Wenn in dem was da runter kommt der Resttreibstoff nicht vollständig verbrennt, entwickeln sich ätzende Dämpfe. Was aber hierzulande zu einem Aufschrei der entrüsteten Bevölkerung führen würde, wird in China sehr gelassen gesehen. Und das hat mehrere Gründe.

Zum einen gibt es dort die Einsicht in die Notwendigkeit des Verfahrens. Die Menschen sehen, dass es nicht anders geht und akzeptieren es. Das gesamtgesellschaftliche Gut eine Satellitenstartfähigkeit im Land zu haben, wird höher bewertet gegenüber dem verschwindend kleinen Risiko für den Einzelnen, von einer Raketenendstufe getroffen zu werden.

So ein Start trifft die Bevölkerung auch nicht unvorbereitet und aus heiterem Himmel. Vor jeder Mission von Xichang aus wird die Bevölkerung informiert, und bekommt dabei auch die Möglichkeit, sich evakuieren zu lassen, wenn das gewünscht ist. Dies gilt aber nicht für die abgelegenen Startplätze Jiuquan und Taiyuan, und auch für Xichang nicht für alle „Drop Zones" – also die Abwurfzonen für Booster und Erststufen – wenn diese sich nicht in dicht bevölkertem Gebiet befinden. Um die Menschen zu motivieren, dieses Evakuierungsangebot anzunehmen wird häufig ein kleines Kulturprogramm geboten, etwa ein Kinobesuch. Diese „Evakuierungen" sind keine lange Sache, in der Regel ist das nach 90 Minuten oder zwei Stunden vorbei.

Man muss aber sagen, dass das Evakuierungsangebot nur von relativ wenigen Menschen angenommen wird, denn hier kommt ein ganz anderer Anreizeffekt ins Spiel. Fällt nämlich tatsächlich eine Endstufe oder ein Booster in ein landwirtschaftlich genutztes Gelände, oder womöglich sogar auf ein Haus, dann gibt es sehr hohe Reparationsleistungen. Was immer zerstört wird, man kann es hernach auf Staatskosten prächtiger aufbauen als zuvor. Es wird also eine Art von „Absturz-Bingo" gespielt. Somit tritt der gegenteilige Effekt ein: Die Leute wollen gar nicht evakuiert werden, sondern fahren ganz im Gegenteil in die Absturz-Zone um zu schauen, ob für sie möglicherweise ein Profit dabei herausschauen könnte. Nicht umsonst existieren zahlreiche Filme und noch mehr Einzelfotos im Internet, in denen man diese herabfallenden Stufen sieht.

■ Die Bilder auf den Seiten 172 und 173 entstanden alle nach dem Start von Beidou 3-M21 und M22.

■ Der Schaden ist nicht unerheblich.

■ Der Treibstofftank sieht noch gut erhalten aus.

Aber auch wenn das jetzt ein wenig scherzhaft klingt: Natürlich ist den chinesischen Raumfahrtmanagern bewusst, dass es so nicht auf ewig weitergehen kann. Eine der Antworten auf dieses Problem sind Startplätze an der Küste und auf Barken im Meer. Der Startplatz Wenchang am Gelben Meer wird in den letzten Jahren stark ausgebaut. Zu den Startanlagen für die Langer Marsch 5, 7 und 8 werden zukünftig auch die Rampen für die Langer Marsch 9 und 10 dazukommen. Und zum Zeitpunkt, an dem diese Zeilen entstehen, wird eben ein kommerzielles Startzentrum in Wenchang nördlich der bisherigen Anlagen gebaut. Und alles was in Wenchang und auf den Barken startet hat seine Drop-Zones weit draußen auf dem Meer.

Die zweite Maßnahme, welche die chinesischen Raumfahringenieure derzeit einführen, ist die Verwendung sogenannter „Grid Fins“. Das sind Steuerflossen am oberen Ende einer Stufe, mit denen eine halbwegs genaue Rückkehr durchgeführt werden kann. Es ist ähnlich wie bei den Falcon 9-Raketen von SpaceX, wo diese Grid-Fins eine gesteuerte Landung erlauben. Das wollen die chinesischen Ingenieure in einigen Jahren auch schaffen, aber für Präzisionslandungen reicht es derzeit noch nicht. Vorläufig geht es beim Einsatz dieser Grid Fins nur darum, eine menschenleere Aufschlagzone zu treffen.

■ Womöglich Gegenstand eines staatlichen „Wiederaufbau-Programms“.

Logos, Sticker, Startplakate

Missionsembleme, Missionssticker und Startplakate gibt es bei allen Raumfahrtnationen und fast seit Anbeginn der Raumfahrt. Nicht für alle Missionen, aber für die Meisten. Elon Musks Raumfahrtunternehmen SpaceX beispielsweise hat das für seine dutzende von immer gleich ablaufenden Starlink-Missionen längst eingestellt. Aber auch SpaceX fertigt diese „Erinnerungsträger" weiterhin für alle Einsätze an, für die ein Kunde viel Geld bezahlt hat oder die man in sonst einer Weise für bedeutend hält. Das können dann beispielsweise auch firmeninterne Erstflüge neuer Raketen oder neuartiger Nutzlasten sein.

Manche dieser Symbolbilder sind ein ästhetischer Genuss. Viele sind es eher so lala, manche sind ein Gräuel. Letztere häufig so nebenbei angefertigt von Ingenieuren, deren Begabungsschwerpunkt ganz offensichtlich nicht auf künstlerischem Gebiet liegt, sondern – hoffentlich – im System Engineering, in der Fertigung oder der Qualitätskontrolle von Raumfahrzeugen. Manche Unternehmen und Organisationen produzieren Grafiken voller Symbolik und ästhetischem Feingefühl. Manch andere sind einfach in der Absicht entstanden, möglichst viele Informationen auf möglichst kleinem Raum unterzubringen. Dann verwendet man gerne ein halbes Dutzend unterschiedlicher Schrifttypen, gespickt mit unverständlichen Akronymen und vollgestopft mit nichtssagenden Bildern von Raketen, Satelliten oder Instrumenten. So schlimm, dass man schier den Augenkrebs bekommt.

Es ist nicht in allen Fällen Kunst, aber es ist meistens nett und erzeugt den „möchte ich gerne haben" – Effekt. Ich kann ein Lied davon singen.

China ist es gelungen, die Symbolbilder ihrer Missionen zur eigenen Kunstform zu erheben. Wobei diese „Kunst", gerade bei den Plakaten, schon manchmal – siehe oben – diskutabel ist, und wahrscheinlich schon im einen oder anderen Fall vom einen Projektingenieur angefertigt wurde, der gerade auf seinem eigentlichen Fachgebiet nicht so ganz ausgelastet war. Doch wenn man den einen oder anderen künstlerischen Fehlschuss außen vorlässt, ist es immer wieder ein Genuss, sich diese Embleme, Sticker und Startplakate genauer anzuschauen. Und es macht immer wieder Kopfzerbrechen, sich zusammenzureimen, was da jetzt mit diesem manchmal hoch verschlüsselten Angebot an Information gemeint ist. Denn anders als im Westen, wo diese kleinen Grafiken schon in irgendeiner Presseaussendung oder einem anderen Medienformat erklärt werden, oder der Projektleiter einer Mission kurz vor dem Start vielleicht ein paar launige Bemerkungen dazu macht, erfährt man die Auflösung des Rätsels in China fast nie. Man muss es sich zusammenreimen. Manchmal scheint die Lösung des Rätsels klar, manchmal kommt man aber einfach nicht weiter.

Versuchen wir es mal mit einigen Missionslogos und Plakaten. Wo mir die Erklärungen ausgehen, fallen Ihnen ja vielleicht welche dazu ein. Wenn dem so ist, lassen Sie es mich wissen. Gute Erklärungen honoriere ich mit einem Exemplar eines Jahrbuches aus meiner „SPACE"-Reihe. Wenn Sie mich bei Fehlern in meinen Interpretationen erwischen (und die Richtigkeit Ihrer Aussage nachweisen), gilt das genauso. Meine E-Mail-Adresse finden Sie im Anhang dieses Buches. Zum „Aufwärmen und Einsteigen" sehen wir uns aber erstmal ein Mission-Patch von SpaceX und ein Startplakat der Arianespace an.

SpaceX kreiert für seine Kundenstarts Embleme, die immer Witz, Pfeffer, Sachlichkeit und Vision miteinander verbinden. Die Verbindung durch alle Embleme ist ein kleines grünes vierblättriges Kleeblatt. Dieser „running gag" zieht sich durch ausnahmslos alle Missionen, für die SpaceX die

■ Missions-Patch des SpaceX-Fluges SpaceX Crew 6.

so genannten „Mission patches“ anfertigt. Ein Beispiel dafür ist dieses Startlogo, das gespickt ist mit Informationen. Angefertigt wurde es für die SpaceX Crew 6-Mission, die am 2. März 2023 zur Internationalen Raumstation startete. Es zeigt oben links und rechts die Namen der Crew. Die US-Astronauten blicken nach links zu ihren Namen, die beiden anderen Besatzungsmitglieder aus Russland und den Vereinigten Arabischen Emiraten blicken nach rechts oben. Über ihren Köpfen die ISS, das Ziel der Mission. In der linken und rechten Ecke sind SpaceX aus Dienstleister und die NASA als Auftraggeber vermerkt. Die vier Dragon-Raumschiffe symbolisieren die vier Einsätze des Crew Dragon *Endeavour*, der für diese Mission eingesetzt wird. Darunter finden wir den symbolisierten Kopf eines Drachen, der für das „Dragon“-Raumschiff steht. Dann kommt die Bezeichnung der Mission (Crew 6), und in der unteren Ecke das obligatorische vierblättrige Kleeblatt. Die unterschiedlich großen Sterne und Punkte stellen eine komplexe Mehrfachsymbolik dar, die von der Rekrutierungsklasse der beteiligten US-Astronauten, deren Flugstatus, der Anzahl der Crew-Dragon-Flüge generell und zur ISS, bis hin zum Sternbild Drachen reicht, der wiederum das Raumschiff symbolisiert. Man sieht, da ist viel drin.

Mission-Patches im US-Sinne, die man auf seinen Reisekoffer klebt oder auf einen Blouson näht, gibt es beim europäischen Raumtransportdienstleister Arianespace nicht. Stattdessen werden dort wunderschöne Startplakate und Anstecknadeln mit einer eigenen, durchgängigen Gestaltungslinie produziert, die schon von weitem – und noch bevor man ein einzelnes Detail ausgemacht hat – als eine von Arianspace betreute Mission erkennbar ist.

Es ist alles drauf, die Rakete (Ariane 5), die Nutzlast (Eutelsat Konnect VHTS), das Startzentrum, die ESA und die CNES als gemeinsame Teilfinanziers und „Entwicklungshelfer“ des Satelliten, die Arianespace als die den Start durchführende Organisation. Spezialisten erkennen die Spacebus NEO-Plattform und wissen somit: gebaut hat das Raumfahrzeug Thales Alenia in Cannes und künstlerisch wirklich gut versinnbildlicht ist die Besonderheit des Raumfahrzeugs, die sich auch im Namenskürzel VHTS findet, nämlich „Very High Throughput Satellite“, also der sehr hohe Datendurchsatz der damit möglich ist, und – auch das zeigt die Grafik – als Besonderheit dieses Satelliten die Zusammenarbeit mit Anbietern terrestrischer Glasfaser-Netze, denen dieser Satellit erspart, auch noch ein Kabel bis zum letzten abgelegen Dorf einer dünn besiedelten Region zu legen. Die Zahl 258 schließlich weist darauf hin, dass es der 258. Flug einer Ariane-Rakete ist (gezählt seit dem 23. Dezember 1979, als die Ariane 1 zu ihrem Jungfernflug startete).

■ Arianespace-Plakat zur Mission VA 258.

■ Programmsymbol des chinesischen Mondprogramms.

Doch nun ab nach China. Beginnen wir mit etwas Leichtem. Mit der Symbolgrafik des chinesischen Mondprogrammes. Es zeigt eine kalligraphisch abstrahierte Mondsichel des zunehmenden Mondes. In der Mitte befinden sich zwei menschliche Fußabdrücke. Sie erinnern zum einen an das chinesische Schriftzeichen 月, das für den „Mond“, steht, zum anderen aber auch an das ultimative Ziel des Programms, den Weg für bemannte Flüge zum Mond zu ebnen. Die chinesische Schriftzeichen bedeuten „Projekt Chang'e“, darunter steht die Abkürzung CLEP, die für Chinese Lunar Exploration Program steht. Ein englisches Akronym deswegen, weil China auch an internationalen Konferenzen und Informationsaustausch-Programmen teilnimmt, soweit sie nicht in den USA stattfinden.

■ Programmsymbol Shenzhou und gleichzeitig Missionssymbol Shenzhou 5.

Hier haben wir das Programmlogo für das Shenzhou-Programm, das gleichzeitig auch das Missionslogo für die Shenzhou 5-Mission war. Letztere Version unterscheidet sich von der ersten lediglich durch ein einziges Sternchen mehr, das wohl den Astronauten Yang Liwei symbolisieren soll. Das geschwungene rote „S“ kann sowohl eine künstlerisch gestaltete Zahl 5 sein, oder auch die angedeutete lateinische Abkürzung des Wortes Shenzhou. Es weist von der Erde hin zum Mond, wo die Mondgöttin Chang'e zu sehen ist. Die Pünktchen, die sie umgeben, stellen Bänder dar. Sie haben mit Sicherheit auch eine Bedeutung, aber die ist mir nicht klar. Die beiden Schriftzeichen in der Mitte stehen für „Shen“ und Zhou“. Darunter steht das noch einmal in lateinischer Notation.

Die fünf großen Sterne stehen wohl für die zu diesem Zeitpunkt durchgeführten fünf Missionen, wobei der Stern rechts unten geringfügig kleiner ist, was auf die nicht vollständig erfolgreiche Mission von Shenzhou 3 hindeuten könnte. Die drei kleinen Sterne könnten möglicherweise das dreisitzige Raumschiff symbolisieren. Und auch die fünf unterschiedlich großen weißen Punkte haben eine Bedeutung, über die ich nur spekulieren kann. Es sind zwei große und drei etwas kleinere Punkte. Das könnte ein Hinweis auf die drei ersten Testraumschiffe sein, die noch nicht vollständig ausgerüstet waren, während die dicken Punkte die vollständig ausgestattete Shenzhou 4 und die erste bemannte Einheit, nämlich Shenzhou 5 zeigen. Sie sehen: Es ist etliches an Spekulation drin. Wenn Sie es genauer wissen, sagen Sie es mir.

■ Startlogo der Xihe-Mission.

Hier wird es jetzt schon schwieriger, aber man kann es noch aufdröseln. Dieses Patch wurde für den Start des Sonnenbeobachtungssatelliten Xihe angefertigt, der im Westen als CHASE (für: Chinese Hydrogen-Alpha Solar Explorer) bezeichnet wurde. Dieser Satellit wurde am 14. Oktober 2021 gestartet. Die eingesetzte Trägerrakete ist klar und deutlich erkennbar: Eine Langer Marsch 2D. TSLC bedeutet Taiyuan Space Launch Center. Es handelt sich bei der Mission um den 10. Start des Jahres von Taiyuan aus, wie wir rechts neben dem Kürzel des Startplatzes sehen können. Diese Zahl steht aber auch für den Startmonat. Auch das Kürzel CASC ist klar: Das Staatsunternehmen CASC hat sowohl die Trägerrakete als auch den Satelliten gebaut. Die Zahl 55 bezeichnet den 55. Start einer Langer Marsch 2D, und die Zahl 53Y bezeichnet die Seriennummer der gestarteten Rakete (die werden nicht in chronologischer Abfolge gestartet).

Der Satellit wird von Xihe in den Händen gehalten, der chinesischen Sonnengöttin, die zehn Sonnen gebar. Die sind als Sternchen um sie herum abgebildet. Der Strahlenkranz außen um das Emblem ist ebenfalls klar. Es zeigt die Sonnenkorona. Die soll der Satellit beobachten. Die Symbolik in der unteren Hälfte des Bildes erschließt sich aber nicht spontan. Sie repräsentieren wohl die Wasserstoff-Alpha-Spektrallinie der Sonne und zeigt außerdem magnetische Feldlinien. *Bei einem Orbitalteleskop gibt es keine Unschärfe durch die von der Erdatmosphäre verursachten atmosphärischen Effekte, keine Kontamination durch die Spektrallinien von Wassermolekülen, und durch die Wahl einer Polarbahn senkrecht zur Achse Erde-Sonne ist eine ununterbrochene Beobachtung möglich, auch wenn in China Nacht ist* (Zitat deutsche Wikipedia). Wenn Sie der Satellit interessiert, im Anhang gibt es zwei Internet-Adressen dazu.

■ Die Zahl 50 steht hier deutlich im Vordergrund.

Dieses Logo ist für chinesische Verhältnisse sehr karg ausgefallen. Es wurde für den Start des Umweltbeobachtungssatelliten Gaofen-9-04 am 6. August 2020 für das chinesische CHEOS Umweltmonitoringprogramm ausgegeben. Es enthält keinerlei Informationen über den Satelliten selbst, was die Vermutung nahelegt, dass er eher militärisch als zivil genutzt wird. Wir sehen die Rakete, die sich zusammen mit einigen nicht deutbaren Elementen zur Zahl 50 formt. Das bedeutet ein Jubiläum für den Träger, der im Übrigen die Seriennummer 56 trägt. Zusätzlich ist es sowohl die achte Langer Marsch 2D-Mission des Jahres 2020 als auch die Abbildung des Startmonats. Auch der Hersteller der Rakete ist genannt, nämlich die CAST. Die Ornamentik im 5er-Bogen und im symbolischen Drachen im Querbalken (Symbol für China?) erschließt sich mir nicht.

■ Dieses Logo zitiert gleich zweimal SpaceX.

Hier wird es ein wenig ulkig. Für den Start des Ozeanüberwachungssatelliten Haiyang-2C entwarfen die Medienleute der CASC dieses Emblem. Neben den üblichen Informationen, die Sie nun schon kennen, wie den Startplatz JSLC (Jiuquan Space Launch Center), dem verwendeten Raketentyp und dessen Seriennummer, sowie dem Monat des Starts, sehen wir wie im Inneren des Bildes einige Details zur Mission selbst. Daraus können wir schließen, dass sich der Satellit auf einer polaren Bahn bewegt, und durchaus nicht nur ozeanografische Aufgaben erfüllt, sondern auch über Land aktiv ist. Die Messungen können dabei bei Tag und bei Nacht durchgeführt werden. Die acht Sterne rechts oben symbolisieren die acht bisher gestarteten Satelliten der Haiyang-Reihe.

Doch nun wird es interessant. Die erste Stufe der Trägerrakete ist nämlich mit Grid Fins ausgestattet, genau von der Art, wie sie das US-Unternehmen SpaceX verwendet. Sie wird bei Starts mit der Langer Marsch 2D immer häufiger verwendet, um den Einschlagpunkt nach dem Ausbrennen genauer zu definieren, und die Stufe von bewohnten Gegenden wegzulenken. Für eine raketenunterstütze Landung können sie noch nicht verwendet werden. Und jetzt kommt der wahre Gag: Das Emblem hat die Form eines vierblättrigen Kleeblattes. Und hier muss man wissen, dass SpaceX bei all seinen Kunden-Missionen stets irgendwo ein vierblättriges Kleeblatt in das Missionsemblem einbaut. Wir haben hier also gleich zweimal in diesem Mission Patch SpaceX zitiert. Mehr Respekt für den Konkurrenten kann man kaum zollen.

Hier haben wir ein Startplakat von der Sorte, die ich eingangs erwähnt habe. Es wurde erstellt für einen Start am 6. November 2020, bei dem – unter anderem – zehn Kleinsatelliten der argentinischen Aleph-Serie in den Orbit gebracht wurden. Selbst wenn man kein Chinesisch schreibt

■ Ein besonders abschreckendes Beispiel für ein Startposter.

und spricht kann man hier klar erkennen: Das hat kein Grafikbüro gemacht, sondern wahrscheinlich ein Vordiplom-Student. Das war jemand, der mit großer Begeisterung den gesamten Baukasten an Schrifttypen und Farben verwendet hat. Es gibt aber einen Hinweis auf den Urheber des Plakates. Schauen Sie sich dazu die kleine Comic-Figur rechts unten an. Daneben steht: Unser Weltraumposter-Kommando. Man nimmt sich also selber nicht ganz so ernst, und das ist schon mal ein sympathischer Zug.

Selbst der Google-Translator, über den ich das Bild habe laufen lassen, stellt den (viel zu vielen) Text in acht verschiedenen Fonts und in ebenso vielen unterschiedlichen Größen dar. Dazu noch die halbe Farbpalette des Regenbogens: Es ist ein Gräuel. Und um dem Plakat noch die letzte Ästhetik zu nehmen ist rechts oben auch noch das Startlogo in die Ecke gepappt.

Dieses Plakat ist geringfügig besser. Es wurde für eine so genannte „Rideshare-Mission“ (bei dem sich eine größere Anzahl von Satellitenherstellern und Instituten eine Rakete teilen) am 27. April 2021 herausgegeben. Es ist klarer gestaltet und nicht so überfüllt. Links unten finden wir wieder unser Weltraumposter-Kommando und der Text sagt nicht recht viel mehr als „am 27.4.2021 wurden Qilu-1 und weitere neun kommerzielle Satelliten erfolgreich gestartet“.

■ Etwas schöner als vorhin, es ginge aber auch noch deutlich besser.

Eine Praxis bei Kleinkonstellationen ist es, die Startlogos so zu gestalten, dass sie nach der Vollendung der Konstellation ein übergeordnetes Bild ergeben. So ein Bild, noch nicht fertig bestückt, sehen wir hier. Für jeden einzelnen Start wird ein dreieckiges Logo herausgegeben, die dann reihum im Uhrzeigersinn an das vorherige Logo angesetzt werden. Am Ende ergibt das – in diesem Fall – ein sechseckiges Gesamtlogo. Solche kleinen Gimmicks werden allerdings nicht vorher bekannt gegeben, so dass man frühestens beim zweiten Start einer Serie erkennen kann, dass hier ein kombiniertes Logo entstehen soll.

■ Die beiden Missi-on-Patches für Gaofen-9-02 und 09-03.

Hier abgebildet sind die ersten beiden Starts der Gaofen 9-Konstellation, die zum CHEOS-Programm gehört. Der erste Start erfolgte im Mai 2020, die zweite Mission wurde im Juni 2020 gestartet. In beiden Fällen wurden Trägerraketen des Typs Langer Marsch 2D eingesetzt. Die chinesischen Schriftzeichen stehen für den Startort Jiuquan.

Allzu sicher sein sollte man sich mit so einer Deutung allerdings nicht, denn das linke Dreieck steht für Gaofen 9-02 und das rechte Dreieck für Gaofen-9-03. Gaofen-9-01 ist also in dieses – vermutete – Gesamtbild gar nicht eingebaut. Auch Gaofen-9-04 und 9-05 hätten keinen Beitrag zur Vervollständigung eines Gesamtbildes gegeben. Beide starteten im August 2020 und ihre Logos sahen ganz anders aus.

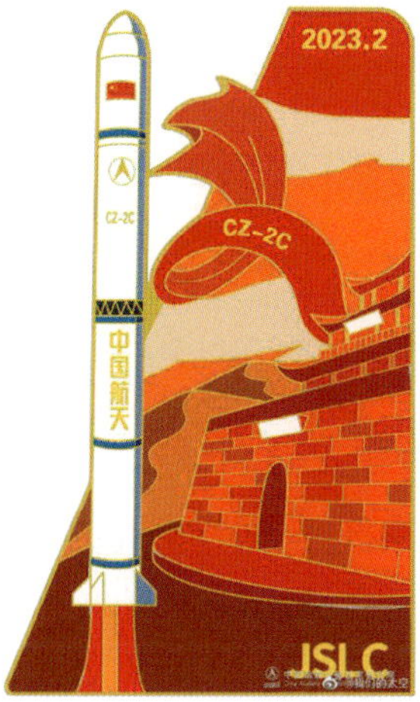

■ Das Missionslogo für den ägyptischen Erdbeobachtungsatelliten Horus 1.

■ Und das Gegenstück für Horus 2.

Eindeutig ist es aber hier. Es handelt sich hier um zwei Starts von Erdbeobachtungssatelliten, Horus 1 und Horus 2, welche die chinesische Raumfahrtagentur für Ägypten durchgeführt hat. Nach dem ersten Start war noch nicht klar, dass es ein Gesamtbild mit dem Missionspatch für den zweiten Satelliten ergeben soll. Die Bilder zeigen neben den üblichen Startinformationen Teile der historischen Stadtmauer von Jiuquan. Im Hintergrund eine Sanddünen-Landschaft, wie man sie wohl für Ägyptens Sahara-Landschaften annehmen darf. Die Straße symbolisiert die chinesische „Belt and Road Initiative", in Deutschland besser bekannt als die „Neue Seidenstraße".

■ Das Missionslogo für Yaogan 34.

Tiere aller Arten, Formen und Farben finden sich sehr gerne auf chinesischen Missions-Patches. Schauen wir uns einige von diesem Typ an. Dieses Logo wurde für den Start von Yaogan 34 angefertigt, womit wir wissen, dass es sich um einen Militärsatelliten handelt. Die offizielle Verlautbarung besagte damals, dass Yaogan 34 ein optischer Fernerkunder sei, der hauptsächlich für Geländeerhebung, Stadtplanung, katasteramtliche Aufgaben, Straßenbau, Ernteschätzung, Desaster-Monitoring, Katastrophenvermeidung und andere Themen verwendet werde. Gegen diese offiziellen Angaben sprechen aber andere Indizien. Den Bahndaten nach handelt es sich bei Yaogan 34 um einen sogenannten NOSS-Satelliten (NOSS = Naval Ocean Surveillance Satellite). Allerdings ist er als Einzelsatellit für diese Aufgabe nur bedingt geeignet. NOSS-Satelliten bewegen sich in aller Regel in Dreiergruppen. Bald nach dem Start wurde festgestellt, dass Yaogan 34 den (als solche erkannten) NOSS-Satelliten der Yaogan 31-Serie „nachläuft". Und tatsächlich sind dies vier Dreiergruppen.

Bloß, damit haben wir den Einsatzzweck immer noch nicht herausgefunden, denn als Einzelsatellit kann er nur bedingt NOSS-typische Aufgaben erledigen. Das Logo mit seiner eingebetteten Rakete stellt wohl eine Pfeilspitze dar. Auch die fünf Sterne dürften ein Hinweis für irgendetwas sein, bloß welcher? Der abgebildete Bereich der Erde zeigt den südostasiatischen Archipel. Also doch eine Art Marineaufklärung?

Und die beiden Tiere? Das weiße Pferd ist eine mythologische Figur, die in vielen Funktionen agiert. So gibt es beispielsweise einen Tempel des weißen Pferdes, aber es ist auch Ausdruck militärischer Stärke und Beweglichkeit. Und die Seeschwalbe? Wahrscheinlich gibt es auch für sie einen mythologischen Hintergrund, bekannt ist aber auch, dass sie ein extrem seltener Vogel ist und sich über dem südostasiatischen Meer bewegt. Also doch Marineaufklärung? Wir wissen es nicht ganz genau, aber die Hinweise sind deutlich.

■ Missionspatch für Haiyang 2D.

Hier sind die spekulativen Elemente deutlich kleiner. Das was hier am 19. Mai 2021 gestartet wurde, ist ein Meeresbeobachtungssatellit der Haiyang-Serie und somit ein ziviles Objekt. Er wird vom National Satellite Ocean Application Service (NSOAS) betrieben. Die Einheiten der Haiyang-Serie werden für die Überwachung des Schiffsverkehrs, die Messung der Chlorophyllkonzentration der Weltmeere, der Wassertemperatur, Windgeschwindigkeiten über dem Wasser und der Wellenhöhe in den Meeren verwendet. Die Langer Marsch 4B-Rakete, mit der der Satellit gestartet wurde, und ein Wal, der die Rakete in einer anatomisch sicher völlig unmöglichen Bewegung mit durchgedrücktem Rücken umschwimmt. Aber das ist künstlerische Freiheit. Was für eine Stele oder Monument das links im Bild ist, ist (zumindest mir) nicht bekannt. Möglicherweise hat es mit der Auftrag gebenden Organisation (NSOAS) zu tun.

Dieses Logo wurde für den zivilen Radar-Erdbeobachtungssatelliten Ludi Tance-1-01B geschaffen, der am 27. Februar 2022 von Jiuquan aus gestartet wurde. Er ist Bestandteil einer Klein-Konstellation. Neben den üblichen Informationen, auf die wir jetzt nicht eingehen wollen, weil Sie sich das inzwischen selber zusammenreimen können, bleibt vor allem der Tiger übrig. Der Tiger ist das dritte Tier der chinesischen Tierkreiszeichen, und am 1. Februar 2022 begann das Jahr des Tigers. Die Mission von Ludi Tanc-1-01B

■ Ein Missionslogo für das Jahr des Tigers.

war der erste Orbitalflug des neuen chinesischen Jahres, somit hat man wohl den Tiger aus diesen Gründen mit auf das Logo genommen. Die beiden Hemisphären, die den Hintergrund bilden, zeigen einmal die Tag- und die Nachtseite der Erde. Als Radarsatellit ist Ludi Tance-1-01B nicht auf optische Beobachtbarkeit angewiesen. Er kann seine Beobachtung bei Tag und Nacht durchführen, und es ist ihm egal, wie das Wetter auf der Erde ist.

■ Jubiläumslogo zum 400. Start einer Langer Marsch-Rakete.

Hier haben wir ein Jubiläums-Patch, das wenig mit dem Auftrag der Mission zu tun hat, aber viel mit dem Jubiläum. Über den Auftrag wollte man sich wohl bewusst nicht weiter auslassen, denn es ist eine Militärmission, für welche die Langer Marsch 4B am 10. Dezember 2021 im Einsatz war. An Bord befanden die beiden Funkaufklärer Shijian-6-05A und 05B. Ansonsten erzählt das Logo eine nette Geschichte.

Die Zahl 400 steht für den 400. Start einer Trägerrakete der Langer Marsch-Reihe, also der Raketenfamilie, die von der CASC hergestellt wird. In der ersten Null der Zahl 400 ist eine Rakete des Typs Langer Marsch 1 eingebettet, mit der das chinesische Weltraumprogramm begann.

In der zweiten Null sehen wir die Langer Marsch 4B der Jubiläumsmission. Der geschwungene Bogen um die Zahl symbolisiert den „Langen Marsch", den die chinesische Raumfahrt seither zurückgelegt hat. Genauso tun es die Trampeltiere, von denen je eines für die Zahl 100 steht. Sie stehen auch für das Transportmittel der Seidenstraße, denn Chinas Raumfahrt ist stark in die Seidenstraßen-Initiative eingebunden. Und wofür könnten die zwölf Sterne stehen? Dazu fällt mir nichts Besseres ein, als dass der Start im Dezember war, also im 12. Monat des Jahres.

■ Einen Hasen und zwei Delphine findet man bestimmt nicht häufig auf einem Missionslogo.

Zwei Tiere, ein Logo. Spät im neuen chinesischen Kalenderjahr startete China die erste Mission, denn schon am 22. Januar 2023 löste im Tierkreiskalender der Hase den Tiger ab. Seither war Startpause gewesen, die erst am 9. März 2023 beendet wurde, und zwar mit dem Transport von Tianhui 6A und 6B. Der Einsatzweck der beiden Einheiten ist nicht ganz klar, aber die beiden Delphine im vermessenen Meer (siehe die Rasterlinien) deuten darauf hin, dass es sich um eine meereskundliche Mission handelt. Die amtliche Erklärung für die Aufgaben der beiden Satelliten hatte von „Kartografierung, der Suche nach Bodenressourcen und für die Durchführung wissenschaftlicher Experimente" gesprochen.

Wenn man sich schon als junges, dynamisches und vor allen Dingen privates Unternehmen gibt, dann kann gerne auch mal das Missionspatch etwas anders ausfallen, als die sonst immer sehr ernsten Logos der staatlichen Unternehmen. Und ja, wenn Sie mit diesem Buch bis hierhergekommen sind, dann wissen Sie, dass hinter dem „Privatunternehmen" ExPace die CASIC als Muttergesellschaft steht, und die ist so staatlich, wie es nur irgendwie gehen kann.

■ ExPace hat sich hier einen ziemlich peppigen Missionspatch ausgedacht.

Umso mehr freut es einen, so ein peppiges, lebendiges Logo zu sehen. Es entstand für den Start des Technologiesatelliten Yinhe-1 am 16. Januar 2020. Links oben eine im chinesischen Raumfahrtprogramm beliebte Comic-Symbolfigur mit lustigem Raketenhelm. Rechts der Rakete offenbar angedeutet in welchen Bereichen der Satellit die Technologieerprobung durchführen soll. Links die Rakete selbst mir ihren charakteristischen Grid-Fins. Das kalligrafische Zeichen im Hintergrund ist für mich nicht deutbar. Die Weltkugel sehen wir – wie fast immer – mit China im Zentrum. Und ganz oben an der Spitze des Logos – wir sind ja privat unterwegs – finden wir tatsächlich Reklame. Für Alipay, den weltweit größten Bezahldienstleister.

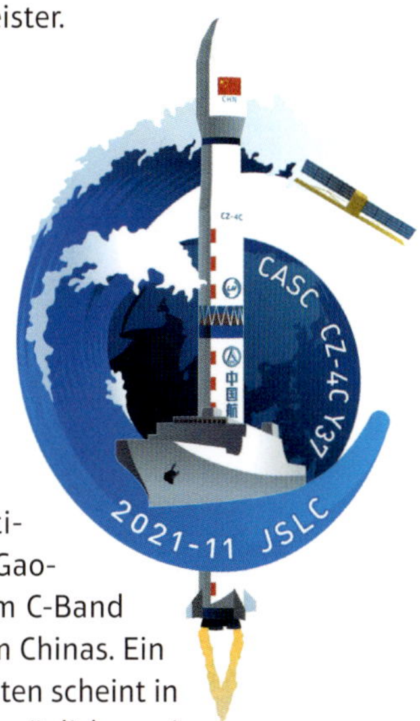

■ Ein wenig rätselhaft, was sich hinter diesem Logo verbirgt.

Zum Schluss unserer kleinen „Patch-Parade" noch zwei etwas eigenartige Logos. Das erste, weil es so seltsam unproportional ist. Es entstand für den Start von Gaofen-02-02 am 23. November 2021, einem C-Band Radarsatelliten für das CHEOS-Programm Chinas. Ein wesentlicher Teil der Aufgaben des Satelliten scheint in ozeanografischen Forschungen zu liegen, möglicherweise in der Ermittlung von Wellenhöhen. Das Schiff könnte auf eine Zusammenarbeit mit bodengestützten Elementen hinweisen. Also vielleicht auf einen Abgleich der weltraumgestützten Daten mit den vor Ort vorgenommenen Messungen zur Kalibrierung der Messdaten des Satelliten. Das ist aber spekulativ. Ganz oben rechts, wo sich die Welle bricht, ein Bild des Satelliten. Die Weltkugel, mit China im Zentrum, in dunkelblauen Tönen gehalten um Nacht abzubilden, und damit auch auf die Fähigkeit des Satelliten, bei Tag und Nacht und jedem Wetter auf der Erde seine Beobachtungen machen zu können. Bei der Erklärung dieses Logos bleibt allerdings einiges offen.

Am 20. Dezember 2020 brachte eine Langer Marsch 4B insgesamt neun Satelliten in den Orbit: Den Chinesisch-Brasilianischen Umweltbeobachtungssatelliten CBERS 4A als Hauptnutzlast, sowie acht Kleinsatelliten. Im Mission-Patch sind sie angedeutet durch ein Bild des CBERS-Satelliten selbst. Die acht Kleinsatelliten werden durch die acht Sterne repräsentiert. Rechts sehen wir die brasilianische Flagge, links die Flagge Chinas. ZY-1 04A ist eine Zusatzbezeichnung von CBERS-4A.

Ein wenig unverständlich ist, warum das Bild für eine der Nebennutzlasten zentriert wurde, nämlich den Äthiopischen (aber in China gebauten) ETRSS-1. Im Zentrum des Bildes liegt also Äthiopien. Die beiden Hauptakteure, nämlich China und Brasilien, sind ganz an den Rand gerutscht.

■ Startlogo für CBERS-4A und acht Kleinnutzlasten

Von Brasilien ist links noch ein schmaler Streifen zu sehen, von China noch das westliche Drittel. Warum die chinesische Raumfahrtbehörde dieser kleinen Nebennutzlast eine solche Bedeutung beimißt kann nur an der „Neuen Seidenstraße-Initiative" liegen. Quasi als Belohnung, dass Äthiopien China als Startdienstleister und Technologiepartner gewählt hat.

Und das war er dann, unser kleiner Streifzug durch die Welt chinesischer Startembleme.

Eine kleine Unternehmenskunde

Wir beschäftigen uns in diesem Buch an vielen Stellen mit Chinas Raumfahrtunternehmen. Dort arbeiteten im Jahr 2023 mehr als 200.000 Menschen direkt an Raketen und Raumfahrtvorhaben. Und es gibt eine noch viel größere Anzahl derer, die indirekt mit dieser Industrie zu tun haben, indem sie Subsysteme, Komponenten, Bauteile oder Dienstleistungen bereitstellen.

Nachdem es ein völlig hoffnungsloses Unterfangen wäre, alle chinesischen Raumfahrtunternehmen erfassen zu wollen (das gäbe wahrscheinlich einen umfangreichen Katalog) gehen wir hier ziemlich selektiv vor und beschränken uns auf die Firmen, denen wir in diesem Buch schon begegnet sind, und die vorwiegend mit der privatwirtschaftlichen Entwicklung von Trägerraketen befasst sind.

Nach wie vor dominieren die staatlichen Raumfahrtfirmen das Bild in China bei weitem. In den letzten Jahren kommen aber immer mehr private oder halbprivate Unternehmen dazu. Letztere sind oft Ausgründungen der Staatsriesen CASC oder ihrer Töchter CASIC und SAST, Ableger der großen Universitäten des Landes oder entstehen tatsächlich auf die Initiative privater Unternehmer.

In der Folge versuche ich, soviel wie möglich der höchst verwirrenden chinesischen Firmen-Genealogie wegzulassen, denn da kommt man schnell ins Verzweifeln. Halten wir es schlicht und knapp.

Das alles beherrschende Staatsunternehmen ist die China Aerospace Science and Technology Corporation (kurz: CASC), die alleine schon über etwa 170.000 direkt beschäftige Mitarbeiter verfügt. Interessant für so ein Traditionsunternehmen ist, dass fast die Hälfte der Angestellten jünger als 30 Jahre ist. Diese „Mutter aller Raumfahrtunternehmen Chinas" geht zwar noch auf Qian Xuesens so genanntes „5. Forschungsinstitut des Verteidigungsministeriums" zurück, scheint aber trotz ihres ehrwürdigen Alters gerade bei der Jugend als Arbeitgeber sehr beliebt zu sein, und das trotz der, wie man sich erzählt, eher überschaubaren Gehälter, die dort gezahlt werden sollen.

Ihrer Größe angemessen, beschäftigt sich die CASC mit praktisch jedem staatlich initiierten Raumfahrtprogramm in China, von der Entwicklung von Trägerraketen, über die Entwicklung und den Bau von Kommunikationssatelliten, über das bemannte Raumfahrtprogramm, bis hin zu den Mond- und Planetenprogrammen. Sie unterhält dabei ein

■ Die CASC ist der chinesische Raumfahrt-Supergigant.

■ Das Verwaltungsgebäude der CASC in Peking.

tief verschachteltes, kaum entwirrbares Netz von Tochtergesellschaften, Tochtergesellschaften von Tochtergesellschaften, halb-privatwirtschaftlichen Ausgründungen, Lehrinstituten, Medien- und Finanzfirmen.

Stellen Sie sich die CASC als einen Riesenkraken mit zahllosen Fangarmen vor. Sie hat diese Fangarme praktisch überall drin, wo außen im weitesten Sinne Raumfahrt drauf steht. In komplexen organisatorischen Konstrukten nimmt sie auch Einfluss auf privatwirtschaftliche Neugründungen oder führt selbst Ausgründungen durch.

Die bekanntesten „Töchter" der CASC, ihrerseits gewaltige "Kraken", sind die China Aerospace Science and Industry Corporation (kurz: CASIC), die China Academy of Launch Vehicle Technology (kurz: CALT), die China Academy of Space Technology (kurz: CAST) und die Shanghai Academy of Spaceflight Technology (SAST). Tatsächlich gibt es viel mehr als diese vier, aber das sind die Größten, sie erscheinen in diesem Buch mehrmals und deshalb seien sie hier genannt.

- Die CASIC ist der militärische Arm der CASC. Sie beschäftigt sich hauptsächlich mit militärischen Raketen aller Art, mit Marschflugkörpern, kleineren Militärsatelliten und militärischer Informationstechnologie. Aber auch mit zivilen Feststoffraketen, dann aber nicht direkt, sondern über weitere Tochterunternehmen und Ausgründungen. Mit einer davon, der CSSG, beschäftigen wir uns gleich noch.
- Die CALT entwickelt und baut Trägerraketen.
- Die CAST beschäftigt sich unter anderem mit Raumfahrttechnologie, dem Bau von Kommunikationssatelliten, den Shenzhou-Raumschiffen und Mond- und Marssonden. Dort gibt es auch ein Forschungszentrum das den Namen „Qian Xuesen Labor für Weltraumtechnologie" trägt.
- Die SAST schließlich baut Trägerraketen, Satelliten und Flugabwehrsysteme. Bei den Trägern sind uns in diesem Buch schon die Langer Marsch 2D, die Langer Marsch 4B und 4C, die Langer Marsch 6 und die Booster der Langer Marsch 5 begegnet. Alle werden von der SAST produziert.

Für tiefere Einblicke in die Details dieser Materie verweise ich im Anhang auf zwei Seiten der Wikipedia, von wo dann auch Links zu den Einzelunternehmen der CASC abgehen. Es ist eine unterhaltsame, aber auch sehr diffizile Aufgabe, sich den kompletten Familienstammbaum der CASC aufzumalen. Vielleicht ein Projekt für die Nerds an langen Winterabenden.

Doch sehen wir uns nun die Firmen in China an, die private Trägerentwicklungen durchführen und deswegen in diesem Buch an anderer Stelle schon erwähnt wurden. Dazu kommt dann noch ein kleiner Ausflug zu den Flaggschiff-Kommunikationssatelliten Chinas.

Privat unter Vorbehalt

Das Jahr 2014 war ein entscheidendes Datum für die Private Raumfahrt in China. Seit damals ist es möglich, Kapital für Firmengründungen in diesem Sektor zu erhalten, was fast über Nacht zum Entstehen hunderter von Unternehmen führte. Aktuell etwa 15 davon beschäftigen sich mit der Entwicklung von Trägerraketen. Praktisch alle von ihnen bekommen zunächst Fördergelder vom Staat oder den Provinzen, so dass über ihre wirtschaftliche Zukunft noch nicht viele Vermutungen angestellt werden können. Erst nach Auslaufen dieser Förderungen wird sich zeigen, inwieweit diese Unternehmen entweder auf eigenen Füßen stehen können, mit Mitkonkurrenten fusionieren oder die Insolvenz anmelden müssen. Eine Konsolidierung wird aber notwendig sein, denn selbst in China besteht definitiv kein Bedarf für 15 oder mehr private Hersteller von Trägerraketen zusätzlich zu der enormen Bandbreite, welche die staatlichen Hersteller liefern.

„Privat" gilt in China immer unter Vorbehalt, denn vollständig private Unternehmen in denen die Wertschöpfung vollständig außerhalb der Staatsgiganten stattfindet, sind in China immer noch nur selten zu finden (wenn es sie denn überhaupt gibt). So müssen beispielsweise die Hersteller feststoffbetriebener Kleintragerraketen ihre Treibsätze praktisch immer bei staatlichen Rüstungskonzernen kaufen, denen sie damit auf Gedeih und Verderb ausgeliefert sind.

Bis zum heutigen Tag hat kein institutioneller Satellitenhersteller in China einen Startauftrag an ein privates Unternehmen vergeben, so dass hier das Geschäft zumindest momentan noch ausschließlich von privat zu privat läuft.

Veröffentlichte Zahlen dieser Unternehmen sind mit großer Vorsicht zu betrachten. Die Angaben aus der Wikipedia beispielsweise stimmen fast nie. Um das festzustellen, braucht man sich noch nicht einmal auf die Suche nach anderen Quellen zu begeben. Häufig genügt der gesunde Menschenverstand.

Wenn wir ein Unternehmen wie beispielsweise **Galactic Energy** betrachten, dann sehen wir in der deutschen Wikipedia eine Zahl von 100 Angestellten genannt. Das kann mit Sicherheit nicht stimmen, denn die Firma baut die Ceres-1 Rakete in Serie, entwickelt komplexe neue Triebwerke und zwei neue Raketen, die wesentlich größer sind als die Ceres-1. Das Unternehmen ist zusätzlich im Verteidigungsbusiness involviert und entwickelt und baut Zieldrohnen. Galactic Energy betreibt bereits vier Ausgründungen und verfügt über ein Finanzvolumen von derzeit (Stand Anfang 2023) mindestens 200 Millionen Dollar. Allein diese Grunddaten deuten darauf hin, dass das Unternehmen eher 500 Menschen beschäftigen muss, wahrscheinlich sogar noch viel mehr.

Ein weiteres Beispiel wäre die **CAS Space**, für die im Jahre 2022 eine Zahl von 200 Angestellten genannt ist. Sie gibt aber ein Portfolio an, das selbst mit 2.000 Mitarbeitern nicht zu bewältigen ist. Möglich ist aber, dass mit diesen Angaben die Mitarbeiterzahlen der jeweiligen Firmenzentralen gemeint sind, oder dass wesentliche Produktionsleistungen an andere Unternehmen oder Töchter ausgelagert, und deswegen nicht in dieser Zahl enthalten sind.

CAS Space ist ein Unternehmen mit gemischtem Bestand an Anteilseignern, aber mit wesentlichen Anteilen der Chinesischen Akademie der Wissenschaften. Die Abkürzung CAS steht für **C**hinese **A**cademy of **S**ciences. Dies ist jedoch nur der Handelsname, quasi ein Pseudonym, mit dem es auf dem Markt firmiert. So ein kurzes Pseudonym ist in diesem Fall ganz angebracht, denn der vollständige und ausgeschriebene Name lautet **Beijing Zhongke Aerospace Exploration Technology Co., Ltd.** Das Unternehmen ist also eine Gesellschaft mit beschränkter Haftung, ähnlich einer deutschen GmbH. Verwirrend ist dabei, dass die Langform der Firmenbezeichnung, wie bei einem Akronym sonst üblich, keinen unmittelbaren Bezug zum Handelsnamen hat. Hauptzweck des Unternehmens ist gegenwärtig die Entwicklung und der Bau der Zhongke-Raketen. Auch hier herrscht wieder Verwirrung außerhalb Chinas, weil das Unternehmen ihre Raketen in der Vergangenheit auch als ZK-1 (für die Zhongke 1), als „Lijian" und die neueren Entwicklungen als „Kinetika" bezeichnet.

Die **ExPace Technology Ltd.** gehört zur China Space Sanjiang Group Corporation (oder kurz: CSSG). Die gehört wiederum zur CASIC, und die wiederum zur CASC. Mit etwa 15.000 Mitarbeitern ist die CSSG für sich alleine schon ein Gigant. **ExPace** ist somit ein Tochterunternehmen auf dem vierten Level unterhalb der CASC. Das Unternehmen entwickelt und baut die Kuaizhou-Raketen. Trotz der privatwirtschaftlichen Gestaltung der Unternehmensform als „Limited" ein 100 Prozent staatliches Unternehmen. Ihren Sitz hat die Firma in Wuhan (genauso wie die CSSG). ExPace beschäftigt etwa 1.500 Mitarbeiter. Das Unternehmen firmiert auch zunehmend häufiger unter dem Begriff „CASIC Rocket Technology Company".

Weil wir grade bei der CASIC sind, ein kurzer Schwenk zu **Xiyong Microelectronics**, denn auch sie ist eine 100-Prozent-Ausgründung der CASIC. Sie baut eine Satellitenkonstellation für meteorologische Daten. Dafür werden seit Januar 2023 die Satelliten gestartet. Bis vor kurzem war dieses Unternehmen im Westen weitgehend unbekannt.

Die Eingangs zu diesem Kapitel erwähnte **Galactic Energy (Beijing) Space Technology Co., Ltd.** oder kurz **Galactic Energy** wurde im Februar 2018 gegründet. Die Firma baut und betreibt momentan den weitgehend feststoffbetriebenen recht erfolgreichen Kleinträger Ceres-1 und entwickelt die beiden flüssigkeitsbetriebenen Raketen Pallas-1 für die untere Mittelklasse, mit etwa vier Tonnen Nutzlastgewicht in den LEO, und Pallas 2 für die obere Mittelklasse mit etwa 14 Tonnen Nutzlastkapazität in den niedrigen Erdorbit. Auch im Verteidigungsbusiness ist das Unternehmen tätig und baut Überschall-Zieldarstellungsdrohnen für die Luftübungen der Nationalen Volksarmee. Die Firma hat ihren Sitz in Peking.

Galactic Energy hat neben dem Bau von Trägerraketen noch weitere sehr ambitionierte Ziele: Das Unternehmen will sich nämlich mit Asteroidenbergbau (Asteroid Mining) beschäftigen.

Die **Landspace Technology Corporation** ist in Peking ansässig. Sie wurde im Jahre 2015 durch den Unternehmer Zhang Changwu gegründet. Die Fertigung und die Testanlagen befinden sich in Xi'an. Das Unternehmen entwickelte die inzwischen wieder aufgegebene Feststoff-Trägerrakete

Zhuque 1 und die mit Methan und flüssigem Sauerstoff betriebene Zhuque 2.

Das Unternehmen scheint, trotz jeweils einem Fehlstart bei der Zhuque 1 und der Zhuque 2, finanziell gut aufgestellt zu sein. Auch hier ist die angegebene Beschäftigtenzahl (238) nur dann glaubhaft, wenn man von umfangreichen Auftragsfertigungen außerhalb des Unternehmens oder bei den vier Tochterunternehmen und den beiden Beteiligungen ausgeht.

Link Space ist die älteste private Raketenfirma in China. Seit 2014 arbeitet das Unternehmen vorwiegend an der Entwicklung senkrecht startender und landender Systeme inklusive Triebwerken. Bis jetzt hat das Unternehmen aber nur Hover-Flüge bis 300 Meter Höhe geschafft. Es ist von außen schwer abzuschätzen, womit Link Space eigentlich sein Geld verdient. Möglicherweise gibt es geduldige Investoren oder das Unternehmen ist gut darin, Fördergelder zu akquirieren.

Ziel des Unternehmens werden die teilweise wiederverwendbaren Raketen der New Line 1 – 3 Serie sein. Ein weiteres geplantes Geschäftsfeld sollen Serviceleistungen „rund um die Rakete" bilden. Von der Fertigung von Bauteilen für anderer Raketenhersteller, über Transportdienstleistungen bis – eines Tages – ein Punkt zu Punkt-Paketdienst mit „Zustellungen" innerhalb von 45 Minuten überall auf dem Planeten.

Beijing Interstellar Glory Space Technology Ltd. ist die Bezeichnung des Raumfahrtunternehmens, das Wu Guosong im Oktober 2016 in Peking gründete. Nachdem diese Bezeichnung doch ein wenig sperrig ist, verwendet die Firma einen wesentlich kürzeren Handelsnamen, und der lautet iSpace. Das Unternehmen baut den feststoffbetriebenen Kleinträger Hyperbola 1 und entwickelt die flüssigkeitsbetriebene und teilweise wiederverwendbare Hyperbola 2.

Am 25. Juli 2019 erreichte eine Hyperbola 1 als erste private Rakete Chinas erfolgreich die Umlaufbahn. Drei darauf folgende Starts scheiterten. Am Beispiel von iSpace wird auch das eingangs des Kapitels erwähnte Dilemma sichtbar: Die Feststoffmotoren als weitaus größte Elemente in der Wertschöpfungskette stammen von der CASC.

iSpace hat sich außerdem auf die Fahne geschrieben, ein suborbitales Weltraum-Flugzeug für den Raumfahrttourismus zu entwickeln.

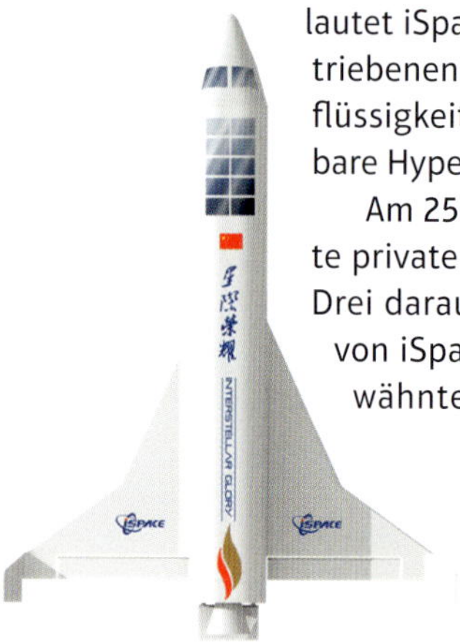

Eins der zukünftigen Produkte von iSpace ist dieses suborbitale Weltraumflugzeug für touristische Zwecke.

One Space, wie der Handelsname der **One Space Technology Group** lautet, wurde 2015 von Shu Chang in Peking gegründet. Das Unternehmen entwickelt und baut suborbitale Höhenforschungsraketen und Orbitalträger. Der erste Versuch eines Orbitalstarts mit einer OS-M1 Rakete scheiterte am 27. März 2019 wegen eines Versagens der Steuerplattform.

Die OS-M1 verwendet als Antriebseinheiten demilitarisierte Treibsätze von aus dem Dienst genommenen Militärraketen.

Seit diesem Startversuch fanden keine weiteren Orbitalstarts mehr statt. Deutlich besser scheint es dagegen in der Sparte Suborbitalraketen zu laufen.

Die **Jiangsu Deep Blue Aerospace Technology Co., Ltd.** (oder kürzer: **Deep Blue Aerospace**) wurde von Huo Liang im November 2016 gegründet. Das Unternehmen hat seinen Sitz in der Provinz Jiangsu, an der Ostküste Chinas. Deep Blue Aerospace beschäftigt sich mit der Entwicklung des wiederverwendbaren Raumtransportsystems Nebula 1 für kleinere Nutzlasten, und der Nebula 2, einem Startgerät der unteren Mittelklasse mit einer Nutzlastkapazität von 4.500 Kilogramm in den niedrigen Erdorbit.

Seit 2021 führt das Unternehmen Tests für gesteuerte vertikale Starts und Landungen mit dem Nebula M1-Testvehikel durch. Am 6. Mai 2022 erzielte man damit einen vertikalen Aufstieg auf einen Kilometer Höhe und landete das Vehikel danach ebenfalls vertikal.

Space Pioneer, das mit vollem Namen als **Beijing Tianbing Technology Co., Ltd.** lautet, wurde im Jahre 2015 von Kang Yonglai in Peking gegründet, einem Ingenieur, der zuvor bei der CASC an der Entwicklung der Langer Marsch 11 gearbeitet hatte. Geschäftszweck ist die Beteiligung an den zu erwartenden Startaufträgen bei den chinesischen Internet-Konstellationen und Nachschubdiensten für die chinesische Raumstation.

Mit der Tianlong 2 wurde Space Pioneer am 2. April 2023 Chinas erstes kommerzielles Unternehmen, das mit einer mit Flüssigbrennstoff betriebenen Rakete die Umlaufbahn erreichte (und im Übrigen die weltweit erste, der dies gleich beim ersten Startversuch gelang). Der Träger lieferte bei diesem Versuchsflug einen CubeSat in eine sonnensynchrone Erdumlaufbahn. Um bis dahin zu gelangen musste Space Pioneer den Gegenwert von ungefähr 430 Millionen US-Dollar investieren.

Die 3,35 Meter durchmessende Rakete kann etwa 2.000 Kilogramm Nutzlast in den niedrigen Erdorbit bringen, oder etwa 1.500 Kilogramm in einen polaren, sonnensynchronen Orbit. Auch bei Space Pioneer ist der Begriff „privat" nicht besonders wörtlich zu nehmen, denn die Triebwerke der ersten Stufe kommen von der staatlichen CASC und einige der Investitionen des Unternehmens wurden ebenfalls über staatliche Kanäle getätigt. Soweit es die zweite und dritte Stufe betrifft kann man es aber gelten lassen, denn dafür setzt das Unternehmen eigene Triebwerke ein.

Die nächste Rakete von Space Pioneer, die viel ehrgeizigere Tianlong 3, wird mit einer wiederverwendbaren ersten Stufe ausgestattet sein, und eine Nutzlastkapazität von 15 Tonnen für den niedrigen Erdorbit aufweisen.

■ Rocket Pi Chief Executive Officier (CEO) Cheng Wei.

RocketPi (auch **Rocket Aerospace Technology Co., Ltd.** genannt) wurde im Dezember 2020 von Cheng Wei in Taicang in der Provinz Jiangsu gegründet. Der Firmenzweck liegt in der Entwicklung von Satelliten für weltraumgestützte Biowissenschaften sowie Trägerraketen mit der Bezeichnung Darwin. Die Satelliten dienen Forschungen zur Herstellung von Medikamenten, zur Biotechnologie, zu Ernährungswissenschaften sowie der Zucht von Pflanzensamen durch künstlich herbeigeführte Mutationen unter den Bedingungen der Schwerelosigkeit. Einen ersten Satelliten mit der Bezeichnung Huoju-1-01 brachte das Unternehmen am 10. Dezember 2022 mit einer Jielong 3-Rakete des Konkurrenten Chinarocket erfolgreich in den Orbit.

Das Unternehmen verfügt über ausgedehnte Infrastrukturanlagen und wird von einer Reihe staatlicher Institutionen gefördert, unter anderem von der Stadtverwaltung Haiyang sowie durch Investitionsfonds von Lokalregierungen in Hainan, Suzhou und Shanghai. Über den Status der Trägerrakete Darwin 2 ist derzeit kaum etwas bekannt.

Und nur der Vollständigkeit halber, und weil wir sie grade erwähnt haben, sei noch kurz auf den Hersteller der Jielong 3-Rakete eingegangen, das eben erwähnte Unternehmen **Chinarocket**. Es handelt sich dabei nicht um ein Privatunternehmen, sondern um eine 100-prozentige Tochter des staatlichen Trägerraketengiganten CALT. Die CALT versucht dabei mit diesem Produkt im zukünftig zu erwartenden Großgeschäft mit den Internet-Konstellationen mitzumischen. Warum das nicht einfach im Portfolio der anderen von der CALT entwickelten Raketen mit einbezogen ist, und man dafür ein eigenes Unternehmen braucht, ist unklar.

Apstar – Asiasat – ChinaSat

Nach wie vor sind die großen geostationären Kommunikationssatelliten die Flaggschiffe sowohl der staatlichen wie auch der privaten Raumfahrt. Sie sind der Stolz und Prestige ihrer Länder und Institutionen, ein wenig zu vergleichen mit den großen Linienschiffen der 20er- und 30er-Jahre. Ihre Bedeutung ist trotz des Ausbaues der niedrig fliegenden Konstellationen mit ihren hunderten und tausenden von kleineren Einheiten noch lange nicht vorbei.

Der weltweit größte Betreiber geostationärer Kommunikationssatelliten ist die SES (Société Européenne des Satellites) die derzeit mehr als 70 Satelliten betreibt, und einen Jahresumsatz von mehr als 15 Milliarden Dollar ausweist. Das Unternehmen ist in Luxemburg angesiedelt. Danach kommt Intelsat, das im Juni 2022 52 große Kommunikationssatelliten betrieb.

Von diesen Größenordnungen ist China noch deutlich entfernt. Im weltweiten Feld der Anbieter von Kommunikationsdienstleistern nimmt China gegenwärtig nur Plätze im unteren Mittelfeld ein.

Derzeit gibt es in China drei Betreiber großer geostationärer Kommunikationssatelliten, deren organisatorische Verflechtungen beliebig kompliziert und hoch verschachtelt sind. Beginnen wir mit der **APT-Satellite Holdings Ltd.**, ei-

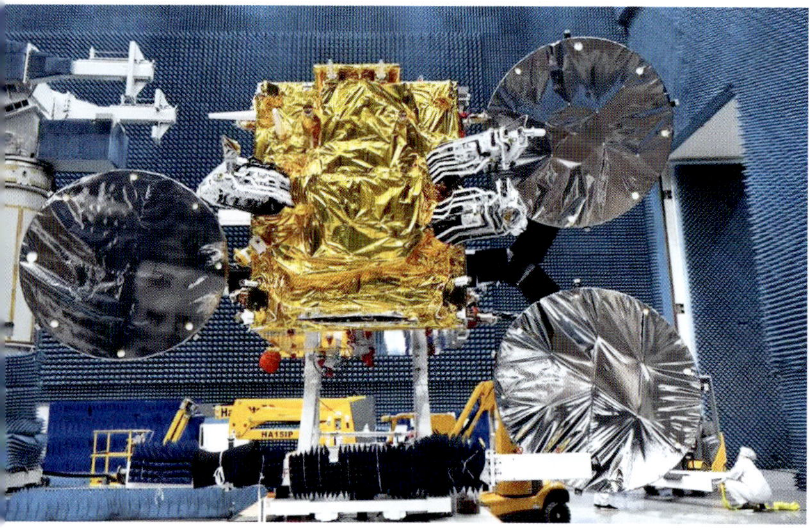

■ Apstar 6E vor dem Start bei einem Test in der Echokammer.

ner auf den Bermudas registrierten Gesellschaft, die aber de facto ihre Geschäfte über die in Hongkong niedergelassenen Tochtergesellschaften **APT Satellite Co. Ltd.** und **APT Holding** betreibt. Begründet wurde das Unternehmen 1992 unter der Bezeichnung APT Satellite.

Das Produkt der ATP Satellite ist die Vermarktung von Kommunikationsdienstleitungen ihrer Apstar-Satelliten. Die Bezeichnung **Apstar** ist auch der international bekannte Handelsname des Unternehmens.

Die ATP Satelliten wird über die CASC indirekt vom chinesischen Staat kontrolliert und befindet sich auch weitgehend in Staatsbesitz. Sie ist zusätzlich verflochten mit der China Satcom und der SASAC (der State-owned Assets Supervision and Administration Commission of the State Council).

Die Teilhaberstruktur von Apstar ist extrem komplex. Sie umfasst mehr als ein Dutzend Unternehmen, die ihrerseits teilweise Sub-Beteiligungen eingebracht haben. Darunter sind auch viele private Investmentfirmen.

Apstar betreibt derzeit sechs aktive Satelliten: APSTAR 7, APSTAR 9, APSTAR 5C, APSTAR 6C, 6D und 6E.

ASIASAT

Ein weiterer chinesischer Satellitenbetreiber ist die in Hongkong ansässige **Asia Satellite Telecommunications Holdings Ltd.**, die sich zu gleichen Teilen im Besitz des staatlichen Mischkonzerns CITIC Ltd. und der Carlyle Group befindet. Der Handelsname des Unternehmens lautet **AsiaSat**. Es ist in Hong Kong ansässig und betreibt derzeit sieben Satelliten. Wie Apstar ist das Unternehmen auf den Bermudas registriert. Im September 2019 wurde der Rechtstitel geändert, und AsiaSat ging in den Besitz der Bovenvale Ltd. über (einer internationalen Investmentgesellschaft), was aber dennoch insgesamt eher eine Verwaltungsmaßnahme zu sein scheint, denn Bovenvale ist ein Joint Venture zwischen CITC und Carlyle.

Das Unternehmen startet ihre Satelliten ausschließlich mit US-Raketen und russischen Trägern (zuletzt 2017), was es möglich machte, die ITAR-Bestimmungen zu umgehen. Deswegen kauft AsiaSat bislang auch durchgehend westliche Satelliten.

Von byzantinischer Undurchsichtigkeit geprägt ist auch das organisatorische Konstrukt, aus dem am Ende das Unternehmen ChinaSat entstand. Es ist heute Chinas größter Satellitenbetreiber, was angesichts der Maßstäbe des Weltstandards nicht so besonders viel sagt.

中国卫通集团有限公司
中国航天 China Satellite Communications Co. Ltd.

ChinaSat ist der Markenname für die Kommunikationssatelliten der **China Satellite Communications Co., Ltd.** Das Unternehmen betreibt – Stand Mitte Juni 2023 – zwölf aktive Kommunikationssatelliten. Damit ist die Firma kleiner als beispielsweise die spanische Telekommunikationsfirma Hispasat, die derzeit 16 Satelliten betreibt.

2007 wurde ein Joint Venture mit der Bezeichnung China Direct Broadcast Satellite gegründet, um die Marke ChinaSat zu betreiben. Gründer waren die staatlichen Unternehmen China Satellite Communications, die China Orient Telecommunications Satellite und die Sino Satellite Communications. Letztere wurde von der staatlichen China Aerospace Science and Technology Corporation (CASC) kontrolliert.

SASAC

2009 wurde die China Satellite Communications von einer direkten Tochtergesellschaft der oben bereits erwähnten **SASAC** in eine direkte Tochtergesellschaft der CASC umgewandelt. Das Joint Venture wurde aufgelöst und Sino Satellite Communications wurde danach zur Tochtergesellschaft der China Satellite Communications.

Die Marke ChinaSat wurde zuvor von der China Telecommunications Broadcast Satellite Corporation betrieben, die sich im Besitz des chinesischen Ministeriums für Post und Telekommunikation befand. Dieses Unternehmen wurde um das Jahr 2000 mit anderen staatlichen Unternehmen zur China Satellite Communications Corporation zusammengeführt. Satelliten, die früher von Sino Satellite Communications (Handelsname Sinosat) und China Orient Telecommunications Satellite betrieben wurden, bekamen nach der Übernahme von China Satellite Communications durch die CASC jetzt allesamt ChinaSat-Bezeichnungen. So wurde aus ChinaStar 1 ChinaSat 5A, aus SinoSat 5 wurde ChinaSat 10, aus SinoSat 1 wurde ChinaSat 5B und aus SinoSat 3 wurde ChinaSat 5C.

Die China Satellite Communications ist heute zu 99,75 Prozent ihrer Anteile in staatlicher Hand.

Die bislang letzte Einheit der ChinaSat-Reihe ist ChinaSat 26, der am 23. Februar 2023 von Xichang aus gestartet worden war. Er ist der erste „High Throughput-Satellite" Chinas mit einer Übertragungskapazität von über 100 Gigabit pro Sekunde. Der Satellit wurde auf Basis der DFH-4E-Plattform der CASC entwickelt und gebaut und ist mit 94 Ka-Band-Transpondern ausgerüstet. Antrieb und Lageregelung des Satelliten erfolgen über ein gemischtes elektrisches und chemisches System.

Wie häufig in China ist es auch auf dem Gebiet geostationärer Kommunikationssatelliten schwierig, eine Grenze zwischen zivilen und militärischen Diensten zu ziehen. So diente bei insgesamt acht Satelliten der militärischen Fenguo- und der Shentong-Klasse die Bezeichnung ChinaSat als Cover. Welcher militärische Satellit sich tatsächlich hinter der ChinaSat-Bezeichnung verbirgt finden Sie auf Seite 240.

■ ChinaSat 26 startet am 23. Februar 2023 mit einer Langer Marsch 3B in den Orbit.

Bemannte Raumfahrt

China ist die dritte Nation weltweit, die bemannte Raumfahrt betreibt. Das Land ging in der Entwicklung seiner Fähigkeiten in dieser Disziplin langsam und bedächtig, aber dennoch zielstrebig und methodisch vor. In den sechzehn Jahren, die der ersten astronautischen chinesischen Orbitalmission folgten, gab es lediglich sechs weitere bemannte Raumflüge. Die genügten dem Land die wesentlichen Fähigkeiten zu erlernen, um den Bau einer eigenen nationalen Raumstation durchzuführen und den Weg zur bemannten Erkundung des Mondes zu ebnen. Der Weg dorthin mag lang sein, aber China ist lange Wege gewöhnt.

■ Das Logo des bemannten chinesischen Raumfahrtprogramms.

Vom Projekt 714 bis zu Shenzhou

Schon etwa ab August 1965, also Jahre vor dem Start des ersten chinesischen Erdsatelliten, begannen in China Überlegungen für ein bemanntes Raumfahrtprogramm, das unter dem Begriff „Projekt 714“ unter strenger Geheimhaltung lief. Das Vorhaben nahm aber keinen großen Raum ein, und wurde obendrein durch das Wüten der Roten Garden während der Kulturrevolution entscheidend behindert. Dabei erregte die Geheimhaltung des Vorhabens den besonderen Argwohn der Rotgardisten.

In dieser Zeit des Terrors wurden viele Mitarbeiter der Fünften Akademie ermordet. Auch Qian Xuesen kam nicht ungeschoren davon und wurde zeitweilig auf den Status eines einfachen Arbeiters degradiert. Schließlich intervenierte Ministerpräsident Zhou Enlai persönlich, um das Leitungspersonal der Fünften Akademie unter Schutz zu stellen.

Trotz der katastropalen äußeren Umstände lief das Vorhaben aber weiter, und erhielt in der Euphorie nach dem Start des ersten nationalen Erdsatelliten am 24. April 1970 zusätzlichen Auftrieb. Qian wurde die Aufsicht über das Projekt übertragen. Dazu erhielt er eine passende Autorisation mit dem Titel eines „stellvertretenden Direktors des Nationalen Verteidigungsrates“. Höhen und Tiefen lagen in dieser Zeit eng beieinander. Nachdem er noch nicht lange zuvor während des Furors der Roten Garden in Ungnade gefallen war, und um sein Leben fürchten musste, war Qian nun auf einem neuen Höhepunkt seines Wirkens angekommen. Bei der Maiparade des Jahres 1970 stand er neben Mao Zedong auf der Empore zusammen mit der chinesischen Staatsführung. Mao erklärte bei dieser Gelegenheit, dass diesem ersten unbemannten Satelliten bald bemannte Raumfahrzeuge folgen würden.

Tatsächlich begann im Herbst 1970 die Auswahl der Astronauten. Ursprünglich waren 1.000 Piloten zum „screening“ eingeladen worden. Der Prozess in dem das geschah, war durchaus vergleichbar mit dem Verfahren, wie es in den USA oder in der Sowjetunion während der Programme Mercury und Wostok vonstattenging. Aus dieser riesigen Gruppe wurden 19 Kandidaten bestimmt, von denen wiederum sieben Männer als Finalisten bestimmt wurden. Diese Gruppe wurde danach – Geheimhaltung war weiterhin oberstes Gebot – stets nur als die „Einheit 714“ bezeichnet.

Inzwischen ging es auch mit der Konstruktion des Raumfahrzeugs voran, das die Bezeichnung „Shuguang“ trug. Das Konzept war dem bemannten US-Programm entnommen und sah aus wie eine Blaupause des amerikanischen Gemini-Raumschiffs. Es war zweisitzig wie dieses, jedoch geringfügig leichter, weil es von der DFH-5 in den Orbit getragen werden sollte, deren Nutzlastkapazität auf 3.300 Kilogramm beschränkt war. Die US-Gemini, die auf einer Titan II startete, wog etwa 3.600 Kilogramm. Nur nebenbei: Auch die Ähnlichkeit der DFH-5 mit der Titan II ist verblüffend. Wären sie gleich lackiert gewesen, man hätte sie auf den ersten Blick kaum auseinanderhalten können.

Im November 1971 hätten die zukünftigen Astronauten das Training aufnehmen sollen. Der erste bemannte Flug für das Shuguang-Raumschiff war für Ende 1973 geplant. Dies hätte den Astronauten die Möglichkeit gegeben, sich zwei Jahre lang darauf vorzubereiten.

Um diese Zeit kam es im Zusammenhang mit dem Tod von Maos designiertem Nachfolger, Verteidigungsminister Lin Bao, wieder zu Unruhen in China, in deren Folge erneut die stets geheimen und daher auch stets verdächtigen Projekte des Raumfahrtprogramms argwöhnisch untersucht wurden. Ein Stimmungswandel trat ein.

Zunächst wurden dem Vorhaben nicht die notwendigen finanziellen Mittel bewilligt. Niemand getraute sich so recht, die Staatsführung deswegen anzusprechen. Das übernahm schließlich Generalmajor Yu Qiuli, der Direktor des staatlichen Planungskomitees, der für die Ressourcenzuteilung des Projekts verantwortlich war. Er nahm an einem Treffen teil, bei dem Mao selbst der Bedarf an zusätzlichen Mitteln vorgetragen wurde. Mao reagierte darauf, indem er den Projektmitarbeitern mangelnde moralische Festigkeit vorwarf und erklärte, dass sich die Nation zuerst um die irdischen Bedürfnisse kümmern müsse. Der Weltraum könne warten. Und so war es dann auch. Die Astronauten und Mitarbeiter kehrten alle bis zum Mai 1972 zu ihren Einheiten zurück und Chinas erstes bemanntes Raumfahrtprojekt war offiziell beendet. Es war nicht recht viel mehr entstanden als einige hölzerne Mock-ups des Raumfahrzeugs und Astronautennahrung in Tuben.

In den folgenden Jahren wurden Fragen der bemannten Raumfahrt nur auf Studienebene behandelt. In der Zwischenzeit war es China gelungen, bergungsfähige Satelliten zu bauen. Damit war zumindest die Frage des Wiedereintritts eines Raumfahrzeugs in die Atmosphäre und seine sichere Landung auf der Erde im Prinzip gelöst.

Zwischen 1972 und 1986 gab es kaum Bewegung in der Frage, ob sich China ein bemanntes Raumfahrtprogramm zulegen sollte oder nicht. Aber mit ständig zunehmender Bedeutung des Landes in der Weltpolitik, mit der immer stärker werdenden Betonung hegemonialer Ansprüche und der hohen Bewertung nationalen Prestiges rückte auch dieses Thema schließlich wieder in der Prioritätenliste ganz nach oben.

■ Leider exisitieren vom Shuguang-Raumfahrzeug keine akzeptablen Bilder. Die bemannte Kapsel und die Trägerrakete hätten aber eine geradezu verblüffende Ähnlichkeit mit dem US Gemini-Raumschiff der 60er-Jahre gehabt. Hier im Bild der Start von Gemini 5. Nicht recht viel anders hätte der Start eines Shuguang-Raumschiffes ausgesehen.

■ Das Logo des Astronautenzentrums der chinesischen Raumfahrtbehörde.

Ab 1986 wurde das Projekt 863 aufgelegt. Das war eine Sammlung von Einzelprojekten für die Entwicklung von Wissenschaft und Technologien in mehreren Schlüsselbereichen. Dazu gehörten vor allem auch die Weltraumfähigkeiten. Teilprojekt 863-204 befasste sich mit einem bemannten Raumtransportsystem. Dafür gab es zwei Entwürfe. Eines entsprach in etwa dem ein Jahrzehnt später in Europa betriebenen (und wieder aufgegebenen) Projekt des Hermes-Raumgleiters, das andere war ein sehr fortschrittliches Kapselprojekt. Beide wurden nach dreijährigen Studien mit der Begründung zurückgewiesen, dass der technologische Stand, den China bis dahin erreicht hatte, nicht ausreichte, um eines von den beiden in einem mittelfristigen Zeitrahmen zu realisieren. Die Projektgruppe arbeitete danach ein einfacheres Konzept aus und präsentierte im Jahr 1992 das Projekt 921. Nichts anderes als das spätere bemannte Raumfahrzeug Shenzhou (das aber erst ab 1999 so hieß).

Der erste Schritt

Auf der Basis dieses Entwurfs wurde das bemannte chinesische Raumfahrtprogramm am 21. September 1992 vom Ständigen Ausschuss des Politbüros offiziell genehmigt. Die Arbeiten daran begannen am 1. Januar 1993. Im Gegensatz zu früheren Studien, in denen das Raumfahrzeug eine isolierte Insellösung darstellte, wurde jetzt ein integrierter Langzeitplan geschaffen, in dem die Einzelziele aufeinander aufbauten. Sie sollten in drei großen Schritten erreicht werden und zu einer permanenten Präsenz im Weltraum führen.

Schritt eins war die Konstruktion und Bau eines bemannten Raumschiffes mit dem Ziel, die grundlegenden Fähigkeiten der bemannten Raumfahrt und der Durchführung von Weltraumexperimenten zu erlernen und zu perfektionieren.

Der zweite Schritt war die Einrichtung eines kleinen experimentellen Weltraumlabors mit der Aufgabe, technologische Fähigkeiten für dessen Betrieb, wie die Durchführung von Außenbordaktivitäten, Rendezvous und Docking und das Leben im Weltraum für längere Zeiträume zu erlernen.

Der dritte Schritt schließlich war die Einrichtung einer Raumstation mit dem Ziel, eine permanente Nutzung des Weltraums in größerem Maßstab und auf längerfristiger Basis zu ermöglichen.

Die Tage der Spannungen zwischen der Sowjetunion und Chinas waren längst vorbei, genauso wie die Sowjet-

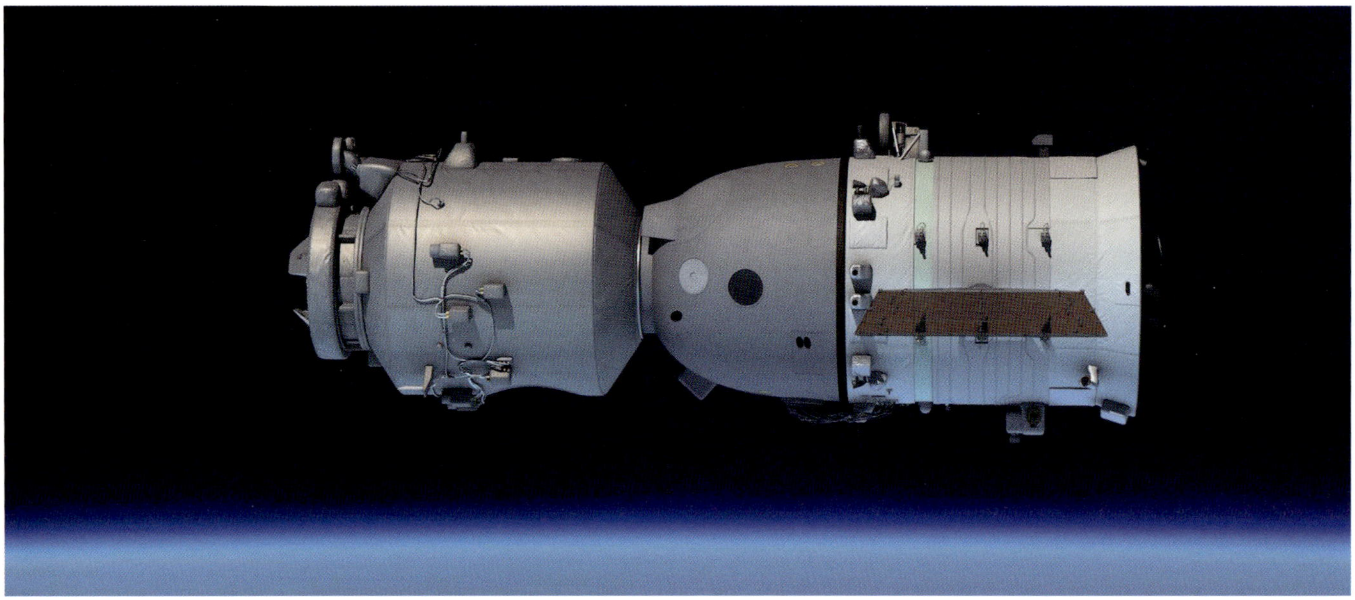

■ Grafische Darstellung des Shenzhou 5-Raumschiffes im Orbit

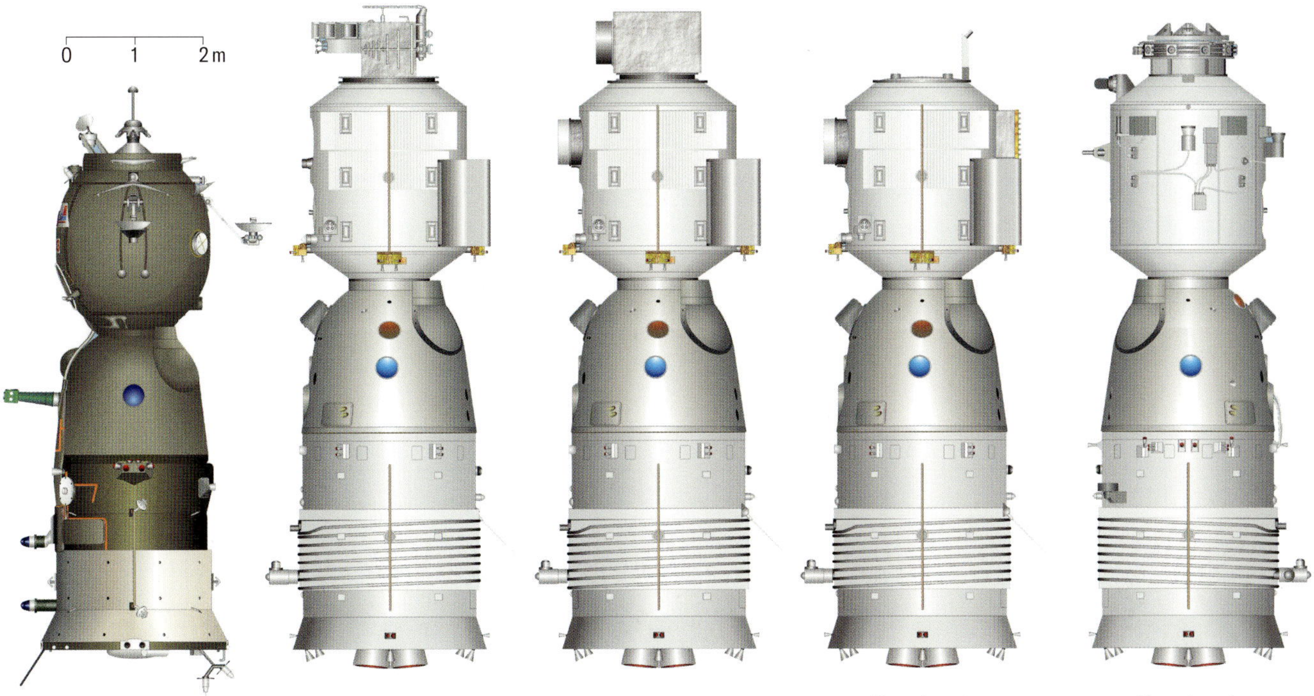

union selbst inzwischen Vergangenheit war. Dank der relativ guten Beziehungen zu Russland in den 90er-Jahren suchte man dort um Expertise nach. Die russische Unterstützung des Programms hatte aber bereits im Mai 1991, noch in der Konzeptdefinitionsphase, begonnen. Damals hatten russische Dozenten die chinesischen Ingenieure über die Fähigkeiten und das Potenzial ihres Sojus-Raumfahrzeugs informiert.

Darauf folgten zwischen 1992 und 1994 zweijährige Stipendien für 20 junge chinesische Ingenieure in Russland. Im September 1994 besuchte der chinesische Präsident Jiang Zemin das russische Flugkontrollzentrum in Kaliningrad und festigte damit die Zusammenarbeit zwischen den beiden Ländern im Weltraum. Im März 1995 wurde ein Vertrag über den Transfer bemannter Raumfahrzeugtechnologie nach China unterzeichnet. Die Vereinbarung umfasste die Ausbildung von Kosmonauten, die Bereitstellung von Sojus-Raumkapseln, von Lebenserhaltungssystemen, androgynen Andocksystemen und Raumanzügen. 1996 begannen zwei chinesische Astronauten eine zweijährige Ausbildung im Juri-Gagarin-Kosmonauten-Trainingszentrum im Sternenstädtchen bei Moskau. Nach dem Abschluss

■ Diese Grafik zeigt ein Sojus TMA-Raumschiff, so wie es in den 90er-Jahren von Russland eingesetzt wurde im Vergleich mit den Raumschiffen Shenzhou 2 (das unbemannt flog), Shenzhou 5 (das erste bemannte chinesische Raumschiff), Shenzhou 6 und Shenzhou 9. Interessant der Größenvergleich und die Modifikationen der Shenzhous im Laufe der Zeit.

kehrten diese Männer nach China zurück und begannen dort mit der Auswahl eines Kaders von zwölf chinesischen Astronauten.

Von Anfang an war auch klar, dass man, bei allem Vertrauen in die russischen Sojus-Konstruktionen, ein Moderneres und vor allem deutlich größeres Raumfahrzeug schaffen wollte, als die wegen ihrer klaustrophobischen Enge gefürchtete Sojus. Es sollte ein Raumfahrzeug werden, das auch über die geplant langen Projektzeiträume nutzbar bleiben sollte. Glücklicherweise war die als Trägerrakete vorgesehene zweistufige Version der Langer Marsch 2E (der man dann die Bezeichnung Langer Marsch 2F gab) in der Lage, etwa 800 Kilogramm mehr Nutzlast auf eine niedrige Erdumlaufbahn zu transportieren als die Sojus-Trägerrakete, welche das gleichnamige russische Raumfahrzeug in den Orbit brachte. Und irgendwo war es wohl

■ Die Shenzhou-Raumschiffe starten auf Trägerraketen des Typs Langer Marsch 2F.

auch politische Absicht, den „Lehrmeister" Russland sichtbar zu übertreffen.

So kommt es, dass das Shenzhou-Raumschiff, obwohl dem Sojus-Raumschiff recht ähnlich, über alle Abmessungen größer ist, als ihr russisches Gegenstück. Das Design wurde im August 1995 eingefroren und mit dem Bau von vier nicht flugfähigen Testmodellen des Raumfahrzeugs begonnen. Es waren zwei Strukturtestgeräte sowie ein thermisches und ein elektrisches Versuchsmodell. Dabei traten viele Schwierigkeiten auf. Die Russen versuchten, aus der Sache ein mehr als lukratives Geschäft zu machen, und nannten den Chinesen für den Erwerb russischer Schlüsseltechnologien Preise, die denen nicht gefielen. Das Gefühl „ausgenommen" zu werden, Konkurrenzdenken (man wollte den Russen nicht teures Geld für Raumfahrtentwicklungen zahlen, die ihnen selbst nutzten), etwas Trotz und Stolz führten dazu, dass China in vielen Fällen nach eigenen Lösungen suchte, und die auch dann erst entwickeln musste. Das dauerte natürlich.

Entscheidungen wie die, eine vergrößerte Version der Sojus-Kapsel zu verwenden, bedeutete nicht, dass man damit automatisch auf umfangreiche Tests verzichten konnte, weil es ja eine kleinere Version schon gab. Vieles zeigte sich als nicht skalierbar, und so mussten die chinesischen Techniker eigene Lösungen finden. Es blieb auch so noch teuer genug, denn China verfügte für viele Tests über noch keine eigenen Anlagen. Die wurden erst parallel zur Entwicklung des Raumschiffs aufgebaut. Die Charakterisierung der Hitzeschildleistung der Kapsel, insbesondere um die kritischen Bullaugenbereiche herum, erforderte nach wie vor Versuche in russischen Anlagen. Das Schweißen und Abdichten des Rahmens des Wiedereintrittsfahrzeugs stieß ebenso auf zahlreiche Schwierigkeiten, genauso wie Qualifikationstests der Antriebssysteme und des Servicemoduls.

Besonders schwierig zeigte sich die Qualifikation des Startabbruchsystems. Mehrere Versuche schlugen fehl, bevor es im August 1997 zum ersten Mal funktionierte. Doch dann lag das Gewicht des Systems 900 Kilogramm über der Spezifikation, und so folgte ein Gewichtsreduktionsprogramm. Der erste vollständig erfolgreiche Test eines Fluchtturms mit „Produktionsgewicht" gelang schließlich am 18. Oktober 1998.

Im Laufe des Jahres 1999 sickerten im Westen immer mehr Informationen durch, die auf den unbemannten Testflug des zukünftigen bemannten chinesischen Raumtransportsystems hinwiesen. Im Juni kursierten bereits Bilder im

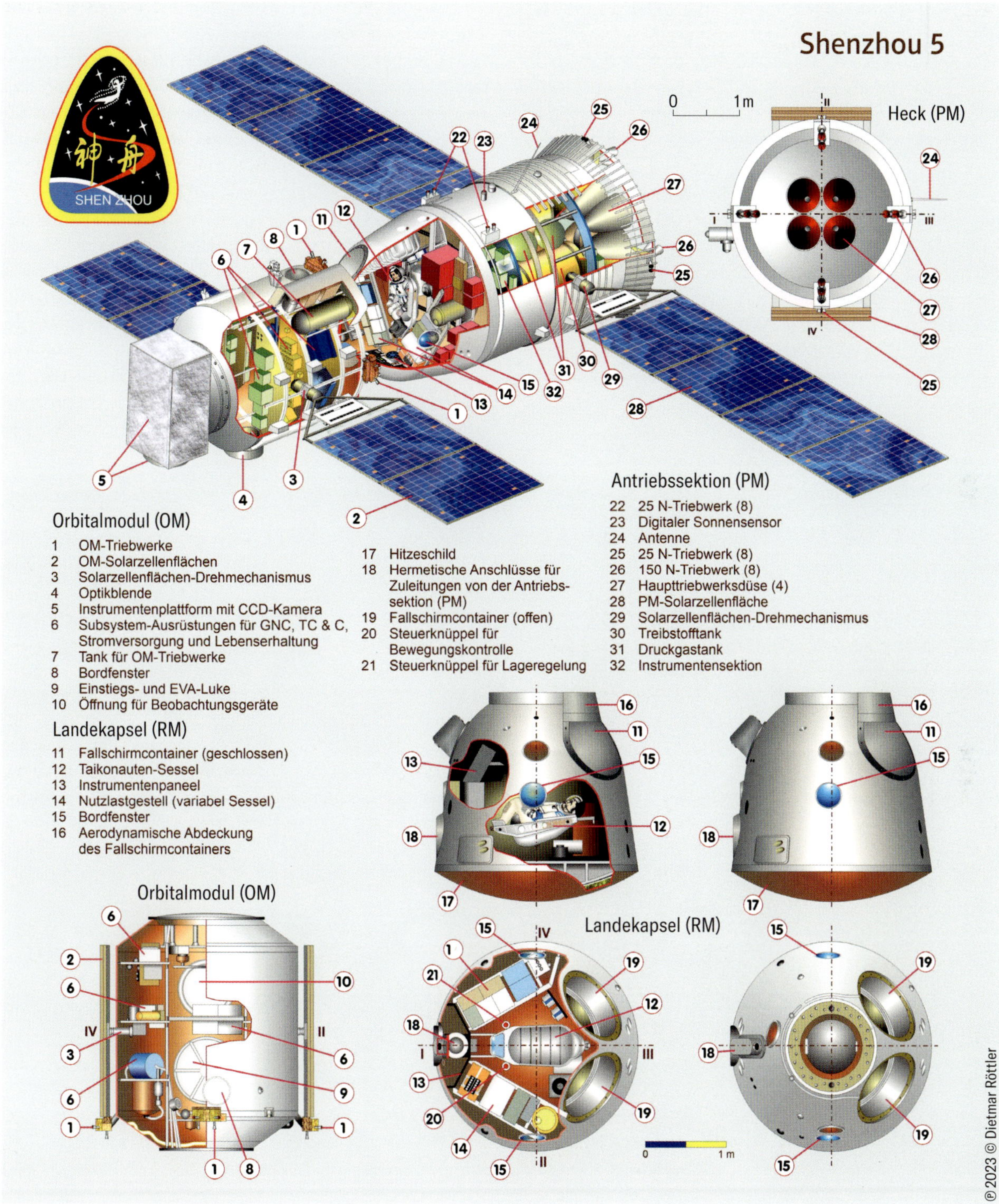
Shenzhou 5
SHEN ZHOU
神舟
0 1 m
Heck (PM)
Orbitalmodul (OM)
1 OM-Triebwerke
2 OM-Solarzellenflächen
3 Solarzellenflächen-Drehmechanismus
4 Optikblende
5 Instrumentenplattform mit CCD-Kamera
6 Subsystem-Ausrüstungen für GNC, TC & C, Stromversorgung und Lebenserhaltung
7 Tank für OM-Triebwerke
8 Bordfenster
9 Einstiegs- und EVA-Luke
10 Öffnung für Beobachtungsgeräte
Landekapsel (RM)
11 Fallschirmcontainer (geschlossen)
12 Taikonauten-Sessel
13 Instrumentenpaneel
14 Nutzlastgestell (variabel Sessel)
15 Bordfenster
16 Aerodynamische Abdeckung des Fallschirmcontainers
17 Hitzeschild
18 Hermetische Anschlüsse für Zuleitungen von der Antriebssektion (PM)
19 Fallschirmcontainer (offen)
20 Steuerknüppel für Bewegungskontrolle
21 Steuerknüppel für Lageregelung
Antriebssektion (PM)
22 25 N-Triebwerk (8)
23 Digitaler Sonnensensor
24 Antenne
25 25 N-Triebwerk (8)
26 150 N-Triebwerk (8)
27 Haupttriebwerksdüse (4)
28 PM-Solarzellenfläche
29 Solarzellenflächen-Drehmechanismus
30 Treibstofftank
31 Druckgastank
32 Instrumentensektion
Orbitalmodul (OM)
Landekapsel (RM)
I
II
III
IV
0 1 m
℗ 2023 © Dietmar Röttler

Internet, die Mitarbeiter einer Baufirma in Jiuquan von der Trägerrakete und dem darauf montieren Raumschiff ins Netz gestellt hatten. Der Start wurde nun für Anfang Oktober erwartet, aber ein nicht näher spezifizierter Unfall (man sprach von einer Treibstoffexplosion in der Raumfahrtgerät beschädigt worden sein soll) verhinderte dies wohl.

Sechs Wochen später wurde die Möglichkeit eines bevorstehenden Starts durch die Abfahrt der vier Yuan Wang Bahnverfolgungsschiffe von ihrem Heimathafen signalisiert. Drei der Schiffe waren auf der Südhalbkugel in der Nähe des 35. Breitengrades stationiert: eines vor der Küste Namibias, eines vor der Südwestküste Australiens und eines im mittleren Pazifik an der internationalen Datumsgrenze. Das vierte Schiff befand sich vor der Südküste Japans, zur Verfolgung des Endes der Startphase und der Bergung der Kapsel im Falle eines Flugabbruchs.

Der unbemannte erste Testflug eines Prototypen des Raumfahrzeugs des Projektes 921 fand schließlich am 19. November 1999 statt. Die Mission dauerte gut 21 Stunden. Der chinesische Präsident Jiang Zemin persönlich bezeichnete das Raumschiff als „Shenzhou“ (Schiff der Götter). Ein Name der blieb. Die Bilder, die von dieser Mission veröffentlicht wurden, zeigten zum ersten Mal die wahre Konfiguration von Trägerrakete und Raumfahrzeug.

Shenzhou ist, wie sein russisches Vorbild, ein dreimoduliges Raumfahrzeug, das von der Chinesischen Akademie für Weltraumtechnologie (CAST), Qian Xuesens ehemaliger „Fünfter Akademie“, zusammen mit der Akademie für Weltraumtechnologie Shanghai (SAST) entwickelt wurde. Wie schon festgestellt, war den chinesischen Ingenieuren klar, dass die Dimensionen des russischen Originalentwurfes marginal waren. Die Sojus war auf die Nutzlastkapazität der gleichnamigen Trägerrakete ausgelegt, die das

■ Yang Liwei, Chinas erster Astronaut, im Inneren der Rückkehrkabine von Shenzhou 5.

Gesamtgewicht auf 7,2 Tonnen begrenzte. Da China mit der Trägerrakete des Typs Langer Marsch 2F eine deutlich leistungsfähigere Rakete zur Verfügung stand, wurde Shenzhou gegenüber der Sojus nicht nur grundlegend modernisiert, sondern auch um etwa zehn Prozent größer ausgelegt.

Bis einschließlich der Mission von Shenzhou 6 war das Raumschiff sogar mit einem zusätzlichen Paar Solargeneratoren für das Orbit-Modul ausgerüstet. Dies konnte dann, anders als beim russischen Gegenstück, autonom mehrere Monate in der Umlaufbahn operieren. Seit Shenzhou 7 wird aber auf das zweite Solargeneratorenpaar verzichtet. Es käme lediglich für den Fall einer autonomen Shenzhou-Mission wieder zum Einsatz (also einer Mission, die nicht zur chinesischen Raumstation führt).

Sehen wir uns die Technik des Raumschiffes etwas genauer an:

Die Gesamtmasse des Shenzhou-Raumschiffs liegt bei etwa 7,8 Tonnen, die Gesamtlänge beträgt 8,65 Meter. Genau wie die Sojus ist es für eine Besatzung von drei Personen konstruiert und wie diese besteht sie aus drei Elementen: Einem Orbitalmodul (das hier allerdings zylinderförmig ist, und nicht elliptisch wie bei Sojus), einer Landekapsel und einem Service-Modul. Das Raumfahrzeug kann mit drei Astronauten und unabhängig von einer Raumstation Flüge von bis zu 15 Tagen Dauer durchführen. Angedockt an die chinesischen Raumstation sind Missionen von mehr als 200 Tagen möglich.

Shenzhou wird von einer zweistufigen Trägerrakete des Typs Langer Marsch 2F in den Orbit gebracht. Ähnlich wie die Sojus ist auch sie beim Start vollständig in der Nutzlastverkleidung der Trägerrakete eingeschlossen. Die Starts der Shenzhou-Raumfahrzeuge erfolgen vom Raumfahrtzentrum Jiuquan in Nordwest-China.

Am Ende einer Mission wird zunächst das Orbitalmodul abgetrennt. Danach wird die Retro-Zündung durchgeführt, und danach wird auch das Service-Modul abgekoppelt. Die drei Komponenten treten danach im Abstand von nur wenigen hundert Metern in die Atmosphäre ein. Während das Orbitalmodul und die Service-Einheit verglühen, bleibt die Rückkehreinheit, geschützt durch den Hitzeschild, unbeschädigt. Die Landung erfolgt dabei entweder im Landegebiet Dorbod Banner, etwa 1.700 Kilometer von Jiuquan entfernt, oder neuerdings im sogenannten Ostwind-Landegebiet, das sich in unmittelbarer Nähe des Startortes befindet. Das Orbitalmodul verblieb bei den Flügen bis Shenzhou 8 aber auch in einigen Fällen noch mehrere Monate als selbständige aktive Einheit in der Umlaufbahn. Es verfügte dafür über ein eigenes Flugkontrollsystem für den autonomen Flug.

■ Das Kontroll-Paneel im Inneren der Rückkehrkapsel von Shenzhou 6.

Das Servicemodul verfügt über vier Triebwerke mit einer Leistung von je fünf Kilonewton. Die Brennzeit für die

Raumschiff Shenzhou			
Hersteller		CASC/SAST	
Trägerrakete		Langer Marsch 2F	
Besatzung maximal		3	
Spannweite über Solargeneratoren		17,00 Meter	
Startgewicht		7.740 – 8.100 Kilogramm	
Länge/Durchmesser		9,25/2,80 Meter	
Modul	Servicemodul	Rückkehrmodul	Orbitmodul
Hauptantrieb	4 × 2.500 Newton	-	-
Lageregelung grob	8 × 150 Newton	8 × 150 Newton	-
Lageregelung fein	16 × 5 Newton	-	16 × 5 Newton
Treibstoff/Oxidator	MMH/N_2O_4	MMH	MMH
Masse	3.000 Kilogramm	3.240 Kilogramm	1.500 Kilogramm
Länge/Durchmesser	2,95/2,80 Meter	2,50/2,52 Meter	2,80/2,52 Meter

■ Die Rückkehrkabine von Shenzhou 5 nach der Landung.

Retro-Zündung beträgt mit diesen recht leistungsstarken Einheiten lediglich 30 Sekunden. Die vier Solargeneratoren sind paarweise am Service-Modul und (bis einschließlich Shenzhou 7) am Orbitmodul montiert. Sie erbringen zusammen etwa 1,3 Kilowatt an elektrischer Leistung.

Das Shenzhou-Raumfahrzeug verfügt, ähnlich wie die historischen Systeme Mercury und Apollo, und wie auch heute noch das bemannte russische Sojus-Raumschiff und das Orion-Mondraumfahrzeug der NASA über ein Start-Rettungssystem, das nach dem „Traktor-Prinzip" arbeitet. Im Gegensatz dazu gibt es das „Pusher-System" wie es etwa der Boeing-Starliner oder der SpaceX-Crew Dragon einsetzt. Ein solches Rettungssystem wird im Falle eines katastrophalen Versagens der Trägerrakete verwendet, wobei im Falle der Shenzhou der Fluchtturm mittels seiner Feststofftriebwerke die Nutzlastverkleidung sowie das Orbital- und das Landemodul vom Träger wegzieht. Das System wird etwa 15 Minuten vor dem Start aktiviert und – wenn es nicht eingesetzt werden muss – in einer Höhe von 39 Kilometern, 120 Sekunden nach dem Liftoff, vom Träger entfernt.

Diese Trennhöhe ist deutlich niedriger als bei den vergleichbaren amerikanischen Systemen, daher existiert noch ein zweites Notsystem. Zwischen der 120. und der 200. Flugsekunde übernimmt die Nutzlastverkleidung selbst die Notfalltrennung. Das Aktivierungs-Signal für den Fluchtturm und die Verkleidung kann sowohl vom Boden, von der Bordelektronik der Rakete aber auch manuell von der Besatzung ausgelöst werden.

Zwischen dem 20. November 1999 und dem 30. Dezember 2002 erfolgten insgesamt vier unbemannte Testmissionen, nämlich Shenzhou 1 – 4, bei denen das System mit einer Flugdauer von bis zu sieben Tagen ausgiebig getestet wurde.

Bei der Mission 1 standen die Tests der Basiskomponenten des Systems im Vordergrund. Es befand sich dabei noch kein Lebenserhaltungssystem an Bord. Der Flug schien zufriedenstellend verlaufen zu sein.

Beim zweiten Flug, der am 9. Januar 2001 begann, war erstmals ein voll funktionsfähiges Lebenserhaltungssystem installiert. Um das zu testen befanden sich drei Tiere an Bord des Raumschiffs. Den Technikern war es mit diesem Raumschiff gelungen, über 100 Kilogramm an Gewicht einzusparen, hauptsächlich durch eine revidierte Führung der vielen Kilometer Kabel, die sich an Bord befanden. Weil nach der Landung keinerlei Bilder veröffentlicht wurden, spekulierte seinerzeit die Presse, dass es während der Mission oder bei der Landung zu Fehlfunktionen gekommen sein könnte. Ob es so war oder nicht, ist bis auf den heutigen Tag unklar.

■ Logo des Shenzhou-Programms. Mit einem Sternchen mehr ist es gleichzeitig das Logo der Mission Shenzhou 5.

■ Logo der Mission Shenzhou 6.

■ Logo der Mission Shenzhou 7

Unbemannte Shenzhou-Missionen entsprechend Schritt 1 des Planes von 1992			
Mission	**Start/Landung**	**Dauer**	**Kommentar**
Shenzhou 1	19. November 1999 20. November 1999	21 Stunden 11 Minuten	Erster unbemannter Testflug des Shenzhou-Programms
Shenzhou 2	9. Januar 2001 16. Januar 2001	6 Tage 18 Stunden	Test des Lebenserhaltungssystems. An Bord befanden sich ein Affe, ein Hund und ein Hase.
Shenzhou 3	25. März 2002 1. April 2002	6 Tage 19 Stunden	Erstmals wird ein voll funktionsfähiges Startabbruchsystem mitgeführt.
Shenzhou 4	29. Dezember 2002 5. Januar 2003	6 Tage 19 Stunden	„Dress rehearsal" für den ersten bemannten Einsatz.
Shenzhou 8	31. Oktober 2011 17. November 2011	17 Tage 14 Stunden	Erprobung diverser technischer Änderungen und des Gemeinschaftsbetriebs mit dem experimentellen Tiangong-Modul

Beim dritten unbemannten Flug wurde erstmals ein funktionsfähiges Startabbruchsystem mitgeführt. Bei den zwei vorausgegangenen Flügen hatte es sich um Attrappen gehandelt, die nur in Form und Gewicht einem funktionsfähigen System ähnelten, und bei dem nur die Trennmotoren tatsächlich funktionierten.

Shenzhou 4 schließlich war das so genannte „dress rehearsal" für den ersten Einsatzflug. Bei dieser Mission war auch ein Besatzungsmitglied mit eingebunden, genau so, als wäre es ein bemannter Flug. Der Astronaut (es war wahrscheinlich Yang Liwei) führte alle Prozeduren eines Einsatzes durch, einschließlich des Einstiegs im Raumanzug in das Raumschiff etwa zweieinhalb Stunden vor dem Start. Natürlich verließ er daraufhin die Kapsel gleich wieder. Die Mission verlief perfekt, und so konnte zehn Monate später Chinas erster bemannter Orbitalflug durchgeführt werden.

Dieser erste bemannte Einsatz eines Shenzhou-Raumschiffes erfolgte am 15. Oktober 2003. Dabei flog der damals 38-jährige Oberstleutnant der chinesischen Luftwaffe Yang Liwei für knapp einen Tag in eine fast genau kreisförmige Erdumlaufbahn in 335 Kilometern Höhe. China war damit die dritte Nation weltweit, die einen Astronauten mit einem eigenen Raumfahrzeug auf einer eigenen Trägerrakete in den Orbit brachte. Der Flug verlief weitgehend nach Plan. Den einzigen größeren Mangel, den Yang Liwei feststellte, war ein sehr hohes Vibrationsniveau in den ersten beiden Flugminuten, eine Reminiszenz an die Langer Marsch 2E-Rakete, von welcher die Langer Marsch 2F abstammt. Yang verließ während des kurzen Fluges nicht das Rückkehrmodul und verblieb auch die ganze Zeit in seinem Raumanzug.

Das Orbitalmodul verblieb nach Yang Liweis Landung noch sechs Monate lang in der Umlaufbahn, und führte ein eigenes Testprogramm durch.

Yang Liwei hatte das Vibrationsniveau der Trägerrakete als „extrem unkomfortabel" bezeichnet. So bestand einer der Korrekturpunkte für die Ingenieure zwischen dem Einsatz von Shenzhou 5 und Shenzhou 6 darin, sich dieser Sache anzunehmen. Dafür war reichlich Zeit, denn es dauerte fast auf den Tag genau zwei Jahre, bis die nächste chinesische Crew in den Orbit startete. In dem Zusammenhang wurde das System der Treibstoffleitungen der Langer Marsch 2F überarbeitet, in denen sich speziell beim Durchfliegen des transsonischen Bereiches Resonanzen aufbauten, der gefürchtete Pogo-Effekt, der schon das Schicksal vieler Raketen besiegelt hatte.

Die Namen der Besatzungsmitglieder von Shenzhou 6 wurden für die internationalen Medien erst fünf Stunden vor dem Start bekannt gegeben.

Das Einsatzspektrum war gegenüber dem ersten Flug erheblich erweitert worden. Der Flug dauerte fast fünf volle Tage. Erstmals waren zwei Astronauten an Bord. Sie

Bemannte Shenzhou-Missionen entsprechend Schritt 1 des Planes von 1992				
Mission	**Start**	**Besatzung**	**Dauer**	**Kommentar**
Shenzhou 5	15. Oktober 2003	Yang Liwei	21 Stunden	Erster bemannter Flug des Programms.
Shenzhou 6	12. Oktober 2005	Fei Yunlong Nie Haiseng	4 Tage 19 Stunden	Erster Flug mit zwei Astronauten. Erster mehrtägiger Flug.
Shenzhou 7	28. September 2008	Zhai Zhigang Liu Boming Jing Haipeng	2 Tage 20 Stunden	Erster Flug mit drei Astronauten. Erstes Außenbordmanöver

■ Chinesischer Feitan-Raumanzug für Außenbordmanöver. Er darf nicht mit dem „normalen“ Raumanzug verwechselt werden, den die Astronauten für Start, Landung und Dockingmanöver tragen.

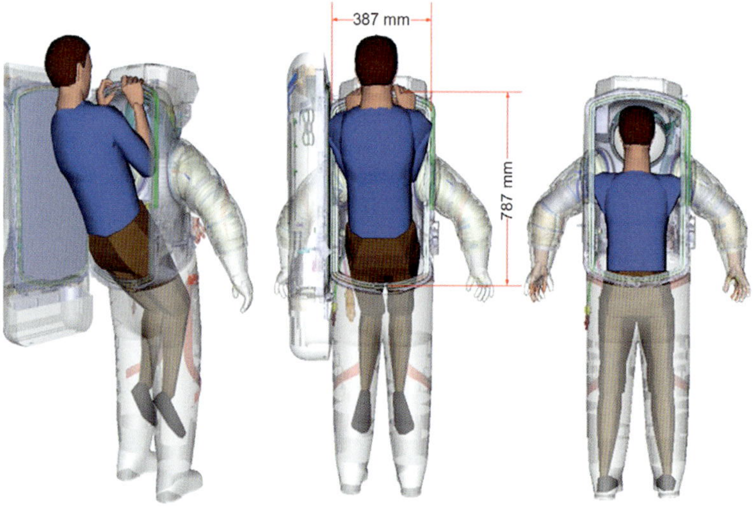

■ Der chinesische Feitan-Raumanzug ist wesentlich einfacher und schneller „zu besteigen“, als sein US-Gegenstück. Er erlaubt Außenbordmanöver von mehr als sieben Stunden Dauer.

nutzten dieses Mal auch das Orbitalmodul und zogen auch ihre (neu konstruierten und leichteren) Raumanzüge aus. Bei diesem Flug standen, anders als bei der ersten Mission, auch Wechsel der Orbitalbahn auf dem Programm.

Zwischen den Flügen von Shenzhou 6 und Shenzhou 7 vergingen fast drei Jahre. Zeitabstände von einer Länge, die man aus den Anfangstagen der bemannten Raumfahrt in der Sowjetunion und den USA nicht kannte. Aber dafür war es auch dieses Mal ein mit Neuigkeiten gepacktes Programm, wenngleich der Flug nur knapp drei Tage dauerte. Erstmals waren drei Astronauten an Bord, und erstmals führte China ein Außenbordmanöver durch. Den Auftrag für das erste EVA Chinas erhielten Kommandant Zhai Zhigang und „Operator“ Liu Boming. Der dritte Astronaut, Jing Haipeng, verblieb in der druckdicht versiegelten Rückkehrkabine und überwachte von dort das Raumschiff.

Zhai verließ das Raumfahrzeug um Außenarbeiten vorzunehmen, während Liu Boming in der evakuierten Kabine blieb, und nur gelegentlich den Oberkörper hinausstreckte um Zhai Werkzeuge oder eine Flagge zu reichen. Der Ausflug galt aber natürlich für beide als EVA (also als Außenbordmanöver) da sie beide in ihren Raumanzügen dem Vakuum des Weltalls ausgesetzt waren. Die ganze Aktion dauerte nur 22 Minuten. Interessant dabei ist, dass Kommandant Zhai einen chinesischen Feitan-Raumanzug trug, Liu dagegen ein russisches Orlan-M-Modell. Dies war ein weiterer Testpunkt, nämlich die Tauglichkeit des in China entwickelten Anzugs gegenüber dem bereits bewährten russischen Modell zu erproben.

Bei dieser Mission wurde erstmals auf das zweite Paar Solargeneratoren verzichtet, um keinen Konflikt mit den Außenbordtätigkeiten zu bekommen. Stattdessen wurden „Geländer“ montiert, damit sich der außenbords arbeitende Astronaut daran fixieren konnte.

Noch ein weiterer Punkt kam hinzu, der den Ausbau der chinesischen Fähigkeiten in der bemannten Raumfahrt demonstrierte und zeigte, wie die sehr großen Zeitabstände zwischen den einzelnen Flügen genutzt wurden. Im April 2008 hatte China den ersten Datenrelay-Satelliten, Tianlian 1, gestartet. Damit war eine wesentlich erweiterte Funk- und Datenverbindung mit Shenzhou 7 möglich geworden. Während es bis dahin nur möglich war, von Funkstationen vom chinesischen Festland aus, und mit Hilfe der Yuan Wang-Bahnverfolgungsschiffe (von denen mit *Yuan Wang 5* und *Yuan Wang 6* zwei neue Einheiten in Dienst gestellt wurden) insgesamt etwa zwölf Prozent des

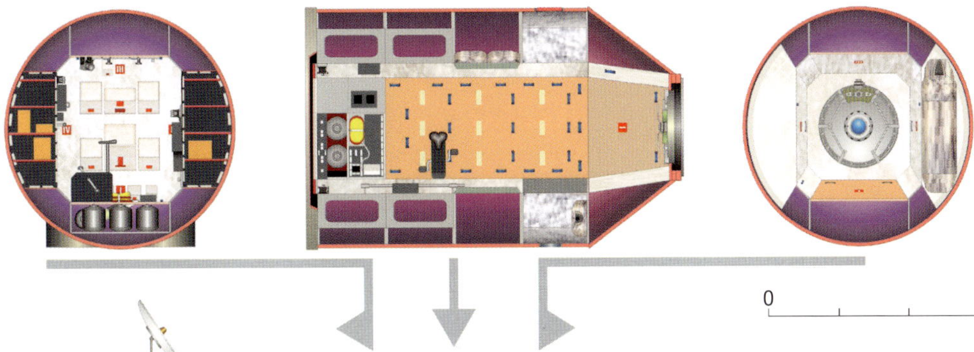

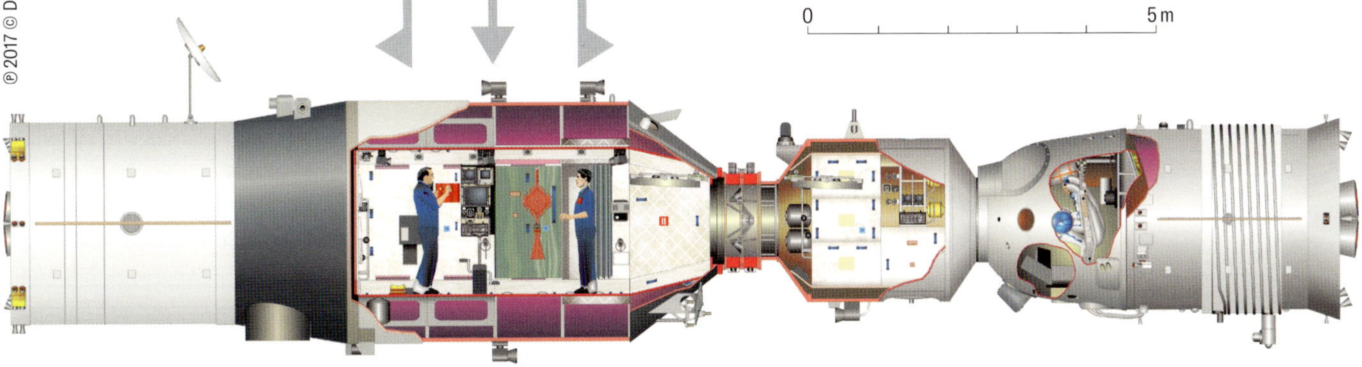

■ Diese und die folgende Seite zeigen Rissbilder der Kombination Shenzhou 9 und 10 mit Tiangong 1. Seite 203 zeigt die Außenansicht der Kombination Shenzhou 9 und Tiangong 1.

jeweiligen Orbits abzudecken, konnte das bereits mit nur einem einzigen Tianlian-Satelliten auf 62 Prozent verbessert werden.

Mit Abschluss der Mission von Shenzhou 7 war der erste Schritt der chinesischen bemannten Raumfahrt beendet. Zeit sich den nächsten Herausforderungen zu widmen und Schritt 2 des langfristigen Programmes in Angriff zu nehmen: Den Start eines kleinen experimentellen Weltraumlabors mit der Aufgabe, technologische Fähigkeiten für dessen Betrieb, wie die Durchführung von Außenbordaktivitäten, von Rendezvous und Docking und des Lebens im Weltraum für längere Zeiträume zu erlernen. Zeit für Tiangong.

Im Oktober und November 2008, an der Schnittstelle zwischen den Phasen 1 und 2 des bemannten chinesischen Raumfahrtprogramms, gab es mit Shenzhou 8 noch einmal einen Flug ohne Crew. Die Mission diente als Test für die spezielle Shenzhou-Variante, die für die Transporte von Besatzungen zu den experimentellen Tiangong-Raumstationsmodulen, und später zur chinesischen Raumstation vorgesehen war. Dafür hatte die Shenzhou eine Reihe von Änderungen erfahren. Das betraf insbesondere die Aufnahme des ATDA-Adapters für die Durchführung der zukünftigen Docking-Manöver. Weitere Flugtestpunkte der unbemannten Mission betrafen Rendezvous- und Anlegemanöver mit dem Tiangong 1 -Modul.

Shenzhou 9 & Tiangong 1

1 Antriebssektion (PM)
2 25 N-Lageregelungstriebwerke
3 Hitzeschild der Rückkeherkapsel
4 Taikonauten-Sessel
5 Rückkehrkapsel (RM)
6 Deckel des Fallschirmcontainers
7 Instrumentenbrett
8 Einstiegs-Luke
9 Bordfenster
10 Kamera
11 Lukendeckel
12 Laser-Radar
13 Führungsflächen des androgynen Kopplungssystems
14 Verriegelungsbolzen
15 Reflektor für Laser-Radar
16 Mikrowellen-Radartransponder
17 Halteschlaufen (Fuß & Hand)
18 Kabine
19 Geknüpftes Glückssymbol
20 2 Schlafsäcke (hinter Vorhang)
21 Zentralcomputer
22 Fahrradergometer
23 Fußmassagegerät
24 TV-Kamera
25 Hyperspektral-Kamera (Auflösung 10 m)
26 Tianlian-Datenübertragungsantenne
27 Solarpaneel-Drehmechanismus
28 Solarpaneel
29 2500 N-Haupttriebwerk
30 25 N-Lageregelungstriebwerke
31 Kabine mit Schlafsack
32 Haltestange (u.a. für Ergometernutzung)
33 Regalstruktur für Instrumentierungen

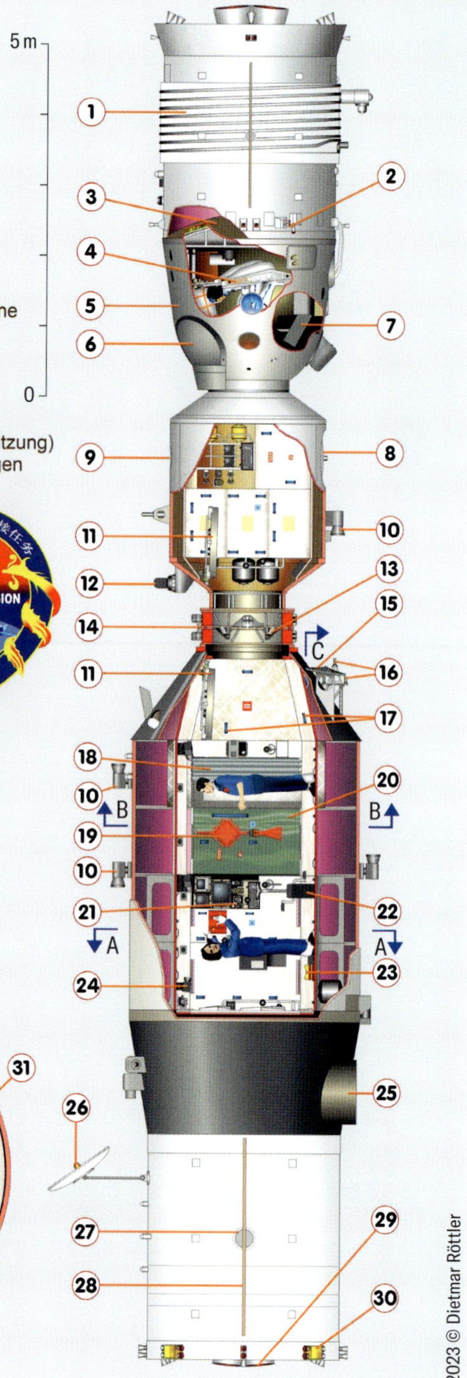

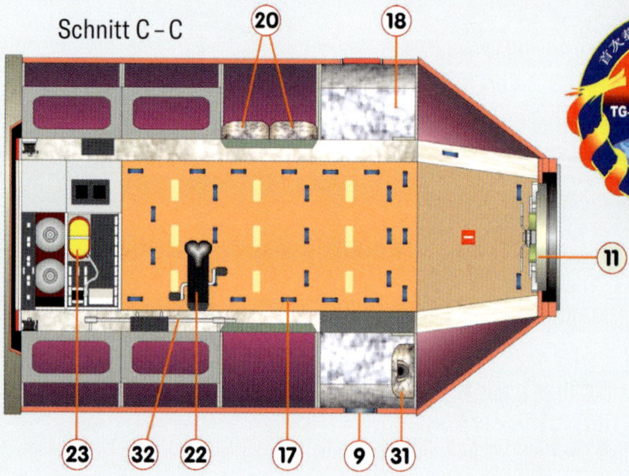

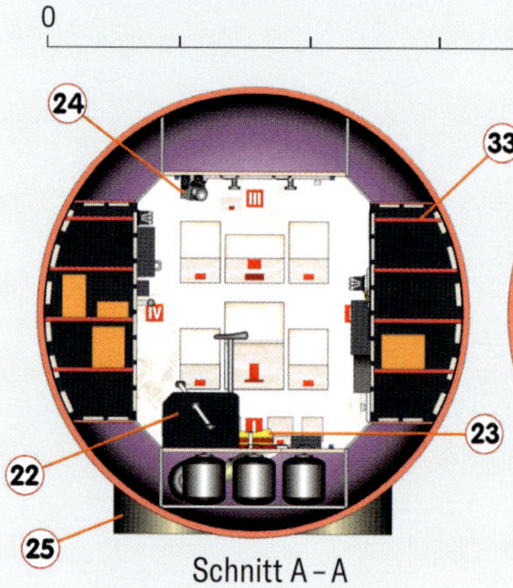

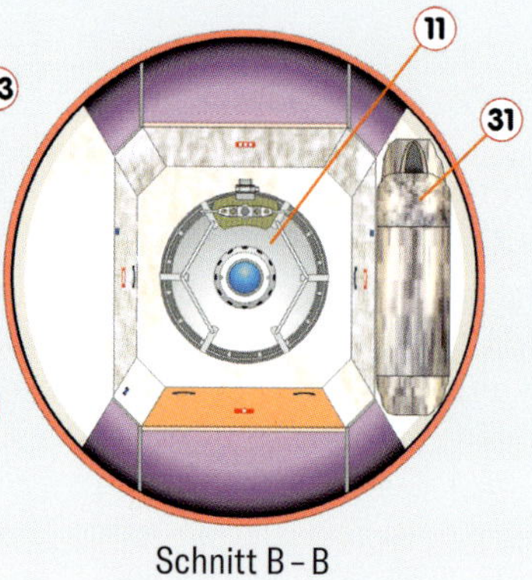

Shenzhou 9 & Tiangong 1

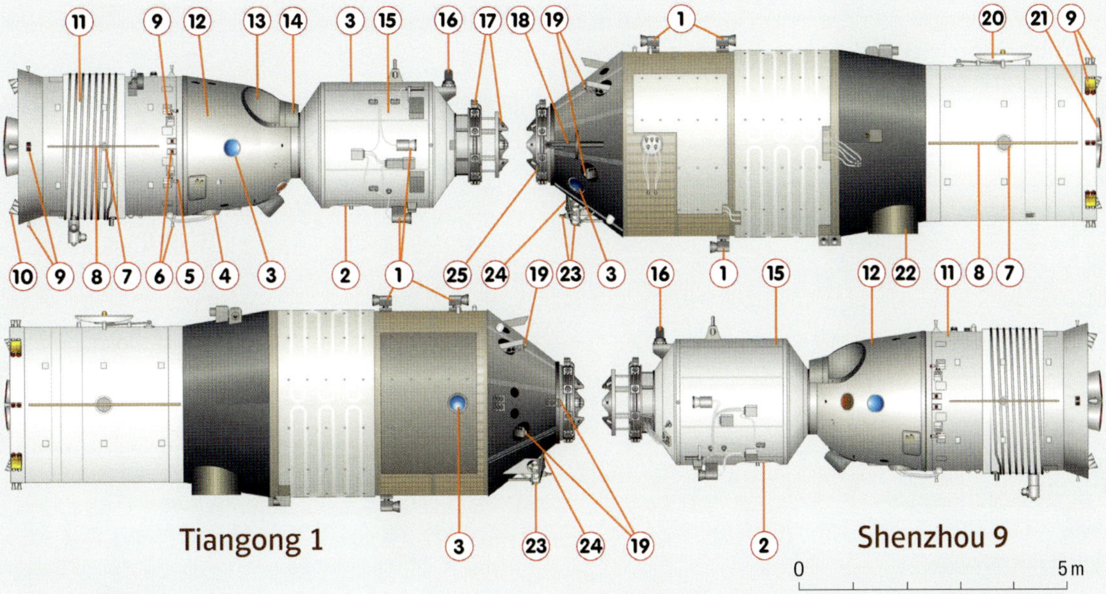

1 Kamera
2 Einstiegs-Luke
3 Bordfenster
4 Hermetische Leitungs-Anschlüsse von PM zu RM
5 150 N-Trenntriebwerk
6 120 N-Übertragungstriebwerk
7 Solarpaneel-Drehmechanismus
8 Solarpaneel
9 25 N-Lageregelungstriebwerke
10 150 N-Lagetriebwerke
11 Antriebssektion (PM)
12 Rückkehrkapsel (RM)
13 Deckel des Fallschirmcontainers
14 Aerodynamische Fallschirmcontainerabdeckung
15 Orbitalmodul (OM)
16 Laser-Radar
17 Aktiver Teil des Kopplungssystems
18 Kopplungsziel
19 Ziellichter für CCD-Sensoren
20 Tianlian-Datenübertragungsantenne
21 2500 N-Haupttriebwerk
22 Hyperspektral-Kamera (Auflösung 10 m)
23 Mikrowellen-Radartransponder
24 Reflektor für Laser-Radar
25 Passiver Teil des Kopplungssystems

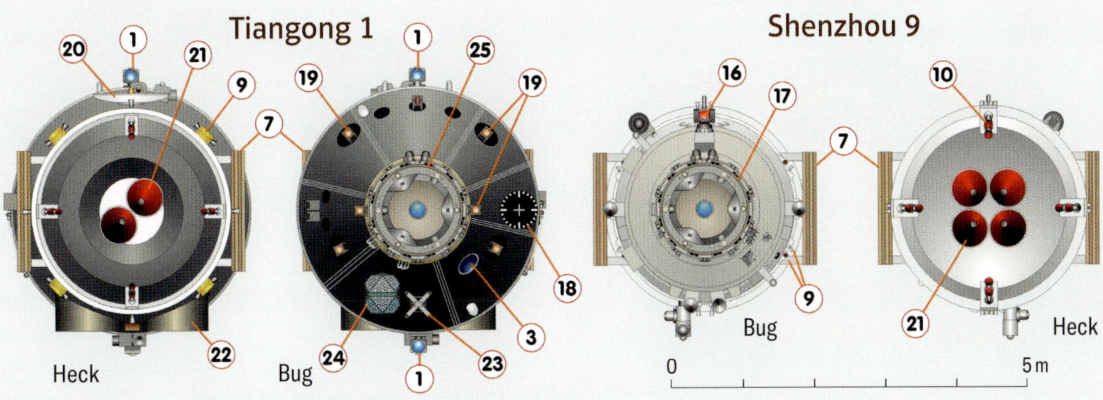

Der zweite Schritt

Himmelspalast – so heißt Tiangong auf Deutsch – ist wahrscheinlich kein passender Ausdruck für eine Wohnung, die grade eben die Ausmaße eines Lieferfahrzeugs oder eines kleinen Schulbusses hat. Dennoch war es ein wesentlicher Schritt vorwärts für Chinas bemannte Raumfahrt, denn mit diesem kleinen experimentellen Modul konnte das Land alle Fertigkeiten erwerben, die auch für den Betrieb einer großen Station notwendig sind.

Angekündigt wurde Tiangong schon drei Jahre vor dem ersten Flug, als das staatliche chinesische Fernsehen dieses Docking-Ziel, wie es damals genannt wurde, erstmals vorstellte. Auch dass es insgesamt von drei Shenzhou-Raumschiffen angesteuert werden sollte, wurde dabei erwähnt.

Die Tiangong-Module wurden beim Start mit allen Vorräten, die sie brauchten, ausgestattet. Sie konnten nicht mit Nachschubschiffen beliefert werden. Alles was zusätzlich zu dem an Bord kam, das nicht schon von Anfang an da gewesen war, mussten die Astronauten bei ihren Besuchen selbst mitbringen.

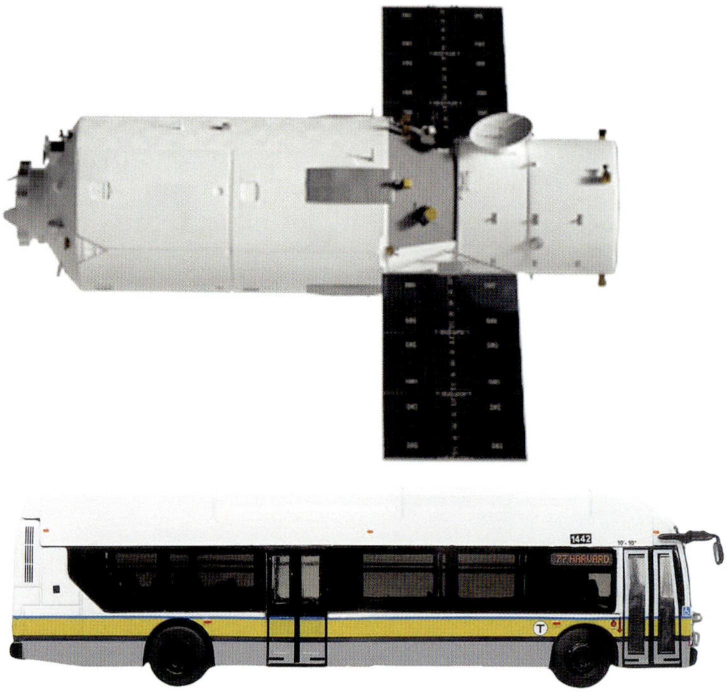

■ Größenvergleich Tiangong mit einem (US)-Schulbus.

Experimentelles Labormodul Tiangong	
Hersteller	CNSA
Trägerrakete	Langer Marsch 2F/T
Nutzbares Raumvolumen	15 Kubikmeter
Orbithöhe	370 Kilometer
Startgewicht Tiangong 1/Tiangong 2	8.500/ 8.600 Kilogramm
Länge/Durchmesser	10,40/3,35 Meter

Tiangong 1 wurde während seiner operationellen Lebenszeit dreimal von Shenzhou-Raumschiffen angesteuert. Das erste, die unbemannte Shenzhou 8, kam im November 2011. Nach seiner Einsatzzeit mit den beiden bemannten Besuchen verblieb die Mini-Station noch mehr als zwei Jahre weiter in Kontakt mit dem chinesischen Kontrollzentrum. Im Frühjahr 2016 verloren die Ingenieure aber die Verbindung mit dem Modul. Ab dann konnte die Einheit nicht mehr länger gesteuert werden und es war nur noch passive optische Beobachtung möglich. Deshalb konnte am Ende auch kein kontrollierter Eintritt in die Erdatmosphäre durchgeführt werden. Am 2. April 2018 trat Tiangong 1 in der Nähe von Haiti in die Erdatmosphäre ein, und verglühte über dem Pazifik.

Shenzhou 8 startete am 31. Oktober 2011 und legte am 2. November an Tiangong 1 auf der Nachtseite der Erde an. Es war das erste Mal, dass ein chinesisches Raumfahrzeug ein Anlegemanöver im Weltraum durchführte. Nach zwölf Tagen legte Shenzhou 8 zunächst wieder ab und führte ein zweites Anlegemanöver durch, dieses Mal im Sonnenlicht. Zweck dieser beiden Manöver war es, die Zuverlässigkeit der Rendezvous-Sensoren bei unterschiedlichen Beleuchtungsbedingungen zu testen. Am 17. November kehrte das Raumfahrzeug wieder zur Erde zurück. Das Unterfangen wurde in den westlichen Medien nur wenig beachtet. Mit einer Ausnahme allerdings, denn an Bord von Shenzhou 8 befand sich ein Biologie-Experiment aus Deutschland.

Als Shenzhou 9 am 29. Juni 2012 in den Orbit startete waren beinahe vier Jahre seit dem letzten zurückliegenden bemannten Raumflug Chinas vergangen. Mit Kommandant Jing Haipeng war erstmals ein chinesischer Astronaut zum zweiten Mal im Weltraum, und mit Liu Yang flog zum ersten Mal eine chinesische Frau in den Orbit. Dass bei dieser Mission ein weibliches Besatzungsmitglied mit an Bord sein würde, hatte die chinesische Raumfahrtagentur schon bei einer Pressekonferenz am 12. März bekanntgege-

Modul	Start/Wiedereintritt	Besetzt für	Kommentar
Tiangong 1	29. September 2011 2. April 2018	20 Tage 19 Stunden	Wurde von Shenzhou 8 (unbemannt), Shenzhou 9 und Shenzhou 10 besucht.
Tiangong 2	15. September 2016 19. Juli 2019	26 Tage 11 Stunden	Wurde von Shenzhou 11 besucht.

ben, allerdings dabei keine Namen genannt. Die Shenzhou 9-Mission begann übrigens zufälligerweise genau am 49. Jahrestag des Starts von Valentina Tereschkowa, der ersten Frau im Weltraum.

Am 18. Juni legte das Raumschiff vollautomatisch und ohne Eingriff der Besatzung an Tiangong 1 an und vollendete damit das erste bemannte Rendezvous- und Dockingmanöver in der chinesischen Raumfahrtgeschichte. Sechs Tage später legte das Raumschiff kurzzeitig wieder ab. Unter der Kontrolle von Liu Wang führte die Crew danach dieses Mal ein manuelles Anlegemanöver durch. Damit waren auch hier die beiden Betriebsmodi erprobt. Vier weitere Tage später legte Shenzhou 9 erneut von Tiangong 1 ab. Dieses Mal endgültig. Dieses vierte bemannte chinesische Raumschiff landete dann am 29. Juni im damaligen primären chinesischen Landegebiet im Siziwang Banner. Mit einer Gesamtflugdauer von zwölf Tagen, 15 Stunden und 25 Minuten war dies auch ein chinesischer Dauerflugrekord.

Der dritte und letzte Besuch von Tiangong 1 begann am 11. Juni 2013. Die Zeit von weniger als einem Jahr Abstand zum vorausgegangenen Flug von Shenzhou 9 stellte für sich bereits einen Rekord dar. Wieder waren drei Astronauten an Bord, erneut war eine Frau darunter. Bei diesem Flug wurde auch ein Muster sichtbar, das seither bei allen chinesischen Missionen durchgehalten wird: Der Kommandant verfügt stets über vorausgehende Flugerfahrung. Dieses Mal führte Nie Haisheng das Kommondo, der acht Jahre zuvor bereits mit Shenzhou 6 geflogen war. Das weibliche Besatzungsmitglied war Wang Yaping, und so war es eine nette Koinzidenz, dass die Mission erneut auf den Jahrestag – nun den 50. – des Fluges von Walentina Tereschkowa fiel.

■ Missionslogo von Shenzhou 9.

■ Missionslogo von Shenzhou 10.

■ Missionslogo von Shenzhou 11.

Bemannte Missionen Chinas entsprechend Schritt 2 des Planes von 1992				
Mission	**Start/Landung**	**Besatzung**	**Dauer**	**Kommentar**
Shenzhou 9	16. Juni 2012 29. Juni 2012	Jing Haipeng Liu Wang Liu Yang	12 Tage 15 Stunden	Erstmals zweiter Flug eines Chinesen. Erste Chinesische Frau im Weltraum. Erster Besuch von Tiangong 1. Bis dahin längster chinesischer Flug.
Shenzhou 10	11. Juni 2013 26. Juni 2013	Nie Haisheng Zhang Xiaoguang Wang Yaping	14 Tage 14 Stunden	Zweiter Besuch von Tiangong 1. Bis dahin längster chinesischer Flug.
Shenzhou 11	16. Oktober 2016 18. November 2016	Jing Haipeng Chen Dong	32 Tage 6 Stunden	Erstmals dritter Flug eines Chinesen. Erster und einziger Besuch von Tiangong 2. Bis dahin längster chinesischer Flug.

■ Die Crew von Shenzhou 9 nach der Landung im Ziziwang-Banner.

Dass Frauen zu diesem Zeitpunkt im All weiter stark unterrepräsentiert sind, war daran zu erkennen, dass von den neun Menschen, die sich in diesem Juni 2013 im Orbit aufhielten nur zwei Frauen waren. Neben Wang Yaping war das noch Karen Nyberg auf der ISS. Mit einer Dauer von fast 15 Tagen war es erneut der längste bemannte Flug in der chinesischen Raumfahrtgeschichte. Dementsprechend beschäftigte sich die Crew relativ viel mit Experimenten zur Weltraummedizin. Wang Yaping erntete einiges an Aufmerksamkeit der Medien, zum einen natürlich, weil sie eine Frau war, zum anderen aber auch weil sie aus der Ministation Physikunterricht für Studenten gab.

Am 25. Juni legte Shenzhou 10 von Tiangong 1 ab, tags darauf erfolgte die Landung im damaligen Standard-Landegebiet im Ziziwang Banner. Danach vergingen mehr als drei Jahre, bis die chinesische Raumfahrtagentur am 15. September 2016 mit Tiangong 2 das zweite experimentelle Raumstationsmodul in den Orbit brachte. Zwei Monate darauf startete mit mit Shenzhou 11 das letzte Raumfahrzeug in der Phase 2 des bemannten chinesischen Raumfahrtprogramms.

An Bord befanden sich diesmal nur zwei Astronauten. Das machte es von vorneherein klar, dass es sich – aus chinesische Sicht – um einen Langzeitflug handeln musste. Mit nur zwei Besatzungsmitgliedern konnte man die Vorräte an Bord des Moduls erheblich strecken. Kommandant der Mission war Jing Haipeng, der damit als erster chinesische Astronaut zum dritten Mal in den Orbit flog.

Die Mission war von medizinischen Experimenten bestimmt und von Tests mit dem Lebenserhaltungssystem der Einheit, die viele Elemente der künftigen großen Raumstation enthielt. Als Shenzhou 11 am 18. November 2018 landete, war damit auch die zweite Phase des bemannten Raumfahrtprogramms Chinas abgeschlossen. Der Name Tiangong ging nun auf die große Raumstation über. Die erprobten Mini-Module wurden aber weiter verwendet. Als Logistik-Einheiten für Tiangong. Und von nun an führten sie die Bezeichnung Tianzhou.

Elf Schritte zur Raumstation

Zwischen der Rückkehr von Shenzhou 11 und dem Start von Shenzhou 12 vergingen viereinhalb Jahre. Eine Zeitspanne, an die man sich in der bemannten chinesischen Raumfahrt inzwischen schon gewöhnt hatte. Dabei hätte es dieses Mal aber bis zum nächsten Flug eigentlich gar nicht so lange dauern sollen, aber dann kamen Entwicklungsprobleme mit der Langer Marsch 5-Trägerrakete dazwischen. Mit dieser Rakete mussten alle großen Module der Station gestartet werden. Am 2. Juli 2017, bei ihrer zweiten Mission, erlebte die Langer Marsch 5 einen Fehlstart. Nicht mit einem Raumstationsmodul, sondern mit einem Kommunikationssatelliten an Bord.

Der Fehlstart hatte umfangreiche Nachentwicklungen zur Folge, die verzögerten das Programm um zwei Jahre. Alle Nutzlasten, die man in dieser Zeit hätte starten sollen, blieben zunächst einmal auf dem Boden. Das Tianhe-Modul, das Zentralelement der neuen Station, musste sich an der siebten Stelle in der Warteschlange einreihen.

Aber auch mit der Langer Marsch 7A, welche die Tianzhou-Versorgungsmodule nach oben bringen sollte, verlief nicht alles nach Plan. Ein Fehlstart am 16. März 2020 verzögerte die nachfolgenden Flüge um ein Jahr.

Doch dann war die Zeit der langen Abstände zwischen den Einzelmissionen für immer vorbei. Aufbau und Betrieb einer großen Raumstation verlangen eine enge Taktung. Genau elf exakt choreografierte Missionen brauchte es bis zur Vollendung der ersten Ausbauphase. Das dafür notwendige Aufgebot war gewaltig. Drei Trägerraketen des Typs Langer Marsch 5 brachten die Großmodule in den Orbit. Jedes ist über 22 Tonnen schwer. Vier Raketen des

■ Die Langer Marsch 5 mit der Seriennummer 8. Sie transportierte am 24. Juli 2022 Wentian, das zweite Großmodul der chinesischen Raumstation, sicher in den Orbit.

■ Eine Langer Marsch 7 wird in der Montagehalle in Wenchang für den Start des Versorgungsmoduls Tianzhou 4 vorbereitet.

Typs Langer Marsch 7 transportieren die Ausrüstung und den Nachschub für diese drei Module. Und vier bemannte Shenzhou-Raumfahrzeuge, gestartet jeweils mit Raketen des Typs Langer Marsch 2F, brachten die Besatzungen in die Umlaufbahn, deren Aufgabe es war, die Station auszustatten und in Betrieb zu nehmen.

Chinas Erfahrungsbasis mit Menschen im Weltraum ist, wie wir im vorausgegangenen Kapitel gesehen haben, zwar qualitativ bedeutend, aber nicht besonders groß. Zum Zeitpunkt des Starts von Shenzhou 12 hatte das Land erst sechs bemannte Missionen absolviert. In langen Zeitabständen, fast immer mit mehrjährigen Unterbrechungen. Shenzhou 5, mit Yang Liwei an Bord, hatte am 13. Oktober 2003 den Anfang gemacht. Der bislang letzte Einsatz, die Mission von Shenzhou 11, hatte am 17. Oktober 2016 begonnen und gut einen Monat gedauert. Nun aber sollte das Programm Fahrt aufnehmen. Am 29. April 2021, um 4:23 Uhr Mitteleuropäischer Zeit, war es soweit.

An diesem Tag startete an Bord einer Langer Marsch 5B vom Weltraumbahnhof Wenchang das Basiselement der Station. Es trägt den Namen Tianhe. In dieser Einheit befinden sich die Systeme für alle zentralen Funktionen wie etwa das Antriebssystem mit seinen vier elektrischen Haupttriebwerken mit denen die Umlaufbahn gehalten wird, die Navigationseinrichtung, die Stromversorgung mittels Solargeneratoren und chemischen Batterien, Treibstofftanks und die Unterkünfte und sanitären Anlagen für die dreiköpfige Stammbesatzung.

Die Raumlage wird im Normalfall über ein System von sechs Momentenkreiseln geregelt, im Notfall mit chemischen Lageregelungstriebwerken. Am schmalen Ende des Moduls befindet sich ein zylindrischer Dockingknoten mit fünf Anlegestellen. Am anderen Ende gibt es eine weitere Anlegestelle, sechs sind es insgesamt.

An dieser Zentraleinheit des zukünftigen chinesischen Außenpostens im All legte einen Monat später ein unbe-

Zentralmodul Tianhe	
Start	29. April 2021
Trägerrakete	Langer Marsch 5
Länge	16,60 Meter
Durchmesser	4,20 Meter
Startmasse	22.500 Kilogramm
Bewohnbares Raumvolumen	51 Kubikmeter

Das Tianhe-Modul wird in Wenchang für den Start vorbereitet.

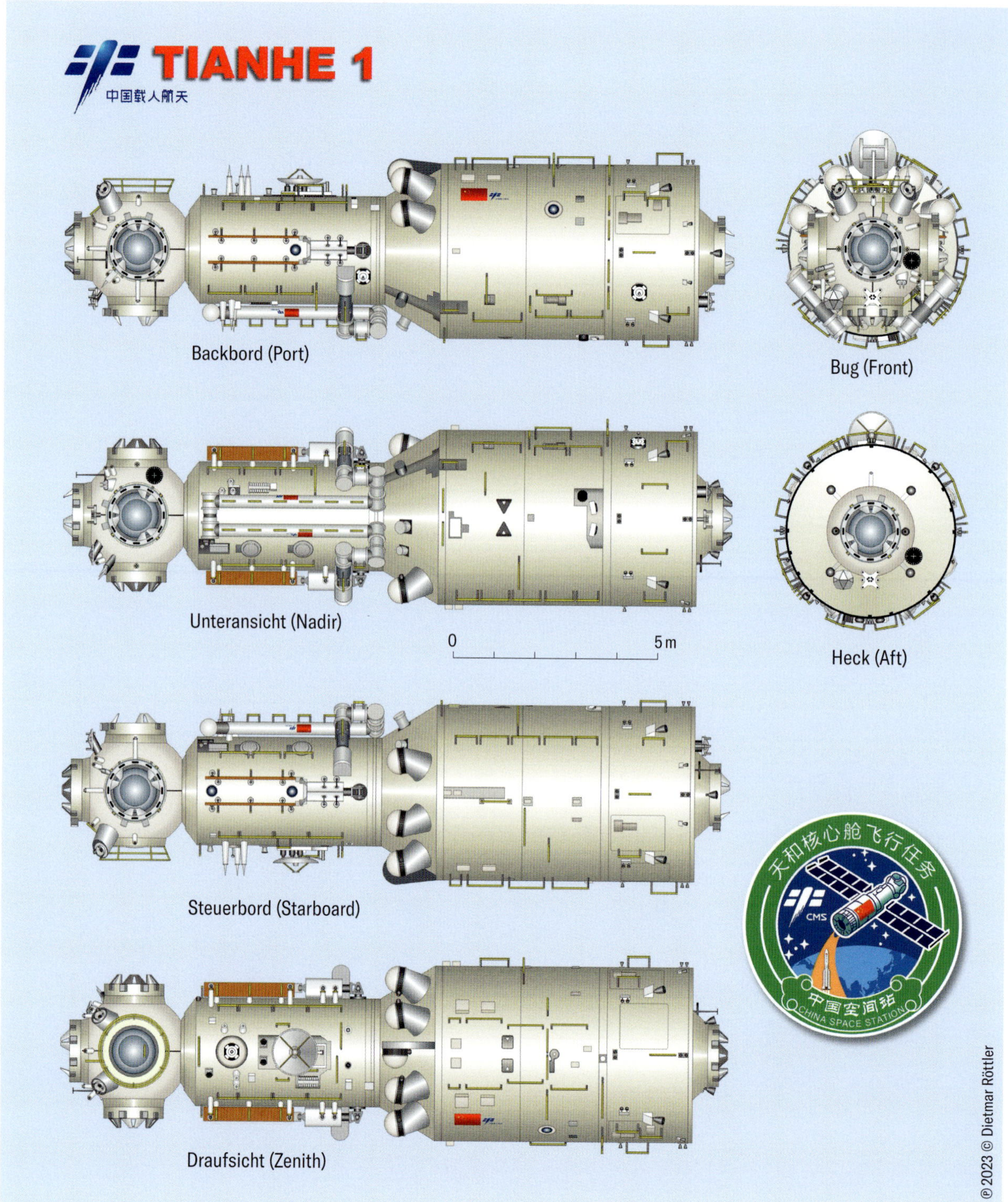
TIANHE 1
中国载人航天
Backbord (Port)
Bug (Front)
Unteransicht (Nadir)
Heck (Aft)
0
5 m
Steuerbord (Starboard)
天和核心舱飞行任务
CMS
中国空间站
CHINA SPACE STATION
Draufsicht (Zenith)
℗ 2023 © Dietmar Röttler

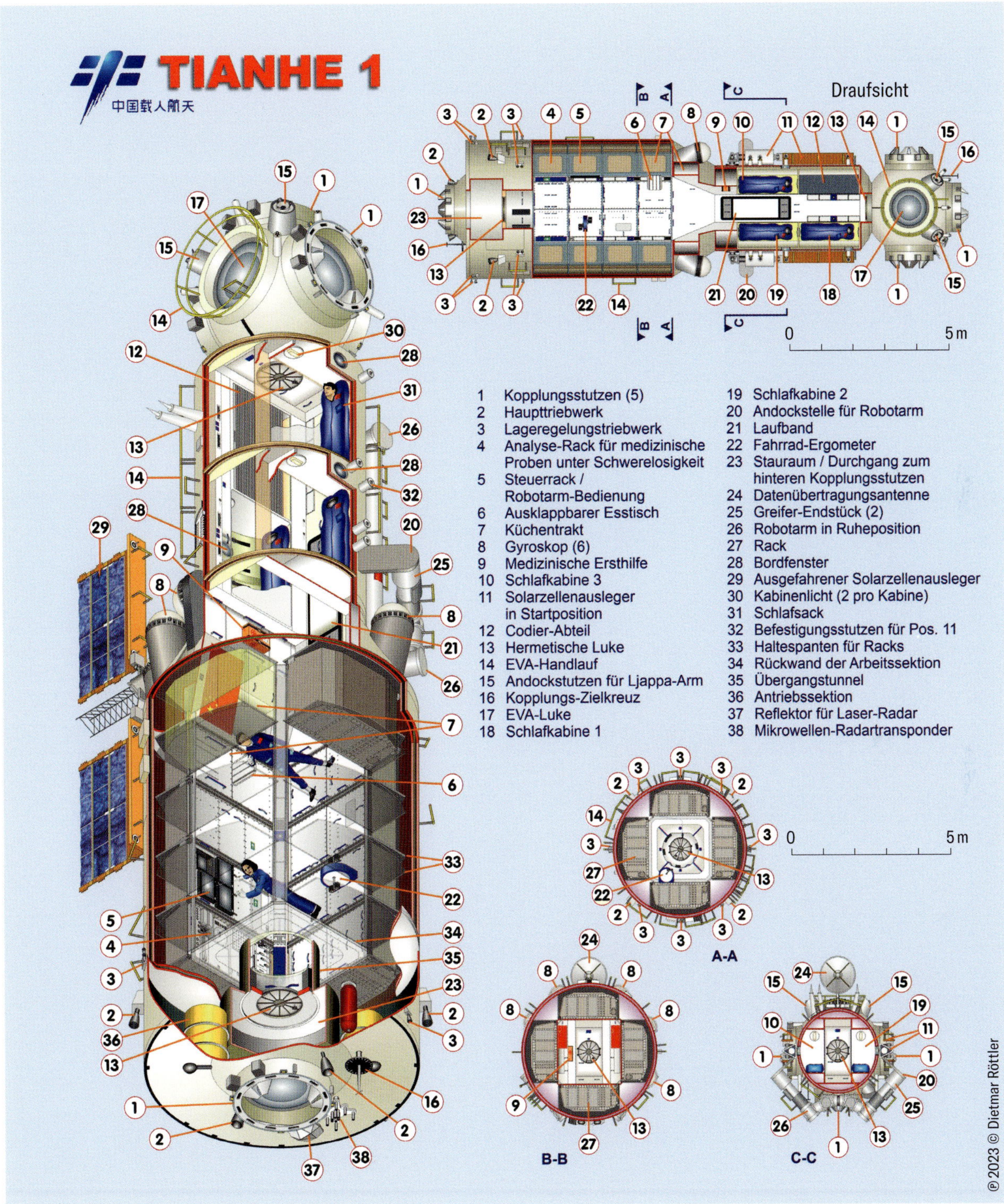
TIANHE 1
中国载人航天
Draufsicht
0 5 m
1 Kopplungsstutzen (5)
2 Haupttriebwerk
3 Lageregelungstriebwerk
4 Analyse-Rack für medizinische Proben unter Schwerelosigkeit
5 Steuerrack / Robotarm-Bedienung
6 Ausklappbarer Esstisch
7 Küchentrakt
8 Gyroskop (6)
9 Medizinische Ersthilfe
10 Schlafkabine 3
11 Solarzellenausleger in Startposition
12 Codier-Abteil
13 Hermetische Luke
14 EVA-Handlauf
15 Andockstutzen für Ljappa-Arm
16 Kopplungs-Zielkreuz
17 EVA-Luke
18 Schlafkabine 1
19 Schlafkabine 2
20 Andockstelle für Robotarm
21 Laufband
22 Fahrrad-Ergometer
23 Stauraum / Durchgang zum hinteren Kopplungsstutzen
24 Datenübertragungsantenne
25 Greifer-Endstück (2)
26 Robotarm in Ruheposition
27 Rack
28 Bordfenster
29 Ausgefahrener Solarzellenausleger
30 Kabinenlicht (2 pro Kabine)
31 Schlafsack
32 Befestigungsstutzen für Pos. 11
33 Haltespanten für Racks
34 Rückwand der Arbeitssektion
35 Übergangstunnel
36 Antriebssektion
37 Reflektor für Laser-Radar
38 Mikrowellen-Radartransponder
A-A
B-B
C-C
℗ 2023 © Dietmar Röttler

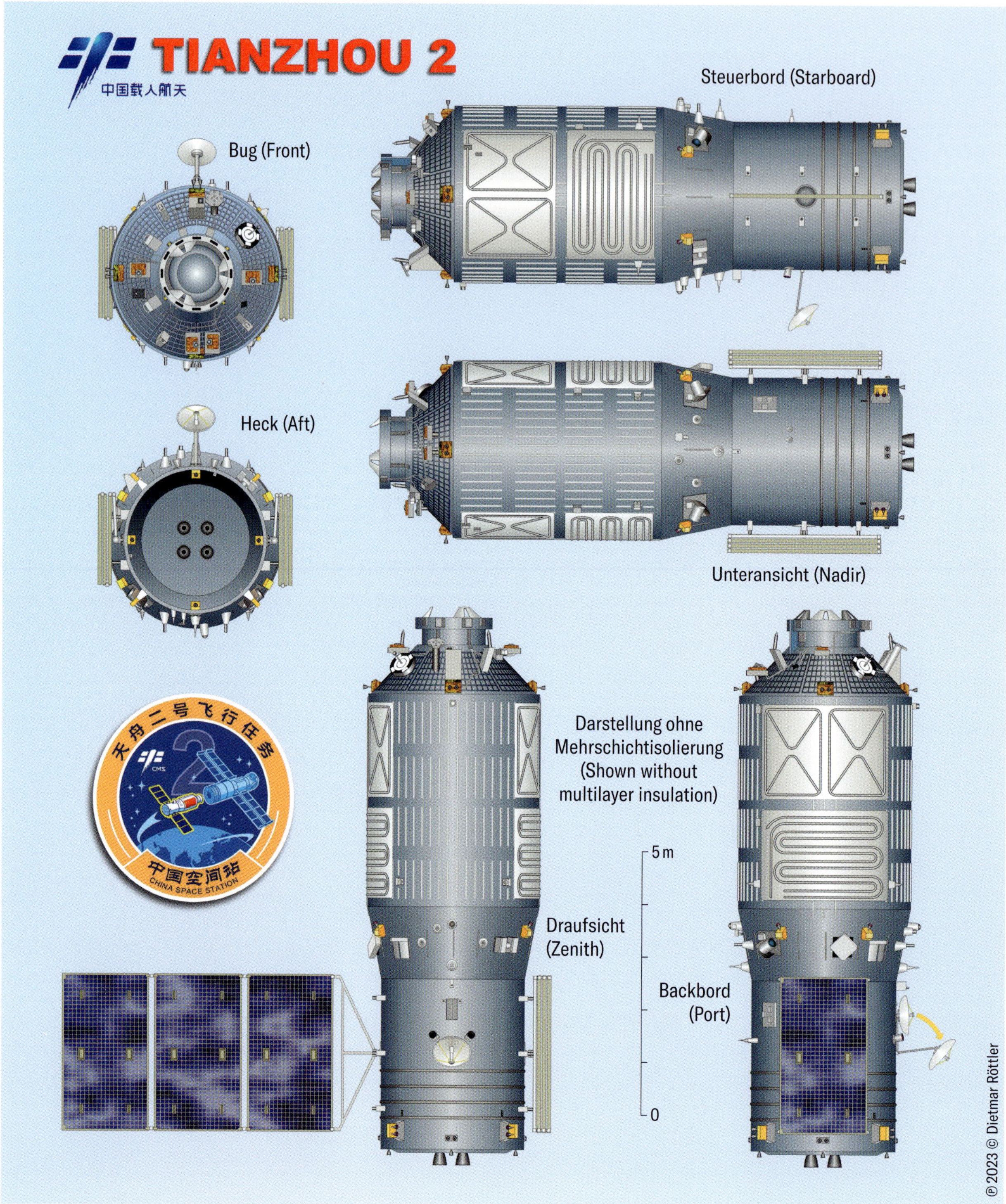
TIANZHOU 2
中国载人航天
Steuerbord (Starboard)
Bug (Front)
Heck (Aft)
Unteransicht (Nadir)
天舟二号飞行任务
CMS
中国空间站
CHINA SPACE STATION
Darstellung ohne
Mehrschichtisolierung
(Shown without
multilayer insulation)
5 m
0
Draufsicht
(Zenith)
Backbord
(Port)
℗ 2023 © Dietmar Röttler

■ Die Langer Marsch 2F mit dem Raumschiff Shenzhou 12 beim Rollout zur Startrampe.

manntes Versorgungsschiff mit der Bezeichnung Tianzhou 2 an. Ein Versuchsmodell dieser Einheit mit der Bezeichnung Tianzhou 1 wurde bereits zwischen April und September 2017 bei einem unbemannten Testflug zum experimentellen Tiangong 2-Modul erprobt. Genau das, welches im Oktober und November 2016 auch von den beiden Astronauten Jing Haipeng und Chen Dong besucht worden war.

Die Tianzhou-Raumfahrzeuge liegen in der Größe etwas unterhalb des japanischen HTV-Transporters für die ISS, sind aber fast doppelt so massiv wie die russischen Progress-Raumschiffe. Der Entwurf für die Tianzhou-Raumfahrzeuge war aus den experimentellen Tiangong-Modulen abgeleitet worden, ist nun aber größer und beim Start über 50 Prozent schwerer, was vor allem an den bis zu vier Tonnen an Nachschubgütern liegt, die man damit zur Station bringen kann. Bei diesem Zusatzgewicht konnte es nun nicht mehr wie die einstigen Tiangong-Experimentalmodule mit der Langer Marsch 2F/T transportiert werden, sondern war jetzt auf die Langer Marsch 7 angewiesen. Ein wesentlicher Unterschied zum Tiangong-Experimentalmodul besteht auch darin, dass Tianzhou nur über dreiteilige Solarzellenflügel verfügt, anstatt der vierteiligen von Tiangong. Auch die Ausstattung mit Manövriertriebwerken wurde verändert.

Tianzhou transportierte etwa zwei Tonnen Treibstoff für die chemischen Triebwerke und 4,7 Tonnen an „trockener Fracht“. Darunter auch zwei der chinesischen „Feitan“-

Versorgungsschiff Tianzhou	
Trägerrakete	Langer Marsch 7
Länge	10,60 Meter
Durchmesser	3,35 - 4,20 Meter
Leermasse	6.700 Kilogramm
Startmasse	13.500 Kilogramm
Raumvolumen	18 Kubikmeter
Elektrische Leistung	2,7 Kilowatt

■ Die Crew von Shenzhou 12. Von links: Tang Hongbo, Nie Haisheng und Liu Boming

Raumanzüge, die voll ausgerüstet auf der Erde jeweils 130 Kilogramm wiegen. Sie sind für einen Zeitraum von drei Jahren zertifiziert und können in dieser Zeit bis zu 15-mal verwendet werden.

Noch ein Feature darf nicht vergessen werden: Die Tianzhou-Module bieten zusätzlichen Lebensraum für die Astronauten an Bord der Station, wenngleich dieser zusätzliche Platz den Charme eines Lagerraums ausstrahlt, mit all seinen Kisten, Containern und offenen Gütern, die hier alle vier Wände vollstellen.

Am 17. Juni 2021 erfolgte Schritt Nummer 3: Die Entsendung der ersten Crew. Dafür stand am Startzentrum Jiuquan das Raumschiff Shenzhou 12 bereit.

Die Besatzung von Shenzhou 12 bestand aus drei Männern: Nie Haisheng, Liu Boming und Tang Hongbo. Zwei von ihnen waren Astronauten der ersten Stunde im chinesischen Raumfahrtprogramm. Der 56-jährige Kommandant Nie Haisheng war schon zweimal im All: mit Shenzhou 6 und mit Shenzhou 10. Liu Boming flog bereits mit Shenzhou 7 und war zum Zeitpunkt der Shenzhou 12-Mission 55 Jahre alt. Der dritte Mann an Bord, der 46-jährigeTang Hongbo, war ein „Rookie“, ein Raumfahrer, der zum ersten Mal ins All flog. Im Übrigen war noch nie in der Geschichte der Raumfahrt eine militärisch derart hochrangige Crew unterwegs. Nie und Liu waren beide im Rang eines Generalmajors, Tang im Range eines Obersten.

Das Anlegemanöver erfolgte weniger als sechs Stunden nach dem Start. In den Tagen und Wochen danach begannen die drei Astronauten, die Station Schritt für Schritt in Betrieb zu nehmen und alle mechanischen und elektronischen Komponenten des Tianhe-Moduls zu testen. Am 4. Juli 2021 führten Liu Boming und Tang Hongbo ein Außenbordmanöver durch. Es war damit das erste Mal seit fast 13 Jahren, dass chinesische Raumfahrer wieder eine EVA absolvierten. Damals hatte Zhai Zhigang 22 Minuten außerhalb des Shenzhou 7-Raumschiffes verbracht. Dieses Mal dauerte das Außenbordmanöver sechs Stunden und 46 Minuten.

Ein zweites Außenbordmanöver erfolgte am 20. August 2021. Dieses Mal mit Nie Haisheng und wieder Liu Boming. Wieder wurden Ausrüstungsgegenstände außenbords montiert. Diese EVA dauerte fünf Stunden und 55 Minuten.

Als die Crew von Shenzhou 12 am 16. September 2021 die Station wieder verließ, waren sie dreimal länger im Orbit gewesen, als beim bis dahin längsten chinesische Aufenthalt im All. Am 17. September 2021 kehrten die drei

Tianzhou-Versorgungsraumfahrzeuge zur Tiangong-Station

Mission	Start Ankopplung	Abkopplung Wiedereintritt	Kommentar
Tianzhou 2	29. Mai 2021 29. Mai 2022	27. März 2022 31. März 2022	Mehrfaches Umsetzen des Moduls zu Test- und Logistikzwecken.
Tianzhou 3	20. September 2021 20. September 2021	17. Juli 2022 27. Juli 2022	Am 19. April 2022 Umsetzen um Platz für Tianzhou 4 zu machen.
Tianzhou 4	9. Mai 2022 9. Mai 2022	9. November 2022 14. November 2022	Routine-Einsatz zur Versorgung der Raumstation.
Tianzhou 5	12. November 2022	-	War zum Zeitpunkt des Redaktionsschlusses noch an der Station angedockt. Legt wahrscheinlich im Herbst 2023 wieder ab.
Tianzhou 6	10. Mai 2023	-	Verbleibt vermutlich bis mindestens Januar 2024 an der Station.

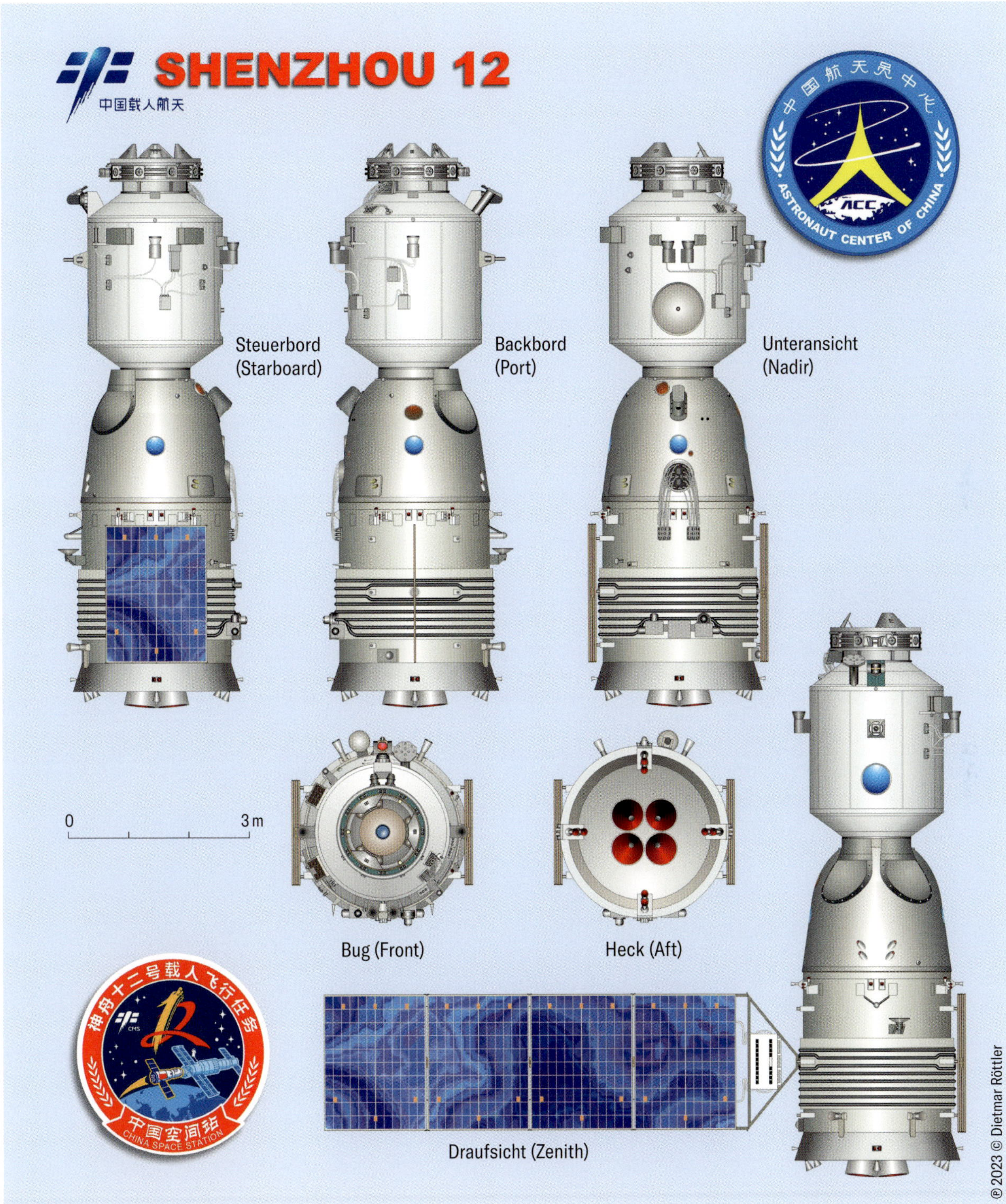
SHENZHOU 12
中国载人航天
中国航天员中心
ASTRONAUT CENTER OF CHINA
ACC
Steuerbord
(Starboard)
Backbord
(Port)
Unteransicht
(Nadir)
0
3 m
Bug (Front)
Heck (Aft)
神舟十二号载人飞行任务
中国空间站
CHINA SPACE STATION
Draufsicht (Zenith)
© 2023 © Dietmar Röttler

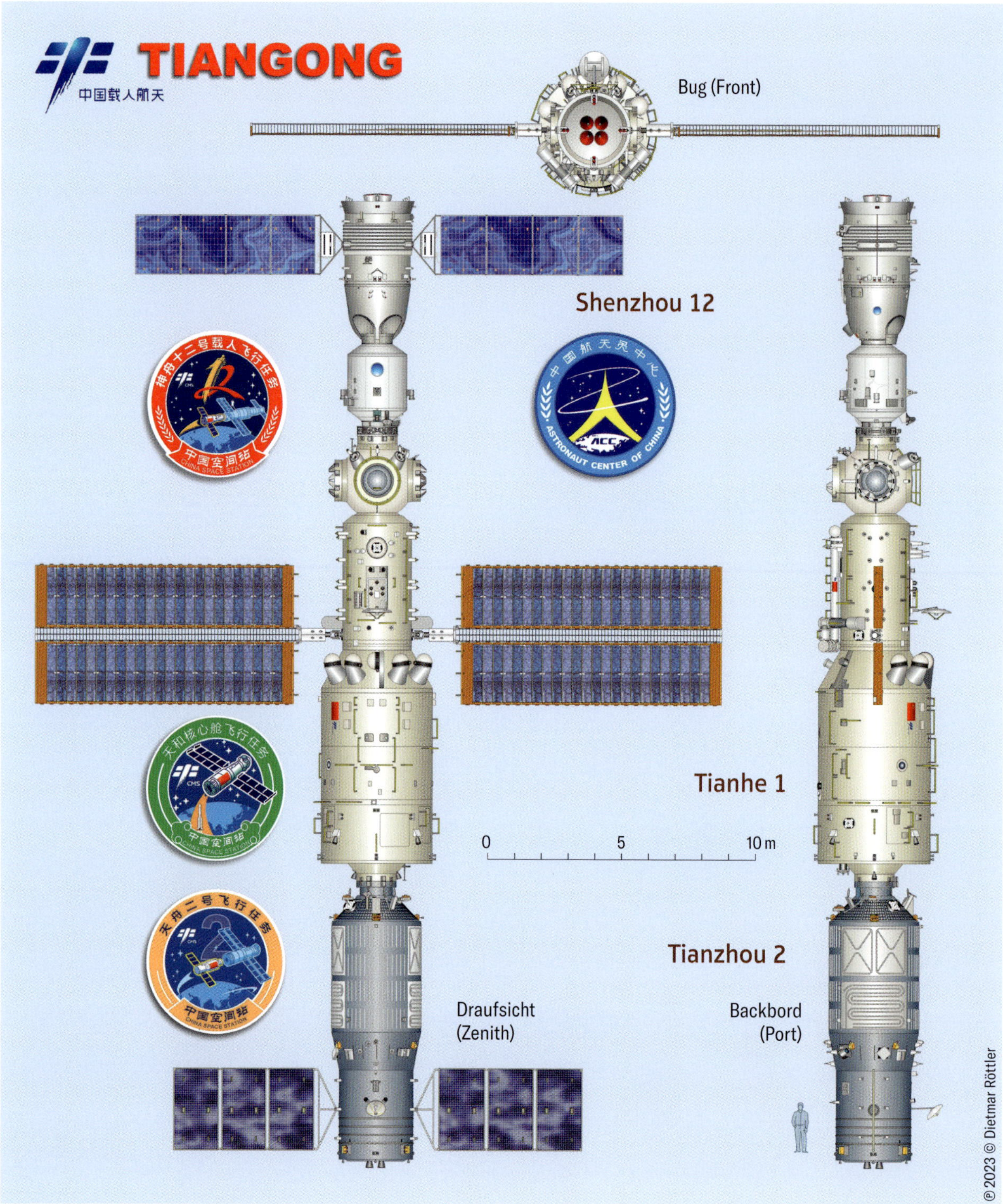
TIANGONG
中国载人航天
Bug (Front)
Shenzhou 12
ASTRONAUT CENTER OF CHINA
中国空间站
Tianhe 1
0
5
10 m
Tianzhou 2
Draufsicht
(Zenith)
Backbord
(Port)
℗ 2023 © Dietmar Röttler

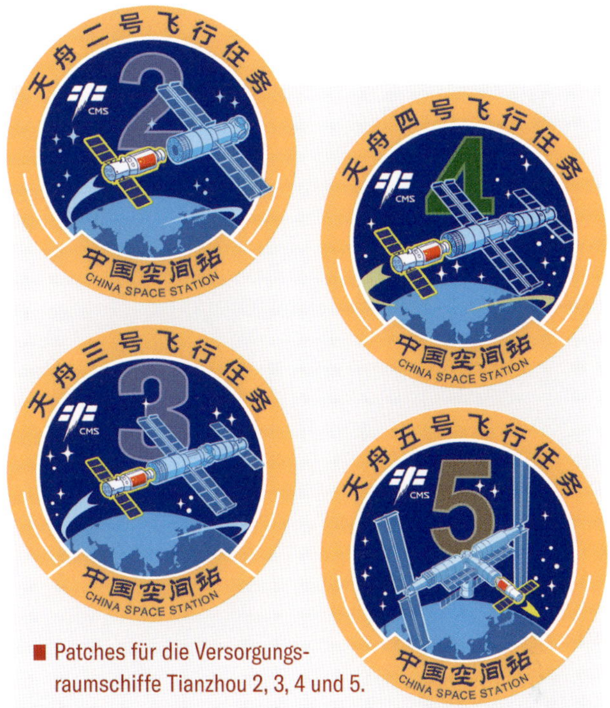

Patches für die Versorgungsraumschiffe Tianzhou 2, 3, 4 und 5.

Astronauten wieder wohlbehalten zur Erde zurück. Die Landung erfolgte erstmals in der so genannten „Ostwind"-Landezone, nur gut 70 Kilometer südöstlich des Weltraumbahnhofs Jiuquan, von wo die Kapsel drei Monate zuvor gestartet war. Der Aufsetzpunkt lag nur 640 Meter von der berechneten Landestelle entfernt, ultrapräzise für eine fallschirmgestützte Landung, bei der vor allen Dingen die Winddrift für Ungenauigkeiten sorgt. Der Ostwind-Landeplatz gilt seither als primäre Landezone für zurückkehrende bemannte chinesische Raumschiffe.

Am 18. September koppelte Tianzhou 2 vom Tianhe-Modul ab, um den Dockingadapter am Heck für Tianzhou 3 freizumachen. In einem vierstündigen Manöver umrundete das Frachtraumschiff die Station, und legte am anderen Ende wieder an. Genau an dem Dockingadapter, den Shenzhou 12 freigemacht hatte.

Dass Chinas bemannte Raumfahrt inzwischen stark an Tempo zugelegt hatte, war daran zu erkennen, dass nur zwei Tage nach der Landung von Shenzhou 12 das unbemannte Nachschubraumschiff Tianzhou 3 seine Reise vom Weltraumbahnhof Wenchang zur Station antrat. Nur sechs Stunden nach dem Start legte es dort auch schon an. Dies war Schritt 4 im Aufbau der chinesischen Raumstation.

An Bord von Tianzhou 3 befand sich wesentlich mehr der so genannten „trockenen Fracht" als bei Tianzhou 2, denn dieses Mal war kein Treibstoff mehr für die Station notwendig. Tianzhou 2 hatte sie quasi vollgetankt. Neben vielen Versorgungsgütern, Ersatzteilen und wissenschaftlichem Gerät war vor allem ein dritter Raumanzug an Bord, in einer kleineren Größe als die beiden Einheiten, die mit Tianzhou 2 zur Station gekommen war. Dieser dritte Anzug, der genau die gleichen Leistungswerte wie die beiden anderen Anzüge hat, ist für körperlich kleinere Besatzungsmitglieder gedacht, vor allem für die Frauen, die bei den nächsten beiden Missionen mit an Bord sein würden.

Am 19. April legte Tianzhou 3 vom Heck-Adapter der Station ab, umrundete die Station und koppelte vier Stunden später am Frontadapter wieder an. Für den Rest seiner Anwesenheit an der Station diente Tianzhou 3 als „Mülldeponie", bis es am 17. Juli 2022 endgültig von der Station ablegte.

Am 16. Oktober startete Shenzhou 13. Die Besatzung bestand aus dem 55jährigen Zhai Zhigang, der schon mit Shenzhou 7 geflogen war, der 41jährigen Wang Yaping, die bereits mit Shenzhou 10 im Orbit war und dem ebenfalls 41-jährigen Ye Guangfu, der wie Wang Yaping aus der Auswahlgruppe 2 chinesischer Astronauten stammt. Für ihn war es der erste Flug in den Orbit.

Auch bei dieser Mission wurden zwei Außenbordmanöver durchgeführt. Das erste von Kommandant Zhai Zhigang und Wang Yaping, die damit zur ersten chinesischen Frau wurde, die im freien Weltraum arbeitete. Die Außenarbeiten dauerten sechs Stunden und 25 Minuten. EVA Nummer 2 fand am 26. Dezember 2021 statt. Erneut war Zhai Zhigang außenbords tätig, dieses Mal begleitete ihn aber Ye Guangfu.

Shenzhou 13 blieb bis zum 15. April 2022 im Orbit und verdoppelte damit die bisherige Aufenthaltsdauer-Rekordmarke. Sechs Monate, das ist auch die durchschnittliche Dauer einer Crew-Rotation auf der ISS. Somit hatte China auch hier Anschluss an den „Weltstandard" gefunden. Wang hatte bei ihren beiden Raumflügen insgesamt 197 Tage im Weltraum verbracht. Das war chinesischer Rekord.

Auch bei dieser Mission waren für die Öffentlichkeit die „Space Lectures", Unterrichtsstunden aus dem All, einer der Höhepunkte der Mission. Es fanden zwei davon statt, eine am 9. Dezember 2021 und eine zweite am 23. März 2022. Zusätzlich gab es noch eine für US-Studenten. Sie fand auf der Erde in der chinesischen Botschaft in Washington statt, wurde vom chinesischen Botschafter in den USA moderiert und enthielt eine Key-Note von Elon Musk.

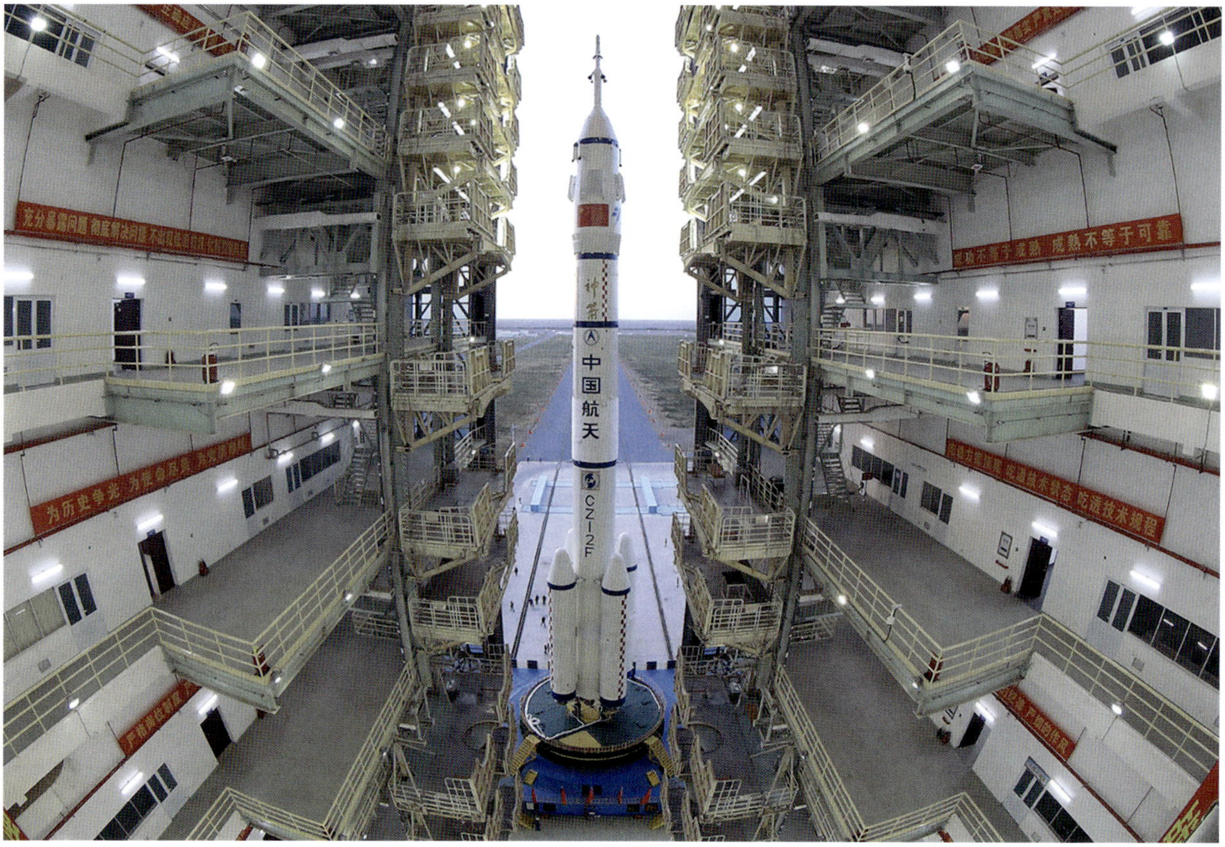

■ Die Langer Marsch 2F mit Shenzhou 13 an der Spitze verlässt die Montagehalle in Jiuquan und wird zum Startplatz transportiert.

■ Die Shenzhou 13-Crew verabschiedet sich in Jiuquan.

Bemannte Missionen zur chinesischen Raumstation

Mission	Start/Landung	Besatzung	Dauer	Kommentar
Shenzhou 12	17. Juni 2021 17. September 2021	Nie Haisheng Liu Boming Tang Hongbo	92 Tage 4 Stunden	Erstmals dritter Einsatz eines chinesischen Astronauten. Bis dahin längster chinesischer Flug.
Shenzhou 13	15. Oktober 2021 15. April 2022	Zhai Zhigang Wang Yaping Ye Guangfu	182 Tage 10 Stunden	Zweite Besuchscrew der Station. Bis dahin längster chinesischer Flug.
Shenzhou 14	5. Juni 2022 4. Dezember 2022	Chen Dong Liu Yang Cai Xuzhe	181 Tage 17 Stunden	Dritte Besuchscrew der Station. Erstmals „fliegender Wechsel" im Orbit.
Shenzhou 15	29. November 2022 3. Juni 2023	Fei Junlong Deng Qingming Zhang Lu	186 Tage 7 Stunden	Vierte Besuchscrew der Station. Wechsel an Bord mit Shenzhou 16.
Shenzhou 16	30. Mai 2023 Noch im Orbit	Jing Haipeng Zhu Yangzhu Gui Haichao	Geplant: 180 Tage	Zum Zeitpunkt des Redaktionsschlusses noch im Orbit.

Die Landung von Shenzhou 13 erfolgte am 16. April im Ostwind-Landegebiet südlich von Jiuquan, nur neun Stunden nach dem Abkoppeln von der Station. Die Mission von Shenzhou 13 schloss den fünften Schritt im Aufbau der chinesischen Raumstation ab.

In der Zeit, als die Station nach dem 15. April kurzfristig ohne Crew war, erfolgte mit dem Start von Tianzhou 4 der Schritt Nummer 6.

Tianzhou 4 verließ die Startrampe in Wenchang am 9. Mai 2022, also zu einem Zeitpunkt, an dem sich noch Tianzhou 3 angekoppelt an der Station befand. Sechs Stunden nach dem Liftoff legte das Frachtraumschiff am hinteren Ende des Tianhe-Moduls an. Insgesamt brachte das Fahrzeug mehr als sechs Tonnen unterschiedlicher Materialien zur Station, darin – das erste Mal seit Tianzhou 2 – auch wieder Treibstoff für das Tianhe-Modul. Dieses Mal waren das 750 Kilogramm. Das schwerste Einzelelement war ein 170 Kilogramm schwerer Lagekontrollkreisel. Die vielleicht bemerkenswerteste Nutzlast war ein kleiner Satellit mit der Bezeichnung Zhising 3A, der am 13. Novem-

■ Die Tianzhou-Raumschiffe versorgen die Astronauten auch mit haltbarem frischen Obst wie Äpfel und Orangen.

■ Auch (selbstgemachte) Musik darf auf der Tiangong-Raumstation nicht fehlen.

■ Die Shenzhou 13-Crew feiert das Neujahrsfest.

■ Wang Yaping arbeitet am 7. November bei einem Außenbordmanöver an der Außenhülle der Station.

■ Wang Yaping auf der Nachtseite der Erde an der Raumstation. In dieser Phase unterstützen Scheinwerfer die Arbeiten.

ber 2022, nach dem Tianzhou 4 bereits wieder von der Station abgelegt hatte, von den Astronauten von Shenzhou 14 mittels einer kleinen Schleuse abgesetzt wurde.

Diese Crew repräsentierte Schritt Nummer 7 im Aufbau der chinesischen Raumstation. Der Start erfolgte planmäßig am 5. Juni 2022 um 3:44 Uhr mitteleuropäischer Zeit und legte ziemlich genau vier Erdumkreisungen und sechs Stunden später an der Station an. Es war die zweite Mission, die über eine Dauer von etwa 180 Tagen gehen sollte, was die Standarddauer zukünftiger Einsätze zur Station werden wird.

Die Crew von Shenzhou 14 bestand aus dem Kommandanten Chen Dong, für den es nach der Mission von Shenzhou 11 der zweite Einsatz war. Auch für das weibliche Besatzungsmitglied, Liu Yang, war es der zweite Flug. Sie war schon mit Shenzhou 9 im Jahr 2012 geflogen, und damals die erste chinesische Frau im Weltraum gewesen. Das dritte Besatzungsmitglied war Cai Xuzhe, für den dieser Flug der erste Einsatz im All war.

Die Mission von Shenzhou 14 war besonders bedeutsam, denn während ihres Aufenthaltes erreichten die beiden anderen großen Wohn- und Laboreinheiten den Außenposten. Zunächst kam am 24. Juli Wentian, am 31. Oktober folgte Mengtian.

Der Start von Wentian repräsentierte Schritt 8 im Aufbau der chinesischen Raumstation. Die Mission dieses ersten Labormoduls der Station erfolgte am 24. Juli 2022 um 7:23 Uhr mitteleuropäischer Zeit. Das Anlegen am Tianhe-Modul geschah noch am selben Tag um 20:13 Uhr. Am folgenden Tag öffneten die Astronauten von Shenzhou 14 die Verbindungsluke und „betraten" das Modul zum ersten Mal.

■ Wang Yagping (unten) und Zhai Zhigang bei der Außenbordtätigkeit vom 7. November 2021.

Labormodul Wentian	
Start	24. Juli 2022
Trägerrakete	Langer Marsch 5
Länge	17,90 Meter
Durchmesser	4,20 Meter
Startmasse	23.200 Kilogramm
Bewohnbares Raumvolumen	39 Kubikmeter

Wentian verfügt über eine Reihe von Back-up-Funktionen zum Hauptmodul. Die betreffen die Navigationselektronik, die Lageregelung und den Antrieb. Seine Hauptfunktion ist aber die Forschung. Es verfügt über zwei kleinere Robotarme, mit denen Experimente an der Außenhülle des Moduls oder Außenbordaktivitäten unterstützt werden. Im Inneren des Moduls gibt es Nutzlast-Racks. Außen stehen 22 Anschlüsse zur Verfügung, mit denen Experimente verbunden werden können. Dort kann man beispielsweise Materialproben auf ihre Tauglichkeit für die Raumfahrt überprüfen.

Wentian verfügt auch über zwei Solargeneratoren mit einer Spannweite von insgesamt 55 Metern. Jedes der beiden Paneele weist eine Kollektorfläche von 110 Quadratmetern auf. Die Generatoren können unter optimalen Bedingungen eine elektrische Leistung von 14 Kilowatt zur Verfügung stellen. Die gesamte erzeugte Strommenge des

Labormodul Mengtian	
Start	31. Oktober 2022
Trägerrakete	Langer Marsch 5
Länge	17,90 Meter
Durchmesser	4,20 Meter
Startmasse	22.000 Kilogramm
Bewohnbares Raumvolumen	32 Kubikmeter

■ Landung am 15. April 2022 in der Ostwind-Landezone südlich von Jiuquan.

■ Wenige Minuten nach der Landung verlässt Wang Yaping die Landekapsel.

■ Missionsposter Shenzhou 14.

Wentian-Moduls liegt bei maximal 430 Kilowattstunden täglich. Das ist in Deutschland etwa der Strombedarf einer vierköpfigen Familie. Allerdings pro Monat. Anders als bei der Internationalen Raumstation sind die großen Solargeneratoren der chinesischen Station versetzbar.

Über das Wentian-Modul läuft auch im Regelfall die Kommunikation mit den Tianlian-Datenrelaysatelliten im geostationären Orbit. In dieser Einheit gibt es auch drei weitere (zusätzlich zu denen im Tianhe-Modul) Schlafkabinen. Sie werden beim Schichtwechsel zwischen zwei Shenzhou-Raumschiffen verwendet, wenn sich dann für eine Weile sechs Astronauten an Bord befinden. Wentian nimmt außerdem sechs Momentenkreisel auf, mit denen Lageänderungen der Station durchgeführt werden können. Sie werden mit der Energie der Solargeneratoren betrieben, und verbrauchen für die Lagekontrolle der Station keinen Treibstoff.

Das Wentian-Modul verfügt auch über eine große Luftschleuse, um von hier aus Außenbordaktivitäten durchzuführen. Sie ist seither die Haupt-Ausstiegsmöglichkeit. Die bis dahin benutzte Schleusenfunktion des Docking-Knotens am Tianhe-Modul wird zukünftig nur noch in Notfällen in Anspruch genommen.

Die neue Luftschleuse wurde am 1. September 2022 zum ersten Mal genutzt, als Chen Dong und Liu Yang die erste EVA der Shenzhou 14-Mission durchführten, die sechs Stunden und sieben Minuten dauerte. Ein zweites Außenbordmanöver wurde am 17. September von Chen Dong und Cai Xuzhe durchgeführt. Dabei ging es vor allen Dingen um die Installation von Geländern und Fußhalterungen für zukünftige EVAs. Und am 17. November gab es einen dritten Ausstieg, ebenfalls von Chen und Cai. Dieses Mal blieben die beiden Astronauten fünf Stunden und 34 Minuten im freien Weltraum.

Am 31. Oktober 2022 folgte, als neunter Schritt in der Errichtung der chinesischen Raumstation, das Labormodul Mengtian. Die

■ Missionspatch für das Tianhe-Modul.

■ Missionspatch für das Wentian-Modul.

■ Missionspatch für das Mengtian-Modul.

Einheit legte 13 Stunden nach dem Start in Wenchang am vorderen Adapter des Tianhe-Moduls an, wurde aber bereits nach zwei Tagen dort wieder entfernt, und an einer der seitlichen Anlegestellen am Tianhe-Dockingknoten erneut festgemacht. Erst dann öffnete die Crew von Shenzhou 14 die Luke, um Mengtian zu inspizieren und mit der Inbetriebnahme zu beginnen.

Mengtian ist mit acht großen Instrumenten-Racks ausgerüstet, mit der eine Vielzahl unterschiedlicher Microgravity-Experimente durchgeführt werden können. Für außen anzubringende Experimente gibt es 37 Befestigungsplätze mit standardisierten Anschlüssen für die Energieversorgung und den Datenverkehr. Um diese Experimente im freien Weltraum platzieren zu können, verfügt das Modul über seine eigene kleine Luftschleuse. Die kann auch dazu verwendet werden, Mikrosatelliten zu starten. Genau wie das Wentian-Modul verfügt auch Mengtian über zwei große Solargeneratoren von 55 Metern Gesamtspannweite und einer Kollektorfläche von 110 Quadratmetern. Auch sie können unter besten Beleuchtungsbedingungen 14,6 Kilowatt Strom erzeugen.

Das Modul ist noch stärker auf Forschung hin optimiert, als Wentian. Deshalb befinden sich hier auch keine weiteren Vorrichtungen, die der Bequemlichkeit oder Sicherheit der Astronauten dienen (sieht man von Trainingsgeräten für die Fitness der Astronauten einmal ab). So gibt es in diesem Modul kein eigenes Lebenserhaltungssystem, sondern es wird von den beiden anderen Modulen über ein Leitungssystem mitversorgt.

Schritt zehn in der Aufbaufolge der Station war der Start der Versorgungsmission von Tianzhou 5 am 12. November 2022. Dieses Raumfahrzeug zeigte erneut das „Erwachsenwerden" der chinesischen Raumfahrt. Der Transporter startete um 3:03 Uhr mitteleuropäischer Zeit in Wenchang und koppelte nur zwei Stunden und sieben Minuten nach dem Verlassen der Startrampe an der Station an. Noch nie legte ein Raumfahrzeug so bald nach einem Start an einer Raumstation an, weder in Russland, noch in den USA. Es gab zwar in den 60er-Jahren im Rahmen des Gemini-Programmes Versuche mit superschnellem „Rendezvous & Docking", die in weniger als 90 Minuten nach dem Start erfolgten, doch die waren jeweils mit immensem Treibstoffverbrauch verbunden. „Normal" waren bislang beim Anflug schwerer Transporteinheiten wie dem ATV, dem HTV oder von Raumstationsmodulen (wie etwa Nauka) Transferzeiten von vier bis sechs Tagen.

Die Crew von Shenzhou 15 meldet sich zur Raumstation ab.

Erstmals wurde mit Tianzhou 5 eine Tianzhou-Einheit als Träger wissenschaftlicher Experimente eingesetzt, so als wäre es ein aktives Raumstationsmodul. In diesem Sinne wurden dieses Mal fünf auf der Außenhülle montierte Experimente mitgeführt, sowie fünf CubeSats, die im Laufe der Mission freigegeben werden. Ansonsten bestand die Ladung aus den nun schon fast üblichen Elementen wie Nahrung, Kleidung, Ausrüstungsgegenständen, Hygieneartikeln und vielem mehr, was für das tägliche Leben an Bord der Station benötigt wird. Aber auch 1,4 Tonnen Treibstoff, ein weiterer Momentenkreisel und ein Multiphotonenmikroskop.

Am 13. November öffneten die Astronauten die Luke und begannen mit der Inspektion und Entladung der Fracht.

Die Mission von Shenzhou 14 war insofern noch besonders interessant, weil überlappend mit dem Einsatz von Shenzhou 15 erstmals in der chinesischen Raumstation eine Übergabe im Weltraum erfolgte. Fünf gemeinsame Tage verblieben den nun sechs Astronauten an Bord der Station, bevor Shenzhou 14 am 4. Dezember um 4:01 Uhr mitteleuropäischer Zeit ablegte und weniger als drei Stunden später im Ostwind-Landegebiet zur Erde zurückkehrte.

Nach dem Ende der Mission von Shenzhou 14 gab es einen neuen „Dauerflug-Rekordhalter" für China, denn nach seinen beiden Einsätzen hatte Chen Dong nun eine Gesamt-Flugdauer von 215 Tagen und 15 Stunden auf seinem Konto.

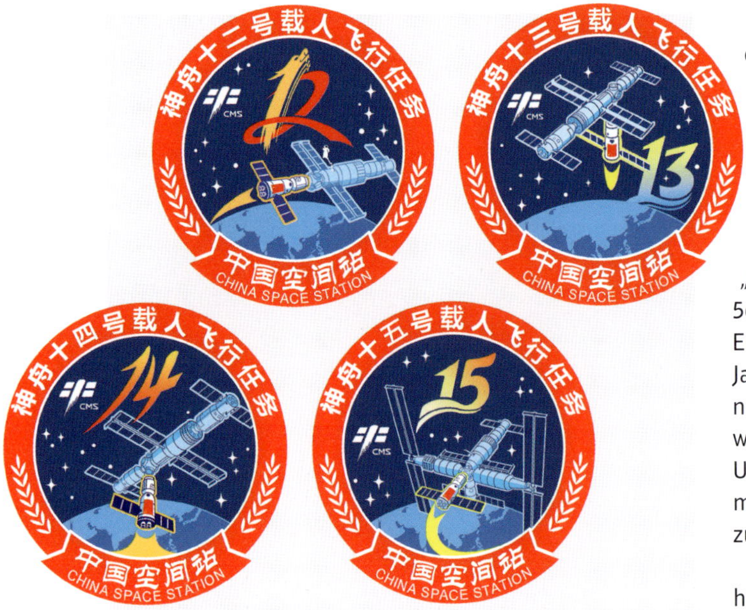

■ Missionspatches für Shenzhou 12, 13, 14 und 15

Shenzhou 15, als elfter und letzter Schritt im Aufbau der chinesischen Raumstation, war am 29. November 2022 zur nunmehr (in der Phase 1) vollendeten Station gestartet und legte sechseinhalb Stunden später dort an. Die Crew bestand aus dem beim Start 57-jährigen Kommandanten Fei Junlong, der bereits mit Shenzhou 6 im Oktober 2005 im Weltraum gewesen war. Auch damals fungierte er als Kommandant. Mit dabei auch der „Rookie" Deng Quinming, der als „Operator" tätig war. Mit 56 Jahren ist er für einen Erstflieger nicht mehr ganz jung. Er stammte noch aus der ersten Astronautenauswahl des Jahre 1998 und ist der letzte aus dieser Gruppe, der noch nicht geflogen war und jetzt erst zum Zuge kommt. Zuvor war er schon viermal als Ersatzmann nominiert gewesen. Und schließlich war noch der Systemoperator Zhang Lu mit an Bord, mit beim Start 46 Jahren das jüngste Besatzungsmitglied.

Seitdem die Shenzhou 14-Crew die Station verlassen hat, sind die drei Raumfahrer von Shenzhou 15 nun schon die vierte Stammcrew. In der Zwischenzeit haben sie auch bereits zwei Außenbordmanöver absolviert, eines am 9. Fe-

■ Übergabe der Station von Shenzhou 14 auf Shenzhou 15. Erstmals waren zwei Crews an Bord.

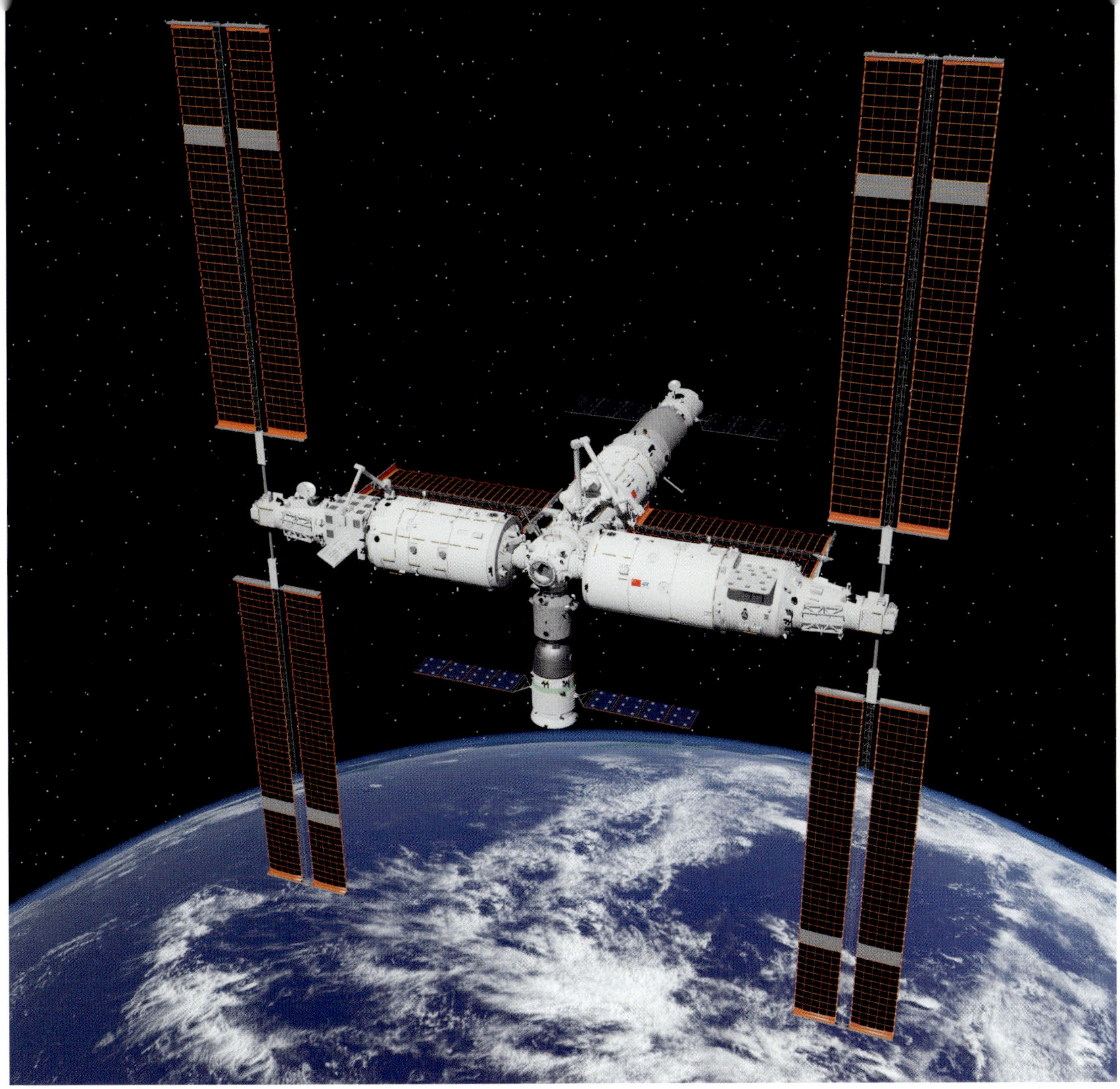

Status der Tiangong-Raumstation etwa Mitte November 2022.

bruar 2023 mit Fei Junlong und Zhang Lu, das sieben Stunden und sechs Minuten dauerte, eine Rekordmarke für Chinas bemannte Raumfahrt. Eine zweite EVA fand wohl am 2. März 2023 statt, und erneut waren wohl Fei Junlong und Zhang Lu daran beteiligt. Das „wohl" bedeutet: Man weiß es nicht genau, denn die chinesische Raumfahrtagentur hat nicht darüber berichtet, so dass das aus indirekten Quellen gemutmaßt werden muss. Die Raumfahrt-Afficionados auf der Welt murren etwas darüber, war man es doch bislang seit den Anfangstagen der Raumfahrt gewohnt, dass über jedes Außenbordmanöver minutiös berichtet wird.

Aber vielleicht sind wir damit nur in der „Routine-Phase" im Betrieb der chinesischen Raumstation angekommen. Zum Zeitpunkt, an dem diese Zeilen entstehen, bewegt sich die Station auf einer Erdumlaufbahn mit einem Perigäum von 380 Kilometern, einem Apogäum von 390 Kilometern bei einer Bahnneigung zum Erdäquator von 41,48 Grad. Für eine Erdumkreisung braucht sie 92 Minuten und 15 Sekunden. Sie umkreist also jeden Tag fünfzehneinhalb Mal unseren Planeten. Zum Vergleich: Die Internationale Raumstation kreist in einer Höhe von etwa 430 Kilometern und ihre Bahnneigung zum Äquator beträgt 53,6 Grad.

Nach Abschluss der Bauphase 1 weist die chinesische Raumstation, abhängig davon, ob ein oder zwei Versorgungsschiffe und Crew-Transporter angelegt haben, eine

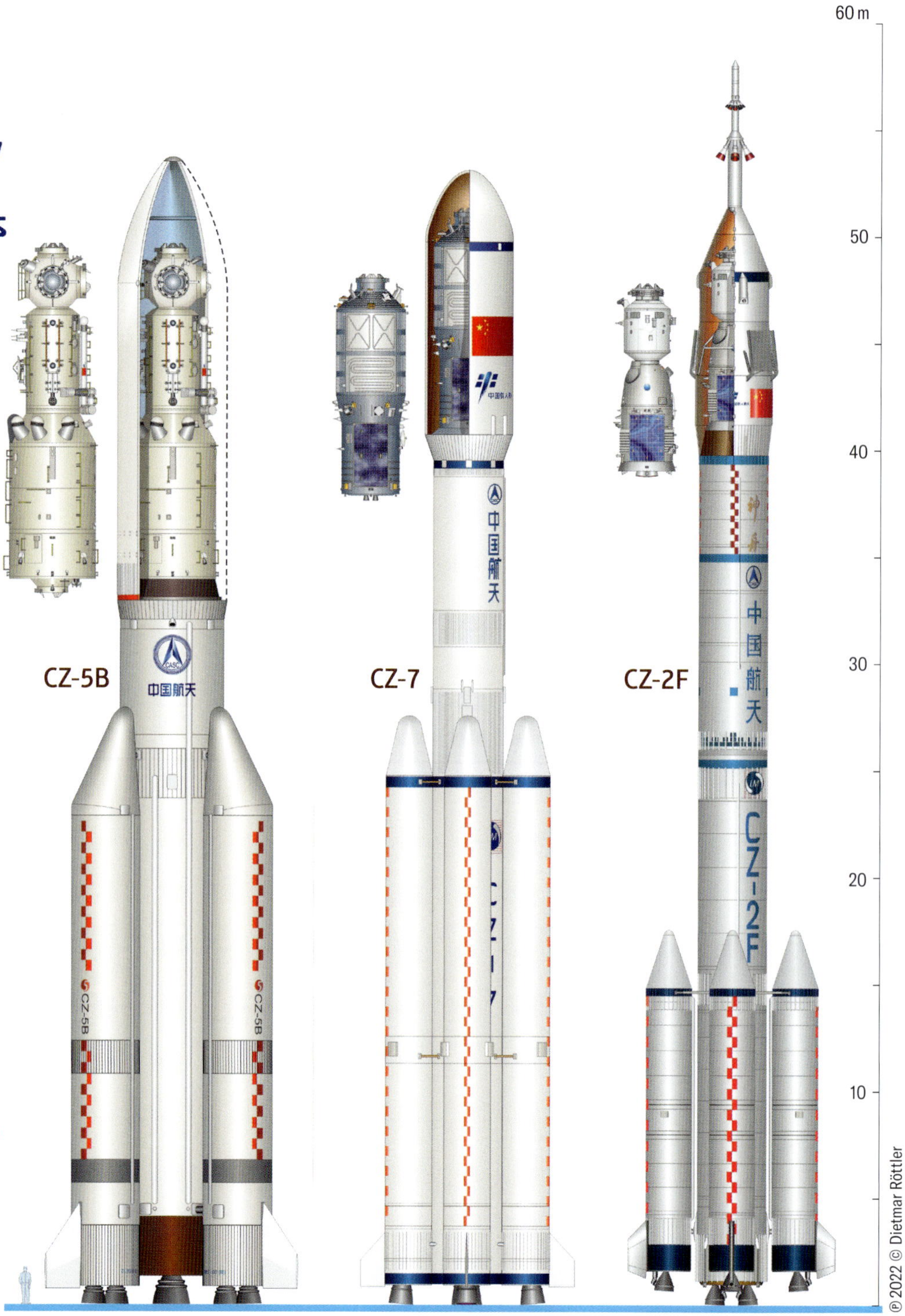

■ Diese Grafik zeigt die bei der Errichtung und Versorgung der Tiangong-Raumstation eingesetzten Raketen und Raumfahrzeuge.

Gesamtmasse zwischen 90 und 110 Tonnen auf. Das ist in etwa ein Viertel der Masse der Internationalen Raumstation oder ziemlich genau die Masse und Größe der ehemaligen sowjetisch/russischen Raumstation Mir.

Die Lebensdauer des Außenpostens ist auf etwa 15 Jahre ausgelegt. Was wir uns von der chinesischen Raumstation in den nächsten Jahren erwarten können, lesen Sie ab Seite 308 in diesem Buch.

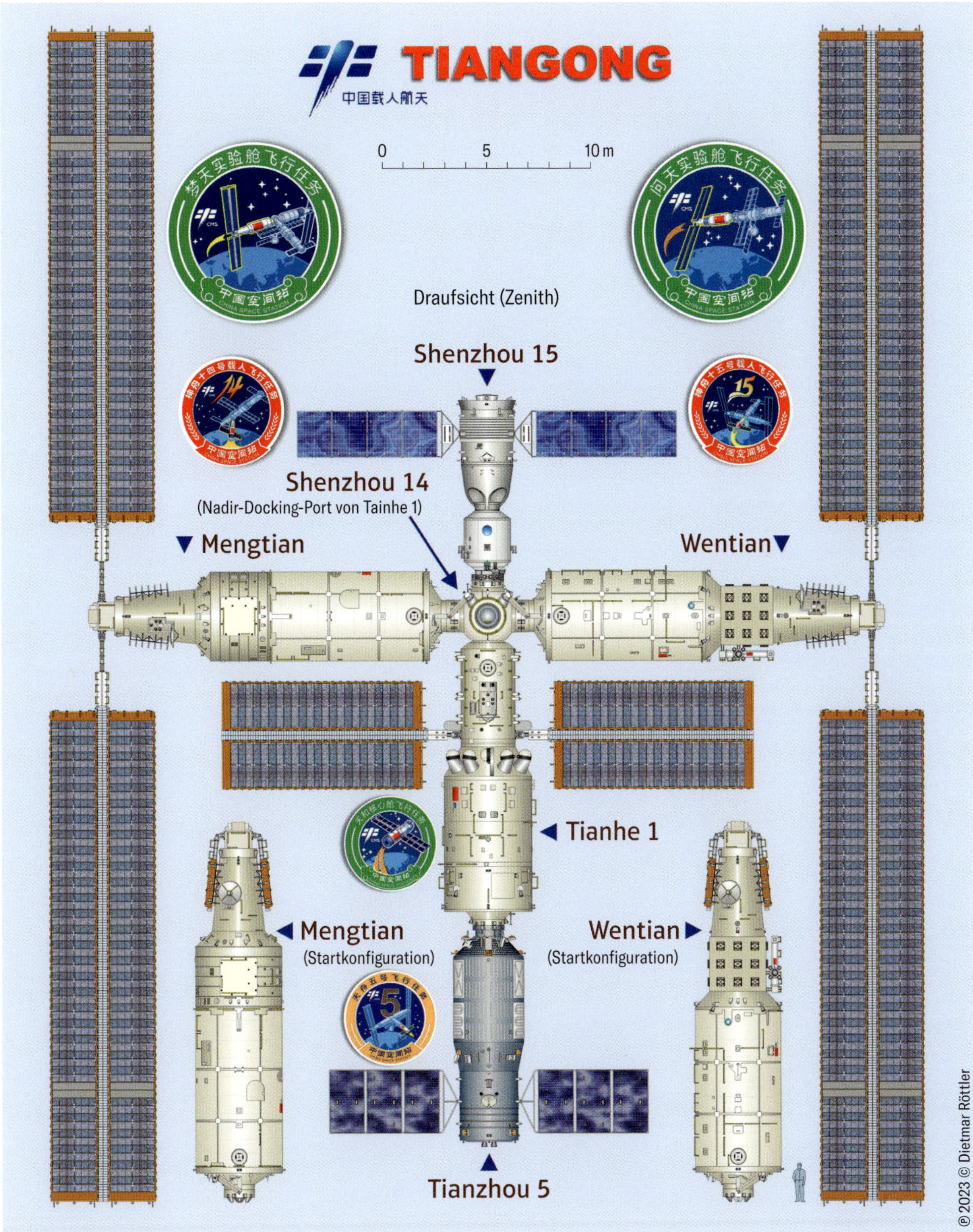

Der Status der Raumstation Tiangong um den Jahreswechsel 2022/2023.

Von Konstellationen und Weltraumtourismus

Die wirtschaftliche Bedeutung der Raumfahrt wächst rasant. Dieser weltweite Trend gilt in besonderem Maße auch für China. Chinas kommerzieller Raumfahrtsektor, der heute noch überwiegend aus staatliche Unternehmen besteht, ist auf dem besten Weg, den USA als bisherigem Spitzenreiter innerhalb der nächsten zwei Jahrzehnte den ersten Rang abzulaufen.

„Das schnelle Wachstum der kommerziellen Raumfahrtindustrie in China hilft dem Land, seinem Ziel näher zu kommen, die Vereinigten Staaten im Weltraum zu verdrängen". So drückten sich die US-Geheimdienste in einem Bericht aus, der am 8. März 2023 vom Büro des Direktors des Nationalen Geheimdienstes veröffentlicht wurde. Das Dokument hebt Chinas Weltraumfähigkeiten als ein Element im sich verstärkenden Streben des Landes nach globaler Vorherrschaft hervor. Nachdem diese periodisch erscheinenden Berichte auch in anderer Hinsicht eine interessante Lektüre sind, habe ich die Internet-Adresse dafür im Anhang hinterlegt. Hier noch ein paar weitere Highlights aus der oben genannten Ausgabe:

China schreitet stetig auf sein Ziel zu, die führende Nation im Weltraum zu werden, heißt es darin. Der Bericht wiederholt damit das, was schon frühere Geheimdienstbewertungen über China gesagt haben, nämlich dass China versucht, die Vereinigten Staaten im Weltraum bis 2049 zu übertreffen.

■ Vier Einheiten der Yinhe-Konstellation von Galaxy Space. Sie sehen den westlichen One Web-Satelliten bis aufs Detail ähnlich.

Ein weiteres Statement lautet…

… Pekings Politik zur Förderung privater Investitionen in Weltraumaktivitäten hat eine Vielzahl von Unternehmen dazu ermutigt, in den kommerziellen Markt einzutreten.

Der Bericht meinte aber auch…

…staatliche Unternehmen und ihre Tochtergesellschaften werden weiterhin die Hauptakteure im chinesischen kommerziellen Raumfahrtsektor bleiben, zu dem auch Forschungs- und Entwicklungs-Spin-offs, bereits etablierte Unternehmen, die bislang auf anderen Gebieten tätig waren und nun ihr Portfoilio erweitern, und vor allem eine wachsende Zahl von Start-ups gehören.

Was die nationale und internationale Konkurrenzsituation betrifft, schreiben die Verfasser…

…einige chinesische kommerzielle Raumfahrtunternehmen werden dadurch versuchen zu konkurrieren, indem sie Dienstleistungen in Nischenmärkten mit wenig oder keiner globalen Konkurrenz anbieten, wie zum Beispiel auf dem Gebiet der hyperspektralen Bildgebung. Auf dem Gebiet wettbewerbsintensiverer Märkte werden sie versuchen, die Preise westlicher Unternehmen zu unterbieten…

Und schon fast ein wenig mürrisch befinden die Ersteller des Dokumentes…

…Chinas Raumfahrtaktivitäten sind darauf ausgerichtet, das globale Ansehen des Landes zu verbessern und den Einfluss der USA in militärischen, technologischen, wirtschaftlichen und diplomatischen Bereichen zu untergraben.

Das mag den USA alles nicht gefallen, aber die Amerikaner können schlecht davon ausgehen, den Führungsanspruch in der Raumfahrt auf alle Zeiten gepachtet zu haben. Auf vielen Gebieten führen US-Unternehmen dennoch immer noch deutlich. Ein Gebiet, auf dem sich seit einigen Jahren ein Konkurrenzkampf entwickelt hat, sind Konstellationen im niedrigen Erdorbit und hier aktuell vor allem die Kommunikations-Konstellationen.

Goldgräberstimmung im niedrigen Erdorbit

Es ist nicht zu übersehen: Im niedrigen Erdorbit herrscht Goldgräberstimmung. Bald schon gibt es Breitband-Internet für alle, ganz gleich, wo immer man sich auf die-

Die Guowang-Konstellation soll aus nahezu 13.000 Satelliten bestehen.

sem Planeten aufhält. Jeder von uns wird dann ständig und überall erreichbar sein, sei es in Zentralafrika, in der Antarktis, den australischen Outbacks oder in Qeqertarsuaq in Nordgrönland. Jedes Ereignis – egal, wo auf der Welt es sich ereignet – ist uns sofort zugänglich. Katastrophen und Naturereignisse, alle Verkehrsbewegungen zu Lande, zu Wasser und in der Luft. Jede Dorfhochzeit. Jeder Fahrradunfall. Alles. In Echtzeit.

Terabytes an wissenschaftlichen Daten aus dem Weltraum und von der Erde werden pausenlos in die Überwachungs-, Auswerte- und Verteilungszentren der Welt gespült. Jede Wetterbewegung, auch noch im entferntesten Winkel der Erde, ist uns in Minutenschnelle zugänglich. Und das alles in 5G-Qualität. Die Mega-Konstellationen machen den Planeten zum Dorf. Da will auch China nicht fehlen.

Ganz neu ist die Idee des globalen Informationsnetzes nicht. Iridium betreibt schon seit Jahren ein Netz von

■ Im April 2023 befanden sich bereits mehr als 4.000 Starlinks im Orbit.

75 Satelliten im niedrigen Erdorbit. Globalstar eines mit 24 Einheiten. Neu ist nur die schiere Menge an Satelliten, weil immer mehr bislang terrestrische Aufgaben zukünftig über die Satellitenkonstellationen abgewickelt werden, weil ständig neue Dienstleistungen dazu kommen, weil die Bandbreiten immer größer werden, die Latenzzeiten sinken, genauso wie die Preise für Startdienstleistungen und weil der Datenhunger der Menschen unerschöpflich zu sein scheint.

Sehen wir uns zunächst einmal die großen Kommunikations-Konstellationen an. Weit in Führung ist das Starlink-Netz mit (Stand: Anfang Juni 2023) mehreren tausend aktiven Satelliten. Mehrere hundert Einheiten sind auch schon wieder deaktiviert und wurden wieder aus der Erdumlaufbahn entfernt. Dies waren Testsatelliten, defekte Einheiten oder Satelliten der frühen Versionen des Systems.

Begonnen hatte die Zeit der Großkonstellationen am 22. Februar 2018. An diesem Tag hatte SpaceX die ersten beiden Starlink-Versuchseinheiten in den Orbit transportiert, gefolgt am 24. Mai 2019 von 60 weiteren Testvehikeln. Seitdem finden Starts in etwa wöchentlichen Abständen statt. Das Starlink-System ist die derzeit Größte der geplanten Internet-Konstellationen. Es ist, neben der wesentlich kleineren One Web-Konstellation, auch das bislang einzige, das bereits einen noch etwas beschränkten Betrieb aufgenommen hat.

Das Vorhaben wird in zwei Phasen abgewickelt. Die im Mai 2018 vergebene Lizenz für die Phase 1 umfasst 4.425 Satelliten, die im November 2018 erteilte Lizenz für die Phase 2 weitere 7.518 Einheiten. Zum Zeitpunkt, an dem diese Zeilen entstehen (15. Juni 2023) sind insgesamt 4.698 Starlinks in den Orbit gestartet worden, davon bereits einige für die Phase 2 des Vorhabens. 3.688 sind derzeit im regulären Betrieb, 372 sind aus unterschiedlichen Gründen wieder dem Orbit entnommen worden. 90 sind zwar im Orbit, befinden sich aber auf dem Weg nach unten für einen Eintritt in die Erdatmosphäre. 590 befinden sich noch im Teststadium oder sind auf dem Weg in ihren Arbeitsorbit. Der Rest ist bereits wieder in die Erdatmosphäre eingetreten.

Zum Zeitpunkt der Drucklegung dieses Buches finden pro Woche etwa ein- bis zwei Startlink-Starts statt. Alles in allem ist zu konstatieren: SpaceX kommt gut voran beim Aufbau seines gewaltigen orbitalen Sendenetzes.

Bis Ende 2025 erhofft sich SpaceX Einnahmen von etwa 30 Milliarden Dollar jährlich aus dem Starlink-Betrieb. Dem stehen geschätzte Kosten für die Implementierung der Phase 1 von etwa 15 Milliarden Dollar gegenüber. Genaue Zahlen sind nicht erhältlich, die hier genannten Summen sind Schätzungen aus dem Jahr 2018. Allerdings spricht die aktuelle Entwicklung dafür, dass das nicht komplett unrealistisch ist. Im Mai 2023 hatte die Starlink-Konstellation bereits 1,5 Millionen zahlende Kunden und generierte Einnahmen von etwa 140 Millionen Dollar monatlich, Tendenz steil steigend.

Starlink und One Web lenken momentan fast alle Aufmerksamkeit auf sich, oder fast alle, denn Amazons Kui-

■ Grafische Darstellung eines One Web-Satelliten.

per-Netzwerk findet sich nun immer häufiger vor allem in den Fachmedien, nachdem auch für diese Großkonstellation die ersten Starts immer näher rücken.

China wird im Westen, man muss schon fast sagen „wie üblich", dabei kaum beachtet. Zum Zeitpunkt, an dem diese Zeilen entstehen beantragen mehrere potenzielle Betreiber Lizenzen für über 12.000 Satelliten. Den Probebetrieb aufgenommen haben bereits Unternehmen wie die chinesische CASIC mit der 325 Satelliten starken Hongyan-Konstellation oder Galaxy Space mit seinen am Ende etwa 1.000 Satelliten des Yinhe-Kommunikationsnetzes.

Auch eine kleine geostationäre Mobilfunk-Konstellation gibt es inzwischen in China. Es handelt sich dabei um die Tiantong-Satelliten der staatlichen CASC, von denen es bislang drei Einheiten gibt, die zwischen August 2016 und Juli 2021 gestartet wurden. Der Start eines vierten Satelliten wird noch für das Jahr 2023 erwartet.

Eine bedeutende chinesische Konstellation im mittelhohen Orbit wollen wir natürlich auch nicht vergessen: Das Satellitennavigationssystem Beidou mit seinen derzeit 35 aktiven Einheiten. Dem widmen wir uns aber im Folgekapitel etwas genauer.

Künstlerische Darstellung der Kuiper-Konstellation (die aus mehr als 3.200 Satelliten bestehen wird).

Alles in allem sind für die nächsten etwa zehn Jahre die Starts von mehreren zehntausend Satelliten aller Art eingeplant. Zum Stichtag 1.1.2023 waren 321 Konstellationen unterschiedlicher Größe, von 10 bis 13.000 Satelli-

Betreiber	Name	Land	Geplant	Gestartet	Art der Dienstleistung
Aleph-1	ÑuSat	Argentinien	300	22	Erdbeobachtung
Amazon	Kuiper	USA	3.236	0	Globales Breitband
Black Sky	BlackSky	USA	60	16	Erdbeobachtung
CASC	Hongyan	China	320	1	Globales Breitband
CASIC	Guowang	China	12.992	3	Globales Breitband
Galaxy Space	Yinhe	China	1.000	7	Globales Breitband
Globalstar	Globalstar	USA	88	88	Telefon- und Datenservice
Iridium Next	Iridium	USA	75	75	Telefon- und Datenservice
Kepler Comunications	Kepler	Kanada	140	19	Internet of Things
Chang Guang	Jilin-1	China	300	95	Erdbeobachtung
OneWeb	One Web	USA	6.372	624	Globales Breitband
Planet Labs	Dove	USA	unbekannt	519	Erdbeobachtung
SES	O3b	USA	42	42	Äquatoriales Breitband
Siwei World View	Gao Jing	China	24+	6	Erdbeobachtung
Spire	Lemur	USA	Unbekannt	160	Erdbeobachtung
SpaceX	Starlink	USA	11.927	4.100	Globales Breitband
Swarm Technologies	Space Bee	USA	Unbekannt	177	Internet of Things
Telesat	Telesat	Kanada	198	2	Globales Breitband

ten, in Planung oder bereits im Aufbau. Die allermeisten bewegen sich auf niedrigen Erdumlaufbahnen, einige wenige, wie etwa die chinesische Tiantong-Konstellation werden im geostationären Gürtel stationiert. Der Vorteil dafür liegt darin, dass weit weniger Satelliten für eine globale Abdeckung benötigt werden, der Nachteil liegt in den langen Latenzzeiten, die solche Satelliten für viele Anwendungen ausschließen.

Die Tabelle auf Seite 231 zeigt 18 wichtige, derzeit im Aufbau befindliche Satellitennetze. Geordnet ist die Tabelle alphabetisch und nicht nach Bedeutung. Stichtag ist der 1. August 2022. Wo aktuellere Daten vorliegen (beispielsweise bei SpaceX, One Web oder Jilin-1) sind diese eingetragen. Wie man sieht, gibt es Satellitenkonstellationen nicht nur für Telekommunikation sondern auch für andere Zwecke, wie etwa die Erdbeobachtung oder das so genannte „Internet of Things", das sich mit der weltweiten Beobachtung von „Dingen" beschäftigt, wie etwa der Kontrolle der Laufwege von Schiffscontainern.

Die Auswahl in dieser Tabelle ist etwas willkürlich, aber alle aufzulisten würde den Rahmen dieses Buches bei weitem sprengen. Vor allem, wenn man bedenkt, dass zu den über 300 Konstellationen, die sich derzeit im Aufbau oder in der Planung befinden fast wöchentlich neue hinzukommen. Chinesische Satellitennetzwerke sind in der Tabelle rot markiert. Kleinere chinesische Konstellationen, wie etwa die aus bislang nur sechs Einheiten bestehende Tianmui-1 Wettersatelliten-Konstellation sind nicht berücksichtigt.

■ Beim suborbitalen Vehikel für Weltraum-Tourismus der CAS ist die Ähnlichkeit mit der US-Rakete New Shepard (mit der bereits Passagiere befördert werden) unverkennbar.

■ Das Tianxing-1 Versuchsvehikel von Space Transportation wird am 31. August 2021 für den 3. suborbitalen Testflug vorbereitet.

Ganz generell kann man konstatieren: Es herrscht Goldrausch im niedrigen Erdorbit, und man kann weiter feststellen: China ist schon recht weit vorne mit dabei aber es ist noch deutlich Luft nach oben.

Viermal Weltraumtourismus

Mehrere chinesische Unternehmen arbeiten gegenwärtig an der Entwicklung suborbitaler und orbitaler so genannter „Raumflugzeuge". Die Zielrichtung ist dabei keine militärische, wie beim CSSHQ-Vorhaben, das wir auf Seite 316 vorstellen, sondern eine zivile. Diese Fahrzeuge werden in erster Linie für „Weltraumtourismus" und zivilen Verkehr geschaffen.

Eine der Entwicklungen wird von der CALT (der China Academy of Launch Vehicle Technology) betrieben, einem Tochterunternehmen der China Aerospace Science and Technology Corporation (kurz: CASC). Ein erster Flug dieses Testvehikels erfolgte im Juli 2021. Ein zweiter Flugversuch ist für den 26. August 2022 dokumentiert. Beide Male soll der Start in Jiuquan erfolgt sein, die Landung am etwa

250 Kilometer entfernten Alxa Right Banner Badanjilin Airport in der Inneren Mongolei. Die CALT gab keine weiteren Informationen bekannt.

Die CALT ist im Übrigen auch der Entwickler des militärischen CSSHQ-Fluggerätes.

Eine weitere Firma, die sich an „Raumflugzeugen" versucht ist die Firma „Space Transportation", ein Ableger der staatlichen CASIC. Laut der Website des Unternehmens wurde es im Jahr 2018 gegründet. Space Transportation gab im vergangenen August bekannt, dass es bei verschiedenen Investoren 46,3 Millionen US-Dollar für seine Hyperschall-Raumflugzeugpläne gesammelt hat.

Space Transportation will bis 2025 eine „Rakete mit Flügeln" für die Zwecke des Weltraumtourismus und für globale Punkt-zu-Punkt Transporte entwickeln. Das Raumfahrzeug soll voll wiederverwendbar sein. Angeblich wurden schon zehn Flugtests mit skalierten Testfahrzeugen mit den Bezeichnungen Tianxing-1- und Tianxing-2 durchgeführt, der letzte bekannt gewordene am 23. Januar 2023.

Eine Videopräsentation auf der Website von Space Transportation demonstriert die ehrgeizigen Pläne. Es zeigt eine Animation von Passagieren, die ein Flugzeug besteigen, das an einem von Raketen angetriebenen dreieckigem Flügel befestigt ist. Nach einem senkrechten Start löst sich das Flugzeug von der raketengetriebenen Tragfläche und setzt seine suborbitale Reise nach Dubai im Nahen Osten fort, wo es senkrecht auf drei von hinten ausgefahrenen Beinen landet.

Das Unternehmen, dessen vollständiger Name Beijing Lingkong Tianxing Technology Co., Ltd. lautet, gab bekannt, dass bis 2023 der Beginn von Bodentests vorgesehen ist, ein Erstflug im Jahr 2024 geplant ist, und mit bemannten Einsätzen im Jahr 2025 begonnen werden soll.

Noch ehrgeiziger sind die Pläne von Space Transportation für den Testflug eines globalen oder orbitalen bemannten Raumfahrzeugs, geplant etwa bis 2030. Wir werden sehen, was daraus wird.

Im August 2021 gab CAS Space bekannt, dass es an einem einstufigen suborbitalen Raumfahrzeug mit der Bezeichnung ZK-6 arbeite. Leider gibt es keine guten Bilder dieses Fahrzeugs, aber es ähnelt auf verblüffende Weise dem New Shepard von Blue Origin. Das Fluggerät besteht aus einem Booster und einer Kapsel. Ein unbemannter Demonstrationsflug war schon für das Jahr 2022 erwartet worden, hat aber bislang nicht stattgefunden. Ein erster Einsatzflug, noch ohne Passagiere, sollte eigentlich 2023 erfolgen, doch auch von dem war bei Drucklegung dieses Buches nichts zu bemerken.

■ So sehen die Ingenieure und Techniker von Space Transportation ihr orbitales Raumflugzeug, das etwa 2030 einsatzbereit sein soll.

■ Das suborbitale Vehikel von iSpace ist eine Mischung aus Falcon 9-Erststufe und New Shepard-Crewkabine.

Das dürften noch keineswegs alle sein. Auch iSpace will ein suborbitales Fluggerät für Passagiere entwickeln, wie wir bereits gesehen haben und es gibt mit Sicherheit noch einige mehr, die das ebenfalls versuchen. Ob sich dafür aber ein Markt entwickelt, der groß genug ist, um all diesen Projekten ein Auskommen zu sichern, ist ungewiss.

Militärische Raumfahrt

Was ist in China militärische Raumfahrt? Was ist zivil? Die Grenzen sind fließend. Sowohl nach innen, wie auch in der Außendarstellung des Landes. So gut wie nie wird eine offizielle chinesische Verlautbarung ein Raumfahrzeug als „zivil" oder „militärisch" kennzeichnen. Beobachter der westlichen Raumfahrtszene haben es da leichter. Hier sind entsprechende Satelliten eindeutig benannt und die Institutionen, die den Start beauftragen sind es auch. Ähnlich klar erkennbar ist das in Russland. Führen die russischen Streitkräfte den Start durch, dann ist der gestartete Satellit militärisch und eindeutig als solcher nach außen gekennzeichnet. Obendrein bekommt er eine Kosmos-Bezeichnung, was die Sache noch eindeutiger macht.

Doch es gibt für den Beobachter der chinesischen Raumfahrtszene dennoch deutliche Hinweise auf die Aufgabe einer Mission. Manchmal einfach deswegen, weil für einen speziellen Raumfahrzeugtyp keine zivile Aufgabenstellung existiert, weil bestimmte Bahnparameter darauf hinweisen, weil Stereotypen in den offiziellen Verlautbarungen darauf hindeuten oder weil eine Kombination aus all dem verwendet wird. Militärisches wird in China auch zivil genutzt und Ziviles militärisch. So sind beispielsweise bei den zahlreichen Erdbeobachtungssatelliten, die China betreibt, Doppelnutzungen alltäglich.

Und während es in den USA ein eigenes militärisches Datenrelaysystem gibt, wird ein solch strikter Unterschied in China nur selten gemacht.

Das gilt nicht nur auf dem Satellitensektor. Zivile chinesische Startdienstleister können beispielsweise ohne große Probleme die Treibsätze von Interkontinentalraketen beim Hersteller kaufen und als Antriebseinheiten für ihre eigenen zivilen Trägerraketen einsetzen. Undenkbar in den USA.

Eine Zuordnung in militärisch und zivil war nur in den Anfangstagen der chinesischen Raumfahrt einfach. Die ersten wirklich sinnvoll einsetzbaren Trägerraketen, die Feng Bao 1 und die Langer Marsch 2C, waren zunächst nur für einen einzigen Zweck gebaut worden: Militärische Technologie- und Aufklärungssatelliten in den Orbit zu transportieren.

■ Trägerraketen, die in den USA militärisches Gerät in den Orbit transportieren, tragen weithin sichtbar die entsprechenden Logos an der Außenhülle, wie hier das Emblem der US-Space Force.

JSSW und FSW

Die mit der Feng Bao 1 transportierten JSSW-Satelliten (Abkürzung für Ji Shu Shijian Weixing, was übersetzt soviel wie „Technischer Testsatellit" bedeutet) waren militärische Versuchseinheiten die bis heute in der Shijian-Serie weiterleben. Sie dürften seinerzeit – in der Mitte der 70er-Jahre – keinem anderen sinnvollen militärischen Zweck gedient haben als der Systementwicklung und -erprobung. Vermutlich waren sie reine Testeinheiten für militärische Aufklärungstechnologie, sei es Funkaufklärung oder optische Beobachtung. Westliche Beobachter konnten damals feststellen, dass die jeweils etwa 1.000 Kilogramm schweren Satelliten nicht im Orbit manövrierten. Es wurden auch keine Funksignale im Westen festgestellt, was darauf hinweist, dass Funkübertragungen wahrscheinlich nur beim Überflug Chinas erfolgten.

Mit der Feng Bao 1 verschwanden auch die JSSW-Satelliten. Sie litten unter den kurzen Einsatzzeiten (50 Tage oder weniger) und der unzuverlässigen Trägerrakete. Von sechs JSSW-Starts gelangen nur drei.

So wie sich die Langer Marsch 2C gegen die Feng Bao 1 durchsetzte, setzten sich auch die von der Langer Marsch 2C transportierten FSW-Satelliten gegenüber den JSSW-Satelliten durch.

Die FSW-Satellitenserie (für **F**anhui **S**hi **W**eixing, auf Deutsch „Rückkehrsatelliten") war Chinas erstes erfolgreiches Mehrzwecksatellitenprogramm, das aber zunächst ebenfalls mit ausschließlich militärischer Aufgabenstellung begann. Es war Bestandteil von Qian Xuesens Drei-Satelliten-Plan, in dem nach dem ersten Satelliten überhaupt ein rückführbares Gerät entwickelt werden sollte. Qians Hoffnungen gingen auch dahin, aus diesem rückkehrfähigen Satelliten ein bemanntes Raumfahrzeug abzuleiten. Ein Plan, der zunächst nicht aufging, wie wir in diesem Buch schon gesehen haben.

Die FSW-Satelliten bestanden jeweils aus einem konischen Rückkehrteil und einem Servicemodul, das nach der Zündung für den Wiedereintritt abgeworfen wurde und in der Erdatmosphäre verglühte. Die FSW-Satelliten wurden für militärische Aufklärung, später aber auch für die Mikrogravitationsforschung eingesetzt und absolvierten zwischen November 1974 und August 2005 insgesamt 23 Missionen. In der Regel führten sie eine optische Ausrüstung mit sich, mit der ein Film belichtet wurde. Nach der Rückkehr der Kapsel wurde der Film dann entwickelt und ausgewertet.

■ Das Modell eines frühen FSW-Satelliten steht heute im Museum. Zur Erde zurück kam nur das kegelförmige Oberteil. Die untere Hälfte war das Service-Modul. Es wurde vor dem Eintritt in die Erdatmosphäre abgesprengt.

Es gab vier immer weiter verbesserte Generationen dieser Satelliten: FSW von 1974 bis 1987; FSW-1 von 1987 bis 1993; FSW-2 von 1992 bis 1996; und FSW-3 von 2003 bis 2005. Zwei von den FSW-Satelliten abgeleitete Modelle wurden im Shijian-Programm als Shijian-8 und Shijian-10 geflogen. Mit ihnen wurden unter anderem auch biologische Experimente im Auftrag des chinesischen Landwirtschaftsministeriums durchgeführt.

Die Satelliten der ersten Reihe blieben nur zwischen zwei und fünf Tagen im Orbit, die späteren Reihen bis zu vier Wochen. Mit der Entwicklung digitaler Bilderfassung und der Übertragung der Bilder per Funk brauchte man die rückkehrfähigen FSW-Satelliten schließlich nicht mehr.

■ Shijian-10 ist ein FSW-Satellit. Militärisch konzipiert, aber zivil genutzt, wie so oft in der chinesischen Raumfahrt.

Geheimnisvolle Yaogans

Wenn es in China eine Klasse von Satelliten gibt, die eindeutig und unverkennbar als militärisch klassifiziert werden kann, dann sind das die Einheiten der Yaogan-Reihe. Sie stellen dabei keinen speziellen Typ von Militärsatelliten dar. Es handelt sich vielmehr um einen Gattungsbegriff mit angehängter Zählnummer. Was aber nicht unbedingt bedeutet, dass sie auch alle sequentiell gestartet werden.

Unter dieser Nutzlastverkleidung verbirgt sich Yaogan 30-08, ein SIGINT-Satellit (Signalaufklärer). Er wurde am 7. Mai 2021 mit einer Langer Marsch 2C in den Orbit transportiert.

Bis zum Redaktionsschluss für dieses Buch wurden 121 Yaogan-Satelliten gestartet. Der erste am 27. April 2006, der bislang letzte, Yaogan 37, am 13. Januar 2023. Und wenn Sie sich wundern, dass die Zahlen nicht zusammenpassen: Von vielen der Yaogan-Nummern wurde mehr als ein Satellit gestartet. Rekordhalter ist Yaogan 30, von dem es 31 Stück gibt: Von Yaogan 30-01 bis Yaogan 30-10C.

Man kann die Yaogan-Reihe grob in drei Kategorien einteilen: In SAR-Satelliten, also in Radar-Aufklärer, in elektro-optische Aufklärer und in Signalaufklärer aller Art, so genannte SIGINT und ELINT-Satelliten, die auch für die Marineaufklärung und das Abhören von Flugzeug-Funkverkehr verwendet werden.

Nachdem die Yaogan-Bezeichnung keine Bestimmung der Art des Satelliten zulässt, gibt es einige unterschiedliche weitere Klassifizierungen, über die sich trefflich spekulieren lässt. Bei den Radar-Aufklärern handelt es sich beispielsweise meist um Satelliten der Jianbing-Serie (abgekürzt JB), die ihrerseits schon bis zur Zählnummer 14 reicht, wobei aus unbekannten Gründen nicht alle Nummern besetzt sind, oder vielleicht auch ganz einfach nur im Westen nicht bekannt wurden.

Um die Sache nicht zu einfach zu machen, werden auch die elektro-optischen Aufklärer manchmal als Jianbing bezeichnet. Darüber hinaus scheint die Jianbing-6-Serie zwar aus den militärischen Aufklärungssatelliten abgeleitet zu sein, aber für zivile Zwecke eingesetzt zu werden. Der für Venezuela gebaute VRSS-1 (Venezuelan Remote Sensing Satellite) ist so eine Einheit. Janbing-7 gehört wieder zu den militärischen Radar-Aufklärern und erst ab Jianbing-9 wird die Serie optischer Aufklärer fortgesetzt.

Auch bei den ELINT/SIGINT-Satelliten der Yaogan-Reihe finden wir wieder Jianbings. Allerdings bislang nur die Jianbing-8-Reihe. Die werden immer in Dreiergruppen abgesetzt, wohl um eine genaue Positionsbestimmung ihrer auszuspähenden beweglichen Objekte zu erlauben. Hier finden wir auch Einheiten der Chuangxin-5-Klasse, die – wahrscheinlich wegen der geringen Bahninklination, die sie ansteuern – alle von Xichang aus gestartet wurden. Offiziell werden sie als Yaogan 30 bezeichnet und hier passt die Yaogan-Zählnummer insofern besonders gut, weil davon zwischen dem 15. Mai 2016 und dem 19. Juli 2021 genau 30 Stück gestartet wurden.

Für sehr viele Yaogan-Satelliten gibt es keine weitere Klassifizierung oder aber, was wesentlich wahrscheinlicher ist, ihre tatsächliche Klassifizierung hat nie westliche Beobachter erreicht. Kurz und gut: In dieser Satellitenkategorie geht es sehr verwirrend zu. Die genaue Zuordnung der Yaogan-Nummern zu einzelnen Programmen ist eine Geheimwissenschaft mit hohem Spekulationspotenzial für absolute Spezialisten. Dem militärischen Charakter dieser Satelliten entsprechend bleiben viele Zusammenhänge unklar, und über so manches Rätsel wird in den Raumfahrtforen ausgiebig diskutiert.

Besonders geheimnisvoll geben sich in jüngerer Zeit die Einheiten der Yaogan 35- und Yaogan 36-Serie. Das sind insgesamt 27 Satelliten. 15 Yaogan 35 und 12 Yaogan 36 (vielleicht werden es nach Redaktionsschluss auch noch mehr). Auch sie sind, für ELINT/SIGINT-Satelliten typisch,

■ Am 26. September 2022 brachte eine Trägerrakete des Typs Langer Marsch 2D die drei Aufklärungssatelliten Yaogan 36-01A, 01B und 01C in den Orbit.

jeweils in einer Dreierformation unterwegs. Schon das alleine gibt Anlass zu Spekulation, denn warum wird nicht einfach die Yaogan 35-Serie weitergeführt, sondern eine Yaogan 36-Linie aufgemacht? Das nächste Rätsel besteht darin, dass diese Satelliten auf einer Inklination von lediglich 35 Grad unterwegs sind. Man könnte sagen, sie überfliegen nur jeweils knapp den Äquator nach Norden und nach Süden. Im Grund die Tropen und Subtropen. Was für einen Sinn macht das, wenn man bedenkt, dass Satelliten dieser Art meist auf polaren Umlaufbahnen unterwegs sind, wo der gesamte Planet beobachtet werden kann und nicht nur ein vergleichsweise schmaler Streifen?

Anfang März 2023 kam noch ein weiteres Rätsel dazu. Der gesamte um den Äquator verteilte Schwarm aus Yaogan 35- und 36-Satelliten senkte plötzlich die Umlaufbahn ab. Alle 27 Einheiten gleichzeitig. Nicht sehr viel, nur um wenige Kilometer, aber zu welchem Zweck taten sie das?

Die Flugbahnen der Satelliten der Yaogan 34-Serie scheinen mit den Yaogan 31-Satelliten abgestimmt zu sein. Bei denen handelt es sich bekanntermaßen um NOSS-Triplets, also elektronische Marineaufklärer.

Wenn man sich dann noch zusätzlich den Dual-Use-Charakter chinesischer Aufklärungssatelliten vor Augen hält, wird es noch einmal unübersichtlicher. Gerade für die optischen Aufklärer und die Radareinheiten gilt: wenn nicht grade über den USA spioniert wird, dann kann man den Satelliten auch dazu benutzen, für die Katasterämter von Quinghai, Shandong oder Anhui Grundstücksgrenzen

■ Start einer Langer Marsch 4C mit Yaogan 31-04 Nummer 1-3, einem Trio von SIGINT/ELINT-Satelliten speziell für die Überwachungszwecke der chinesischen Marine.

oder Bodenkennwerte zu ermitteln. Da haben uns die Chinesen an Pragmatismus einiges voraus.

Der bislang letzte für dieses Buch erfasste Yaogan-Satellit, Yaogan 37, startete am 13. Januar 2023. Aufgabe und Kategorie: unbekannt. Mit an Bord der Langer Marsch 2C-Trägerrakete die beiden militärischen Technologiesatelliten Shijian-22A und 22B. Und damit sind wir bei der nächsten Kategorie chinesischer Militärsatelliten, und es wird leider nicht übersichtlicher.

Shijian und Shiyan erproben Militärtechnologien

Nein, es wird tatsächlich nicht übersichtlicher, vor allem nicht für einen Beobachter aus dem Westen, denn die beiden militärischen Satellitenkategorien, mit denen wir uns jetzt beschäftigen, heißen nicht nur ähnlich, sie haben auch ähnliche Aufgaben.

Die eine Satellitenreihe heißt Shijian (abgekürzt SJ), das bedeutet wörtlich übersetzt „Praxis". Sie ist die historisch gesehen älteste aktive Typenreihe der chinesischen Raumfahrt überhaupt. Ihre Ursprünge gehen noch auf die

■ Künstlerische Darstellung von Shijian-12, der auf seinem sonnensynchronen polaren Orbit entsprechend den offiziellen Verlautbarungen für „wissenschaftliche Untersuchungen und technologische Experimente" eingesetzt wurde. Der Start dieser Einheit erfolgte im Juni 2010.

Langer Marsch 1-Trägerrakete zurück. Shijian-1 war der zweite Satellit, den China in den Weltraum brachte. Er wurde am 3. März 1971 gestartet, wie wir auf Seite 156 schon gesehen haben. Danach dauerte es mehr als zehn Jahre bis der nächste Satellit dieser Reihe in den Orbit transportiert wurde, seinerzeit mit der kurzlebigen Feng Bao 1. Insgesamt wurden im Laufe der Jahrzehnte 38 Shijian-Satelliten gestartet, die letzten beiden am 8. Januar 2023 zusammen mit Yaogan 37.

Ihrem durchweg militärischen Ursprung entsprechend ist wenig darüber bekannt, was sie so treiben. Sie sind nicht auf bestimmte Umlaufbahnen oder Satellitenplattformen begrenzt. Sie werden in niedrigen Erdumlaufbahnen genauso eingesetzt wie im polaren sonnensynchronen Orbit oder in der geostationären Umlaufbahn.

Die andere bedeutende Serie experimenteller militärischer Satelliten ist die Shiyan-Reihe (was so viel wie „Experiment" bedeutet). Von dieser Reihe von Raumfahrzeugen wurden seit dem April 2004 28 Stück geflogen. Shiyan-Satelliten bewegen sich fast durchwegs auf niedrigen östlichen oder polaren sonnensynchronen Erdumlaufbahnen. Die einzige Ausnahme von dieser Regel war bislang Shiyan-10, der einen so genannten Molnija-Orbit ansteuerte.

Es gibt aber eine Untergruppe von Shiyan-Satelliten, die als Tongxin Jishu Shiyan oder abgekürzt einfach als TJS bezeichnet werden. Diesen Namen könnte man vielleicht am besten mit „Kommunikationstechnologie-Test" übersetzen. Diese Gruppe von Shiyans operiert grundsätzlich im geostationären Gürtel in 36.000 Kilometern Höhe. Von ihnen wurden seit September 2015 neun Stück gebaut, zuletzt TJS-9 am 29. Dezember 2019, ein experimenteller Signalaufklärer.

Man nimmt an, dass die Satelliten der Shiyan-Serie eine frühere Rolle im Systementwicklungsprozess einnehmen wie die Shijian-Satelliten. Die Aufgabe ersterer ist es, verschiedene neue Technologien kombiniert in einer einzigen Plattform zu testen, während Satelliten der Shijan-Serie verwendet werden, um sich damit eine operative Praxis zu erarbeiten und danach die Technologien aufgrund der daraus gewonnenen Erkenntnisse zu optimieren. Wenn dem so ist, und darauf deutet einiges hin, sollte „Shijian" besser mit „in die Praxis umgesetzt" übersetzt werden.

Vor allem einige Satelliten der Shijian-Serie haben erhebliches Stirnrunzeln bei der US-Regierung hervorgerufen. Dort liebt man sie gar nicht, mit ihren unangekündigten Starts, manchmal überraschend abgesetzten

■ Dies ist der erste von insgesamt drei Shiyan-6-Satelliten (Shiyan-6-01, 6-02 und 6-03) die zwischen November 2018 und April 2021 gestartet wurden. Künstlerische Darstellung.

Subsatelliten und ihre seltsame Orbitalmanöver und Rendezvous-Proximity-Operationen (RPO) an eigenen Satelliten, aber durchaus auch an US-Raumfahrzeugen.

Noch ein Wort zu den eingangs erwähnten „Stereotypen in den offiziellen Verlautbarungen". Man kann sich manchmal – trotz der Stereotypen – durchaus eine Vorstellung davon machen, welche Aufgabe diese Satelliten haben, denn direkt gelogen sind diese Meldungen selten. Nur ein wenig „geschönt". So hieß es beim Start von Shijian-21 (gestartet am 24. Oktober 2021), die Aufgabe des Satelliten bestünde *mainly in space environment monitoring and debris cleanup*. Also hauptsächlich in der Überwachung der Weltraumumgebung und Beseitigung von Weltraummüll.

So kann man das durchaus sehen, denn gleich nach seiner Ankunft im Zielorbit setzte Shijian-21 zunächst einen Subsatelliten ab und probte mit diesem offenbar Annäherungsmanöver. Danach näherte er sich dem außer Dienst gestellten Navigationssatelliten Beidou G2, fing diesen ein, verbrachte ihn auf einen „Friedhofsorbit" 3.000 Kilometer über dem geostationären Gürtel und kehrte danach wieder auf seine ursprüngliche Arbeitsposition zurück. Technisch sind solche Manöver keine Kleinigkeit. Selbst die USA verfügen über diese Fähigkeit erst seit wenigen Jahren.

Man könnte das natürlich so interpretieren, dass China nur daran gelegen ist, diese Fertigkeit zu entwickeln, um inaktive Satelliten wieder aus dem Orbit zu entfernen, und dass sich das Land somit als verantwortungsbewusster Akteur im Weltraum zeigt, der bereit ist, den von ihm verursachten Weltraummüll zu beseitigen. Wahrscheinlicher aber ist es, dass China damit einfach eine Offensivfähigkeit im Orbit entwickelt, mit dem Ziel, im Bedarfsfall gegnerische Kommunikationssatelliten auszuschalten.

Was machen Gaofen und Chuangxin?

Auch Gaofen-Satelliten (mehr dazu auf Seite 246), von denen man im Westen lange Zeit annahm, dass sie ausschließlich zivilen Zwecken im Rahmen des CHEOS-Programms dienen, unterstützen gleichermaßen zivile als auch militärische Missionen. So einigte sich bereits im Jahr 2003 die China National Space Administration (CNSA) mit der russischen Raumfahrtbehörde Roscosmos darauf, Gaofen-Daten mit Russlands auszutauschen. Diese Vereinbarung wurde im August 2021 erweitert, so dass heute Russland mit ziemlicher Sicherheit Gaofen-Daten auch militärisch nutzen dürfte. Angesichts der mangelnden eigenen Kapazitäten werden diese Daten wahrscheinlich auch im russischen Aggressionskrieg gegen die Ukraine zum Einsatz kommen.

Unklar ist auch der genaue Einsatzzweck der Kleinsatelliten der Chuangxin-Reihe (abgekürzt CX). Das Wort bedeutet soviel wie „Innovation" und es scheint sich dabei um kleine militärische Versuchssatelliten für alle möglichen Technologiegebiete zu handeln.

Die Zählnummer 16 für die zuletzt gestartete Einheit dieser Reihe führt in die Irre, denn tatsächlich sind es viel mehr Satelliten, die bislang in den Orbit transportiert wurden. Eine Reihe von Nummern wurde nämlich übersprungen, während andere mit mehreren Satelliten belegt sind. So gibt es von Chuangxin-1 insgesamt vier Stück, nämlich CX-1-01, 02, 03 und 04 (bei denen es sich im Übrigen um Versuchssatelliten für ein Datenrelay-System handelt). Bei CX-5 handelt es sich um die insgesamt 30 Einheiten starke Yaogan 30-Konstellation und CX-6 ist die Bezeichnung für die insgesamt drei Technologie-Mikrosatelliten Weina 1, 1A und 1B.

Gerade der (oder die?) jüngst ins All transportierten Chuangxin-16 (oder 16A und 16B?) geben Rätsel auf. Die Textvarianten in den Klammern deuten es schon an: es bestehen ziemliche Unsicherheiten, wie viele Satelliten hier

■ Grafische Darstellung von Chuangxin-16, der am 24. August 2022 gestartet wurde.

überhaupt gestartet wurden. NORAD stellte ein einzelnes Objekt fest. In den Fachforen herrschte dagegen Konsens, dass es sich um zwei Einheiten handelt, die aber noch miteinander verbunden sind und sich erst zu einem späteren Zeitpunkt trennen werden. Ansonsten geht man davon aus, dass es sich um einen Technologieträger handelt. Wahrscheinlich für „Proximity Operations", also das Ausführen von Aufgaben in unmittelbarer Nähe anderer Satelliten, aber wer weiß das schon so genau.

Fenghuo, Shentong und Tianlian – Kommunikation für das Militär

Sie sind bereits in auf Seite 189 darauf gestoßen: Einige der militärischen Kommunikationssatelliten Chinas laufen unter einem zivilen Cover und firmieren nach außen hin als (zivile) Einheiten der ChinaSat-Reihe. Dies betrifft die

Startdatum	Militärbezeichnung	Cover-Bezeichnung
26. Januar 2000	Fenghuo 1	ChinaSat 22
14. November 2003	Shentong 1	ChinaSat 20
12. September 2009	Fenghuo 1A	ChinaSat 22A
25. November 2010	Shentong 1A	ChinaSat 20A
18. September 2011	Fenghuo 2A	ChinaSat 1A
26. Mai 2012	Shentong 2A	ChinaSat 2A
13. November 2015	Shentong 2C	ChinaSat 2C
9. Dezember 2015	Fenghuo 2C	ChinaSat 1C

Raumfahrzeuge der Fenghuo- und der Shentong-Reihe. Die kleine Tabelle zeigt eine Übersicht der bisher gestarteten Satelliten dieser beiden Typen. Gegenübergestellt sind ihre ChinaSat-Coverbezeichnungen.

Fenghuo (oder kurz: FH) bedeutet so viel wie „Leuchtfeuer". Es handelt sich dabei um eine Familie von taktischen Kommunikationssatelliten, die entwickelt wurde, um in Bewegung befindliche Militäreinheiten zu unterstützen. Dazu ist jeder Satellit mit einer Reihe steuerbarer Spotbeams ausgestattet, die es Nutzern auf dem Boden erlaubt, mit ihrer Hilfe mit anderen Truppenverbänden zu kommunizieren während sie gleichzeitig in Bewegung sind.

Die erste Generation dieser Raumfahrzeuge basierte auf der DFH-3A-Satellitenplattform von CAST. Die zweite Generation basierte auf dem größeren Satellitenbus DFH-4. Die Satelliten weisen eine Startmasse von 5.320 Kilogramm auf und sind auf eine Lebensdauer von mindestens 12 Jahren ausgelegt.

■ Start von – offiziell – ChinaSat 2C mit einer Langer Marsch 3B-Rakete am 13. November 2015. Tatsächlich handelt es sich dabei um den militärischen Kommunikationssatelliten Shentong 2C.

■ Start des Tracking- und Datenrelay-Satelliten Tianlian II-02 am 13. Dezember 2021.

Shentong (oder kurz: ST) bedeutet so viel wie „Göttliche Verständigung". Dabei handelt es sich um eine Familie von strategischen Kommunikationssatelliten, die verschlüsselte und störsichere Kommunikation bereitstellen. Auch hier basierte die erste Generation auf dem Satellitenbus DFH-3A und war mit Ku-Band- und C-Band-Transpondern ausgerüstet. Die Einheiten wiesen eine Startmasse von 2.300 Kilogramm auf. Die Satelliten der zweiten Generation basieren auf der Satellitenplattform DFH-4.

Auch im Bereich der Tracking- und Datenrelaysatelliten treffen wir in der chinesischen Raumfahrt wieder auf die fließenden Grenzen zwischen ziviler und militärischer Nutzung. Während beispielsweise in den USA die Zuständigkeiten klar aufgeteilt sind, mit genau definierten militärischen Kommunikations- und Datenrelaysatelliten auf der einen Seite und dem Netz der zivilen NASA mit ihrem TDRS-System, ist das im Falle Chinas nicht so klar. Dort gibt es das Tianlian-Datenrelaysystem, das inzwischen acht Satelliten umfasst. Doch ist dieses System wirklich nur zivil oder wird es auch militärisch genutzt?

Die erste Tianlian-Einheit wurde im April 2008 gestartet, die bislang letzte, Tianlian II-03, im Juli 2022. Laut den chinesischen Angaben wird das System hauptsächlich dazu verwendet, das bemannte Raumfahrtprogramm Chinas zu unterstützen, sowie die unbemannten Missionen zum Mond und in den interplanetaren Raum. Doch damit alleine wäre ein System mit nicht weniger als acht aktiven Einheiten kaum ausgelastet. Man darf also annehmen, dass es auch militärisch verwendet wird, vor allem bei Tests ballistischer Lenkwaffen.

Und wohin mit der Satellitennavigation?

Im Fall der USA ist das einfach: GPS gehörte einst der Luftwaffe, nun zur US Space-Force, aber auf jeden Fall zum Militär. Von diesem wird es auch betrieben. Der zivile Gebrauch ist für das US-System quasi die Zweitnutzung. Ähnlich verhält es sich beim russischen Glonass-System: Militärisch aufgesetzt, militärisch betrieben. Und Galileo? Europa gibt sich wie immer betont friedlich. Dennoch

Programmlogo Beidou.

stimmte das europäische Parlament schon im Oktober 2008 dafür, lange bevor der erste Satellit im Orbit war, auch eine militärische Nutzung des Systems zuzulassen. Die Mehrheit dafür war groß: 502 zu 83 Stimmen. Nur die Grünen waren gegen eine militärische Nutzung.

Und wie steht es mit Beidou, dem chinesischen Satellitennavigationssystem? Hier stellte sich die Frage gar nicht erst, so selbstverständlich erschien sie den chinesischen Programmverantwortlichen. Natürlich ist das System „dual-use" ausgelegt, was sonst? Befindlichkeitsstörungen wie die europäische Diskussion um die militärische Nutzung des Systems irritieren die pragmatischen Chinesen.

Dabei hatte China zunächst sogar die Absicht, beim europäischen Galileo-System mit einzusteigen. Im September 2003 gab es erste Absichtserklärungen dazu, im Oktober 2004 unterzeichnete die EU und China das *Agreement on the Cooperation in the Galileo Program between the „Galileo Joint Undertaking" (GJU) and the „National Remote Sensing Centre of China" (NRSCC)*. Für die Zusammenarbeit wurde viel Geld investiert – man spricht von 300 Millionen Dollar – und es wurde mit den „China Galilieo Industries" sogar ein eigenes Unternehmen dafür gegründet. Aber bald schon stellte sich bei den chinesischen Partnern Unzufriedenheit ein, zum einen mit der untergeordneten Rolle, welche die EU den Chinesen zuweisen wollte, zum anderen wegen des schleppenden Projektverlaufs, verursacht durch den europäischen Instanzenweg mit seinen lähmenden Prozessen und dem Unwillen der europäischen Partner, China den Zugang zur notwendigen Technologie zu gewähren. Im Dezember 2007 stieg China schließlich aus, und begann sein unabhängiges Satellitennavigationssystem zu konzipieren.

Nicht unerwartet hatte China das Beidou-System am Ende Jahre vor den Europäern fertiggestellt. Heute wird bereits die dritte Generation von Satelliten dafür betrieben. Die 35 Einheiten dieser Serie waren im Juni 2020 alle auf ihren Arbeitspositionen. Tatsächlich sind aber mehr als 50 Satelliten aktiv, da es noch eine Reihe von Reserve- und Testeinheiten gibt, und auch noch die meisten Satelliten der zweiten Generation weiterhin voll funktionsfähig sind.

Und um nochmal die Frage nach der zivilen und der militärischen Nutzung aufzunehmen: Die Positionsangaben für das Militär sind um zwei Größenordnungen besser als für die zivile Anwendung. Für den zivilen Bereich (also alles von der touristischen Wanderkarte bis zum privaten Schiffsverkehr) sind es zehn Meter, für die institutionelle und militärische Nutzung (also alles von der „Indoor-Navigation" für die Feuerwehr bis zur Zielführung von Cruise Missiles) sind es zehn Zentimeter.

Wissenschaft, Wissenschaft, Wissenschaft

Wir werden in den nachfolgenden Kapiteln sehen, dass China im Bereich der interplanetaren Raumfahrt gegenüber der NASA und der ESA zunehmend an Boden gewinnt, und speziell was die Ausrichtung auf den Mond betrifft sogar schon eingeholt hat. Wenn es aber ein Gebiet gibt, bei dem China noch etwas im Hintertreffen gegenüber dem Westen liegt, dann ist das – mit einer großen Ausnahme – der Bereich der wissenschaftlichen Raumfahrt. Doch auch dieser Rückstand schrumpft in den letzten Jahren mehr und mehr.

Die große Ausnahme betrifft die immense Zahl chinesischer Erdbeobachtungsprogramme aller Art. Sie sind quantitativ den US-Vorhaben und denen von ESA, EU und der europäischen Nationalstaaten schon längst überlegen. Qualitativ liegen sie allerdings nach meiner Beurteilung noch ein wenig hinter diesen zurück.

Davon einmal abgesehen war die Decke bislang eher ein wenig dünn, wenn man von den Flaggschiff-Programmen wie Tianwen und vor allem dem immens umfangreichen Mondprogramm einmal absieht. Um diese Lücke zu schließen wird derzeit ein Programm hochgefahren, das es schon seit einer Weile gibt und dessen Bezeichnung man am Besten mit „Neue Horizonte" übersetzen könnte.

Das Manko des Rückstandes auf dem Gebiet der Wissenschaftsmissionen ist China nur zu bewusst, daher nimmt man auf diesem Gebiet auch gerne Zusammenarbeits-Angebote mit westlichen Ländern an, wenn sie sich ergeben, was im gegenwärtigen politischen Umfeld nicht ganz einfach ist. Die englischsprachigen Co-Bezeichnungen der Vorhaben (die auch außerhalb des Neuen-Horizonte-Rahmens im Wissenschaftsbereich durchgehend angewendet werden) sind aber ein deutlicher Hinweis auf den Wunsch nach Zusammenarbeit. Und wenn sie sich nicht ergibt? Was soll's? Dann führt China die Vorhaben eben alleine durch.

Gegenwärtig (Status: Juni 2023) findet gerade der Auswahlprozess für die nächsten Missionen des Neue-Horizonte-Programms statt, bei dem die Chinesische Akademie der Wissenschaften (CAS) neue Weltraummissionen aus Vorschlägen verschiedener Institutionen auswählt. Für die aktuelle Runde trägt dieser Prozess die Bezeichnung SPP III. Das steht für „Strategic Priority Program III". Vielleicht ist hier ein Hinweis angebracht: Das gesamte Mondprogramm mit seinen unbemannten Chang'e-Missionen und den geplanten bemannten Landungen und der Mondbasis ist ein eigener Budget-Titel im chinesischen Raumfahrtprogramm. Ähnlich verhält es sich mit den Tianwen-Missionen ins Sonnensystem. Nicht zuletzt deswegen, aber auch wegen ihrer Größe und nationalen Bedeutung, haben diese Programmlinien im vorliegenden Buch auch eigene Kapitel bekommen. Doch zurück zum Neue Horizonte-Programm.

Aus einer anfänglichen Anzahl von mehr als 20 Programmvorschlägen wurden zunächst 17, dann schließlich 13 Finalisten ausgewählt, die ein breites Feld unterschiedlicher wissenschaftlicher Disziplinen abdecken. Aus diesen 13 Finalisten wird die CAS bis Mitte 2023 fünf bis sieben Wissenschaftsmissionen bestimmen. Die ausgewählten Missionen sollen danach, wenn technisch und finanziell möglich, im Zeitraum zwischen 2026 und 2030 realisiert werden, also innerhalb des 15. chinesischen Fünfjahresplanes.

An dieser Stelle fragen Sie sich vielleicht, was aus den Auswahlrunden SPP I und SPP II geworden ist, deswegen unter-

■ Logo der chinesischen Raumfahrtagentur.

■ Die Tianwen-1-Mission mit dem Rover Zhurong läuft in Chinas Raumfahrtbudget in einer eigenen Programmlinie, unabhängig vom Neue-Horizonte-Programm.

nehmen wir hier einen kurzen Exkurs zu den daraus resultierten Missionen.

Im Rahmen von SPP I wurden DAMPE, HXMT, Shijian-10 und QUESS ausgewählt, und zwischen 2015 und 2017 gestartet.

DAMPE steht für **Da**rk **M**atter **P**article **E**xplorer. Sein chinesischer Name ist „Wukong", was so viel wie „Verständnis der Leere" bedeutet. Es ist ein astrophysikalischer Forschungssatellit, mit dem man dem Geheimnis der Dunklen Materie auf die Spur kommen will. Er ist auch insofern interessant, weil vier der zehn Instrumente an Bord von DAMPE aus Europa kommen. Drei aus Italien, eines aus der Schweiz. DAMPE wurde am 17. Dezember 2015 gestartet und war zum Zeitpunkt der Drucklegung dieses Buches immer noch aktiv.

HXMT steht für **H**ard **X**-Ray **M**odulation **T**elescope. Sein chinesischer Name ist „Huiyan", was in etwa „Erkenntnis" bedeutet. Er wurde am 15. Juni 2017 gestartet, beschäftigt sich mit der Beobachtung von Pulsaren, Neutronensternen und Schwarzen Löchern und ist dafür mit drei Teleskopen ausgestattet, die Röntgenstrahlung verschiedener Energiebereiche sammeln. Auch dieses Raumfahrzeug war zum Zeitpunkt, an dem diese Zeilen entstanden, noch im Betrieb.

Shijian-10 (Shijian bedeutet so viel wie „Übung") war ein Forschungssatellit mit Rückkehrkapsel, vergleichbar den sowjetisch/russischen Foton-Forschungssatelliten. Er trug insgesamt 19 Vorrichtungen in den Weltraum, von denen zwölf – durchweg materialwissenschaftliche und biologische Experimente – in der Rückkehrkapsel wieder zur Erde zurückkamen, und im Gebiet des Dorbod-Banner landeten. Die restlichen sieben Experimente verblieben im Orbitalmodul. Der Flug der Rückkehrkapsel dauerte 13 Tage. Das Orbitalmodul war sieben Tage länger im Orbit, bevor es am 25. April 2016 in der Atmosphäre verglühte.

QUESS steht für **QU**antum **E**xperiments at **S**pace **S**cale. Es ist eine Mission, die in Zusammenarbeit zwischen der CAS und der Österreichischen Akademie der Wissenschaften entstand. Von daher stammt auch die zweite Bezeichnung für das Raumfahrzeug, nämlich „Micius". Es ist der (scherzhaft) latinisierte Name eines chinesischen Wissenschaftlers aus dem fünften Jahrhundert vor Christus mit Namen „Mozi". Der hatte als erster bemerkt, dass sich Licht gradlinig ausbreitet.

QUESS wurde im August 2016 in eine sonnensynchrone polare Erdumlaufbahn in eine Höhe von 500 Kilometern und einer Bahnneigung zum Äquator von 97,4 Grad transportiert. Seither werden damit Versuche zur Quantenkommunikation und Quantenteleportation durchgeführt. Ich habe zu diesem Vorhaben am Schluss des Buches auch eine Internet-Adresse hinterlegt.

In der Zwischenzeit entwickelt China übrigens bereits einen größeren Quanten-Kommunikationssatelliten für eine mittlere bis hohe Umlaufbahn, mit höherer Effizienz

■ Künstlerische Darstellung des Dark Matter Particle Explorer (DAMPE), oder, wie er auf Chinesisch heißt „Wukong".

■ Der Satellit QUESS in der Endmontage.

und größerer Kommunikationsreichweite als QUESS. Von dieser neuen Einheit wird erwartet, dass sie auch im Verbund mit bereits existierenden konventionellen Satelliten in der niedrigen Umlaufbahn zusammenarbeiten kann.

Die SPP II-Auswahl resultierte ebenfalls in vier Projekten, deren Gesamtpreis bei 515 Millionen Euro gedeckelt ist. Angesichts der Tatsache, dass chinesische Ingenieure und Techniker viel weniger verdienen als ihre westlichen Kollegen dürfte dies einem finanziellen Einsatz von 1,5 Milliarden Euro entsprechen, wenn man es mit westlichen Verhältnissen vergleicht. Die vier Vorhaben tragen die Bezeichnungen GECAM, Einstein Probe, ASO-S und SMILE. Schauen wir uns auch diese vier Vorhaben stichpunktartig an.

Die Abkürzung GECAM steht für **G**ravitational wave high-energy **E**lectromagnetic **C**ounterpart **A**ll-sky **M**onitor. Das Vorhaben besteht aus zwei kleinen (nur jeweils 163 Kilogramm schweren) Satelliten, die am 20. Dezember 2020 zusammen mit einer Trägerrakete des Typs Langer Marsch 11 von Jiuquan aus gestartet, und auf eine Umlaufbahn in einer Höhe von 600 Kilometern und einer Bahnneigung von 29 Grad zum Äquator transportiert wurden. Neben Gammablitzen beobachten die beiden Einheiten auch andere Nebeneffekte von Gravitationswellen-Ereignissen, wie die so genannten Fast Radio Bursts oder hochenergetische Neutrinos. Das Vorhaben ist auf drei Jahre ausgelegt. Zum Zeitpunkt, an dem diese Zeilen entstehen, sind die beiden kleinen Satelliten weiterhin aktiv.

ASO-S, das **A**dvanced space-based **S**olar **O**bservatory – **S**olar (das in China als Kuafu-1 bezeichnet wird), startete am 8. Oktober 2022 zu seiner auf mindestens vier Jahre ausgelegten Mission. Das beim Start knapp eine Tonne schwere Raumfahrzeug bewegt sich seither auf einer sonnensynchronen polaren Erdumlaufbahn in 720 Kilometern Höhe. ASO-S arbeitet während seiner Mission eng mit einem anderen Sonnenforschungssatelliten zusammen, dem etwas einfacher ausgerüsteten Xihe (International als CHASE bezeichnet, was für „**C**hinese **H**ydrogen-Alpha **S**olar **E**xplorer" steht) der seit Oktober 2021 im Erdorbit aktiv ist. Die Hauptaufgabe von ASO-S besteht in der ganztägigen Beobachtung des Magnetfelds der Sonne sowie von Sonneneruptionen und koronalen Massenauswürfen.

Bei der „Einstein-Probe" handelt es sich um ein komplexes Röntgenteleskop der chinesischen Akademie der

■ Grafische Darstellung der Einstein-Probe.

Wissenschaften an dem auch die ESA und das Max-Planck-Institut für extraterrestrische Physik in München beteiligt sind. Die beiden Institutionen liefern dabei keine eigenen Instrumente sondern vor allem Expertise hinsichtlich Entwicklung, Test und Kalibrierung der Instrumente. Der Start der „Einstein-Probe" ist im November 2023 vorgesehen.

Und schließlich der „**S**olar wind **M**agnetosphere **I**onosphere **L**ink **E**xplorer" oder kurz SMILE. Seine Aufgabe ist die Erforschung der Wechselwirkungen zwischen Ereignissen auf der Sonne und dem Magnetfeld der Erde. Zusammen mit der Einstein-Probe ist er eines der immer weniger werdenden Projekte, die in Zusammenarbeit mit der europäischen Weltraumagentur entstehen. Der Start sollte an sich schon im Jahre 2021 an Bord einer europäischen Vega C-Rakete stattfinden, aber nicht zuletzt der überaus traurige Zustand der europäischen Trägerraketenentwicklungen hat den Beginn des Vorhabens jetzt auf April 2025 verschieben lassen. Erschwerend dazu kommen noch eine hoch komplexe Projektstruktur, die eine große Anzahl internationaler Meetings und den damit verbundenen Reisen notwendig macht, viele Transporte einzelner Module und Instrumente zwischen China und Europa, und natürlich die Corona-Epidemie. All das verzögerte (und verteuerte) das Projekt immer weiter.

SMILE wird gemeinsam von der CNSA und der ESA gebaut. Betreiben wird ihn das Nationale Zentrum für Weltraumwissenschaften in China, die zur chinesischen Akademie der Wissenschaften gehört.

Immerhin erlebte SMILE Mitte Februar 2023, also relativ kurz vor Drucklegung dieses Buches, einen wichtigen und ermutigenden Meilenstein, als ein chinesisches Team mit einem Satelliten-Mockup zum Europäischen Weltraumforschungs- und Technologiezentrum (ESTEC) der ESA ins holländische Noordwijk reiste, um dort Schnittstellentests zwischen Raumfahrzeug und Trägerrakete durchzuführen. Es war die erste Austauschaktivität der Teams beider Seiten vor Ort seit der im Januar 2020 gemeinsam durchgeführten Überprüfung des Prototypdesigns auf Missionsebene. Danach kam bekanntlich Corona.

Richten wir nach diesem ersten Blick in die Vergangenheit und Gegenwart des chinesischen Weltraum-Wissenschaftsprogramms unsere Aufmerksamkeit nun auf die derzeit laufenden wesentlichen wissenschaftlichen Vorhaben der unbemannten Raumfahrt im Erdorbit und im cislunaren Raum. Nach dieser Übersicht kommen wir noch einmal auf das Neue-Horizonte-Programm zurück und sehen uns einige interessante Einzelvorhaben an, die gute Chancen haben, im Rahmen des SPP III – Abschnittes realisiert zu werden.

Gaofen und CHEOS für die Erdbeobachtung

Gaofen (das Wort heißt „hochauflösend") ist die Bezeichnung für eine Serie von Erdbeobachtungssatelliten, die überwiegend im Rahmen des CHEOS-Programms zum Einsatz kommen, aber auch militärisch verwendet werden. Der in China üblichen Praxis der Doppelnutzung sind wir ja schon früher begegnet. Bei den ersten sieben Einheiten geht man mit ziemlicher Sicherheit von einer ausschließlich zivilen Verwendung aus. Ab Gaofen-8 und einigen der nachfolgenden Satelliten der Reihe liegt offensichtlich eine Doppelnutzung vor, vor allem dadurch erkennbar, dass keine Details zu diesen Raumfahrzeugen veröffentlicht wurden.

Das Gaofen-Programm umfasst bis zum Stichtag für dieses Buch (15. Juni 2023) insgesamt 31 Satelliten. Alle bewegen sie sich auf sonnensynchronen, polaren Umlaufbahnen. Es gibt von dieser Regel nur zwei Ausnahmen, nämlich Gaofen-4 und Gaofen-13-02, die im geostationären Orbit stationiert sind.

■ Start des geostationären Erdbeobachtungssatelliten Gaofen-13-02 am 17. März 2023. Diese Einheit, die mit ihrer mächtigen Optik in der Lage ist, aus einer Erddistanz von 36.000 Kilometern noch Bilder mit einem Auflösungsvermögen von 250 Metern pro Bildpunkt zu machen, ist eine der typischen chinesischen militärisch/zivilen Doppelnutzungen.

Der erste Gaofen-Satellit startete im April 2013, der bislang letzte für dieses Buch erfasste war Gaofen 13-03 am 17. März 2023. Genauso wie die europäischen Sentinel-Satelliten arbeiten sie in allen für die Bildverarbeitung möglichen Spektralbändern mit einer Vielzahl von Erfassungssystemen, von normal-optischen panchromatischen Sensoren, über Hyperspektral-Bildgeber und Radar in verschiedenen Wellenbändern bis hin zu Geräten für die Datenerfassung im Infrarot- und Ultraviolettbereich.

Das Akronym CHEOS steht im Übrigen für **C**hina High-resolution **E**arth **O**bservation **S**ystem. Es handelt sich dabei um ein staatlich gefördertes, ziviles Erdbeobachtungsprogramm, das zur Landwirtschafts-, Katastrophen-, Ressourcen- und Umweltüberwachung eingesetzt wird. In diesem Sinne entspricht es ziemlich genau dem Kopernikus-Programm der Europäischen Gemeinschaft mit seinen Sentinel-Satelliten.

Das CHEOS-Programm läuft seit 2010. Das raumgestützte Segment sollte ursprünglich aus sieben Satelliten mit den Bezeichnungen Gaofen 1 – Gaofen 7 bestehen. Inzwischen sind aber auch private Satellitenreihen zu diesem Programm gestoßen, wie beispielsweise die beiden kommerziellen Super View 1-Satelliten und einige Kleinraumfahrzeuge der Jilin-Serie. Um letztere als dem CHEOS-Programm zugehörig zu kennzeichnen, erhalten sie zusätzlich zu ihrer eigenen Bezeichnung noch die Bezeichnung Gaofen, wie beispielsweise Jilin-1 Gaofen-02C, dessen Start im September 2020 fehlschlug.

Das CHEOS-System beinhaltet aber nicht nur Satelliten sondern zusätzliche weltraumnahe und luftgestützte

Systeme wie Höhenforschungsraketen, Stratosphärenballons, Luftschiffe und bemannte und unbemannte Flugzeuge mit den dazu gehörenden Bodensystemen für die Datenaufbereitung.

Meteorologie mit Fengyun

Fengyun (oder kurz: FY) ist die Bezeichnung für die chinesischen Wettersatelliten. Der Name bedeutet so viel wie „Wind und Wolken“. Die Reihe existiert, seit im September 1988 Fengyun-1A in eine polare sonnensynchrone Umlaufbahn gestartet wurde. Seither wurden 20 dieser Satelliten in den Orbit gebracht.

Es gibt vier Klassen dieser Satelliten, die mit FY-1 bis FY-4 gekennzeichnet sind. Die Satelliten der Klassen Fengyun 1 und Fengyun-3 befinden sich entweder in einer polaren, sonnensynchronen Umlaufbahn oder in Orbits niedrigerer Inklination und Bahnhöhe, während sich die Satelliten der Kategorien Fengyun-2 und 4 in geosynchronen Umlaufbahnen befinden. Die Satelliten der Fengyun-2-Reihe entsprechen von der Funktion und der technischen Grundkonzeption den europäischen Meteosat-Satelliten. Sie haben eine zylindrische Form und sind wie die Meteosats drallstabilisert. Die Satelliten der geostationären Fengyun-4-Reihe sind massive Einheiten mit einem Startgewicht von etwa 5,6 Tonnen. Sie verfügen über eine mächtige Optik, die in der Lage ist, aus dem geostationären Orbit, also 36.000 Kilometer von der Erde entfernt, Bilder mit einem Auflösungsvermögen von 250 Metern zu machen.

Eine einzelne Einheit der Fengyun-Reihe tanzt etwas aus der Reihe: Fengyun 3G, gestartet am 16. April 2023, wurde auf eine niedrige Erdumlaufbahn mit einer Inklination von 50 Grad gebracht. Er ist also der einzige Satellit, der weder auf eine sonnensynchrone noch auf eine geostationäre Umlaufbahn gebracht wurde.

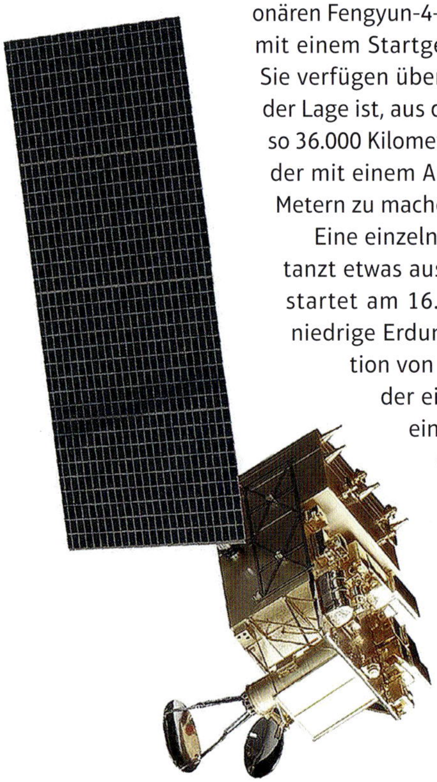

Grafik eines Wettersatelliten der Fengyun-3-Reihe. Sie umkreisen die Erde auf sonnensynchronen polaren Umlaufbahnen.

Alle Fengyun-Satelliten werden von der Shanghai Academy of Spaceflight Technology (SAST) gebaut und von der China Meteorological Administration (CMA) betrieben.

Ein Satellit der Fengyun-Reihe machte in ganz besonders negativer Weise auf sich aufmerksam, denn am 11. Januar 2007 zerstörte China den damals schon seit Jahren stillgelegten Fengyun 1C bei einem Test absichtlich mit einer Anti-Satelliten-Rakete. Dabei entstanden tausende von Trümmerstücken. Es ist die größte Menge an gefährlichem Weltraumschrott, der jemals in der Geschichte der Raumfahrt bei einer einzelnen Mission erzeugt wurde. Und dies obendrein auf einer viel beflogenen Umlaufbahn, und in einer Höhe (830 Kilometer), in der diese Bruchstücke Jahrhunderte brauchen, bevor sie wieder in die Erdatmosphäre eintreten. Mit diesem verantwortungslosen Vorgehen handelte sich China wütende Proteste aus aller Welt ein.

Ziyuan, Tianhui und CBERS sind schwer zu durchblicken

Ziemliche Ansprüche an Aufnahmefähigkeit westlicher Beobachter stellen die Satelliten der drei Ziyuan-Programme (Ziyuan = chinesisch für „Ressource“) und die darin eingebetteten Raumfahrzeuge der Reihen Tianhui und CBERS. Hier saubere Zuordnungen zu treffen ist nicht einfach. Das gemeinsame Thema der überwiegenden Anzahl (aber nicht aller) dieser Satelliten liegt in der Suche nach Ressourcen und in der Landvermessung. Dafür gibt es getrennte militärische und zivile Zweige.

Im Ziyuan-Programm 1 werden derzeit nicht nur vier chinesische Satelliten betrieben, sondern auch fünf Umweltbeobachtungssatelliten für das brasilianisch-chinesische CBERS-Programm. CBERS ist ein Akronym für den Begriff „China-Brazil Earth Ressources Satellite“. Sie werden gemeinsam vom chinesischen „Center for Earth Operation and Digital Earth“ (kurz: CEODE) und der brasilianischen Raumfahrtbehörde INPE (Abkürzung für: Instituto Nacional de Pesquisas Espaciais) betrieben. Es waren dies, in chronologischer Reihenfolge, CBERS-1, 2 , 2B, 3, 4 und 4A. Der erste CBERS wurde am 14. Oktober 1999 gestartet, der bislang letzte Start, also der von CBERS-4A, erfolgte am 20. Dezember 2019. Die Einheit CBERS-4B ist geordert, aber noch nicht gestartet. Der Start von CBERS-3 am 9. Dezember 2013 endete als Fehlschlag.

Im Rahmen dieses Ziyuan 1-Programmes laufen auch die Starts der chinesischen Tianhui 1-Reihe (Tianhui = chi-

■ CBERS-4A in der Endmontage.

nesisch für „Himmelszeichnung"), von der seit August 2010 insgesamt vier Satelliten gestartet wurden. Der bislang letzte war Tianhui-1-04 am 29. Juli 2021. Tianhui-1-03 bildete zusammen mit seinen beiden Schwestersatelliten Tianhui-1-01 und 1-02 eine Mini-Konstellation, bei der jede Einheit alle 58 Tage denselben Ort der Erde erneut überfliegt. Die Aufgabe der Satelliten ist primär die Erstellung einer Weltkarte im Maßstab 1:25.000.

Von der Ziyuan-2-Serie existierten drei Satelliten, die zwischen dem 1. September 2000 und dem 6. November 2006 gestartet wurden. Zwei davon wurden wieder aus dem Orbit genommen, der dritte kreist zwar noch um die Erde, scheint aber nicht mehr funktionsfähig zu sein. Ziyuan-2 war ein rein militärisches Vorhaben, das von der Volksbefreiungsarmee betrieben wurde.

Die Ziyuan-3-Serie wird für die Stereokartografie verwendet und vom Amt für Vermessung und Kartierung betrieben. Es gab Hinweise darauf, dass das Tianhui-1-Programm in der Zwischenzeit mit dem Ziyuan-3-Projekt zusammengelegt wurde. Zu diesem Programm scheinen auch die bislang vier Tianhui-2-Einheiten zu gehören, die paarweise gestartet wurden. Sie arbeiten mit einem X-Band-Radar und fliegen in engen Zweierformationen, um eine räumliche Auflösung der untersuchten Objekte zu erreichen. Es handelte sich dabei um Tianhui-2-01A und 2-01B, gestartet am 29. April 2019 und Tianhui-02A und 02B, die am 18. August 2021 in den Orbit geschickt wurden. Ebenfalls zu diesem Programm gehören Ziyuan-3-01, 3-02 und 3-03, die zwischen Januar 2012 und Juli 2020 gestartet wurden.

Satelliten mit der Bezeichnung Tianhui-3 existieren nicht, denn diese Reihe wurde wohl schon vor dem Start der ersten Einheit mit der Tianhui-1-Serie zusammengelegt. Dagegen gibt es eine einzelne Einheit mit der Bezeichnung Tianhui-4, die vom Militär betrieben wird und am 29. Dezember 2021 ins All geschickt wurde.

■ Start von CBERS-4A am 20. Dezember 2019 in Taiyuan.

Tianhui-5-Satelliten gibt es derzeit noch nicht. Dagegen startete China am 9. März 2023 zwei Raumfahrzeuge mit den Bezeichnungen Tianhui-6A und 6B, die sich – aber das kann nur aus dem Startlogo geschlossen werden – mit der Ressourcenerkundung in den Weltmeeren beschäftigen. Was ein wenig erstaunt, denn für diesen Zweck gibt es schon eine wichtige Serie von Überwachungssatelliten, die nicht solche Zuordnungsprobleme aufwerfen, und die wir uns jetzt kurz anschauen.

Haiyang für die Meere – Daqi für die Atmosphäre – Huanjing für den Katastrophenschutz

Mit Haiyang (Chinesisch für „Ozean") wird eine Serie von Meereserkundungssatelliten bezeichnet. Die erste dieser Einheiten, Haiyang-1A wurde im Mai 2002 gestartet, die bislang letzte von insgesamt acht dieser Satelliten am 19. Mai 2021. Der Start von zehn weiteren Einheiten ist geplant.

Die Haiyang-Raumfahrzeuge werden von der CAST gebaut und vom National Satellite Ocean Application Service (NSOAS), einer nachgeordneten Behörde der State Oceanic Administration (SOA), betrieben.

Haiyang-Satelliten wurden bislang stets vom Raumfahrtzentrum Taiyuan aus mit Raketen der Typen Langer Marsch 2C und Langer Marsch 4B in polare, sonnensynchrone Umlaufbahnen gestartet.

Die Aufgabe dieser Raumfahrzeuge besteht unter anderem in der Beobachtung von Schadstoffen, dem Vegetationswachstum, der Änderung der Meeresfarbe und Messungen der Eisdicke in den Polarregionen der Weltmeere. Weiterhin in der Messung von Schwebstoffen, der Entwicklung der Verdunstung von Wasser und der Beschaffenheit der Atmosphäre über den Meeren sowie der Beobachtung des Chlorphyll-Zyklus in verschiedenen Wassertiefen.

Speziell für die Beobachtung und Vermessung der Erdatmosphäre gibt es neuerdings eine eigene Satellitenserie. Sie trägt die Bezeichnung Daqi (chinesisch für „Atmosphäre"). Es handelt sich dabei um ausgesprochen komplexe Einheiten mit einer Startmasse von etwa drei Tonnen, die vom Ministerium für Ökologie und Umweltschutz betrieben werden. Entwickelt und gebaut werden sie von der Shanghai Academy of Space Technology.

Die erste Daqi-Einheit startete am 15. April 2022 am Weltraumbahnhof Taiyuan mit einer Trägerrakete des Typs Langer Marsch 4C. Die dritte Stufe des Trägers setzte den Satelliten auf einem sonnensynchronen, polaren Erdorbit mit einem Perigäum von 680 Kilometern, einem Apogäum von 690 Kilometern und einer Bahnneigung zum Äquator von 98,47 Grad ab.

Die Hauptaufgabe des Raumfahrzeugs besteht darin, den Kohlendioxidgehalt der Erdatmosphäre zu messen. Die nächste Einheit dieser Reihe, Daqi-2, wird sich vor allem der Bestimmung der Treibhausgase in der Lufthülle der Erde widmen.

Und dann will China noch insgesamt elf Satelliten der Huanjing-Reihe zur Katastrophenüberwachung starten. Die Raumfahrzeuge werden über Sensoren für den normal-optischen und infraroten Bereich, sowie über Multispektralsensoren verfügen. Auch Radarsatelliten mit einem S-Band-Radar synthetischer Apertur wird es geben. Bisher wurden fünf dieser Einheiten gestartet. Die ersten beiden Satelliten, Huanjing-1A und 1B, wurden 2008 zusammen gestartet. Beide waren für Erkundungen im normal-optischen Bereich vorgesehen. Huanjing-1C, der 2012 gestartet wurde, ist der erste zivile chinesische Fernerkundungssatellit, der ein SAR-Radar einsetzt. Dieses Instrument wurde in Russland von NPO Maschinostrojenija hergestellt. Im Jahr 2020 wurden Huanjing-2A und 2B ge-

■ Das Daqi-Projektteam präsentiert sich vor ihrem Satelliten, der am 15. April 2022 gestartet wurde.

startet, erneut zwei optische Fernerkunder. Bei ihnen handelt es sich um verbesserte Einheiten, die Huanjing-1A und 1B ersetzen werden.

Das Xuntian-Weltraumteleskop

Das größte chinesische Wissenschaftsinstrument der näheren Zukunft ist das von der CAST entwickelte und produzierte Xuntian-Weltraumteleskop (auch: CSST oder Chinese Survey Space Telescope). Sein Start ist für 2024 geplant. Das 15,5 Tonnen schwere Gerät soll mit einer Langer Marsch 5B-Rakete in denselben Orbit transportiert werden, in dem sich auch die Tiangong-Raumstation bewegt. Xuntian befindet sich fast in derselben Leistungsklasse wie das Hubble Space Telescope, hat aber ein wesentlich größeres Gesichtsfeld. Von daher kommt auch sein Name, der so viel wie „Durchmusterung" bedeutet, und auf die besondere Fähigkeit des Teleskops hinweist, große Gebiete des Himmels gleichzeitig unter die Lupe zu nehmen.

Das besondere Alleinstellungsmerkmal von Xuntian liegt darin, dass es für Neuausrüstungen, Modifikationen oder Reparaturen die chinesische Raumstation ansteuern und dort anlegen kann. Damit das möglich ist, ist das Teleskop mit einer Reihe von Triebwerken in der Leistungsklasse von 150, 120 und 25 Newton ausgestattet. Damit steigt die Wahrscheinlichkeit beträchtlich, dass das Teleskop seinen auf mindestens zehn Jahre veranschlagten Forschungsauftrag auch erfüllen kann.

Der Hauptspiegel weist einen Durchmesser von zwei Metern auf. Für astronomisch Vorgebildete: Dabei handelt es sich um ein Cooke-Triplet-Anastigmat-System mit drei Spiegeln und einer Brennweite von 28 Metern. Zum Vergleich: der Spiegeldurchmesser des Hubble Space Teleskopes beträgt 2,40 Meter.

Es ist geplant, während der erhofften zehnjährigen Einsatzdauer 40 Prozent des Himmels mit der 2,5 Gigapixel-Kamera von Xuntian zu durchmustern. Zu seinen Forschungszielen gehören die Suche nach dunkler Materie, die

■ Grafik des Xuntian-Weltraumteleskops im Freiflugmodus.

■ Das Xuntian-Weltraumteleskop verbunden mit der Tiangong-Raumstation.

Erforschung von Galaxienkernen und Schwarzen Löchern sowie das Aufspüren und Erforschen erdnaher Asteroiden.

Noch einmal Neue Horizonte

Nun noch einmal zurück zum Neuen-Horizonte-Programm, das zum Zeitpunkt, an dem diese Zeilen entstehen, vor der Entscheidung über fünf bis sieben neue Missionen im 15. Chinesischen Fünfjahresplan steht. Diese Projekte müssen aus einer Kandidatenliste von 13 „Finalisten" ausgewählt werden, wie eingangs zu diesem Hauptkapitel schon beschrieben wurde.

Eines der interessantesten Vorhaben, und eines das gute Chancen hat, ausgewählt zu werden, ist CHES. Das steht für „**C**loseby **H**abitable **E**xoplanet **S**urvey". Sein Ziel ist die Suche nach bewohnbaren Planeten außerhalb unseres Sonnensystems mit einem weltraumbasierten Teleskop.

Dieses Teleskop, mit einem Öffnungsdurchmesser von 1,2 Metern, würde am Lagrange-Punkt 2 des Erde-Sonne-Systems stationiert werden, also etwa 1,5 Millionen Kilometer von der Erde entfernt. Es ist dieselbe Zone im cislunaren Weltraum, in dem sich auch das James Webb-Weltraumteleskop der NASA befindet.

Das CHES-Teleskop soll rund 100 sonnenähnliche Sterne in einer Entfernung von einem Parsec um das Sonnensystem (also in einem Umkreis von etwa 32 Lichtjahren) erforschen. Die Wissenschaftler gehen davon aus, dass es in diesem Bereich etwa 50 erdähnliche Exoplaneten geben sollte, also Planeten außerhalb unseres Sonnensystems, die in den bewohnbaren Zonen um ihre Zentralsterne kreisen. Ziel des Projekts ist es, Fragen zu beantworten, wie groß die Häufigkeit für solche Planeten ist, wie und ob Planeten bewohnbar werden können und ob Leben womöglich schon in der Nähe unseres eigenen Sonnensystems existieren könnte.

Das Teleskop soll die Exoplaneten durch ein spezielles astrometrisches Verfahren aufspüren, der „Micro-arcsecond Relative Astrometry". Dabei wird ein Stern beobachtet und gemessen, ob und wie stark er im Vergleich zu anderen Sternen um ihn herum „wackelt". Wenn ein Stern wackelt, deutet das darauf hin, dass er von einem oder mehreren Planeten umkreist wird, da diese Planeten eine geringe Gravitationskraft auf den Stern ausüben, und ihn damit leicht bewegen. Mit dieser Methode können Wissenschaftler auch die Masse von Exoplaneten und den Abstand zu seiner Zentralsonne ermitteln.

So ganz in trockenen Tüchern ist das Vorhaben CHES allerdings noch nicht. Im Rahmen der SPP III-Auswahl konkurrierte es mit einem anderen Exoplaneten-Vorschlag. Diese sogenannte Earth 2.0-Mission würde die Transitmethode nutzen um nach habitablen Planeten zu fahnden. Wegen der wesentlich schlechteren „Ausbeute", die mit diesem Verfahren möglich ist, müsste Earth 2.0 insgesamt 1,2 Millionen Zwergsterne überwachen, um Exoplaneten zu entdecken und die Suche danach auf potenzielle Erdzwillinge eingrenzen. Auch diese Mission würde vom Sonne-Erde-Lagrange-Punkt 2 aus durchgeführt.

Für den Bereich der Astrophysik gibt es bei SPP III drei Kandidaten, nämlich eXTP, DAMPE-2 und DSL. Bei der „Mission **e**nhanced **X**-ray **T**iming and **P**olarimetry" (also: eXTP) handelt es sich um ein leistungsstarkes Röntgenobservatorium mit der Aufgabe, die Eigenschaften von Materie unter extremen Bedingungen (sehr hohe Dichten, starke Gravitations- und Magnetfelder) zu untersuchen. Außerdem könnte sie, sollte sie ausgewählt werden, eine der weltweit ersten Missionen sein, welche die Polarisierung von Röntgenquellen untersucht und sie im Bereich von 0,5-30 Kiloelektronenvolt räumlich, zeitlich und spektral auflösen kann. Diese Mission hat zusätzlich gute Realisierungschancen, weil sie in Zusammenarbeit mit deutschen und schweizerischen Instituten entstehen würde.

Der „**Da**rk **M**atter **P**article **E**xplorer-2“ (oder kurz DAMPE-2) wäre eine Fortsetzung der DAMPE-Satellitenmission von 2015, um nach möglichen Hinweisen auf Vernichtungs- oder Zerfallssignale dunkler Materie zu fahnden.

Und schließlich bewirbt sich auch die Mission „**D**iscovering the **S**ky at the **L**ongest Wavelength“ (kurz: DSL). Sie sieht vor, eine Konstellation von zehn kleinen Satelliten in eine Mondumlaufbahn zu schicken und dabei den Mond als Schutzschild vor terrestrischer Störstrahlung zu nutzen, um somit schwache Signale aus dem frühen Universum aufzuspüren.

Insgesamt vier Missionen wurden für den Bereich der Heliophysik vorgeschlagen. Alle vier müssten dazu in den interplanetaren Raum entsandt werden. Und alle vier sind relativ teure Missionen, so dass mit einiger Sicherheit höchstens eine von ihnen ausgewählt werden wird.

Die Mission „**SO**lar **R**ing“, kurz SOR, würde drei Raumsonden nutzen, die in einer Distanz von jeweils 120 Grad in einem Sonnenabstand von einer Astronomischen Einheit (also in etwa auf der Höhe der Erdbahn) um die Sonne kreisen und von dort aus die innere Heliosphäre untersuchen.

Das „**S**olar **P**olar-Orbit **O**bservatory“, kurz SPO, schlägt vor, die von der Erde aus schwer einzusehenden Polregionen der Sonne zu untersuchen. Die Mission ist von einem astronautischen Standpunkt aus sehr anspruchsvoll, denn das Raumfahrzeug muss dafür die Sonne mit einer Bahnneigung von mehr als 80 Grad in Bezug auf die Ebene der Ekliptik umkreisen.

Das „**E**arth-occulted **S**olar **E**clipse **O**bservatory“ (oder kurz: ESEO) könnte man wohl am besten als „von der Erde verdecktes Sonnenfinsternis-Observatorium“ bezeichnen. Es würde die Sonne in der Nähe des Lagrange-Punktes 2 umkreisen. Von dort aus nutzt es die Erde quasi als Sichtblende, um eine Art Dauersonnenfinsternis zu erzeugen, um damit die innere Korona der Sonne untersuchen zu können.

■ CHES im Einsatz. Grafische Darstellung.

Der vierte Neue-Horizonte-Vorschlag für die Sonnenphysik ist der „**C**hinese **H**eliospheric **I**nterstellar **M**edium **E**xplorer“ (kurz: CHIME). Er soll erstmals In-situ-Messungen von ursprünglichem interstellarem Gas und Staub in ihren dichtesten Regionen in einer Entfernung von zwei bis drei Astronomischen Einheiten von der Sonne durchführen.

Und schließlich gibt es noch vier weitere interessante Vorhaben, die um die Mittel der dritten Runde des Neue Horizonte-Programms buhlen. Dabei handelt es sich um die Raumsonde VOICE zur Venus (dieses Vorhaben wird ab Seite 282 beschrieben) und eine Mission zum Asteroiden 1989 M, die wahrscheinlich schon deswegen wenig Chancen haben dürfte, weil es außerhalb des Neue Horizonte-Programms schon zwei weitere Asteroiden-Missionen in China gibt.

Dagegen sieht es für die **C**limate and **A**tmospheric **C**omponents **E**xploring **S**atellitenmission (kurz: CACES) nicht schlecht aus. Sie würde Chinas Umweltpläne unterstützen, bis 2030 das CO_2-Maximum zu erreichen, und in der Folge bis 2060 CO_2-neutral zu werden.

Und schließlich gibt es noch eine ozeanografische Mission mit der Bezeichnung OSCOM (was für **O**cean **S**urface **C**urrent multiscale **O**bservation **M**ission steht). Sie widmet sich der Beobachtung der Dynamik und Energetik der Ozeane unter Anwendung der Satelliten-Doppler-Ozeanographie.

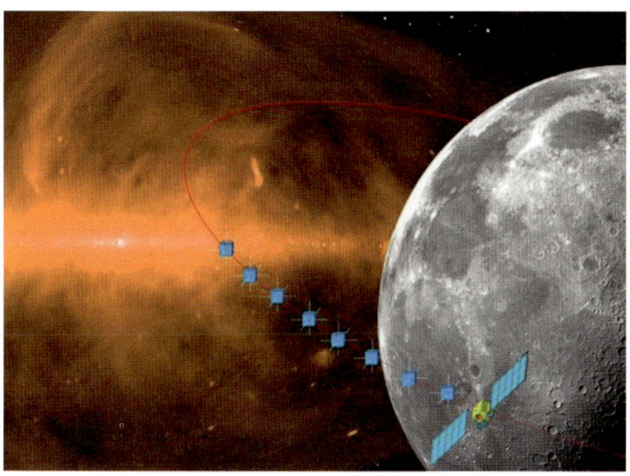

■ Die DSL-Satellitenkonstellation benutzt den Mond als Schutzschild vor terrestrischer Störstrahlung.

Antriebe und Atomenergie

Immer wieder erstaunlich ist, mit wie wenigen Typen von Triebwerken China eine enorme Flotte unterschiedlicher Trägerraketen betreibt. In den letzten Jahren allerdings nimmt die Diversität an Triebwerkstypen zusammen mit dem starken Aufschwung der privaten chinesischen Raumfahrt deutlich zu.

Die Raketenmotoren der ersten chinesischen Orbitalträgerrakete, der Langer Marsch 1, stammten von den Mittelstreckenraketen DFH-3 und DFH-4, von denen sie eins zu eins übernommen wurden, und im Prinzip war die Langer Marsch 1, Chinas erster Orbitalträger, in den Stufen 1 und 2 nichts anderes als eine nur wenig modifizierte Mittelstreckenrakete des Typs DF-4.

Der YF-2-Triebwerksblock der Langer Marsch 1 bestand aus vier YF-1-Raketenmotoren.

Es handelte sich dabei um YF-1-Triebwerke, die noch auf eine sowjetische Konstruktion zurückgingen. Vier Stück dieser Einheiten wurde zu einem Modul mit der Bezeichnung YF-2 zusammengefasst. Sie arbeiteten mit einer Treibstoff/Oxidatorkombination aus Hydrazin und einer Mischung aus Salpetersäure und Stickstofftetroxid mit der Bezeichnung AK-27S. Dieses Gebräu galt selbst in der ziemlich risikoaffinen Zeit der 60er-Jahre als ausgesprochen toxische Mischung. Nicht nur weil sie die Atemwege verätzten, wenn man mit ihnen Berührung kam, sondern auch, weil sie sich schon beim puren Kontakt entzündeten. Letzteres war bei einem Militärtriebwerk durchaus gewünscht, denn dann benötigte man keine komplexe Zündvorrichtung.

In einer späteren – nicht orbitalen – Version der Langer Marsch 1, der Langer Marsch 1D, tauschte man den Salpetersäureanteil des AK-27S-Treibstoffs gegen reines Stickstofftetroxid aus und verringerte damit die Gefahrenstoffklasse immerhin geringfügig.

Natürlich verwendete man diese Treibstoffe, die einen sehr vorsichtigen Umgang erforderten, nicht nur so aus Spaß. Sie hatten für die militärische Praxis einen immensen Vorteil, denn sie können lange Zeit bei Raumtemperatur gelagert werden. Mit diesen Stoffen betankte Raketen können viele Jahre nahezu wartungsfrei in einem Silo stehen und sind dennoch im Ernstfall in 30 Minuten einsatzbereit.

Die spezifische Impulsleistung eines einzelnen YF-1 lag im Vakuum bei etwa 265 Sekunden, der Schub im luftleeren Raum bei etwa 300 Kilonewton.

Für die zweite Stufe der Langer Marsch 1 verwendete man ein für den Flug im Vakuum optimiertes YF-1 mit einer verlängerten Düse. Es bekam – die Nummern 1 und 2 waren ja inzwischen vergeben – die Bezeichnung YF-3. Es war also nichts anderes als das Erststufentriebwerk der Rakete, das aber nicht in einem Cluster aus vier Einheiten arbeitete, sondern nur als einzelner Raketenmotor. Demzufolge verwendete es auch die gleiche Treibstoffkombination wie das YF-2 der Basisstufe.

Beim Treibstoffgemisch Hyrazin/Stickstofftetroxid blieb es für die überwiegende Anzahl der in China verwendeten Trägerraketen bis heute, denn erst langsam werden die Einheiten der zweiten Generation (also die Typen Langer Marsch 2, 3 und 4) durch modernere Träger der dritten Generation (also, soweit es die „staatlichen" Träger betrifft, alle Raketen ab der Langer Marsch 5) mit wenig bis gar nicht toxischen Treibstoffkombinationen ausgetauscht. Sie haben, mit Ausnahme der feststoffbetriebenen Langer Marsch 11, keinen militärischen Ursprung mehr und sind auf die Zwecke der Raumfahrt maßgeschneidert worden und nicht mehr auf ein militärisches Profil.

An dem Kürzel „YF" können Sie im Übrigen die staatlich entwickelten und gefertigten chinesischen Raketen erkennen. Sie stammen ausnahmslos von der CASC und dort vom Geschäftsfeld für Flüssigkeitsraketentriebwerke. Die beiden Buchstaben kürzen den Begriff „Yetihuojian Fadongji" ab, der nichts anderes bedeutet als „Flüssigkeitstriebwerk". Das YF-1 ist somit nichts anderes als das „Flüssigkeitstriebwerk 1".

Für die dritte Stufe verwendete man ein neu entwickeltes Feststofftriebwerk, das FG-02, das für 38 Sekunden einen Schub von 118 Kilonewton leistete. Es dauerte 50 Jahre, bis danach in der chinesischen Raumfahrt wieder ein Feststofftriebwerk zum Einsatz kam.

Flüssigkeitstriebwerke der alten Generation

Genauso wie bei der Langer Marsch 1 als einzigem Vertreter der ersten Generation chinesischer Trägerraketen, war auch für die zweite Generation eine Militärrakete das Ausgangsmuster für die Entwicklung. In diesem Fall war das die DF-5, Chinas erste wirkliche Interkontinentalrakete. Sowohl die Feng Bao 1 bis zu ihrer Außerdienststellung, als auch die Typen Langer Marsch 2, 3 und 4 verwendeten und verwenden in der ersten und zweiten Stufe das YF-20-Triebwerk und seine Varianten.

■ Auch die acht Raketenmotoren der Langer Marsch 3B (hier beim Start von Tiantong-1-03 am 19. Januar 2021) gehen direkt auf militärische Triebwerke der DF-5-Langstreckenrakete zurück und werden mit Hyrazin und Stickstofftetroxid betrieben.

Ein einzelnes YF-20-Triebwerk erzeugt einen Schub von etwa 700 Kilonewton. Vier dieser Raketenmotoren werden in einem Modulblock mit der Bezeichnung YF-21 zusammengefasst und dienen als Antrieb für die erste Stufe. Innerhalb des Moduls ist jedes der vier Erststufentriebwerke

■ Die Triebwerksausstattung der ersten beiden Stufen der Trägerraketentypen Langer Marsch 2 bis Langer Marsch 4 geht auf die Interkontinentalrakete DF-5 zurück.

Mit dieser Kombination aus Varianten von genau zwei Triebwerken, nämlich dem YF-20 und dem YF-23 schaffte es China über Jahrzehnte hinweg sein komplettes Raumfahrtprogramm durchzuführen und nach außen hin gleichzeitig den Eindruck einer beeindruckenden Vielfalt an Trägern und Raketenmotoren zu erwecken.

Allerdings kann man nicht alles in der Raumfahrt mit zweistufigen Raketen abwickeln. Sobald man hoch energetische Bahnen ansteuern will braucht es zusätzliche Antriebseinheiten. Und da kam China auch in seinen ersten Raumfahrtjahrzehnten nicht ohne weitere Triebwerksentwicklungen aus. Die waren notwendig für die Typen Langer Marsch 3 und 4, mit denen Satelliten und Raumsonden auf mittelhohe Erdorbits, auf geostationäre Transferbahnen oder für lunare Einsätze transportiert werden müssen.

Die dritten Stufen der Langer Marsch 3B und 3C werden mit flüssigem Sauerstoff und flüssigem Wasserstoff betrieben, die dritten Stufen der Langer Marsch 4B und 4C

um etwa zehn Grad schwenkbar. Auf diese Weise kann die Rakete im Erststufenflug gesteuert werden.

Varianten des YF-20-Triebwerkes treiben auch die im chinesischen Raumfahrtprogramm verwendeten Booster an, also die seitlich am Raketenkörper angebrachten Zusatzraketen. Dies betrifft die Typen Langer Marsch 2E und 2F und Langer Marsch 3B und 3C.

Ein einzelnes dieser YF-20-Triebwerke, optimiert für den Vakuumbetrieb, treibt die zweite Stufe an. In dieser Version heißt es YF-22. Nachdem dieses Triebwerk starr in den Schubrahmen eingebaut war, kann damit keine Richtungsänderungen der Rakete vorgenommen werden. Dafür sind vier so genannte Vernier-Triebwerke (Steuertriebwerke) mit der Bezeichnung YF-23 vorgesehen. Diese relativ kleinen Einheiten erzielen einen Schub von jeweils 46 Kilonewton und tragen somit gemeinsam zu einem Drittel des Gesamtschubes der zweiten Stufe bei. Zusammen bilden sie den Triebwerksblock YF-24.

■ Ein einzelnes YF-21-Triebwerk bildet zusammen mit vier Vernier-Triebwerken des Typs YF-23 eine Zweitstufen-Antriebseinheit mit der Bezeichnung YF-24.

mit der altbewährten Kombination aus Hydrazin und Stickstofftetroxid.

Die dritte Stufe der Langer Marsch 3B und 3C setzt zwei Triebwerke des Typs YF-75 ein, die einen Schub von jeweils etwa 80 Kilonewton aufweisen, und spezifische Impulsleistungen von etwa 435 Sekunden.

Die dritte Stufe der Langer Marsch 4B und 4C verwendet zwei YF-40-Triebwerke, die eine Schubleistung von jeweils etwa 50 Kilonewton aufweisen und eine spezifische Impulsleistung von etwas unter 305 Sekunden erbringen. Zusätzlich benötigen sie noch eine mit vier Triebwerken bestückte YF-23 Steuereinheit.

Außerdem gibt es noch, aber hier sind wir im Grenzbereich zwischen Träger- und Satellitenantrieben angelangt, eine Familie so genannter Kickstufen mit dem Gattungsbegriff Yuanzheng (oder kurz: YZ). Sie entstanden ursprünglich aus dem Umstand, dass die zweite Stufe der Langer Marsch 2C und die dritte Stufe der Langer Marsch 3B und 3C nur jeweils einmal gezündet werden können, was direkte Bahneinschüsse von Satelliten in manchen Fällen ausschließen würde. Manchmal ist es auch erforderlich, mehrere Satelliten auf unterschiedlichen Bahnen abzusetzen. Ist das der Fall, dann hat die Stunde für die Yuanzhengs geschlagen.

Es gibt sie (derzeit) in fünf verschiedenen und unterschiedlich großen Versionen, und sie wurden bislang bei den Langer Marsch-Typen 2C, 2D, 3B, 3C, 5 und 7 eingesetzt. In vier der fünf Varianten verfügt sie über ein einzelnes YF-50-Triebwerk mit einem Schub von 6,5 Kilonewton und einem spezifischen Impuls von 315 Sekunden. Lediglich die Version Yuanzheng 2, die größte der fünf Versionen und für die Langer Marsch 5 bestimmt, ist mit zwei YF-50-Triebwerken ausgerüstet. Die YZ ist bis zum Redaktionsschluss dieses Buches – in allen Varianten – insgesamt 22-mal geflogen.

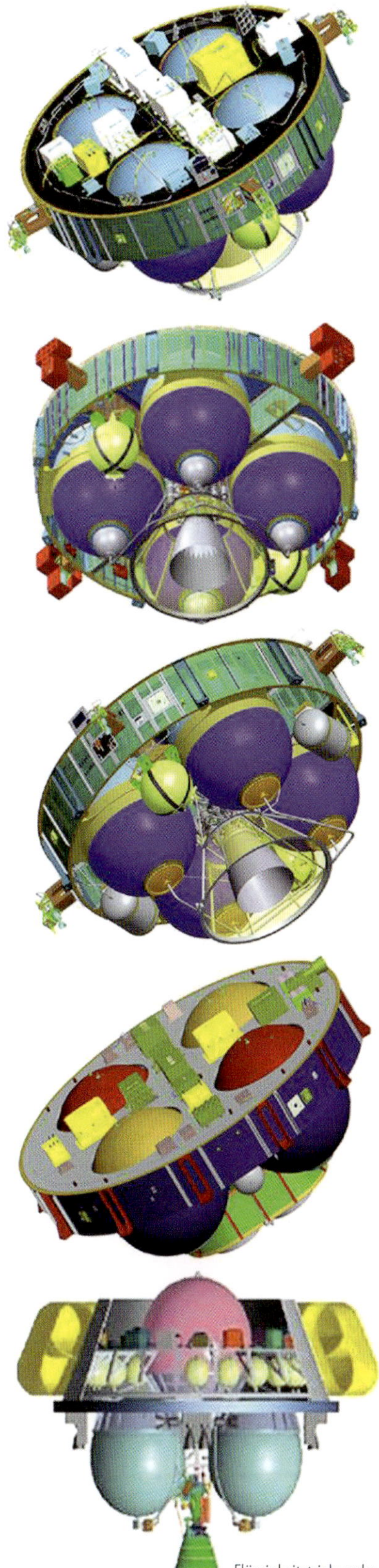

Risszeichnungen der Kickstufen des Typs Yuanzheng (YZ). Von oben nach unten: YZ-1, YZ-1A, YZ-1S, YZ-2 und YZ-3.

Flüssigkeitstriebwerke der neuen Generation

Mit der dritten Generation chinesischer Trägerraketen, also den Typen Langer Marsch 5, 6, 7 und 8, kamen auch neue Raketenmotoren. Auch hier herrscht das Prinzip, mit einer möglichst kleinen Anzahl unterschiedlicher Raketentriebwerke eine möglichst große Anzahl von Trägern zu bestücken. Betrieben werden die neuen Raketenmotoren mit wesentlich umweltfreundlichen, wesentlich effizi-

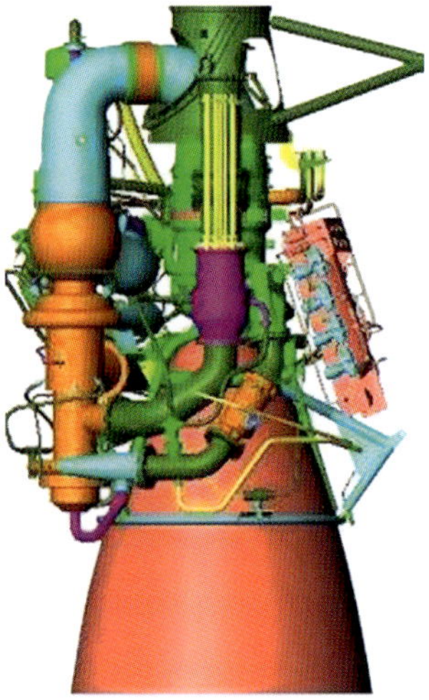

Risszeichnung eines YF-100-Triebwerks.

enteren und leistungsfähigeren Triebwerken, die obendrein mit deutlich billigeren Treibstoff-/Oxidatorkombinationen arbeiten. Macht beispielsweise der Treibstoff für eine Trägerrakete des Typs Langer Marsch 3B noch etwa 30 Prozent der Gesamtkosten eines Starts aus, sind es bei der Kombination Kerosin/Flüssiger Sauerstoff nur noch etwa 2-5 Prozent. Der wirtschaftliche Vorteil wird allerdings in der Fertigung wieder vertan, denn billiger sind diese Triebwerke deswegen nicht. Dazu sind die Fertigungszahlen gegenüber den „klassischen" Triebwerken noch zu niedrig, und sie sind obendrein bereits für anspruchsvolle zukünftige Forderungen konzipiert, wie etwa die Wiederverwendbarkeit. Jedes dieser neuen Triebwerke könnte im Prinzip zehn Missionen fliegen.

Als erste Rakete der neuen Generation startete am 19. September 2015 eine Langer Marsch 6. Sie wird in der ersten Stufe von einem YF-100 Raketenmotor angetrieben, der einen Vakuumschub von 1.340 Kilonewton aufweist, also ganz grob die halbe Leistung, wie der YF-21 Vierkammertriebwerksblock der „alten" Trägergeneration. Betrieben wird es mit Kerosin als Treibstoff und flüssigem Sauerstoff als Oxidator. In der Version für die Langer Marsch 6 ist das Triebwerk nicht schwenkbar, die Lageregelung erfolgt bei dieser Rakete durch aus dem Triebwerk abgezweigte Heißgase.

Als zweite Stufe verwendet die Langer Marsch 6 einen Raketenmotor mit der Bezeichnung YF-115, eine verkleinerten Version des YF-100. Es wird ebenfalls mit Kerosin und flüssigem Sauerstoff betrieben. Es leistet knapp unter 180 Kilonewton bei einer spezifischen Impulsleistung von etwa 340 Sekunden.

Mit den gleichen Triebwerken arbeitet auch die Langer Marsch 7, die ihren Erstflug am 25. Juni 2017 hatte. Sie ist eine wesentlich größere Rakete, und verwendet in der ersten Stufe zwei der YF-100-Triebwerke. Als Startunterstützung werden vier Booster eingesetzt, mit flüssigem Sauerstoff und Kerosin betriebene Zusatzraketen, die ebenfalls von je einem YF-100-Raketenmotor angetrieben werden, so dass beim Verlassen der Startrampe dieser Rakete insgesamt sechs YF-100 in Betreib sind.

Wie die Langer Marsch 6 arbeitet auch die Langer Marsch 7 mit YF-115-Triebwerken in der zweiten Stufe. Auch hier gilt: Es ist eine wesentlich größere Rakete als die Langer Marsch 6, und deshalb werden hier vier der YF-115 Motoren eingesetzt.

Die dritte der neuen Raketen – chronologisch gesehen – ist die Langer Marsch 5. Sie ist noch einmal eine Klasse größer als die Langer Marsch 7 und im obersten Mittelklassesegment angesiedelt. Entsprechend massiv ist ihre Triebwerksausstattung. Die Zentralstufe wird von zwei YF-77-Raketenmotoren angetrieben. Das YF-77 ist das erste chinesische Erststufentriebwerk, das mit der Treibstoff-

Die zweite Stufe einer Langer Marsch 6 mit ihrem YF-115-Triebwerk.

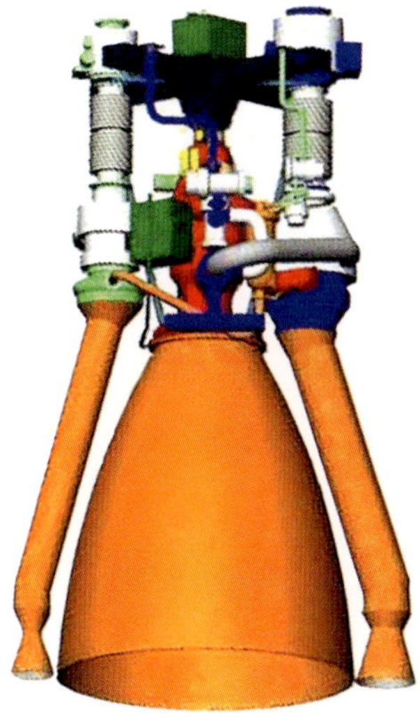

Risszeichnung eines YF-77-Triebwerks.

kombination flüssiger Wasserstoff und flüssiger Sauerstoff arbeitet. Es entwickelt einen Vakuumschub von 700 Kilonewton und weist einen spezifischen Impuls von knapp unter 430 Sekunden auf. Die Laufzeit dieser Triebwerke beträgt bei einer Standardmission fast neun Minuten.

Die vier Booster der Langer Marsch 5 werden von jeweils zwei YF-100 angetrieben, so dass die Rakete unter Einsatz von insgesamt zehn Triebwerken startetet.

Die Langer Marsch 5 fliegt in der Standardversion Langer Marsch 5B als eineinhalbstufiger Träger, also nur mit der Zentralstufe, den vier Boostern und der Nutzlast. Für Missionen in hochenergetische Orbits fliegt sie in der Version Langer Marsch 5, und ist in diesem Fall mit einer zweiten Stufe ausgerüstet, die mit zwei YF-75D-Triebwerken betrieben wird, also einer Variante des Triebwerks, das auch die dritte Stufe der Langer Marsch 3 antreibt. Optional kommt bei der Langer Marsch 5 noch eine Kickstufe mit der Bezeichnung YZ-2 zum Einsatz, die von zwei YF-50D-Triebwerken mit einer Leistung von jeweils 6,5 Kilonewton angetrieben wird.

Bei der Langer Marsch 8 handelt es sich quasi um eine „Langer Marsch 7 light". Sie ist mit zwei Boostern ausgestattet, die jeweils ein YF-100 einsetzen. Die Zentralstufe fliegt, genauso wie die Langer Marsch 7 mit zwei YF-100. Somit verwendet die Startkonfiguration dieser Rakete insgesamt vier YF-100. Die zweite Stufe ist mit zwei YF-75-Triebwerken ausgerüstet, die wir schon aus dem Langer Marsch 3-Programm kennen oder als zweite Stufe der Langer Marsch 5.

Die Langer Marsch 8A, die schlankere Schwester der Langer Marsch 8, fliegt zwar ohne Booster aber ansonsten mit der gleichen Triebwerksausstattung.

Und schließlich gibt es noch die Langer Marsch 6A. Es ist wenig ersichtlich, aus welchem Grund sie unter der Typbezeichnung Langer Marsch 6 geführt wird, denn sie ist eigentlich eine weitere Langer Marsch 7-Version. Anstelle der flüssigkeitsbetriebenen Booster der originalen Langer Marsch 7 setzt sie vier Feststoffmotoren zur Startunterstützung ein. Mit zwei YF-100-Triebwerken in der ersten Stufe, einem YF-115 in der zweiten und vier YF-85 Triebwerken in der so genannten „Post Boost-Stufe".

Das mag jetzt alles ein wenig verwirrend geklungen haben, aber Fakt ist: Für die Neuausstattung des chinesischen Arsenals mit Raketen der dritten Generation zwischen der Langer Marsch 5 und der Langer Marsch 8 benötigte China exakt drei neue Triebwerke: Das YF-77, das YF-100 und das YF-115. Wenn man berücksichtigt, dass letzteres eigentlich nur eine verkleinerte Version des YF-100 ist, sind es sogar nur zwei. Die Kleintriebwerke für die Kickstufen gab es bereits in der zweiten Trägergeneration. Man muss konstatieren: das ist wirklich ein sehr, sehr effizientes Vorgehen, um ein komplett neues Trägerraketenprogramm aufzusetzen.

Flüssigkeitstriebwerke der neuesten Generation

Nicht vermeiden lassen wird sich aber die Entwicklung weiterer Triebwerke für den neuen Großträger Langer Marsch 9. Für die Langer Marsch 10 kann man jedoch auf Varianten des vorhandenen Triebwerksbestandes zurückgegriffen, um die Entwicklung dieser Rakete schnell über die Bühne zu bringen. Sie soll schließlich 2027 zum Erstflug führen, und man will mit ihrer Hilfe bis 2030 auf dem Mond landen. Vor allem eine verstärkte Version des YF-100 mit der Bezeichnung YF-100K wird dabei eine große Rolle spielen.

Die Langer Marsch 10 wird in der so genannten „Single Stick"-Version sieben YF-100-Raketenmotoren einsetzen. In dieser Variante wird sie Chinas neuer bemannter Träger werden und die Langer Marsch 2F ablösen.

In der lunaren, respektive interplanetaren Version wird die Rakete mit 21 YF-100-Triebwerken ausgerüstet. Sie wird mit drei parallelen „Cores" fliegen, ähnlich wie es die Falcon Heavy heute tut, oder die Delta IV Heavy. Also drei parallele Zentralstufen. Zwei davon dienen als Booster, das mittlere „Core" bildet die Zentralstufe.

Auch in der zweiten Stufe wird das YF-100 verwendet, in einer Variante, welche unter der Bezeichnung YF-100M fliegen wird. Für das Langer Marsch 10-Programm wird die Leistung des YF-100 um etwa zehn Prozent gesteigert. Tests mit dieser Version laufen schon seit geraumer Zeit.

Die dritte Stufe schließlich wird drei YF-75-Triebwerke in einer Variante mit der Bezeichnung YF-75E einsetzen. Man sieht: Auch hier ist im Prinzip kein neues Triebwerk erforderlich, sondern lediglich Leistungssteigerungen vorhandener Raketenmotoren.

Ganz anders sieht es bei der Langer Marsch 9 aus. Deren Entwicklungshorizont reicht allerdings bis zum Jahr 2035, so dass viel Zeit bleibt, hier die passenden Triebwerke zu entwickeln. Doch auch dafür laufen bereits die Komponentenversuche.

Das zentrale Element wird ein völlig neu zu entwickelndes Großtriebwerk sein, das mit flüssigem Methan und flüssigem Sauerstoff betrieben wird. Es wird 30 dieser Einheiten mit einer Schubleistung von je etwa 2.000 Kilonewton brauchen, um den notwendigen Startschub für diesen Behemot zu erzeugen. Dieses Triebwerk wird – in einer Vakuum-optimierten Variante – auch in der zweiten Stufe verwendet. Dort allerdings nur zwei Stück davon. Der spezifische Impuls dieses neuen Raketenmotors soll in Bodennähe bei 330 Sekunden liegen, im Vakuum bei 363 Sekunden.

Die dritte Stufe schließlich wird von insgesamt vier YF-79-Raketenmotoren angetrieben werden, die ebenfalls neu zu entwickeln sind. Es arbeitet mit flüssigem Sauerstoff und flüssigem Wasserstoff, weist einen Schub von 250 Kilonewton auf und einen spezifischen Impuls von 455 Sekunden. Es dürfte sich dabei um eine Variante des YF-77 handeln, die heute schon in der ersten Stufe der Lan-

■ Die Langer Marsch 7 setzt sechs YF-100-Triebwerke beim Start ein (hier bei der Mission von Tianzhou 6 am 10. Mai 2023). Bei der „single stick-Version der Langer Marsch 10 werden es sieben dieser Triebwerke sein, allerdings in einer um etwa zehn Prozent schubverstärkten Version.

■ Das YF-79-Triebwerk für die Langer Marsch 9 befindet sich schon auf dem Prüfstand.

ger Marsch 5 fliegt. Das Triebwerk befindet sich schon in der Testphase und lief bereits im Dezember 2021 auf dem Teststand für kurze Zeit mit voller Leistung.

■ Das YF-102-Triebwerk wurde der Fachwelt erstmals bei der Luft- und Raumfahrtausstellung in Zhuhai präsentiert.

Weitere Flüssigkeitstriebwerke und Feststoffantriebe

Mit dem oben genannten Portfolio ließen sich eigentlich bis in die mittlere Zukunft die Programme der CNSA allesamt abwickeln. Kein Bedarf also für weitere Triebwerke, doch mit dieser Annahme läge man nicht richtig. Tatsächlich sind beim staatlichen Hersteller AALPT, einem Tochterunternehmen der CASC, mehrere weitere Entwicklungen im Gange, und die richten sich vor allem an den Kundenkreis der zunehmenden Zahl privater Startanbieter. Mit anderen Worten: Der staatliche Triebwerksentwickler arbeitet auch für die private Konkurrenz.

Bei der Luft- und Raumfahrtausstellung in Zhuhai präsentierte das Unternehmen das YF-102, ein Triebwerk in der Schubklasse bis 835 Kilonewton, das mit Kerosin und flüssigem Sauerstoff betrieben wird. Das Triebwerk ist fertig, und kam bereits beim Erstflug der Tianlong 2-Rakete von Space Pioneer zum erfolgreichen Einsatz. Eine wiederverwendbare Version, das YF-102R ist nach Angaben von AALPT in der Erprobung und soll bis 2026 bereitstehen.

Das Triebwerk ist weniger auf Leistung als auf möglichst geringe Kosten getrimmt. Das Design wurde so simpel wie möglich gehalten, und wo immer es ging wurden 3D-Druckverfahren verwendet. Potenzielle Kunden könnten Unternehmen wie Expace oder China Rocket sein.

Die Entwicklung des YF-130-Triebwerks wurde ab 2010 für die früheren Versionen der Langer Marsch 9 begonnen. Es wäre ein Raketenmotor mit einer Schubkraft von etwa 5.000 Kilonewton gewesen. Was am Ende daraus wird ist derzeit unklar, nachdem sich die CNSA entschieden hat, in ihrem neuen Schwerlastträger statt nur weniger Triebwerke sehr hoher Schubleistung eine größere Anzahl kleinerer Triebwerke und geringerer Leistung zu verwenden und diese obendrein mit Methan und flüssigem Sauerstoff zu betreiben. Die Versuche mit dem neuen Raketenmotor laufen jedenfalls zum Zeitpunkt, an dem diese Zeilen entstehen, weiter. Die Komponententests sind abgeschlossen, und am 5. November 2022 lief ein komplettes YF-130 erstmals auf dem Prüfstand. Dieser Test soll sehr erfolgreich verlaufen sein.

Seit 2011 läuft die Entwicklung eines mit Methan und flüssigem Sauerstoff arbeitenden Triebwerks mit der Bezeichnung YF-209 auf kleiner Flamme. Im Laufe der Zeit hat der Status dieser Einheit einen relativ guten Stand erreicht. Die Schubkraft auf Meereshöhe beträgt etwa 735 Kilonewton, der spezifische Impuls liegt bei etwa 300 Sekunden. Auch dieses Triebwerk dürfte auf Kunden auf dem privaten Markt abzielen.

Das staatliche Triebwerksmonopol Chinas beginnt im Übrigen langsam zu bröckeln, denn auch der private Markt konstruiert in den letzten Jahren zunehmend selbst Flüssigkeitstriebwerke. So entwickelte Space Pioneer für die zweite Stufe der Tianlong 2-Rakete den Tianhou 11-Raketenmotor. Dieses erste privat entwickelte Flüssigkeitsraketentriebwerk Chinas verwendet Kerosin als Treibstoff und flüssigen Sauerstoff als Oxidator.

Nun noch einen ganz kurzen Blick auf Feststofftriebwerke in der chinesischen Raumfahrt. Sie waren bislang ausschließlich auf Kleinträger beschränkt, die meist militärische Treibsätze nutzten, um Raketen wie die Langer Marsch 11, die Kaituozhe, die Ceres, die Hyperbola 1, die Zhongke 1 und noch manche andere in den Orbit zu befördern.

Feststofftriebwerke in der chinesischen Raumfahrt kommen – mit wenigen Ausnahmen – stets von der Akademie für Feststoffantriebe, einem Tochterunternehmen der CASC. Sie ist der staatliche Hersteller der militärischen ballistischen Treibsätze. Die CASC hat offensichtlich kein Problem, diese Feststofftriebwerke auch zivil zu verkaufen. Es gibt nur eine Einschränkung: Das Geschäft darf nicht gerade aktuellen Militärprojekten oder eigenen Geschäftsideen der CASC im Wege stehen. Ist das der Fall, dann entwickelt das Unternehmen schon mal vollständig neue Treibsätze wie die für die Langer Marsch 6A (von denen man aber auch vermuten darf, dass sie auf ein militärisches Produkt zurückgehen).

Immerhin ist das dennoch komplett anders als in den USA, wo militärische Treibsätze nur dann zivil genutzt werden dürfen, wenn sie erstens nicht länger im Militärdienst

■ Chinesische Kleinträgerraketen wie hier die Langer Marsch 11 setzen meist Feststofftreibsätze militärischen Ursprungs ein.

stehen (und dann meist schon 20 oder mehr Jahre alt sind) und zweitens ausschließlich von US-Kunden beansprucht werden. Selbst dann, auch wenn es sich um Jahrzehnte alte Feststoffmotoren handelt, dürfen sie nur mit äußerst strengen Auflagen genutzt werden. Ausländische Interessenten sind an der Nutzung militärischer US-Feststofftreibsätze grundsätzlich und konsequent ausgeschlossen.

Wechseln wir nun das Sachgebiet, allerdings nicht sehr, denn auch dieses neue Thema ist eng mit dem Antriebssektor verbunden. Es hätte auch in einen anderen Abschnitt dieses Buches gepasst aber es wird grade auch in der Vorstellung der Öffentlichkeit eng mit Raumfahrtantrieben verbunden.

Atomkraft im Weltraum – für Ionentriebwerke und andere Zwecke

Wer in den „tiefen“ Weltraum vordringen will, wer eine industrielle oder erweiterte wissenschaftliche Nutzung des Weltraums wünscht, wer die Reisezeiten innerhalb des Sonnensystems in erträglichen Grenzen halten möchte und sich auch jenseits der Jupiterbahn bewegen möchte, wer auch Gegenden zu erforschen beabsichtigt, die im ewigen Schatten liegen (und das mögen mit die interessantesten Stellen sein), der kommt am Einsatz von Nuklearenergie in der Raumfahrt nicht vorbei. Das ist in China so bekannt wie in den USA.

Für die Nutzung von Atomenergie in der Raumfahrt gibt es vier Hauptanwendungen. Einmal die direkte Verwendung eines Kernreaktors zum Zweck des Antriebs einer Trägerrakete, um eine Stützmasse aufzuheizen und durch eine Düse zu beschleunigen. Dies sind die so genannten „Nuklearthermischen Antriebe“.

Die zweite besteht darin, generell Kernkraft als Energieressource für alle Anwendungen in der Raumfahrt einzusetzen, bei denen Solarenergie entweder nicht ausreicht, nicht vorhanden ist oder für die eine Energiedichte benötigt wird, die Solarenergie nicht bereitstellen kann. Das können wiederum der (elektrische) Antrieb oder die Betriebssysteme eines Raumfahrzeugs sein, es kann sich aber auch um eine Anlage auf einem Planeten oder einem Mond handeln, die notwendig ist, um eine Basis mit Strom zu versorgen.

Bei der dritten Art der Nutzung werden kleine Pellets radioaktiver Elemente verbaut, um empfindliche Geräte warm zu halten. Solche radioaktiven Heizelemente wur-

■ Die schwarze Einheit, die links aus dem Raumfahrzeug ragt, ist der Radioisotopengenerator der NASA-Raumsonde New Horizons. Beim Start leistete er 250 Watt.

den erstmals in den sowjetischen Lunochod-Mondrovern verwendet. Sie nutzten seinerzeit Polonium 210, ein Isotop mit sehr kurzer Halbwertszeit. Die chinesischen Chang'e Mondlander verdanken ihre lange Lebensdauer Heizelementen aus Plutonium 238. Die stammten bislang aus Russland. Und dann gibt es noch Nutzung vier, die „RTGs“.

Der erste Satellit, der RTGs einsetzte, und somit im weiteren Sinne Kernenergie als Mittel der Stromversorgung, war Transit 4A, der im Juni 1961 startete. Er führte erstmals einen mit Plutonium 238 betriebenen Radioisotopengenerator mit sich, dessen Zerfallswärme in elektrischen Strom umgewandelt wurde. In der Raumfahrt-Terminologie werden solche Einheiten als „Radioisotope Thermoelectric Generator“ oder eben kurz RTG bezeichnet. Die USA haben seit dem Ersteinsatz (mit Transit 4A im Jahre 1961) bis heute 28-mal RTGs verwendet. Der bislang letzte Einsatz ist der für den Perseverance-Rover der NASA, der im Februar 2021 den Mars erreichte.

Als erster „richtiger Reaktor“ im klassischen Sinne wurde 1965 SNAP-10A in den Weltraum gebracht. „Richtiger Reaktor“ bedeutet hier, dass die Wärme durch eine kontrollierte Spaltreaktion erzeugt wird und nicht durch einfachen radioaktiven Zerfall. SNAP-10A arbeitete übrigens nur 43 Tage im Weltraum und kreist seither immer noch über unseren Köpfen. Die Bahn ist so hoch, dass er dies auch noch einige weitere tausend Jahre tun wird, wenn man ihn denn nicht aus der Umlaufbahn entfernt.

Er blieb bis heute der einzige US-Reaktor im Weltraum. Wobei beim Wort „Reaktor" auch immer eine gewisse Größenvorstellung mitspielt, die SNAP-10A ganz bestimmt nicht erfüllte. Er war nämlich nur etwa so groß wie ein kleiner Reisekoffer und wog alles in allem 290 Kilogramm. Trotzdem lag seine thermische Leistung bei 30 Kilowatt und hier kann man schon erkennen, was das wichtigste Feature eines Kernreaktors im Weltraum ist: Hohe Energiedichte.

Um 30 Kilowatt Leistung in der Erdumlaufbahn mittels Solargeneratoren zu erzeugen, benötigt man eine Kollektorfläche in der halben Größe eines Fußballfeldes. Am Jupiter hätte man aber selbst mit dieser großen Anlage nur noch etwa 1,2 Kilowatt zur Verfügung. Mit dem koffergroßen Mini-Reaktor wären es nach wie vor 30 Kilowatt, denn die Leistung eines Kernreaktors bleibt gleich, egal ob man sich in einer Erdumlaufbahn befindet, oder jenseits der Plutobahn. SNAP-10A erzeugte aus seiner thermischen Leistung allerdings seinerzeit nur 500 Watt an elektrischem Strom, ein sehr schlechter Wirkungsgrad, der bei Verwendung heutiger Technologie deutlich besser wäre.

Die Sowjetunion führte in den 70er-Jahren ein Programm intensiver Nutzung von orbitbasierten Reaktoren in einem Programm durch, das im Westen als RORSAT bezeichnet wurde. Diese Abkürzung des US-Geheimdienstes stand für „Radar Ocean Reconnaissance Satellite" und damit ist auch schon der Zweck dieser Einheiten beschrieben. Die kleinen Reaktoren an Bord erzeugten eine elektrische Leistung von zwei Kilowatt. Diese relativ geringe Strommenge hätte man im Prinzip auch mit Solargeneratoren erzeugen können, aber wegen der limitierten Reichweite des Radars an Bord dieser Satelliten mussten diese Einheiten sehr tief fliegen. Weniger als 250 Kilometer. In dieser Höhe ist die Restreibung durch die irdische Atmosphäre noch sehr hoch, weshalb man auf voluminöse Solargeneratoren verzichtete und den kleinen und kompakten Reaktor einbaute. Nach Ablauf ihrer Dienstzeit, die betrug nur wenige Monate, wurde der Reaktor mit einem Raketenmotor auf einen „Friedhofsorbit" in etwa 950 Kilometer Höhe gebracht. Der Rest des Raumfahrzeugs verblieb im ursprünglichen Orbit, trat nach wenigen Tagen in die Erdatmosphäre ein und verglühte.

Die Reaktorkerne verbleiben in ihrem Friedhofsorbit für einige hundert Jahre, genug um die Radioaktivität auf ein harmloses Niveau abklingen zu lassen oder aber bereit für eine Abholung wann auch immer. Zwischen 1970 und 1988 wurden 31 dieser Satelliten gestartet. 29-mal gelang es, den Reaktor auf einen Friedhofsorbit zu bringen, zweimal stürzte er zur Erde. Einer davon fiel auf kanadischen Boden, was zu Reinigungs- und Dekontaminierungskosten in Höhe von zehn Millionen kanadischen Dollars und einer harschen Beschwerde bei der sowjetischen Regierung führte.

Bereits in den 60er-Jahren hatte die NASA im Rahmen des Projektes NERVA (für: Nuclear Engine for Rocket Vehicle Application) Prüfstandsversuche mit einem nuklearthermischen Raketentriebwerk unternommen. Das Vorhaben wurde aber trotz erfolgreicher Tests nicht weiter verfolgt. Nach einer ersten Phase der Hardware-Entwicklung in den sechziger, siebziger und achtziger Jahren folgte

■ Ein NERVA-Versuchstriebwerk der NASA in den 60er-Jahren.

■ Eine Kilopower-Einzelanlage auf dem Mond. Sie leistet etwa zehn Kilowatt.

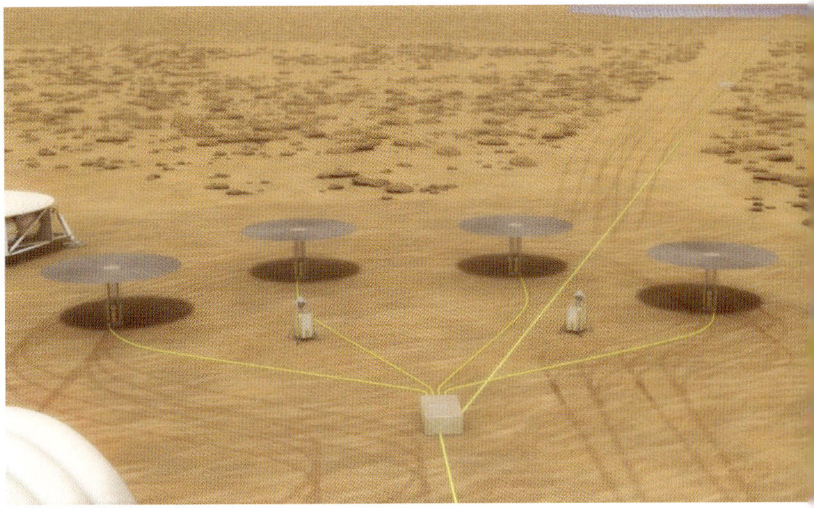

■ Für höhere Energieleistungen können Kilopower-Einzelanlagen zu einem Verbund gekoppelt werden.

eine Denk- und Entwicklungsphase. Die Sturm- und Drangzeiten in der ersten Phase der Raumfahrtentwicklung waren vorbei, und weit verbreitete Ressentiments gegen die Nutzung von Kernkraft machten sich vor allem in westlichen Ländern mit ihren Anti-Atombewegungen lautstark bemerkbar.

Der technische Fortschritt der vergangenen Jahrzehnte lässt es jetzt zu, die Verwendung von weltraumbasierten Reaktoren wieder in die Raumfahrtpläne aufzunehmen. Und genau das geschieht seit einigen Jahren in den USA, in Russland und in China.

Bereits auf dem Mond, mit seinen jeweils zwei Wochen langen kalten Nächten, werden atomare Energiequellen langfristig unabdingbar sein. Wenn es einst um Wassergewinnung in permanent abgeschatteten Regionen geht, generell um die in-situ-Gewinnung von Ressourcen aller Art, jegliche Weltraum-Fernreisen, immer dann, wenn man sich für Explorationszwecke in ein intensives Strahlungsfeld begeben muss (das Solargeratoren schnell erodiert) ist man auf eine nukleare Energieversorgung angewiesen.

Ionen- und Plasmatriebwerke werden ihre große Zeit erst dann erleben, wenn kompakte Reaktoren zur Verfügung stehen, die mehrere Megawatt an elektrischer Leistung produzieren, denn um ihr Potenzial ausschöpfen zu können benötigen sie enorme Energiemengen. Heute muss meist lange darauf gewartet werden, dass eine besondere Konstellation der Planeten eintritt, um ein Raumfahrzeug absenden zu können. Am bekanntesten sind hier die Startfenster zum Mars, deren Hohmann-Transferbahnen sich nur alle 26 Monate öffnen.

Der Einsatz von Reaktoren in Verbindung mit leistungsfähigen Ionen- oder Plasmatriebwerken könnte das obsolet machen. Reisezeiten zum Mars von nur wenigen Wochen wären möglich, zum Jupiter käme man in ein paar Monaten und selbst die äußeren Planeten des Sonnensystems wären in überschaubaren und machbaren Zeiträumen zu erreichen. Der wissenschaftliche Output würde sich damit dramatisch verbessern und es wären endlich viele „Wunschtraumprojekte" machbar. Selbst sonst vollständig unerreichbare Ziele wie etwa die Objekte der Oortschen Wolke würden in die Reichweite der Wissenschaft gelangen.

Aber nicht nur die Antriebsgeschwindigkeit der Raumfahrzeuge könnte um Größenordnungen steigen. Alles, was mit der Ausbeutung von in-situ-Ressourcen tun hat, beispielsweise die Herstellung von Treibstoff, oder der Bergbau auf Mond und Asteroiden, würde erst mit kompakten Reaktoren richtig gut funktionieren. Selbst eine kleine lunare Kolonie würde ein solches Reaktorsystem benötigen. Diese Reaktoren wiegen bedeutend weniger und sind wesentlich einfacher als eine solarbetriebene Anlage und deren zwar möglicherweise machbares aber extrem aufwendiges Energiespeichersystem für die 14-tägigen Mondnächte.

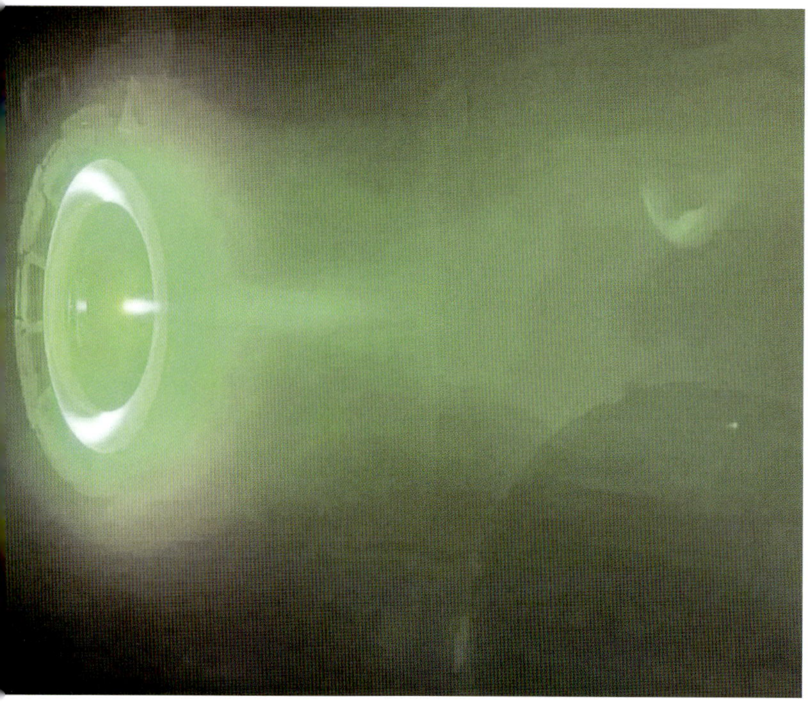

■ Ionentriebwerke würden in besonderem Maße von atomaren Energiequellen profitieren.

Seit einigen Jahren läuft in den USA das „Projekt Kilopower", das sich mit der Entwicklung eines handlichen Reaktormoduls in der Größe einer Aktentasche beschäftigt und etwa zehn Kilowatt an Leistung erbringt. Der Kilopower-Reaktor ist Teil eines modularen Systems, in dem mehrere Einheiten zu Anlagen höherer Leistung zusammengekoppelt werden können. Auch in Russland läuft die Entwicklung eines kompakten Fissionsreaktors mit einer Leistung von etwa einem Megawatt, der für unterschiedliche raumfahrtbasierte Anwendungen genutzt werden könnte.

Chinas Fähigkeiten bei der Nutzung nuklearer Energiequellen für Raumfahrtanwendungen liegen derzeit noch deutlich hinter denen der Vereinigten Staaten zurück. Das Land hat sich bei Radioisotopeneinheiten für seine Mondlander- und Rover-Missionen Chang'e-3 und 4, einschließlich eines RTG für Yutu 2, auf Lieferungen aus Russland verlassen, doch das ist nun nicht länger der Fall. Der Aufbau eigener Produktionskapazitäten für Plutonium 238 ist bereits im Gange. Damit soll es nicht länger Abhängigkeiten bei der Belieferung des begehrten Stoffes geben.

Auch bei der Entwicklung „richtiger" Kernreaktoren, die es in Leistungsklassen von 10, 100 und 1.000 Kilowatt und mehr geben soll, geht es in China voran. Bekannt ist, dass in China die Entwicklung eines mit Uran betriebenen Kleinreaktors mit der Bezeichnung ACMIR betrieben wird. Im Jahre 2018 wurde erstmals eine Studie unter der Bezeichnung *A miniature integrated nuclear reactor design with gravity independent autonomous circulation* vorgestellt, in dem dieses System beschrieben wird.

Weitere Anzeichen dafür, dass Kernenergie einen wesentlichen Teil von Chinas Zukunftsplänen bei der Erforschung des Weltraums darstellt, ist die Tatsache, dass in offiziellen Präsentationen zunehmend Projekte präsentiert werden, welche die Verfügbarkeit eines solchen Reaktors erfordern. Hier ist vor allem die Interstellar Heliosphere Probe 3 zu nennen, die das Sonnensystem senkrecht zur Ebene der Ekliptik verlassen soll. Für Raumfahrzeuge wie diese wären Kernspaltungsreaktoren in einzigartiger Weise dazu geeignet, Energie für einen leistungsfähigen Antrieb, für eine leistungsfähige Datenübertragung und für leistungsfähige Instrumente zur Verfügung zu stellen. Kleinreaktoren können aber auch Energie in kompakten Anlagen für bemannte Planetenmissionen, beispielsweise zur Marsoberfläche, zur Verfügung stellen.

Ein weiterer Beleg für die Entwicklung solcher Anlagen ist eine Pressemeldung, die erst kurz vor Redaktionsschluss verbreitet wurde. Sie berichtete vom erfolgreichen Testlauf eines 100-Kilowatt-Halleffekt-Ionenantriebssystems beim Lanzhou Institute of Space Technology and Physics. Die spezifische Impulsleistung dieses Triebwerks betrug fast 3.000 Sekunden, der erzielte Schub lag bei über zwei Newton, also bei etwa 200 Gramm. In dieser kurzen Meldung lässt sich das Leistungspotenzial von Ionentriebwerken erkennen, aber auch ihren Energiehunger. Es bräuchte die komplette Energieerzeugung der Internationalen Raumstation, um dieses Triebwerk zu betreiben. Also den Strom aus 2.500 Quadratmetern Solarzellen. Er könnte aber auch aus einer Nuklearanlage mit dem Raumvolumen dreier aufeinandergestapelter Getränketräger kommen.

Und zwei Newton Schub mögen Ihnen sehr wenig erscheinen, es entspricht dem Gewicht von zwei Tafeln Schokolade. Damit sind sie natürlich für einen Start von der Erde aus ungeeignet. Doch im Weltraum laufen Ionentriebwerke nicht nur Sekunden oder Minuten wie chemische Triebwerke, sondern Tage, Wochen und Monate. Da kumuliert sich diese Schubleistung ganz schön.

Chinas Weg ins Sonnensystem

Bis vor wenigen Jahren war China ausschließlich mit Sonden zum Mond zugange, wenn es um Raumfahrt jenseits des Erdorbits ging. Eine Ausnahme bildete Chang'e 2, die nach Abschluss ihrer Mondorbitmission den erdnahen Asteroiden 4179 Toutatis besuchte. Doch diese Beschränkung auf die unmittelbare Umgebung um unseren Planeten ist inzwischen Geschichte. Sie wird sich in den kommenden Jahren noch mehr ändern, denn es sind eine Reihe spektakulärer Einsätze zu Planeten, Monden und Asteroiden im Sonnensystem in Vorbereitung.

Konnte man noch vor wenigen Jahren über Klagen chinesischer Raumfahrtingenieure und -Wissenschaftler lesen, wie weit man doch dem Westen hinsichtlich der wissenschaftlichen Raumfahrt hinterherhinke, so verblüffender ist diese tiefgehende Änderung. In kurzer Zeit wurden eine ganze Reihe hoch anspruchsvoller Tiefraumsonden in das chinesische Raumfahrtprogramm aufgenommen.

Sogar eine Art Programmnamen gibt es dafür, denn die aufwendigen interplanetaren Flaggschiff-Missionen tragen die Bezeichnung Tianwen, und sind damit den Raumsonden des US New Horizons-Programmes vergleichbar. Die etwas weniger aufwendigen chinesischen Missionen tragen keine einheitliche Bezeichnung. Zumindest bis jetzt noch nicht. Man könnte sie entsprechend dem US Discovery-Programm einordnen.

Begonnen hat Chinas interplanetare Raumfahrt ebenso bescheiden wie erfolglos und heute fast vergessen. Am 8. November 2011 machte sich nämlich die chinesische Mars-Orbitsonde Yinghuo-1 (benannt nach der mythologischen Bezeichnung des Mars) auf den Weg zum Roten Planeten. Das kleine, nur 115 Kilogramm schwere Raumfahrzeug war als Zusatznutzlast, quasi Huckepack, an der russischen Raumsonde Fobos-Grunt befestigt. Erst nach Erreichen des Marsorbits sollte es sich von diesem Mutterfahrzeug trennen. Tatsächlich schaffte es die Zenit-Trägerrakete aber nur bis in eine niedrige Erdumlaufbahn. Der Einschuss in die Mars-Transferbahn misslang.

■ So wie für die Missionen zur nationalen Raumstation und für das Mondprogramm gibt es auch für Chinas interplanetare Missionen ein eigenes Programmsymbol. Es zeigt ein stilisiertes Sonnensystem. Die Schriftzeichen oberhalb von „Mars" bedeuten: Chinesische Planetenerkundung.

Fobos-Grunt und der darauf befestigte Yinghuo-1 traten sechs Wochen nach dem Start wieder in die Erdatmosphäre ein. Sie verglühten über dem Ostpazifik und Chinas erste Marsmission nahm ein ebenso unrühmliches wie unverschuldetes Ende. Die Lehre, die Chinas Raumfahrt daraus zog war, es beim nächsten Mal lieber alleine zu versuchen. Und das war auch gut so, denn Fobos-Grunt war der letzte Versuch der russischen Weltraumbehörde, sich an der interplanetaren Raumfahrt zu beteiligen, sieht man von dem Vorhaben ExoMars mit der europäischen Raumfahrtbehörde einmal ab, das wegen des Überfalls Russlands auf die Ukraine storniert wurde.

Tianwen-1 erforscht den Mars

Der Name „Tianwen" bedeutet: „Fragen an den Himmel". Darin stellt der Dichter Qu Yuan, der im dritten vorchristlichen Jahrhundert gelebt hat, Fragen zur Astronomie, die aber unbeantwortet bleiben. Diese Antworten, oder zumin-

■ Die Langer Marsch 5, die Tianwen-1 auf den Weg zum Mars brachte, wird zur Startanlage 101 in Wenchang transportiert.

dest einige davon, sollten nun mit Tianwen-1 und den ihr nachfolgenden Sonden gefunden werden.

Tianwen-1 wurde von der China Aerospace Science and Technology Corporation (kurz: CAST) entwickelt und gebaut. Das Raumfahrzeug ist der erste Versuch Chinas, mit eigenen Mitteln den Mars zu erreichen. Und es ist das erste Mal, dass ein Land, gleich welches, beim ersten selbständigen Versuch eines Marsfluges eine derartig hoch ambitionierte Mission durchführt. Weder die USA noch die Sowjetunion noch Europa haben das in ihrer Raumfahrtgeschichte getan.

Verglichen mit Yinghuo-1 stellt Tianwen-1 eine vollständig andere Größenklasse dar. Es handelt sich dabei um ein mächtiges Gerät von knapp unter fünf Tonnen Masse, das aus drei Hauptkomponenten besteht: Einem Orbiter, einem Lander und einem Rover mit der Bezeichnung Zhurong.

Landungen auf dem Mars sind immer noch eine der schwierigsten astronautischen Übungen. Es gibt, bis Tianwen-1 kam, eigentlich nur ein Land, das diese Meisterklasse wirklich beherrscht: Die USA. Die Sowjetunion hat seinerzeit eine ganze Reihe von Versuchen unternommen, das ebenfalls zu bewerkstelligen. Doch nur eine einzige ihrer Landesonden – Mars 3 – gab nach der Ankunft auf der Oberfläche des Roten Planeten auch ein Lebenszeichen von sich. Für genau 20 Sekunden, dann war sie tot. Zu wenig, um mit den damaligen Mitteln auch nur ein einziges Bild zu übertragen.

Auch die Europäer haben schon zweimal probiert auf dem Roten Planeten zu landen. Beide Versuche endeten als Fehlschlag. Andere Nationen haben sich an dieses komplexe Unterfangen bislang gar nicht erst herangewagt.

In den frühen Tagen der Raumfahrt tastete man sich langsam und schrittweise an den Mars heran. Es begann in den sechziger Jahren mit Vorbeiflügen in größeren Abständen. Von insgesamt neun Versuchen der Sowjetunion und der USA scheiterten sechs. Die erste Raumsonde, die bei einer Vorbeiflugmission erfolgreich war, war Mariner 4. Sie passierte den Roten Planten am 15. Juli 1965 in einem Abstand von knapp 10.000 Kilometern.

Als erste Orbitsonde trat Mariner 9 am 14. November 1971 in eine Marsumlaufbahn ein. Die erste erfolgreiche Landung mit einem stationären Lander schaffte Viking 1 am 20. Juli 1976, und der erste erfolgreiche Rover, der nur knapp zwölf Kilogramm schwere Sojourner, wurde mit dem Mars Pathfinder zum Roten Planeten gebracht. Die NASA

■ Der Zhurong-Rover wird für Tests in eine Thermal-Vakuum-Kammer eingebracht. Das Bild ist ein wenig unscharf, denn es ist ein Screenshot aus dem chinesischen Fernsehen.

■ Ein weiteres Standbild aus demselben Fernsehbeitrag. Es zeigt die Tianwen-1-Abstiegsstufe bei Landetests.

unternahm bislang insgesamt neun Versuche, auf dem Mars zu landen und war dabei nicht weniger als acht Mal erfolgreich.

Warum ist es denn eigentlich so schwierig auf dem Mars zu landen? Schuld daran ist seine dünne Atmosphäre. Gar keine Atmosphäre zu haben wäre vom Standpunkt eines Raumfahrt-Ingenieurs aus wesentlich einfacher, denn dann müsste man nur einen einzelnen Landemodus bedienen: Den Abstieg unter Raketenkraft. So aber müssen drei verschiedene Modi präzise aufeinander abgestimmt werden.

Zunächst hat man es mit einem atmosphärischen Eintritt in die Planetenatmosphäre zu tun, bei dem mittels eines Hitzeschildes ein großer Teil der Ankunftsgeschwindigkeit von mehreren Kilometern pro Sekunde abgebaut werden muss. In der zweiten Phase einer Marslandung muss ein mehrstufiges Fallschirmsystem benutzt werden, um von hoher Überschallgeschwindigkeit auf etwa 100 Meter pro Sekunde abzubremsen. Unterhalb dieser Geschwindigkeit ist ein Fallschirm unwirksam, denn die Luft ist auf dem Mars zu dünn, um dann noch eine weitere Abbremsung zu bewirken. Daher muss in der dritten Phase die Restfahrt mittels Raketentriebwerken eliminiert werden. In manchen Fällen, bei kleineren Landern, muss danach

■ Die gesamte Abstiegseinheit, eingeschlossen in die Hitzeschilde, wird hier in die Thermal-Vakuum-Kammer eingebracht.

noch ein Airbag den Landestoß absorbieren. Bei großen Nutzlasten in der Curiosity- und Perseverance-Klasse – diese Fahrzeuge wiegen auch auf der Erde schon über eine Tonne – braucht es das überaus diffizile Skycrane-Verfahren, um sie intakt abzuliefern.

Nicht zuletzt wegen der nahezu unfassbaren Komplexität des Vorgangs und seinen vielen Unwägbarkeiten bezeichnen die NASA-Ingenieure diese Landungen gerne als die „Sieben Minuten des Terrors“. An all das wagten sich die chinesischen Raumfahrtingenieure gleich bei ihrer ersten eigenständigen Mission zum Roten Planeten. Ein Zeichen für großes Raumfahrt-Knowhow und vor allem auch für ein handfestes Selbstbewusstsein.

Tianwen-1 besteht aus drei Komponenten: Dem Orbiter, dem Lander und einem Rover. Die beiden letzteren werden vom Hitzeschild umschlossen, einem kurvilinieareren Kegel, der einer fliegenden Untertasse ähnelt. Die Bodenplatte dieses Kegels hat einen Durchmesser von 3,4 Metern. Diese Platte besteht aus einem ablativen Hitzeschild, der aus ähnlichem Material gefertigt wurde wie die Hitzeschilde der bemannten Shenzhou-Raumkapseln.

Um dieses massive Raumfahrzeug überhaupt in den interplanetaren Raum starten zu können, brauchte es eine der leistungsfähigsten Trägerraketen der Welt: Die Langer Marsch 5. Sie ist in derselben Leistungsklasse angesiedelt wie die US-Trägerrakete Delta 4 Heavy und damit noch stärker als die (im Juni 2023 immer noch nicht geflogene) Ariane 6.

Der Start am 23. Juli 2020 von Chinas neuem Raumflughafen Wenchang aus klappte einwandfrei. Das war keine gesicherte Sache, schließlich war es erst der fünfte Start einer Langer Marsch 5, und eine der vier vorausgegangenen Missionen war ein Fehlschlag gewesen. Traditionell treten Startversager vorwiegend bei den frühen Missionen neuer Trägerraketen auf. Der Blutdruck der chinesischen Ingenieure bei diesem Start dürfte somit nicht gerade niedrig gewesen sein.

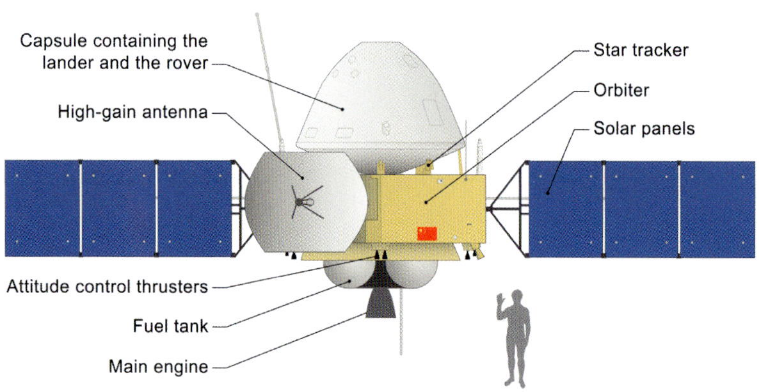

■ Diese Grafik macht die Größe von Tianwen-1 deutlich. Es zeigt das komplette Raumschiff, wie es in der Transferphase zum Mars aussah.

Nun folgte die fast sieben Monate dauernde Transferphase, die – wie inständig gewünscht – völlig ereignislos verlief. Am 10. Februar 2021 traf Tianwen-1 am Mars ein und führte ein Brennmanöver durch, nach dessen erfolgreichem Abschluss sich die Sondenkombination auf einem sehr langgezogenen so genannten „Capture Orbit“ mit einer Bahnneigung zum Äquator von 11,8 Grad befand. Auf diesem Orbit brauchte Tianwen-1 für eine Umrundung des Mars etwa zehn Tage.

Aus dieser vorläufigen Umlaufbahn begab sich das Raumfahrzeug nach und nach mit Hilfe weiterer Triebwerkszündungen auf seinen Arbeitsorbit, einer polaren Umlaufbahn mit einem Periareion von 265 Kilometern und einem Apoareion von 12.000 Kilometern. Er bewegt sich heute (Juni 2023) einer Umlaufbahn mit einem Periareion von 275 Kilometern, einem Apoareion von 10.750 Kilometern und einer Bahnneigung zum Äquator von 86,3 Grad. Diese Bahn liegt so, dass alle paar Tage Detailaufnahmen des Landegebietes möglich sind. Der Orbiter dient auch als Relay für den Funkverkehr des Rovers mit der Erde.

Der Tianwen-1-Orbiter alleine wog beim Start 3.175 Kilogramm. Seine Aufgabe war es zunächst, sich selbst zusammen mit der Lander/Rover-Kombination in eine Umlaufbahn einzubremsen und den Ort für den Abstieg der Landekapsel genau zu definieren.

Seine eigene Ausrüstung mit Instrumenten besteht aus insgesamt sieben wissenschaftlichen Experimenten, darunter einer leistungsfähigen Telekamera mit einem maximalen Auflösungsvermögen von fünfzig Zentimetern pro Bildpunkt, einem kleineren Teleskop mit mittlerem Auflösungsvermögen von 100 Metern pro Bildpunkt für Kontextaufnahmen, einem Magnetometer, einem Spektrometer zur Bestimmung von Mineralien und Erzen, einem Bodenradar mit einer Eindringtiefe von mehreren hundert Metern und einem Teilchendetektor für Ionen und neutrale Partikel zum Studium der Wechselwirkung zwischen der Marsatmosphäre und dem interplanetaren Raum.

Der Orbiter besteht aus einer sechseckigen Struktur, verfügt über eine Parabolantenne von 2,5 Metern Durch-

■ Die gesamte Kombination wird in die Testkammer gehievt. Der Banner im Vordergrund ist eine Parole, die in etwa lautet: Verantwortungsvolle Durchführung der Abschlusstests.

messer und Solarzellen-Paneelen mit einer Spannweite von 13,6 Metern. Aus der Struktur ragen auch zwei Paare jeweils fünf Meter langer Antennen für das Bodenradar heraus.

Der aerodynamische Abstieg der Landekapsel mit der Landeplattform und dem Rover erfolgte am 14. Mai 2021. Die finale Phase des Abstiegs dauerte neun Minuten, gerechnet ab dem Eintritt in die oberen Atmosphärenschichten. Dabei waren Lander und Rover zunächst im zweiteiligen elliptischen Hitzeschild von 3,4 Metern Durchmesser und 2,6 Metern Höhe eingeschlossen.

Die Eintrittsgeschwindigkeit in die Marsatmosphäre betrug 17.300 Kilometer pro Stunde. Innerhalb von 290 Sekunden wurde diese Geschwindigkeit auf 1.650 Kilometer pro Stunde reduziert. Die Lageregelung während des aerodynamischen Abstiegs erfolgte über Kaltgasdüsen.

Dann wurde das Fallschirmsystem aktiviert, das die Geschwindigkeit innerhalb weiterer 90 Sekunden auf etwa 350 Kilometer pro Stunde verringerte. Dabei wurde zuerst ein Pilotschirm ausgeworfen, gefolgt von einem 16 Meter durchmessenden Hauptfallschirm. In dieser Flugphase wurde auch der untere Teil des Hitzeschildes abgeworfen.

Danach trennt sich der Lander auch vom Fallschirm und der oberen Kappe des Schildes und begann mit der propulsiven Schlussphase der Landung. Ab einer Höhe von nur noch 1.500 Meter über dem Boden und einer Geschwindigkeit von nur noch 350 Kilometern pro Stunde wurden jetzt Raketentriebwerke eingesetzt. Der Lander war für diese letzte Abstiegsphase mit demselben 7,5 Kilonewton-Triebwerk ausgerüstet, das auch für die Chang'e-Mondlandesonden verwendet wurde. Für die Unterstützung des Haupttriebwerkes und das „Finetuning" des Ab-

■ Der Start von Tianwen-1 am 20. Juli 2020.

Tianwen-1	
Betreiber/Hersteller	CNSA/CAST/SAST
Startdatum	20. Juli 2020
Startort	Wenchang
Trägerrakete	Langer Marsch 5
Aufgabe	Mars-Orbiter, Lander, Rover
In der Mars-Umlaufbahn seit	10. Februar 2021
Landung	14. Mai 2021
Startmasse gesamt	4.920 Kilogramm
Masse Lander und Rover	1.285 Kilogramm
Masse Zhurong-Rover	240 Kilogramm
Abmessungen Rover entfaltet (L/B/H)	2,60 × 3,00 × 1,85 Meter
Haupttriebwerk Orbiter	1 × 3,0 Kilonewton
Haupttriebwerk Lander	1 × 1,5 – 7,5 Kilonewton
Lageregelungstriebwerke Orbiter	8 × 120 Newton + 12 × 25 Newton
Lageregelungstriebwerke Lander	8 × 120 Newton
Manövriertriebwerke Plattform	20 × 250 Newton, 8 × 25 Newton
Status Orbiter am 15. April 2023	Aktiv
Status Rover am 15. Juni 2023	Inaktiv

stiegs befanden sich noch insgesamt 28 Triebwerke mit Schubleistungen von 250 und 25 Newton an Bord der Landeplattform.

Es dauerte danach 80 Sekunden, bis die Geschwindigkeit vollständig abgebaut war. Etwa 100 Meter über der Oberfläche stand der Lander zunächst still. In diesem Zeitraum scannte er den Boden unter sich ab, bis er eine ebene und weitgehend steinfreie Fläche fand. Dieser Prozess hätte bis zu 100 Sekunden dauern können, so lange reichte der Treibstoff. Tatsächlich benötigte er jedoch viel weniger. Danach erfolgte der endgültige Abstieg zur Oberfläche mit einer Geschwindigkeit von 3,6 Metern pro Sekunde. Die Stoßdämpfer der vier Landebeine absorbierten am Schluss die verbliebene Restgeschwindigkeit.

Das Landegebiet liegt in der Utopia Planitia Region, unter dessen Oberfläche ein gigantisches Wasserreservoir in Form von Eis vermutet wird. Die darin gebundene Wassermenge ist so groß wie die des Lake Superior in den USA, einer der größten Süßwasserseen der Erde.

Der solarbetriebene Zhurong-Rover wiegt auf der Erde etwa 240 Kilogramm und liegt in der Größe etwa zwischen den beiden Mars-Exploration Rovern (MER) der NASA (Spirit und Opportunity) und den derzeit aktiven US-Rovern Curiosity und Perseverance. Er ist 2,6 Meter lang, über die Solargeneratoren drei Meter breit und bis zur Spitze des Kameramastes 1,85 Meter hoch. Er wiegt 240 Kilogramm und ist damit etwa 25 Prozent größer als die US-Rover Spirit und Opportunity der frühen 2000er-Jahre.

Zhurong ist mit sechs Rädern mit einem Durchmesser von je 30 Zentimetern ausgerüstet. Jedes Rad verfügt über einen eigenen Elektromotor. Seine Maximalgeschwindigkeit beträgt 200 Meter pro Stunde. Die normale Fahrgeschwindigkeit liegt bei 40 Meter pro Stunde. Zhurong verfügt über sechs Instrumente, nämlich ein Radar, mit dem der Boden bis in eine Tiefe von 100 Metern untersucht werden kann, eine Multispektralkamera, Navigations- und Terrainkameras für den Fahrbetrieb, einen Detektor für chemische Verbindungen, einen Magnetfelddetektor und meteorologische Messinstrumente.

Schon bald nach der Landung hatte Zhurong etwa 1,5 Kilometer Wegstrecke hinter sich gebracht. Das ist sehr viel für eine so kurze Zeit und ließ die Frage aufkommen, was wohl das Forschungsziel des Rovers sein würde. Die Fahrstrecke ging dabei fast genau nach Süden. Doch seit

Zhurong-Rover und Tianwen-1-Lander. Ein Originalfoto vom Mars. Doch wer hat dieses Bild geknipst?

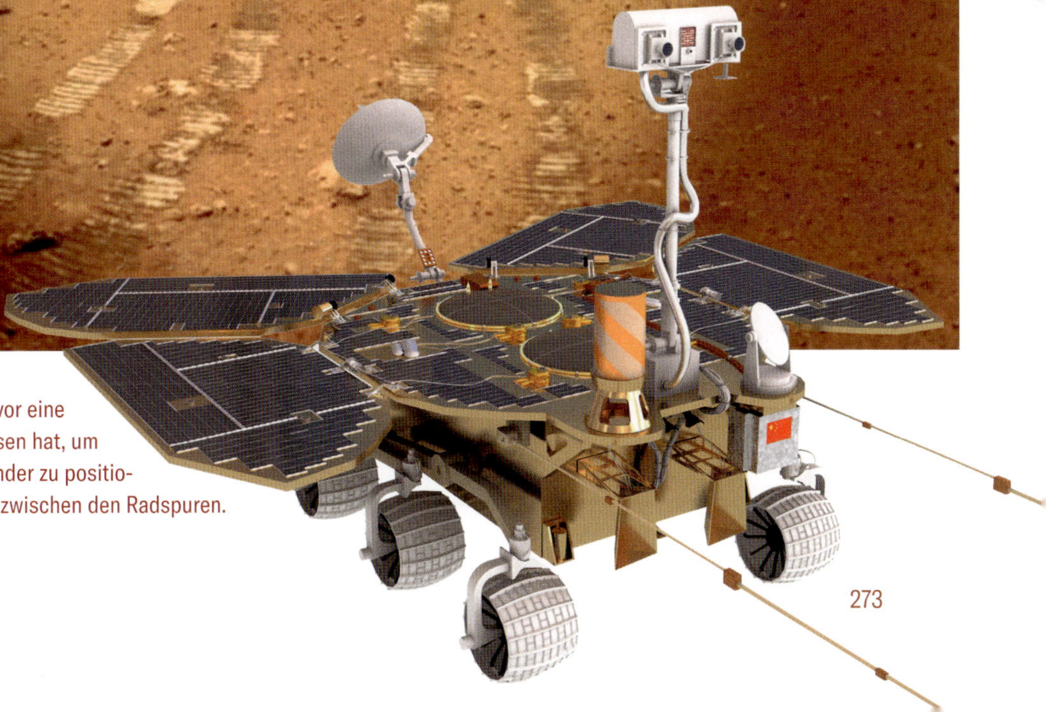

Der Zhurong-Rover selbst war es, der zuvor eine WLAN-Kamera auf dem Boden hinterlassen hat, um sich danach für das Gruppenfoto mit Lander zu positionieren. Es ist das kleine schwarze Paket zwischen den Radspuren.

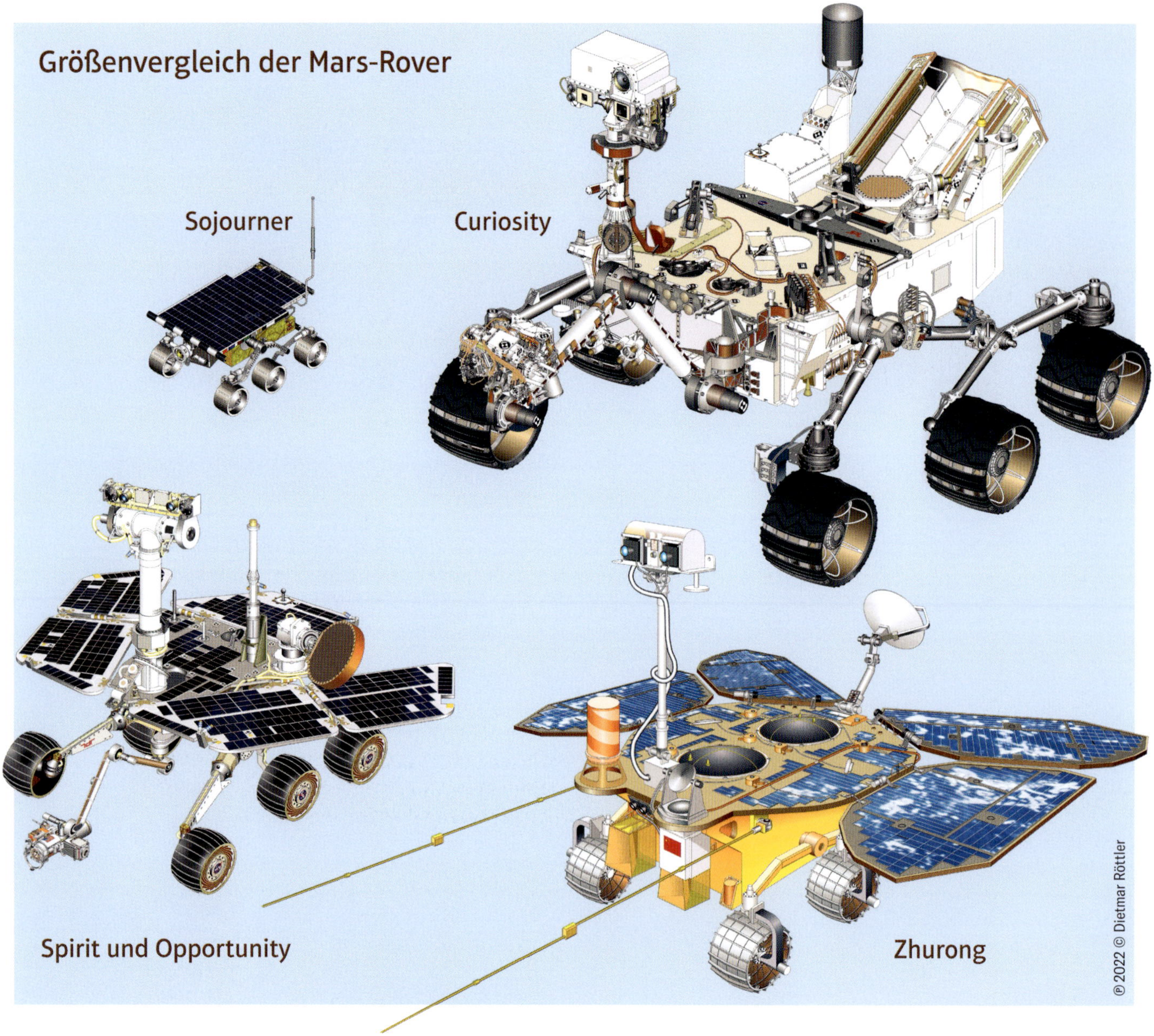

■ Grafik Größenvergleich Mars-Rover. Zusammen mit Zhurong haben es bislang sechs Fahrzeuge auf die Oberfläche des Roten Planeten geschafft. Fünf davon sind aus den USA (Sojourner, Spirit, Opportunity, Curiosity und Perseverance).

dem 18. Mai 2022 steht das Fahrzeug still. Wir werden gleich noch darauf zu sprechen kommen.

Die Landeplattform ist mit einem Kamerasystem ausgerüstet, trägt ansonsten aber keine wissenschaftlichen Instrumente. Bald nach dem Aufsetzen klappte der Lander zwei Rampen aus, über die der Rover auf die Oberfläche des Mars rollen konnte. Am 22. Mai 2021 nahm Zhurong seinen eigenständigen Betrieb auf. Bis zum 5. Mai 2022, dem Tag der letzten Bewegung, hatte das Fahrzeug 1.925 Meter in südlicher Richtung zurückgelegt.

Wegen des beginnenden Winters auf der Nordhalbkugel des Mars und dem steigenden Staubgehalt in der At-

mosphäre wurde der Rover am 18. Mai 2022 in einen „Winterschlaf" versetzt, der eigentlich Ende Dezember 2022 hätte beendet sein sollen. Leider gelang es aber bis zum 15. Juni 2023 (dem Redaktionsschluss für dieses Buch) nicht, wieder Kontakt mit dem Erkundungsfahrzeug herzustellen.

Zhurongs nominale Missionsdauer war mit 90 Tagen ausgelegt, doch hofften die chinesischen Wissenschaftler natürlich auf einen wesentlich längeren Einsatz. Vielleicht erinnern Sie sich noch: Die beiden US-Marsrover Spirit und Opportunity, die im Januar 2003 auf dem Mars landeten blieben bis zum 25. Mai 2011 und 10. Juni 2018 im Einsatz und auch sie waren jeweils nur für 90 Tage auf dem Mars ausgelegt. Doch die Aussichten dafür, mit Zhurong eine ähnliche Lebensdauer zu erreichen stehen schlecht. Trotz zahlreicher Versuche gelang es nicht mehr, Kontakt herzustellen.

Der Winterschlaf-Modus sollte Zhurong helfen, die harten Bedingungen des Marswinters zu überstehen, bei der für einen solarbetriebenen Rover die Stromerzeugung schwierig wird. An sich ist er darauf programmiert, sich wieder zu melden, wenn die Bedingungen wieder besser werden. Doch das ist nicht passiert. Erwartet wurde, dass er sich im Dezember 2022 wieder aus dem Winterschlaf zurückmelden würde.

Der Grund dafür ist derzeit unklar. Es könnte an den aktuellen Bedingungen liegen, die es dem Rover immer noch nicht erlauben, genügend Strom zu erzeugen, Möglicherweise erreicht er einfach noch nicht die erforderliche Leistungsstufe zum Aufwachen. Wäre das der Fall, dann könnte er sich auch später noch melden, sobald das Leistungsniveau während der Frühlingssaison oder im Sommer auf dem Mars ansteigt. Ganz aufgeben wollte man ihn auch Mitte April noch nicht, aber mit dem Verstreichen der Zeit verschlechtern sich die Hoffnungen immer mehr.

■ Der Zhurong-Rover besuchte auch die „Backshell" (also den Rückenschild) seines Abstiegsmoduls, das hier – zusammen mit dem Fallschirm – auf dem Marsboden liegt.

Damit die Aufwachsequenz beginnen kann, müssen zwei Bedingungen erfüllt werden: Die Temperatur muss im Tagesmaximum über minus 15 Grad Celsius liegen und die Energieproduktion muss 140 Watt übersteigen.

Hinweise, dass es noch Hoffnung gibt, könnten vom Rover Perseverance der NASA kommen. Der ist nuklearbetrieben und unterliegt damit nicht den Begrenzungen von Zhurong mit seinen Solarpaneelen. Er muss keinen „Winterschlaf" absolvieren. Der US-Rover meldete aus dem Jezero-Krater ungewöhnlich niedrige Temperaturen, und das, obwohl er sich äquatornäher aufhält als Zhurong, und deswegen von den Temperaturen her sich in einer bevorzugteren Lage befindet. Perseverence stellte nur ganz kurzzeitig Temperaturen oberhalb von minus 15 Grad fest.

Der andere entscheidende Faktor, der Zhurong betreffen könnte, sind Staubstürme, die möglicherweise die So-

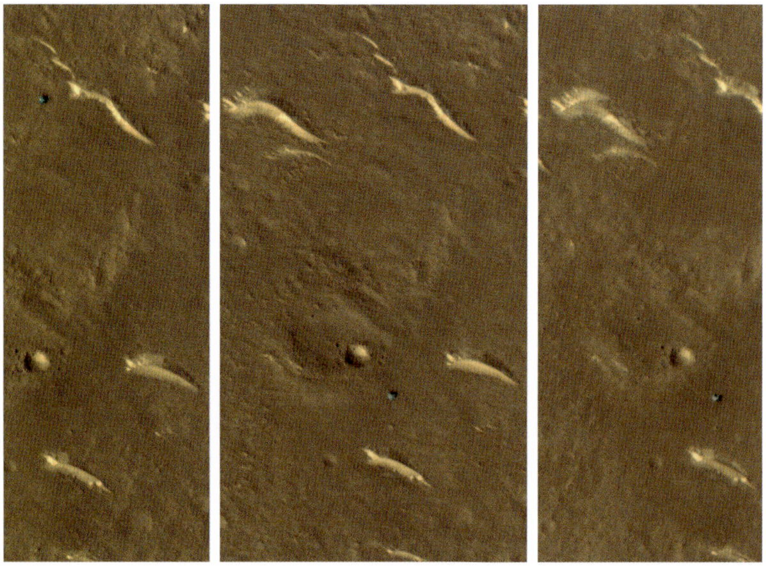

Auch der US-Mars Reconnaissance Orbiter verfolgte aus der Umlaufbahn den Fahrweg von Zhurong. Während links und in der Mitte noch ein Fahrtfortschritt zu erkennen ist, zeigt der Bildstreifen rechts, dass Zhurong steht. Diese Position könnte seine letzte sein. Die Bilder entstanden im Abstand von einigen Wochen.

Eines der letzten Bilder, die Zhurong von sich selbst gemacht hat.

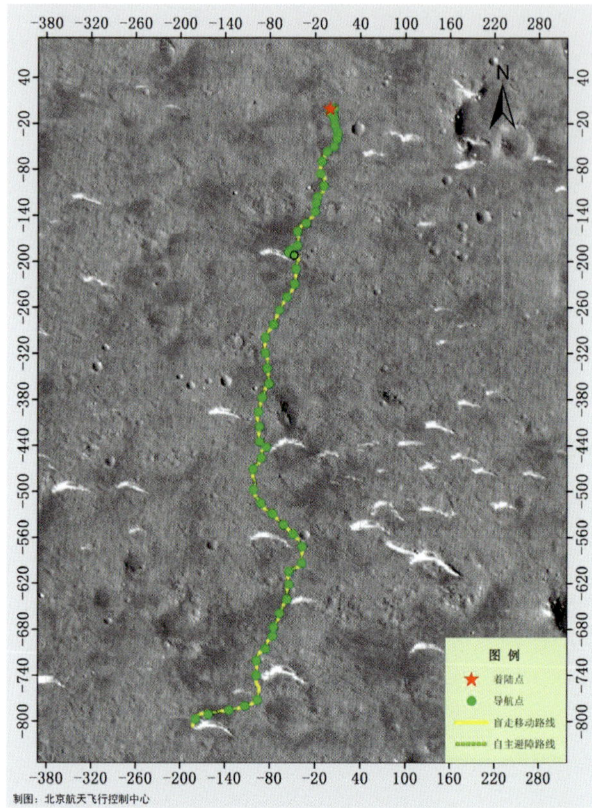

Der Weg führte den Rover genau nach Süden.

largeneratoren zu stark abgedeckt haben. Dies würde seine Fähigkeit behindern, Strom zu erzeugen und sich selbst zu wecken. Die Sonnenkollektoren des Rovers bestehen zwar aus staubabweisendem Material, und zusätzlich ist Zhurong mit einer Vibrationsfunktion ausgestattet, um angesammelten Staub abzuschütteln. Um letztere Maßnahme anzuwenden müsste der Rover jedoch aktiv sein.

Der stellvertretende Projektleiter Jia Jang bereitete die Öffentlichkeit schon einmal darauf vor, dass der Rover vielleicht nicht in der Lage sein werde, wieder zu erwachen. Er meinte: „Jedes Ende ist akzeptierbar". Die Zeit wird zeigen, ob Zhurong noch einmal über die Marsoberfläche rollen wird. Aber die Mission war auch so bereits ein großartiger Erfolg für China. Der Orbiter in der Marsumlaufbahn funktioniert weiterhin. Die chinesischen Raumfahrtwissenschaftler und Techniker dürften viel aus dieser Mission gelernt haben. Erfahrungen, die sie nun in die Mission von Tianwen-3 einbringen können, Chinas geplanter Probenrückführmission. Sie soll, nach derzeitigen Plänen, entweder 2028 oder 2030 gestartet werden.

Tianwen-2 trifft Kamo'oalewa

Tianwen-1 kann mit Fug und Recht als erfolgreich bezeichnet werden. Auch die Mondproben-Mission von Chang'e 5 war ein großer Erfolg für Chinas Raumfahrt. Auf diesen positiven Erfahrungen aufbauend will das Land 2025 eine Raumsonde mit der Bezeichnung Tianwen-2 zum Asteroiden 469219 Kamo'oalewa entsenden. Sie soll dort Bodenproben entnehmen, diese zur Erde bringen und danach ihren Flug fortsetzen, um einen weiteren Asteroiden zu besuchen.

Der Zielkörper, Kamo'oalewa, gehört zur Gruppe der Apollo-Asteroiden. Er ist mit wahrscheinlich weniger als 100 Meter Durchmesser ein sehr kleines Himmelsobjekt. Entdeckt wurde er erst im April 2016. Es handelt sich bei ihm um einen so genannten „Quasisatelliten" der Erde. Seine maximale Erdentfernung beträgt etwa 38 Millionen Kilometer, seine minimale Erdentfernung etwa 5,3 Millionen Kilometer.

Die Mission von Tianwen-2 ist komplex. Der Start soll Anfang 2025 in Xichang mit einer Trägerrakete des Typs Langer Marsch 3B erfolgen. Der Flug zum Asteroiden dauert nur wenige Monate, denn er folgt der Erde in – für interplanetare Verhältnisse – nur sehr geringem Abstand, wie wir eben gesehen haben.

Die Mission wird in die Fußstapfen der japanischen Missionen Hayabusa 1 und 2 und der US-Mission Osiris Rex treten, die zu den Asteroiden Itakawa, Ryugu und Bennu führten. Vor Ort sollen dann unterschiedliche Untersuchungen stattfinden. Tianwen-2 soll den kleinen Asteroiden noch im Jahr 2025 erreichen und ihn zunächst für eine Weile aus der Distanz beobachten. Dabei setzt die Sonde je einen Nano-Orbiter und einen Nano-Lander ab. Mit einer kleinen Explosivladung will man mögliche flüchtige Stoffe im Inneren des Himmelskörpers freisetzen und einfangen. Danach wird die Sonde auf Kamo'oalewa landen. Nachdem die Gravitation dieses Kleinasteroiden extrem gering ist, wird sie dort mit einer Art „Anker" festmachen und danach eine etwa 100 Gramm schwere Bodenprobe entnehmen. 2026 soll die Sonde wieder in die Nähe der Erde zurückkehren und eine Landekapsel mit dem Asteroidenstaub absetzen.

Die Mission bringt einige Herausforderungen mit sich. Das Raumfahrzeug muss eine Umlaufbahn um einen kleinen Körper mit sehr schwacher Schwerkraft aufrechterhalten (wobei das eher eine Art Formationsflug ist) und sich diesem nähern. Für die Mission braucht es langlebige Triebwerkssysteme und eine hochpräzise Navigation, Flugführung und Flugsteuerung. Sie benötigt außerdem eine kleine Kapsel, die den Wiedereintritt mit ultrahoher Geschwindigkeit in die Erdatmosphäre überstehen kann. Doch all diese Technologien hat sich China bereits bei früheren Missionen erarbeitet, so dass sich all das im gesicherten technologischen Portfolio des Landes befindet.

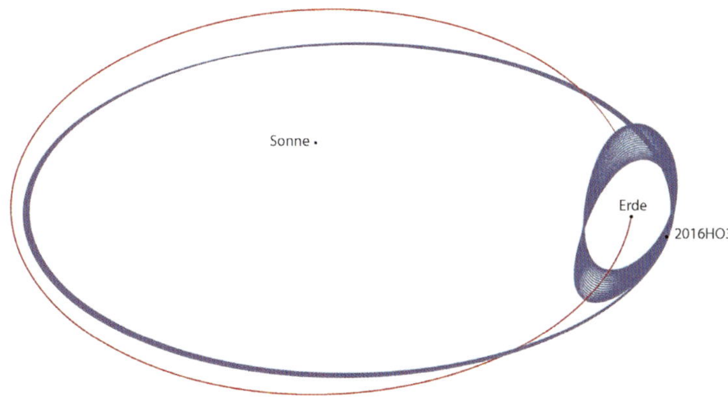

■ Ein Versuch, die seltsame Flugbahn des Asteroiden 469219 Kamo'oalewa zu visualisieren. Während eines Kamo'oalewa – Jahres, das 366 Erdentage dauert – umkreist er gleichzeitig auch einmal die Erde auf unterschiedlich weiten Bahnen. Natürlich macht er das nicht am Ende eines Jahres mittels eines Kringels (wie man hier meinen könnte), sondern integriert in seinen gemeinsamen Flugweg mit der Erde um die Sonne. Die „Kringel" rechts visualisieren lediglich die unterschiedlichen Erdabstände der beiden Körper zueinander.

Eine signifikante Herausforderung, und etwas was China bislang noch nicht gemacht hat, ist dagegen die Probenentnahme selbst. Da ist schon die „Kontaktaufnahme" mit dem Asteroiden ein Problem, für dessen Lösung es zwei Möglichkeiten gibt. Die eine besteht darin, sich auf der Oberfläche zu fixieren, also quasi dort zu „ankern". Die andere Methode (und das ist das Verfahren, das Hayabusa 1 und 2 und Osirix Rex angewendet haben) heißt „touch and go".

Ersteres erfordert heikle Wechselwirkungen mit dem Asteroidenkörper, ermöglicht jedoch eine besser kontrollierbare Probenentnahme. Allerdings setzt eine Verankerung voraus, dass der Körper homogen strukturiert ist. Itakawa, Ryugu und Bennu stellten sich als sehr lockere „Geröllhaufen" dar. Sie bestanden aus Steinen aller Größen, aus großen Felsbrocken und Regolith. All das stob schon bei der kleinsten Berührung aufgrund der geringen Schwerkraft auseinander. Darin zu „ankern" wäre genauso unmöglich gewesen wie in einem Haufen Styropor-

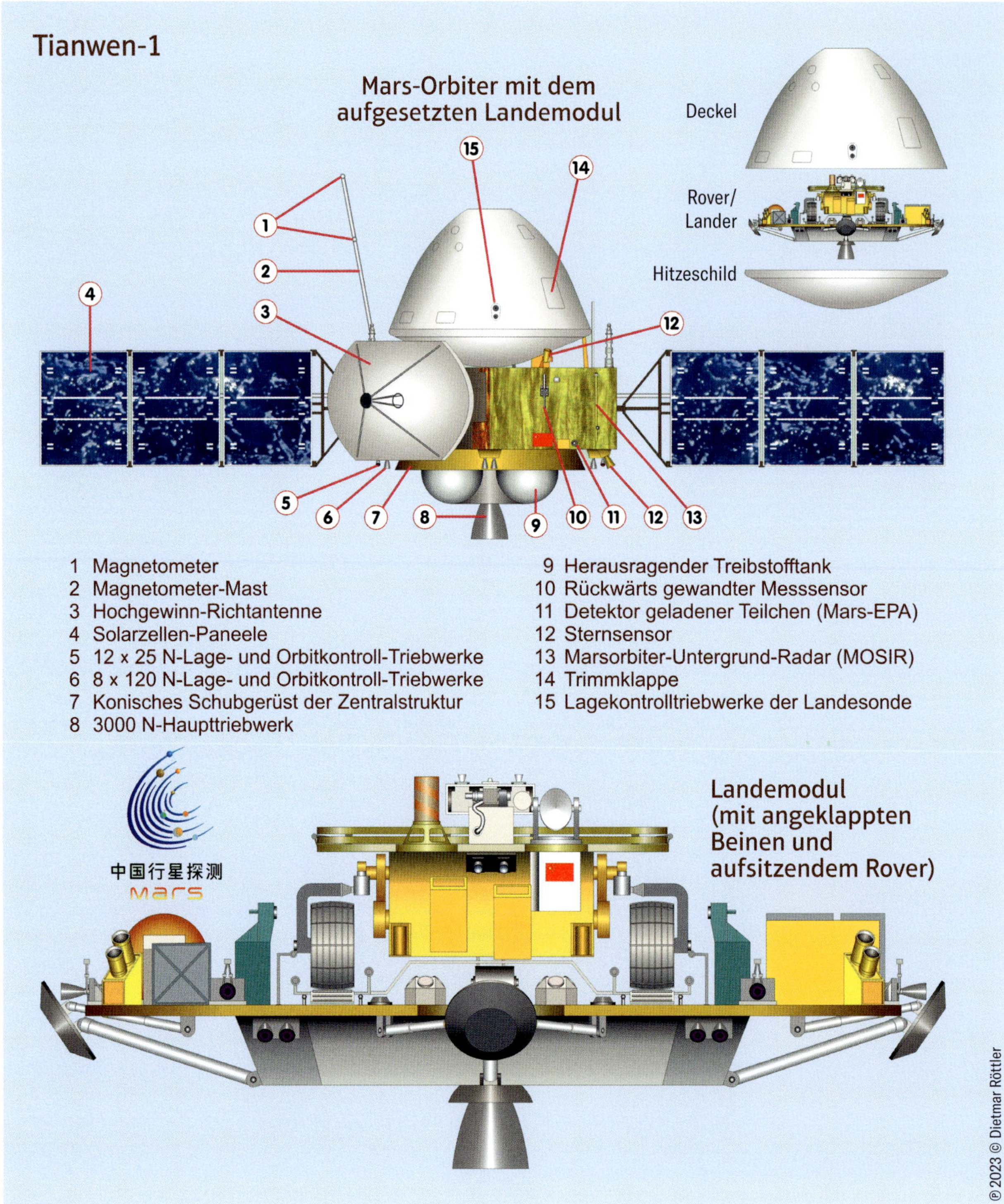
Tianwen-1
Mars-Orbiter mit dem aufgesetzten Landemodul
Deckel
Rover/ Lander
Hitzeschild
1 Magnetometer
2 Magnetometer-Mast
3 Hochgewinn-Richtantenne
4 Solarzellen-Paneele
5 12 x 25 N-Lage- und Orbitkontroll-Triebwerke
6 8 x 120 N-Lage- und Orbitkontroll-Triebwerke
7 Konisches Schubgerüst der Zentralstruktur
8 3000 N-Haupttriebwerk
9 Herausragender Treibstofftank
10 Rückwärts gewandter Messsensor
11 Detektor geladener Teilchen (Mars-EPA)
12 Sternsensor
13 Marsorbiter-Untergrund-Radar (MOSIR)
14 Trimmklappe
15 Lagekontrolltriebwerke der Landesonde
中国行星探测
Mars
Landemodul (mit angeklappten Beinen und aufsitzendem Rover)
℗ 2023 © Dietmar Röttler

Tianwen-1

1 Kalibrierungsplatte der Multispektral-Kamera
2 Richtantenne
3 Kalibrierungsplatte
4 Ausklappbares Solarzellen-Paneel
5 Paneel-Scharnier
6 Fluxgate-Magnetometer (RoMAG)
7 Multispektral-Kamera (MSCam)
8 Navigations- und Oberflächen-Kamera (NaTeCam)
9 Marswetter-Station (MCS)
10 Kameras zur Gefahren-erkennung
11 Boden-Radar (RoPeR CH-2)
12 Boden-Radar (RoPeR CH-1)
13 Detektor der Marsoberflächen-Zusammensetzung (MarSCoDe)
14 Stellmotor für Radlenkung
15 Rad
16 Radaufhängung und Lenkarm
17 Schwenkbares Fahrgestell
18 Verriegelung der ange-klappten Solarzellen-Paneele

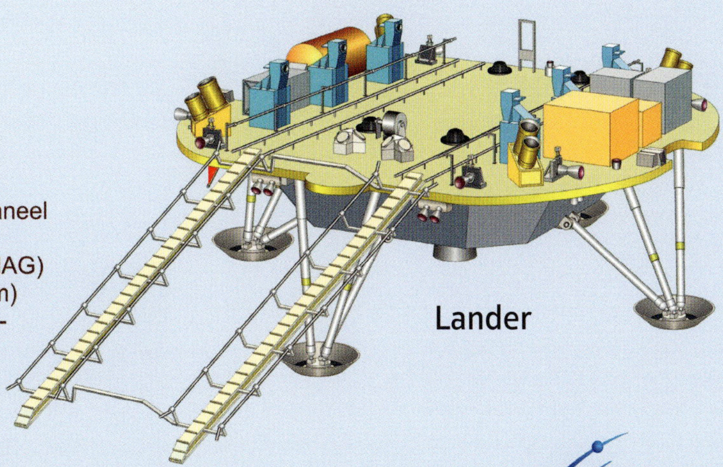

中国行星探测
Mars

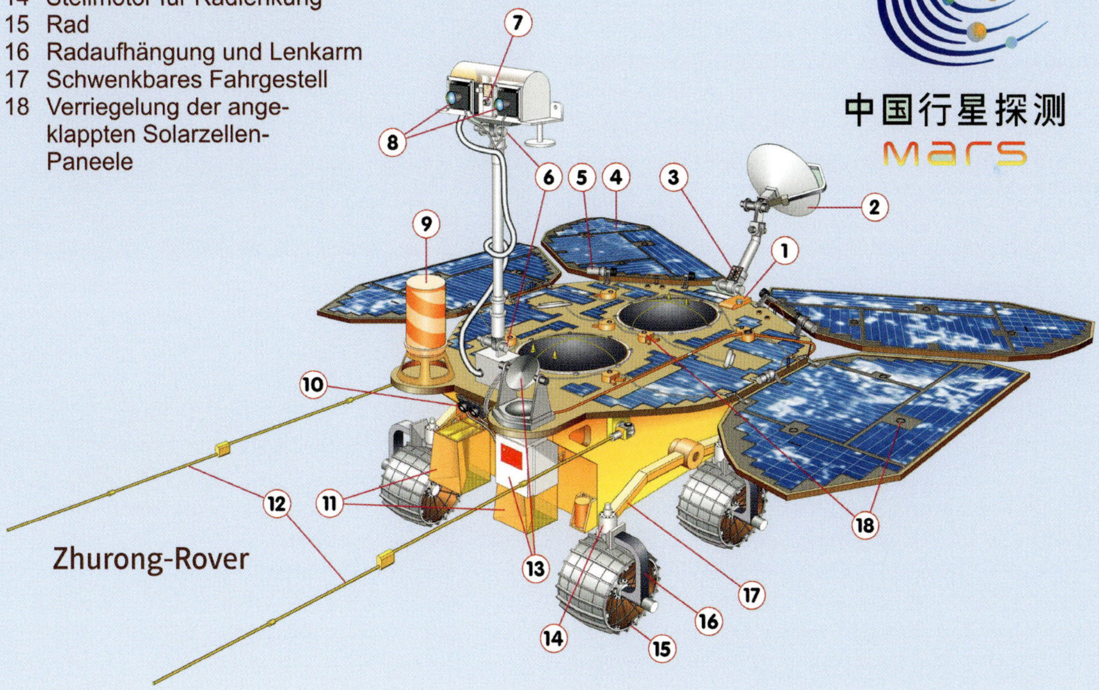

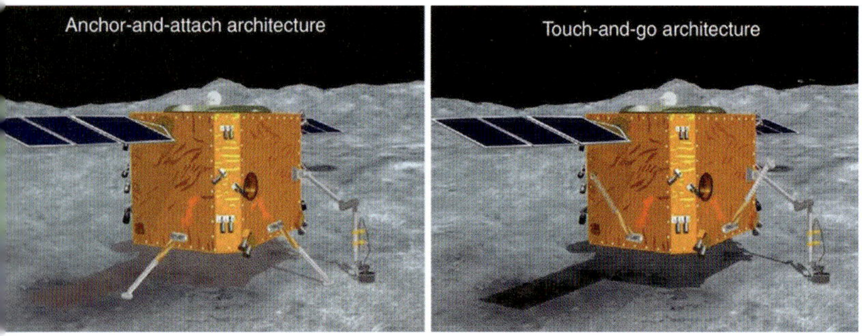

■ Der Nano-Lander von Tianwen-2 wird es mit zwei unterschiedlichen Methoden der Proben-Entnahme versuchen: Mit der „Anker-Methode“ und mit dem „Touch-and-go-Verfahren“.

kügelchen. Nachdem man dies schon so vorausgesehen hatte, gingen Hayabusa 1 und 2 und Osiris Rex nach der „touch and go“-Methode vor. Das ist ein behutsamer Vorstoß zur Oberfläche, ein kurzes Eintauchen in das lose Geröll, eine blitzschnelle Probenaufnahme und danach sich wieder entfernen. Diese schnelle Interaktion erfordert ein ausgefeiltes Navigationsvermögen der Raumsonde mit Hilfe hochgenauer Abstandssensoren und einer präzise Feinsteuerung der Triebwerke.

China wird mit Tianwen-2 bei dieser Mission beide Architekturen probieren, um sicherzustellen, dass mindestens eine der beiden Methoden funktioniert. Tianwen-2 soll zunächst versuchen, mit vier Kontaktsonden, Landebeinen ähnlich, auf dem Asteroiden Fuß zu fassen. An deren Ende befindet sich jeweils ein Bohrer zur Verankerung. Später wird die Sonde eine weitere Probenentnahme mit der „touch-and-go“-Methode durchführen.

Sind diese Manöver – hoffentlich – erfolgreich abgeschlossen, dann fliegt die Sonde mit etwa einem Kilogramm Asteroidenmaterial wieder zur Erde zurück, und setzt eine Landekapsel mit der wertvollen Fracht ab. Sie selbst wird bei ihrem nahen Vorbeiflug an der Erde den Heimatplaneten für ein Gravitations-Unterstützungsmanöver nutzen, das sie auf eine Bahn in Richtung Mars weiterführt. Dort holt sie im Schwerefeld des Roten Planeten erneut Schwung und fliegt schließlich zu einem Objekt weiter, das sich im Asteroiden-Hauptgürtel zwischen Mars und Jupiter befindet. Dieser nur etwa 400 Meter große Himmelskörper trägt die Bezeichnung 311P/PanSTARRS. Bei ihm handelt es sich um einen so genannten „Hauptgürtel-Kometen“. Das ist ein Himmelskörper im Asteroidengürtel zwischen Mars und Jupiter, der von seiner Bahn her nicht von einem gewöhnlichen Asteroiden des Hauptgürtels zwischen Mars und Jupiter unterschieden werden kann, der aber gelegentlich kometenähnliche Aktivitäten zeigt.

Die Untersuchung von 311P/PanSTARRS mit den Instrumenten des Raumfahrzeugs könnte wichtige Aufschlüsse über die Herkunft des Wassers auf der Erde liefern und die Theorie bestätigen oder widerlegen, dass ein Großteil davon durch Kometeneinschläge geliefert wurde. Die Mission kann auch einen Einblick in die fließenden Übergängen zwischen sogenannten aktiven Asteroiden und klassischen Kometen geben.

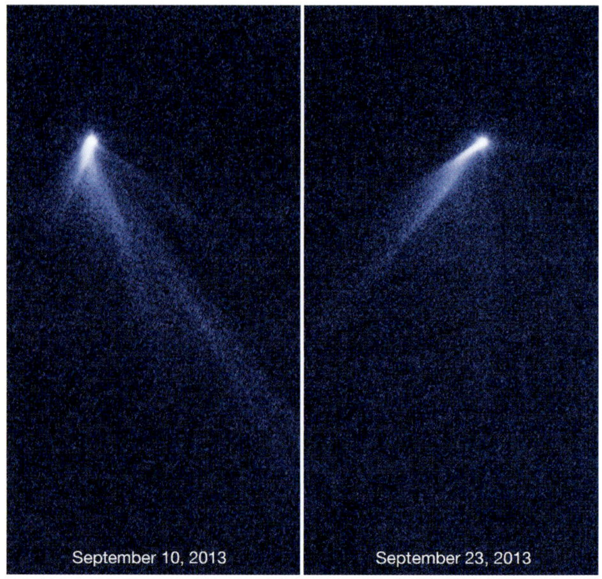

■ Aufnahmen des Hubble Weltraumteleskops vom September 2013. Sie zeigen deutlich das kometenähnliche Verhalten von 311P/PanSTARRS.

Dieser zweite Teil des Einsatzes wird viel länger dauern als der nur etwa einjährige erste Teil. Wenn alles nach Plan läuft wird Tianwen-2 nämlich 311P/PanSTARRS nicht vor dem Jahr 2034 erreichen und dann erst mit seinen Forschungen dort beginnen.

Tianwen-2 hieß übrigens ursprünglich Zheng He, benannt nach dem großen Admiral der frühen Ming-Dynastie, der auf seinen sieben großen Reisen mit seinen Flotten die Meere bereiste. Ein schöner Name, wie ich finde. Vielleicht wird die Raumsonde diese Bezeichnung zumindest als Beinamen behalten. Schön wär es.

Asteroiden-Deflektormission

Aus unbekannten Gründen nicht im Rahmen des Tianwen-Programms, sondern als eigenständiges und derzeit noch namenloses Vorhaben, wird derzeit eine Raumsonde für den Start vorbereitet, die stark an die DART-Mission der NASA erinnert. Dieser Begriff stand bei den Amerikanern für *Double Asteroid Redirection Test*. Diese Mission war ein – im wahrsten Sinne des Wortes – durchschlagender Erfolg.

Die US-Sonde steuerte dabei den kleineren Partner des Doppelasteroiden 65803 Didymos an, den nur 150 Meter durchmessenden Dimorphos. Nach einem Anflug von zehn Monaten Dauer schlug die 500 Kilogramm schwere Sonde am 26. September 2022 mit einer Geschwindigkeit von 22.530 Kilometer pro Stunde dort ein. Es gelang, die Umlaufzeit von Dimorphos um Dydimos um etwa 32 Minuten zu verkürzen. Der Einschlag der Raumsonde bewirkte, dass Dimorphos etwa 1.000 Tonnen Material auswarf.

Die NASA tat sich bei der DART-Mission mit der europäischen Weltraumbehörde ESA zusammen. Die will im Oktober 2024 eine Raumsonde namens Hera ebenfalls zu Didymos und Dimorphos senden, um sich die Auswirkungen des Einschlags im Detail anzusehen. DART und Hera zusammen bilden dabei die Mission AIDA (Asteroid Impact & Deflection Assessment).

Wo die USA und Europa zusammen zwei Einzelmissionen durchführen will China einen kombinierten Einsatz versuchen, bei dem zwei Raumsonden gleichzeitig auf den Weg gebracht werden. Einen so genannten „Beobachter“ und einen so genannten „Impaktor“. Nach dem gemeinsamen Start werden sich die beiden Sonden auf unterschiedlichen Bahnen ihrem Zielobjekt nähern.

Ziel ist der Asteroid NEO 2019 VL5, ein nur etwa 30 Meter großer Himmelskörper. Dabei soll gemessen werden, in welchem Ausmaß die Umlaufbahn des Körpers durch den Einschlag des Impaktors verändert wird. Wu Weiren, der Projektleiter des Vorhabens, erzählte in einem Interview im chinesischen Staatsfernsehen am 24. November 2022, dass er mit einer Bahnänderung von drei bis fünf Zentimetern pro Sekunde rechne. Das hört sich nicht nach viel an, aber nach drei Monaten wären das bereits etwa 1.000 Kilometer an kumulierter Abweichung, nach eineinhalb Jahren schon ein Erddurchmesser. Das könnte im Ernstfall die Entscheidung darüber bedeuten, ob ein Asteroid die Erde trifft oder daran vorbeifliegt.

Ursprünglich war der Missionsbeginn für das Jahr 2026 geplant. Gestartet werden sollte die Sonde mit einer Rakete des Typs Langer Marsch 3B. Der Flugplan hat sich in den letzten Jahren mehrfach geändert. Zwischenzeitlich dachte man auch daran, den Asteroiden 2020 PN_1 anzufliegen. Dafür hätte man aus himmelsmechanischen Gründen mit der Langer Marsch 5 aber eine deutlich leistungsfähigere und wesentlich teurere Trägerrakete verwenden müssen. Wie auf einem Kongress in Innsbruck Anfang April 2023 (der 8. IAA Planetary Defense Conference) zu erfahren war, ist man jetzt wieder zurück bei der deutlich günstigeren Langer Marsch 3B, einem erneut geänderten Flugplan und dem ursprünglichen Ziel NEO 2019 VL5.

Die derzeitigen Termine sehen so aus, dass die „Chinesische DART/Hera“-Mission, wie sie im Westen aufgrund des noch fehlenden Eigennamens bezeichnet wird, gegen Ende 2025 starten soll. Der „Beobachter“ wird das Zielobjekt auf einer kürzeren Flugbahn zuerst erreichen, ein Rendezvous-Manöver durchführen und es dann aus einer Distanz von etwa 30 Kilometern genau untersuchen. Der „Impaktor“ fliegt in der Zwischenzeit auf einer weit ausholenden Bahn ebenfalls auf den Asteroiden zu, und soll

■ Im Vordergrund der etwa 770 Meter durchmessende Asteroid Didymos, im Hintergrund sein Begleiter Dimorphos, der einen Durchmesser von etwa 150 Meter aufweist.

■ Der Vulkan Idunn Mons befindet sich in einem Gebiet mit der Bezeichnung Imdr Regio. Wir sehen hier ein Kompositbild, das aus Daten der US-Raumsonde Magellan und dem Orbiter Venus Express der ESA zusammengesetzt ist.

2026 mit einer Geschwindigkeit von 6,4 Kilometern pro Sekunde auf dem winzigen Himmelskörper einschlagen. Die Beobachter-Sonde soll im Moment des Einschlages in einem 90-Grad-Winkel zur Flugbahn des Impaktors stehen, und die Auswirkungen des Einschlages dokumentieren. In der Folge soll die Bahnablenkung, die NEO 2019 VL5 erfahren hat, von der Erde aus genau vermessen werden. Für diesen Zweck soll auch das noch zu startende Xuntian-Weltraumteleskop der chinesischen Raumfahrtbehörde eingesetzt werden. Auch ausländische Observatorien wurden eingeladen, sich an den Beobachtungen zu beteiligen.

VOICE untersucht die Vulkane der Venus

Eine Mission, die zwar noch nicht offiziell genehmigt ist, aber gute Chancen dafür hat, ist VOICE. Dieses Akronym steht für „**V**enus **VO**lcano **I**maging and **C**limate **E**xplorer". Auch sie gehört zu den Raumsonden, die in etwa dem Discovery-Programm der NASA entsprechen. Es sind Planetensonden der mittleren Preisklasse im Gegensatz zu den teuren und aufwendigen Tianwen-Missionen.

Das Projekt (das zum Zeitpunkt, an dem diese Zeilen entstehen, noch in Konkurrenz zu zwei anderen Vorhaben steht) gewinnt in letzter Zeit schon dadurch an Realisierungschancen, weil erst kürzlich nach der Auswertung älterer Daten des Magellan-Programmes der NASA aus den 90er-Jahren festgestellt wurde, dass es gegenwärtig wahrscheinlich mehrere dutzend aktive Vulkane auf der Venus gibt, was bislang nicht für möglich gehalten worden war. Außerdem zeichnet sich VOICE durch ein hohes „Technical Readiness Level" aus. Das bedeutet, dass für dieses Vorhaben die Technologie vollständig vorhanden ist und keine zusätzlichen Entwicklungsarbeiten notwendig sind.

Nachdem das Interesse der Wissenschaftsgemeinde an der Venus bis vor wenigen Jahren eher mäßig war, gibt es gegenwärtig aufgrund neuer Erkenntnisse einen richtigen „run" auf den heißen Schwesterplaneten der Erde. Nicht zuletzt deshalb wird sich VOICE auch auf die Suche nach Biosignaturen in den Wolken unseres Nachbarplaneten machen. Mit Hilfe des „Microwave Radiometric Sounders" würde die Sonde unter anderem nach dem Molekül Phosphin Ausschau halten. Phosphin wäre eine der genannten möglichen Biosignaturen. Seine potenzielle Anwesenheit in den Wolken der Venus stand in den letzten Jahren im Mittelpunkt einer wissenschaftlichen Kontroverse.

Neben den beiden NASA-Missionen VERITAS und DAVINCI+ und der europäischen Mission EnVision wäre VOICE die vierte Raumsonde, die sich in den nächsten Jahren auf den Weg zur Venus macht. Eigentlich aber die Erste, denn wenn das geplante Startdatum von Juli 2026 gehalten werden kann, dann wäre sie schneller vor Ort als die Konkurrenz von der NASA oder der ESA. Und möglicherweise wäre sie sogar besser, denn auch die EnVision-Sonde der ESA will eine Radarkarte der Oberfläche anlegen, aber in geringerer Auflösung als ihr chinesischer Konkurrent.

Das wissenschaftliche Instrument, mit dem das bewerkstelligt werden soll, ist ein S-Band-Radar, das in der Lage ist, durch die für optische Instrumente undurchdringliche Wolkendecke zu spähen. Mit diesem Radar sollen Teile der Oberfläche mit einer Genauigkeit von einem Meter pro Bildpunkt erfasst werden. Zum Vergleich: Die bislang höchste Auflösung, die mittels Radarbildern der Venus gelungen ist, stammt von der Raumsonde Magellan. Sie kartographierte die Venus zwischen 1989 und 1994 mit einer Auflösung zwischen 100 und 300 Metern pro Bildpunkt.

Vier Monate nach dem Start von VOICE soll das Raumfahrzeug die Venus erreichen und zunächst in eine hoch elliptische Umlaufbahn einschwenken. Nach einer Reihe treibstoffsparender Aerobraking-Manöver, bei denen die Sonde wiederholt in die obersten Schichten der Atmosphäre eindringt, um die Luftreibung als Bremsmedium einzusetzen, wird sie am Ende einen kreisförmigen polaren Orbit in einer Höhe von 350 Kilometern erreichen. Von dort aus untersucht sie dann die geologische Entwicklung der Venus, die thermischen und chemischen Prozesse in der Atmosphäre des Planeten und die Wechselwirkungen zwischen Oberfläche und Atmosphäre.

Tianwen-3 bringt Bodenproben vom Mars

Ein großes internationales Medienecho erhält schon jetzt, Jahre im Vorfeld, Chinas geplante Mars-Probenrückführmission. Sie soll im Startfenster des Jahres 2028 beginnen und bis 2031 etwa 500 Gramm Marsmaterial zur Erde bringen. Die Mission wird extrem teuer, extrem komplex und sie wird, wenn das mit dem Startjahr 2028 tatsächlich klappt, die geplante US-/Europäische Mars Sample Return-Mission zeitlich schlagen. Die neuesten für dieses Buch erhältlichen Missionsdetails stammen von der Internationalen Konferenz für Weltraumwissenschaften, die vom 22. bis 27. April 2023 in Hefei stattfand, der Hauptstadt der Provinz Anhui.

Dort konnte man erfahren, dass die chinesische Raumfahrtbehörde für die Mission zwei Trägerraketen des Typs Langer Marsch 5 einsetzen wird. Die erste Rakete bringt den Lander und die Aufstiegsstufe zum Mars, die andere den Orbiter und das Rückkehrvehikel. Der Eintritt in die Marsatmosphäre, der Abstieg zur Oberfläche und die Landung bauen auf der Technologie auf, die für die Landung des Zhurong-Rovers im Rahmen der Mission von Tianwen-1 entwickelt wurde. Einen entscheidenden Unterschied wird es allerdings geben: die Lander/Aufstiegsstufen-Kombination wird direkt aus der Erdtransferbahn kommend in die Marsatmosphäre eintreten, ohne erst in eine Umlaufbahn einzuschwenken.

Ursprünglich war vorgesehen, für die Probenentnahme, ähnlich wie bei der Chang'e-5-Mondmission, einen

■ Noch gibt es von der chinesischen Mars-Bodenprobenmission keine detaillierten grafischen Darstellungen. Deswegen behelfen wir uns hier mit einer Grafik vom NASA/ESA-Konzept. Recht ähnlich wird der Start in die Mars-Umlaufbahn aber auch für das chinesische Aufstiegsvehikel aussehen.

fix am Lander befestigten Roboterarm zu verwenden, um Oberflächenproben zu sammeln, und einen Bohrer, um eine Bodenprobe aus zwei Metern Tiefe zu entnehmen. In einer neuen Entwicklung wird das Landesegment jetzt auch eine begrenzte Kapazität bekommen, Proben in der Nähe des Landeplatzes zu sammeln, entweder mit einem sechsbeinigen Roboter oder einem Hubschrauber, der dem US-Marshelikopter Ingenuity ähnlich ist. Die Chinesische Akademie der Wissenschaften (CAS) stellte bereits 2021 den Prototypen eines solchen Fluggerätes vor.

Die gesammelten Proben werden mit einem zweistufigen Aufstiegsfahrzeug in die Marsumlaufbahn geschickt. Dafür werden momentan noch zwei Konzepte untersucht. Eine der Raketen soll aus einer Feststoff-Erststufe und einer Flüssigtreibstoff-Oberstufe mit einer Gesamtmasse von etwa 360 Kilogramm bestehen. Das zweite Konzept verwendet ein Aufstiegsvehikel mit zwei Feststoffstufen.

Nachdem es den Orbit erreicht hat, dockt das Aufstiegsfahrzeug an das Orbit- und Rückkehrmodul an, wobei das Andocken von einem Roboterarm unterstützt wird. Die gesammelten Materialien werden dann für die Rückkehr zur Erde in das Erdrückkehrmodul überführt, und sobald sich das Startfenster für den Erdtransfer öffnet, werden die Proben auf den sechsmonatigen Rückflug zum Heimatplaneten gesandt.

An der Auswahl des Landeplatzes beteiligen sich auch internationale Teams. Vorgegebene technische Limits (sie betreffen vor allem Energie- und Beleuchtungsanforderungen) haben zur Folge, dass die Landung zwischen 17 und 30 Grad nördlicher Breite stattfinden muss. Die Landeellipse wird 50 mal 20 Kilometer groß sein. Darüber hinaus müssen die potenziellen Landeorte ein Höhenäquivalent von mindestens 3.000 Metern unterhalb von „Normal Null" haben (also dem Äquivalent des Meeresspiegels auf der Erde). Dies bietet dem Lander eine dichtere Atmosphäre, durch die er sich bewegen kann, um seinen Abstieg auf die Marsoberfläche zu verlangsamen.

Die Auswahl des Landeortes wird darüber hinaus natürlich auch durch die wissenschaftliche Relevanz bestimmt. Der ausgewählte Standort muss astrobiologisch interessant sein, wobei Marsgelände, das älter als 3,5 Milliarden Jahre ist, bevorzugt wird. Als Hauptprioritäten wurden Regionen genannt, die für die Entstehung von Leben und seine Aufrechterhaltung geeignet sind, wie beispielsweise Sediment- oder Hydrothermalsysteme. Wichtig ist den chinesischen Wissenschaftlern dabei, dass die Mission die höchsten Standards planetarer Schutzprotokolle einhalten wird.

Die permanent steigenden Anforderungen an die Mission lassen es für den unabhängigen Beobachter zunehmend unwahrscheinlich erscheinen, dass ein Missionsbeginn im Jahr 2028 tatsächlich durchführbar ist, vor allem wenn man bedenkt, dass zum Zeitpunkt, an dem diese Zeilen entstehen, weder die Detailkonstruktion noch die Hardware-Fertigung begonnen haben.

Tianwen-4: Jupiter-Kallisto-Orbiter und Uranus-Vorbeiflug

In einer noch höheren Komplexitätsklasse ist Tianwen-4 angesiedelt, eine Doppelraumsonde, die 2029 zunächst zum Jupiter aufbrechen soll. Sie besteht aus zwei Einheiten: Einem Jupiter-Kallisto-Orbiter von etwa vier Tonnen Startgewicht und einer Uranus-Vorbeiflugsonde, die beim Beginn der Reise etwa 1.000 Kilogramm auf die Waage bringt.

Bei einem möglichen Startdatum im Oktober 2029 würden zunächst im April 2030 Gravitationsunterstützungsmanöver an der Venus und im Februar 2031 und im Mai

■ Eines der beiden Hauptziele von Tianwen-4 ist der Jupitermond Kallisto.

2033 an der Erde erfolgen. Danach würde die Sondenkombination genug Geschwindigkeit aufgenommen haben, um den Jupiter zu erreichen.

Während des Anflugs auf den Jupiter, noch in einigen Millionen Kilometer Abstand, trennen sich die beiden Einheiten. Der Jupiter/Kallisto-Orbiter nimmt danach eine Bahn, bei der das Schwerefeld des Jupiters eine bremsende Wirkung hat, um das Einschwenken in eine Umlaufbahn zu erleichtern. Dagegen erfährt die Uranus-Vorbeiflugsonde durch einen anderen Anflugwinkel auf den Jupiter eine beschleunigende Wirkung.

Das Einschwenken des Jupiter/Kallisto-Orbiters in eine zunächst langgezogene elliptische Umlaufbahn um Jupiter erfolgt im August 2035. Danach folgt eine dreijährige Erkundungstour durch das Jupiter-System, bei der neben den galileischen Monden auch weiter außen liegende kleinere Monde besucht werden. Etwa 2038 soll die Sonde dann in eine Umlaufbahn um Kallisto einschwenken.

Die Uranus-Vorbeiflugsonde schließlich würde ihr Ziel im Jahre 2046 erreichen. Die Bahn würde so gelegt werden, dass entweder Titania oder Oberon, also einer der beiden größten Monde des Uranus, in einer Entfernung von nur 1.000 Kilometern passiert werden könnten.

Diese Mission trug, bevor sie dem Tianwen-Programm zugeschlagen wurde, den schönen Namen Gan He. Sie berief sich damit auf einen chinesischen Astronomen aus dem vierten vorchristlichen Jahrhundert, dem es angeblich gelungen sein soll, die galileischen Monde mit bloßem Auge zu erkennen.

IHP 1 und IHP 2 reisen in den interstellaren Raum

Ein Programm, das für die chinesische Führung große propagandistische Bedeutung hat ist die Mission der beiden Raumsonden IHP 1 und IHP 2. Die Mission wird sicher bald einen inspirierenden Namen bekommen, aber momentan sagen diese beiden Akronyme nichts anderes aus, als „Interstellar Heliosphere Probe".

Bislang sind fünf Sonden in den Raum außerhalb der solaren Planetensphäre vorgedrungen: Pioneer 10 und 11, Voyager 1 und 2 und New Horizons. Alle stammen aus den USA. Da will China nicht länger hinten anstehen. 2049, pünktlich zum 100. Jahrestag der Gründung der Volksrepublik China sollen IHP 1 und 2 einen Sonnenabstand von 100 Astronomischen Einheiten erreicht haben.

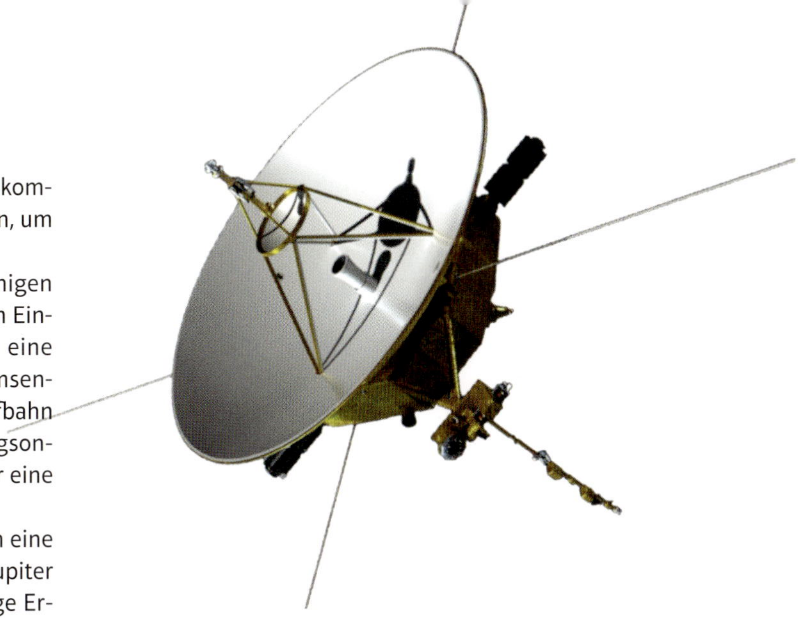

■ Es gibt noch keine offiziellen Grafiken der IHP-1 und IHP-2 Sonden, aber so in etwa wird sie aussehen. Ein wesentliches Merkmal wird die große Parabolantenne sein.

Die Missionsdauer der beiden chinesischen Tiefraumsonden ist auf mehr als 25 Jahre ausgelegt. IHP 1 soll im Mai 2024 starten und nach zwei Gravitationsunterstützungsmanövern an der Erde im Oktober 2025 und Dezember 2027 zunächst im März 2029 am Jupiter vorbeischwingen, und danach mehrere Kuiper-Gürtel-Objekte ansteuern, unter anderem den Kleinplaneten Quaoar und seinen Mond Weywot, die 2040 passiert werden sollen.

IHP 2 soll im Mai 2025 folgen, dann ähnlich wie IHP 1 erst zweimal die Erde passieren (im Mai 2027 und März 2032), schließlich 2033 am Jupiter vorbeifliegen, mit Hilfe seines Schwerefeldes Schwung holen und im Januar 2038 den Neptun erreichen. Dabei ist ein sehr naher Vorbeiflug an Triton mit weniger als 1.000 Kilometer Abstand geplant, bevor dann die Reise zu einigen Kuiper-Gürtel-Objekten weitergeht.

Jede der beiden Sonden wird mit neun Instrumenten bestückt und mit einem komplexen Kamerasystem ausgestattet. Die Covid-19-Pandemie hat allerdings auch in China ihren Tribut gefordert, so dass die geplanten Startdaten zumindest für IHP 2 um ein bis zwei Jahre nach hinten rutschen dürften.

Das mit den 100 Astronomischen Einheiten Entfernung von der Sonne wird sich wohl auch nicht realisieren lassen. Bleiben die Starttermine wie sie sind, wird IHP 1 im Jahre 2049 85 Astronomische Einheiten von der Erde entfernt sein und IHP 2 83 Astronomische Einheiten. Da aber beide Sonden in fast entgegengesetzter Richtung unterwegs sind, kann man immerhin die Distanz der beiden Raumfahrzeuge voneinander propagandistisch ausnutzen. Chinas Reichweite im Weltraum spannt dann fast 170 Astronomische Einheiten.

Erhalten IHP 1 und IHP 2 noch ihren Bordstrom über Plutonium 238-Isotopenbatterien, soll eine noch in einem frühen Planungsstadium befindliche Tiefraumsonde mit der Bezeichnung IHP 3 mit einem richtigen Nuklearreaktor ausgerüstet werden, der Energie für ein leistungsstarkes Ionentriebwerk liefern könnte. IHP 3 soll 2030 auf eine Bahn in den Kuiper-Gürtel starten, die sie aus der Ebene der Ekliptik herausbringt.

Zu Ceres ohne und zu Neptun mit Atomkraft

In Planung befinden sich bei der chinesischen Raumfahrtagentur auch Raumfahrzeuge zum Kleinplaneten Ceres und zum Neptun. Diese beiden Vorhaben sind noch nicht offiziell genehmigt, haben jedoch gute Chancen dafür. Das einzige Raumfahrzeug das bisher Ceres besucht hat, den größten Himmelskörper des Asteroiden-Hauptgürtels, war die US-Raumsonde Dawn. Sie wurde 2007 gestartet und war bis Oktober 2018 aktiv. Auch der Planet Neptun wurde nur ein einziges Mal besucht, und zwar von Voyager 2 am 28. August 1989 für nur wenige Stunden während eines schnellen Vorbeiflugs.

Der chinesische Ceres-Orbiter wird ein Bodenradar als Hauptnutzlast tragen und sich auf die Untersuchung des Ursprungs dieses Himmelskörpers, seinem (vermuteten) unterirdischen Ozean und seinen kryovulkanischen Aktivitäten konzentrieren.

Während ein Ceres-Orbiter gut innerhalb der aktuellen Fähigkeiten der chinesischen Raumfahrtwissenschaftler liegt, sieht das beim Neptun-Orbiter schon ganz anders aus. Hier muss noch intensiv an einer Reihe technologischer Herausforderungen gearbeitet werden, um das Projekt in der Form realisieren zu können, wie sich das die Ingenieure der CNSA vorstellen.

Das liegt vor allem daran, weil man versuchen will, einen Kernspaltungs-Reaktor als Energiequelle zu verwenden, und nicht wie bislang bei Tiefraummissionen Radioisotopen-Generatoren. Ein Kernspaltungsreaktor, auch unter der Bezeichnung Fissionsreaktor bekannt, wäre eine Revolution für den Energiehaushalt einer Tiefraumsonde. Damit wäre der Betrieb hoch leistungsfähiger elektrischer Triebwerke möglich, hohe Datenübertragungsraten und die Bereitstellung großer Mengen von Energie für die wissenschaftliche Nutzlast, wie zum Beispiel Radarsysteme.

Die Stromversorgung ist der Hauptgrund, warum es bisher nur ein einziges Mal eine einzelne Mission zu den Eisriesen Uranus und Neptun gab. Und das waren nur wenige Stunden dauernde Stippvisiten durch die Raumsonde Voyager 2. Neptun liegt im Durchschnitt etwa 4,5 Milliarden Kilometer von der Sonne entfernt. Damit erhält er nur etwa 0,001 Prozent der Sonneneinstrahlung der Erde. Solargeneratoren scheiden damit als Energiequelle automatisch aus. Die bisherige Lösung für dieses Problem war der Einsatz von so genannten RTGs. Sie erzeugen Energie aus der Zerfallswärme radioaktiver Elemente, meist Plutonium 238, das mit einer Halbwertszeit von 87,7 Jahren zu Uran 238 zerfällt. Doch die auf diese Art zu gewinnende Energie ist zu gering, um ein leistungsfähiges Antriebssystem zu betreiben.

Um in eine Umlaufbahn um einen der äußeren Gasplaneten zu gelangen sind große Mengen Treibstoff, am Besten in Verbindung mit einem fortschrittlichen Antriebssystem, notwendig. Für diesen Zweck gut geeignet sind dafür elektrische Antriebssysteme, die sehr hohe spezifische Impulsleistungen erzielen. Ihr Nachteil: Um ein hohes Schubniveau zu erreichen, haben sie einen enormen Energiebedarf. Der für diese Mission notwendige Mikro-Reaktor, der eine Leistung von mindestens zehn Kilowatt erbringen müsste, befindet sich aber noch in einem relativ frühen Entwicklungsstadium.

Der Reaktor würde den Strom erzeugen, der ein Antriebssystem aus vier elektrischen Triebwerken und die Instrumente des Raumfahrzeugs betreibt. Das Raumfahrzeug hätte eine Masse von bis zu 3.000 Kilogramm. Die Struktur wäre hantelförmig, um den kleinen Reaktor so weit wie möglich von den wissenschaftlichen Nutzlasten entfernt zu halten, und um die Anforderungen an eine Abschirmung vor Hitze und Strahlung zu reduzieren.

Bei einem Start im Jahr 2030 auf einer Rakete des Typs Langer Marsch 5 könnte die Sonde Neptun im Jahr 2040 mit Hilfe eines engen Jupiter-Vorbeiflugs erreichen und dann in eine polare Umlaufbahn um den Eisriesen eintreten. Das „Mutterfahrzeug" würde vier Mikrosonden mit einem Gesamtgewicht von etwa 100 Kilogramm tragen. Zwei davon würden als Penetratoren eingesetzt. Eine davon soll in die Atmosphäre von Neptun eintauchen, die andere auf Triton zielen. Zwei der Kleinsonden könnten bereits

Die Bildfolge hier stammt aus dem Jahr 2022. Start zur chinesischen Neptun-Mission an der Spitze einer Langer Marsch 5. Die grafische Darstellung zeigt den Abwurf der Nutzlastverkleidung.

Nur wenige Momente später. Die Sonde mit ihrer etwa fünf Meter durchmessenden Parabolantenne ist klar zu erkennen.

Stufentrennung. Die erste Stufe wird abgetrennt, die zweite Stufe wird in wenigen Sekunden zünden.

Die Sonde bei einem Vorbeiflug (zur Gravitationsunterstützung) an der Venus. Hier wird auch klar, dass das Konzept noch „in Bewegung“ ist, denn hier sehen wir vier RTGs (die Rückfallposition für den Fall dass es mit der Entwicklung des Reaktors nicht klappt), einer kleineren Parabolantenne und einem zusätzlichen chemischen Antrieb. Auch über die Zahl der mitgeführten Mikrosonden war offensichtlich noch keine definitive Festlegung erfolgt. Hier sind jedenfalls nur zwei dieser Sonden erkennbar.

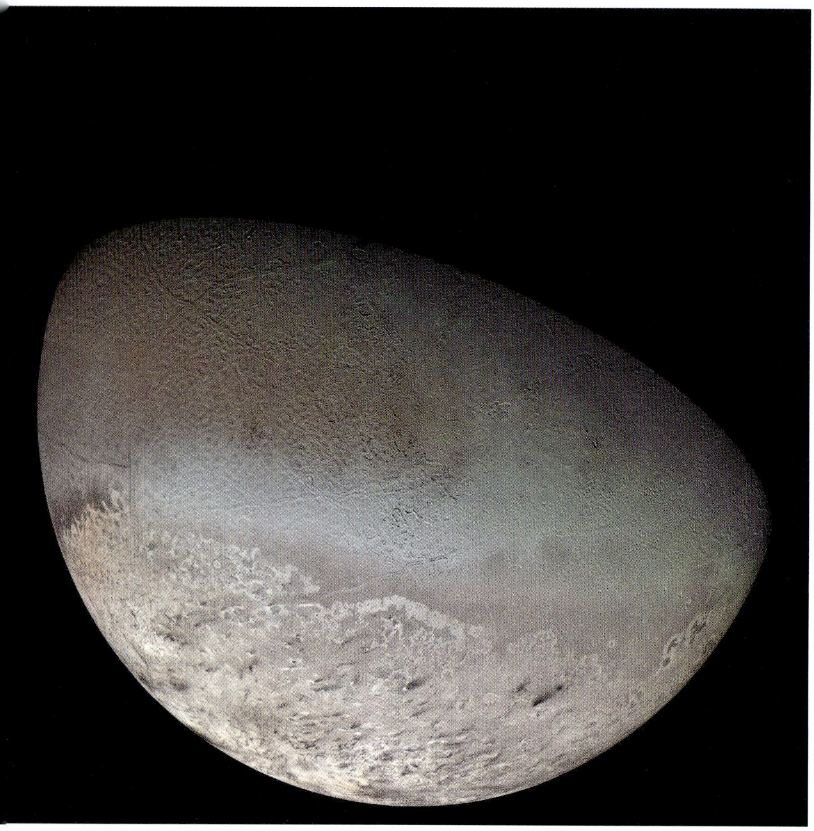

■ Diese Aufnahme ist bis heute das beste Bild, das wir von Triton haben. Es stammt von der Raumsonde Voyager 2 und entstand am 28. August 1989.

auf dem Weg zum Neptun ausgesetzt werden, um Zentauren zu besuchen. Das sind Objekte des Kuiper-Gürtels, deren Perihelion zwischen Jupiter und Neptun liegt. Einmal nach seiner vieljährigen Reise in die Umlaufbahn eingeschwenkt, sollte das Raumschiff noch mindestens 15 Jahre lang in extremen Umgebungen betrieben werden können.

Der Neptunmond Triton mit seiner erstaunlichen geophysikalischen Aktivität und seinen Ausgasungen ist ein besonders verlockendes Ziel. Triton ist der größte der bislang bekannten 13 Neptunmonde. Er verfügt über einen Durchmesser von mehr als 2.700 Kilometern und ist damit der siebtgrößte Mond des Sonnensystems. Er ist noch in mancherlei weiterer Hinsicht bemerkenswert. So beschreibt er auf seinem Umlauf um Neptun eine fast perfekte Kreisbahn, die obendrein rückläufig ist, also entgegengesetzt zur Drehrichtung seines Planeten und mit mehr als 157 Grad zur Äquatorebene des Neptun geneigt ist. Er verfügt über eine Eiskappe aus gefrorenem Stickstoff und Methan und mit einiger Sicherheit handelt es sich bei ihm um eine Ozeanwelt.

Um die Unternehmung aber so durchzuführen, wie es sich die chinesischen Ingenieure vorstellen, bedarf es neben der Energieversorgung noch anderer technologischer Durchbrüche. So hat China bislang noch keine Erfahrung mit der Bahnverfolgung und Steuerung von Raumfahrzeugen, die sich in mehreren Lichtstunden Entfernung von der Erde befinden. Diese Herausforderungen nimmt China aber gerne an, tragen sie doch zum erklärten Ziel mit bei, China zur bedeutendsten Weltraumnation zu machen.

China und der Mond

Die Chinesen lieben genau strukturierte, und detailliert abgestufte Pläne, um ihre Ziele zu erreichen. Dass es manchmal lange dauert, diese Ziele zu erreichen, kennen sie aus ihrer eigenen Geschichte. Die Reminiszenz zu Maos „Langem Marsch" ist überall sichtbar. Diesem konsequenten, manchmal bedächtig erscheinenden aber dennoch stetigem „Schritt für Schritt-Vorgehen" sind wir in diesem Buch schon mehrfach begegnet. Ganz besonders gilt diese Herangehensweise für Chinas Mondprogramm. In diesem Kapitel soll es um die Abfolge der einzelnen Schritte bis zur bemannten Landung auf dem Erdtrabanten gehen. Von den ersten Überlegungen, die im Jahr 1991 angestellt wurden bis hin zur bemannten chinesischen Mondstation, die aus derzeitiger Sicht etwa ab dem Jahr 2035 entstehen wird. Mit der Motivation dafür setzen wir uns dann in den nachfolgenden beiden Kapiteln auseinander.

Das Programm wurde 1991 auf Anraten der Chinesischen Akademie der Wissenschaften ins Leben gerufen und bekam erste – noch recht geringe – Fördermittel aus dem 8. Fünfjahresplan (der von 1991 – 1996 lief) zugewiesen. Bis etwa um das Jahr 2000 lief es auf Sparflamme und hatte reinen Studiencharakter. International vorgestellt wurden die Ergebnisse dieser Studien und die daraus resultierende Vorgehensweise erstmals bei einer Raumfahrtkonferenz in Qindao, wo neben den Vertretern der chinesischen Raumfahrtagentur auch Konferenzteilnehmen der NASA, der ESA und von Roskosmos anwesend waren. Dort wurde das „Drei-

中国探月
CLEP

■ Das Programmlogo für das chinesische Mondlandeprogramm haben wir uns schon auf Seite 176 im Detail angesehen. Hier finden wir es auf der Nutzlastverkleidung der Langer Marsch 5, die Chang'e 5 zum Mond bringt, wieder.

■ Start der Mondlandesonde Chang'e 3 am 24. Oktober 2007 auf einer Trägerrakete des Typs Langer Marsch 3A.

Phasen-Programm" öffentlich präsentiert, das später auf die folgenden fünf Phasen erweitert wurde.

- Phase 1: Orbitalmissionen
- Phase 2: Lander und Rover
- Phase 3: Probenrückführung
- Phase 4: Robotische Forschungsstation, und
- Phase 5: Bemannte Landung

Die internationale Bezeichnung des Programmes lautet „Chinese Lunar Exploration Program". Auf Chinesisch wird es 嫦娥工程 genannt, was wörtlich übersetzt „Chang'e Projekt" bedeutet. Es ist also nach der chinesischen Mondgöttin Chang'e benannt. In der Folge trugen die meisten der chinesischen Mondsonden diese Bezeichnung in Verbindung mit einer Zählnummer. Generell lieben die Chinesen ihre Mythenwelt und vergeben bei Raumfahrtmissionen gerne Namen, die darauf Bezug nehmen.

Halten Sie es sich nun, wenn sie das nachfolgende Kapitel lesen, immer vor Augen, dass Europa, von der Größe der Volkswirtschaften im Jahre 2017 noch auf gleichem Stand wie China, bis auf den heutigen Tage nur eine einzige eigene Mondsonde zum Erdtrabanten entsendet hat, und das war SMART 1 (es gab aber nie einen zweiten), eine 367 Kilogramm schwere Mini-Einheit, die im September 2003 zum Erdtrabanten entsandt wurde. Seither gab es in Europa nie wieder ein eigenständiges, größer angelegtes Mondvorhaben von irgendeiner Relevanz. Sehen wir uns nun die bisherigen chinesischen Missionen in chronologischer Reihenfolge an.

Das unbemannte Mondprogramm

Bis auf den heutigen Tag (Stichtag 15. Juni 2023) hat China neun unbemannte Sonden zum Mond oder in dessen unmittelbare Umgebung gesendet. Nur einer davon, der 45 Kilogramm schweren Mikrosonde Longjiang 1, war lediglich ein Teilerfolg beschieden. Alle anderen Objekte waren vollständig erfolgreich.

Anfang 2004 wurden die finanziellen Mittel für die erste Phase des chinesischen Mondprogramms bereitgestellt. Damit konnte die Detailentwicklung beginnen. Um so schnell wie möglich zu einem Ergebnis zu kommen, griffen die Ingenieure dabei auf einen kommerziellen Satellitenbus zurück. Chang'e 1, wie die Sonde genannt wurde, basierte auf der Plattform der DFH-3-Kommunikationssatelliten. Das hielt vor allem die Kosten in einem sehr moderaten Rahmen.

Chang'e 1

Der Start des Raumfahrzeugs erfolgte am 24. Oktober 2007 und es steuerte zunächst keine Mondumlaufbahn an, sondern eine stark elliptische Erdumlaufbahn mit einem Perigäum von 205 Kilometern und einem Apogäum von 50.930 Kilometern. Im Laufe dreier Zündungen des Haupttriebwerks wurde jeweils durch Brennmanöver im Perigäum die Ellipse immer weiter verlängert. Zunächst auf 70.000 Kilometer im Scheitelpunkt, dann auf 120.000 Kilometer und schließlich auf 380.000 Kilometer, wo dann das Manöver zum Einbremsen in die Mondumlaufbahn erfolgte. Mit weiteren drei Bahnanpassungszündungen manövrierte sich Chang'e 1 schließlich am 7. November 2007 in eine kreisförmige Mondumlaufbahn in 200 Kilometern Höhe.

Chang'e 1 führte insgesamt sieben wissenschaftliche Instrumente mit sich, unter anderem ein Stereo-Kamerasystem, einen Laser-Höhenmesser, ein Interferometer, je ein Gamma- und ein Röntgenspektrometer und ein Mikrowellenradiometer.

Wichtig war den chinesischen Wissenschaftlern festzustellen, welche Elemente mit welcher Häufigkeit und Verteilung auf dem Mond vorkommen. Zuvor galt aufgrund der Messungen der US-Sonde Lunar Prospector und der Erkenntnisse der Apollo-Mondlandung als sicher, dass auf dem Mond Kalium, Sauerstoff, Silizium, Aluminium, Kalzium, Magnesium, Titan, Eisen, Thorium und Uran vorhanden sind. Chang'e 1 konnte nun auch noch Tellur, Mangan, Chrom, Natrium und Lanthan nachweisen. Das dürften allerdings bei weitem nicht alle sein, denn die Eindringtiefe des Gammastrahlenspektrometers in den Mondboden betrug nur 12 Zentimeter.

Die Sonde und ihre Instrumente funktionierten bis zum absichtlich gewählten Missionsende am 1. März 2009 gut. An diesem Tag wurde Chang'e 1 gezielt auf dem Mond zum Absturz gebracht.

Chang'e 1	
Startdatum	24. Oktober 2007
Startort	Xichang
Trägerrakete	Langer Marsch 3A
Aufgabe	Mond-Orbiter
Haupttriebwerk	1 × 490 Newton
Lageregelungstriebwerke	12 × 10 Newton
Periselenum/Aposelenum	195/205 Kilometer
Spannweite über Solargeneratoren	18 Meter
Elektrische Leistung	1,45 Kilowatt
Startmasse gesamt	2.350 Kilogramm
Davon Treibstoff	1.200 Kilogramm
Anzahl Instrumente	8
Missionsende	1. März 2009

Chang'e 2

Chang'e 2 ist ein gutes Beispiel für die steile Lernkurve der chinesischen Raumfahrtingenieure. Das Raumfahrzeug gehörte noch zur Phase 1 des Mondprogramms. Es wurde zunächst als Reserveeinheit für Chang'e 1 gebaut und danach für eine eigene Mission modifiziert. In der Folge wurde die Sonde als Mehrzweck-Testfahrzeug für interplanetares Navigieren verwendet.

Eine Änderung gegenüber der Mission von Chang'e 1 bestand bereits darin, dass die Sonde nach ihrem Start am 1. Oktober 2010 einen Direkttransfer zum Mond durch-

Chang'e 2	
Startdatum	1. Oktober 2010
Startort	Xichang
Trägerrakete	Langer Marsch 3C
Hauptaufgabe	Mond-Orbiter
Erreichen der Mondumlaufbahn	6. Oktober 2010
Verlassen der Mondumlaufbahn	8. Juni 2011
Verlassen des Lagrangepunktes L2	April 2012
Vorbeiflug an Asteroid Toutatis	13. Dezember 2012
Haupttriebwerk	1 × 490 Newton
Lageregelungstriebwerke	12 × 10 Newton
Periselenum/Aposelenum	15/100 Kilometer
Spannweite über Solargeneratoren	18 Meter
Elektrische Leistung	1,45 Kilowatt
Startmasse gesamt	2.480 Kilogramm
Davon Treibstoff	1.300 Kilogramm
Anzahl Instrumente	8
Letzter Kontakt	14. Februar 2014

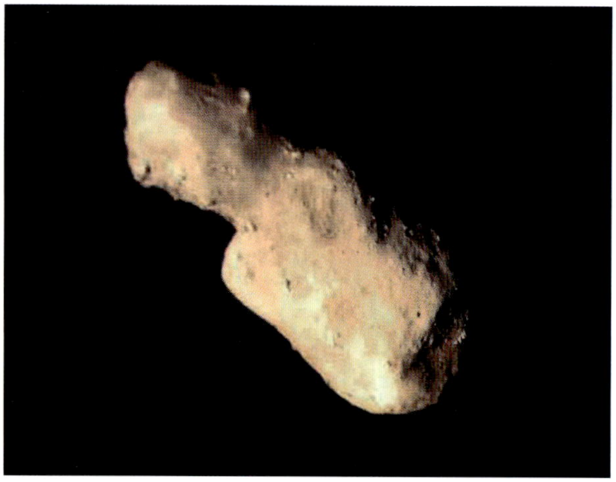

■ Chang'e 2 war nicht nur am Mond erfolgreich, sie war auch die erste chinesische Raumsonde, die neben dem Erdtrabanten einen weiteren Himmelskörper besuchte. Dieses Foto entstand am 13. Dezember 2012 beim Vorbeiflug am Asteroiden 4179 Toutatis.

führte. Statt zwei Wochen dauerte es nun nur fünf Tage, um in eine lunare Umlaufbahn einzuschwenken. Die wurde obendrein 100 Kilometer niedriger angelegt, als die von Chang'e 1. Später wurde das Periselenum sogar auf nur noch 15 Kilometer über der Mondoberfläche abgesenkt, so dass die Sonde nur noch wenige Kilometer über den höchsten Berggipfeln des Mondes flog.

Am 8. Juni 2011 verließ die Sonde die Mondumlaufbahn, begab sich in den cislunaren Raum und steuerte den Lagrange-Punkt L_2 an, wo sie zehn Monate lang blieb. Durch den Aufenthalt dort konnten die Ingenieure wichtige Erkenntnisse über den Betrieb von Raumfahrzeugen im interplanetaren Raum gewinnen.

Im April 2012 verließ sie auch diese Position und steuerte den Asteroiden 4179 Toutatis an, den sie am 13. Dezember 2012 in einem Abstand von etwa drei Kilometern passierte. Damit war wieder ein Novum für die chinesische Raumfahrt erreicht.

Anschließend steuerte das Kontrollzentrum die Raumsonde in eine heliozentrische Bahn mit einem Aposelenum von mehr als 300 Millionen Kilometer Sonnenabstand, also noch jenseits der Marsbahn. Im März 2014, in einem Erdabstand von etwa 70 Millionen Kilometer, riss die Verbindung ab. Bis dahin war sie in perfektem Zustand gewesen. Im Jahr 2027 dürfte sie der Erde wieder bis auf sieben Millionen Kilometer nahe kommen.

Chang'e 3

37 Jahre nachdem mit Luna 24 zum letzten Mal eine Raumsonde zu einer Mondlandung gestartet war, begann die chinesische Mondsonde Chang'e 3 an der Spitze einer Trägerrakete des Typs Langer Marsch 3B ihre Reise zur Oberfläche des Erdtrabanten. Chang'e 3 war die dritte chinesische Mondsonde überhaupt und die erste Einheit in der Phase 2 des chinesischen Mondprogramms.

Der Lander trug auf der Oberseite ein kleines Fahrzeug mit sich, das nach einem landesweiten Wettbewerb auf den Namen „Yutu" getauft wurde. Was so viel bedeutet wie „Jadehase". Yutu ist eine Figur der chinesischen Mythologie und dort der Begleiter der Mondgöttin Chang'e.

Der Start der 3,7 Tonnen schweren Kombination erfolgte am 1. Dezember 2013 um 18:30 Uhr mitteleuropäischer

■ Start der Mondlandesonde Chang'e 3 am 1. Dezember 2013 auf einer Trägerrakete des Typs Langer Marsch 3B.

■ Der Chang'e 3-Lander, fotografiert vom Rover Yutu.

Zeit. Am 6. Dezember trat die Sonde in eine nahezu kreisförmige Mondumlaufbahn in etwa 100 Kilometern Höhe ein. Einige Tage später wurde der niedrigste Bahnpunkt auf nur noch 15 Kilometer Höhe abgesenkt. Die Landung erfolgte schließlich am 14. Dezember um 14:11 Uhr mitteleuropäischer Zeit im Mare Imbrium, 40 Kilometer südlich des großen Kraters Laplace. Der gesamte Vorgang vom Beginn der Zündung bis zum Aufsetzen hatte etwa 700 Sekunden gedauert.

Chang'e 3	
Startdatum	1. Dezember 2013
Startort	Xichang
Trägerrakete	Langer Marsch 3B
Aufgabe	Mondlandung
Haupttriebwerk	1 × 1,5 – 7,5 Kilonewton
Steuertriebwerke	16 × 150 Newton
Lageregelungstriebwerke	12 × 10 Newton
Durchmesser Lander	4,76 Meter
Höhe Lander ohne Rover	2,85 Meter
Abmessungen Rover	1,50 × 1,00 Meter
Startmasse gesamt	3.700 Kilogramm
Davon Treibstoff	2.500 Kilogramm
Davon Rover	140 Kilogramm
Anzahl Instrumente Lander	4
Anzahl Instrumente Rover	4
Status Rover Mai 2021	Inaktiv seit Mai 2015
Status Lander April 2023	sporadisch aktiv

Noch am Tag der Landung gelangte der Rover um 21:35 Uhr Mitteleuropäischer Zeit mittels einer Rampe auf die Oberfläche des Erdtrabanten. Danach hätte das Fahrzeug für mindestens 90 Tage sowohl ferngesteuert als auch autonom agieren sollen. Nachdem es in diesem Zeitraum auch drei jeweils 14 (Erd-) Tage lange Mondnächte überdauern musste, in denen die Temperatur bis unter minus 150 Grad sinkt, wurden die Solarzellenpaneele bei Anbruch der Dämmerung nach innen geklappt und damit geschützt. Um Wärme zu erzeugen gibt es außerdem Radioisotopenheizelemente mit Plutonium-238 an Bord des Fahrzeugs.

■ Der Rover Yutu fotografiert von der Landeeinheit.

Am Instrumentenarm des Fahrzeugs befinden sich eine Fräse, mehrere Kameras, ein Röntgenspektrometer und ein abbildendes Licht/IR-Spektrometer. Weitere Kameras befinden sich auf einem Mast. Der trägt auch eine Hochgewinn-Parabolantenne für schnelle Datenübertragung zur Erde. Zur wissenschaftlichen Ausrüstung von Yutu gehört auch ein Bodenradar, mit dem man Messungen bis in etwa 100 Meter Tiefe unter der Mondoberfläche durchführen kann. Damit sollte ein Bodenprofil über die gesamte Fahrstrecke erfasst werden.

Leider kam es schon nach wenigen Tagen und einer Fahrstrecke von insgesamt 114 Metern zu einem Kabelbruch, der bewirkte, dass der Rover ab dem 25. Januar 2014

Panorama der Chang'e 3-Landestelle, aufgenommen von der Landeeinheit.

nicht mehr fahren konnte. Allerdings blieben seine Instrumente von dem Schaden unbeeinflusst, so dass er stationär zumindest einen Teil seiner geplanten Forschungsarbeit durchführen konnte. Die Verbindung zum Rover hielt bis Mai 2015, weit über das geplante Einsatzdatum hinaus.

Nicht nur der Rover, auch die Landestufe ist mit radioaktiven Heizelementen ausgestattet. Sie besitzt ein eigenes Instrumentarium, darunter mehrere Kameras sowie ein UV-Spiegelteleskop, mit dem erstmals hochauflösende astronomische Aufnahmen des Weltalls von der Mondoberfläche aus gemacht wurden. Bei dem Fernrohr handelt es sich um ein Ritchey-Chretien-Teleskop mit 50 Millimeter Öffnung, das in der Lage ist, Himmelsobjekte bis zur Magnitude 13 zu fotografieren.

Ein weiteres Instrument auf dem Lander ist eine Kamera für den extremen Ultraviolettbereich. Sie hat ein Gesichtsfeld von 16 Grad bei einer Auflösung von 0,1 Grad. Untersucht werden soll dabei die Plasmasphäre der Erde inklusive der Plasmapause. Für den Lander war eine Funktionsdauer von einem Jahr geplant.

Zum Zeitpunkt an dem diese Zeilen entstehen, Mitte Juni 2023, ist die Chang'e 3-Basisstation immer noch funktionsfähig. Das ist insofern bemerkenswert, weil die Thermalzyklen auf dem Mond ungleich „härter" sind als auf dem Mars, auf dem – für Raumfahrtverhältnisse – vergleichsweise moderate Temperaturwechsel stattfinden. Der Fahrantrieb des Yutu-Rovers fiel zwar wegen des erwähnten Kabelbruchs schon wenige Tage nach der Landung aus, ansonsten aber blieb er zweieinhalb Jahre aktiv und diente danach quasi als zweite stationäre Anlage an der Landestelle und übermittelte Daten.

Chang'e 5-T1

Chang'e 5-T1 ist der Beleg dafür, dass die einzelnen Phasen im chinesischen Mondprogramm nicht streng sequentiell sondern zweckgebunden abgearbeitet werden. Diese Technologiemission musste mit deutlichem Vorlauf vor Chang'e 5 absolviert werden, sollten seine Erkenntnisse noch in die Konstruktion der Proben-Rückführmission von Chang'e 5 einfließen.

Der Hauptzweck der Mission bestand darin, mit der für die Mission von Chang'e 5 vorgesehenen Wiedereintrittskapsel einen realen Flugtest durchzuführen, also einen Eintritt in die Erdatmosphäre vom Mond her kommend, mit der daraus resultierenden hohen Geschwindigkeit. Neben der generellen Funktion der Kapsel sollten auch Dinge wie Stabilität des Funkverkehrs und die Landegenauigkeit erprobt werden. Die Landekapsel, eine verkleinerte Version des Shenzhou-Raumschiffes, trug den Namen Xiaofei (kleiner Flieger). Am 31. Oktober 2014, gegen Mitternacht mitteleuropäischer Zeit, erfolgte die Landung am Fallschirm im historischen Bergungsgebiet Siziwang Banner in der Inneren Mongolei.

■ Ein faszinierendes Bild, aufgenommen von Chang'e 5-T1. Es zeigt Mond und Erde aus einer Position von mehreren zehntausend Kilometer „hinter" dem Mond.

Das Service-Modul für die kleine Kapsel bildete ein Raumfahrzeug, das aus der Plattform eines DFH-3A-Kommunikationssatelliten abgeleitet war, wie schon bei Chang'e 1 und 2. Darauf war Xiafei während der Mondumfliegung befestigt. Die Plattform simulierte somit die spätere Chang'e 5-Erdtransfereinheit.

Das Raumfahrzeug wurde von der Trägerrakete auf eine so genannte „Freie Rückkehrbahn" zum Mond geschickt. Dabei tritt das Raumfahrzeug nicht in eine Mondumlaufbahn ein, sondern umfliegt ihn in geringem Abstand und kehrt wieder zur Erde zurück, ohne am Mond abgebremst zu haben. Technisch gesehen handelt es sich dabei um das Abfliegen einer sehr langgestreckten elliptischen Erdumlaufbahn, an deren oberem Scheitelpunkt sich der Mond befindet. Diese Ellipse wies anfänglich einen erdnächsten Punkt von 210 Kilometern und einen erdfernsten Punkt von 413.000 Kilometern auf.

Bei der Rückkehr, auf dem absteigenden Ast der Ellipse und nur 5.000 Kilometer von der Erde entfernt, setzte die Plattform den Xiaofei-Lander quasi auf „Kollisionskurs" mit der Erde ab und führte gleich darauf ein Brennmanöver mit seinen Bordtriebwerken durch, um sich selbst wieder aus diesem Kollisionskurs wegzubewegen. Sie schwang dann am unteren Scheitelpunkt der Bahnellipse um die Erde und kehrte zum Mond zurück. Diese elliptische Erdumlaufbahn flog sie danach mehrmals ab, bis der Mond wieder in Reichweite kam, in dessen Umlaufbahn sie dann am 13. Januar 2015 eintrat.

Im Februar und im März 2015 benutzten die Missionskontroller in Peking die Sonde, um „virtuelle" Rendezvous-

Chang'e 5-T1	
Startdatum	23. Oktober 2014
Startort	Xichang
Trägerrakete	Langer Marsch 3C/G2
Aufgabe	Technologieerprobung
Rückkehr Landekapsel zur Erde	31. Oktober 2014
Name Rückkehrkapsel	Xiaofei
Startmasse gesamt	2.550 Kilogramm
Davon Treibstoff	1.065 Kilogramm
Startmasse Xiaofei-Landekapsel	335 Kilogramm
Spannweite über Solargeneratoren	18 Meter
Elektrische Leistung	1,70 Kilowatt
Haupttriebwerk	1 × 490 Newton
Lageregelungstriebwerke	12 × 10 Newton
Abmessungen Plattform	2,20 × 1,72 × 2,00 Meter
Status Transferplattform 15. März 2023	Aktiv

■ Bergung der Xiaofei-Kapsel in Siziwang Banner.

und Dockingmanöver im Hinblick auf die Chang'e 5-Mission durchzuführen.

Zum Zeitpunkt, an dem diese Zeilen entstehen (Mitte Juni 2023) scheint Chang'e 5-T1 nach wie vor funktionsfähig zu sein, wenngleich nur noch selten Kontakt mit ihr aufgenommen wird. Im Frühjahr 2022 erregte sie noch einmal Aufsehen. Oder vielmehr die dritte Stufe ihrer Langer Marsch 3C-Trägerrakete tat das. Die war ja annähernd auf derselben Bahn unterwegs und schlug am 4. März 2022 in der Nähe des Kraters Hertzsprung auf der Mondoberfläche auf.

Queqiao 1

Im Vorfeld der sehr ambitionierten Mission von Chang'e 4, mit einer Landung auf der Mondrückseite, war es notwendig, einen Relaysatelliten auf eine Bahn zu bringen, die es der chinesischen Raumfahrtagentur erlaubte, zum einen den Lander und seinen Rover permanent unter Beobachtung zu halten und gleichzeitig von dort jederzeit und dauerhaft mit der Erde kommunizieren zu können. Die dafür passenden Bahnparameter bot der Lagrange-Punkt 2 des Erde-Mond-Systems.

Zu diesem Zweck wurde am 20. Mai 2018 (mitteleuropäischer Zeit) die kleine Relay-Sonde Queqiao vom zentralchinesischen Weltraumbahnhof Xichang aus mit einer Trägerrakete des Typs Langer Marsch 4C in den cislunaren Raum gesandt. Der Name der Sonde bedeutet „Elsternbrücke" und ist wieder einmal eine Reminiszenz an die chinesische Mythologie.

Am 14. Juli trat die Sonde in einen Halo-Orbit um den Lagrange-Punkt 2 ein, etwa 450.000 Kilometer von der Erde entfernt, und im Durchschnitt etwa 65.000 Kilometer hinter der Umlaufbahn des Mondes. Mit an Bord bei diesem Start befanden sich die beiden jeweils 45 Kilogramm schweren Kleinraumsonden Longjiang 1 und Longjiang 2, die beide in einen elliptischen Mondorbit gesendet werden sollten. Aufgrund einer Fehlfunktion gelang dies jedoch nur bei Longjiang 2.

Entwickelt und gebaut wurde Queqiao auf Basis der Kleinsatelliten-Plattform CAST-100 von Hangtian Dong Fang Hong, einer Tochterfirma der Chinesischen Akademie für Raumfahrttechnologie (CAST).

Queqiao 1	
Betreiber/Hersteller	CNSA/CAST
Startdatum	20. Mai 2018
Startort	Xichang
Trägerrakete	Langer Marsch 4C
Aufgabe	Kommunikation/Relaysatellit
Startmasse	449 Kilogramm
Haupttriebwerke	4 × 20 Newton
Lageregelungstriebwerke	12 × 5 Newton
Abmessungen Plattform	1,4 × 1,4 × 0,85 Zentimeter
Durchmesser Parabolantenne	4,2 Meter
Status 15. Juni 2023	Aktiv

Chang'e 4 und Rover Yutu 2

Die Landesonde Chang'e 4 mit dem Rover Yutu 2 an Bord startete am 7. Dezember 2018 mit einer Trägerrakete des Typs Langer Marsch 3B/E vom zentralchinesischen Weltraumbahnhof Xichang. Die Landung erfolgte am 3. Januar 2019 im Inneren des 180 Kilometer durchmessenden Kraters *Von Kármán*, der sich seinerseits im Aitken-Becken in der Südpolargegend des Mondes befindet. Der Krater *Von Kármán* ist für China von erheblicher ideeller Bedeutung, denn der ungarische Physiker, nach dem er benannt ist, war der Doktorvater von Qian Xuesen, dem Begründer des chinesischen Raumfahrtprogramms. Die Mission war die erste Landung auf der Rückseite des Mondes in der Geschichte der Raumfahrt.

Chang'e 4 und Rover Yutu 2	
Betreiber/Hersteller	CNSA/CASC
Startdatum	7. Dezember 2018
Startort	Xichang
Trägerrakete	Langer Marsch 3B/E
Aufgabe	Erforschung Mondoberfläche
Startmasse gesamt	3.780 Kilogramm
Landemasse gesamt mit Rover	1.200 Kilogramm
Yutu 2-Rover	140 Kilogramm
Datum der Landung	3. Januar 2019
Haupttriebwerk	1 × 1,5 – 7,5 Kilonewton
Weitere Triebwerke	16 × 150 und 12 × 10 Newton
Abmessungen Yutu 2-Rover	1,5 × 1,0 × 1,0 Meter
Status Lander 15. März 2023	aktiv
Status Yutu 2-Rover 15. Juni 2023	aktiv

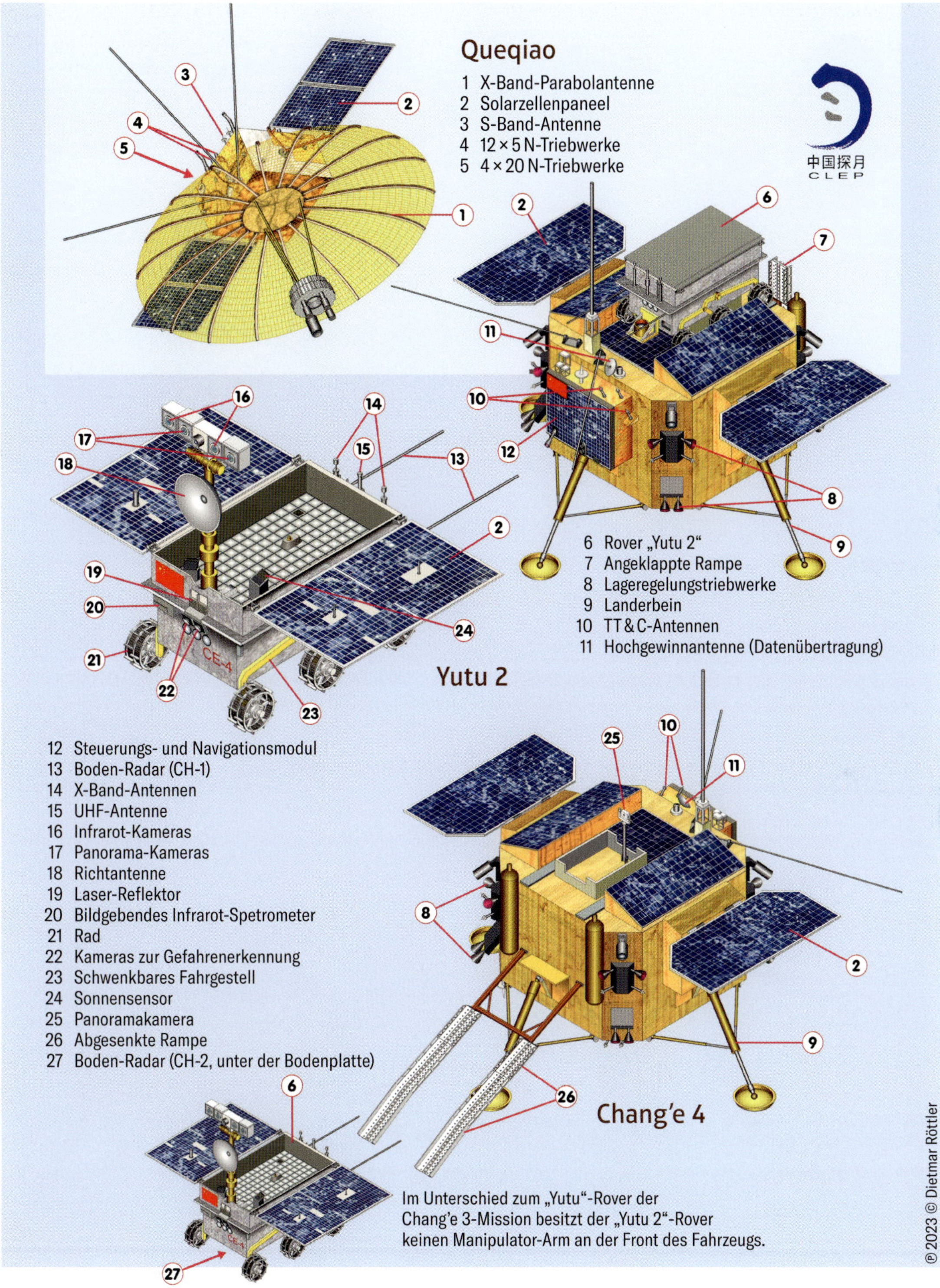
Queqiao
1 X-Band-Parabolantenne
2 Solarzellenpaneel
3 S-Band-Antenne
4 12 × 5 N-Triebwerke
5 4 × 20 N-Triebwerke
中国探月
CLEP
6 Rover „Yutu 2“
7 Angeklappte Rampe
8 Lageregelungstriebwerke
9 Landerbein
10 TT & C-Antennen
11 Hochgewinnantenne (Datenübertragung)
Yutu 2
CE-4
12 Steuerungs- und Navigationsmodul
13 Boden-Radar (CH-1)
14 X-Band-Antennen
15 UHF-Antenne
16 Infrarot-Kameras
17 Panorama-Kameras
18 Richtantenne
19 Laser-Reflektor
20 Bildgebendes Infrarot-Spetrometer
21 Rad
22 Kameras zur Gefahrenerkennung
23 Schwenkbares Fahrgestell
24 Sonnensensor
25 Panoramakamera
26 Abgesenkte Rampe
27 Boden-Radar (CH-2, unter der Bodenplatte)
Chang'e 4
Im Unterschied zum „Yutu“-Rover der
Chang'e 3-Mission besitzt der „Yutu 2“-Rover
keinen Manipulator-Arm an der Front des Fahrzeugs.
℗ 2023 © Dietmar Röttler

Chang'e 4

Yutu 2

1 Solarzellenpaneel (ausgeklappt)
2 Boden-Radar (CH-1)
3 X-Band-Antennen
4 UHF-Antenne
5 Infrarot-Kameras
6 Panorama-Kameras
7 Richtantenne
8 Laser-Reflektor
9 Bildgebendes Infrarot-Spektrometer
10 Rad
11 Kameras zur Gefahrenerkennung
12 Schwenkbares Fahrgestellt
13 Sonnensensor
14 Boden-Radar (CH-2, unter der Bodenplatte)

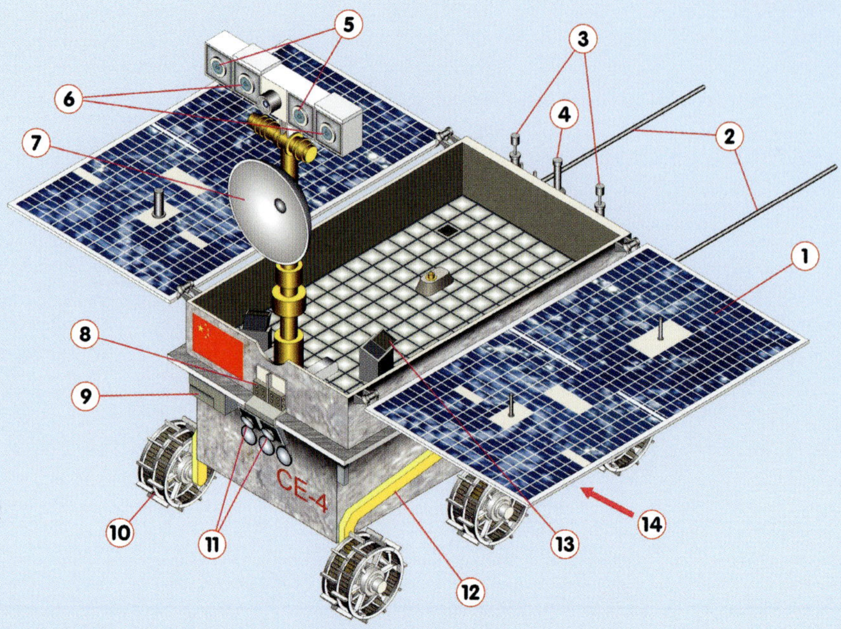

Absetzen des Yutu 2-Rovers

Bei der Landung steht der Rover mit geschlossenen Solarzellenpaneelen hinter der angeklappten Rampe auf dem Chang'e 4-Lander (A). Im nächsten Schritt werden die zwei oberen Abschnitte der Rampe zu einer Waagrechten ausgefahren, auf die der Rover rollt (B). Danach klappt das Gestänge mit dem auf den beiden Rampenabschnitten stehenden Rover komplett aus (C) und senkt sich bis auf den Mondboden ab (D). Der Rover rollt auf den Mond (E).

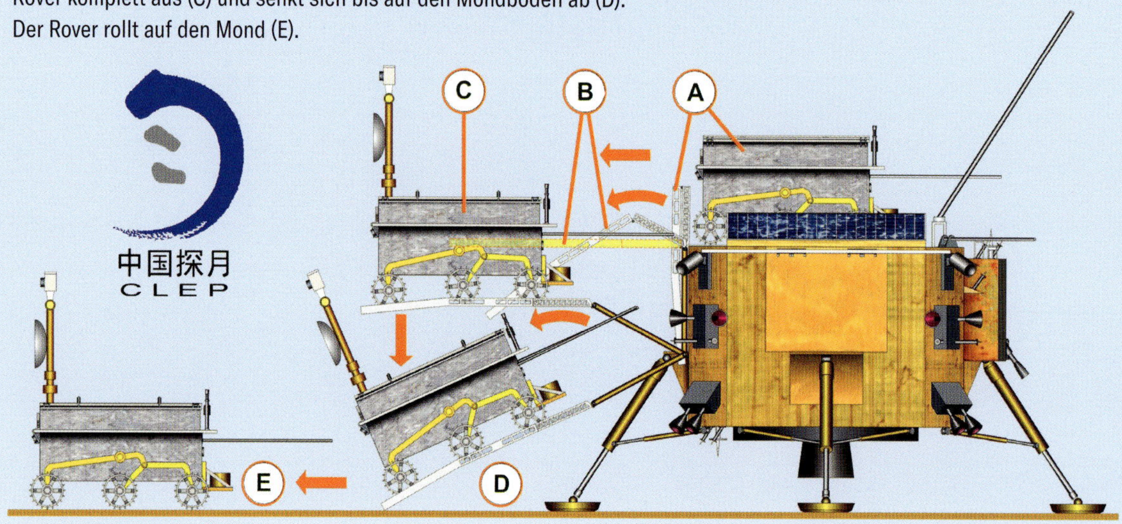

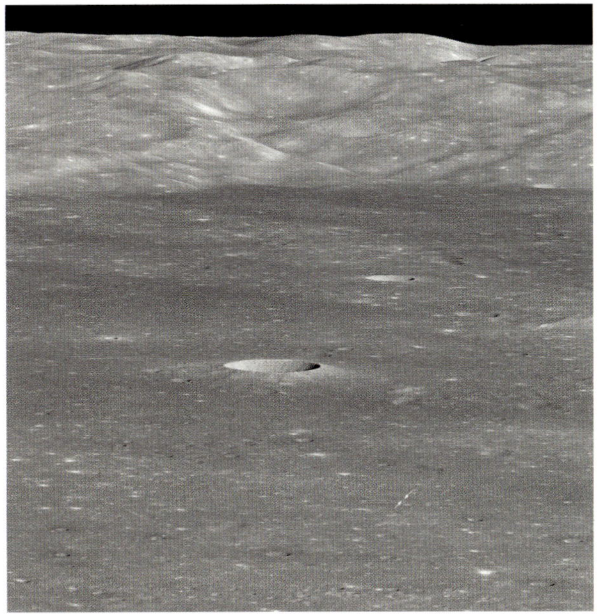

■ Hier setzte Chang'e 4 auf. Das Bild wurde vom Lunar Reconnaissance Orbiter gemacht, und zeigt, mit zwei Pfeilen markiert, die Landestelle von Chang'e 4 im Krater *Von Kármán*, dessen Kraterwall im Hintergrund ansteigt.

Die Mondsonde und der Rover waren Ersatzeinheiten für Chang'e 3 und Yutu, die am 14. Dezember 2013 auf dem Mond gelandet waren. Sie wurde aufgrund der Erfahrungen dieser beiden Einheiten modifiziert, technisch verbessert und für die Missionsspezifika einer Mondrückseitenmission angepasst.

Der Lander ist mit insgesamt 29 Triebwerken bestückt. Das Haupttriebwerk kann im Bereich zwischen 7.500 und 1.500 Newton geregelt werden. Der Schub lässt sich mit einer Genauigkeit von 7,5 Newton regulieren.

Wie schon bei Chang'e 3 und Yutu sind sowohl der stationäre Lander als auch der Rover mit radioaktiven Heizelementen ausgerüstet, um die jeweils 14 Erdentage dauernden Mondnächte überstehen zu können. Die Landestation ist mit fünf Experimenten ausgestattet, der Rover mit vier.

Zum Zeitpunkt an dem diese Zeilen entstehen (Mitte Juni 2023) hat Yutu 2 eine Gesamtstrecke von etwa 2.100 Metern absolviert. Die Fahrstrecken des Rovers sind relativ gering, denn er unterliegt erheblichen thermischen Einschränkungen, die seine Fahrzeit pro Mondtag (29 Tage und 12 Stunden auf der Erde) auf nur drei oder vier Erdentage begrenzen. Bei Redaktionsschluss für dieses Buch waren sowohl der Lander als auch der Rover noch aktiv.

Chang'e 5

Am 23. November 2020 brachte die chinesische Raumfahrtagentur mit einer Trägerrakete des Typs Langer Marsch 5 die erste Probenrückführmission seit der sowjetischen Raumsonde Luna 24 (damals im Jahre 1976) auf den Weg zum Erdtrabanten. Bei dem Raumfahrzeug handelte es sich um ein hoch komplexes Gerät, bestehend aus vier Einzelmodulen: Einem Orbiter, einem Lander, einer Aufstiegsstufe und einer Rückkehrkapsel. Das kombinierte Startgewicht betrug 8.250 Kilogramm. Mit diesem Raumfahrzeug trat China in die Phase 3 seines unbemannten Mondprogrammes ein, das der bemannten Landung vorausgeht.

Die Abfolge der ersten Missionsmeilensteine nach dem Verlassen der Startrampe verlief planmäßig. Etwa 13 Minuten nach dem Liftoff war ein kreisförmiger Parkorbit in einer Höhe von 270 Kilometern bei einer Bahnneigung von 22,3 Grad zum Äquator erreicht. Danach folgte eine etwa 25 Minuten lange Driftphase. Als die dritte Stufe mit der Raumsonde die Äquatorlinie erreichte, folgte ein zweites Brennmanöver das die Kombination auf eine translunare Trajektorie beförderte.

Der Anflug zum Mond dauerte 112 Stunden. Am 28. November 2020 erfolgte die Triebwerkszündung, die Chang'e 5 in eine Umlaufbahn um den Erdbegleiter brachte. Das war zunächst

■ Für die Expedition von Chang'e 5 kreierte Chinas Raumfahrtbehörde ein Missions-Maskottchen (links).

■ Es gab aber natürlich auch ein offizielles Logo für die Chang'e 5-Mission.

■ Die Erdrückkehrkapsel (hier noch in eine blaue Schutzhülle eingepackt) wird für den Start vorbereitet. Es handelt sich dabei um eine maßstäblich verkleinerte Ausgabe der bemannten Shenzhou-Rückkehrkabine.

ein stark elliptischer Übergangsorbit, der drei Mondumkreisungen später mit einer Reihe von Kurskorrekturzündungen in eine kreisförmige Umlaufbahn in 200 Kilometern Höhe umgewandelt wurde.

Dort koppelte die Kombination aus Lander und Aufstiegsstufe am 29. November von der Orbiter/Rückkehrsondenkombination ab. Am 1. Dezember erfolgte die Landung im Gebiet des Mons Rümker, einer Bergregion vulkanischen Ursprungs inmitten des Mare Procellarum. Chang'e 5 war damit bereits die dritte chinesische Sonde, die weich auf dem Mond landete.

In den darauf folgenden Tagen entnahm der Lander eine Bohrprobe aus etwa einem Meter Tiefe. Mit einer kleinen Schaufel wurde zusätzlich Oberflächenregolith aufgenommen. Der Rückstart in die Mondumlaufbahn wurde am 3. Dezember durchgeführt. Am 5. Dezember legte die Aufstiegsstufe wieder am Orbiter an, und der Transfer der Bodenproben in die Erdrückkehrkapsel begann. Nach erfolgter Materialübergabe legte die Aufstiegsstufe am 6. Dezember vom Orbiter ab. Am 7. Dezember wurde sie gezielt auf dem Mond zum Absturz gebracht.

Am 12. Dezember wurden die Triebwerke des Orbiters gezündet, um die ersten Schritte für die Rückkehr zur Erde einzuleiten. Die erforderten eine ganze Reihe von Brennmanövern, bis der endgültige Einschuss in die Erdtransferbahn am 13. Dezember erfolgte. Am 16. Dezember setzte der (nun ehemalige) Orbiter in einem Erdabstand von 5.000 Kilometern die Landekapsel mit den Bodenproben ab, so wie es mit Chang'e 5-T1 sechs Jahre zuvor geprobt worden war. Danach trat die Kapsel den Sturz in die Erdatmosphäre an, und ging schließlich in der Inneren Mongolei am Fallschirm nieder. Der Orbiter selbst flog an der Erde vorbei und erreichte am 15. März 2021 den Lagrange-Punkt 1 des Erde-Sonne-Systems, wo er seither eine physikalisch-technische Folgemission durchführt.

Die Öffnung des Probenbehälters in einem Speziallabor, wenige Tage nach der Landung, ergab eine Gesamtmenge von 1.731 Gramm an Mondmaterial. Ein Mehrfaches dessen, was die Sowjetunion in den siebziger Jahren bei ihren drei Probenrückführmissionen gewinnen konnte.

Was kommt nach Chang'e 5?

China hat es sich bei Hochrisiko-Missionen oder bei sehr teuren Unterfangen zur guten Gewohnheit gemacht stets zwei Einheiten eines Fluggerätes herzustellen, um die Erfolgschancen des Programms zu erhöhen. Dieser Brauch wurde lange Zeit auch im Westen gepflegt, aber schon vor Jahrzehnten unnötigerweise aufgegeben. Unnötig deswegen, weil eine solche Maßnahme das Missionsrisiko entscheidend senkt, während die Kosten nur relativ geringfügig steigen, wenn statt einer Flugeinheit gleich zwei gebaut werden.

China macht das jedoch konsequent, und so war vom Chang'e 5 Landevehikel jetzt noch die Reserveeinheit verfügbar, die aus jetziger Sicht im ersten Halbjahr 2025 unter der Bezeichnung Chang'e 6 zum Mond starten wird. Auch diese Landung soll auf der Mondrückseite in der Nähe des lunaren Südpols erfolgen. An Bord wird sich auch eine Nutzlast der französischen Raumfahrtagentur CNES befinden. Und auch dieses Mal sollen etwa zwei Kilogramm Probenmaterial zur Erde gebracht werden.

Noch davor wird die chinesische Weltraumagentur aber den Relaysatelliten Queqiao 2 zum Mond senden. Derzeit geplant ist das für das erste Halbjahr 2024. Queqiao 2

Künstlerische Darstellung von Chang'e 5 beim Verlassen der Erdumlaufbahn, noch verbunden mit der dritten Stufe der Langer Marsch 5-Trägerrakete.

Chang'e 5	
Startdatum	23. November 2020
Startort	Wenchang
Trägerrakete	Langer Marsch 5
Aufgabe	Probenrückführung
Eintritt Mondorbit	28. November 2020
Landung auf der Mondoberfläche	1. Dezember 2020
Rückstart in die Mondumlaufbahn	3. Dezember 2020
Rückstart Transfereinheit zur Erde	13. Dezember 2020
Landung Rückkehrkapsel auf der Erde	16. Dezember 2020
Startmasse gesamt	8.250 Kilogramm
Masse Lander	3.800 Kilogramm
Masse Aufstiegsmodul	800 Kilogramm
Haupttriebwerk Orbiter	1 × 3 Kilonewton
Haupttriebwerk Lander	1 × 1,5 – 7,5 Kilonewton
Haupttriebwerk Aufstiegsstufe	1 × 3 Kilonewton
Weitere Triebwerke	74 × 150, 120, 25 und 10 Newton
Höhe Gesamtkombination	8,00 Meter
Treibstoffmasse gesamt	5.450 Kilogramm
Status Lander und Aufstiegsstufe	Mission beendet
Status (15. März 2023) Orbiter	aktiv

Die Raumsonde Chang'e 5 wird vor dem Start im schalltoten Raum auf ihre elektromagnetische Verträglichkeit vermessen.

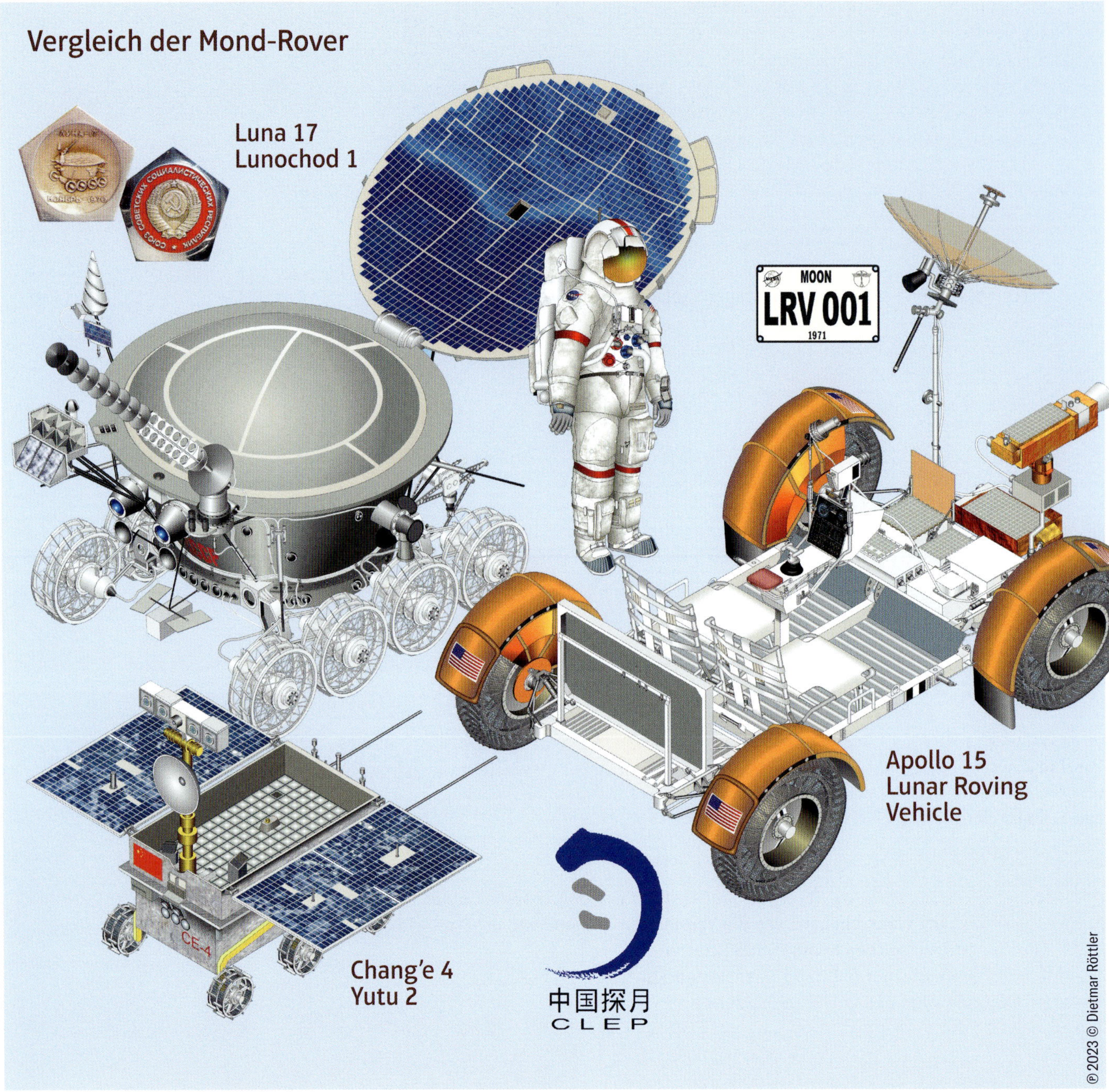

■ Ein Vergleich der Abmessungen historischer Mondvehikel gegenüber dem chinesischen Rover Yutu 2. Links der sowjetische Lunochod-Rover wie er in zwei Exemplaren im November 1970 (Lunochod 1) und im Januar 1973 (Lunochod 2) auf dem Mond landete. Im Größenvergleich rechts ein Apollo-Astronaut mit einem Lunar Roving Vehicle (LRV), wie es zwischen Juli 1971 und Dezember 1972 dreimal im Apollo-Programm eingesetzt wurde.

muss danach mehrere Monate lang gecheckt werden, um die Chang'e 6-Mission unterstützen zu können. Queqiao 1 ist jetzt schon etwas in die Jahre gekommen, die Datentransferraten sind niedrig und generell wird für die immer anspruchsvolleren chinesischen Landemissionen ein leistungsfähigeres Kommunikationsrelay benötigt.

Queqiao 2 wird nicht am Erde-Mond-Lagrangepunkt 2 stationiert werden wie Queqiao 1, sondern soll ihn auf einem entfernten retrograden Halo-Orbit umrunden, ähnlich wie es der Gateway des US-Artemis-Programmes machen wird. Der Relay-Orbiter wird für seine Aufgabe mit einer 4,2 Meter durchmessenden Parabolantenne ausgerüstet, ähnlich wie schon Queqiao 1.

Als nächstes wird die Mission Chang'e 7 starten. Aus heutiger Sicht gegen Ende 2026. Diese Mission ist hoch komplex, mit insgesamt 23 Instrumenten ausgestattet, die auf die vier Elemente der Mission verteilt sind: Den Orbiter, den Lander, den Rover und den Hopper. Letzterer ist eine Art raketenbetriebenes Erkundungsvehikel, das in den permanent im Schatten liegenden Kratern des lunaren Südpols nach Eis suchen soll. Der Treibstoff dieses Hoppers könnte reichen, etwa vier solcher Exkursionen im Laufe von drei Monaten durchzuführen. Er entnimmt dabei Proben und untersucht sie gleich an Ort und Stelle.

Chang'e 7 ist eine Scout-Sonde, mit welcher der zukünftige Landespot für die chinesischen Astronauten am Mondsüdpol ermittelt werden soll.

Eigentlich sollte noch ein weiterer kleiner Rover mit an Bord von Chang'e 7 gehen: der zehn Kilogramm schwere Raschid 2 aus den Vereinigten Arabischen Emiraten. Doch da grätschten die Amerikaner dazwischen und verboten den Arabern den Mitflug. Sie hatten nämlich festgestellt, dass in dem kleinen Mondfahrzeug US-Komponenten verbaut werden, die den so genannten ITAR-Bestimmungen unterliegen. ITAR, das steht für International Traffic in Arms Regulations Act. Wenn ein Land wie die Vereinigten Arabischen Emirate mit solchen Komponenten starten wollen, dann dürfen sie das nur mit dafür lizensierten Startdienstleistern tun, wie etwa mit SpaceX oder der United Launch Alliance. Nicht aber mit einer chinesischen Trägerrakete.

Die – aus heutiger Sicht – letzte unbemannte chinesische Mondmission wird die von Chang'e 8 sein. Der Start wird voraussichtlich 2028 erfolgen. Details dazu sind noch nicht veröffentlicht. Hauptzweck dieser Mission soll die so genannte „In situ resource utilization" (oder kurz ISRU) sein. Dabei geht es darum, auf Basis von Materialien, die man auf dem Mond vorfindet, Güter und Baustoffe herzustellen. Der Vorteil ist, dass man diese Materialien dann nicht von der Erde mitzubringen braucht. Vor allem die Herstellung von Wasser, Sauerstoff und „Mond-Ziegeln" wird hier ein Schwerpunkt sein. Bis heute gab es in der Raumfahrt noch keine ISRU-Mission.

■ Der Rashid-Rover der Vereinigten Arabischen Emirate darf nicht mit den Chinesen fliegen.

Mit Chang'e 8 dürfte dann die Phase unbemannter Vorläufer-Erkundungen zum bemannten Mondprogramm weitgehend abgeschlossen sein. Allerdings ist jetzt schon bekannt, dass das bemannte chinesische Mondprogramm zusätzliche unbemannte Elemente enthält, ähnlich denen des bemannten US-Artemis-Programms. Die laufen aber dann parallel zu den Aktivitäten der Astronauten auf dem Mond und unterstützen diese.

Das bemannte Mondprogramm

Damit sind wir beim zukünftigen bemannten chinesischen Mondprogramm angelangt, das in den letzten Jahren bedeutende Umbrüche erlebte. All diese Änderungen sind auf eine Beschleunigung des Vorhabens ausgerichtet. China hat den Ehrgeiz, das Zieldatum 2030 unbedingt zu halten, und damit die Chance zu wahren, es vielleicht sogar noch vor den Amerikanern zu schaffen.

■ Das „Raumschiff der nächsten Generation“, wie es vorläufig noch heißt, hat große Ähnlichkeiten mit dem Apollo- und dem Orion-Raumschiff der NASA.

Auslöser für die Umplanung war die Erweiterung der Fähigkeiten der Langer Marsch 9. Sie wird jetzt als direktes Gegenstück zum Starship von SpaceX konzipiert und soll nun Aufgaben weit über das Mondprogramm hinaus erfüllen. Vor allem Aufgaben, bei denen hunderte von Starts notwendig werden, wie etwa beim Aufbau solarer Kraftstationen. Mehr als zwei Dutzend Iterationen führten schließlich zum Design, das seit Ende 2022 feststeht.

Das „alte“ Design sah eine zehn Meter durchmessende Zentralstufe vor, die durch vier jeweils fünf Meter durchmessende Booster verstärkt werden sollte. In der neuen Fassung soll die Rakete jetzt aus einer schlichten monolithischen Struktur ohne Booster bestehen. Sie weist nun aber einen Durchmesser von 10,6 Metern auf. Angetrieben wird dieses neue Modell von 30 Triebwerken. Jedes davon verfügt über einen Schub von etwa 2.000 Kilonewton.

Die Nutzlastkapazität wird dabei von bisher 140 Tonnen für den niedrigen Erdorbit auf 150 Tonnen steigen. Das ist etwas mehr, als die Saturn V-Rakete des Apollo-Programmes leistete. Die Rakete soll es in einer zweistufigen und in einer dreistufigen Variante geben. Erstere für Erdorbit-Anwendungen, die zweite für lunare und heliozentrische Missionen.

Um dahin zu kommen, war ein langer Entscheidungsprozess notwendig. Dabei verging so viel Zeit, und es entstanden so viele Änderungen, dass in der Folge eine komplette Neuausrichtung des bemannten chinesischen Mondflugprogramms notwendig wurde, denn es war absehbar, dass die Entwicklung der Langer Marsch 9 nun viel länger dauern würde als ursprünglich geplant. Das gefährdete aber die Pläne Chinas für eine bemannte Mondlandung um das Jahr 2030. Daher musste jetzt – zusätzlich zur Langer Marsch 9 – eine neue Entwicklungslinie mit einer stark modifizierten Langer Marsch 5 aufgemacht werden, die man vorübergehend als Langer Marsch 5DY benannte. Seit Kurzem wird diese Rakete nun als Langer Marsch 10 bezeichnet.

Sie wird in zwei Varianten existieren: einer monolithischen zweistufigen Version mit sieben Raketenmotoren des Typs YF-100K die jeweils einen Schub von etwa 130

Tonnen aufweisen, und einer Version mit drei parallelen Zentralstufen als erstem Antriebsblock, die dann insgesamt mit 27 Triebwerken des Typs YF-100K ausgerüstet ist. Eine oder zwei weitere Stufen bringen die Nutzlast entweder in eine niedrige Erdumlaufbahn, oder aber auf eine lunare Transferbahn oder eine heliozentrische Umlaufbahn.

Das Startgewicht der „Drei Zentralstufen-Version" liegt bei 2.200 Tonnen. Damit wird sie in der Lage sein, etwa 27 Tonnen Nutzlast auf die Transferbahn zum Mond zu senden. In der monolithischen Basisversion kann sie etwa 20 Tonnen Nutzlast in eine niedrige Erdumlaufbahn befördern. In dieser Variante wird sie mittelfristig die Rakete für die Crew-Transporte zur chinesischen Raumstation werden, und die bisher für die bemannten Flüge verwendete Langer Marsch 2F ablösen.

Die ersten Landungen basieren darauf, jeweils zwei Raketen dieses Typs zum Mond zu senden, eine mit dem Lander, die andere mit der Crew. Sie können als „Technologietestprogramm" für die späteren „großen" Mondlandungen betrachtet werden. Der bei diesen Missionen betriebene Aufwand wird in etwa dem der US-Apollo-Mondlandungen der 60er- und 70er-Jahre entsprechen.

Beide Komponenten fliegen unabhängig zum Mond und treten dort in eine niedrige Mondumlaufbahn ein. Dort werden beide Fahrzeuge zusammengekoppelt, zwei der wahrscheinlich drei Astronauten steigen in den Lander um. Die Fahrzeuge trennen sich wieder, danach erfolgt die Landung. Die beiden Astronauten verbleiben für weniger als einen Tag auf der Mondoberfläche und führen dort ein einzelnes Außenbordmanöver von sechs Stunden Dauer durch. Danach besteigen sie ihr Raumfahrzeug wieder und treten den Rückstart in die Mondumlaufbahn an. Dort le-

Das Mondflug-Szenario mit der Langer Marsch 10, auf diesem Foto einer Präsentation aus dem Herbst 2022 noch als Langer Marsch 5DY bezeichnet. Rechts die Version für die Erdorbit-Einsätze, links die Mondflugversion. Von dieser werden zwei Einheiten für eine einzelne Mondexpedition benötigt.

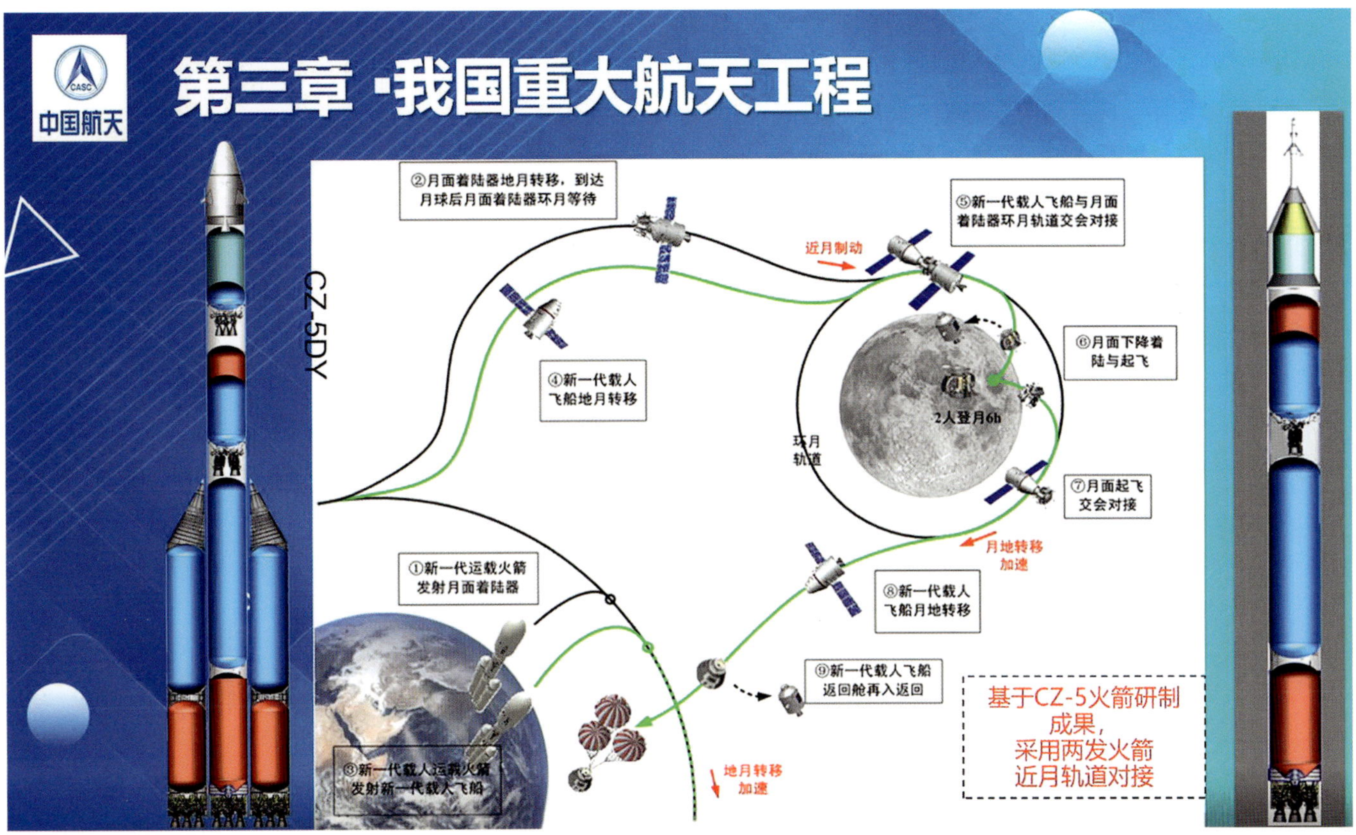

■ Das Raumschiff neuer Generation absolvierte am 5. Mai 2020 seinen ersten (noch unbemannten) Testflug.

gen sie am wartenden Mutterfahrzeug an, steigen um und fliegen wieder zur Erde zurück.

Das für diese Mission notwendige Raumschiff neuer Generation (das chinesische Gegenstück zum Orion-Raumschiff) befindet sich inzwischen in einem sehr fortgeschrittenen Entwicklungsstadium und ist womöglich gar nicht mehr weit von ersten bemannten Testeinsätzen entfernt. Auch der bemannte Lander befindet sich bereits in der Detailkonstruktion.

Dieses Technologieprogramm, es könnte etwa um das Jahr 2030 beginnen, wäre nur relativ kurz. Es könnte etwa zwei bis drei Missionen umfassen, genug, um die notwendige Erfahrung für die „großen" Expeditionen zu gewinnen. Auch bei diesen Missionen wird jede chinesische Mondlandung mit zwei Raketen durchgeführt. Einmal mit der Langer Marsch 10, die das bemannte Raumschiff zum Mond bringt. Und zum anderen mit der Langer Marsch 9, welche die komplette Mondlandeausrüstung in eine Mondumlaufbahn sendet. Crew-Modul und Lander führen dort ein Rendezvous- und Docking-Manöver durch, im Prinzip genauso wie bei den mit der Langer Marsch 9 durchgeführten Vorläufer-Missionen. Die Crew steigt um und landet auf dem Mond, verbringt dort etwa einen Mond-Tag, also bis zu 14 Erdentage, kehrt dann wieder in die Umlaufbahn zurück und tritt danach den Rückflug zur Erde an.

Es ist geplant, dass bei diesen Missionen dann Stück für Stück die Infrastruktur auf den Mond gelangt, die zur Errichtungen einer permanenten Basis notwendig ist. Etwa um das Jahr 2035 könnten erste Habitate Expeditionen von mehreren Monaten Dauer unterstützen. Dazu sucht das Land derzeit auch internationale Partner und hat deswegen dem Vorhaben auch eine international verständliche Bezeichnung gegeben: „International Lunar Research Station", kurz ILRS. Erste Verträge dazu, die eine Zusammenarbeit mit Russland besiegeln, wurden bereits im Juni 2021 in St. Petersburg unterzeichnet. Doch angesichts der rapide schwindenden technischen Fähigkeiten Russlands

■ Außen verschrammt und angesengt vom Hochgeschwindigkeits-Wiedereintritt. Im Inneren aber tip-top. Das Raumschiff neuer Generation nach seinem Testflug.

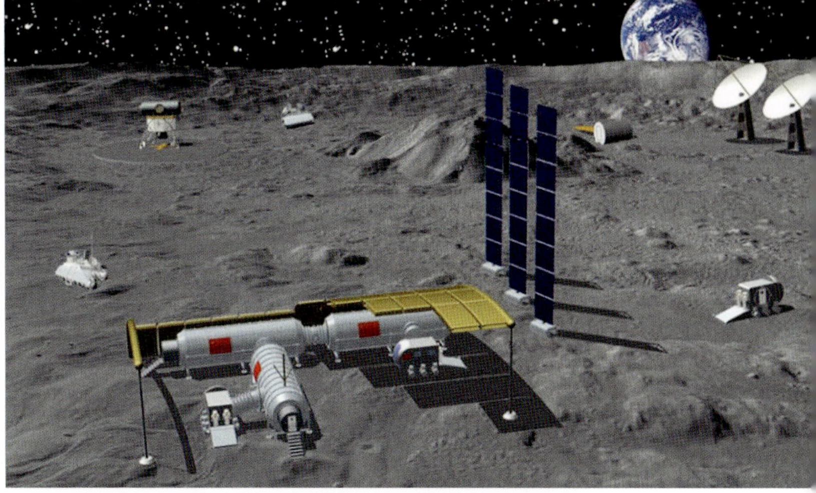

■ Diese Grafik der zukünftigen chinesischen Mondstation darf man ruhigen Gewissens als „Symbolbild" betrachten. In der Realität des Jahres 2040 mag das durchaus ein wenig anders aussehen.

und der finanziellen Schieflage des Landes im Zusammenhang mit dem Überfall auf die Ukraine ist es sehr fraglich, ob Russland mehr als nur eine unbedeutende Juniorpartnerrolle einnehmen kann.

Der Auf- und der Ausbau der Basis soll mit Hilfe von Robotern geschehen. Wie sich China das im Detail vorstellt ist derzeit aber noch nicht klar.

Chinas permanente Mondbasis soll – wir haben es schon mehrfach festgestellt – am lunaren Südpol entstehen, und zwar in unmittelbarer Nähe des Kraters Shackleton. Hinsichtlich dieser Position dürfte ein Aspekt besonders interessant sein, denn auch die Amerikaner wollen genau dorthin. Der Grund dafür: rund um diesen Krater gibt es einige nur wenige Quadratkilometer große Spots, die permanent von der Sonne beschienen werden. Es sind dies die Berggipfel um den Kraterrand. Wir erinnern uns: fast überall sonst auf dem Mond herrscht 14 (Erden-) Tage lang Nacht, während die anderen 14 Tage die Sonne scheint. Eine permanente Sonnenbestrahlung ist aber ein Punkt, der für die Energieversorgung der Station mittels Solarzellen sehr wichtig wäre.

Tatsächlich gibt es in noch etwas größerer Entfernung von diesem Krater einige wenige weitere Stellen mit nahezu permanentem Sonnenlicht. Doch sind diese Ort bei weitem nicht so interessant, denn im Inneren des Kraters Shackleton, der seit 3,6 Milliarden Jahren keinen Sonnenstrahl mehr gesehen hat, vermuten die CNSA und die NASA Wasservorräte in möglicherweise nutzbarer Form. Das bedeutet, dass die in zweifacher Hinsicht interessantesten Stellen des Mondes sehr, sehr eng beieinander liegen.

Das hat zur Folge, dass die US-Station und Chinas Station womöglich nur wenige Kilometer voneinander entfernt angelegt werden. Und da könnten wir dann schon wieder im nächsten Konfliktfeld landen, bei dem die Frage wichtig ist: Wer war zuerst da?

Andererseits muss man bei so einer Situation aber auch nicht unbedingt an Konflikte denken. Man kann genauso gut den schönen Gedanken pflegen, dass es doch von großem Vorteil wäre, die beiden Stationen so dicht beieinander zu haben. In diesem tödlich gefährlichen Umfeld kann man gar nicht genug gegenseitige Unterstützung haben.

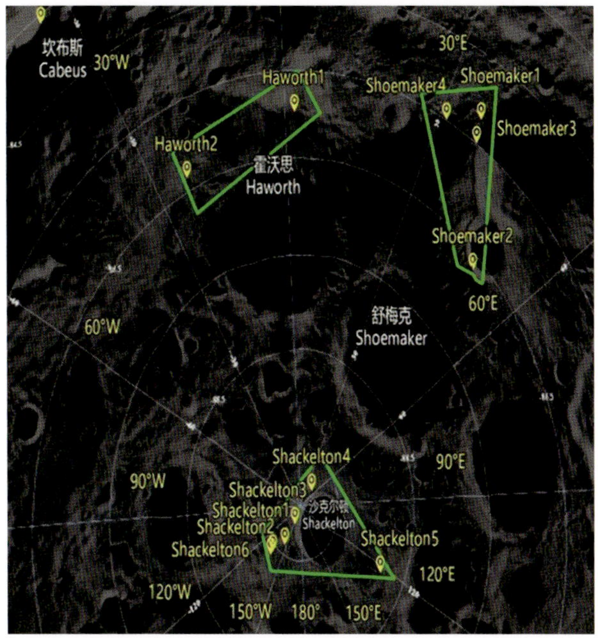

■ Hier liegen wir der Realität schon sehr viel näher. Die grün eingerahmten Gegenden beinhalten Regionen mit (fast) „ewigem Sonnenlicht". In den Bereich um den Krater Shackleton (im Bild falsch geschrieben) wollen Amerikaner und Chinesen wirklich hin. Die Nummern bezeichnen die einzelnen möglichen Spots um den Krater, die für die Einrichtung einer Station besonders gut geeignet wären. Und für den Größenvergleich: Der Krater Shackleton hat einen Durchmesser von 21 Kilometer und ist 4,2 Kilometer tief.

Chinas Zukunft im All

Die Menschen in China sind es seit jeher gewohnt, in langen Zeiträumen zu denken. Das Land der Mitte nimmt heute schon Themen in das Raumfahrtprogramm auf, denen man in Europa vielleicht grade in einigen als exotisch geltenden Studien begegnet, an deren praktische Relevanz aber niemand so recht glaubt. Es sind Themen wie die Ressourcengewinnung aus dem All, solare Orbitalkraftwerke, Habitate und Wohnstätten im Weltraum, Single-Stage-to-Orbit Transporte und noch so manches andere. Technologien, die man bei uns gerne als Science Fiction belächelt und bei denen es so mancher Wissenschaftler als rufschädigend empfindet, sich damit ernsthaft zu beschäftigen.

Beginnen wir da, wo wir auf Seite 227 aufgehört haben: Bei der chinesischen Raumstation. Seit dem Herbst 2022 ist sie in ihrer ersten Phase fertig gestellt. Jetzt geht es in die Nutzung, und da hat China schon große Pläne. Beim Betrieb der Station hat sich bereits eine gewisse Routine eingestellt, was daran erkennbar ist, dass nunmehr Außenbordmanöver stattfinden, die zuvor weder angekündigt waren, noch live darüber berichtet wurde. Westliche Beobachter erfuhren davon eher zufällig, weil es gelegentlich kurze und eher beiläufige Berichte darüber im chinesischen Staatsfernsehsender CCTV gegeben hatte.

Beenden werden wir dieses Kapitel mit den neuesten Erkenntnissen darüber, wie es nach der Mondlandung von Chang'e 8 weitergehen und Chinas zukünftige Mondstation errichtet und betrieben wird.

Die Zukunft der chinesischen Raumstation

Die erste „reguläre" Langzeitbesatzung der Tiangong-Raumstation startete am 30. Mai 2023 mit Shenzhou 16 zur Station. 20 Tage zuvor hatte das Versorgungsraumschiff Tianzhou 6 den chinesischen Außenposten im Weltraum erreicht. Die Landung von Shenzhou 15 war am 3. Juni 2023 erfolgt.

Shenzhou 17 soll im Oktober oder November 2023 zur Station fliegen. Bei beiden Missionen gibt es, so wie schon

■ Die Langer Marsch 7 mit Tianzhou 6 unter der Nutzlastverkleidung wird am Weltraumbahnhof Wenchang zur Startrampe transportiert.

■ Der Ausblick, den die Astronauten beim Schlafengehen haben ist im wahrsten Sinne des Wortes „überirdisch".

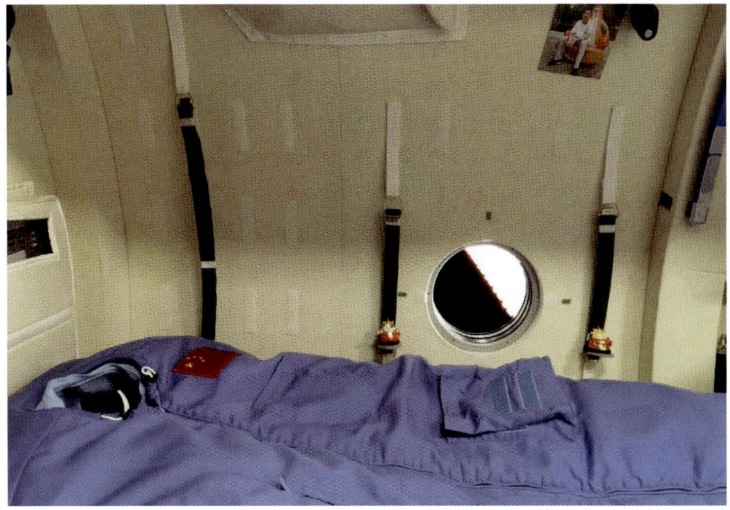

■ Das Leben an Bord der chinesischen Raumstation wird alltäglicher. Hier ein Blick in eine der sechs Schlafkabinen, die es momentan dort gibt.

bei Shenzhou 14 und 15, eine überlappende Übergabe mit der jeweils vorausgehenden Crew, die zwischen fünf Tagen und einer Woche dauert.

Nach einigen noch unbestätigten Meldungen soll möglicherweise schon bei Shenzhou 17 erstmals ein Gast aus einem anderen Land mit an Bord sein. China hat ja schon wiederholt und ausdrücklich andere Länder eingeladen, bei diesem Projekt mitzumachen. Man kann schon gespannt sein, aus welchem Land dieser „Gast-Astronaut" stammt. Die chinesischen Staatsmedien haben lediglich bekannt gegeben, dass gegenwärtig sechs ausländische Astronauten in den chinesischen Einrichtungen trainieren.

Bedauerlicherweise hat sich die ESA, auf amerikanischen Druck hin, aus dem chinesischen Angebot für die Nutzung der Raumstation bereits ausgeklinkt. Eine vollständig falsche Entscheidung, wie ich meine. Kandidaten für gemeinsame Missionen wären von ESA-Seite Samanta Christoforetti und Matthias Maurer gewesen, die bereits im August 2017 in China trainiert haben, nachdem im Jahr zuvor eine chinesische Delegation an einer gemeinsamen Übung auf Sardinien teilgenommen hatte.

Diese vertrauensbildende Maßnahme war das Resultat eines Abkommens aus dem Jahr 2015, welches das Ziel hatte, europäische Astronauten zur chinesischen Station zu fliegen, sobald diese einsatzbereit war. Das hat sich nun als nutzlose Investition herausgestellt. Angesprochen in einem Interview mit der Raumfahrt-Publikation *Space News* vom 25. Januar 2023 meinte ESA-Generaldirektor Josef Aschbacher zu diesem Thema:

„Wir sind sehr damit beschäftigt, unsere Verpflichtungen und Aktivitäten auf der ISS zu unterstützen und sicherzustellen. Dort haben wir eine Reihe internationaler Partner, mit denen wir zusammenarbeiten. Im Moment haben wir aber weder die finanzielle Ausstattung, noch das politische grüne Licht oder die Absicht am Projekt der chinesischen Raumstation teilzunehmen."

Im Winter 2024/2025 soll das Xuntian-Weltraumteleskop zunächst zur Station entsendet werden und dort anlegen. Dieses große astronomische Beobachtungsinstrument ist kein integraler Bestandteil der Raumstation, sondern lediglich als „man-tended" ausgelegt. Nach einem kurzen Check wird es die meiste Zeit seines Einsatzes frei fliegen, aber auf derselben Bahnhöhe und Inklination unterwegs sein wie die Station. Die kann es somit leicht ansteuern und dort anlegen, wann immer eine Wartung oder eine technische Erweiterungen dies erfordern. Dann ist es auch für die Crew der Station zugänglich.

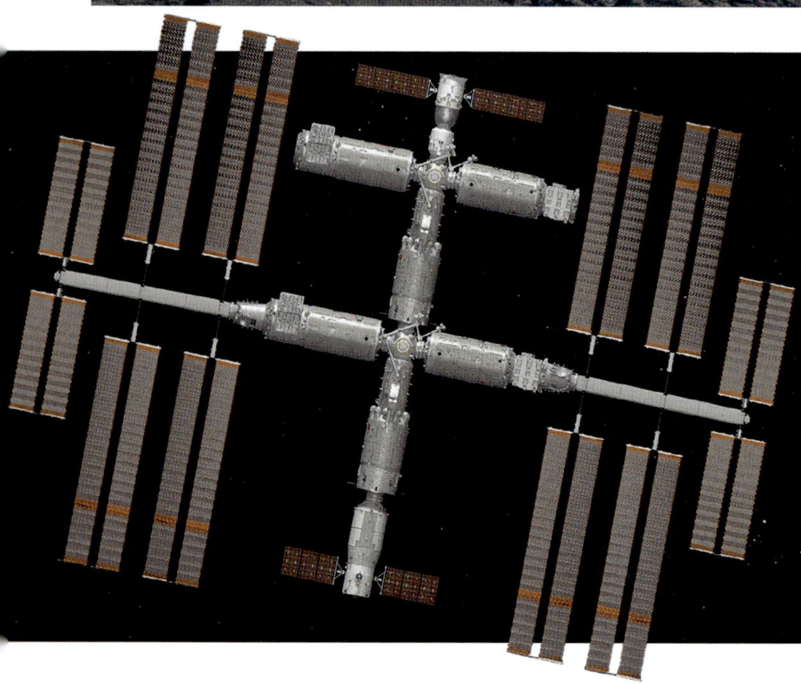

■ Grafische Darstellung des aktuellen (15. Juni 2023) Fertigstellungszustandes mit dem Xuntian-Weltraumteleskop, das 2024 gestartet werden soll. Lediglich das zu diesem Zeitpunkt ebenfalls angedockte Versorgungsmodul Tianzhou 5 fehlt auf dem Bild.

Separate Wartungsmissionen, wie es sie für das Hubble Space Telescope der NASA während der Shuttle-Ära gab (und die nach der Einstellung des Shuttle-Programmes leider nicht mehr möglich sind), sind bei Xuntian nicht notwendig. Das Hubble Space Telescope wäre im Übrigen von der ISS aus gar nicht erreichbar, denn es bewegt sich auf einer anderen Bahnneigung um die Erde. Diesen Fehler wollten die chinesischen Wissenschaftler nicht wiederholen.

Da für jedes der bislang in den Weltraum verbrachten Module eine Ersatzeinheit gebaut wurde, kann man davon ausgehen, dass diese ebenfalls nach einer gewissen Zeit zur Station transportiert und dort angekoppelt werden.

■ Die erweiterte chinesische Raumstation.

Die Station wird also zukünftig weiter wachsen. Die Module werden aber nicht einfach dupliziert, vielmehr werden die Modulstrukturen so modifiziert, dass sie anderen Zwecken dienen können, als den ursprünglich geplanten.

Es gilt schon als gesichert, dass das nächste der großen Module zur Multifunktionseinheit mit sechs zusätzlichen Anlegestellen ausgebaut werden wird, ein deutlicher Hinweis darauf, dass darüber hinaus eine zusätzliche Erweiterung geplant ist. Ein entsprechendes Modell konnte im Januar und Februar 2023 bei einer Ausstellung im chinesischen Nationalmuseum besichtigt werden.

Eine der zukünftigen Verwendungen für die erweiterte chinesische Raumstation dürften Versuche mit der Übertragung von Sonnenenergie zur Erde sein, ein Thema, mit dem sich China schon eine ganze Weile intensiv beschäftigt.

Kilometer-Schiffe

Seit 2021 läuft der 14. Chinesische Fünfjahresplan, der einige interessante Aspekte hinsichtlich der Nutzung des Weltraums beinhaltet. Besonders interessant ist der Abschnitt, der die Entwicklung extrem großer Leichtgewichtsstrukturen im Weltraum anstößt. Im Westen wurde dieser Hinweis unsinnigerweise als die Forderung zur Entwicklung „meilenlanger Raumschiffe" interpretiert. Gemeint ist hier aber tatsächlich die Schaffung sehr großer und leichter Strukturen im Orbit für orbitale Solarkraftwerke, große Radioteleskope und Habitate für Forschung, Industrie und Tourismus.

Dabei geht es zunächst um das Erarbeiten der Basistechnologien, wie etwa die dafür notwendigen Bauverfahren mit denen diese Großstrukturen im Weltraum zusammengesetzt werden können. Oder um Experimente zur Dynamik solcher Strukturen in der Schwerelosigkeit.

Bedeutungsvoll ist, dass diese Dinge – vor allem bei den solaren Orbitalkraftwerken – nicht nur in einem übergeordneten politischen Planungsrahmen enthalten sind, sondern dass hier auch bereits Experimente laufen. Im August 2021 fand eine erste Testreihe statt, bei der die Energieübertragung mittels Mikrowellen von einem Ballon zu einem Schiff erprobt wurde. Die Distanz betrug dabei etwa 300 Meter. Die nächste Versuchsanordnung wird Energie über eine Entfernung von 20 Kilometern senden. Im Schritt danach dürften erste Orbit-Verifikationen beginnen, bei denen die chinesische Raumstation eine wesentliche Rolle spielen kann. Um 2030 sollen bereits orbitale Testanlagen im Megawatt-Bereich im Versuchsbetrieb sein.

Das verstärkte Engagement auf dem Gebiet der weltraumbasierten Gewinnung von Sonnenenergie hat mit da-

■ China unternimmt bereits seit längerem Tests mit Energieübertragung mittels Mikrowellen. Hier eine noch sehr einfache Versuchsanordnung für die Übertragung von einem Ballon zu einem Schiff.

■ So könnte ein zukünftiges Solarkraftwerk im geostationären Orbit aussehen.

zu geführt, dass China an verstärkten Varianten der Langer Marsch 9 arbeitet. Man geht derzeit davon aus, dass insbesondere für den Bau großer orbitaler Solarkraftwerke im geostationären Orbit selbst beim Einsatz von Leichtgewichtsstrukturen für ein Kraftwerk in der Gigawatt-Klasse eine Gesamtmasse von etwa 10.000 Tonnen in die Umlaufbahn transportiert werden muss. Das wären etwa 60 – 100 Starts mit schweren Großträgerraketen der Langer Marsch 9-Klasse.

Sonnenenergie aus dem Weltraum hat gegenüber terrestrisch gewonnener Solarenergie einen entscheidenden Vorteil. Sie steht 24 Stunden am Tag, sieben Tage die Woche und 365 Tage im Jahr kontinuierlich zur Verfügung. Sie kann bei jedem Wetter und zu jeder Tages- und Nachtzeit zur Erde übertragen werden.

Die Idee ist keineswegs neu. Science-Fiction-Fans konnten schon vor 80 Jahren bei Isaac Asimov über dieses Thema lesen. Solarkraftwerke müssen praktischerweise im geostationären Orbit verortet sein, 36.000 Kilometer von der Erdoberfläche entfernt, damit sie sich ständig über demselben Platz der Erde befinden. Die große Erdentfernung spielt für die Energieübertragung keine sehr große Rolle, für die Installation dieser Anlagen allerdings schon.

Am Erdboden wird die vom Orbit abgestrahlte Energie mit Antennen aufgefangen. Eine Fläche von wenigen Quadratkilometern könnte mit enormen Energiemengen beliefert werden. Diese Energie ist in der Produktion vollständig CO_2-frei. Außer beim Bau der Raketen (die in Zukunft vielfach wiederverwendbar sein werden), der Fertigung der Solarzellenflächen und für die Produktion der Treibstoffe (Flüssiger Sauerstoff und Methan, Wasserstoff oder Kerosin) wird kein Treibhausgas erzeugt. Die darauf folgende jahrzehntelange Energieproduktion läuft emissionsfrei. Was den Bau der Raketen betrifft ist China mit seinem überarbeiteten Konzept für die Langer Marsch 9 von der klassischen „Verbrauchslösung“, die für jeden Start eine neue Rakete erfordert, zu einem Konzept der vollständigen Wiederverwendung umgeschwenkt.

Bei den Konzepten für Space Based Solar Power, die bisher untersucht wurden, geht man davon aus, dass die aus dem Orbit empfangene Energiedichte in etwa der Sonneneinstrahlung eines wolkenlosen Tages entspricht. Das würde bedeuten, dass die Fläche unter den Energiekollektoren problemlos zugänglich und zusätzlich für andere Zwecke nutzbar ist, beispielsweise für die Landwirtschaft. Will man mit höheren Energiedichten arbeiten um die Empfangsfläche kleiner zu halten, könnten Plattformen auf dem Meer errichtet oder aber kleine unbewohnte Inseln für diesen Zweck genutzt werden.

Energie „Made in Space“ könnte somit zu einem der wichtigsten zukünftigen Raumfahrtprodukte werden, ein Segen gerade angesichts der zunehmenden Klimakrise. Sie könnte die nahezu CO_2-freie elektrische Grundlast liefern, die jedes hochindustrialisierte Gemeinwesen in Zukunft dringend benötigt.

Große Strukturen wie Solarkraftwerke in den Orbit zu schaffen wäre noch vor wenigen Jahrzehnten viel zu teuer gewesen. Eine NASA-Studie ging 1997 davon aus, dass der Transport eines Kilogramms Nutzlast in den Erdorbit nicht mehr als 400 Dollar kosten dürfte, damit ein orbitales Solarkraftwerk mit einem terrestrischen Kraftwerk gleicher Leistung konkurrieren könnte. Damals lagen die Startkosten bei mehr als 20.000 Dollar pro Kilogramm.

Doch seither ist es mit den Startkosten rapide nach unten gegangen, während gleichzeitig die Energiepreise ebenso rapide stiegen. Die Preise von SpaceX, dem aktuellen Marktführer für Raketenstarts, liegen mit wenigen tausend Dollar pro Kilogramm nicht mehr weit von der Zielmarke entfernt. Nach Indienststellung des Starships in

■ Das Konzept weltraumbasierter Energiegewinnung ist nicht neu, wie man hier in dieser NASA-Grafik aus dem Jahre 1976 sieht. Aber erst jetzt ist die Technik so weit, dass Vorstellungen wie diese auch realisiert werden können.

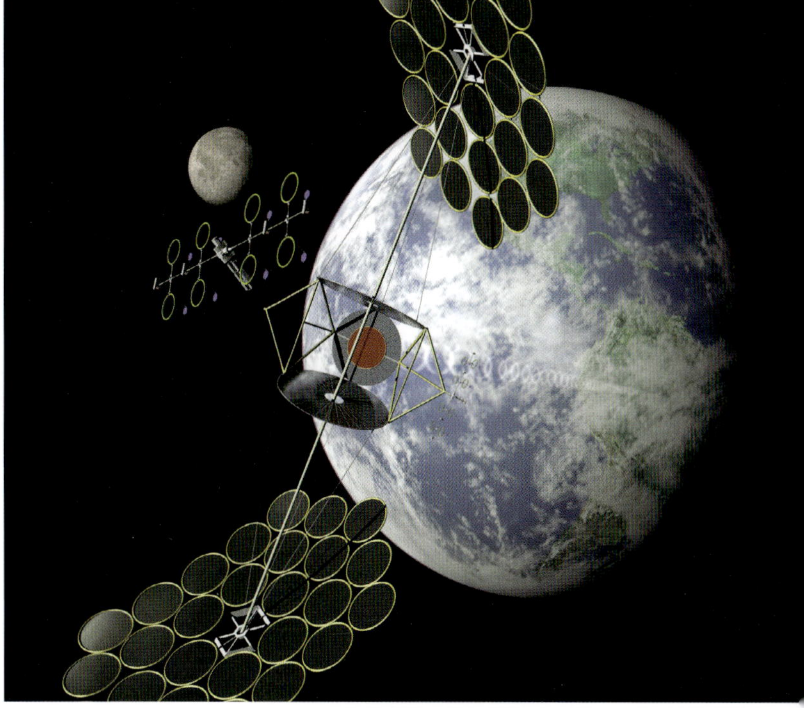

wenigen Jahren werden diese Preise noch einmal drastisch sinken. Die vor 25 Jahren noch weit offene Lücke schließt sich also schon in diesen Tagen.

Es gibt noch manch andere Bezugsgröße, die man heute anders bewerten muss, als früher. Beispielsweise die maximal mögliche Größe der Kollektorstrukturen im Weltraum. Hier ging man vor zehn Jahren noch von einer maximal erreichbaren Nettoleistung von etwa zwei Gigawatt pro Anlage aus (etwa 1,5 Standard-Kernkraftwerken). Ginge man über diese Größe, so nahmen die Forscher seinerzeit an, wäre eine Anlage zu groß um noch sinnvoll bewegbar zu sein. Das Gewicht wurde seinerzeit auf etwa 10.000 Tonnen pro Gigawatt veranschlagt. Hier hat sich in der Zwischenzeit viel getan. Heute würde man kleinere oder mittelgroße Strukturen bauen, aber die dafür in genau ausgetüftelter Formation fliegen lassen. Überdies machen Fortschritte in der Materialtechnik heute leichtere Strukturen möglich. Kurz und gut: Solarfarmen im Weltraum, die ihre gewonnene Energie mittels Mikrowellen zur Erde abstrahlen, sind kein Hirngespinst mehr, sondern können schon sehr bald Realität werden. Und China hat das erkannt.

Neben China arbeiten im Übrigen auch die USA, Australien, Großbritannien, Indien und Südkorea an der Lösung der technischen Probleme für die Realisierung von Solarkraftwerken. In Japan gilt es sogar als nationales Ziel und ist im Programm der nationalen Raumfahrtagentur JAXA festgeschrieben. In den USA wurden bereits mit Hilfe des unbemannten militärischen X-37B Minishuttles Versuche mit Entfaltstrukturen für diesen Zweck unternommen.

Weltall-Ressourcen und schwere Träger

Die Zukunft liegt in der Nutzung der Ressourcen des Weltalls. Bleiben wir dafür gleich bei den orbitalen Solarkraftwerken, denn sie könnten eines der ersten Anwendungsgebiete dafür darstellen.

Bei ihrer Errichtung wäre die Verwendung von lunarem Baumaterial denkbar. Vom Mond aus ist eine geostationäre Erdumlaufbahn mit weitaus weniger Energieaufwand zu erreichen als von der Erde. Ein wenig erstaunlich angesichts der zehnmal größeren Entfernung aber dennoch wahr. Der Mond hat keine Atmosphäre, so dass Komponenten nicht einmal aerodynamisch verpackt werden müssten. Allerdings müsste man dafür zunächst eine Transportinfrastruktur auf dem Mond erstellen. Die muss allerdings nicht auf Raketen basieren, es könnten genauso gut Linearbeschleuniger sein, welche Materialpakete in Richtung Erde senden.

Auch die Treibstoffproduktion auf dem Mond wäre möglich. Eisvorkommen für die Gewinnung von Wasserstoff und Sauerstoff sind bereits nachgewiesen. Auch Methan könnte unter Einsatz von Mondmaterial synthetisch hergestellt werden. Derlei in-situ-Ressourcengewinnung und -Aufbereitung, also Gewinnung und Verarbeitung des Materials vor Ort, ist im Übrigen erneut ein Gebiet, auf dem China ganz vorne mit dabei ist. Das Land will bereits in wenigen Jahren mit einer unbemannten Sonde auf dem Mond erste Experimente in dieser Richtung durchführen.

Noch geringer wird der Energiebedarf, der notwendig ist, Material von Weltraumressourcen zur Erde zu bringen, sobald es gelingt erdnahe Asteroiden auszubeuten. Materialien, wie zum Beispiel Metalle und Kohlenstoffverbindun-

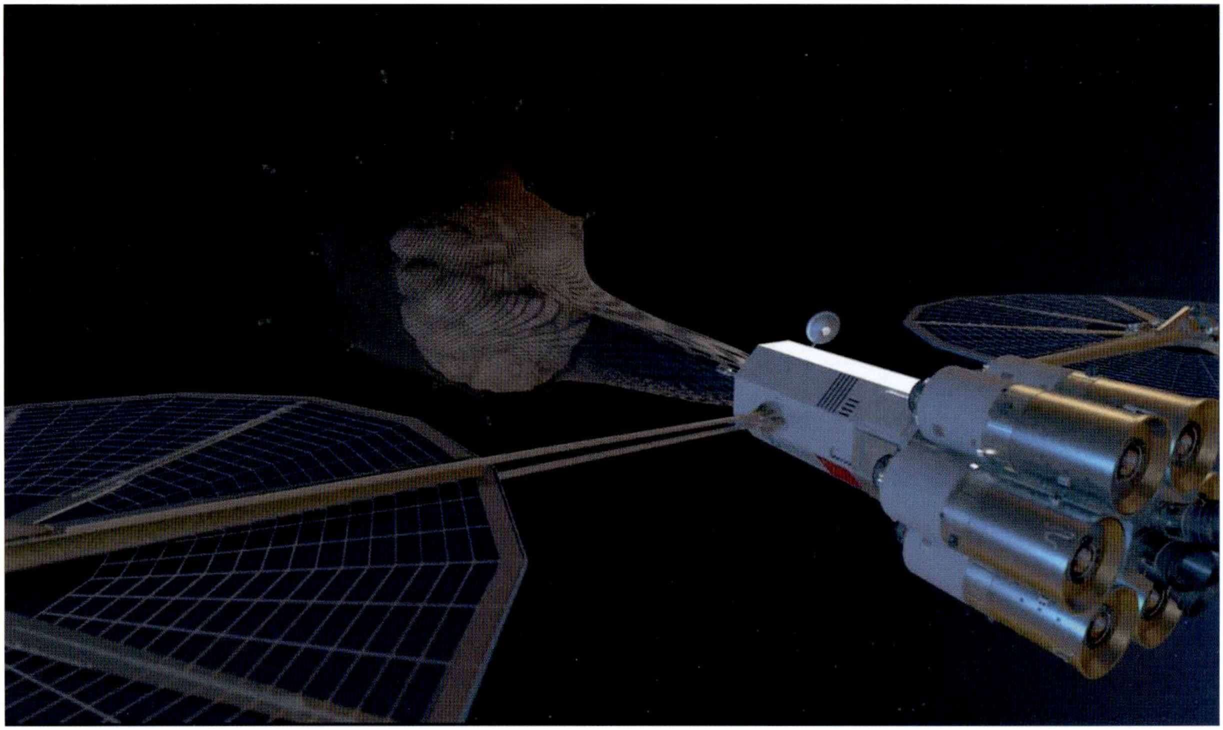

■ Konzeptdarstellung für die Ressourcen-Gewinnung an Asteroiden.

gen könnten dort konzentrierter oder leichter zugänglich sein als auf dem Mond. In der Asteroidenerkundung sind derzeit noch die japanische Raumfahrtagentur JAXA und die NASA führend, aber auch China wird bereits 2024 einen Asteroiden besuchen und dort Bodenproben entnehmen, wie wir in diesem Buch schon gesehen haben.

Und dann wäre es als finaler Schritt natürlich gut, wenn diese im Weltraum gewonnenen Materialien auch gleich im Weltraum verarbeitet werden können. Und zwar mit Hilfe der im Weltraum gewonnenen Energie. Die Herstellung beispielsweise der Strukturteile der Solarkraftanlage aus Asteroiden- oder Mondmaterial mittels 3D-Druck wäre hier die Devise. Verwendet man Material von den Asteroiden, dann bräuchte man sich auch über ihr Gewicht keine Gedanken mehr zu machen.

Natürlich müssten aber auch dann zumindest anfangs noch Spezialbaustoffe, Maschinen, Versorgungsgüter und ähnliches von der Erde angeliefert werde. Aber eben nur noch das, und nicht auch noch das gesamte Grundmaterial. Auch hier sind erneut die Chinesen führend, und haben bereits im Mai 2020 im Rahmen der Erprobung eines neuen bemannten Raumschifftyps mit Fertigungsverfahren im Weltraum experimentiert.

Neben diesem Beispiel mit der Schaffung orbitaler Solarkraftwerke ist aber Fertigung im Weltraum auch auf vielen anderen Gebieten wünschenswert. Die Gründe, warum es gerade im Weltraum, und nicht auf der Erde geschehen soll, sind vielfältig. Hier nur einige Beispiele:

Fertigungsprozesse auf der Erde sind häufig umweltbelastend. Man könnte die Fertigung in den Weltraum verlegen und nur noch die fertigen Produkte zur Erde transportieren. Man kann die Rohmaterialien vom Mond oder den Asteroiden in eine Erdumlaufbahn bringen und dort verarbeiten. Das schont die Ressourcen der Erde und die terrestrische Umwelt.

Dann sind die Effekte der Mikrogravitation und das Supervakuum des Alls ideal für bestimmte wissenschaftliche und produktionstechnische Verfahren. Man kann hier Stoffe herstellen (beispielsweise Proteinkristalle), die auf der Erde unter Schwerkraftbedingungen nicht zu produzieren sind. Verbundmetalle könnten produziert werden, die sich auf der Erde nicht mischen lassen, Sedimentationsprozesse in der Fertigung könnten vermieden werden und die Konvektion von Flüssigkeiten und Gasen könnte kontrolliert werden.

Das ultrahohe Vakuum des Weltraums erlaubt die Herstellung sehr reiner Materialien. Es ist dort viel leichter, defektfreie Materialien und Stoffe zu schaffen. In der Schwerelosigkeit können, nur mit Hilfe der Oberflächenspannung, absolut exakte Kugeln hergestellt werden, da keine verformende Schwerkraft auf sie einwirkt. Wir könnten Raumschiffe aus in-situ gewonnenem Material bauen. Zunächst zumindest die Strukturteile. Dies könnte die Kosten von Weltraummissionen senken, wenn nicht alle erforderlichen Ressourcen von der Erde her stammen.

Hoch wertvolle Materialien könnten entweder in den Erdorbit für die Weiterverarbeitung oder aber zur Nutzung auf die Erde gebracht werden. Zum Beispiel das oft zitierte Helium 3, aber auch einfach Nickel, Eisen, Aluminium, Titan und andere Stoffe.

Der Weltraum stellt uns das direkte Nebeneinander von großer Hitze und extremer Kälte zur Verfügung. Sonnenlicht kann fokussiert und konzentriert werden um Materialien zu schmelzen und Objekte könnten im „ewigen" Schatten bei Temperaturen nahe dem absoluten Nullpunkt gehalten werden. Dieses Temperaturgefälle kann dazu verwendet werden, beispielsweise starke Glasmaterialien herzustellen.

Für Wirtschaft, Industrie und Forschung öffnen sich ganz neue Dimensionen, wenn wir Teile der Produktion in den Weltraum verlegen. Viele Anwendungen werden überhaupt erst dann auf dem Plan erscheinen, wenn diese Möglichkeiten zur Verfügung stehen. Es ist sicher nicht zu viel versprochen: Der Weltraum ist der Industriestandort der Zukunft. Dessen ist man sich in China mehr bewusst als anderswo.

Zwecke wie die oben genannten, die anderswo in der Welt noch als pure Science Fiction betrachtet werden sind es, welche in China die Entwicklung superschwerer Trägerraketen antreiben. Somit ist die Voll-Entwicklung der Langer Marsch 9-Rakete ebenfalls ein prominenter Gegenstand des neuen Fünf-Jahres-Plans. Das Projekt „Langer Marsch 9" hat in den letzten beiden Jahren noch einmal entscheidende Design-Änderungen erfahren, wie wir in diesem Buch schon mehrfach festgestellt haben. Das „alte" Design sah eine zehn Meter durchmessende Zentralstufe vor, die durch vier jeweils fünf Meter durchmessende Booster verstärkt wurde. Nun soll die Rakete aus einer monolithischen Struktur ohne Booster bestehen, aber einen Durchmesser von 10,6 Metern aufweisen. Angetrieben wird dieses neue Modell von 30 Triebwerken mit einer Schubleistung von jeweils 2.000 Kilonewton.

■ Noch bis etwa 2027 bleibt die Langer Marsch 5 Chinas stärkste Trägerrakete. Hier startet sie mit Tianwen-1 zum Mars. Danach wird diese Position zunächst von der Langer Marsch 10 übernommen, und etwa ab 2035 von der Langer Marsch 9.

■ Vom CSSHQ-Vehikel existieren praktisch keine brauchbaren Bilder. Deshalb ist hier sein US-Pendant X-37B abgebildet, dem das CSSHQ bis auf wenige Details gleicht.

Die Nutzlastkapazität würde dabei von bisher 140 Tonnen für den niedrigen Erdorbit auf 150 Tonnen steigen. Die Nutzlastmasse für eine translunare Bahn würde von 50 auf 53 Tonnen steigen. Die Rakete soll es in einer zweistufigen und in einer dreistufigen Version geben. Erstere für Erdorbit-Anwendungen, die zweite für lunare und heliozentrische Missionen. Weitere Quellen deuten an, dass China bereits an einer noch einmal verstärkten Variante der Langer Marsch 9 arbeitet.

Auch von wissenschaftlicher Seite her haben sich bereits erste Interessenten für diesen Super-Schwerlastträger gemeldet. Allerdings ist das kein gesichertes Vorhaben, sondern erst einmal ein Projektangebot. 2035 soll mit einer Langer Marsch 9 ein 40 Tonnen schweres Großteleskop zum Lagrange-Punkt 2 des Erde-Sonne-Systems transferiert werden. Es soll eine ganze Reihe wissenschaftlicher Instrumente an Bord mitführen, darunter ein Sechs-Meter-Spiegelteleskop. Zweck des Großinstrumentes ist die Suche nach bewohnbaren extrasolaren Planeten.

Mini-Shuttles und Hyperschalltechnologie

Es dürfte die geheimnisvollste chinesische Mission des Jahres 2020 gewesen sein. Am 4. September startete vom Raumfahrtzentrum Jiuquan aus ein unbemanntes wiederverwendbares Raumfahrzeug mit der Bezeichnung Chongfu Shiyong Shiyan Hangtian Qi oder kurz CSSHQ. Der Name sagt allerdings nicht viel aus. Auf Deutsch bedeutet das so viel wie „wiederverwendbares experimentelles Raumfahrzeug".

Als Träger wurde eine Langer Marsch 2F/T eingesetzt, eine Variante der Rakete, die bislang nur bei bemannten Missionen Chinas oder für die Transporte der Tiangong-

Raumstationsprototypen zum Einsatz kam. Sie weist eine deutlich größere Nutzlastverkleidung gegenüber derjenigen der Tiangong-Starts auf. Der Flug war der 14. Einsatz einer Rakete der Langer Marsch 2F-Serie.

Der Start erfolgte um 9:30 Uhr mitteleuropäischer Zeit von derselben Startanlage aus, von der auch die Shenzhou-Raumschiffe starten. Die erzielte Umlaufbahn wurde vom militärischen US-Bahnverfolgungssystem mit einem Perigäum von 332 Kilometern, einem Apogäum von 348 Kilometern und einer Bahnneigung von 50,2 Grad zum Äquator ermittelt. Aus China gab es keine Daten dazu.

Nur knapp zwei Tage später, am 6. September gegen 4:00 Uhr mitteleuropäischer Zeit, landete das Raumfahrzeug auf der Runway 5 des militärischen Testzentrums Lop Nor in Nordwestchina. Dieses hoch geheime Testzentrum entspricht in etwa der Area 51 im Groom Lake in Nevada in den USA. Beide Testzentren befinden sich auf einem ausgetrockneten Salzsee und verfügen über sehr lange Start- und Landebahnen. Zwei Erdumkreisungen vor der Landung setzte das CSSHQ einen kleinen Satelliten mit unbekanntem Namen und nicht genanntem Einsatzzweck ab.

Dieses Bild vom CSSHQ-Vehikel erschien am 8. Mai 2023 in einer der chinesischen Staatsmedien.

Das CSSHQ ist Bestandteil des Shenlong-Programms. In diesem Vorhaben wird seit Anfang der 2000er-Jahre ein kleiner unbemannter Shuttle ähnlich dem amerikanischen X-37B entwickelt. Ein erstes Fluggerät für Abwurftests wurde erstmals im Dezember 2007 erprobt.

Das Testvehikel Nummer 2 startete am 4. August 2022 zu einer weiteren Orbitalmission eines CSSHQ und landete erst nach 276 Tagen im Orbit am 8. Mai 2023 auf dem Wüstenflughafen Lop Nor. „Spotter" aus dem Westen, welche die Bahn und die Manöver des kleinen Raumflugzeugs verfolgten, beobachteten während des mehr als acht Monate dauernden Einsatzes umfangreiche Manöver im Orbit. So stieg es bis auf eine Umlaufbahn in über 600 Kilometern Höhe auf und setzte einen Subsatelliten aus, mit dem es mehrfach so genannte „Proximity Operations" unternahm, also kontrollierte Interaktionen mit Annäherungen und Distanzierungen, Ablege- und Anlegemanövern. In den letzten Wochen vor der Landung sammelte das Testfahrzeug den Kleinsatelliten wieder ein, verstaute ihn in der Nutzlastbucht und landete damit wieder auf der Erde.

Anders als in Europa, wo man Hyperschalltechnologie für orbitale Zwecke seit mehr als 20 Jahren nicht mehr pflegt, besitzt China dafür ein breit angelegtes Programm. Es geht den chinesischen Wissenschaftlern dabei um nicht weniger als die Suche nach dem „Heiligen Gral" der Raumfahrt, der Möglichkeit, mit einem einstufigen Fahrzeug den Orbit zu erreichen. Auf dem Weg dahin sind eine Reihe von Programmen etabliert worden, nicht nur bei den staatlichen Institutionen, sondern auch bei privaten chinesischen Unternehmen, die offensichtlich kein Problem haben, beachtliche Fördermittel für diesen Zweck zu bekommen. Die Ähnlichkeit mancher dieser Konzepte mit dem deutschen Sänger-Entwurf der neunziger Jahre ist verblüffend. Dieses

Noch eine Darstellung aus einer offiziellen Quelle. Der gravierende Unterschied zwischen den beiden Bildern ist ein deutlicher Hinweis darauf, dass die wahre Form weiterhin unter Verschluss ist. Nicht einmal in China selbst scheint man sie zu kennen.

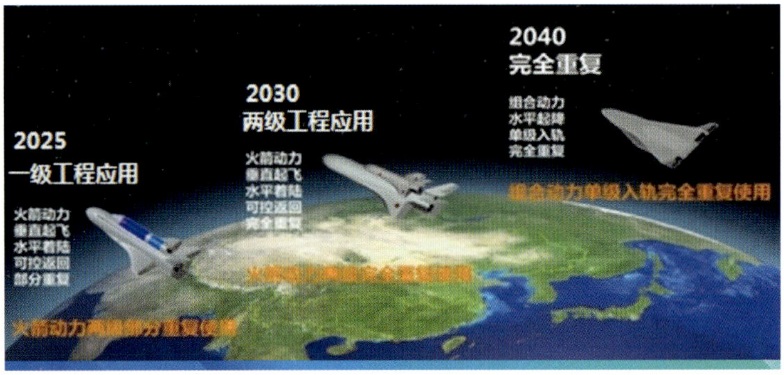

Evolution der chinesischen Hyperschallprogramme. Die Grafik wurde von einer Powerpoint-Präsentation abfotografiert und ist deshalb von mäßiger Qualität. Aber man sieht, wohin die Reise geht.

Projekt war seinerzeit von Deutschland aufgegeben worden. Die Daten wurden seinerzeit für wenig Geld (es war lediglich eine fünfstellige Summe) an Japan verkauft und sind danach wohl auf einigen Umwegen (und wahrscheinlich für deutlich mehr Geld) in China gelandet.

Chinas Hyperschall-Projekte sind breit aufgestellt. Sie enthalten alles von rein raketenbetriebenen Flugkörpern mit aerodynamischer Formgebung bis hin zum fortschrittlichen Scramjet/RAMJet-Entwurf. Vor allem für Letztere wurden spezielle Windtunnel gebaut, wie es sie zuvor nur an wenigen Standorten im Westen gab. So wurden die Basisdaten für das Shenlong-Programm im High enthalpy Stoßwellen-Windkanal der Chinesischen Akademie der Wissenschaften erarbeitet. Dabei konnten Geschwindigkeiten bis Mach 20 simuliert werden. Die Daten, die damit geschaffen wurden münden in Fluggeräte, die inzwischen mit schöner Regelmäßigkeit jeweils im Abstand von einigen Monaten bei atmosphärischen Hyperschall-Testflügen erprobt werden.

Vorläufiges Zwischenziel der chinesischen Raumfahrttechniker, das noch in den 20er-Jahren erreicht werden soll, ist ein Mini-Shuttle mit einer zweistufigen Antriebseinheit. In der ersten Stufe soll es mit einem Scramjet-Booster betrieben werden. Das eigentliche Raumfahrzeug soll ein Gewicht von etwa 22 Tonnen aufweisen, etwa neun Meter lang sein und bis zu sechs Personen transportieren können.

Ein horizontal startendes und landendes orbitales System mit der Bezeichnung Tengyun soll angeblich ab 2025 für erste Tests einsatzbereit sein. Bemannte horizontal startende zweistufige Systeme könnten bis 2030 verfügbar sein, und einstufige horizontal startende Systeme mit fortschrittlichen Kombinationstriebwerken (RAMJet/ScramJet/Raketenantrieb) könnten um 2040 den einstufigen Flug in den Orbit ermöglichen.

Chinas Zukunft auf dem Mond

Das vorausgegangene Hauptkapitel beschäftigte sich mit der Geschichte und der Gegenwart des chinesischen Mondprogramms und gab einen Ausblick auf die kommenden lunaren Aktivitäten bis hin zur Mondsonde Chang'e 8. Auch einen Ausblick auf den aus heutiger Sicht vermuteten Programmverlauf hin zur ersten bemannten Mondmission haben wir aufgezeigt. Doch wie kommen wir von hier zur so genannten „International Lunar Research Station" Chinas?

Dafür sind – auf Basis des Wissensstandes Mai 2023 – insgesamt fünf so genannte IRLS-Missionen vorgesehen, die in den Jahren 2031 bis 2035 erfolgen sollen. Diese Einsätze werden weitgehend oder vielleicht sogar komplett automatisch vor sich gehen, also ohne dass Menschen direkt eingreifen. Die Ausrüstung für diese Missionen wird – wahrscheinlich – mit jeweils zwei Trägerraketen des Typs Langer Marsch 10 zum Mond transportiert. Diese fünf Missionen sind:

ILRS-1 im Jahre 2031: Errichtung der Kommandozentrale, der Energieversorgung und der Telekommunikationsanlagen. Einrichtung der Infrastruktur für den autonomen Betrieb der Anlage auf dem Mond und Vorbereitung der Infrastruktur für die langfristige wissenschaftliche Erkundung des Mondes.

ILRS-2 im Jahre 2032: Einrichtung der Anlagen für Mondforschung und -erkundung und die Physik des Mondes, für die Erstellung selenologischer Profile und die Erforschung der lunaren Lavaröhren, für die Untersuchungen von Mond-Bodenproben und deren Transfer zur Erde.

ILRS-3 im Jahre 2033: Erstellung von Test- und Produktionsanlagen zur Nutzung von Mondressourcen.

ILRS-4 im Jahre 2034: Verifizierung der allgemeinen Technologien für den Mond. Einrichtungen für biomedizinische Experimente, biomedizinische Tests. Rückführung der Ergebnisse und Proben zur Erde.

ILRS-5 im Jahr 2035: Einrichtung mondbasierter Astronomie- und Erdbeobachtungsmöglichkeiten.

Wie und in welcher Form die robotische Errichtung der chinesischen Mondbasis mit dem Einsetzen der bemannten Missionen ab 2030/2031 interagiert, ist noch nicht bekannt. Es dürfte aber so sein, dass der erste bemannte Einsatz eine reine Technologiemission ist, nicht an der künftigen Mondbasis landet, und somit auch nicht Bestandteil des ILRS-Vorhabens ist. Spätere bemannte Landungen könnten dagegen an der Basis erfolgen, damit die Astronauten dort unterstützend eingreifen können. Wesentliche Arbeiten von Menschen werden aber während dieser 2–3 bemannten Vorreitermissionen, die jeweils auch nur sehr kurze Mondaufenthalte vorsehen, sicherlich nicht durchgeführt.

Einen ganz besonderen Schwerpunkt legt China auf die Vereinnahmung des Mondes im Sinne einer Erweiterung chinesischen Staatsgebietes in den Weltraum. Ich werde auf diesen Punkt auch noch im Schlusskapitel eingehen.

Wir haben im vorigen Kapitel gesehen, mit welch gewaltigem Aufwand das Land die Eroberung des Erdtrabanten in Angriff nimmt. Sehen wir uns jetzt einmal die Motive an, die China dazu treiben.

Zunächst und vor allem ist es eine Frage des Hegemonialanspruches. China sieht sich als Führungsmacht, und dazu gehört auch die Präsenz im Weltraum an exponierter Stelle. Aufgrund seiner Fähigkeiten bestimmt dabei China das Programm und die Zielrichtung. Mangels eigener Kapazitäten und Fähigkeiten sind andere Länder dazu gezwungen, entweder bei diesem Programm mitzumachen oder es sein zu lassen, und dieses in Zukunft immer lukrativere Feld von vorneherein China zu überlassen. Die USA machen das auf der westlichen Seite übrigens recht ähnlich mit dem Artemis-Akkord. Wir kommen auch darauf im Schlusskapitel noch einmal zu sprechen.

Weltraummacht besteht in der Fähigkeit, Präsenz im Weltraum zu demonstrieren, unabhängig in den Orbit und darüber hinaus starten zu können und den Zugang zu den zukünftigen wirtschaftlichen, wissenschaftlichen und militärischen Schlüsselzonen im Weltraum zu ermöglichen. Dies schließt den Mond und den cislunaren Raum bis zu den Lagrange-Punkten des Erde-Sonne-Systems mit ein. In der mittleren Zukunft, beginnend etwa ab den 2040er-Jahren dürfte dieser Einflussraum auch darüber hinaus erweitert werden. Dieser Einflussraum wird dann auf das gesamte innere Sonnensystem ausgeweitet. Praktischerweise bedeutet das: Den Raum zwischen Erde und dem Asteroiden-Hauptgürtel, einschließlich des Planeten Mars und seiner beiden Monde.

Der Mond ist somit für China ein wichtiger „Boxenstopp". Neben dem praktischen Nutzen stellt er vor allem auch eine Schaubühne dar, auf der das Land die Agilität einer zentral gelenkten Hochzivilisation, ihre ideologische Überlegenheit über den dekadenten Westen und ihr technisches Können demonstriert. Unter anderem mit diesen Vorgaben wurde 2007 das China Lunar Exploration Program (kurz: CLEP) ins Leben gerufen. Seine Durchführungsmethode besteht, verwurzelt in der chinesischen Tradition und Mentalität, in der Durchführung eines „Langen Marsches". Beginnend bei ersten Schritten wie dem Mondorbiter Chang'e 1 bis zur permanent von Astronauten besetzten Mondbasis, deren Inbetriebnahme um das Jahr 2035 erfolgen könnte.

Nach 2035 steht die Ausbeutung der Mond-Ressourcen auf dem Programm. Und es ist durchaus ein „Rennen" mit den USA im Gange, denn der Politiker Ouyang Ziyuan, einer der Väter des chinesischen Mondprogramms, meinte im Jahr 2003, noch bevor auch nur die erste der chinesi-

■ Poster zum chinesischen Tag der Raumfahrt am 24. April 2023.

schen Mondsonden gestartet war, dass *„der Mond als neuer und gewaltiger Energie- und Ressourcenlieferant für die Menschheit dienen kann… Wer zuerst den Mond erobert, profitiert als Erster … und dann blicken wir weiter hinaus ins Sonnensystem – zum Mars."* Luan Enjie, der damalige Direktor der chinesischen Raumfahrtagentur, wies zur selben Zeit darauf hin, dass *„der Abbau und die Nutzung der mineralischen und energetischen Ressourcen des Mondes ein großes Potenzial für die nachhaltige Entwicklung der menschlichen Gesellschaft bietet"*.

Der Abbau potenzieller Ressourcen auf dem Mond war also eine der Hauptmotivationen, als China im Jahr 2002 begann, seine erste Mondmission vorzubereiten. Mehr als 20 Jahre später besteht dieses Motiv unverändert.

Wir werden schon bald wissen, was der Mondboden so alles verborgen hält. Mit einiger Sicherheit sind die Elemente mit dabei, die schon heute auf der Erde sehr knapp sind, und für die der Bedarf rapide wächst. Elemente wie Gallium, Germanium, Tellur oder Hafnium. Anfangen mit dem Ressourcenabbau wird man aber mit Stoffen, deren Vorhandensein gesichert ist. Darunter ist auch – für manche überraschend – sogar Wassereis mit dabei und gar nicht mal so wenig. In noch höherer Konzentration ist Titan vorhanden. Und schließlich das oft erwähnte Helium-3. Brennstoff zukünftiger Fusionsreaktoren.

Die möglichen Ressourcen sind natürlich nicht der einzige Grund. Der Mond ist auch als weithin sichtbares Public-Relation-Objekt gut geeignet. Mit einer eindrucksvollen Demonstration an Raumfahrt-Fertigkeiten strebt China unter Staatspräsident Xi Jinping danach, die Überlegenheit seines Landes zu demonstrieren. Was wäre als Demonstrationsobjekt mit Leuchtturmfunktion für Hochtechnologie besser geeignet als die Raumfahrt. Und was in der Raumfahrt besser als der Mond? Das ist aber auch mit harter Arbeit verbunden. Um beispielsweise den Erfolg der Probenrückführmission von Chang'e 5 sicherzustellen, mussten chinesische Weltraumwissenschaftler und -ingenieure seit 2011 nicht weniger als 661 simulierte Andockversuche und 518 Tests für den Probentransfer vom Aufstiegsvehikel zum Orbiter durchführen. Es dauerte fast zehn Jahre, bis dieser Prozess verstanden, entwickelt und perfektioniert war. Ein Beispiel für den „Langen Marsch" und den Willen Chinas, nicht vor technischen Problemen zurückzuschrecken, sondern sich „durchzubeißen".

Solche Demonstrationen der Weltraumtechnologie haben direkte Auswirkungen darauf, wie China von seiner Umwelt wahrgenommen wird. Von jenen Ländern, die es mit seinen Fähigkeiten im Weltraum beeinflussen möchte.

Seidenstraße in den Weltraum

Es ist noch nicht lange her, dass die Vereinigten Staaten den Weltraum als eine Domäne der Kriegsführung bezeichnet hatten. China hielt dem in einem kürzlich von der chinesischen Regierung veröffentlichten Weißbuch zur Landesverteidigung entgegen, es betrachte den Weltraum als den „Feldherrenhügel" im internationalen strategischen Wettkampf. Damit ist der Ton zwischen den beiden Weltraum-Supermächten angeschlagen. Und dieser Ton ist rauh.

Im Weltraum geht es nur noch um die USA und China. Russland ist aus dem Kampf um den Weltraum längst ausgeschieden. Nicht freiwillig, sondern den Umständen geschuldet. Das Land befand sich schon seit langem in einem stetigen Niedergang. Der Überfall auf die Ukraine gibt ihm den Rest. Für Russland heißt es definitiv, oder zumindest für sehr lange Zeit: „Time over".

Trotz lauwarmer chinesischer Bekenntnisse zur Partnerschaft mit Russland weiß man dort: Im Weltraum wäre Russland nur ein Klotz am Bein. Man wird den ehemaligen Lehrmeister in einer zunehmend kleiner werdenden Juniorrolle mitlaufen lassen, schon deshalb, um auch weiterhin Zugriff auf billige russische Ressourcen zu bekommen. Ein gleichwertiger Partner wird Russland nie mehr werden.

Und Europa? Das hat im Weltraum, trotz vollmundiger Eigenpropaganda, nie eine wesentliche Rolle gespielt und tut es gegenwärtig noch weniger als in den sechziger Jahren des vergangenen Jahrhunderts.

Gerade hat man sich hier die Möglichkeit zur Zusammenarbeit mit China auf Jahrzehnte hin selbst verbaut und setzt stattdessen einmal mehr auf die oftmals und in vielen Projekten bewiesene brüchige Zusammenarbeit mit den USA. Eine kräftige Investition in die Europäische Raumfahrt und eine entschlossene Führung war nie die Sache des Alten Kontinents.

■ Besatzungsmitglied in einer chinesischen Crew zu sein (wie hier bei Shenzhou 13): Nicht für Europas Astronauten.

Dabei hat Europa in der Vergangenheit einiges an Aufwand betrieben, um seine Astronauten für zukünftige Besuche der chinesischen Tiangong-Raumstation vorzubereiten. Aber diese Tür hat man sich nun – unnötigerweise wie ich finde – selbst zugeschlagen. Kooperationen gibt es zwar weiterhin noch, aber die sind auf einen sehr überschaubaren und rein akademischen Rahmen zusammengeschmurgelt. Bei größeren gemeinsamen Projekten mit China ist man de facto ausgestiegen.

Wie schon auf Seite 309 festgehalten, brachte es der ESA-Generalsekretär im Januar 2023 auf den Punkt, als er

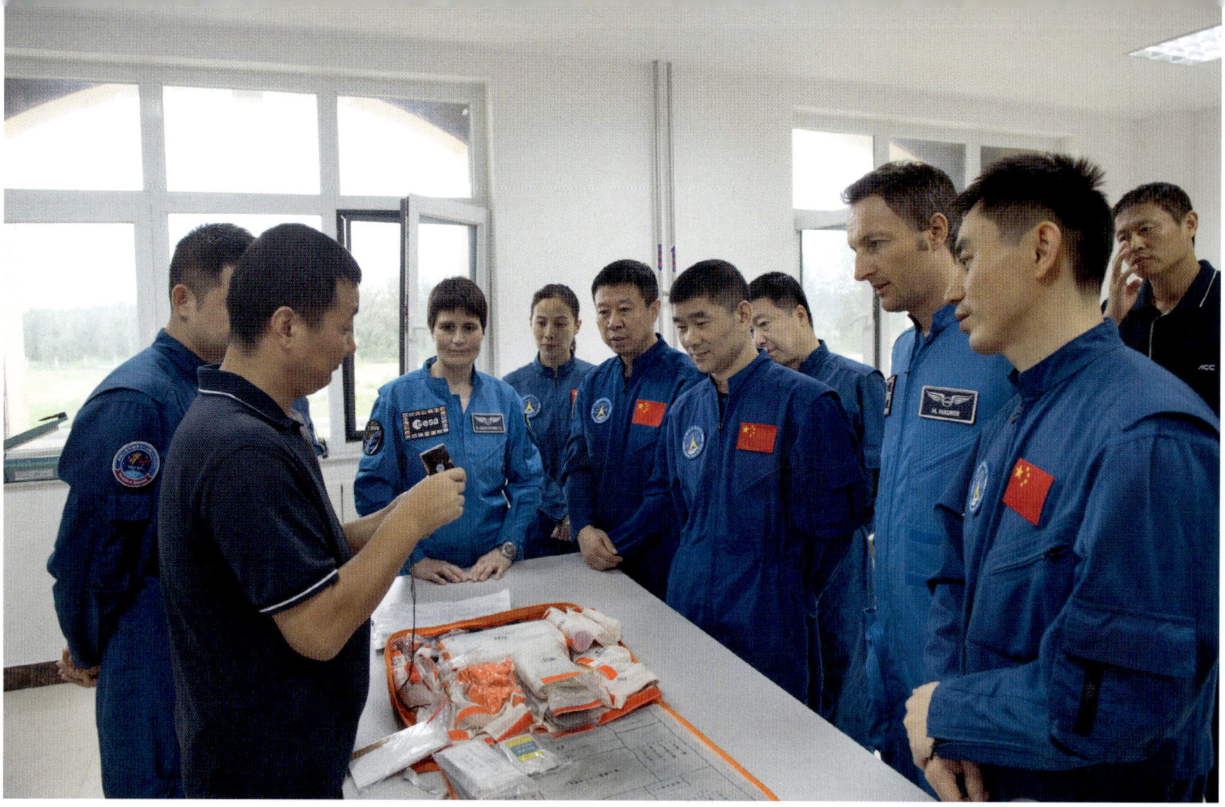

■ Europäische Astronauten haben vor einigen Jahren schon mit ihren chinesischen Kollegen trainiert. Hier mit Samantha Cristoforetti und Matthias Maurer, von chinesischer Seite Mitglieder der Crews von Shenzhou 13 und 14. Die damaligen Hoffnungen auf gemeinsame Missionen haben sich zerschlagen.

erklärte, dass sein Fokus auf der Partnerschaft bei der Internationalen Raumstation mit den USA, Russland, Kanada und Japan bleibe. Wörtlich sagte er: „Im Moment haben wir aber weder die finanzielle Ausstattung, noch das politische grüne Licht oder die Absicht am Projekt der chinesischen Raumstation teilzunehmen".

Unseliges Wolf-Amendment

Die USA haben sich schon früher dafür entschieden, in der Raumfahrt fast alle Kontakte zu China abzubrechen. Im April 2011 untersagte es der US-Kongress der NASA per Gesetz, ohne ausdrückliche vorherige Genehmigung mit ihrem chinesischen Pendant zusammenzuarbeiten. Dieses als „Wolf-Amendment" bekannte Gesetz, benannt nach dem republikanischen Senator Frank Wolf, macht es China unmöglich, sich am Programm der Internationalen Raumstation (ISS) oder anderen US-Raumfahrtaktivitäten zu beteiligen. Wörtlich lautet es:

(a) None of the funds made available by this division may be used for the National Aeronautics and Space Administration or the Office of Science and Technology Policy to develop, design, plan, promulgate, implement, or execute a bilateral policy, program, order, or contract of any kind to participate, collaborate, or coordinate bilaterally in any way with China or any Chinese-owned company unless such activities are specifically authorized by a law enacted after the date of enactment of this division. (b) The limitation in subsection (a) shall also apply to any funds used to effectuate the hosting of official Chinese visitors at facilities belonging to or utilized by the National Aeronautics and Space Administration.

Übersetzt lautet dies in etwa (und bitte entschuldigen Sie hier Ungenauigkeiten, denn dieser Text ist feinstes hardcore-Juristenfachenglisch) wie folgt:

(a) Keine der unter diesem Budgettitel bereitgestellten Mittel dürfen von der Nationalen Luft- und Raumfahrtbehörde oder vom Amt für Wissenschafts- und Technologiepolitik dafür verwendet werden, bilaterale Vorhaben, Programme, Aufträge oder Verträge gleich welcher Art und Weise mit China oder einem Unternehmen in chinesischem Besitz zu entwerfen, zu planen, zu veröffentlichen, einzuführen oder durchzuführen, es sei denn, solche Aktivitäten werden ausdrücklich

durch ein Gesetz erlaubt, das nach dem Datum des Inkrafttretens dieses Abschnittes erlassen wurde. (b) Die Beschränkung in Unterabschnitt (a) gilt auch für alle Geldmittel, die verwendet werden, um die Unterbringung offizieller chinesischer Besucher in Einrichtungen zu bewirken, die der Nationalen Luft- und Raumfahrtbehörde gehören oder von ihr genutzt werden.

Jegliche Zusammenarbeit mit China ist der NASA somit untersagt. Noch nicht einmal Einladungen zu einem Mittagessen sind möglich. Dieses Gesetz macht zwar eine Zusammenarbeit auf eng limitierten Gebieten nicht ganz unmöglich, aber es erschwert sie extrem, denn für jede einzelne Ausnahme, und sei sie noch so klein, bedarf es einer Zustimmung der Mehrheit des US-Kongresses. Eine solche Ausnahme gab es bislang genau einmal.

Während der chinesischen Chang'e 4-Mondlandemission arbeitete die NASA mit China zusammen, um den Mondlander und den Yutu 2-Rover auf der Mondrückseite mit Hilfe des Lunar Reconnaissance Orbiter der NASA zu überwachen. Die NASA konnte das aber nur tun, weil sie sich zuvor die Genehmigung des Kongresses für genau diese eine spezifische Aktion einholte. Danach musste sie sich auch noch umständlich dafür rechtfertigen, in dem sie erklärte…

Das gesetzliche Verbot der Verwendung von Haushaltsmitteln der NASA für die bilaterale Zusammenarbeit mit China … gilt nicht für Aktivitäten, für welche die NASA dem Kongress bescheinigt hat, dass sie kein Risiko darstellen, dass sie nicht zum Transfer von Technologien, Daten oder anderen Informationen der nationaler Sicherheit führen, oder Auswirkungen auf die wirtschaftliche Sicherheit der USA gegenüber China haben, und die keine wissentlichen Interaktionen mit chinesischen Offiziellen beinhalten, die den USA als direkt an Menschenrechtsverletzungen beteiligt bekannt sind. In Übereinstimmung mit dem Gesetz hat die NASA dem Kongress die entsprechende Bescheinigung für diese Aktivität ausgestellt.

Eine derart gestaltete öffentliche Erklärung ist im Prinzip ein Schlag ins Gesicht. Im Nachhinein ist es erstaunlich, dass China überhaupt darauf eingegangen ist. Diese in den letzten Jahren zunehmend konfrontative Natur der Beziehungen zwischen den USA und China verschärft sich vor dem Hintergrund rasanter technologischer Fortschritte Chinas bei der Entwicklung seiner ohnehin schon beein-

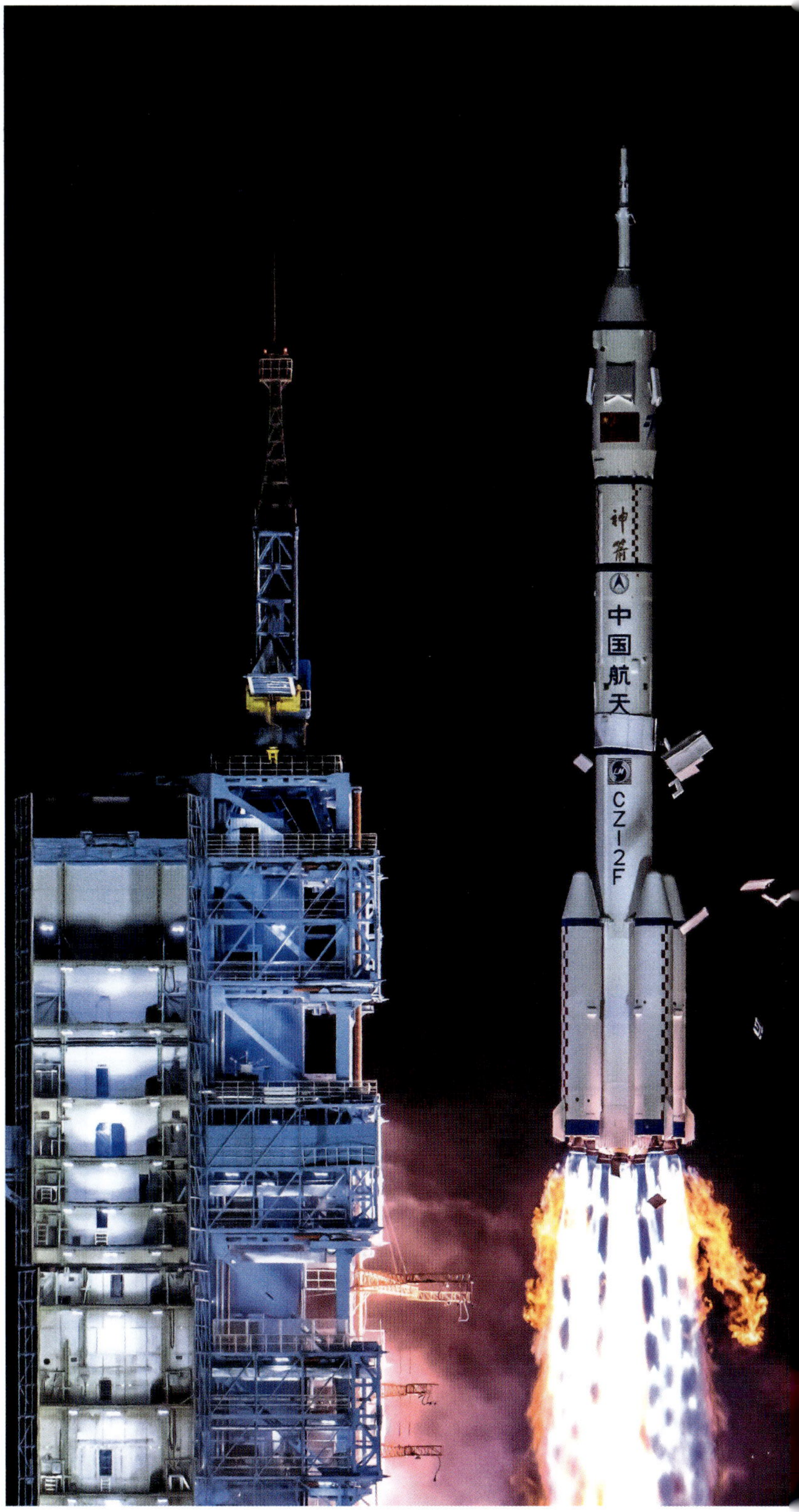

Einen Start mit einer Langer Marsch 2F-Rakete (wie hier beim Start von Shenzhou 13) wird es für Europäer, Kanadier, Russen und Amerikaner nicht geben.

■ Künstlerische Darstellung von Chang'e 5 auf der Mondoberfläche. Für dieses Projekt durfte die NASA ausnahmsweise Unterstützung geben. Aber es brauchte die Zustimmung des Kongresses dafür.

druckenden Weltraumfähigkeiten. Dazu kommen in immer kürzeren Zeitabständen weitere destabilisierende Faktoren hinzu.

Zu den Treibern der Instabilität gehört die tiefgehende Verschränkung militärischer und ziviler Aktivitäten mit konventionellen und nuklearen Weltraumwaffensystemen in China, das Testen von direkt aufsteigenden (also ballistischen) Antisatellitenwaffen und das dramatische Wachstum von Internet-Konstellation mit Zehntausenden neuer kommerziellen Satelliten.

Bei all diesen Themen ist China ein Schlüsselfaktor. Diese und andere Bereiche zeigen, dass die Regularien und die Infrastruktur der Raumfahrt-Governance mit dieser Entwicklung nicht Schritt gehalten haben. Ganz im Gegenteil verlieren sie immer mehr an Terrain. Um das Risiko einer Eskalation zu senken, sollten die Vereinigten Staaten und China eigentlich alles Notwendige tun, um sicherzustellen, dass ihre Warn- und Sicherheitseinrichtungen aufeinander abgestimmt werden. Dass vor allem auch dann gemeinsam koordiniert wird, wenn man eigene Ziele verfolgt. Die aktuellen Spannungen in den Beziehungen zwischen den USA und China erschweren aber die Bewältigung potenzieller Konflikte im Weltraum.

Dies gilt nicht länger nur für den unmittelbar erdnahen Weltraum, denn schon bald gehören auch der Mond und der cislunare Raum zum Wirkungsbereich der beiden Nationen. Und noch einmal nur wenige Jahrzehnte später wird es um den Mars und den Asteroidengürtel gehen. Das mag zunächst noch in einiger Ferne liegen. Richtig akut ist aber bereits jetzt die Frage der Internet-Konstellationen und des so genannten „Weltraummülls". Hier wäre es mehr als nur wünschenswert, wenn die Vereinigten Staaten und China zusammenarbeiten würden, um die Auswirkun-

■ Die Langer Marsch 7 mit Tianzhou 6 unter der Nutzlastverkleidung wird für den Start vorbereitet.

gen dieser Themen auf die Weltraumsicherheit unter Kontrolle zu halten, und Koordinierungsmechanismen für Satellitenumlaufbahnen und dem dort ablaufenden Verkehr zu schaffen.

Aber schon bald danach, und genauso wichtig, wäre ein bilaterales, aber noch besser weltweites Abkommen über die Nutzung des Mondes und des cislunaren Raumes bis hin zu den Lagrange-Punkten. Auch Nutzungsregularien für Asteroiden-Bergbau wären hilfreich. Die Ressourcen sind hier zwar im Prinzip unendlich, aber irgendwann wird es zum ersten Streit kommen, wenn jemand seltene Metalle an einem Asteroiden abbauen will, ein anderer auf seine früheren Entdeckerrechte pocht und dann seine Waffe zückt, um sie zu verteidigen.

Aber gibt es denn nicht schon ein Weltraumrecht, das so etwas definitiv klärt? Ich fürchte, da gibt man sich Illusionen hin, doch sehen wir uns diesen Punkt genauer an.

„Outer Space Treaty" und „Lunar Treaty"

Werfen wir zunächst einen Blick auf das bedeutendste und älteste der internationalen Weltraumabkommen, den *Outer Space Treaty,* also den Weltraumvertrag des Jahres 1967. Er ist das erste große Dokument, das Grundprinzipien für die Erforschung und die Nutzung des Weltraumes festlegte. In der Zwischenzeit ist er leider nicht mehr der Frischeste, weil er von den Entwicklungen der letzten fünfeinhalb Jahrzehnte überholt wurde. Einige seiner Bestimmungen sind aber auch heute noch gut anwendbar (beispielsweise die gegenseitige Hilfeleistung in Notfällen betreffend). Andere sind schon deutlich aus der Zeit gefal-

■ Die Chinesen sind stolz auf ihr Weltraumprogramm. Hier spielt das Xian-Symphonieorchester beim Start des Tianhe-Moduls der chinesischen Raumstation.

■ Auch die Betrachtungsposition der jungen Frau am Startgelände Xichang, wo eine Langer Marsch 3B-Trägerrakete auf ihren Einsatz wartet, drückt die Bewunderung für das chinesische Raumfahrprogramm aus. Würde man sich sonst zu einem kleinen Bergmarsch aufmachen, um so einen Anblick zu genießen?

len, wie beispielsweite die Abschnitte mit den Haftungsbestimmungen. Und eine dritte und wachsende Gruppe von Problemfeldern war in den 60er-Jahren überhaupt nicht relevant, wie beispielsweise Fragen der Beseitigung (oder eher die Nicht-Beseitigung) von Weltraummüll, und die deshalb auch nicht Vertragsbestandteile sind.

Interessanterweise war der Hauptgrund dafür, warum der *Outer Space Treaty* vor mehr als 55 Jahren überhaupt ins Leben gerufen wurde die mögliche wirtschaftliche Nutzung des Weltraums und damit verbunden die Frage, ob man am Weltraum überhaupt Eigentum erlangen kann. Exakt dieser Punkt erhält heute wieder enorme Aktualität.

Der *Outer Space Treaty* entstand zwei Jahre vor der ersten bemannten Mondlandung. Damals trieb die Staatengemeinschaft die Sorge um, was wohl passiert, wenn einer der beiden Supermächte, also entweder die Sowjetunion (die damals viele noch im Wettrennen um die erste Mondlandung vorne sahen) oder die Amerikaner den Mond nach der Landung für sich beanspruchen würden.

Nicht umsonst wurde dieser Passus (von vielen etwas hämisch als der „Neid-Paragraph“ bezeichnet) gleich im allerersten Artikel untergebracht. Da heißt es in den Sätzen 2 und 3: *„Der Weltraum, einschließlich des Mondes und anderer Himmelskörper, steht allen Staaten ohne irgendwelche Diskriminierung auf der Grundlage der Gleichheit und in Übereinstimmung mit dem Völkerrecht zur Erforschung und Nutzung offen. Alle Teile von Himmelskörpern sind frei zugänglich.“*

Dann kommt der sehr kurze und prägnante Artikel 2: *„Der Weltraum, einschließlich des Mondes und anderer Himmelskörper, unterliegt nicht nationaler Aneignung aufgrund von Souveränitätsansprüchen, aufgrund von Nutzung oder Besetzung oder aufgrund irgendeines anderen Titels“.*

Damit sollte dem „durchschnittlich verständigen Menschen“, den die Juristen gerne als Maßstab heranziehen, klar sein: Niemand kann an irgendeinem Körper im Weltraum Eigentum erwerben. Weder an Planeten, noch an Monden, noch an Asteroiden.

Die überwiegende Anzahl aller Länder auf der Erde haben dieses Abkommen ratifiziert, unterzeichnet oder sind ihm beigetreten. Derzeit 135 Staaten bezeichnen sich in irgendeiner Form an dieses Abkommen gebunden und haben diese Absicht formal entweder in Washington, London oder Moskau hinterlegt. Die USA haben das Abkommen 1967 ratifiziert, Russland im selben Jahr, damals noch als Sowjetunion. China ist dem Abkommen erst 1983 beigetreten.

Hinsichtlich seiner Bestimmungen über die Ausbeutung eventueller Schätze des Weltraums ist der Vertrag, wir haben es schon beiläufig bemerkt, ein Dokument der Habenichtse. Sie wollten damit verhindern, dass sich die Sowjetunion oder die USA den Weltraum aneignen, ohne dass sie selbst etwas davon abbekommen. Wenn sie selbst schon keinen Zugriff auf die Ressourcen des Weltraums hatten, dann sollten sie die anderen auch nicht bekommen.

Das scheint ein wenig absonderlich, denn an diesem Paragrafen konnten weder die Sowjetunion noch die USA ein sonderliches Interesse haben. Sie waren ja die Einzigen, die schon damals zumindest theoretisch die Möglichkeit gehabt hätten, den Mond auszubeuten. Nachdem aber im Jahre 1967 noch keiner von beiden wusste, wer von ihnen zuerst den Mond erreichen würde, passten auch diese Artikel zunächst in das Kalkül beider Staaten, und so unterzeichneten sie.

Dass Nutzungen von Planeten, Monden und Asteroiden ohne irgendeine Form von Eigentum praktisch nicht möglich ist, wurde geflissentlich übersehen und führt zu absurden Betrachtungen. Stellen wir uns einfach vor, dass ein Unternehmen einen kleinen Eisen-Nickel-Asteroiden ausbeutet und in diesem Prozess den Asteroiden vollständig abbaut. Die Firma dürfte nach geltendem Recht an dem nunmehr nicht mehr vorhandenen Asteroiden zwar kein Eigentum anmelden, wohl aber an dem Abbauprodukt, also dem gesamten Asteroiden.

Auf dem Mond wäre der Abbau von Helium 3 ohne eine definierte Form von Eigentum auf eine bestimmte Parzelle zu erheben auch unmöglich, schließlich will man ja nicht, dass jemand mit seinem Schürfgerät auf dem Gelände herumfährt, das man selber grade unter ungeheurem Aufwand erschlossen hat.

Der Outer Space Treaty krankte obendrein zusätzlich daran, dass er ausschließlich Staaten als handelnde Parteien im Weltraum vorsah. Es zeichnet sich jedoch ab, dass viel eher Privatunternehmen unterwegs sein werden, um die Ausbeutung vorzunehmen. Und um es noch komplizierter zu machen: Es wird auch multinationale Unternehmen geben, die das tun.

Der zweite Versuch, die „Großen" mit ihren eventuellen Besitzansprüchen an die Kandare zu nehmen, war der *Lunar Treaty* des Jahres 1979. Dieser Versuch war zwar ganz nett, aber Russland und die USA, weiterhin die einzigen, die den Mond tatsächlich hätten ausbeuten können, durchschauten das durchsichtige Spiel und traten dem Abkommen gar nicht erst bei. Auch China tat das nicht, wohl schon im Hinblick auf seine absehbare zukünftige Rolle im Weltraum.

Erneut war es ein Versuch der „Habenichtse", die großen Raumfahrtnationen daran zu hindern, Ansprüche auf Ressourcen im Sonnensystem anzumelden ohne die Zustimmung aller anderen Nationen zu erreichen. Die „Habenichtse" versuchten dabei, den verschwommenen Begriff der *„Common Heritage of Mankind"* einzuführen, um

Auch das stellt Akzeptanz in der Bevölkerung für die Raumfahrt her. Ein Techniker des Weltraumbahnhofs Wenchang ist beim Rollout einer Langen Marsch 5-Rakete mit seiner kleinen Tochter unterwegs.

die USA, Russland und China daran zu hindern, handfeste nationale oder private Ansprüche auf Himmelskörper oder Teile davon anzumelden.

Am Ende waren dem Abkommen 22 Länder beigetreten, hatten es ratifiziert oder unterzeichnet. Darunter so „bedeutende" Raumfahrtnationen wie Chile, der Libanon, Marokko, Pakistan, Peru, die Philippinen und Rumänien, nicht aber die, auf die es wirklich angekommen wäre. Keine einzige raumfahrende Nation unterzeichnete es. Das Vertragswerk war somit im Grund komplett wertlos. Trotzdem berufen sich heute gerade europäische Weltraumrechtler gerne darauf, wenn es um die Frage von Besitzansprüchen an Himmelskörpern geht. So, als wäre es ein Dokument globaler Gültigkeit. Was es definitiv nicht ist.

Ohnehin war die Sache mit den Besitzansprüchen über die Jahrzehnte, in denen die Raumfahrt stagnierte, in einer Art Dämmerzustand. Alle Jubeljahre tat jemand seine Meinung dazu kund, dann schlief die Sache wieder ein. Die Ansprüche an ein zukünftiges Weltraumabkommen reichten dabei von der vollständigen „Sozialisierung" des Weltalls, mit Mitspracherecht aller Nationen mittels eines wolkigen „Internationalen Regimes" bis hin zu Regelungen, die in etwa dem US-Homestead Act des Jahres 1862 entsprachen, nachdem jeder, der in der Lage ist, sich auf einem Stück Land niederzulassen und es zu bewirtschaften, auch das Eigentum daran erlangt.

In dieser Zeit entwickelten sich die vollständig gegensätzlichen Vorstellungen in EU-Europa und dem US-Wirtschaftsraum über zukünftiges Weltraumrecht. Von China hörte man in dieser Zeit praktisch gar nichts. Europäische Weltraumrechtler forderten erst einmal eine umfangreiche und detaillierte Festlegung von Regularien, bevor man mit der Ausbeutung des Weltraums beginnen könnte, während die US-Experten der wesentlich pragmatischeren Meinung waren, dass man die Sache einfach erst einmal laufen lassen sollte, bevor man dann, aufgrund der Erkenntnisse die man aus der Praxis gewinnt, das Ganze mit der Ausarbeitung einer rechtlichen Basis quasi „nachsichert".

Als sich die 20er-Jahre näherten, begann die bisher eher als Science Fiction abgetane Möglichkeit der Ressourcennutzung des Weltraums sich langsam als mögliche Realität abzuzeichnen. Nun kam Druck in den Kessel. Zumindest von den USA. Der Rest der Welt kümmerte sich weiterhin kaum darum. Einige recht akademische Bedenken, verbunden mit dem hier üblichen steil hochgereckten moralischen Zeigefinger, kamen aus Europa.

Donald Trump lehnte komplexe internationale Regelungen ab, schon weil er absah (und da hatte er wohl recht), dass die Verhandlung eines solchen Abkommens Jahrzehnte dauern, und unvorteilhaft für das freie Unternehmertum der USA ausfallen würde. So veranlasste er 2020 eine „Executive Order" mit der etwas irreführenden Bezeichnung *„Encouraging International Support for the Recovery and Use of Space Resources"* (*Förderung der internationalen Unterstützung für die Ausbeutung und Nutzung von Weltraumressourcen*). In dieser Order legte er klipp und klar nieder, dass … *„… the United States do not view outer space as a ‚global commons'"* (in etwa: *Die Vereinigten Staaten betrachten den Weltraum nicht als „globales Gemeingut"*). Den Mondvertrag bezeichnete er als den *„fehlgeschlagenen Versuch das freie Unternehmertum einzuschränken"*.

Auch die Regierung Biden denkt nicht im Mindesten daran, den Weltraum als *„Common Heritage of Mankind"* zu betrachten und ihn womöglich auch noch mit ambitionierten ethischen Regularien zu befrachten, so wie es den Theoretikern dieses Gebiets in Europa vorschwebt. Und sie denkt auch nicht im Mindesten daran, die Realisierung der wirtschaftlichen Interessen der USA „einzubremsen". „America first" gilt unter Biden genauso wie unter Trump.

Der Artemis-Accord

Damit war die Generalrichtung für den Artemis-Accord vorgezeichnet. Der Artemis-Accord, entwickelt für das unter US-Führung laufende internationale Mondlandeprogramm selben Namens, ist kein völkerrechtlich bindendes Instrument. Vielmehr stellt es eine bilaterale Übereinkunft der USA mit den einzelnen Artemis-Partnern dar. Dennoch ist er von enormer Bedeutung für die Zukunft, legt er doch die Richtung fest, wie sich die Unterzeichner in Bezug auf die Nutzung von Weltraum-Ressourcen künftig verhalten werden.

Dadurch, dass die im Accord festgehaltenen Schlüsselprinzipien in diesem Programm zur angewendeten Praxis werden, haben sie automatisch einen signifikanten Einfluss auf jeglichen nachfolgenden Regulierungsrahmen für menschliches Handeln jenseits der Erde.

Bis zum Redaktionsschluss für dieses Buch haben sich bereits 27 Länder dem Artemis-Accord angeschlossen. Das sind wesentlich mehr, als in diesem Programm überhaupt mitarbeiten. Eine ganze Reihe europäischer Länder hat bereits unterzeichnet, so zum Beispiel Frankreich, Luxemburg, Großbritannien, Italien und sogar die Ukraine.

Ein inszeniertes Bild, aber man sieht es so oft, dass man es schon fast als „Meme“ bezeichnen könnte. Eine junge Familie, die dem Start einer Langer Marsch 5 zusieht. Ein Bild das ausdrückt: Die Zukunft Chinas liegt im Weltraum.

■ Wo immer China im Weltraum aktiv ist: Als erstes wird beflaggt …

All diese Partner sehen – anders als beispielsweise Deutschland – kein Problem darin, sich den darin festgelegten Regeln zu unterwerfen. Die meisten dieser Länder sind ganz pragmatisch am Ausbau ihrer bereits bestehenden bedeutenden Raumfahrt-Produktionskapazitäten interessiert und sehen den Artemis-Accord nicht als Hindernis, das es zu bekämpfen gilt, sondern eher als einen Baustein für das Wachstum ihrer Volkswirtschaften.

■ … selbst bei Starts kleinerer Raketen wie dieser Kuaizhou 1A.

Der Inhalt des Accords ist im Übrigen sogar von den Nicht-Unterzeichnern weitgehend akzeptiert. Durchgängig findet sich darin die Referenz zum bestehenden Rechtsrahmen des Outer Space Treaty. Somit ist der Accord absichtsvoll darauf ausgelegt, die Unterzeichner dahingehend zu beruhigen, dass es sich hier nicht um Anweisungen einer Hegemonialmacht handelt, wie man sich zukünftig im Weltraum zu verhalten habe. Beruhigend wirkt auch, dass im Accord ein explizites Statement existiert, dass das zukünftige "Mining" von Weltraumressourcen im Einklang mit internationalem Recht abgewickelt wird.

Der Unwillen, das Dokument zu unterzeichnen, fokussiert sich im Wesentlichen auf zwei Punkte. Der eine betrifft die künftige wirtschaftliche Nutzung des Weltraums, der zweite die Art und Weise, mit welcher der Accord zustande kommt. Was den Nicht-Unterzeichnern wie Deutschland vor allem aufstößt, ist die Gestaltung des Accords durch die USA außerhalb der „normalen" Kanäle internationalen Weltraumrechts. Weder ist das Büro der Vereinten Nationen für Weltraumfragen (UNOOSA) mit eingebunden, noch der UN-Ausschuss für die friedliche Nutzung des Weltraums (COPUOS).

Genau das ist auch eines der Hauptbedenken der US-Seite und mit ein Treiber der Schaffung des Artemis-Accord: Das Wissen, dass weder die UN noch die europäischen Weltraumrechtler zu Potte kommen werden. Die Furcht vor der hingebungsvollen Liebe der EU und so mancher europäischer Nationalstaaten zu feinziseliertem Vertragswerk, das unendliche Verhandlungsrunden dreht, bis dann am Ende zwar Dokumente edelsten Standards produziert werden, die jedoch für den praktischen Gebrauch komplett wertlos sind.

Alles in allem ist der Artemis-Accord – es mag einem gefallen oder nicht – ein revolutionäres Werk in der rechtlichen Behandlung der Nutzung des Weltraums. Er hat nur einen wesentlichen Nachteil, und damit kommen wir jetzt zum entscheidenden Punkt: China ist nicht mit dabei.

Die Abwesenheit Chinas im Accord liegt im Verbot der Zusammenarbeit von US-Institutionen mit diesem Land begründet. Spätestens hier zeigt sich, wie unsäglich unsinnig dieses Verhalten ist, denn es wirkt wie ein Brandbeschleuniger und führt dazu, dass China nun in zunehmendem Tempo alle Kapazitäten entwickelt, die notwendig sind, um seinerseits zur Raumfahrt-Hegemonialmacht zu werden. Diese Ausgrenzung lässt China gar keine andere Wahl, will es nicht abgehängt werden. Schon von daher wäre das Land seinerseits dazu gezwungen, dem amerikanischen Hegemonialplan einen eigenen entgegenzustellen. Und dieser eigene Plan existiert bereits.

Chinas Hegemonialplan

Als die unbemannte Landesonde Chang'e 5 die chinesische Flagge auf der Mondoberfläche entrollte, schwärmte die staatliche Global Times: *Die chinesische Nationalflagge leuchtet vom Mond in einem noch helleren Rot*, und machte gleich darauf aufmerksam, warum sie diese Aktion für so bedeutsam hält: *Die chinesische Fahne von Chang'e 5 wurde zur ersten und einzigen Nationalflagge, die jemals im 21. Jahrhundert auf dem Mond öffentlich präsentiert wurde… gefeiert als die lebendige und neue Ikone der Monderkundung, inspiriert sie die heutige Menschheit genauso, wie es einst die Flagge von Apollo 11 tat. Sie ermutigt und befeuert heutige und künftige Generationen, sich in den Weltraum zu begeben… Eine Nationalflagge auf einem anderen Himmelskörper repräsentiert die umfassende Stärke und den technologischen Fortschritt eines Landes.*

In der Folge drückt der Artikel die Erwartung aus, dass sobald China in den 30er-Jahren zunächst eine Roboterbasis auf dem Mond errichtet hat, gefolgt von einer bemannten Landung und der Errichtung fortschrittlicher Anlagen für die Nutzung und den Abbau der Mondressourcen, dass sich dann die Welt, beeindruckt ob einer solchen Demonstration des Wissens, Könnens und der Macht, sich dem chinesischen Gesellschaftsmodell zuwenden, und die Führung Chinas in der Welt anerkennen wird.

Solche Hoffnungen und Erwartungen darf man nicht als naiv abtun, oder als „nur ein Artikel in einer regierungsnahen Zeitung". Chinas entschlossen gelenkte Entwicklung hin zu Weltraum-Hegemonialmacht hat tatsächlich langfristige Auswirkungen auf das Ansehen des Landes in der internationalen Politik. Präsident Xi hat seit seiner Machtübernahme alle Anstrengungen unternommen, um sicherzustellen, dass China auf allen Gebieten politischen und technologischen Handelns zum durchsetzungsfähigen und dominanten Akteur auf der Weltbühne wird. Hauptmaßnahme dieser Anstrengungen ist Xis Fokussierung auf die so genannte „Belt and Road Initiative" (kurz BRI). In Deutschland ist sie unter dem Begriff „Neue Seidenstraße" besser bekannt. Im Rahmen dieser Initiative hat China bereits mit mehr als 90 Ländern und internationalen Institutionen Vereinbarungen abgeschlossen. Xi legt dabei großen Wert darauf zu betonen, dass diese Initiative nicht nur chinesischen Interessen dient, sondern dem Wohl der ganzen Welt.

■ Die Mondflagge von Chang'e 5 in der Herstellung.

■ Die Mondflagge von Chang'e 5 am Bestimmungsort.

Als integraler Bestandteil eingebettet in diese BRI-Initiative sind Chinas Raumfahrtpläne. Deshalb vergibt das Land Anreize, in einem von China geführten umfassenden Raumfahrtplan mitzuwirken. Die Marketing-Strategie ist:

Je mehr China die Meisterung komplexer High-End-Weltraumtechnologie demonstriert, desto mehr internationale Partnerschaften wird es anziehen.

Anders als im Westen, wo es nur in wenigen Ausnahmeprojekten wie Artemis eine über viele Jahre reichende Generalstrategie gibt, hat China einen langfristigen Plan. Eine Vision, die weit in die Zukunft blickt, und nicht nur eine Handvoll von Einzelprojekten, die lediglich einige Jahre vorausschauen und kaum jemals in ein Größeres, Ganzes, eingebunden sind.

Denken und handeln sind im Westen viel kurzfristiger angelegt. Hier müssen die Raumfahrtplaner jedes Jahr, bei jeder Debatte über den Staatshaushalt fürchten, dass sie die für ihre Ziele notwendigen Budgets nicht erhalten. Ihnen sitzt die ständige Angst im Nacken, dass nach Neuwahlen die Prioritäten geändert, Budgets umgewidmet werden, Interessengruppen intervenieren oder in dann gerade vorherrschende zeitgeistige Trends investiert wird. Immer wieder werden hier Programme, für die bereits große Summen ausgegeben wurden, mit einem Federstrich storniert. Wir haben das in Europa mit dem Hermes-Programm erlebt und bei den US-Mondplänen ist genau das in den vergangenen drei Jahrzehnten ebenfalls mehrfach passiert. Nach Jahren startet man dann gewöhnlich wieder bei Punkt Null.

Qian Xuesen mit dem „Überragenden Führer“ Deng Xiaoping.

Dem gegenüber setzt China auf Kontinuität und das stetige, sukzessive Abarbeiten eines langfristigen Plans. China hat den „Langen Marsch“ Maos nicht nur verinnerlicht, er verkörpert auch ein chinesisches Ideal. Chinesische Wissenschaftler und Techniker arbeiten ohne Angst, dass schon die nächste Budgetdebatte in den politischen Gremien das Ende der begonnen Vorhaben bedeuten könnte.

Noch über den Fünfjahresplänen steht in China jede Art von fortschrittlicher technologischer Entwicklung unter einem systemischen, ganzheitlichen und koordinierten Ansatz. Sie sind festgehalten in den „Xi Jinping Thoughts“ (Xi Jinpings Ideen des Sozialismus chinesischer Prägung). Ihr Ziel ist es, China bis 2035 in ein autoritär geführtes, modernes sozialistisches Land zu verwandeln, in dem der Weltraum integraler Bestandteil ist. Nicht zuletzt deshalb sind viele der mittelfristigen Ziele Chinas, wie die Errichtung der bemannten Mondstation, auf genau dieses Jahr hin ausgerichtet. Die zweite Fokussierung besteht auf dem Jahr 2049. Dann jährt sich der Jahrestag der Staatsgründung des „Neuen China“ zum 100-sten Mal. Bis dahin will China jedes andere Land auf diesem Planeten hinter sich gelassen haben. Doch auch dann wird der Plan nicht enden.

Seine Durchführung wird streng von der Kommunistischen Partei Chinas kontrolliert. Der Staatsrat gibt nicht nur die Generalstrategie, sondern auch Details vor. Selbst Science Fiction-Autoren bekommen Leitlinien, in welcher Form ihre Stories gestaltet werden sollten. Ein gutes Beispiel einer die Welt anführenden Weltraummacht China beschreibt Xixin Liu in seiner „Trisolaris-Trilogie“ (Deutsch: Die drei Sonnen), ein Werk, das auch im Westen große Resonanz gefunden hat.

Alles läuft in China geordnet und aufeinander aufbauend. Trägerraketen, Satelliten, bemanntes Raumflugprogramm, Raumstation, Probenrückführung von Mond und Mars, experimentelle bemannte Mondlandungen, superschwere Trägerraketen, permanent bemannte Mondbasis, Energie aus dem Weltraum, nuklearbetriebene Raumschiffe, bemannte Flüge zum Mars, die 100-Astronomische-Einheiten-Mission bis 2049. Die Komplexität wächst, die Fähigkeiten Chinas wachsen, die Infrastruktur wird größer und ausgefeilter, der Weg zu den Sternen ist vorgezeichnet. Xi strebt danach, eine autoritär geführte Welt- und Weltraumordnung aber mit weitgehender wirtschaftlicher Freiheit und einem sorgfältig konstruierten Narrativ vom „Wohl der Menschheit" zu errichten. Chinas Mondprogramm spielt in diesem Narrativ eine entscheidende Rolle, weswegen der Mond in Chinas Raumfahrt aktuell die größte Rolle spielt. Er ist zum einen der weithin sichtbare Leuchtturm des erzielten Fortschrittes zum anderen aber auch ein wichtiger Baustein für die Ausweitung chinesischen Wirtschaftens und Handelns über die Erde hinaus.

All das wird in den USA mit Irritation und Besorgnis wahrgenommen. So meinte der NASA-Administrator Bill Nelson in einem Interview Anfang 2023 nach dem Abschluss der 26-tägigen Artemis I-Mission der NASA, bei der eine unbemannte Orion-Kapsel um den Mond flog: "Tatsache ist, wir sind in einem Raumfahrtwettlauf, " und weiter: „Wir sollten gut darauf achten, dass sie nicht unter dem Deckmantel wissenschaftlicher Forschung zum Mond gehen und uns eines Tages erklären: ‚Ihr bleibt draußen, wir sind hier und das ist unser Territorium.'"

Artemis I war der erste große Schritt im Plan der NASA, wieder Astronauten auf der Mondoberfläche zu landen, um danach mit dem Aufbau einer dauerhafteren amerikanisch dominierten Präsenz zu beginnen. Doch es geht viel langsamer voran, als erhofft. Unter Trump sollte die erste bemannte Mondlandung der Nach-Apollo-Ära im Jahr 2024 erfolgen. Derzeit steht der Plan auf Ende 2025, und ich kann jedem schon jetzt versprechen: Sie wird keinesfalls vor 2027 tatsächlich stattfinden, wahrscheinlich sogar noch später.

Das Artemis-Programm der NASA setzt auf eine Reihe neuer Systeme und Technologien, die sich alle noch in der Entwicklung befinden. Es setzt darauf, dass Jahr für Jahr die notwendigen Budgets zur Verfügung gestellt werden, was in den USA schon beliebig unwahrscheinlich ist. Jegliche signifikante Verzögerung im US-Programm bedeutet, dass die USA in die Gefahr laufen, hinter China zurückzufallen.

Der ehemalige Astronaut Terry Virts, der heute als Autor und Berater arbeitet, erkannte bei derselben Gelegenheit: „Auf einer bestimmten Ebene ist das ein politischer Wettbewerb, um zu zeigen, welches System besser funktioniert. Was China wirklich will, ist die Bestätigung als bestes Land der Welt. China will die dominierende Macht der Erde sein. Wenn sie uns auf dem Mond schlagen, zeigt das, dass sie besser sind als wir."

Und noch einmal zurück zu Bill Nelson. Auf die Frage, ob US-Astronauten noch vor den Chinesen auf dem Mond landen werden meinte er lakonisch: „So Gott will." Unbedingte Zuversicht sieht anders aus.

■ Qian mit Staatspräsident Jiang Zemin.

Qians Vermächtnis

1991, im Alter von 80 Jahren, trat Qian offiziell von seinen zahlreichen Ämtern und Funktionen zurück. Inoffiziell ging seine Einflussnahme auf das chinesische Raumfahrtprogramm aber ungebrochen weiter. In seinem Haus war ein ständiges Kommen und Gehen von Wissenschaftlern, Kulturschaffenden und Parteiprominenz, die seinen Rat suchten, oder einfach mit ihm gesehen werden wollten. Qian war in China ein Star der Wissenschaft. Ein Markenname den jeder kannte. Eine Ikone.

Nicht so im Westen, der ihn in den 50er-Jahren so schmählich hinausgeworfen hatte. Dort war er nahezu vollständig in Vergessenheit geraten. Doch langsam begann sich das zu ändern. Schon 1979 war Qian für seine Leistungen mit dem Distinguished Alumni Award des CalTech ausgezeichnet worden. Nachdem er sich weigerte, dafür in die USA zu fahren, brachte ihn Frank Marble zu ihm, ein alter Freund und Kollege aus den CalTech-Zeiten in Kalifornien. Der Award wurde ihm in einer Zeremonie übergeben, über den Chinas Medien in großem Stil berichteten. Anfang der 1990er Jahre erhielt er auch die Aktenschränke mit seinen Forschungsarbeiten aus seiner Zeit beim CalTech zurück.

Qian wurde nach der damaligen Normalisierung der chinesisch-amerikanischen Beziehungen vom American Institute of Aeronautics and Astronautics zu einem Besuch in die USA eingeladen. Er lehnte die Einladung jedoch ab.

CALIFORNIA
INSTITUTE OF
TECHNOLOGY

ALUMNI DISTINGUISHED SERVICE AWARD

Presented to

HSUE-SHEN TSIEN

For Outstanding Achievement
In His Chosen Field

May 12, 1979

SEAL

CHAIRMAN OF THE BOARD OF TRUSTEES

PRESIDENT

■ Der Alumni-Award des CalTech. Beachten Sie die Schreibweise seines Namens. Genauso war er in den USA gemeldet.

Die Verbitterung in ihm war noch zu groß. Er forderte stets eine formelle Entschuldigung für seine schlechte Behandlung durch die Amerikaner. Die aber kam nie.

Qian erlebte noch die Entwicklung des bemannten Raumfahrtprogramms, das wesentlich auf seine Initiative zurückging. Bald nach seinem Flug mit Shenzhou 5 besuchte ihn Yang Liwei, Chinas erster Astronaut, persönlich.

Heute gibt es in China zahlreiche Institutionen, die auf sein Vermächtnis hinweisen. Eine Bibliothek ist nach ihm benannt und ein Museum, Filmdokumentationen und Spielfilme über sein Leben wurden gedreht. 2007 ernannte ihn Aviation Week & Space Technology, die weltweit führende Publikation auf dem Gebiet der Luft- und Raumfahrt, zur „Person of the year". Im selben Jahr bezeichnete ihn China Central Television als eine der elf wichtigsten Persönlichkeiten Chinas. Am 31. Oktober 2008, wenige Tage vor seinem 98. Geburtstag, starb Qian Xuesen.

■ Im Jahre 2007 ernannte ihn Aviation Week & Space Technology zur „Person of the year". Hier das damalige Cover der Zeitschrift.

Qians lebenslanger Antrieb war es, den USA zu trotzen, die ihn einst so schlecht behandelt hatten. Um Marineminister Kimball noch einmal zu zitieren: „Ihn gehen zu lassen, war das Dümmste, das dieses Land jemals gemacht hat".

Insofern ist Chinas mögliche zukünftige Führung im Weltraum ein vom Westen selbst gezündeter Treibsatz. Qians Vermächtnis ist es, China den Platz zu geben, der dem Land seiner Ansicht nach zusteht: Der Platz ganz vorne. Nun ist es an seinen Nachfolgern, das Werk weiterzuführen. Und diese Nachfolge scheint in guten Händen.

China hat einen Plan. China hat den Willen, das Stehvermögen, die Ressourcen und die Fähigkeiten. Eines Tages wird China im Weltraum führen. Und womöglich nicht nur da.

Glossar

AALPT Academy of Aerospace Liquid Propulsion Technology. Konstrukteur und Hersteller von flüssigkeitsbetriebenen Triebwerken der CASC.

AK27S Rot rauchende Salpetersäure. Oxidator für hypergole Treibstoffkomponenten von Raketen wie der Langer Marsch 1.

APAS Androgynous Peripheral Attach System. International standardisiertes Dockingsystem, das sowohl in US-Raumschiffen als auch in russischen und chinesischen bemannten Raumfahrzeugen Anwendung findet.

APCP Ammoniumperchlorat-Komposittreibstoff. Festtreibstoff für Boostertriebwerke. Wird zusammen mit einem Bindemittel wie PBAN verwendet.

Aphel Sonnenfernster Punkt einer elliptischen Umlaufbahn um die Sonne.

Apoareion Planetenfernster Punkt einer elliptischen Umlaufbahn um den Mars.

Apogäum Erdfernster Punkt einer elliptischen Erdumlaufbahn.

Apollo-Asteroiden Erdbahnkreuzende Asteroiden.

Aposelenum Mondfernster Punkt einer elliptischen Mondumlaufbahn.

Arianespace Unternehmen, das den Betrieb und die Vermarktung der von der Ariane Group und Avio hergestellten Raketen der Typen Ariane 6, Vega und Vega C durchführt.

Astronomische Einheit Mittlere Entfernung der Erde (Bahnradius) von der Sonne. Entspricht 149,6 Millionen Kilometer. Abkürzung: AE.

Beidou Chinesisches Satellitennavigationssystem, umfasst 35 aktive Satelliten.

Boilerplate Stark vereinfachter Prototyp eines Raumschiffs, das in Gewicht und Abmessungen, nicht aber in der technischen Ausstattung dem Original-Raumfahrzeug entspricht. Wird verwendet, um bestimmte Testparameter zu verifizieren.

Booster Seitlich an der Basis der Rakete angebrachte Starthilfsraketen. Der Begriff wird zunehmend häufiger auch für die erste Stufe einer Trägerrakete verwendet.

BRI Abkürzung für Belt and Road Initiative. Chinas globale Strategie zur Infrastrukturentwicklung unter chinesischer Führung. In Deutschland als „Die neue Seidenstraße" bekannt.

Bruttoraumzahl Die Bruttoraumzahl ist ein Volumenmaß für Schiffe. Die Nachfolgeeinheit der immer noch bekannteren Bruttoregistertonne.

CALT Abkürzung für: China Academy of Launch Vehicle Technology. Baut Chinas staatliche Trägerraketen.

CAS Chinesische Akademie der Wissenschaften.

CASC China Aerospace Science and Technology Corporation. Chinesisches Raumfahrt-Staatsunternehmen mit zahlreichen Tochterunternehmen.

CASIC Abkürzung für: China Aerospace Science and Industry Corporation. Der militärische Arm der CASC.

CAST China Academy of Space Technology. Tochterunternehmen der CASC.

CBERS Abkürzung für: China-Brazil Earth Resources Satellite.

CCTV China Central Television. Der größte Fernsehsender der Volksrepublik China. Teil des Ministeriums für Radio, Fernsehen und Film.

CEODE Abkürzung für „Center for Earth Operation and Digital Earth" der chinesischen Akademie der Wissenschaften.

CHEOS Abkürzung für China High-resolution Earth Observation System. Ziviles, staatliches Erdbeobachtungsprogramm Chinas.

Cislunarer Raum Im genauen Wortsinn der Raum zwischen Erde und Mond. Wird heute verstanden als der erdnahe Weltraum im Umkreis von etwa 1,5 Millionen Kilometer bis hin zu den Erde-Sonne-Lagrangepunkten.

CITIC Ltd. Chinesischer Mischkonzern, der auch im Geschäftsfeld der geostationären Telekommunikationssatelliten tätig ist.

CMA Abkürzung für **C**hina **M**eteorological **A**dministration. Staatliche Wetterbehörde Chinas.

CMS Internationale Abkürzung für China Manned Space Program.

CNES **C**entre **N**ational d'**É**tudes **S**patiales. Französische nationale Raumfahrtagentur.

CNSA **C**hina **N**ational **S**pace **A**gency. Nationale Raumfahrtagentur Chinas.

COPUOS **C**ommittee **O**n the **P**eaceful **U**ses of **O**uter **S**pace. Ein Gremium der UNOOSA.

COSPAR **CO**mmittee on **SP**ace **R**esearch. Globaler Dachverband für wissenschaftliche Aktivitäten auf dem Gebiet der Weltraumforschung.

Copernicus Ein im Jahr 1998 gemeinsam von der EU und der ESA gegründetes Erdbeobachtungsprogramm. Analog zum chinesischen CHEOS-Programm.

CSSHQ Abkürzung für **C**hongfu **S**hiyong **S**hiyan **H**angtian **Q**i. Wiederverwendbares experimentelles Raumfahrzeug.

CSST Abkürzung für **C**hinese **S**urvey **S**pace **T**elescope. Internationaler Name des Weltraumteleskops Xuntian.

CZ Abkürzung für **C**háng **Z**hēng, den chinesischen Begriff für die Langer Marsch-Raketen der CAST oder ihrer Tochtergesellschaft SAST. Synonym zu LM zu gebrauchen.

DART Abkürzung für: **D**ouble **A**steroid **R**edirection **T**est. US-Mission zur Ablenkung eines Asteroiden.

DLR **D**eutsches Zentrum für **L**uft- und **R**aumfahrt. Nationale deutsche Luft- und Raumfahrtbehörde.

Dragon Unbemanntes (Cargo Dragon) oder bemanntes (Crew Dragon) Transportraumschiff von SpaceX für die Unterstützung der ISS oder „touristische" und wissenschaftliche Freiflüge ohne Besuch der ISS.

ELINT Abkürzung für **EL**ectronic **INT**elligence. Erfassung und Auswertung elektromagnetischer Strahlung aller Art.

ESTEC **E**uropean **S**pace Research and **Te**chnology **C**entre. Entwicklungs- und Technologiezentrum der ESA in den Niederlanden.

EVA Kurzform von **E**xtra**V**ehicular **A**ctivity. Außenbordmanöver.

Fairing Nutzlastverkleidung an der Spitze der Rakete.

FRR Kurzform von **F**light **R**eadiness **R**eview. Letzter administrativer Meilenstein einer Raumfahrtmission vor ihrem Start.

FSW für **F**anhui **S**hi **W**eixing. Auf Deutsch „Rückkehrsatelliten".

g Kurzform für g-Kraft (g-Force). Bezeichnet die Belastung, die aufgrund von Beschleunigungskräften auf einen Körper einwirkt. Wird als Vielfaches der Fallbeschleunigung „g" angegeben.

GALILEO Europäisches Satellitennavigationssystem.

Geostationärer Orbit Kreisförmige Umlaufbahn eines Satelliten, auf der er die Erde in genau 24 Stunden umrundet und daher über einem Punkt der Erde still zu stehen scheint. (Höhe 35.786 Kilometer über der Erdoberfläche, Bahnradius 42.164 Kilometer).

Geosynchroner Orbit Inklinierte und/oder elliptische Umlaufbahn eines Satelliten, auf welcher er die Erde in genau 24 Stunden einmal umrundet.

GLONASS	Russisches globales Navigationssatellitensystem.
GMT	Greenwich Mean Time.
Halo-Orbit	Eine Umlaufbahn um einen der Lagrange-Punkte L1 bis L3, des Erde-Mond-Systems oder des Sonne-Erde-Systems, die – im Gegensatz zu einem Lissajous-Orbit – annähernd periodisch ist.
Hermes-Programm	Programm für die Entwicklung einer europäischen Raumfähre. Wurde 1987 begonnen und 1992 wieder eingestellt.
HTPB	Hydroxyl-terminiertes Polybutadien. Fester Raketentreibstoff.
Hypergol	Ein Stoff der spontan zündet, wenn er mit einem Sauerstoffträger in Kontakt kommt. Eigenschaft einiger Raketentreibstoffe.
Inklination	In der Raumfahrt: Bahnneigung einer Umlaufbahn zum Äquator eines Himmelskörpers.
INPE	Abkürzung für: **I**nstituto **N**acional de **P**esquisas **E**spaciais. Brasilianische Raumfahrtbehörde.
IRBM	Abkürzung für: **I**ntermediate **R**ange **B**allistic **M**issile. **M**ittelstreckenrakete.
ISRU	Abkürzung für: **In** **S**itu **R**essource **U**tilization. Nutzung der Materialien, die man auf dem Mond oder einem Planeten vorfindet.
ISS	Abkürzung für **I**nternational **S**pace **S**tation (Internationale Raumstation).
ITAR	Abkürzung für: **I**nternational **T**raffic in **A**rms **R**egulations Act. Ein US-amerikanisches Regelungswerk, das den Handel mit US-Waffen, Rüstungs- und Verteidigungsgütern kontrollieren soll.
JATO	Abkürzung für **J**et **A**ssisted **T**ake **O**ff (Raketenunterstützter Start)
JPL	**J**et **P**ropulsion **L**aboratory der NASA in Pasadena, Kalifornien. Qian Xuesen war einer der Mitgründer dieser Institution.
JSC	**J**ohnson **S**pace **C**enter. Zentrum für bemannte Raumfahrt der NASA in Houston, Texas.
JSSW	Abkürzung für: **J**i **S**hu **S**hijian **W**eixing. Auf Deutsch etwa „Technischer Testsatellit". Satellitenreihe des frühen chinesischen Raumfahrtprogramms.
Kommunikationssatellit	Raumfahrzeug zur Übertragung von Informationen und Daten.
KPdSU	**K**ommunistische **P**artei **d**er **S**owjet**u**nion.
LEO	**L**ow **E**arth **O**rbit. Erdnahe Umlaufbahn.
LH_2	Flüssiger Wasserstoff.
LM	**L**anger Marsch oder **L**ong March. Raketenfamilie der staatlichen CAST oder ihres Tochterunternehmens SAST.
LOX	Flüssiger Sauerstoff.
LRV	Abkürzung für: **L**unar **R**oving **V**ehicle. Die Mondautos der Apollo-Raumfahrer (es gab drei davon).
Lunar Gateway	Kleine Raumstation des internationalen Artemis-Mondprogramms, welche den Erdtrabanten in einem entfernten retrograden Orbit umkreist.
Magnitude	Die scheinbare Helligkeit eines Objektes im Weltraum für Betrachter auf der Erde. Je niedriger der Wert, desto größer die Helligkeit. Magnitude 5 = eben noch mit bloßem Auge erkennbar.
MEZ	**M**ittel**E**uropäische **Z**eit (GMT + 1 Stunde).
MMH	**M**ono**M**ethyl**H**ydrazin. Hypergoler Raketentreibstoff.
Molnija-Orbit	Eine spezielle hochelliptische Erdumlaufbahn mit einer Bahnneigug von 63,4 Grad zum Äquator. Benannt nach den sowjetischen Satelliten, die sie zuerst verwendeten.
MON 10	Oxidatorkomponente hypergoler Treibstoffe. Besteht zu 90 Prozent aus N_2O_4 und zu 10 Prozent aus NO.

N_2O_4 Stickstofftetroxid. Oxidator für hypergole Raketentreibstoffe.

NASDA **N**ational **S**pace **D**evelopment **A**gency. Japanische Raumfahrtagentur.

NOSS Abkürzung für **N**aval **O**cean **S**urveillance **S**ystem. Marineüberwachungssystem bestehend aus SIGINT/ELINT-Satelliten.

NRHO **N**ear **R**ectiliniear **H**alo **O**rbit.

NSSC Abkürzung für: National **S**pace **S**cience **C**enter (der chinesischen Akademie der Wissenschaften).

NSOAS Internationale Abkürzung für den chinesischen **N**ational **S**atellite **O**cean **A**pplication **S**ervice.

OKB Bezeichnung für die sowjetischen Experimental-Konstruktionsbüros. Abkürzung von **ó**pytno-**k**onstrúktorskoje **b**juró

Operator Besatzungsmitglied eines bemannten chinesischen Raumfahrzeugs.

Orbit Umlaufbahn eines Raumfahrzeugs um einen Himmelskörper.

PBAN **P**oly**b**utadien**a**croylo**n**itril. Treibstoffkomponente von Festtreibstoffen.

Periareion Planetennächster Punkt einer elliptischen Umlaufbahn um den Mars.

Perihel Sonnennächster Punkt einer elliptischen Umlaufbahn um die Sonne.

Perigäum Erdnächster Punkt einer elliptischen Erdumlaufbahn.

Periselenum Mondnächster Punkt einer Mondumlaufbahn.

Pogo-Effekt Gefährliche Resonanzschwingungen in der Längsachse von Trägerraketen, hervorgerufen durch Verbrennungsinstabilitäten die mit den Treibstoffleitungen rückkoppeln.

QUESS Abkürzung für **QU**antum **E**xperiments at **S**pace **S**cale. Forschungssatellit für Quantenkommunikation.

Ramjet Englisch für Staustrahltriebwerk.

Roskosmos Russische Raumfahrtagentur.

RTG **R**adioisotope **T**hermoelectric **G**enerator. Konvertiert radioaktive Zerfallswärme in elektrische Energie.

SAR Abkürzung für: **S**ynthetic **A**perture **R**adar. Bildgebendes Radar mit synthetischer Apertur. Sind aufgrund ihrer Ähnlichkeit mit fotografischen Aufnahmen relativ leicht interpretierbar.

SASAC Abkürzung für: **S**tate-owned **A**ssets **S**upervision and **A**dministration **C**ommission of the State Council. Aufsichtsbehörde für die Verwaltung und Kontrolle von Staatsvermögen. Direkt dem Staatsrat unterstellt.

SAST **S**hanghai **A**cademy of **S**paceflight **T**echnology. In Shanghai ansässiges staatliches Raumfahrtunternehmen. Tochterunternehmen der CASC. Hersteller der LM 2C, LM 4 und LM 6-Raketen.

Scramjet Abkürzung für "Supersonic Combustion Ramjet". Staustrahltriebwerk mit Überschallverbrennung.

SIGINT Abkürzung für: **SIG**nal **INT**elligence.

sl Sea level = Meereshöhe.

SLS **S**pace **L**aunch **S**ystem. Superschwere Trägerrakete der USA für die Artemis-Mondmissionen. Trägerrakete für das Orion-System.

SOA Abkürzung für: **S**tate **O**ceanic **A**dministration.

SpaceX Private US-Raumfahrtfirma. Derzeit bedeutendstes westliches privates Raumfahrtunternehmen. Mehrheits-Eigentümer: Elon Musk. Wickelt 40 Prozent aller weltweiten Starts ab.

Spezifischer Impuls Kenngröße für die Leistungsfähigkeit eines Triebwerks unabhängig von der Größe des Raketenmotors. Wird in der Einheit „Sekunden" ausgedrückt. Der spezifische Impuls ist bei einer gegebenen Triebwerksleistung und in Abhängigkeit der Form der Expansionsdüse in Meereshöhe (sl) etwa 20 Prozent geringer als im Vakuum (vac).

Starliner Eines der beiden US-Systeme für die Besatzungstransfers zur ISS, entwickelt von Boeing. Das andere ist der Crew Dragon von SpaceX.

Starlink Konstellation niedrig fliegender Kommunikationssatelliten von SpaceX, die einen weltumspannenden Breitband-Internetzugang ermöglichen sollen.

Starship Neuartiges, voll wiederverwendbares Raumschiff von SpaceX.

Sustainer Zentralstufe einer Trägerrakete mit zusätzlichen Starthilfs-Boostern. Der Ausdruck wurde während des Atlas-Programms der US-Luftwaffe geprägt.

Systemoperator Besatzungsmitglied eines bemannten chinesischen Raumfahrzeugs.

TDRS **T**racking- and **D**ata **R**elay **S**ystem. Bezeichnung der NASA-Satelliten für Bahnverfolgung und Datenrelay. Derzeit ist die 3. Generation im Einsatz.

TEI Abkürzung für **T**rans **E**arth **I**njection. Einschuss aus einem Mond- oder Planetenorbit in die Rückkehrbahn zur Erde.

Tiangong Chinesisch für „Himmelspalast". Bezeichnung der nationalen Raumstation Chinas.

Tianhe Zentralmodul der nationalen Raumstation Chinas.

TLI **T**rans **L**unar **I**nsertion (oder Injection). Der Einschuss eines Raumfahrzeuges in eine lunare Transferbahn.

TNT Abkürzung für **T**ri**n**itro**t**oluol. Häufig verwendeter Sprengstoff.

Transponder Funk-Kommunikationsgerät, das eingehende Signale aufnimmt und automatisch beantwortet bzw. weiterleitet, gebildet aus den Begriffen Transmitter (Sender) und Responder (Beantworter).

UDMH **U**nsymmetrischem **D**i-**M**ethyl**h**ydrazin. Hypergoler Raketentreibstoff

UH 25 Mischung aus 25 Prozent Hydrazinhydrat und 75 Prozent Unsymmetrischem Di-Methylhydrazin.

UNOOSA Abkürzung für **U**nited **N**ations **O**ffice for **O**uter **S**pace **A**ffairs. Das Büro der Vereinten Nationen für Weltraumfragen. Es hat seinen Sitz in Wien.

vac Abkürzung für Vakuum.

Vernier-Triebwerke Steuerungstriebwerke einer Träger rakete. Kommen zur Anwendung wenn es keine schwenkbaren Haupttriebwerke gibt.

VRSS Abkürzung für: **V**enezuelian **R**emote **S**ensing **S**atellite.

Wentian Eines der drei Labormodule der Tiangong-Raumstation.

Xichang Zentralchinesischer Weltraumbahnhof

Einige Internet-Referenzen

Mir ist bewusst, dass die Halbwertszeit von URLs ziemlich begrenzt ist. Trotzdem habe ich Ihnen, liebe Leserin, lieber Leser, eine kleine Auswahl von Internetadressen durch die Welt der chinesischen Raumfahrt notiert. Die meisten sind seit Jahren stabil und unverändert, aber eine Garantie, dass sie auch weitere Jahre haltbar sind gibt es leider nicht.

Damit Sie nicht lange alphanumerische Ungetüme eintippen müssen, habe ich Ihnen, mit Ausnahme der Adressen die ohnehin schon sehr kurz waren, Kurz-URLs präpariert. Sollten die dennoch in einigen Jahren nicht mehr gehen, dann ist das auch nicht so schlimm, schließlich haben Sie dann ja immer noch das Buch. Soweit es die Wikipedia betrifft habe ich die unter den Sprachen Deutsch, Englisch, Französisch und Italienisch diejenige gewählt, in welcher das Thema meiner Ansicht nach am besten beschrieben ist. Seien Sie etwas vorsichtig mit den deutschen Einträgen. Sie sind fast immer die längsten und mit den meisten Informationen versehen, täuschen aber oft Genauigkeit vor, die sie gar nicht haben und sind in einem sehr weit ausholenden Stil verfasst. Die englischen Einträge sind meist besser strukturiert, knapp und auf das Wesentliche in übersichtlicher Form beschränkt. Oft recht gut sind auch die französischen Einträge, wobei es die aber häufig an Aktualität mangeln lassen.

Einige der Seiten weisen direkt auf chinesische Quellen hin. Sofern Sie nicht gerade zufällig Chinesisch sprechen ist der Google-Translator überraschend hilfreich. Stellen Sie ihn auf „Chinesisch vereinfacht" ein und sie bekommen gut verständliche Ergebnisse.

- Der Kochel-Hyperschall-Windkanal: **https://www.dglr.de/publikationen/2015/340001.pdf**
- Die Dissertation von Qian Xuesen: **https://thesis.library.caltech.edu/133/**
- Qian Xuesen Resarch Center **https://www.qianxslib.sjtu.edu.cn/en/research/research05.php**
- Interview zu den Verhören des CalTech-Forschers Sidney Weinbaum **https://oralhistories.library.caltech.edu/220/1/Weinbaum%20OHO.pdf**
- Die diplomatischen Bemühungen um die Freilassung Qians **https://history.state.gov/milestones/1953-1960/china-talks**
- Homepage Space Pioneer **http://www.spacepioneer.cc/**
- Die Sidewinder-Affäre **https://bit.ly/3KJI6j1**
- Mark Wades Raumfahrt-Enzyklopädie. 80.000 Seiten geballtes Raumfahrtwissen. Nicht mehr ganz aktuell, aber in Sachen Raumfahrt-Geschichte kaum zu schlagen **http://astronautix.com/index.html**
- Gunters Space Page **https://space.skyrocket.de/** eine der umfassendsten Zusammenstellungen von Raumfahrtdaten auf diesem Planeten.
- Trägerraketen der Welt. **http://www.b14643.de/Spacerockets/index.htm** Präsentiert von Norbert Brügge.
- „Der Osten ist Rot", gemischt mit Telemetriesignalen und Hintergrund-Störgeräuschen. Übertragung von Chinas erstem Erdsatelliten DFH-1. Sehr interessant. **https://en.wikipedia.org/wiki/Dong_Fang_Hong_1**
- 14. Chinesischer Fünfjahresplan. Englische Übersetzung: **https://stanford.io/3Bt29fY**
- Information über chinesische Fünfjahrespläne allgemein: **https://en.wikipedia.org/wiki/Five-year_plans_of_China**
- Tom Lehrers Wernher von Braun-Song: **https://www.youtube.com/watch?v=kTKn1aSOyOs**
- Die Shijian-Satelliten in der englischen Wikipedia. Eine entsprechende deutsche Seite existiert leider nicht **https://en.wikipedia.org/wiki/Shijian**
- Englische Infoseite der Wikipedia zu den TJS-Satelliten. Informativer als die entsprechende deutsche Seite: **https://en.wikipedia.org/wiki/Tongxin_Jishu_Shiyan**
- Informationsseite der englischen Wikipedia zu den Shiyan-Satelliten. Eine ensprechende deutsche Seite existiert nicht: **https://en.wikipedia.org/wiki/Shiyan_(satellite)**
- Gaofen-Erdbeobachtungssatelliten: **https://en.wikipedia.org/wiki/Gaofen**
- Ziyuan Programm und Satelliten: **https://en.wikipedia.org/wiki/Ziyuan_(satellite)**
- Fengyun-Satelliten **https://en.wikipedia.org/wiki/Fengyun**

- Zhurong-Rover **https://en.wikipedia.org/wiki/Zhurong_(rover)**
- Die TJS-Satelliten **https://en.wikipedia.org/wiki/Tong-xin_Jishu_Shiyan**
- Die Artemis-Accords **https://www.nasa.gov/specials/artemis-accords/index.html**
- Die Geschichte der chinesischen Flagge auf dem Chang'e 5-Lander **https://www.globaltimes.cn/content/1208931.shtml**
- Chinas Initiative „Neue Seidenstraße" **https://en.wikipedia.org/wiki/Belt_and_Road_Initiative**
- Die Geschichte Li Tans, des Erfinders des Schwarzpulvers **https://min.news/en/culture/2c4b06a08aba118b6bb916c77a71ce9a.html**
- Das Intelsat 708 Desaster. Film von etwa acht Minuten Länge auf YouTube **https://www.youtube.com/watch?v=LAyOhUYIbd4&t=12s**
- Die CASC. Chinas staatlicher Raumfahrtgigant. **https://bit.ly/43PBYNc und https://bit.ly/41MrnRy**
- Mission Shakti. Abschuss eines indischen Satelliten für einen Antisatelliten-Test **https://en.wikipedia.org/wiki/Mission_Shakti**
- Das jährliche „Assessment" der US-Geheimdienste berichtet auch regelmäßig über China. **https://bit.ly/3GSaGvQ**
- Übersicht über die Satellitenkonstellationen weltweit: **https://www.newspace.im/**
- Informationen über den Forschungssatelliten QUESS: **https://bit.ly/3VJYrb1** Nebenbei kann man etwas über die geheimnisvolle Quantenteleportation lernen.

Bildquellen und Grafiken

Bildquellen: @hanipersian; @skyfeather16-4; Archiv für chinesische Geschichte, Kultur und Kreativität; Archiv Dietmar Röttler; Archiv Eugen Reichl; Beijing Military Museum; California Institute of Technology; Carl Zha; CASC; CASIC; CAST; CGTN; CIOMP; CMS; China Daily; Chinanews; China News Service; Chinaspacereport; Chinaspaceflight; China Today; CNSA, CNTV, Conexion Espacial; DLR; english.www.gov.cn; ESA; ESA/Hubble; Expace; Galactic Penguin; images.nasa.gov; INPE; Global Times; Li Gang; NASA JPL; m.weibo.cn; NASA Image and Video Library; Nature Astronomy; Needham, Joseph – Science and Civilization in China: Volume 5, Part 7; Orienspace; Qian Xuesen Research Center; Qian Xuesen Library & Museum; researchgate.net; SAST; Shujianyang; Sinodefence; Sinoledge Open Source; Spacetech Asia; South China Morning Post; spacewatch.global; weibo.cn, weixin.cn; Wikipedia commons; Xien Xiao Photos; Xinhua, Zhongke Ltd.

Grafiken: Sämtliche großen Grafiken dieses Buches, sowie die kleineren Abbildungen auf den Seiten 30 und 155 stammen von Dietmar Röttler. Ohne seine Arbeiten wäre dieses Werk nicht das, was es ist. Vielen Dank dafür Dietmar.

Wenn Sie Kontakt mit mir aufnehmen wollen:
eugen.reichl@web.de

Dies gilt vor allem, wenn Sie irgendwo einen substanziellen Fehler entdecken sollten. Sofern Sie die oder der Erste sind, der den Fehler findet, sende ich Ihnen ein Jahrbuch meiner SPACE-Serie als „Finderlohn" zu.

Index

Symbole
2C/SD 70, 79, 82, 87, 141
2C/SM 79
2C/SMA 79
2C/YZ-1S 79
311P/PanSTARRS 280
501 145
502 145, 242
4179 Toutatis 267, 292
65803 Didymos 281

A
A4 30, 31, 32, 33, 35
AA-2 Atoll 53
AALPT 113, 261, 335
AASPT 109, 110
Academy of Aerospace Liquid Propulsion Technology 113, 335
Academy of Aerospace Solid Propulsion Technology 109
ACMIR 266
Advanced space-based Solar Observatory – Solar 245
AEDC 35
Aerobraking-Manöver 283
Aggregat 4 30, 32, 35, 49, 50, 51, 58
AIDA 281
Air & Space Magazine 162
AK27S 55, 64, 335
Aleph-1 231
al-Rammah, Hasan 19
Alxa Right Banner Badanjilin Airport 233
Amazon 231
American Academy of Arts and Sciences 38
American Institute of Aeronautics and Astronautics 333
American Rocket Society 38
Anlage 43 133
Antipodenbomber 38
Apoareion 270, 335
Apollo 9, 198, 277, 291, 302, 304, 305, 331, 333, 335, 337
Apollo-Asteroiden 277, 335
Apollo-Programm 9, 302, 304
Apstar 6, 81, 88, 160, 187, 188
APSTAR 5C 188
Apstar 6 88
APSTAR 6C 188
Apstar 6E 81, 188
APSTAR 7 188
APSTAR 9 188
APT Holding 188
APT Satellite 188
APT Satellite Co. Ltd. 188
APT-Satellite Holdings Ltd. 187
Ariane 4 66
Army Air Force Scientific Advisory Board 29, 37
Arnold, Henry 27, 28, 29, 35, 36, 37
Arroyo Seco 26, 28
Artemis 7, 303, 319, 328, 330, 332, 333, 337, 338, 340
Artemis-Accord 7, 328, 330
Aschbacher, Josef 309
AsiaSat 67, 188
Asia Satellite Telecommunications Holdings Ltd. 188
Asimov, Isaac 312
ASO-S 245
Asteroid Impact & Deflection Assessment 281
Astrotech 162
ATDA-Adapters 201
Aviation Week & Space Technology 39, 43, 334

B
Baikonur 158, 160
Batu Khan 19
Bayi 165, 166
Be Do 3 111, 146
Beidou 71, 88, 90, 92, 137, 172, 231, 239, 242, 335
Beidou 3-M21 und M22 172
Beidou G2 239
Beidou IG3 88
Bei Hai Jiu 101 149
Beijing Interstellar Glory Space Technology Ltd. 74, 186
Beijing Lingkong Tianxing Technology Co. 233
Beijing Tianbing Technology Co., Ltd. 112
Beijing Zhongke Aerospace Exploration Technology 114, 185
Bejing Youth Daily 162
Belt and Road Initiative 179, 331, 335
Bennu 277
Bezirk Kelan 139
Black Sky 231
Blue Origin 9, 115, 168, 233
Boeing 27, 135, 160, 198, 339
Bovenvale Ltd. 188
Braun, Wernher von 22, 30, 31, 32, 33, 34, 35, 36, 48, 157, 340
BRI 331, 335

C
CACES 253
Cai Xuzhe 219, 220, 222
California Institute of Technology 24, 27, 38, 342
CALT 51, 54, 55, 56, 57, 66, 67, 69, 75, 76, 81, 86, 89, 95, 96, 105, 108, 109, 110, 121, 123, 141, 161, 163, 184, 187, 232, 233, 335
CalTech 24, 25, 29, 37, 38, 39, 41, 42, 43, 45, 48, 333, 334, 340
Campell 164
Campell, Bruce 162
Cape Canaveral Space Force Base 149
Capture Orbit 270
Carlyle Group 188
CASC 11, 14, 47, 57, 64, 72, 76, 116, 118, 152, 177, 180, 183, 184, 185, 186, 187, 188, 189, 197, 231, 232, 255, 261, 262, 296, 335, 338, 341, 342
CASIC 62, 64, 77, 78, 181, 183, 184, 185, 231, 233, 335, 342
CAS Space 114, 185, 233
CAST 72, 75, 122, 177, 184, 196, 240, 250, 251, 268, 272, 296, 335, 336, 337, 342
CAST-100 296
CBERS 6, 15, 94, 141, 182, 248, 249, 250, 335
CBERS-1 248
CBERS-3 94, 248
CBERS-4A 182, 248, 249, 250
CBERS-4B 248
CCTV 158, 160, 161, 308, 335
Center for Earth Operation and Digital Earth 248, 335
CEODE 248, 335
Ceres 5, 7, 12, 59, 73, 126, 134, 185, 262, 286, 287
Ceres 1 5, 12, 73
Chang'e 1 6, 7, 71, 290, 291, 295, 319
Chang'e 3 7, 9, 290, 292, 293, 294, 297, 299
Chang'e 4 7, 8, 9, 95, 296, 297, 298, 299, 302
Chang'e 5 7, 9, 92, 150, 277, 289, 294, 295, 296, 299, 300, 301, 320, 331, 340
Chang'e 5-T1 7, 92, 150, 294, 295, 296, 300

Chang'e 7 303
Chang'e 8 303, 308, 318
Chang Guang 231
Chang Zheng 1 63
Chang Zheng 2 65, 79
Chang Zheng 2D 82
Chang Zheng 4C 94
Chang Zheng 11 109
CHASE 176, 245
Chen Dong 201, 205, 213, 219, 220, 222, 223
Chen Geng 47
Cheng Wei 187
Chen Shutong 44
CHEOS-Programm 82, 94, 95, 141, 179, 181, 247, 336
CHES 252, 253
CHIME 253
China Academy of Launch Vehicle Technology 57, 75, 109, 141, 161, 184, 232, 335
China Academy of Space Technology 184, 335
China Aerospace Science and Industry Corporation 61, 184, 335
China-Brazil Earth Ressources Satellite 248
China Central Television 158, 334, 335
China Direct Broadcast Satellite 188
China Galilieo Industries 242
China High-resolution Earth Observation System 247, 335
China Meteorological Administration 248, 336
China National Space Administration 239
China Orient Telecommunications Satellite 188, 189
Chinarocket 75, 118, 187
ChinaSat 187, 188, 189
ChinaSat 1A 240
ChinaSat 1C 240
ChinaSat 2A 240
ChinaSat 2C 240
ChinaSat 2E 13
ChinaSat 5A 189
ChinaSat 5B 189
ChinaSat 5C 189
ChinaSat 9 89
ChinaSat 10 189
ChinaSat 20 240
ChinaSat 20A 240
ChinaSat 22 240
ChinaSat 22A 240
ChinaSat 26 189
China Satcom 188
China Satellite Communications Co., Ltd. 188
China Southern Shipbuilding Ltd. 148
China Space Sanjiang Group Corporation 77, 185
ChinaStar 1 189
China Telecommunications Broadcast Satellite Corporation 188
Chinese Heliospheric Interstellar Medium Explorer 253
Chinese Hydrogen-Alpha Solar Explorer 176
Chinese Lunar Exploration Program 176, 290
Chinese Survey Space Telescope 251, 336
Chongfu Shiyong Shiyan Hangtian Qi 316, 336
Chruschtschow, Nikita 50
Chuangxin 6, 236, 239, 240
Chuangxin-1 239
Chuangxin-5 236
Chuangxin-16 239, 240
CITIC Ltd. 188, 336
CLEP 176, 319
Closeby Habitable Exoplanet Survey 252
CMA 248, 336
CNES 175, 300, 336
CNSA 204, 239, 246, 261, 272, 286, 296, 307, 336, 342
Codenamen 581 152
Common Heritage of Mankind 327, 328
Congreve Rockets 21
Congreve, William 21
Cooke-Triplet-Anastigmat-System 251
Cooper, Grant 41, 43
COPUOS 330, 336
Covid-19-Pandemie 285
Cox-Report 160
CPUSA 40
Crew Dragon 175, 198, 336, 339
Crew Dragon Endeavour 175
CSSG 184, 185
CSSHQ 232, 233, 316, 317, 336
CSST 251, 336
Curiosity 270, 272, 274
CX-1-01, 02, 03 und 04 239
CX-5 239
CX-6 239
CZ-1 63, 65, 66, 68, 87
CZ-1D 65, 66, 68, 87
CZ-2 65, 66, 67, 79, 82, 87
CZ-2C 82, 87
CZ-2D 82, 87
CZ-2E 68, 87, 167
CZ-2F 84, 87, 131, 226
CZ-3 68, 69, 91
CZ-4C 91, 94
CZ-5 95, 96, 98, 143
CZ-6 98, 102
CZ-11 109

D

Dajiang Weekly 160
DAMPE 244, 252, 253
DAMPE-2 252, 253
Daqi 6, 250
Dark Matter Particle Explorer 244
Dark Matter Particle Explorer-2 253
DART-Mission 281
DAVINCI+ 283
Dawn 286
De Bo 3 146, 149
Deep Blue Aerospace 118, 124, 125, 186
De Fu 15002 111, 146, 149
Delta 4 Heavy 16, 95, 259, 270
Deng Qingming 219
Deng Xiaoping 153, 332
DF-1 5, 48, 49, 50, 52, 53, 58, 154
DF-2 5, 51, 52, 53, 55, 60, 152
DF-2A 5, 53, 54, 130
DF-3 5, 52, 54, 55, 56, 60, 64, 65, 105
DF-3A 54, 55
DF-5 11, 13, 52, 58, 59, 60, 65, 79, 98, 116, 133, 172, 255, 256
DF-5B 58
DF-5C 58, 189
DF-21 54, 61, 62, 77, 148, 170
DF-31 62, 109
DFH-1 63, 64, 65, 152, 153, 154, 155, 156, 340
DFH-3 71, 254, 291
DFH-3A 240, 241, 295
DFH-4 56, 240, 241, 254
DFH-5 152, 191
Dimorphos 281
Ding Tu 18
Distinguished Alumni Award 333
DMSP 168
Dongfang 165, 166
Dong Fang Hong-1 133, 155
Dong Feng 51, 52, 54, 55
Dorbod-Banner 150, 151, 244
Dornberger, Walter 31, 34
Double Asteroid Redirection Test 281, 336
Double Star 137
Double-Star-Programm 79

Dove 231
Drei Satelliten Plan 152
Dschingis Khan 19
DSL 252, 253
DuBridge, Lee 43
Dunn, Louis G. 40

E

Earth 2.0-Mission 252
Earth-occulted Solar Eclipse Observatory 253
Eina Banner 150
Einheit 714 190
Einstein-Probe 15, 245, 246
ELINT 236, 237, 336, 338
Elsternbrücke 296
EnVision 283
ESA 15, 79, 137, 168, 170, 175, 243, 246, 281, 282, 283, 289, 309, 336, 342
ESA-Generalsekretär 321
ESEO 253
ESTEC 246, 336
ETRSS-1 182
EVA 13, 200, 214, 217, 222, 225, 336
Executive Order 9835 39
Expace 11, 78, 261, 342
ExPace 77, 78, 79, 118, 181, 185
eXTP 252

F

F-86 Sabre 52
Falcon 9 107, 112, 113, 119, 120, 125, 126, 146, 173, 233
Falcon Heavy 16, 114, 119, 120, 125, 126, 259
Fǎnhuí Shì Wèixīng 150
Fast Radio Bursts 245
FB-1 60, 61, 66, 68, 87
Fei Junlong 219, 224, 225
Feitan-Raumanzug 200
Fei Yunlong 199
Fellgiebel, Erich 31
Feng Bao 1 5, 59, 60, 61, 68, 71, 87, 234, 235, 238, 255
Fenghuo 1 240
Fenghuo 2A 240
Fenghuo 2C 240
Fenguo 189
Fengyun 6, 62, 71, 72, 94, 139, 141, 170, 248, 340
Fengyun 1 248
Fengyun 1A 139
Fengyun-1A 72, 248
Fengyun-1C 62, 170
Fengyun-2 248
Fengyun 2H 71
Fengyun-3 248
Fengyun-3G 94
Fengyun-4 248
FG-02 64, 255
FG-46 67
FH 240
Firestar 112
Fläche 4 138
Fobos-Grunt 267
Force 85 119
FSW 6, 79, 150, 234, 235, 336
FSW-1 79, 235
FSW-2 235
FSW-3 150, 235
FSW-Landekapseln 150
Fuchs, Klaus 39, 42
Fünfte Büro 47
FY 248
FY-1 248
FY-4 248

G

Gagarin, Juri 147
Galactic Energy 11, 14, 73, 74, 118, 125, 126, 185
Galaxy Space 228, 231
GALCIT 27
Galileo 241, 242
Gan He 285
Gaofen 6, 82, 93, 94, 95, 141, 146, 171, 178, 179, 181, 239, 246, 247, 340
Gaofen-02-02 181
Gaofen-03 146
Gaofen-3-03 94
Gaofen-4 und Gaofen-13-02 246
Gaofen-5 01A 82
Gaofen-8 246
Gaofen-9-02 und 09-03 178
Gaofen-9-03 179
Gaofen-9-04 177
Gaofen-9-04 und 9-05 179
Gaofen-10 95, 171
Gaofen-11-04 93, 141
Gaofen-13-02 246
Gao Jing 231
Gateway 303, 337
GECAM 245
GeeSat 1A und 1B 77
Gemini 5 191
Gemini-Raumschiff 191
Globalstar 230, 231
Glonass-System 241
Göbbels, Josef 31
Goddard, Robert 22
GPS 241
Gravitation 1 5, 118, 119
Gravitation 2 118, 119, 120
Gravitation 3 119, 120
Gravity 168
Grid Fins 75, 107, 122, 126, 173, 177
Griechisches Feuer 17
Gröttrupp, Helmut 32
Guam 52, 54
Guangzhou Zhongke Aerospace Exploration Technology Co., Ltd. 76
Guggenheim Aeronautical Laboratory 25, 27, 38
Guggenheim-Foundation 38
Gui Haichao 219
Guowang 229, 231
Guowang-Konstellation 229
Gushenxing 1 73

H

Haas, Conrad 5, 20, 21
Hainan 142, 187
Haiyang 6, 177, 180, 187, 250
Haiyang-1A 250
Haiyang-2C 177
Halo-Orbit 296, 303, 337
Hangtian Dong Fang Hong 296
Hard X-Ray Modulation Telescope 244
Hayabusa 1 und 2 277, 280
Hayang 76
Hay, John 24
Hefei 283
Heidelager 32
Henry Arnold 27
Hera 281
Hermann, Rudolf 31, 35
Hermannstadt 21
Hertzsprung 296
High enthalpy Stoßwellen-Windkanal 318
Hispasat 188
Hohmann 22, 30, 265
Hohmann, Walter 22
Homestead Act 328
Hongyan 231
Hongyan-Konstellation 231
Hopper 303
Horus 1 179
Horus 2 179
Horus-Programm 15, 179
HTPB 67, 337

HTSTL-1 62
Huanjing 6, 250, 251
Huanjing-1A und 1B 250
Huanjing-1C 250
Huanjing-2A und 2B 250
Hubble Space Telescope 251, 310
Hubble Weltraumteleskop 280
Hughes Electronics 160
Huiyan 244
Huoju-1-01 118
Huo Liang 186
HXMT 244
HY-1A 141
Hyperbola 1 5, 11, 74, 75, 120, 134, 186, 262
Hyperbola 1S 74
Hyperbola 2 5, 120, 186
Hyperbola 3 120

I

Idunn Mons 282
IHP 1 und IHP 2 7, 285, 286
IHP 3 286
ILRS 306, 318, 319
Imdr Regio 282
Ingenuity 284
In situ resource utilization 303
Institut Nordhausen 32
Instituto Nacional de Pesquisas Espaciais 248, 337
Intelsat-708 88
Intelsat 708-Desaster 160
Internationalen Raumstation 169, 175, 222, 226, 266, 322
International Lunar Research Station 306, 318
International Traffic in Arms Regulations Act 303, 337
Interstellar Heliosphere Probe 3 266
IRBM 52, 337
Iridium 70, 79, 141, 168, 169, 170, 229, 231
Iridium 33 169, 170
Iridium-Kommunikationssatelliten 141
Iridium-Konstellation 168, 169
Iridium Next 231
IRLS-Missionen 318
Isajew, Alexei 54
iSpace 11, 14, 74, 118, 120, 186, 233
ISRU 303, 337
ISS 9, 175, 206, 213, 217, 309, 310, 322, 336, 339
Itakawa 277
ITAR-Bestimmungen 188, 303

J

James Webb-Weltraumteleskop 252
Janbing-7 236
JATO 27, 28, 29
JB 236
Jet Propulsion Laboratory 27, 28, 38, 40, 337
Jianbing 141, 236
Jianbing-6-Serie 236
Jianbing-8 236
Jianbing-9 236
Jianbing 16 141
Jiangnan Shipyards Ltd. 148
Jiang Qing 60, 71
Jiangsu Deep Blue Aerospace Technology Co., Ltd. 124, 186
Jiang Ying 37, 38, 44
Jiang Zemin 193, 196, 333
Jiaodian 1 120
Jiaodian 2 120
Jielong 1 5, 75, 76
Jielong 3 12, 75, 76, 118, 149, 187
Jielong 4 76
Jilin 110, 231, 232, 247
Jilin-1 231, 232, 247
Jilin-1 Gaofen-02C 247
Jinan 118
Jing Haipeng 199, 200, 201, 204, 205, 206, 213, 219
Ji Shu Shijian Weixing 234, 337
Jiuquan 6, 14, 49, 50, 54, 60, 61, 62, 63, 72, 73, 76, 77, 78, 81, 84, 93, 94, 95, 111, 116, 128, 130, 131, 134, 137, 150, 151, 152, 154, 155, 171, 172, 177, 179, 180, 196, 197, 214, 217, 218, 219, 221, 232, 245, 316
Jiuzhou Yunjian 118
Johnson, Ural Alexis 45
Journal of the Aeronautical Sciences 26
JPL 28, 29, 41, 337, 342
JSSW 6, 59, 234, 235, 337
JSSW-4 59
Juri-Gagarin-Kosmonauten-Trainingszentrum 193

K

Kai-Fung-Fu 19
Kaituozhe 262
Kaituozhe 1 5, 61, 62, 63
Kaituozhe 2 62, 63
Kaliningrad 193
Kamo'oalewa 7, 277
Kanal 2 160
Kang Yonglai 186
Kapustin Jar 33
Kármán, Theodore von 24, 25, 26, 27, 28, 29, 30, 35, 36, 38, 296, 299
Kennedy Space Center 146, 149
Kepler 231
Kepler Comunications 231
Kessler, Donald 168
Kimball, Dan 41, 42
Kinetica 115
Kinetika 1 114
Kodiak Island 149
Kompsat-Programm 79
Königreich Mysore 20, 21
Kopernikus-Programm 247
Koroljow, Sergei 22
Kosmonaut Wladimir Komarow 147
Kosmos 1408 169, 170
Kosmos 2251 168, 169, 170
KT-1 61, 62
KT 2 62
Kuafu-1 245
Kuaizhou 1 5, 77, 78
Kuaizhou 1A 12, 77, 118, 330
Kuaizhou 11 78
Kuiper 230, 231, 285, 286, 288
Kuiper-Konstellation 231
KZ-1 77
KZ-1A 77
KZ-11 78
KZ-21 78
KZ-21A 78
KZ-31 78

L

Lagrange-Punkt 2 95, 252, 292, 296, 316
Lambda 4S 154, 155
Landspace 11, 12, 14, 72, 115, 116, 118, 185
Langer Marsch 1 5, 55, 56, 57, 58, 63, 64, 65, 105, 133, 155, 156, 180, 238, 254, 255, 335
Langer Marsch 2 5, 13, 14, 55, 58, 59, 60, 65, 66, 68, 70, 71, 73, 79, 82, 101, 105, 255, 256
Langer Marsch 2A 65, 66, 79
Langer Marsch 2B 66, 71
Langer Marsch 2C 5, 15, 59, 65, 79, 80, 81, 84, 116, 133, 137, 139, 141, 234, 235, 236, 238, 250, 257
Langer Marsch 2D 5, 61, 72, 82, 83, 84, 92, 133, 141, 176, 177, 179, 184
Langer Marsch 2E 5, 66, 67, 69, 84, 88, 105, 137, 138, 193, 199, 256

Langer Marsch 2F 5, 16, 84, 86, 105, 133, 193, 194, 197, 199, 204, 208, 213, 218, 259, 305, 316, 317, 323
Langer Marsch 2F/T 213
Langer Marsch 2G 132
Langer Marsch 3 5, 59, 66, 69, 70, 71, 72, 91, 163, 256, 259
Langer Marsch 3A 69, 70, 71, 88, 92, 138, 290, 291
Langer Marsch 3B 5, 10, 13, 14, 66, 69, 71, 84, 88, 89, 90, 105, 128, 137, 138, 157, 158, 159, 160, 162, 164, 189, 240, 255, 256, 257, 258, 277, 281, 292, 293, 296, 326
Langer Marsch 3B/E 69, 88, 89, 296
Langer Marsch 3B/G3 13, 14
Langer Marsch 3C 69, 89, 90, 92, 94, 291, 295, 296
Langer Marsch 3C/E 89, 92
Langer Marsch 4 59, 61, 71, 72, 83, 91, 92, 103, 256
Langer Marsch 4A 5, 71, 72, 83, 92, 141
Langer Marsch 4B 5, 72, 92, 93, 94, 95, 139, 141, 180, 181, 182, 184, 250, 256, 257
Langer Marsch 4C 93, 94, 95, 130, 171, 237, 250, 296
Langer Marsch 5 5, 10, 11, 14, 59, 84, 88, 95, 96, 97, 98, 105, 121, 123, 124, 144, 145, 148, 173, 184, 207, 208, 221, 255, 257, 258, 259, 260, 268, 270, 272, 281, 283, 286, 287, 289, 299, 301, 304, 315, 329
Langer Marsch 5B 15, 16, 96, 97, 98, 208, 251, 259
Langer Marsch 5G 15, 98
Langer Marsch 5ZRL 98, 123
Langer Marsch 6 5, 55, 60, 73, 98, 100, 101, 102, 105, 120, 139, 184, 258, 259
Langer Marsch 6A 12, 100, 101, 102, 103, 107, 120, 139, 171, 259, 262
Langer Marsch 6C 5, 100, 120
Langer Marsch 7 5, 55, 60, 84, 98, 103, 104, 105, 107, 108, 124, 142, 144, 145, 148, 208, 213, 258, 259, 260, 308
Langer Marsch 8 5, 60, 107, 108, 109, 120, 121, 145, 259
Langer Marsch 8R 107
Langer Marsch 8RH 5, 120
Langer Marsch 9 5, 14, 16, 121, 122, 123, 144, 145, 148, 173, 259, 260, 261, 304, 306, 312, 315, 316
Langer Marsch 10 5, 15, 16, 98, 105, 121, 122, 123, 124, 259, 260, 304, 305, 306, 315, 318
Langer Marsch 11 5, 12, 59, 72, 109, 110, 111, 116, 118, 134, 138, 149, 186, 245, 255, 262
Langer Marsch 11H 109, 110, 111, 146
Lang Xiaohong 163
Lanzhou Institute of Space Technology and Physics 266
Laplace 293
Launcher and Payload Processing Facility 164
Launch Vehicle Horizontal Checkout Building 145
Leiting 20 125
Lemur 231
Lenk, Timur 19
LEO 60, 62, 64, 66, 67, 69, 71, 72, 73, 74, 76, 78, 81, 83, 86, 89, 93, 96, 102, 105, 108, 110, 111, 113, 114, 116, 118, 119, 120, 122, 123, 125, 126, 185, 337
Liang Cheng 24
Lijian-1 114
Lin Bao 191
Lingque-1B 112
Lingyun 10 118
Lingyun 70 118
Link Space 186
LinkSpace 14, 118
Li Tan 17
Liu Boming 199, 200, 214, 219
Liu Wang 201, 205
Liuyang 19
Liu Yang 201, 204, 205, 219, 220, 222
LM-1 58, 63, 65, 152, 153
LM-1D 63
LM-2 60, 65, 66, 79
LM-2A 66
LM-2C 70, 79, 81
LM-2C/SD 70
LM-2E 66, 67, 84
LM-2F 67, 84, 134
LM 2F/G 5, 84, 133, 134
LM 2F/T 5, 84, 86, 133, 134, 204, 316
LM-2F/T 84
LM-3 69
LM-3B 88, 90
LM-3B/3C 88
LM-4 71, 72
LM-4A 72
LM-4C 94
LM-5 95, 97, 98, 105
LM-6 98, 105
LM-6A 100, 101, 120
LM-7 98, 105
LM-8 107
LM-8A 107
LM-8R 107
LM-11 109
Longjiang 1 und Longjiang 2 296
Long March 1 63
Long March 2 65, 79
Long March 2D 82
Long March 2F 84
Long March 4C 94
Long March 11 109
Lop Nor 54, 56, 152, 317
LOX 51, 54, 69, 89, 96, 102, 105, 108, 113, 116, 118, 119, 120, 122, 123, 125, 126, 337
Luan Enjie 320
Ludi Tance-1-01B 180
Luna 24 292, 299
Lunar Reconnaissance Orbiter 299, 323
Lunar Treaty 7, 325, 327
LUSTY 34, 35
Lu Xiaobing 161

M

M1 111, 112, 125, 186
M2 112
M4 112
Magellan 282, 283
Malina, Frank 28, 41
Mao Tsedong 39, 41, 44, 47, 50, 51, 53, 56, 152, 155, 156
Marble, Frank 333
Mare Procellarum 300
Mariner 4 268
Mariner 9 268
Marschall Krylow 147
Mars Pathfinder 268
Mars Reconnaissance Orbiter 276
Mars Sample Return-Mission 283
Max-Planck-Institut für extraterrestrische Physik 246
Mayelin 159, 161, 165, 166, 167
Mc Carthy, Joseph 39
Mc Donald, Fraser 39
Memo-JPL 1 28
Mengtian 11, 15, 96, 220, 221, 222, 223, 227
Mercury 190, 198
Meteosat-Satelliten 248
Micius 244
Micro-arcsecond Relative Astrometry 252
Microwave Radiometric Sounders 282
Mig-17 52
Ming-Dynastie 20, 280
Mission enhanced X-ray Timing and Polarimetry 252
Mission Shakti 169, 341

Mitrofan Nedelin 160
Mittelbau Dora 31
MLP 145
MMH 55, 62, 73, 78, 105, 110, 113, 197, 337
Mobile Launcher Platform 145
Molnija-Orbit 238, 337
Mons Rümker 300
Motorola 79
Mozi 244

N

NACA 27
Naji 165, 166
NASA 27, 28, 36, 146, 168, 175, 198, 241, 243, 252, 263, 264, 268, 270, 272, 275, 281, 282, 283, 289, 304, 307, 310, 312, 313, 314, 322, 323, 324, 333, 337, 339, 342
National Advisory Committee for Aeronautics 27
National Satellite Ocean Application Service 180, 250, 338
Nebula 1 5, 124, 125, 186
Nebula 2 125, 186
Nebula M1 125, 186
Nedelin-Katastrophe 158, 160
Nelson, William „Bill“ 333
NEO 2019 VL5 281, 282
Neptun 7, 285, 286, 287, 288
NERVA 264
Neue-Horizonte-Programm 244, 246
Neue Seidenstraße 179, 331, 341
New Horizons 36, 37, 263, 267, 285
New Line 1 – 3 Serie 186
New Shepard 115, 232, 233
Nie Haiseng 199
Nie Haisheng 201, 205, 214, 219
Nie Rongzhen 48, 49, 50, 51
NOFBX 112, 113
Noordwijk 246
NORAD 240
Nordzentrum 133
NOSS-Triplets 237
NPO Maschinostrojenija 250
NSOAS 180, 250, 338
Nuclear Engine for Rocket Vehicle Application 264
Nuklearthermische Antriebe 263
ÑuSat 231
Nyberg, Karen 206

O

O3b 231
Oberon 285
Oberth 22, 30
Oberth, Hermann 22
Ohsumi 5 155
OKB-2 54
One Space 14, 111, 112, 186
One Web 168, 228, 230, 231, 232
Operation Ossawakim 32
Oppenheimer, Frank 41
Orienspace 118, 119, 342
Orien Space Shandong Technology 118
Orion-Mondraumfahrzeug 198
Orlan-M 200
OSCOM 253
Osiris Rex 277, 280
OS-M 111
OS-M1 5, 111, 112, 186
Ostwind-Landegebiet 150, 197, 219, 223
Outer Space Treaty 7, 325, 326, 327, 330
Ouyang Ziyuan 319

P

Palapa-D 89
Palapa N-1 89
Pallas 1 5, 125, 126
Pallas 2 126, 185
Parsons, Jack 41
PBS 77, 78, 110
Pearl Harbour 27
Peenemünde 28, 30, 31, 32, 34, 36, 49
Peng Dehuai 47
Peng Zhen 50
Periareion 270, 338
Perseverance 263, 270, 272, 274, 275
Perseverance-Rover 263
Person of the year 334
Perwuchin, Michael 48
Phosphin 282
Pioneer 10 und 11 285
Planet Labs 231
Plutonium 238 263, 266, 286
Popular Mechanics 39
Post-Boost-Stufe 77
Potočnik, Hermann 22, 30
Potsdamer Konferenz 35
Prandtl, Ludwig 25, 35
President Cleveland 46
Private A 29
Progress 213
Projekt 596 53
Projekt 714 6, 190
Projekt 863 192
Projekt 921 192
Projekt Paperclip 33, 34
Provinz Jiangsu 186, 187
Provinz Jiangxi 160
Provinz Shanxi 139
Provinz Sichuan 135
Prüfstand VII 30
PS-1 62

Q

Qian Junfu 22
Qian Xuesen 5, 22, 23, 24, 25, 26, 27, 28, 29, 33, 34, 35, 36, 37, 38, 39, 40, 41, 42, 43, 44, 45, 46, 47, 48, 49, 50, 51, 52, 53, 56, 152, 153, 154, 157, 183, 184, 190, 196, 235, 296, 332, 333, 334, 337, 340, 342
Qian Zhiying 163
Qilu-1 178
Qindao 289
Quantum Experiments at Space Scale 244, 338
Quaoar 285
Queqiao 95, 296, 297
Queqiao 1 7, 296, 303
Queqiao 2 300, 303
QUESS 244, 245, 338, 341
Quianjin 165, 166
Quingdao 118
Quinglan 144, 148
Qu Yuan 267

R

R-1 33, 51
R-2 5, 48, 49, 50, 51, 52, 130
R-5 55
R-12 52, 53, 55
Radar Ocean Reconnaissance Satellite 264
Radioisotope Thermoelectric Generator 263, 338
Raschid 2 303
Raumfahrtzentrum Taiyuan 72, 79, 139, 250
Raumfahrtzentrum Wenchang 142
Raumschiff neuer Generation 306
Reisig, Gerhard 31
Relativity Space 12
Rendezvous-Proximity-Operationen 239
Renzong 18
Ritchey-Chretien-Teleskop 294
Rocket Pi 118
RORSAT 264
RPO 239
RTG 263, 266, 286, 287, 338
Ryugu 277

S

Sänger-Entwurf 317
Sänger, Eugen 38
SAR-Satelliten 236
SASAC 188, 338
SAST 56, 57, 59, 60, 71, 72, 82, 83, 93, 102, 183, 184, 196, 197, 248, 272, 336, 337, 338, 342
Satellitenstartzentrum Taiyuan 140
Satellitenstartzentrum Wenchang 143
Satellite Processing Building 162, 163
Sawyer, Ralph D. 18
Schwarz, Berthold 5, 17, 19
Scramjet/RAMJet 318
SD-1 75
Semipalatinsk 39
Sentinel-Satelliten 247
Seringapatam 20
SES 187, 231
Shackleton 307
Shaking the Sky 161, 162
Shanghai Academy of Spaceflight Technology 57, 82, 184, 248, 338
Shanghai International Settlement 22
Shenlong 84, 86, 317, 318
Shenlong-Programms 317
Shentong 6, 189, 240, 241
Shentong 1 240
Shentong 2A 240
Shenzhou 6, 13, 84, 85, 86, 87, 97, 105, 132, 133, 134, 150, 151, 176, 184, 190, 192, 193, 194, 196, 197, 198, 199, 200, 201, 202, 203, 204, 205, 206, 207, 208, 213, 214, 216, 217, 218, 219, 220, 222, 223, 224, 270, 294, 300, 308, 309, 317, 321, 323, 334
Shenzhou 1 84, 133, 198, 199
Shenzhou 2 193, 199
Shenzhou 3 176, 199
Shenzhou 4 176, 199
Shenzhou 5 84, 87, 133, 176, 192, 193, 195, 196, 198, 199, 208, 334
Shenzhou 6 193, 197, 198, 199, 200, 205, 214, 224
Shenzhou 7 197, 198, 199, 200, 201, 214, 217
Shenzhou 8 197, 199, 201, 204, 205
Shenzhou 9 193, 201, 202, 203, 204, 205, 206, 220
Shenzhou 10 150, 151, 201, 205, 206, 214, 217
Shenzhou 11 150, 201, 205, 206, 207, 208, 220
Shenzhou 12 150, 207, 208, 213, 214, 216, 217, 219, 224
Shenzhou 13 217, 218, 219, 321, 322, 323
Shenzhou 14 132, 134, 219, 220, 222, 223, 224, 227, 309
Shenzhou 15 13, 85, 86, 151, 219, 223, 224, 227, 308
Shenzhou 16 308
Shijian 6, 95, 150, 156, 180, 234, 235, 238, 239, 244, 337, 340
Shijian-1 156, 238
Shijian-6-05A und 05B 180
Shijian-8 235
Shijian-10 150, 235, 244
Shijian-12 238
Shijian-20 95
Shijian-21 239
Shijian-22A und 22B 238
Shijian-Programm 235
Shi Wie 162
Shiyan 6, 10, 94, 106, 238, 239, 316, 336, 340
Shiyan-6-01 239
Shiyan-9 106
Shiyan-20A und 20B 94
Shiyan-23 106
Shiyan-Satelliten 6, 10, 94, 106, 238, 239, 316, 336, 340
Shuguang 135, 190, 191
Sibiu 21
Sidewinder-Affäre 52, 53, 340
SIGINT 236, 237, 338
Silbervogel 38
Silver States Line 26
Single-Stage-to-Orbit 308
Sinosat 88, 189
SinoSat 1 189
SinoSat 3 189
SinoSat 5 189
Sino Satellite Communications 188, 189
Siwei World View 231
Siziwang Banner 205, 294, 295
Siziwangqui-Landegebiet 150
SJ-1 156
SJ-4 71
SLS 81, 338
Smart Dragon 1 75
SMILE 245, 246
SNAP-10A 263, 264
SOA 250, 338
Société Européenne des Satellites 187
Sojourner 268, 274
Sojus 100, 193, 194, 196, 197, 198
Sojus TMA 193
Solar Polar-Orbit Observatory 253
Solar wind Magnetosphere Ionosphere Link Explorer 246
Song-Dynastie 18
Space Based Solar Power 312
Space Bee 231
Space Epoch 5, 126, 127
Space Pioneer 14, 112, 113, 114, 186, 187, 261, 340
Space Shuttle 38
Space Systems Loral 158
Space Transportation 232, 233
SpaceX 9, 10, 11, 12, 16, 74, 98, 107, 108, 112, 114, 119, 120, 121, 122, 125, 126, 146, 168, 173, 174, 175, 177, 198, 230, 231, 232, 303, 304, 312, 336, 338, 339
SpaceX Crew 6 175
Spire 231
Spirit und Opportunity 272, 274, 275
SPP III 243, 246, 252
SPP I und SPP II 243
Sputnik 1 48
ST 241
Starliner 198, 339
Starlink 10, 98, 174, 230, 231, 339
Startanlage 3 84, 95, 136, 137, 138
Startanlage 4 130
Startanlage 91 133
Startanlage 94 133
Startanlage 101 15, 95, 145, 268
Startanlage 201 104, 142
Startanlage 901 133
Startkomplex 2 133, 138
Startkomplex 3 138
Startkomplex 9 139
Startkomplex 9A 139
Startkomplex 16 139
Startplatz 1 131, 133
Startplatz 2 131, 133
Startrampe 2 137, 158
Startrampe 3 135
Startrampe 7 139
Startrampe 91 133, 134
Startrampe 94 133
Startrampe 5020 133
Startzone 4 133
State-owned Assets Supervision and Administration Commission of the State Council 188, 338
Sternenstädtchen 193
Strategic Priority Program III 243
Strela 2M-Klasse 169
Südzentrum 133
suicide squad 25, 27, 28, 41

Sun Shijie 161
Super View 1-Satelliten 247
SuperView Neo 2-01 und 2-02 79
SVOM 15
Swarm Technologies 231

T

Taicang 187
Tai Rui 76, 110, 111, 146, 149
Taiyuan 6, 62, 66, 72, 77, 79, 81, 84, 92, 93, 95, 100, 101, 126, 128, 137, 139, 140, 141, 171, 172, 176, 250
Tang Hongbo 214, 219
TDRS-System 241
Telesat 231
Telstar 1 153
Tengyun 318
Terminal Island 42
Tiananmen-Platz 44
Tiangong 9, 11, 13, 84, 133, 199, 201, 202, 203, 204, 205, 206, 213, 251, 308, 316, 317, 321
Tiangong 1 84, 201, 202, 203, 204, 205, 206
Tiangong 2 84, 201, 204, 205, 206, 213
Tianhe 11, 208, 209, 214, 216, 217, 219, 220, 222, 223, 227, 325
Tianhe 1 216
Tianhe-Modul 207, 209, 217, 219, 220, 222
Tianhou 11 113, 261
Tianhou 11-Raketenmotor 261
Tianhou 31 113
Tianhui 6, 95, 181, 248, 249, 250
Tianhui-1-01 249
Tianhui-1-03 249
Tianhui-1-04 249
Tianhui-1-Serie 249
Tianhui-2-01A und 2-01B 249
Tianhui-02A und 02B 249
Tianhui-3 249
Tianhui-4 249
Tianhui 6A und 6B 95, 181, 250
Tianjin 95
Tiankun-1 63
Tianlian 148, 200, 201, 222, 240, 241
Tianlian 1 200
Tianlian II-02 241
Tianlian II-03 241
Tianlong 59, 112, 113, 114, 187, 261
Tianlong 2 112, 113, 187, 261
Tianlong 3 113, 114, 187
Tianlong 3H 113
Tianmui-1 232
Tianque-Triebwerke 116
Tiansou 1 113
Tiantong 1 14
Tiantong-1-03 255
Tianwen 7, 243, 244, 267, 268, 269, 270, 272, 273, 276, 277, 278, 279, 280, 281, 282, 283, 284, 285, 315
Tianwen-1 268, 270
Tianwen-1-Mission 244
Tianwen-2 7, 277, 280
Tianwen-3 276
Tianwen-4 7, 284
Tianxing-1 232, 233
Tianxing-2 233
Tianzhou 9, 103, 105, 142, 206, 207, 208, 213, 214, 216, 217, 219, 220, 223, 227, 260, 308
Tianzhou 2 216
Tianzhou 3 142, 214, 217, 219
Tianzhou 4 208, 214, 219, 220
Tianzhou 5 103, 214, 223, 227
Tianzhou 6 9, 214, 260, 308
Titania 285
Titan II 158, 191
TJS 128, 238, 340
TJS3 90
TJS-7 128
TJS-9 238
TJSW-7 88
TNT 54, 57
Tongxin Jishu Shiyan 238
TQ-11 116
TQ-12 116
Triton 285, 286, 288
Truman, Harry S. 39, 40
Tschiang Kai-Shek 39, 41, 44
Tshinghua-Universität 24
TSLC 139, 141, 176

U

UDMH 60, 63, 64, 66, 67, 69, 71, 72, 81, 83, 86, 89, 90, 93, 96, 339
UdSSR 48, 69
Ultra-Large Aperture On-Orbit Assembly Project 123
United Launch Alliance 16, 146, 303
UNOOSA 330, 336, 339
Utopia Planitia Region 272

V

V2 29, 30, 31, 32, 33, 34, 48, 49, 50, 51, 130
VAB 134, 145
Valier, Max 30
Vandenberg Space Force Base 149
Vega 76, 100, 246, 335
Vega C-Rakete 246
Vehicle Assembly Building 134, 145
Venezuelan Remote Sensing Satellite 236
Venus Express 282
Venus Volcano Imaging and Climate Explorer 282
Vergeltungswaffe 2 31
VERITAS 283
Vernier-Triebwerke 69, 90, 256
Viking 1 268
VOICE 7, 253, 282, 283
von Kármán 24, 25, 35, 296, 299
VRSS-1 236

W

Wac Corporal 30
Wallops Island 149
Wang Bingnan 45
Wang Yaping 201, 205, 206, 217, 219, 220, 221
Wan Hu 5, 17, 20
Weikin 126
Weilai-1 72, 115
Weina 1, 1A und 1B 239
Weinbaum, Sidney 40, 340
Wenchang 6, 14, 15, 16, 96, 97, 103, 104, 107, 108, 109, 121, 125, 126, 128, 138, 142, 143, 144, 146, 148, 173, 208, 209, 217, 219, 223, 268, 270, 272, 301, 308, 327
Wentian 11, 145, 207, 220, 221, 222, 223, 227
Weywot 285
Winkler, Johannes 30
Wolf-Amendment 7, 14, 322, 323
Wolf, Frank 14, 322
Wong Tsu 26, 27
Woolwich Arsenal 21
Wostok 190
Wu Guosong 186
Wuhan 185
Wujing Zongyao 18
Wukong 244
Wu Weiren 281

X

X-15 38
X-20 Dyna Soar 38
X-37B 84, 313, 316, 317
Xi'an 185
Xiaofei 294, 295
Xichang 6, 13, 62, 66, 67, 70, 81, 84, 90, 95, 128, 135, 136, 137, 138, 142, 157, 158, 159,

160, 163, 164, 165, 166, 167, 171, 172, 189, 236, 277, 291, 293, 295, 296, 326
Xichang Satellite Launch Centre 135
Xihe 176, 177, 245
Xi Jinping 320, 332
Xi Jinping Thoughts 332
Xinhua 159, 342
Xiyong Microelectronics 185
XSLC 135
Xuntian-Weltraumteleskop 6, 251, 282, 309, 310
XZH-1 D1 126
XZH-1 D2 127

Y

Yang Linzhen 163
Yang Liwei 84, 176, 196, 199, 208, 334
Yang Weide 18
Yaogan 80, 84, 94, 95, 137, 179, 236, 237, 238, 239
Yaogan 18 80
Yaogan 30 137, 236, 239
Yaogan 30-01 236
Yaogan 30-08 236
Yaogan 30-10C 236
Yaogan 31 179, 237
Yaogan 31-04 Nummer 1-3 237
Yaogan 33 95, 237
Yaogan 33-02 130, 237
Yaogan 34 179, 237
Yaogan 35 237
Yaogan 36 84
Yaogan 37 236, 238
Yaogon 35 83
Yao Song 120
Ye Guangfu 217, 219
YF-1 254, 255
YF-2 254, 255
YF-3 255
YF-20 255, 256
YF-20B 67, 69, 86
YF-20C 89
YF-21C 89
YF-22 60, 66, 69, 71, 81, 89, 256
YF-22B 67
YF-22C 92
YF-23 60, 69, 71, 83, 89, 256, 257
YF-23B 67
YF-23C 92
YF-24 69, 83, 256
YF-24C 92, 93
YF-24E 89
YF-25 83, 89, 93
YF-50D 90, 96, 259
YF-73 69
YF-75 69, 70, 89, 90, 105, 108, 257, 259, 260
YF-75D 96, 259
YF-75E 123, 260
YF-77 96, 97, 258, 259, 260
YF-85 102, 103, 259
YF-100 96, 97, 98, 100, 101, 102, 105, 108, 120, 123, 124, 258, 259, 260
YF-100K 259, 304, 305
YF-100M 123, 259
YF-102 113, 261
YF-102R 261
YF-115 98, 102, 105, 258, 259
YF-130 261
YF-209 261
Yinghuo-1 267, 268
Yinhe 181, 228, 231
Yinhe-1 181
Yinhe-Konstellation 228
Yuan Wang 146, 147, 148, 196, 200
Yuan Wang 1 146, 147
Yuan Wang 2 147
Yuan Wang 3 147
Yuan Wang 4 147, 148
Yuan Wang 6 147, 200
Yuan Wang 7 146, 147
Yuan Wang 21 144, 147, 148
Yuan Wang 22 148
Yuanzheng 90, 98, 105, 257
Yuanzheng-1A 105
Yuanzheng-2 98
Yu Con 38
Yu Meniun 161
Yu Qiuli 191
Yutu 7, 8, 20, 292, 293, 294, 296, 297, 298, 299, 302, 323
Yutu 2 7, 8, 266, 296, 297, 298, 299, 302, 323
YZ 79, 81, 84, 90, 92, 96, 257, 259
YZ-1 84, 90, 92
YZ-1A 84, 257
YZ-2 84, 96, 257, 259
YZ-3 84, 257
YZ-Oberstufe 79

Z

Zak, Anatoli 162
Zanssen, Leo 31
Zeng Gonglian 18
Zeyuan 166
Zhai Zhigang 199, 200, 214, 217, 219, 220
Zhang Changwu 185
Zhang Heng 160
Zhang Lanjuan 22
Zhang Lu 219, 224, 225
Zhang Xiaoguang 201, 205
Zheng He 280
Zhising 3A 219
Zhongke 1 114, 185, 262
Zhongke 1A 5, 76, 114, 115
Zhongshan-Kleidung 46
Zhongxing 2E 13
Zhonque 1A 12
Zhou Enlai 44, 47, 153, 155, 190
Zhuque 1 5, 72, 115, 116, 134, 186
Zhuque 2 5, 11, 12, 72, 115, 116, 117, 186
Zhuque 2A 116
Zhuque 2B 116
Zhuque 2C 116
Zhurong 244, 268, 269, 272, 273, 274, 275, 276, 279, 283, 340
Zhu Yangzhu 219
Ziolkowski, Konstantin Eduardowitsch 22, 30
Ziyuan 6, 248, 249, 319, 340
Ziyuan-2 249
Ziyuan-2-Serie 249
Ziyuan-3-01, 3-02 und 3-03 249
Ziyuan-3-Serie 249
ZK-2 115
ZK-3 115
ZK-4 und 4A 115
ZK-5 115
ZK-6 115, 233
Zond 3 20
Zwei Bomben, ein Satellit 53, 56, 152
ZY-1 04A 182